www.ingramcontent.com/pod-product-compliance
Lightning Source LLC
LaVergne TN
LVHW102225300926
849160LV00005B/31
9789004258693

كتاب المسالك والممالك

تاليف

ابى القاسم ابن حوقل

رحمه الله

طبع
فى مدينة لَيْدَن المحروسة
بمطبع بريل
سنة ١٨٧٣ المسيحية

هذا

كتاب المسالك والممالك

والمفاوز والمهالك، وذكر الاقاليم والبلدان، على مرّ الدهور والازمان، وطبائع اهلها وخواصّ البلاد فى نفسها [a]، وذكر جباياتها وخراجاتها ومستغلّاتها، وذكر الانهار الكبار، واتّصالها بشطوط البحار، وما على سواحل البحار من المدن والامصار، ومسافة ما بين البلدان للسفارة والتجار، مع ما ينضاف الى ذلك من الحكايات والاخبار، والنوادر والآثار،

تاليف

ابى القاسم ابن حوقل

رحمه الله

مختصر فى صور بلاد الاسلام، واخبارها بالكمال والتمام [b]، جمع الامام العالم ابى القاسم محمّد الحوقلىّ البغدادىّ رحمه الله تعالى معوّل فيما جمعه على كتاب الامام العالم ابى القاسم محمّد بن خُرْدَاذْبَه وقُدَامَة بن جعفر الكاتب تغمّدهم الله برحمته۞

---

a) Cod. Leid. = L., Cod. Bodl. = B., Epitom. Paris. = P., Istakhri = I. L. et B. البلد فى نفسه. b) L. بالتمام والكمال.

بسم الله الرحمان الرحيم وصلّى الله على سيّدنا محمّد وآله وسلّم

الحمد لله اهل الحمد ومستحقّه وصلّى الله على محمّد خيرته من خلقه وعلى آله الطاهرين وسلّم [امّا بعد فانّ احقّ من رقى[a] الى المكارم فحلّ منها فى الذروه، وسما الى الرغائب فحظِىَ منها بالصفوه،، وقدّمته خلائقه، وفضّلته سوابقه،، فاصبح ومُباريه مخصوم، وثانيه معدوم،، والمتمسّك بحبله ساكن، والمستسلم اليه آمن،، واللاجئ اليه موفّق، والمثنى عليه مصدّق،، فهو للعلم واهله حليف، وبالادب والمعتزى اليه خصيص شريف،، قد رُشّحت[b] فيهما اعراقه، وانتسج[c] بهما هِمَمُهُ واخلاقه،، ذاك الامير الكبير العالم العامل سيف الدولة ابن حمدان سليل السراة، وشهاب الكفاة، وغيث العفاة،، زمام الفضائل، وقطب الوسائل،، والاحقّ[d] بقول القائل كم عارف بى[e] فى البلاد[f] لستُ اعرفه ومخبر عنّى ولم يرنى ياتيهم خبرى وان نزحت دارى وتبعّد عنهم وطنى والى الله الرغبة فى اطالة معرفته ورفع درجته وسموّ منزلته انّه سميع مجيب[g]] قد عملتُ هذا الكتاب على صفة اشكال الارض، ومقدارها فى الطول والعرض،، واقاليم البلدان، ومحلّ الغامر منها والعمران،، من جميع بلاد الاسلام بتفصيل مدنها، وتقسيم ما يفرد[h] بالاعمال المجموعة اليها،، ولم اقصد الاقاليم السبعة الّتى عليها قسمة الارض لانّ الصورة الهندسيّة ان[i] كانت صحيحة فكثيرة التخليط وقد جعلتُ لكلّ قطعة افردتُها تصويرًا وشكلًا

---

a) Cod. رقا. *b*) Cod. رسّحت. *c*) Cod. وانتشج. *d*) Prima manus واللاحق. Nunc in textu est والاَحَقُّ. *e*) Deëst بى. *f*) Cod. بلاد. *g*) Ex P. haec addidi. *h*) P. تَفَرَّدَ, B. يفرد, I. يعود. *i*) P. وان. Ad الهندسية in marg. B. adnotatur الهندسه.

يحكى موضع ذلك الاقليم ثمّ ذكرتُ ما يحيط به من الاماكن والبقاع، وما فى اضعافها من المدن والاصقاع، وما فيها[a] من القوانين والارتفاع،، وما فيها من الانهار والبحار وما يحتاج الى معرفته من جوامع ما يشتمل عليه ذلك الاقليم من وجوه الاموال والجبايات، والاعشار والخراجات،، والمسافات فى الطرقات، وما فيه[b] من المجالب والتجارات،، اذ كان ذلك علمًا[c] ينفرد به الملوك الساسة[d] واهل المروّات، السادة[e] من جميع الطبقات،، وكان ممّا حضّنى على تاليفه، وحثّنى على تصنيفه،، وجذبنى الى رسمه انّى لم ازل فى حال الصبوة شغفًا بقرآءة كتب المسالك، متطلّعًا الى كيفيّة بين[f] الممالك *فى السير[g] والحقائق، وتباينهم فى المذاهب والطرائق،، وكمّيّة[h] وقوع ذلك فى الهمم والرسوم، والمعارف والعلوم، والخصوص والعموم،، وترعرعتُ فقرأتُ الكتب الجليلة المعروفه، والتواليف الشريفة الموصوفه،، *فلم اقرأ فى المسالك كتابًا مقنعا، وما رأيتُ فيها رسمًا متبعا[i]،، فدعانى ذلك الى تاليف هذا الكتاب، واستنطاقى[k] فيه وجوهًا من القول والخطاب،، واعاننى عليه تواصل السفر، وانزعاجى عن وطنى مع ما سبق به القدر، لاستيفاء الرزق والاثر، والشهوة لبلوغ الوطر،، بجور السلطان، وكلب الزمان،، وتواصل الشدائد على اهل المشرق والعدوان، واستئناس سلاطينه بالجور بعد العدل والطغيان،، وكثرة الجوائح والنوائب، وتعاقب الكلف والمصائب،، واختلال النعم، وقحط الديم ✿

فبدأتُ سفرى هذا من مدينة السلام يوم الخميس لسبع خلون من شهر رمضان سنة ٣٣١ وفيه خرج ابو محمّد الحسن بن عبد الله بن حمدان منهزمًا عنها الى ديار ربيعة من ايدى الاتراك وقد عملوا على القبض عليه بعد ان استتبّت له الامور بها، واتّسعت به الاحوال فيها، وشرفت به الاعمال وتناهى فى الصوله، ولقّب بناصر الدوله،، وانا من حداثة السنّ وغرّته، وفى عنفوان الشباب وسكرته،، قوىّ البضاعه، ظاهر الاستطاعه،، وقد ذكرتُ فى

---

a) P. بها. *b*) L. فيها. *c*) P. علمٌ. *d*) L. السامية. *e*) P. والسادة. *f*) L. et B. الممن. *g*) L. والسير. *h*) L. ولمية, B. ولمه. *i*) Haec in L. desunt. Superest tantum المسالك. *k*) L. واستنطاقى, B. s. p.

آخر كتابى هذا كيف تعاورتنى الاسفار' واقتطعتنى فى البرّ دون ركوب البحار،، الى ان سلكتُ وجه الارض باجمعه فى طولها' وقطعتُ وتر الشمس على ظهرها،، ووصفتُ رجالات البلدان واعيان ملوكها من ذوى السلطان واهل الامكان' والمقدّمين فى كلّ ناحية وبلدة بالاحسان،، الى ذكر النادرة بعد النادرة من محاسنهم' والفضيلة بعد الفضيلة من مكارمهم،، ولم استقص ذلك كراهة الاطالة المؤدّية الى ملال قارئه ولانّ الغرض فى كتابى هذا تصوير الاقاليم الّتى لم يذكرها احد علمتُهُ ممّن شاهدها فامّا ذكر جبالها ومدنها[a] وانهارها وبحارها والمسافات فيها وبعض ما انا ذاكره فقد يوجد فى الاخبار متفرّقا ولا يتعذّر على من اراد تقصّى شىء من ذلك من مسافرة اهل كلّ بلد وان كانت المتعصّبة للبلدان والقبائل جارية على خلاف ما توخّيته' وشرعتُ فيه ورسمتُه،، من قصد حقائقها' وايرادها على ما هى عليه من طرائقها،، وقد حرّرتُ ذكر المسافات واستوفيتُ صور المدن وسائر ما وجب ذكره واتّخذتُ لجميع الارض الّتى يشتمل عليها البحر المحيط الّذى[b] لا يُسْلَك صورةً تضاهى صورتها وتخالفها فى مواضع لينظر اليها نظر علم ومكان[c] كلّ اقليم ممّا ذكرتُه واتّصال بعضه ببعض ومقدار *كلّ اقليم من الارض حتّى اذا راى كلّ اقليم من ذلك مفصّلا علم موقعه من هذه الصورة ولم تتّسع هذه الصورة الّتى جمعت سائر الاقاليم لما يستحقّه[d] كلّ ناحية فى سعتها وصورتها من مقدار الطول والعرض والاستدارة والتربيع والتثليث وسائر ما يكون عليه اشكال *تلك الصورة والعمل وموقع مدينة من مدينة وموضعها من شمالها وجنوبها وكونها بالمرتبة من شرقها وغربها[e] فليكتف الناظر بتبيان موقع كلّ اقليم وموضعه ومكانه وما توخّيته من ترتيبه واشكاله وقصصته من احواله واخباره وقد يقع له فيما كان يعتقده شكّ فى طول الارض وكبرها

---

a) P. ut I. مدنها وجبالها. *b*) L. et B. التى. *c*) Collato I. legendum propono ليعلم مَنْ نظر اليها مكانَ. *d*) Haec in L., B. et P. desunt. *e*) P. تلك الصُّوَر وموقع كل مدينة من مدينة تجاورها اهى على شرقها ام غربيها وشمالها ام جنوبها.

وجبالها فى تقارب عرضها وطولها وصغرها لا يقارب هذا الكتاب عنده كتاب الجَيْهانىّ ولا يوافق رسم ابن خُرْدَاذْبَه وسبيل[a] فارئه ارشدنا الله وايّاه ان يُنْعِمَ النظر فيما شكّ فيه منه *ويتأمّله تأمُّل من حمل عنه بتحرّى الصدق فيه كثير من قثاثة الناقلين وكُذّب المسامرين[b] الّذين لا يعلمون، ولا قصدهم الحقّ فيما يبغون، وليعلم انّ الاسباب المحرِّضة على تاليفه المقتضية لعمله[c] ما قدّمتُ ذكره ثمّ اللذّة بالاصابة فى المقصد والمحبّة ولارادة الظفر بابانة حال كلّ بلد والذكر الجميل من اهل التحصيل فى كلّ مشهد ✿

وقد فصّلتُ بلاد الاسلام اقليمًا اقليمًا وصقعًا صقعًا وكورة كورة لكلّ عمل وبدأتُ بذكر ديار العرب فجعلتُها اقليمًا واحدًا لانّ الكعبة فيها ومكّة امّ القرى وهى واسطة هذه الاقاليم عندى، واتبعتُ ديار العرب بعد ان رسمتُ فيها جميع ما تشتمل عليه من الجبال والرمال والطرق وما يجاورها من الانهار المنصبّة الى البحر ببحر فارس لانّه يحتفّ باكثر ديارها وشكلتُ عطفه عليها لانّ بحر فارس يعطف من جزيرة مَسْقَط[d] مغرّبًا الى مكّة والى القلزم عن خمسين فرسخًا من عمان ويدعى ذلك راس الجُمْجُمَة، ثمّ ذكرتُ المغرب ورسمتُه فى وجهَيْن وبدأتُ بذكر ما حاذّ[e] منه ارضَ مصر الى المَهْدِيّة والقَيْرَوَان وما فى براريّها من المدن وان قلّتْ واعقبتُها بباقى صورته من القيروان والمهديّة الى ارض طَنْجَة وأَزِيلَى ورسمتُ على بحره مدنه الساحليّة وشكلتُ طرقه الى جميع انحائها[f] وكيفيّتها مغربّة ومشرقة[g] فى سائر جهاتها، ثمّ ذكرتُ مصر فى شكلَيْن حسب ما جرى رسم المغرب به اعربتُ فيهما عن *جهاتها ثمّ[h] حال مدنها ومواقعها على المياه الجارية فى ارضها وما كان برسمها فى البعد عن المياه وخططتُ جبالها ومياهها بخلجانها وشعبها

---

a) L. وسيبى, B. وسيمى. Deinde B. om. فارئه. *b*) P. ويتامله تامل من يتحرى الصدق ويُصْلِحُ ما عسى يسهو فيه الناقلون ولا يلتفت الى كلام المسامرين. In textu post الصدق pauca excidisse videntur. Pro قثاثة B. habet قتاتة. *c*) L. لعلمه. *d*) L. مسقنط. *e*) L. جاذّ. *f*) B. s. p., L. اعكايها. *g*) B. مشرقة sine و. *h*) B. om.

وانّصالها بالبحر a وما ينصبّ b من ماء الفَيُّوم الى بحيرة أَقْنى وتَنْهَمت، ثمّ صوّرتُ الشام واجناده وجباله ومياهه من انهاره وبحره وما على ساحله من المدن وبحيرة طَبَرِيّة وبحيرة زُغَر ونبيه بنى اسرآئيل وموقعه منه، ثمّ بحر الروم وكيفيّته فى ذاته وشكله فى نفسه وما عليه من الجانب الشرقىّ المحاذى بلد المغرب ومدن قَلَّوْرِيَة والأَنْكُبَرْدَة c والرنقة المعروفة بَلْبُونَس d والخليج الخارج من بحر الروم الى البحر المحيط ومياه بلد الروم واكابر انهاره ومدنه وكنتُ استوفيتُ صورة الاندلس فى اشكال المغرب فلم أُعِدْها ورسمتُ فيه من الجزائر المشهورة المسكونة ما دعت الحاجة الى ذكره اذ كان مسكونًا مشهورًا، ثمّ ذكرتُ الجزيرة المعروفة بديار ربيعة ومُضَر وبكر وكيفيّة e دِجْلة والفُرات عليها واشتمالهما على حدودها الى ذكر جبالها وسائر طرقها واحوالها، واعقبتُها بصورة العراق ومياهها وبطائحها وانصباب مياهها الى البحر وما يفرغ اليها من انهار الفرات، وذكرتُ خُوزِسْتان على حدودها f وانهارها وما اقتضته صورتها، وقفّيتُها بفارس على تصوير جميع انهارها وبحيراتها ومواقع مدنها وصورة بحرها الى ما عليه من المدن الساحليّة، واتبعتُها بصورة كِرْمان برّها وبحرها وسهلها وجبلها وسائر طرقها، ثمّ صوّرتُ بلاد السند ومدنها g وطرقها وبحرها وما عليه من مدنها واثبتُّ فيها * نهر مِهْران وكيفيّة مصبّه على المُلْتان h وما يصاقبها من بلاد الهند والاسلام، ثمّ تلوتُها بصورة أَذْرَبِيْجان وشكلتُ ما فيها من الجبال والطرق والانهار العذبة كالرّسّ والكُرّ الى ان رسمتُ بحيرة خِلاط وبحيرة كَبُوذان i وكلاهما لا يتّصل ببحر طَبَرِسْتان وجبل القَبَق مطلّ عليها، ثمّ صوّرتُ k الجبال واعمالها ومواقع بلدانها على جبالها وما انحرف منها بدخول مفازة خراسان وفارس على حدودها وذكرتُ

---

a) L. add. على جبالها, B. على حبالها. b) B. ينصب. c) Jacut praescribit قلّورية والانكبردة. d) B. s. p. e) Videtur excidisse vocabulum e. g. امتداد s. عطف. f) P. بحدودها. g) L. et B. ومدنه. h) P. نهر سيحون المعروف بنهر مهران وكيفية مصبه الى البحر الاعظم. i) L. et B. كيبوذان. k) L. صورة.

اليها صورة الجِبِيل[a] والدَّيْلَم وطبرستان وما يليها من بحر الخَزَر وجبالها، واتبعتُها بصورة بحيرة[b] طبرستان وجزيرتيها *ومصبّ ما عليها[c] من المياه ومصاقبها من الجبال، وشكلتُ المفازة الّتى بين فارس وخراسان وجميع ما فيها من الطرق الى المدن[d] المجاورة لها *والمصاقبة لحدودها[e] وما يليها من اعمال سِجِسْتان الى[f] ما يجاورها من بلاد الغُور وجبالها ومصبّ مآئها الى بحيرة زَرَهْ[g]، وصوّرتُ خراسان وما فى ضمنها من طُخَيْرِسْتان[h] وجبال البامِيَان وطُوس وقُوهِسْتان بجميع مياهها الجارية وجبالها المشهورة ورمالها وطرقها المعروفة، ثمّ صوّرتُ نهر جَيْحُون وما ورآءه من اعمال بُخَارَا وسَمَرْقَنْد وأُشْرُوسَنَة، وأَسْبِيجَاب والشاش وخُوَارَزْم الى جميع ما تشتمل عليه من المياه وتحيط به من الطرق والمسالك[k] ✿

وهذه صورة الارض عامرها وغامرها وهى مقسومة على الممالك وعماد ممالك الارض اربع فاعمرها واكثرها خيرًا واحسنها استقامة فى السياسة وتقويم العمارات ووفور الجبايات مملكة ايرَان شَهْر وقطبها اقليم بَابِل وهى مملكة فارس وكان حدُّ هذه المملكة فى أَيّام العجم معلومًا فلمّا جآء الاسلام اخذ من كلّ مملكة بنصيب فاخذ من مملكة الروم الشام ومصر والمغرب والاندلس واخذ من مملكة الصين ما ورآء النهر وانضاف اليها هذه الممالك[l] العظيمة ومملكة الروم يدخل فيها حدود الصَّقَالِبَة ومَنْ جاورهم من الرُّوس والسَّرِير[m] واللان والران[n] والأَرْمَن ومن دان بالنصرانيّة ومملكة الصين يدخل فيها سائر بلدان الاتراك وبعض التُّبَّت ومن دان بدين اهل الاوثان منهم ومملكة الهند يدخل فيها السند وقَشْمِير وطرف من التُّبَّت ومن دان بدينهم، ولم اذكر بلدان السودان فى المغرب والبُجَّة والزنج ومن فى اعراضهم من الامم لانّ انتظام الممالك بالديانات والآداب والحكم وتقويم العمارات بالسياسة المستقيمة

a) L. et B. الجبل. b) L. بحر. c) P. وما ينصبُّ اليها. d) P. النواحى. e) P. والمضافة الى حدودها. f) Codd. على. g) P. زرِّ. h) L. طخرستان, B. s. p. i) L. وانشروسنه. k) Hic in P. sequitur mappa. l) In textu B. المملكة. m) L. et B. والسرير. n) L. et B. والان.

وهأولآء مهملون فى هذه الخصال ولا حظّ لهم فى شىء من ذلك فيستحقّوا به افراد ممالكهم بما ذكرنا به سائر الممالك غير انّ بعض السودان المقاربين لهذه الممالك المعروفة يرجعون الى ديانة ورياضة وحكم ويقاربون اهل هذه الممالك كالنوبة والحبشة فانّهم نصارى يرتسمون مذاهب الروم وقد كانوا قبل الاسلام يتّصلون بمملكة الروم على المجاورة لانّ ارض الروم مصاقبة ارض مصر والحبشة على بحر القلزم وبينهما وبين ارض مصر مفازة فيها معدن الذهب ويتّصلون بمصر والشام من طريق بحر القلزم، فهذه الممالك المعروفة وزادت مملكة الاسلام بما[a] اجتمع اليها من اطراف هذه الممالك المذكورة ۞

وقسمة الارض على الجنوب والشمال فاذا اخذتَ من المشرق من الخليج الّذى ياخذ من البحر المحيط بارض الصين الى الخليج الّذى ياخذ[b] من هذا البحر المحيط من ارض المغرب بارض الاندلس وطنجة فقد قسمتَ الارض قسمين وخطّ هذه القسمة ياخذ من بحر الصين حتّى يقطع بلد الهند ووسط مملكة الاسلام حتّى يمتدّ على ارض مصر الى المغرب[c] فما كان فى حدّ الشمال من هذين القسمين فاهله بيض وكلّما تباعدوا[d] فى الشمال ازدادوا بياضًا وهى اقاليم باردة وما كان فيما يلى الجنوب من هذين القسمين فاهله سود وكلّما ازدادوا تباعدًا فى الجنوب ازدادوا سوادًا واعدل هذه الاماكن ما كان فى الخطّ المستقيم وما قاربه[e] ۞ فنذكر كلّ اقليم من هذه الاقاليم بما يعرف قربه ومكانه من الاقليم[f] الّذى يضامّه ويصاقبه فامّا مملكة الاسلام فانّ شرقيّها ارض الهند وبحر فارس وغربيّها مملكة السودان السكّان على البحر المحيط المتّصلين ببرارى أَوْدَغُشْت[g] وصحاريها تجاه أَوْليل وشماليّها بلاد الروم وما يتّصل بها من الارمن[h] واللان والران والسرير[i] والخزر والروس وبُلْغار والصقالبة وطائفة من الترك ومن شماليّها مملكة الصين

---

a) L. et B. فيما. b) P. يمدّ. c) L. et B. الشمال. d) L. تباعد.
e) Sequitur in L. et B. وهذه صورة الارض وجميع اقاليمها. Deinde L. فنذكر, B. نذكر. f) B. الاقاليم. g) L. اودغست h. l. Jacut أَوْدَغَسْت. h) B. الارض. i) L. والسَّرْبَر والران , B. quoque والسرير.

وما اتّصل بها من بلد الاتراك وجنوبيّها بحر فارس‘ وامّا مملكة الروم فانّ شرقيّها بلاد الاسلام وغربيّها وجنوبيّها البحر المحيط وشماليّها حدود عمل الصين لانّى ضممتُ ما بين الاتراك وبلد الروم من الصقالبة وسائر الامم الّتى تلى الروم الى بلد الروم‘ وامّا مملكة الصين فانّ شماليّها وشرقيّها البحر المحيط وجنوبيّها مملكة الاسلام والهند وامّا غربيّها فهو البحر المحيط لانّ ياجوج وماجوج وما ورآءهم الى البحر المحيط من هذه المملكة‘ وامّا ارض الهند فانّ شرقيّها بحر فارس وغربيّها وجنوبيّها بلاد الاسلام[a] وشماليّها مملكة الصين فهذه حدود هذه الممالك الّتى ذكرتُها ۞ وامّا البحار فجميعها اثنان فاعظمهما[b] بحر فارس ثمّ بحر الروم وهما خليجان متقابلان ياخذان من البحر المحيط وافسحهما[c] طولًا وعرضًا بحر فارس *وحدُّ بحر فارس من[d] حدّ الصين الى القلزم فاذا قطعتَ من القلزم الى الصين على خطّ مستقيم كان مقداره نحو مائتى مرحلة وكذلك اذا شئتَ ان تقطع من القلزم الى اقصى حجر بالمغرب على خطّ مستقيم الفيتَه مائة وثمانين مرحلة واذا قطعتَ من القلزم الى ارض العراق فى البرّيّة على خطّ مستقيم وشققتَ ارض السماوة الفيتَه نحو شهر ومن العراق الى نهر بَلْخ نحو شهرين ومن نهر بلخ الى آخر الاسلام فى حدّ فَرْغَانَة نيف وعشرون[e] مرحلة ومن هناك الى ان تقطع ارض الخَزْلَجِيّة[f] كلّها وتدخل فى عمل التَّغَزْغَز نيف وثلاثون مرحلة ومن هذا المكان الى البحر المحيط من آخر عمل الصين نحو شهرين‘ فامّا من اراد قطع هذه المسافة من القلزم الى الصين فى البحر طالت المسافة عليه لكثرة المعاطف والتوآء الطريق فى هذه البحور ۞ وامّا بحر الروم فانّه ياخذ من البحر المحيط فى الخليج الّذى بين الاندلس وطنجة حتّى ينتهى الى الثغور الشاميّة ومقداره فى المسافة نحو اربعة اشهر وهو احسن استقامة واستوآء من بحر فارس وذلك انّك اذا اخذتَ من

---

a) L. et B. خراسان. *b*) L. et B. فاعظمها. *c*) L. وافسحها. *d*) P. والذى يقترى بحر فارس من الارض ثمن. *e*) L. وعشرين. *f*) L. et B. semper الخرلخية, ut Jacut, I, p. ٣٩٧, 18 الخَرْلُخية.

فم هذا الخليج انّك ريح واحدة الى اكثر هذا البحر، وبين بحر[a] القلزم الّذى هو لسان بحر فارس وبين بحر الروم على سمت الفَرَمَا اربع مراحل وزعم بعض المفسّرين فى قوله تعالى[b] بَيْنَهُمَا بَرْزَخٌ لَا يَبْغِيَانِ انّه هذا الموضع وبزعم اهل التأويل غير ذلك غير انّ بحر الروم يجاوز الفرما الى الثغور بنيف وعشرين مرحلة وهو مفصّل فى مسافات المغرب بما يغنى عن اعادته فمن مصر الى اقصى المغرب نحو مائة وثمانين[c] مرحلة فكان ما بين اقصى الارض من المغرب الى اقصاها من المشرق نحو اربع مائة[d] مرحلة وامّا عرضها من اقصاها فى حدّ الشمال الى اقصاها فى حدّ الجنوب فانّك تاخذ من ساحل البحر المحيط حتّى تنتهى الى ارض ياجوج وماجوج ثمّ تمرّ على ظهر ارض الصقالبة فتقطع ارض بلغار الداخلة والصقالبة وتمضى فى بلد الروم الى الشام وارض مصر والنوبة ثمّ تمتدّ فى بريّة بين بلاد السودان وبلاد الزنج حتّى تنتهى الى البحر المحيط، فهذا خطّ ما بين جنوبىّ الارض وشماليّها فامّا الّذى اعلمه من مسافة هذا الخطّ فانّ من ناحية ياجوج الى بلغار وارض الصقالبة نحو اربعين مرحلة ومن ارض الصقالبة فى بلد الروم الى الشام نحو ستّين مرحلة ومن ارض الشام الى ارض مصر نحو ثلاثين مرحلة ومنها الى اقصى النوبة نحو ثمانين[e] مرحلة حتّى تنتهى الى هذه البريّة[f] فذلك مائتان وعشر مراحل كلّها عامرة[g] فامّا ما بين ياجوج وماجوج والبحر المحيط فى الشمال وما بين برارىّ السودان والبحر[h] المحيط فى الجنوب فقفر خراب ما بلغنى انّ فيه عمارة ولا حيوانًا ولا نباتًا ولا يعلم مسافة هاتين البرّيّتين الى البحر المحيط كم هى وذلك انّ سلوكهما غير ممكن لفرط البرد الّذى يمنع من العمارة والحيوة فى الشمال وفرط الحرّ المانع من العمارة والحياة فى الجنوب، وجميع ما بين الصين

---

a) Ex conjectura addidi, ut apud I., p. ٧, 1. *b*) Qor. 55, vs. 20. *c*) L. وثلثين. *d*) L. مية et sic saepius in Codd. ماتى pro مائتى cet. *e*) P. ستين. *f*) P. addit التى لا تسلك. *g*) P. ineptissime غامرة غير مسكونة. *h*) L. فى البحر.

والمغرب فمعمور كلّه[a] والبحر المحيط محتفّ بالارض[b] كالطوق وياخذ بحر الروم وبحر فارس من البحر المحيط ۞ فامّا بحر الخزر فليس ياخذ من هذا الخليج ولا غيره شيًّا بتّة[c] وانّما هو بحر لو اخذ السائر على ساحله من الخزر على ارض الديلم وطبرستان وجُرْجان ومفازة سِيَاه كُوِيْه لرجع الى مكانه الّذى سار منه من غير ان يمنعه مانع الّا نهر يقع[d] فيه، وامّا بحيرة خوارزم فكذلك ايضًا ۞ وفى اراضى الزنج وبلدانهم خلجان وكذلك من ورآء ارض الروم خلجان وبحار لا تذكر لقصورها عن هذه البحار وكثرتها، وياخذ من البحر المحيط خليج *حتّى ينتهى الى[e] ظهر بلد الصقالبة ويقطع ارض الروم على القُسْطَنْطِينيّة حتّى *يقع فى بحر الروم[f] ۞ وارض الروم حدّها من هذا البحر المحيط على بلد الجَلَالِقَة وافْرَنْجَة[g] ورُومِيَة واثيناس[h] الى القسطنطينيّة ثمّ *الى ارض الصقالبة ويشبه ان[i] يكون نحو مائة وسبعين مرحلة وذلك انّ من حدّ الثغور فى الشمال الى ارض الصقالبة نحو شهرين وقد بيّنتُ انّ من اقصى الجنوب الى اقصى الشمال مائتى مرحلة وعشر مراحل، والروم المحض من حدّ رومية الى حدّ الصقالبة وما ضمنتْه الى بلد الروم من الافرنجة والجلالقة وغيرهم فانّ لسانهم مختلف غير انّ الدين والمملكة واحد كما انّ فى مُملكة الاسلام السنة مختلفة والملك واحد ۞ ومملكة الصين على ما زعم ابو اسحاق الفارسىّ وابو اسحاق ابراهيم بن البْتكين[k] حاجب صاحب خراسان اربعة اشهر فى ثلاثة اشهر فاذا اخذتَ من

a) P. add. مسكون بالحيوان. b) Ex P. addidi. c) P. add.: فليست له مادّة من شىء من ذين البحرين بوجه ولا سبب فانّ هذا البحر فى قرار من الارض مادّته الماء العذب والّذى تفرغ (l. يفرغ) اليه فنهر اتل وهو اكبر موادّه ونهرى الكرّ والرسّ ومياه الجبل وطبرستان ونواحى البرّيّة وجميعها مياه عذبة وانّما تربتها حُمّائيّة فاسدة الماء ياجن وياسن فيه. d) L. et B. يقطع. e) P. يمرّ على. f) P. يفرغ فى بحر المغرب مسيرته نحو مائة وسبعين مرحلة. g) L. والفرنجة. h) L. et B. واشيناس. i) L. et B. الى ارض ويشبه ان. k) Codd. hic et deinde البنكين; vid. Defrémery, *Mémoires d'histoire orientale*, II, p. 302, ann. Cf. Ist., p. ٩, 3 seqq.

فم الخليج حتّى تنتهى الى ديار الاسلام ممّا ورآء النهر فهو نحو ثلاثة اشهر واذا اخذتَ من حدّ المشرق حتّى تقطع الى حدّ المغرب فى ارض التُّبَّت وتمتدّ فى ارض التغزغز وخِرْخِيز وعلى ظهر كَيْماك الى البحر فهو نحو اربعة اشهر، وفى مملكة الصين السنة مختلفة وجميع الاتراك من التغزغز وخرخيز وكيماك والغُزّيّة والخزلجيّة السنتهم واحدة وبعضهم يفهم عن[a] بعض ومملكة الصين *كلّها منسوبة الى الملك المقيم بخَمْدان ومملكة الروم[b] كلّها منسوبة الى الملك المقيم بالقسطنطينيّة وكذلك مملكة الاسلام منسوبة الى الملك المقيم ببغداد ومملكة الهند منسوبة الى الملك المقيم بقَنّوج[c] ۞ وفى ديار الاتراك ملوك متميّزون بممالكهم فامّا الغُزّيّة فانّ حدود ديارهم ما بين الخزر وكيماك وارض الخزلجيّة وبلغار وحدود الديلم ما بين جرجان الى باراب واسبيجاب، وديار الكيماكيّة وهم من ورآء الخزلجيّة فى ناحية الشمال وهم فيما بين الغزّيّة وخرخيز وظهر الصقالبة، وامّا ياجوج فهم فى ناحية الشمال اذا قطعتَ ما بين الكيماكيّة والصقالبة والله اعلم بمقاديرهم وبلادهم بلاد شاهقة لا يترقّاها الدوابّ ولا يصعدها الّا الرجّالة ولم القَ احدًا اخبرَ بهم من ابى اسحاق ابراهيم بن البتكين حاجب صاحب خراسان فاخبرنى انّ تجاراتهم انّما تصل اليهم على ظهور الرجال واصلاب المعز وانّهم ربّما اقاموا فى صعود جبل ونزوله الاسبوع والعشرة الايّام، وامّا خرخيز فانّهم ما بين التغزغز وكيماك والبحر المحيط وارض الخزلجيّة والغزّيّة، وامّا التغزغز فقبيل[d] ما بين التُّبّت وارض الخزلجيّة وخرخيز ومملكة الصين، والصين ما بين البحر المحيط والتغزغز والتبّت والخليج الفارسىّ ۞ وارض الصقالبة عريضة طويلة نحو شهرين فى مثلها، وبلغار مدينة صغيرة ليس لها اعمال كثيرة وكانت مشهورة لانّها كانت فرضة لهذه الممالك فاكتسحتها الروس وخَزَران[e] واتِل وسَمَنْدَر فى سنة ٣٥٨ وساروا من فورهم الى بلد الروم والاندلس،

---

a) L. من. *b*) Verba inde a كلها in L. et B. desunt et jam deërant in Codice quo usus est Ibno 'l-Wardí. *c*) L. et B. s. p. Pronunciandum esse ut recepi, docuit me Cl. Sprenger (Kanaudj). *d*) B. فقبل. *e*) L. et B. s. p.

والرُّوس قوم بناحية بلغار فيما بينها وبين الصقالبة، وقد انقطع طائفة من الترك عن بلادهم فصاروا ما بين الخزر والروم يقال لهم البَجَاناكيّة وليس موضعهم بدار لهم على قديم الايّام وانّما انتابوها فغلبوا عليها، وامّا الخزر فانّه اسم لهذا الجنس من الناس وامّا البلد فانّه مصر يسمّى اتل[a] وانّما سمّى باسم النهر الّذى يجرى عليه الى بحر الخزر وليس لهذا المِصر كبير رزداق ولا سعة مملكة وهو بلد بين بحر الخزر والسرير والروس والغزيّة، وامّا التبّت فانّها بين ارض الصين والهند وارض الخزلجيّة والتغزغز وبحر فارس وبعضها فى مملكة الهند وبعضها فى مملكة الصين ولهم ملك قائم بنفسه يقال انّ اصله من التبابعة والله اعلم، وامّا جنوبىّ الارض من بلاد السودان الّتى فى اقصى المغرب[b] على البحر المحيط فبلد ملتفّ ليس بينه وبين شىء من الممالك اتّصال[c] غير انّ حدًّا له ينتهى الى البحر المحيط وحدًّا له الى بريّة بينه وبين ارض المغرب وحدًّا له الى[d] بريّة بينه وبين ارض مصر على ظهر الواحات وحدًّا له ينتهى الى البريّة الّتى قلنا انّه لا تثبت فيها عمارة لشدّة الحرّ وبلغنى انّ طول ارضهم نحو سبعمائة فرسخ فى نحوها غير انّها من البحر الى ظهر الواحات اطول من عرضها، وامّا ارض النوبة فانّ حدًّا لها الى ارض مصر وحدًّا لها الى هذه البريّة الّتى بين ارض السودان ومصر وحدًّا لها الى ارض البجة وبرارىّ بينها وبين بحر[e] القلزم وحدًّا لها الى هذه البريّة الّتى لا تسلك، وامّا ارض البُجَة فانّ ديارهم صغيرة وهم فيما بين الحبشة والنوبة وهذه البريّة الّتى لا تسلك، وامّا الحبشة فانّها على بحر القلزم وهو بحر فارس فينتهى حدّ لها الى بلاد الزنج وحدّ لها الى البريّة الّتى بين النوبة وبحر القلزم وحدّ لها الى البجة والبريّة الّتى لا تسلك، وامّا ارض الزنج فانّها اطول اراضى السودان ولا تتّصل بمملكة غير الحبشة وهى بحذآء اليمن وفارس وكرمان الى ان تحاذى ارض الهند، وامّا

---

a) L. et B. الاتل, de qua lectione vid. Annot. ad *Merácid*, IV, p. 36. Infra quoque recurrit, sed non recepi. *b*) L. الغرب. *c*) L. et B. ايصال. *d*) L. et B. om. *e*) Addidi بحر ut supra p. ١٢, 1. Apud I., p. ١١, 7 quoque deëst.

ارض الهند فانّ طولها من عمل مكران فى ارض المنصورة والبُدْهَة وسائر بلد السند الى ان تنتهى الى قنّوج ثمّ تجوزه الى ارض التبّت نحو[a] من اربعة اشهر وعرضها من بحر فارس على ارض قنّوج نحو[a] من ثلاثة اشهر ✿ وامّا مملكة الاسلام فانّ طولها من حدّ فرغانة حتّى تقطع خراسان والجبال والعراق وديار العرب الى سواحل اليمن فهو نحو خمسة اشهر وعرضها من بلد الروم حتّى تقطع الشام والجزيرة والعراق وفارس وكرمان الى ارض المنصورة على شطّ بحر فارس نحو اربعة اشهر، وانّما تركتُ فى ذكر طول الاسلام حدّ المغرب الى الاندلس لانّه مثل الكمّ فى الثوب وليس فى شرقىّ المغرب ولا فى غربيّه اسلام لانّك اذا جاوزتَ مصر فى ارض المغرب كان جنوبىّ المغرب بلاد السودان وشماله بحر الروم ثمّ ارض الروم ولو صلح ان يجعل[b] طول الاسلام من فرغانة الى ارض المغرب والاندلس لكان[c] مسيرة مائتى مرحلة الّا مراحل لانّ من اقصى فرغانة الى وادى بلخ نيفًا وعشرين مرحلة ومن وادى بلخ الى العراق نحو ستّين مرحلة ومن العراق الى مصر نحو ثلاثين مرحلة وقد بيّنتُ فى مسافات المغرب انّ من مصر الى اقصاها[d] فى جهة الغرب مائة وثمانين مرحلة ومن مصر الى ان يحاذى[e] آخر ارض الاندلس آخر ارض طنجة نصف هذه المسافة ودون ذلك ✿ ولمّا قصدتُ فى كتابى هذا تفصيل بلاد الاسلام اقليمًا اقليمًا ليعرف موقع كلّ اقليم من مكانه وما يجاوره من سائر الاقاليم ولم تتّسع هذه الصورة الّتى جمعتْ سائر الاقاليم لما يستحقّه كلُّ اقليم فى صورته من مقدار الطول والعرض والاستدارة والتربيع والتثليث وما يكون عليه اشكاله جعلتُ لكلّ اقليم مكانًا يعرف به موضعه وما يجاوره من سائر الاقاليم ثمّ افردتُ لكلّ اقليم منها صورة على حِدَة بيّنتُ فيها شكل ذلك الاقليم وما يقع فى اضعافه من المدن وسائر ما يحتاج الى علمه ممّا آتى على ذكره فى موضعه ان شآء الله[f] ✿

a) B. نحوا. *b*) L. et B. نجعل. *c*) L. كان. Pro مائتى leg. ثلاث مائة. Cf. I., p. ١٢, 4. *d*) L. et B. add. مرحلة. *e*) B. تحاذى. *f*) B. add. تعالى.

ديار العرب

فابتدأتُ بديار العرب لانّ القبلة بها ومكّة فيها وهى امّ القرى وبلد العرب واوطانهم الّتى لم يشركهم فى سكناها غيرهم والّذى يحيط بها بحر فارس من عبّادان وهو مصبّ ماء دجلة فى البحر فيمتدّ[a] على البَحْرَيْن حتّى ينتهى الى عُمان ثمّ يعطف على سواحل مَهْرة وحَضْرَموت وعَدَن حتّى ينتهى الى سواحل اليَمَن الى جُدّة ثمّ يمتدّ على الجار ومَدْيَن حتّى ينتهى الى أَيْلَة ثمّ قد انتهى حينئذ حدود[b] ديار العرب من هذا البحر وهذا المكان من البحر له لسان يعرف ببحر القلزم فيمتدّ على تَارَان[c] وجُبَيْلَان الى القُلْزُم وينقطع وهو[d] شرقىّ ديار العرب وجنوبيّها وشئ من غربيّها ثمّ يمتدّ عليها من ايلة على مدائن قوم لُوط والبحيرة المُنْتِنة الّتى تعرف ببحيرة زُغَر الى الشَّراة والبَلْقاء وهى من عمل فِلَسْطين وأَذْرِعات وحَوْرَان[e] والبَثَنِيّة والغُوطة ونواحى بَعْلَبَكّ وذلك من عمل دِمَشْق وتَدْمُر وسَلَمْيَة وهما من عمل حِمْص ثمّ الخُنَاصِرَة وبَالِس وهما من عمل قِنَّسْرِين وقد انتهينا الى الفُرات ثمّ يمتدّ[f] الفرات على ديار العرب حتّى ينتهى الى الرَّقّة وقَرْقِيسِيَا والرَّحْبَة والدَّالِيَة وعانة والحَدِيثَة وهيت والأَنْبار الى الكوفة ومستفرغ مياه الفرات الى البَطائح ثمّ تمتدّ ديار العرب على نواحى الكوفة والحيرة على الخَوَرْنَق وعلى سواد الكوفة الى حدّ واسط فتصاقب[g] ما جاوز دجلة وقاربها عند واسط مقدار مرحلة ثمّ تستمدّ على سواد البصرة وبطائحها حتّى تنتهى الى عبّادان وهذا الّذى يحيط بديار العرب، فما كان من عبّادان الى ايلة فانّه بحر فارس ويشتمل على نحو ثلاثة ارباع ديار العرب وهو الحدّ الشرقىّ والجنوبىّ وبعض الغربىّ وما بقى من الحدّ[h] الغربىّ من ايلة الى بالس فمن الشام وما كان من بالس الى عبّادان فهو الحدّ الشمالىّ ومن بالس الى

---

a) L. فتمتد et sic deinde تنتهى cet., B. sine p. *b*) B. حد. *c*) L. باران, B. داران. *d*) B. هو sine copula. *e*) B. والحوران et deinde والمبتنية. *f*) L. et B. تمتد et deinde L. تنتهى. *g*) L. فيصاقب, B. ويصاقب et deinde يستمد. *h*) Codd. حد.

ان تجاوز[a] الانبار من حدّ الجزيرة ومن الانبار الى عبّادان من حدّ العراق ۞ ويتّصل بارض العرب بناحية ايلة بريّة تعرف[b] بتيه بنى اسرآئيل وهى بريّة وان كانت متّصلة بديار العرب فليست من ديارهم وانّما كانت بريّة بين ارض العَمالِقة واليُونانيّة وارض القِبْط وليس للعرب بها مآء ولا مرعى فلذلك لا تدخل فى ديارهم ۞ وقد سكن طوائف من العرب من ربيعة ومضر الجزيرة حتّى صارت لهم بها ديار ومراعٍ[c] ولم اذكر الجزيرة فى ديار العرب لانّ نزولهم بها كان وهى ديار لفارس والروم فى اضعاف قرى معمورة ومدن لها اعمال عريضة فنزلوا على خفارة فارس والروم حتّى انّ بعضهم تنصّر ودان بدين النصرانيّة مثل تَغْلِب من ربيعة بارض الجزيرة وغسّان وبَهْرآء[d] وتَنُوخ من اليمن *بارض الشام[e] ۞

وديار العرب هى الحجاز الّتى تشتمل على مكّة والمدينة واليَمامَة ومخاليفها ونَجْد[f] الحجاز المتّصل بارض البحرين وبادية العراق وبادية الجزيرة وبادية الشام واليمن المشتملة على تِهامَة ونجد اليمن وعمان ومَهْرة وحضرموت[g] وبلاد صَنْعآء وعَدَن وسائر مخاليف اليمن، فما كان من حدّ السِّرَيْن حتّى ينتهى الى ناحية يَلَمْلَم ثمّ على ظهر الطائف ممتدًّا على نجد[h] اليمن الى بحر فارس مشرّقًا فمن اليمن ويكون ذلك نحو الثُّلُثَيْن من ديار العرب، وما كان من حدّ السرّين على بحر فارس الى قرب مدين راجعًا فى حدّ المشرق على الحِجْر[i] الى جبلَىْ بنى[k] طىّء ممتدًّا على ظهر اليمامة الى بحر فارس فمن الحجاز، وما كان من حدّ[l] اليمامة الى قرب المدينة راجعًا على بادية البصرة حتّى يمتدّ[m] على البحرين *الى البحر[n] فمن نجد، وما كان من حدّ[o] عبّادان الى الأنبار مواجهًا لنجد

---

a) L. يجاوز , B. تجاوز. *b*) L. et B. om. *c*) L. وقرار , B. ومراعى. *d*) L. et B. ومهرة. *e*) L. et B. om. *f*) L. et B. وحد et متصل (B. مخاليفها sine copula). *g*) L. et B. om. *h*) L. et B. بحر. *i*) L. et B. الحجاز. *k*) L. ابى , B. الى; ceteri om. (B. جبل). *l*) L. et B. om. *m*) L. تمتد , B. يمتد. *n*) L. et B. om. *o*) B. om.

والحجاز على أَسَد وطىّء وتميم وسائر قبائل مُضَر فمن بادية العراق، وما كان من حدّ الانبار الى بالس مواجهًا لبادية الشام على ارض تَيْمآء وبرّية خُسَاف الى قرب وادى القرى والحِجْر[a] فمن بادية الجزيرة، وما كان من بالس الى ايلة مواجهًا للحجاز على بحر فارس الى ناحية مدين معارضًا لارض تبوك حتّى يتّصل بديار[b] طىّء فمن بادية الشام على انّ من العلمآء بتقسيم هذه الديار من زعم انّ المدينة من نجد لقربها منها *وانّ مكّة من تهامة اليمن[c] لقربها منها والله اعلم[d] *

وكانت هذه الديار عظيمة خطيرة الملوك فمنهم من ملك اكثر الارض فى سالف الزمان كتُبّع الّذى مدّن مدينة[e] صنعآء وسمرقند وكان يقيم بهذه حولًا وبهذه آخر وبُعث بها كثير من الانبيآء وكان من اكرمهم نبيّنا[f] محمّد صلّى الله عليه وسلّم وعلى آله ولم يك فيما سلف من الزمان وممرّ الدهور والايّام ممّن علت كلمته واتّسعت مملكته واستفلحت[g] جبايته كفرعون وذى القرنين وتبّع من[h] ثبت الملك فيه وفى عقبه وجُبيت له الاموال، وتخرّق[i] فى المروّة والافضال،، كمن ملكها من اهلها فى الاسلام من حيث لم يَرِمْ اكثرهم عن مواطنهم، ولم ينزحوا عن اماكنهم،، يدعى لهم فى اطرافها، وتدرّ عليهم الحمول[k] من اخلافها،، فامّا اموالها فى وقتنا[l] الواصلة الى سلاطينها وملوكها واربابها واصحاب اطرافها فمن جلّتها[m] ابو الجيش اسحاق بن ابراهيم بن زياد بعد اهل اليحريين المتّصلين كانوا بموالينا عمّ والّذى تحت يده فمن الشَّرْجَة[n] الى عَدَن طولًا على ساحل البحر وارض تهامة اليمن ويكون مقدار ذلك اثنتى عشرة مرحلة وعرضه من الجبال الى ساحل اليمن من عمل غَلَافِقَة ويكون مقداره مسيرة[o] اربع مراحل

---

a) L. et B. والحجاز. b) B. بدار. c) L. om. d) In B. desunt. Hic in L. et B. pagina alba sequitur mappae destinata. Praecedit وهذه صورة ديار العرب وكيفيتها من البحار. e) P. مدينتى. f) L. نبيا, P. add. المصطفى post محمد. g) P. وكبرت. h) P. ومن. i) L. in textu تغرق cum ann. فى تاريخ ٣٦٠ للهجرة. P. وتجاوز; P. نسخة وتخترق (sic). k) P. الاموال. l) P. m) P. جُمْلتهم. n) P. السَّرْحَة. o) B. مقدار مسيره.

واكثر امواله المقبوضة من العشور وهى ما ينيف[a] على خمس مائة الف دينار عثّريّة ومن قبالات زَبيد عن جميع ما يدخلها ويخرج عنها وتشتمل عليه من وجوه الاموال مائتا الف دينار عثّريّة واكثر ملوك الجبال يخطبون له على منابرهم فى وقتنا هذا ويصل اليه من جباية عدن عن المراكب العشريّة ممّا لا يقع بموافقة ولا ضَمان ويعمل بالأمانات فربّما زادت المراكب ونقصت وقد يرتفع له فى السنة عن هذا المكان مائتا الف دينار عثّريّة زائدًا وناقصًا ويؤخذ[b] العنبر بسواحل عدن وما يليها وله على ذلك ضريبة تصل اليه وله على صاحب جزائر دَهْلَك موافقة من هدايا ترد عليه فيها عبيد وعنبر وغير ذلك وملكة الحبشة تهاديه ولا تقطع مبرّته ومواصلته، ويتلوه فى المكنة والمقدرة ابن[c] طرف صاحب عَثَّر وملكه يشتمل على وجوه من الاموال وضروب من الجبايات ويكون الواصل اليه كنصف الواصل الى ابى الجيش من المال[d]، ويتلوه الخزاميّ[e] صاحب حَلْى[f] وهو دون ابن طرف فى المكنة والسلطان والجباية وهاؤلآء الثلاثة ملوك تهامة اليمن وابن طرف والخزاميّ جميعًا فى طاعة ابن زياد فى وقتنا هذا ويخطبون على اسمه وقد خطب لمولانا عمّ فى سنتنا الماضية، وملوك تهامة اليمن المعروفون بملوك الجبال فكثيرة واجلّهم ولد اسعد بن ابى يعفر وهو على المَحْجبة الّتى لم يزل عليها الى يومنا هذا وهو ملك صَنْعآء وهو يخطب لابى الجيش ويضرب دراهمه على اسمه وليس يُنفذ اليه مبرة ولا هديّة وجميع وجوه امواله دون اربعمائة الف دينار فتنصرف[g] فى مروّته والى اضيافه وقاصديه وهو من سلالة التبابعة ومن بالجبال من ملوكها فجبايته دون هذه العدّة من المال ومرافقه بقدر كفايته، وامّا الحَسَنىّ صاحب صَعْدَة فله جباية كثيرة ومستغلّات من المدابغ وضرائب من القوافل كثيرة تضاهى ارتفاع ابن طرف وربّما زادت ونقصت،

---

a) In P. hoc 20,000 denariis aestimatur, nam tota summa ibi datur 720,000 denarii. *b*) B. ويوحد. *c*) L. et B. ابو. *d*) P. نحو اربع مائة الف دينار. *e*) A Dsahabío in *al-Moschtabih*, p. ١٥٣ hoc nomen relativum non memoratur. B. h. l. الحزامى. *f*) L. جلى, B. جُلّى. *g*) B. فتنصرف.

وصاحب الشِّرّيْنِ[a] فما يصل اليه يقوم به وباهله وليست بحال تذكر وله على المراكب الصاعدة والنازلة من اليمن رسم ياخذه من الرقيق والمتاع الوارد مع التجّار، وامّا الأَحْسَآء[b] ومدنها فهى[c] هَجَر والقَطِيف والعُقَيْر وبِيشَة والخَرْج وأُوَال وهى جزيرة كان لابى سعيد وولده سليمان بن الحسن فيها الضريبة العظيمة على المراكب المجتازة بهم والى وقتنا هذا لمخلّفيهما ويكون على ما بلغنى من ظهر ابى سعيد نحو ثلاث مائة رجل ولهم بها اموال[d] وعشور ووجوه مرافق من البادية وقوانين[e] مرسومة وضروب من الكلف والمراصد على بادية البصرة والكوفة وطريق مكّة بعد اقطاع بالبحرين من اهل الضياع بضروب ثمارها ومزارعها من الحنطة والشعير لأتباعهم من المعروفين بالمؤمنين ومبلغها نحو ثلاثين الف دينار وما عدا ذلك من المال والامر والنهى والحلّ والعقد وفيما سواه من مال طريق مكّة ومال عمان والمأخوذ من ضرائب الحجّاج فمتساوٍ فيه ارآء ولد ابى سعيد الباقين بعد مشاورة ابى محمّد سَنْبَر بن الحسن بن سنبر ورايُه وسنُّه دون الخمسين سنة وهو اكمل القوم واشدّهم تمكّنًا من نفسه وعند اقتسامهم اموالهم يُبْدَأُ[f] فيعزل منها[g] الخمس لسهم[h] صاحب الزمان والثلاثة اخماس[i] لولد ابى سعيد على قوانين وقعت بها الموافقة والخمس الباقى[k] للسنابرة مسلّمًا الى ابى محمّد ليفرّقه فى ولد ابيه وولده على طبقاتهم وهم نحو عشرين[l] رجلًا، وكان ولد ابى طاهر فيهم معظّمين مبجّلين وكانوا سبعة واجلّهم سابور فلمّا قتله اعمامه تشتّتت كلمتهم وتغيّرت جرايتهم وكان لهم من الثلاثة اخماس مال معلوم دون

---

a) L. الشربين. b) L. الاحساب; P. البحرين et inter urbes الاحسآء enumerat. Cf. Jacut, I, p. ١٤٨. c) L. et B. وهى. d) L. et B. add. ووجوه. e) B. قوانين sine cop. f) L. ببلدا, B. بيذا. P. فاذا همّوا بقسمة ما يصل اليهم من مال السنة كان ذلك فى يوم معلوم لم يزالوا فيعزل الخ. g) L. et B. منه. h) L. et B. بسهم. i) P. الاخماس. k) Deinde P.: لاتباعهم المعروفين بالمومنين عندهم وبالجملة فذلك الخمس مصروف الى قاصديهم واضيافهم واشياعهم. l) L. عشرون.

الجرايات عليهم من الغنائم بحسب منازلهم وتمكّنهم سوى ما لهم من الضياع والنعمة المعروفة بهم الى سنة ثمان وتسع وخمسين وسنة ستّين فانّهم لمّا قتلوه استوحش بعضهم من بعض وانقبضوا عن الالتقآء بالجَرْعآء[a] وغيرها وكان من رسمهم ان يركب مشايخهم واولادهم فرادى فيجتمعون بموضع يعرف بالجرعآء فبلىّ الأَحْسآء وتلعب احداثهم بالرماح على خيولهم وينصرفون افرادًا بغاية التواضع ولبسهم البياض لا غير ومن رسمهم ان يتشاوروا فيمن يُخْرجونه فيما فدحهم[b] واهمّهم فاذا اتّفق رأيهم على خروجهم باجمعهم لم يتخلّفوا[c] بانفسهم وتركوا فى البلد اوثقهم عندهم ولمّا انفذوا ابا علىّ بن ابى المنصور الى عمان وتعذّر عليه فتحها سار[d] اليها القوم باجمعهم فافتتحوها ولمّا صار ابو علىّ بن ابى المنصور الى الشام وعاد عنها ظُنّت[e] به خيانة فيما صار اليه من الغنائم ورُدّ[f] اليها فى الثانية كسرى بن ابى القاسم وصخر بن ابى اسحاق فكان منهم مع الحسين بن عبيد الله ما كان ثمّ انّ المُطيع سلّ سخائمهم وسعى فى تالّف قلوبهم وجمع كلمتهم فى سنة ستّين على ما بلغنى سنة احدى وستّين من مشافهة *ابى الحسين[g] علىّ بن احمد الجزرىّ صاحب *ابى طريف[h] عدىّ بن محمّد بن الغمر ورايتُه بصقلّيّة وكانّه ورد المغرب ليقرأ الاخبار بها واخبرنى باشيآء كالسرّ عنده ثم خمش وجه الحديث وقال ومن بقى من العِقْدَانِيّة[i] بالاحسآء وغيرها هلكوا كلّهم كابى[k] طريف عدىّ بن محمّد بن الغمر وابى[l] الحسن علىّ ابن احمد بن بشر الحارثىّ وهو المثّلى[m] سوائمهم وحبسهم وحدودهم يقيم الحدود فيمن يجب عليه كبير السنّ قد ناهز المائة سنة وثور بن ثور[n]

---

a) L. h. l. بالجرحى, B. دالحرحى. *b*) L. et B. فدحهم. *c*) L. et B. يتحلفوا. *d*) B. ساير. *e*) B. ظنىت. *f*) L. et B. رد. *g*) Deëst in Codd. *h*) Codd. ابى الحسين et deinde على. *i*) Codd. العبدانيه. Titulus significat اصحاب الحل والعقد. Ni quis igitur putet eos nomen habere ab Abdán al-Kátib, primo hujus sectae emissario. *k*) Codd. كابىن. *l*) Codd. add. على. *m*) L. المملى. *n*) B. وتور بن تور.

الكلابىّ صاحب جيشهم[a] مسنّ كاف مع كبر سنّه وهو صاحب سراياهم الى كلّ مكان واليه ابو الحسن علىّ بن عثمان الكلابىّ وكان يزعم انّ سنّه عشرون ومائة سنة ينفذ رسائلهم الى جميع البقاع والاصقاع بليغ اللسان حسن البيان فصيح جَرِىء الجَنَان وربّما انفذ ابن عرفة قاضيهم برسائلهم الى بنى حمدان وغيرهم فعقد عليه بيعتهم واخذ عليهم العهود بموالاتهم وقد انتشر حبلهم[b] بما جروا اليه من قتل سابور بن سليمان وامورهم كالوافقة[c] فيما بينهم وسمعتُ ابا الحسين الجزرىّ بالبصرة وصقلّية ومكّة يحكى عن ابى طريف عدىّ بن محمّد بن[d] الغمر ويقول سمعتُ القاضى ابن عرفة يقول سادتنا يتوزّعون[e] من مال البصرة والكوفة وما يقبضونه من الحاجّ ويرد عليهم من مال عمان والغنائم دون الخمس الخارج عنهم لصاحب الزمان الف الف دينار وربّما زادت المائة والمائتى الف دينار ۞

فامّا ما[f] ينتهى اليه علمى من احوال مدنها وما يحتاج الى علمه من المشهور والمهمل من اخبارها فلا اعلم بارض العرب نهرًا ولا بحرًا يحمل سفينة لانّ البحيرة المنتنة الّتى تعرف بزُغَر وان كانت مصاقبة للبادية فليست منها ومجتمع الماء الّذى بارض اليمن فى ديار سبأ انّما كان موضع مسيل ماء فبنى على وجهه سدّ فكان يجتمع فيه مياه كثيرة يستعملونها فى القرى والمزارع حتّى كفروا النعمة بعد ان كان الله تعالى قد جعل لهم عمارات قرى متّصلة الى الشام فسلّط على ذلك المكان آفة فكان لا يمسك ماء وهو قوله تعالى[g] وَجَعَلْنَا بَيْنَهُمْ وَبَيْنَ ٱلْقُرَى ٱلَّتِى بَارَكْنَا فِيهَا الى قوله وَمَزَّقْنَاهُمْ كُلَّ مُمَزَّقٍ فبطل ذلك الماء الى يومنا هذا، وامّا الجداول والعيون والسواقى والآبار فكثيرة ۞ وابتدئ من مدن ديار العرب بمكّة وهى مدينة فيما بين شعاب الجبال طولها من المَعْلاة الى المسفلة نحو ميلين وهو من[h]

---

a) Codd. حبسهم. b) L. حيلهم. c) Sive L. كالواقفة. Cl. Fleischer ad *Mémoire sur les Carmathes*, p. XVI mihi proposuit legere وأَمْرُهم بالموافقة. d) L. om. e) L. et B. يتورعون. f) L. et B. om. g) Qor. 34, vs. 17 seq. h) L. et B. om. من. Deinde B. حد.

الحدّ الجنوبىّ الى الشمالىّ ومن اسفل جياد الى ظهر قعيقعان[a] نحو الثُّلثين من هذا وابنيتها حجارة والمسجد الحرام فى نحو وسطها والكعبة المشرّفة فى وسط المسجد وباب الكعبة مرتفع من الارض نحو قامة تجاه المشرق وهو مصراعان وارض البيت مرتفعة عن الارض مع الباب وتحاذيه قبّة زمزم ومقام ابراهيم بقرب زمزم على خُطًى منها *فيحاذى الباب ايضًا[b]* وبين يدى الكعبة ممّا يلى المغرب حصار مبنىّ[c] مدوّر *وهو من البيت[d] الّا انّه لم يدخل فيه ويعرف بالحِجْر والطواف يحيط به وبالبيت وينتهى الى هذا الحجر من البيت ركنان احدهما يعرف بالركن العراقىّ والآخر يعرف بالركن الشامى والركنان الآخران احدهما عند الباب والحجر الاسود فيه مركّب على نحو قامة انسان والركن الآخر يعرف بالركن اليمانى، وسقاية الحاجّ المعروفة بسقاية العبّاس على ظهر زمزم وزمزم فيما بينها[e] وبين البيت، ودار الندوة من المسجد الحرام وهى فى طريقة سُوَيْقَة الصنعانيّين[f] كالرابعة فى المسجد الحرام، ومن وقف على الصَّفَا راى الحجر الاسود والسَّعْىُ بين الصفا والمروة، والمَرْوَة[g] حجر من حدّ قُعَيْقِعَان[h] وهو الجبل الّذى عن غربىّ الكعبة وابو قُبَيْس ارفع واعلى منه[i] ويقال انّ حجارة البيت من قعيقعان، ومِنًى على طريق عَرَفَات من مكّة وهو[k] شعب طوله دون الميلين وعرضه يسير[l] وبينه وبين مكّة ثلاثة اميال وبمنى ابنية كثيرة[m] لاهل كلّ بلد من بلدان الاسلام، ومسجد الخَيْف فى اقلّ من الوسط ممّا يلى مكّة وجَمْرَة العَقَبَة فى آخر منى ممّا يلى مكّة وليست[n] العقبة الّتى تنسب اليها الجمرة من منى والجمرة الاولى والوسطى هما معًا فوق مسجد الخيف الى ما يلى مكّة، والمُزْدَلِفَة مبيت للحاجّ ومجمع صلاتى المغرب والعشآء الآخرة اذا

---

a) B. قيعان. b) In L., B. et P. deëst. c) In L. et B. deëst. d) P. له بابان مع ركنى البيت. e) L. et B. بينهما. f) Vulgo السويقة appellatur. Vid. *Chron. Mekk.*, II, p. ۱۳. g) In L. et B. deëst. h) B. قيقعان. i) P. addit: تجاهه من نحو المشرق. k) B. وهى. l) P. دون رمية سهم. m) P. add. كالقصور. n) L. et B. add. جمرة, ut quoque omnes Codd. I.

صدروا من عَرَفات وهو مكان بين بطن مُحَسِّر والمَازِمَيْن، وامّا[a] بطن محسّر فهو وادٍ بين عرفات[b] والمزدلفة، والمازمان شعب بين جبلين يفضى آخره الى بطن عُرَنَة[c] وهو وادٍ بين المازميين وبين عَرَفَة، وعرفة ما بين وادى عُرَنَة[c] الى حائط بنى عامرٍ الى ما اقبل على الصَّخَرَات[d] الّتى يكون بها موقف الامام والى طريق حصن[e] وبحائط بنى عامر نخيل وكذلك فى غربىّ عرفة وعرفة بقرب المسجد الّذى يجمع فيه الامام بين صلاتى الظهر والعصر فى يوم عرفة ونخل الحائط والعين تنسب[f] الى عبد الله بن عامر بن كُرَيْز، وليست عرفات من الحرم وانّما حدّ الحرم من المازميين فاذا جزتَهما الى العلمَيْن[g] فمن الحلّ وكذلك التَّنْعِيم الّذى يعرف بمسجد عائشة ليس من الحرم والحرم دونه وحدُّ الحرم نحو عشرة اميال فى مسيرة يوم وعلى الحرم كلّه منار مضروب يتميّز به عن غيره، وليس بمكّة ماۤء جارٍ الّا شىءٌ أُجْرِىَ اليها من عين قد عمل فيها بعض الولاة فاستتمّ فى ايّام المُقْتَدِر ويمتح الى مسيل قد جعل الى باب بنى شيبة فى قناة قد عملت هناك وكانت اكثر مياههم من السماۤء الى مواجن بها كانت عامرة فخربت باستيلاۤء المتولّين على اموال اوقافها واستئثارهم[h] بها وليس لهم آبار تشرب[i] واطيبها زمزم ولا يمكن الادمان على شربه[k] وليس بجميع مكّة شجر مثمر غير شجر البادية واذا جزتَ الحرم فهناك عيون وآبار وحوائط كثيرة واودية ذات خضر ومزارع ونخيل ويقال انّ بفخّ[l] نخيلات يسيرة متفرّقة وهى من الحرم ولم ارها، وامّا ثَبِير فجبل مشرف يرى من منى والمزدلفة وكانت الجاهليّة لا تدفع من المزدلفة الّا بعد طلوع الشمس اذا اشرقت على ثبير وبالمزدلفة المَشْعَر الحرام وهو مصلّى الامام يصلّى فيه المغرب والعشاۤء الآخرة والصبح، والحُدَيْبِيَة[m]

---

a) B. فاما. b) I. منى ut *Chron. Mekk.*; II, p. ٩٣ et Mokaddasí. c) L. عرفه, B. عرده. d) L. et B. الصحرا. e) L. et B. حصن. Cf. Jacut, II, p. ٢٧٥, 18 et *Moschtarik*, p. ١٣٦, 1. f) L. et B. ينسب. g) L. العملين. h) B. واستيثارهم. i) P. يشرب منها. k) P. accuratius شرب مائها. l) L. بفج B. بفح. m) In B. litterae paenult. inscribitur خف.

بعضها فى الحلّ وبعضها فى الحرم وهو مكان صدّ فيه المشركون رسول الله صلعم عن المسجد الحرام وهى ابعد الحلّ الى البيت وليس هى[a] من طول الحرم ولا فى عرضه الّا انّها فى مثل زاوية للحرم فلذلك صار بينها وبين المسجد اكثر من يوم ✿

وامّا المدينة فاقلّ[b] من نصف مكّة وهى فى حرّة سبخة الارض ولها نخيل كثير ومياه نخيلهم وزروعهم من الآبار يسقون بها[c] العبيد وعليها سور والمسجد فى نحو وسطها وقبر رسول الله صلعم فى المسجد فى شرقيّه قريبًا من القبلة قريبًا من الجدار الشرقىّ فى بيت مرتفع بين[d] سقفه وسقف المسجد فرجة ولا باب له وله زاويتان والمنبر الّذى كان يخطب عليه النبىّ عم قد غُشى بمنبر آخر والروضة امام المنبر بينه وبين القبر والمصلّى الّذى كان النبىّ صلعم يصلّى فيه الاعياد فى غربىّ المدينة داخل سورها، وبَقيع الغَرْقَد خارج السور بباب البقيع فى شرقىّ المدينة، وقُبَآء خارج المدينة على نحو ميلين الى ما يلى القبلة وهو مجمع بيوت الانصار شبه القرية، واُحُد جبل فى شمالىّ المدينة وهو اقرب الجبال اليها على مسيرة[e] فرسخين وبقربها مزارع فيها ضياع لاهل المدينة توازى[f] العقيق فيما بينها وبين الفرع، والفُرْع[g] من المدينة على اربعة ايّام فى جنوبيّها وفيها مسجد جامع غير انّ اكثر هذه الضياع خراب وكذلك حوالى المدينة ضياع كثيرة قد خربت، والعَقيق واد من المدينة فى قبليّها على اربعة اميال فى طريق مكّة واعذب ماء فى الناحية آبار العقيق، وروى عن النبىّ صلعم انّ غبار المدينة امان من الجذام ومن اقام بها وجد فى ترابها وهوآئها رائحة ليست كالارائح[h] طيبًا خِلْقة فيها وجوهريّة لا تتغيّر وهى ابقى طيبًا من الطيب بسابور ونهر الأُبُلّة[i] ولا تتغيّر المعجونات والطيب بها ما اقاما ✿ وامّا اليَمامة فواد ومدينتها تسمّى الخِضْرِمة[k] فهى دون مدينة رسول الله صلعم وهى اكثر نخيلًا وتمرًا

a) L. et B. هو. b) P. et I. فهى اقل. c) Edrisi يسقيها. d) B. وبين.
e) I. et Edrisi مقدار. f) L. et B. ووادى. g) L. et B. om. h) P. فى الارائح. i) P. وطينها انقى من طين نيسابور والذّ نسيمًا من نهر الابلّة.
k) L. et B. الحضرميه, P. حضرموت.

من المدينة ومن سائر الحجاز ۞ وامّا البَحْرَيْن فانّها فى ناحية نجد واكبر[a] اعمالها ومدنها عمل هجر وهى اكثر تموراً غير انّها ليست من الحجاز وهى على شطّ بحر فارس وهى دار القرامطة ولها مدن كثيرة وقرى وقبائل من مضر ذوو عدد قد اغتصبوها ۞ وليس بالحجاز مدينة بعد مكّة والمدينة اكبر من اليمامة وكان يليها فى الكبر وادى القرى وهى ذات نخيل كثيرة وعيون ۞ والجار فرضة المدينة وهى[b] على ثلاث مراحل[c] من المدينة على شطّ البحر وهى[d] اصغر من جُدّة ۞ وجُدّة فرضة لمكّة[e] على مرحلتين منها على شطّ البحر عامرة كثيرة التجارات والاموال وليس بالحجاز بعد مكّة بلد اكثر مالاً *وتجارة منها[f] وقوام تجارتها بالفُرْس ۞ والطائف مدينة صغيرة نحو وادى القرى كثيرة الشجر والثمر الّا انّ اكثر ثمارها الزبيب وهى طيّبة الهوآء واكثر فواكه مكّة[g] منها وهى على ظهر جبل غَزْوَان، وبغزوان ديار بنى سعد وسائر قبائل هُذَيْل وليس بالحجاز فيما علمتُه مكان هو ابرد من راس جبل غزوان ولذلك اعتدل هوآء الطائف وبلغنى انّه ربّما جمد المآء فى ذروة هذا الجبل وليس بالحجاز موضع يجمد فيه المآء سوى هذا الموضع ۞ والحِجْر قرية صغيرة قليلة السكّان وهى من وادى القرى على يوم بين جبال وبها كانت ديار ثَمُود الّتى قال الله جلّ ذكره فيها[h] وَتَنْحِتُونَ مِنَ ٱلْجِبَالِ بُيُوتًا فَارِهِينَ واخبرنى ابو اسحاق الفارسىّ انّ بيوتها منقورة كبيوتنا فى اضعاف جبالها وتدعى تلك الجبال الأَثَالِب[i] وهى جبال فى العيان متّصلة حتّى اذا توسّطتَ كانت كلّ قطعة منها قائمة بنفسها يطوف بكلّ قطعة منها الطائف ودونها جبال رمال[k] لا يكاد يرتقى الى ذراها الّا بمشقّة شديدة وبها بئر ثمود الّتى قال الله جلّ ذكره فى الناقة[l] لَهَا شِرْبٌ وَلَكُمْ شِرْبُ يَوْمٍ مَعْلُومٍ ۞ وتَبُوك بين الحجر وبين اوّل الشام على اربع مراحل فى نحو نصف طريق الشام وهى حصن وله عين مآء ونخيل وحائط ينسب الى النبىّ

---

a) L. et B. واكثر. *b*) L. et B. وهو. *c*) P. فراسخ. *d*) L. وهو. *e*) P. لاهل مكة. *f*) L. et B. منها وتجارة. *g*) P. add. وبقولها. *h*) Qor. 7 vs. 72; 26 vs. 149. *i*) L. الى ثالب. *k*) Edrîsî ورمال. *l*) Qor. 26 vs. 155.

صلعم ويقال انّ اصحاب الأَيْكة الّذين بعث الله اليهم شُعَيْبًا كانوا بها ولم يكن شعيب منها وانّما كان من مدين ۞ ومَدْيَن[a] على بحر القلزم محاذية لتبوك على نحو ستّ مراحل ومدين اكبر من تبوك وبها البئر الّتى استقى منها موسى عم لسائمة شعيب وذكر ابو اسحاق الفارسىّ انّها بئر مغطّاة قد عُمل عليها بيت وماء اهلها من عين تجرى لهم، ومدين اسم القبيلة الّتى كان منها شعيب وانّما سمّيت القرية بهم ألا ترى انّ الله جلّ ذكره يقول[b] وَإِلَى مَدْيَنَ أَخَاهُمْ شُعَيْبًا ۞ والجُحْفَة منزل عامر وبينها وبين البحر نحو ميلين وهى فى الكبر ودوام العمارة نحو مدينة فَيْد، وليس بين مكّة والمدينة منزل يستقلّ[c] بالاهل والعمارة جميع السنة *الّا الجحفة ولا بين المدينة والعراق مكان يستقلّ بالعمارة والاهل جميع السنة[d] كفيد وهى فى ديار طىّء وجبلا طىّء منها على مسيرة يومين وبها نخيل وزروع قليلة لطىّء وبها ماءٌ تافهٌ ويسكنها بادية من طىّء ينتقلون عنها فى بعض السنة ينتجعون المراعى ۞ وخَيْبَر حصن ذو نخل كثير وزرع ۞ ويَنْبُع حصن ايضًا به نخيل وماءٌ وزروع وبها وقوف لعلىّ بن ابى طالب عم يتولّاها اولاده، وبقرب ينبع جبل رَضْوَى وهو جبل منيف ذو شعاب واودية ورايتُهُ من ينبع كخضرة البقل، قال ابو اسحاق طفتُ فى شعابه وفيه مياه كثيرة واشجار وهو الجبل الّذى تزعم طائفة الكيسانيّة انّ محمّد بن علىّ بن ابى طالب عم فيه حىّ مقيم ومنه تحمل حجارة المسنّ الى سائر الآفاق، وفيما بينه وبين ديار جُهَيْنَة وساحل البحر ديار الحسنيّين[e] يسكنونها ببيوت الشعر نحو سبع مائة بيت بادية كالاعراب[f] ينتجعون المراعى والمياه بزىّ كزىّ الاعراب لا يميّز بينهم فى خَلق ولا خُلق، وتتّصل ديارهم فيما يلى الشرق بوادى ودّان[g] وهو من الجحفة على مرحلة وبينها وبين الأَبْوَاء الّتى على طريق الحاجّ فى غربيّها ستّة اميال وبها رئيس الجعفريّين من ولد جعفر بن ابى طالب وله بالفُرع والسائرة ضياع كثيرة وعشيرة واتباع وبينهم وبين ولد الحسن

---

a) L. et B. om. *b*) Qor. 7 vs. 83. *c*) L. يشتعل, B. يشتغل. *d*) Haec in L. et B. desunt. *e*) L. et B. الحسنيين. *f*) L. الاعراب. *g*) L. وردان.

ابن علىّ عمّ حروب ودمآء حتّى لقد استولت طائفة من اليمن يعرفون ببنى حرب على ضياعهم وصاروا حزبًا لهم وقد ضعفوا بخلافهم ۞ وتَيْمآء حصن اعمر من تبوك وهى فى شمال تبوك ولها نخيل وهى ممتار البادية وبينها وبين اوّل الشام ثلاثة ايام ۞ ولا اعلم فيما بين الشام والعراق واليمن مكانًا الّا وهو فى يد طائفة من العرب ينتجعونه فى مراعيهم ومياههم الّا ان يكون بين اليمامة والبحرين وبين عمان ومن ورآء عبد القيس بريّة خالية عن الآبار والسكّان والمراعى قفرة لا تسلك ولا تسكن، فامّا ما بين القادسيّة الى الشُّقُوق فى الطول *وفى العرض من[a] قرب السَّمَاوَة الى حدّ بادية البصرة فسكّانها قبائل من بنى أَسد، فاذا جزتَ الشقوق فانت فى ديار طىّء الى ان تجاوز معدن النُّقْرَة فى الطول وفى العرض من[b] ورآء جبلى طىّء محاذيًا لوادى القرى الى ان تتّصل بحدود نجد من اليمامة والبحرين، ثمّ اذا جزتَ المعدن عن يسار المدينة فانت فى بنى سُلَيْم، واذا جزتَه عن يمين المدينة فانت فى جُهَيْنَة، وفيما بين المدينة ومكّة بكر بن وائل فى قبائل مضر من الحسنيّين والجعفريّين والغالب على نواحى مكّة ممّا يلى المشرق بنو[c] هلال وبنو سعد فى قبائل من هذيل ومن غربيّها مُدْلِج وغيرها من قبائل مضر، وامّا بادية البصرة فهى اكثر هذه النواحى احيآء وقبائل واكثرها[d] تميم حتّى يتّصلوا بالبحرين واليمامة ثمّ ورآءهم عبد القيس، وامّا بادية الجزيرة فانّ بها احيآء من ربيعة واليمن[e] واكثرهم كلب اليمن وفى قبيلة منهم يعرفون بنى العُلَيص خرج صاحب الشأم الّذى فلّ جيوش مصر واوقع باهل الشام حتّى قصده المُكْتَفِى بالرقّة فأُخذ له بالدّالية[f]، وبادية السماوة *من دُومَة[g] الجَنْدَل الى عَيْن التَّمْر وبريّة خُسَاف من *بادية الجزيرة، وبريّة خساف[h] فيما بين الرقّة وبالس عن يسار الذاهب الى الشام، وصِفّين ارض من هذه البادية بقرب الفرات ما بين الرقّة وبالس وهو الموضع الّذى كان به

---

a) L. et B. والعرض ومن. *b*) L. et B. ومن. *c*) B. وبنوا. *d*) L. واكثره.
e) L. et B. اليمن. *f*) Cf. Ibno 'l-Athír, VII, p. ٣٦٧. *g*) Codd. ودومة.
h) In L. et B. desunt haec.

حرب علىّ عمّ ومعاوية واخبرنى مَنْ له معرفة بتلك الناحية انّه راى فيه بيت علىّ بن ابى طالب عمّ للفتى، وامّا بادية الشام فانّها ديار لفَزارة ولَخْم وجُذام وبَلِىّ وقبائل مختلطة من اليمن وربيعة ومضر واكثرها يمن ۞ والرمل المعروف بالهَبِير هو الرمل الّذى اصله بالشُّقوق الى الأَجْفُر عرضًا وطوله من ورآء جبلى طىّء الى ان يتّصل بالبحر مشرّقًا ويمضى من ورآء جبلى طىّء الى ان يرد الى الجفار من ديار مصر ثمّ يساير النيل وجبل المُقَطَّم عن جانبى النيل الى بلد النوبة ويعبر من فوق الفيّوم سوآء فيتّصل بالمغرب الى نَفْزاوة والى سجِلْماسة وأَوْدَغُشْت [a] الى البحر المحيط [b] وله عرق يضرب به من القادسيّة الى البحرين ويعبر البحر [c] فيمرّ على مشارق خُوزِسْتان وفارس الى ان يرد الى سِجِسْتان ويعطف منه شىء على بريّة فارس وخراسان الى الطَّبَسَيْن وقُوهِسْتان [d] ويمضى مشرّقًا الى مَرْو آخذًا على جَيْحُون الى بريّة خُوارَزْم الى خوارزم ثمّ يعبر جيحون الى فراتكين [e] وياخذ فى بلاد الخَزْلَجِيّة [f] وبعض التُّبَّت الى بلد الصين والبحر المحيط فى جهة المشرق وهو متّصل بالرمل على ما وصفته وشُقّته الّذى [g] على البحر المحيط فى صحرآء اودغشت ذاهبًا [h] الى غانة وكُوغة راجعًا الى ماسة وبعضه جبال عظيمة لا يتوغّل [i] الّا بمشقّة وبعضه فى ارض سَهْلة ينتقل من مكان الى مكان وبعضه لا تعرف له حركة فهو لا يزول عن مكانه وفيه اصفر [k] ليّن اللمس واحمر قانئ وازرق سماوىّ [l] واسود حالك *وابيض ناصع [m] وبعضه يحكى الغبار [n] وبعضه خشن جرش [o] وقد عادت صفة الرمل من *بعد احوال مصر [p] عند ذكر الجفار ۞

---

a) L. h. l. واودغست. b) P. et Makrizi, I, p. ١٨٣ add. مسيرة خمسة اشهر. c) Makrizi البحرين. d) B. وقُوهَسْتان. Addunt male L. et B. ابى غانم. e) I. (p. ٢٩٩ seqq.) hanc urbem براتكين appellat. f) L. et B. الخرلخيه ut semper. g) L. et B. وشقته التى. h) L. et B. وذاهبا. i) P. لا تتوقل ولا يرتقى. Cf. Makrizi. k) B. om. l) B. سماوى. m) P. et Makrizi واكحل مُشبع كالنيل وابيض كالثلج. n) P. add. نعمة, Makrizi نعومة. o) P. جريش اللمس. et sic Makr. p) L. بعد ابى النصر, B. بعـ.....نصر.

وامّا تِهامَة فانّها قطعة من اليمن جبال مشتبكة اوّلها مشرف على بحر القلزم ممّا يلى غربيّها وشرقيّها بناحية صَعْدَة وجُرَش ونَجْرَان وشماليّها حدود مكّة وجنوبيّها من صَنْعَآء على نحو عشر مراحل وقد صوّرتُ صورة جبال تهامة فى صورة ديار العرب ✿ وبلاد خَوْلَان[a] تشتمل على قرى ومزارع ومياه معمورة باهلها وهى مفترشة وبها اصناف من قبائل اليمن ✿ ونَجْران وجُرَش مدينتان متقاربتان فى الكبر وبهما نخيل ويشتملان على احيآء من اليمن كثيرة، وصَعْدَة اكبر واعمر منهما[b] ويتّخذ بها ما كان يتّخذ بصنعآء من الادم ويتّخذ بنجران وجرش والطائف ادم كثير واكثره من صعدة وبها كان يجتمع التجار[c] ✿ وليس باليمن جميعًا بلد اكبر ولا اكثر مرافق واهلًا من صنعآء وهو بلد فى خطّ الاستوآء وهو من اعتدال الهوآء بحيث لا يتحوّل الانسان عن مكان واحد شتآء *ولا صيفًا[d] عمره وتتقارب به[e] ساعات الصيف والشتآء والجذام به[f] ظاهر لقلّة سطوة الشمس به[g] وفيه كانت تسكن ملوك اليمن فيما تقدّم وبها بنآء عظيم قد خرب فهو تلٌّ كبير يعرف بغُمْدَانَ وكان قصرًا لملوك اليمن وليس باليمن بنآء ارفع منه ✿ والمُذَيْخِرَة جبل[h] اعلاه نحو عشرين فرسخًا فيها مزارع ومياه وفيه ينبت الورس وهو نبات احمر فى معنى الزعفران يصبغ به[i] ولا يسلك الّا من طريق واحدة[k] ✿ وشِبَام[l] جبل منيع جدًّا فيه قرى ومزارع وسكّان كثيرة[m] وفيه جامع ويرتفع منه الجمست[n]

---

a) I. (p. ٢٣, ult.) خيوان et sic Edrîsî in suo Ibn Haucalis Codice videtur legisse. *b*) Codd. منها. *c*) P. وبها مجتمع التجار وكسب الاموال. *d*) B. وصيفا. *e*) P. et I. بها. Deinde P. ساعات الليل والنهار لان مَحْور (l. مِحْوَر) الشمس عليها معتدل. *f*) Codd. بها. *g*) P. add. وتنافه تحليلها عن جسومهم. *h*) P. add. يقال ان. *i*) P. add. الثياب بتلك الديار ويُجْلب منه الى سائر بلاد اليمن والحجاز. *k*) P. add. وهو جبل منيع منيف يسكنه الخوارج وهو دار هجرة لهم مات به عبد الله بن وهب الراسبى وعبد الله بن اباض لعنهما الله. *l*) B. وشَبَام. *m*) L. et B. كثير. *n*) L. et B. الحمسس; P. om. sed post والجزع add. والحجر المعروف بالشَّبّ.

والعقيق والجَزْع[a] حجارة تعمل فاذا عملت ظهر جوهرها لانّ وجوه هذه الحجارة مغشّاة وبلغنى انّها تكون فى صحارى فيها حصى ملوّن تلقط من بينها ۞ وعَدَن مدينة صغيرة وشهرتها لانّها فرضة على البحر ينزلها السائرون فى البحر *وباليمن مدن اكبر منها ليست كشهرتها[b] ۞ وبلاد الاباضيّة بقرب هَمْدَان وخَوْلان وخَيْوَان[c] وهى اعمر بلاد بتلك النواحى مخاليف ومزارعَ واغزرها مياهًا ۞ وحَضْرَمَوْت[d] شرقىّ عدن بقرب البحر وبها رمال كثيرة تعرف بالأحْقاف وحضرموت مدينة صغيرة ولها اعمال كبيرة عريضة وفيها قبر هود النبىّ صلعم وبقربها بَرَهُوت *بئر عميقة لا يكاد احد يستطيع الوصول الى قعرها[e] ۞ وامّا بلاد مَهْرَة فقصبتها تسمّى الشِحْر[f] وهى بلاد قفرة السنتهم مستعجمة جدًّا لا يكاد *يقف احد[g] على كلامهم وليس بها نخل ولا زرع وامّا اموالهم فالابل والمعز[h] ويعلفون ابلهم ودوابّهم السمك الصغار المعروف بالورق[i] ولا يعرفون الخبز ولا ياكلونه واكلهم السمك واللبن والتمر ولهم بُخْت[k] من الابل تفضّل فى السير والرياضة على سائر البخت واللُّبان الّذى يحمل[l] الى الآفاق من هناك وديارهم مفترشة به وبلادهم ذات بواد نائية ويقال انّها من اعمال عمان ۞ وعُمَان ناحية ذات اقاليم مستقلّة باهلها وهى كثيرة النخل والفواكه الجُرُومِيّة من الموز والرمّان والنبق[m] ونحو ذلك وقصبتها صُحَار وهى على البحر وبها من التجّار والتجارة ما لا يحصى كثرةً وهى اعمر مدينة بعمان واكثرها مالاً ولا تكاد تعرف مدينة على شطّ بحر فارس بجميع الاسلام اكثر عمارة ومالاً من صحار، وهى كبيرة *ولها مدن كثيرة[n] وبلغنى انّ حدود اعمالها نحو ثلاثمائة فرسخ وكان الغالب عليها

---

a) B. والجَزَع. b) Haec in L. et B. desunt. c) L. وجمع, B. وجُمْعُ. Sed I. et Edrisi habent وبقرب من خيوان. d) P. add. مدينة فى. e) P. وهو البئر الذى لا يُعْلم ان انسانا نزله. f) B. الشّحرة. g) P. يوقف. h) P. add. والاتن. i) L. et B. بالوزف, P. بالوزق et sic Edrîsî. Vid. in Glossar. k) P. ut I. نُجُب. l) L. et B. تحمل, P. يُسْتَعْمَل. m) P. والنبل وقصب السُكّر. n) In L. et B. desunt.

الشُّراة السى ان وقع بينهم وبين طائفة من بنى سامة بن لُوَىّ وهم فى اكثر تلك النواحى فخرج منهم رجل يعرف بمحمّد بن القاسم السامىّ[a] الى المُعْتَضِد فاستنجده فبعث معه بابن ثَوْر[b] ففتح عمان للمعتضد واقام بها الخطبة له وانحازت الشراة الى ناحية لهم تعرف بنَزْوَى والى يومنا هذا بها امامهم، وعمان بلاد حارّة جدًّا[c] *وبلغنى ان بمكان منها بعيد من البحر ربّما وقع ثلج رقيق ولم ار من شاهد ذلك الّا بالبلاغ[d]✿ وبارض سبأ من اليمن طوائف من حمير وبحضرموت ايضًا، وامّا ديار هَمْدان وأَشْعَر[e] وكِنْدَة وخَوْلان فانّها مفترشة فى اعراض اليمن وفى اضعافها مخاليف وزروع وبها بواد وقرى تشتمل على تهامة وبعض نجد، ونجد اليمن غيرَ نجد الحجاز غير انّ جنوبىّ نجد الحجاز يتّصل بشمالىّ نجد اليمن وبين النجدَيْن[f] وعمان برّيّة ممتنعة✿ وباليمن قرود كثيرة[g] بلغنى انّها تكثر حتّى لا تطاق الّا بجمع كثير[h] واذا اجتمعوا كان لهم كبير يعظّمونه ويتبعونه كاليعسوب للنحل، وبها دابّة تسمّى العُدَار[i] بلغنى انّها تطلب الانسان فتقع عليه فان اصابت منه تلك الدابّة جرحًا تدوّد[k] جوف الانسان فانشقّ، ويحكى عن بعض[l] الغيلان بها ما لا استجيز حكايته لانّ المُنْكِر لما لا يعلم اعذر من المقرّ بما يجهل✿

وامّا المسافات بديار العرب *فانّ الّذى[m] يحيط بها من عبّادان الى البحرين نحو ١١ مرحلة ومن البحرين الى عمان نحو شهر ومن عمان الى اوائل مهرة نحو مائة فرسخ وسمعتُ ابا القاسم البصرىّ يقول من عمان الى عدن ستّمائة فرسخ منها خمسون فرسخًا الى المَسْقَط عامرة وخمسون[n] لا ساكن بها الى اوّل بلاد مهرة وهى الشِحْر[o] وطولها اربعمائة فرسخ والعرض

---

a) L. الشامى. b) L. et B. بور. c) P. جرومية. d) In L. et B. desunt. Edrisi: وهى بالجملة بلاد حارة ويذكر ان جبل شرّم ينزل باعلاه ثلج قليل.
e) L. et B. واسعد. f) I. (p. ٣٩) البحرين. g) P. كبيرة. h) P. عظيم ut I.
i) L. et B. العَرار, P. الغرار, Edrîsî القراد. k) L. يدود, B. sine p. l) B. om.
m) B. فالذى. n) P. add. غامرة. o) L. hic et deinde الشجر.

فى جميع ذلك من ٥ فراسخ الى ما دون ذلك[a] كلّها رمل ومن آخر الشحر الى عَدَن مائة فرسخ ومن عدن الى جُدّة شهر ومن جدّة الى ساحل الجُحْفَة نحو ٥ مراحل ومن ساحل الجحفة الى الجار ٣ مراحل ومن الجار الى ايلة نحو ٢٠ مرحلة *ومن ايلة الى بالس نحو ٢٠ مرحلة ومن بالس الى الكوفة نحو ٢٠ مرحلة[b] ومن الكوفة الى البصرة نحو ١٢ مرحلة ومن البصرة الى عبّادان نحو مرحلتين وهذا هو الدور الّذى يحيط بها☆ وامّا المسافات فى اضعافها فانّ من الكوفة الى *المدينة نحو ٢٠ مرحلة ومن المدينة الى مكّة نحو ١٠ مراحل فى طريق الجادّة ومن الكوفة الى[c] مكّة طريق اخصر[d] من هذه الطريق بنحو ٣ مراحل اذا انتهى الى معدن النَّقْرَة[e] عدل عن المدينة حتّى يخرج على معدن بنى سُلَيم ثمّ الى ذات عِرْق حتّى ينتهى الى مكّة، وامّا طريق البصرة فمنها الى المدينة ١٨ مرحلة وتلتقى مع طريق الكوفة بقرب معدن النقرة، وامّا طريق البحرين الى المدينة فنحو ١٥ مرحلة، *وامّا طريق الرقّة الى المدينة فنحو ٢٠ مرحلة[f] وكذلك من دمشق الى المدينة ومثلها من فلسطين الى المدينة نحو ٢٠ مرحلة ومن مصر الى المدينة على الساحل نحو ٢٠ مرحلة ومجتمعهم مع الشاميّين بأَيْلَة ومعهم يحجّ اهل المغرب[g] فى هذا الطريق الّا انّهم لا يتّفقون فى مناخ واحد فامّا يتقدّمون او يتاخّرون وايلة اوّل حدود البادية، ولاهل مصر وفلسطين اذا جاوزوا مدين[h] طريقان احدهما[i] الى المدينة على بَدًا وشَغْب قرية بالبادية كانوا بنو مروان اقطعوها الزُّهْرىّ وبها قبره[k] حتّى ينتهى الى المدينة على المَرْوة، وطريق يمضى على ساحل البحر حتّى يخرج بالجحفة فيجتمع بها اهل العراق ودمشق وفلسطين ومصر، وطريق

---

a) P. الى ٣ مراحل. b) L., B. et P. om. In L. deinde corrupta sequuntur: الى البصرة ومن البصرة نحو ١٢ مرحلة الى عبادان نحو مرحلتين. c) L. et P. om. d) P. اقصر ut I. e) P. البقرة. f) L., B. et P. om. g) P. وفى ضمن المصريين يحج المغاربة. h) L. مصرا, B. مصر. i) B. احداهما. k) L. et B. قبر.

الرقّة منقطع الّا لقوم من العرب يحجّون فيه افذاذًا ويسلكونه عَبَاديدَ وسائر الطرق مسلوكة فى وقتنا هذا ۞ ومن عدن الى مكّة نحو شهر ولها طريقان احداهما على ساحل البحر وهى ابعدهما[a] وهى جادّة تهامة والسير فى نحوها ياخذ على صنعآء وصعدة وجُرَش وبيشة وتَبَالَة حتّى ينتهى الى مكّة وطريق اخرى على البوادى غير تهامة يقال له الصدور فى سفح جبل نحو ٢٠ مرحلة وهو اقرب الّا انّه على احيآء اليمن ومخاليفها يسكنها الخواصّ[b] منهم، وامّا اهل حضرموت ومهرة فانّهم يقطعون عرض بلادهم حتّى يتّصلوا بالجادّة الّتى بين عدن ومكّة والاتّصال منهم بهذه الجادّة ٢٢ مرحلة فيصير جميع طريقهم نيفًا وخمسين مرحلة، وطريق عمان يصعب سلوكه فى البرّيّة لكثرة القفار وقلّة السكّان وانّما طريقهم فى[c] البحر الى جدّة فان سلكوا على السواحل من مهرة وحضرموت الى عدن او الى[d] طريق عدن بَعُدَ عليهم وقلّ ما يسلكونه، وكذلك ما بين عمان والبحرين طريق شاقّ يصعب سلوكه *لتمانع العرب[e]. وتنازعهم فيما بينهم وامّا ما بين البحرين وعبّادان فغير مسلوك كان الى هذه الغاية وقد سُلك وهو قفر والطريق منها على البحر، ومن البصرة الى البحرين على الجادّة ١١ مرحلة وعلى هذا الطريق[f] اتى سليمان بن الحسن متزوّدًا لمآئه[g] من البحرين الى البصرة ولا مآء فيه وهو على الساحل نحو ١٨ مرحلة فى قبائل العرب ومياههم وهو مسلوك عامر غير انّه مخوف، فهذه جوامع المسافات الّتى يحتاج الى علمها فامّا ما بين العرب لقبائلها من المسافات فقلّ ما تقع الحاجة لغير اهل البادية الى معرفتها ۞

بحر فارس

وساذكر بعد ديار العرب بحر فارس فانّه يشتمل على اكثر حدودها وتتّصل

---

a) L. et B. ابعدها. *b*) Vocabulum corruptum esse videtur, sed ab ipso auctore. Cf. I., p. ٢٨, 6. *c*) B. om. *d*) L. et B. على. *e*) L. et B. للتمانع; Edrisi لتنازع العرب بها ومحاربتهم. *f*) L. om. *g*) L. بمورد المادة; B. متزودًا لمايه indist.

ديار العرب به بكثير[a] من ديار الاسلام ونصوّره[b] ثمّ اذكر جوامع ممّا يشتمل عليه هذا البحر وابتدئُ بالقُلْزم وساحله ممّا يلى المشرق فانّه ينتهى الى ايلة ثمّ يطوف بحدود ديار العرب الّتى ذكرتُها وبيّنتها قبل هذا الى عبّادان ثمّ يقطع عرض دجلة[c] وينتهى على[d] الساحل الى مَهْرُوبان ثمّ الى جَنّابَة ثمّ يمرّ على سِيف فارس الى سِيرَاف ثمّ يمتدّ الى سواحل هُرْمُوز وراء كرمان الى الدَّيْبُل وسواحل المُلْتان وهو ساحل السند وقد انتهى حدّ بلاد الاسلام ثمّ ينتهى الى سواحل الهند ماضيًا الى سواحل التبّت فيقطعها الى ارض الصين، واذا اخذتَ ارض القلزم من غربيّها على ساحل البحر سرتَ فى مفاوز من حدود مصر حتّى تنتهى الى مفاوز هى للبُجَة[e] وبها معادن الذهب الى مدينة على شاطئ البحر يقال لها عَيْذاب ثمّ يمتدّ[f] على جبل الحبشة ويتّصل بظهر بلد النوبة حتّى ينتهى الى بلدان الزنج وهى[g] من اوسع تلك الممالك فيمتدّ على محاذاة جميع بلاد الاسلام ثمّ تعترض فيه[h] جزائر واقاليم تختلف الى ان تحاذى ارض الصين[i]✿

قد صوّرتُ هذا البحر وذكرتُ حدوده مطلقةً وسأصف بما يحيط[k] وما فى اضعافه مفصّلًا ليقف عليه من قرأه ان شآء الله، فامّا ما كان من هذا البحر من القلزم الى ان يحاذى بطن اليمن[l] فانّه يسمّى بحر القلزم وهو مقدار ثلاثين مرحلة طولًا وعرضه اوسع ما يكون عِبْره[m] ثلاث ليالٍ ثمّ لا يزال يضيق حتّى يُرَى فى بعض جنباته[n] الجنب الآخر حتّى ينتهى الى القلزم ثمّ يدور على الجانب الآخر من بحر القلزم، وهو وان كان بحرًا ذا اودية ففيه جبال كثيرة قد[o] علا المآء عليها وطرق السفن بها معروفة ولا[p] يهتدى فيها الّا بربّان يتخلّل بالسفينة فى اضعاف تلك الجبال بالنهار فامّا

---

a) L. et B. وبكثير. b) L. et B. وتعتوره. c) L. الدحله, B. الدجله. d) L. et B. الى. e) B. للبجّه. f) Scil. الساحل. g) L. et B. وهو. h) L. et B. فيها; cf. I., p. ٣٩, ٢. i) Hic sequitur وهذه صورة بحر فارس. k) Incorrecte pro ما يحيط به. l) L., B. et P. البحر. m) L. غيره — مما. n) L. جنابه, P. حَفّاته. Deinde P. et I. الجانب. o) B. وقد. p) P. ولن.

بالليل فلا يسلك والمآء[a] على غاية الصفآء ترى تلك الجبال فيه ✿ وفى هذا البحر ما بين القلزم وايلة مكان يعرف بتاران وهو اخبث ما فى هذا البحر من الاماكن وذلك انّه دوّارة مآء كالدُّرْدُور فى سفح جبل اذا وقعت الريح على ذروته انقطعت الريح قسمين فتنزل على شعبتين فى هذا الجبل متقابلتين فتخرج الريح من كُمّى[b] هاتين الشعبتين المتقابلتين فتثيرُ البحر وتتبلّد كلُّ سفينة تقع فى تلك الدوّارة باختلاف الريحين وتتلف فلا يسلم المركب بالواحدة[c] واذا كان للجنوب ادنى مهبّ فلا سبيل الى سلوكه ومقدار هذه الهورة[d] الصعبة والمكان القبيح نحو ستّة اميال وهو الموضع الّذى غرق فيه فرعون على ما تذكره الرواة ✿ ويقرب تاران موضع يعرف بجُبَيْلان يهيج ايضًا ويتلاطم امواجه باليسير من الريح وهو موضع مخوف ايضًا فلا يسلك بالصبا مغرّبًا وبالدبور مشرّقًا ✿ واذا حاذى ايلة ففيه سمك كثير مختلف الالوان، واذا قابله[e] بطن اليمن يسمّى[f] بحر عدن الى ان يجاوز عدن ثمّ يسمّى بحر الزنج الى ان يحاذى عمان عاطفًا على[g] فارس وهو بحر يعرض حتّى يقال انّ عبره[h] الى بلد الزنج سبع مائة فرسخ، وهو بحر مظلم اسود لا يرى ممّا فيه شىء ✿ وبقرب عدن معدن اللؤلؤ يرفع ما يخرج منه الى عدن، فاذا[i] جزتَ عمان الى ان تخرج عن حدود الاسلام وتتجاوز الى قرب سَرَنْدِيب يسمّى بحر فارس وهو عريض البطن جدًّا فى عدوته[k] بلدان الزنج ✿ وفى هذا البحر هوارات[l] كثيرة ومعاطف صعبة اشدّها[m] ما بين جَنّابَة والبصرة[n] فانّه مكان يسمّى هور جنّابة وهو مكان مخوف[o] لا تكاد تسلم منه[p] *عند هيجان البحر[q] سفينة، وفيه مكان يعرف بالخَشَبات

---

a) P. add. به. b) L. et B. كمى, P. كمّا, I. كلى (p. ٣٠.). c) P. الواحدة الا ما شاء الله. Deinde L. et B. اذا sine و. d) L. et B. الصورة. Conjectura sic correxi. e) L. قابلت. f) P. et I. سُمّى. g) L., B. et P. add. بحر. h) P. عبرته. i) P. et I. واذا. k) L. عروبه (sic). B. s. p. l) P. add. وخوارات et I. deinde كبيرة. m) P. واشدها. n) P. وعَبّادَانَ. o) P. مُحرِّف. p) L. et B. فيه. q) L. et B. om. P. فى pro عند.

من عبّادان على نحو[a] ستّة اميال على جرى ماء دجلة الى البحر وربّما يرقّ الماء حتّى يخاف على السفن الكبار ان تسلكه خشية ان تجلس على الارض الّا فى وقت المدّ وبهذا الموضع اربع خشبات منصوبة قد بنى عليها مرقب يسكنه ناطور[b] يوقد بالليل ليهتدى به ويعلم به المدخل[c] الى دجلة واذا ضلّت[d] السفينة خيف انكسارها لرقّة الماء ۞ وتجاه جنّابة مكان يعرف بخارك[e] وبه معدن اللؤلؤ يخرج منه الشىء اليسير الّا انّ النادر اذا وقع من هذا المعدن فاق فى القيمة غيره ويقال انّ الدُّرّة اليتيمة وقعت من هذا المعدن[f]، وبعمان وبسرنديب من هذا البحر معدنان للّؤلؤ[g] ولا اعلم معدن اللؤلؤ الّا ببحر فارس ۞ ولهذا البحر مدٌّ وجزر فى اليوم والليلة مرّتان من حدّ القلزم الى حدّ الصين حيث انتهى *وليس لبحر المغرب ولا لبحر الروم ولا لسائر البحار مدٌّ ولا جزر غير بحر فارس[h] وهو ان يرتفع الماء قريبًا من عشرة اذرع ثمّ ينضب حتّى يرجع الى مقداره ۞ وفى هذا البطن من البحر الّذى نسبناه خصوصًا الى فارس جزائر منها لافت وأُوال وخارك[i] وغيرها من الجزائر المسلوكة فيها مياه عذبة وزرع[k] وضرع، فهذه جملة من صفة هذا البحر فى حدود الاسلام ۞

وسأصف ما على سواحله صفةً جامعةً وابتدئُ منها بالقلزم منتهيًا بالصفة لما على جنباته الى غايته ان شاء الله، امّا القُلْزُم فانّها مدينة على شفير البحر وينتهى هذا البحر اليها وهى فى عقم[l] هذا البحر من آخر لسانه وليس بها زرع ولا شجر ولا ماء ومآؤهم يحمل اليهم من آبار بعيدة ومياه منها على نأْى وهى تامّة العمارة بها[m] فرضة مصر والشام ومنها تحمل حمولات

---

a) B. add. من. *b*) L. et B. add. بالمليل. *c*) L. المداخل. *d*) L. et B. ظلت. *e*) L. et B. بخازل. *f*) P. add. ومن البحرين الى كيش الى قلهات معدن اللولو. *g*) L. et B. اللولو. *h*) P. وليس لبحر المغرب مدّ ولا جزر الّا ما بالبحر المحيط فى شمال الاندلس فان فيه مدًّا وجزرًا. *i*) L. et B. ولوال وخازل. *k*) L. وزروع. *l*) Sic L. et B. perspicue. I. عطف. *m*) P. هى.

مصر والشام[a] الى الحجاز واليمن وسواحل هذا البحر وبينها وبين مصر مرحلتان، ثمّ ينتهى الى[b] شطّ البحر فلا يكون بها[c] قرية ولا مدينة سوى مواضع بها ناس مقيمون[d] على صيد من هذا البحر وشىء من النخيل يسير حتّى ينتهى على تاران وجُبَيْلَان وما حاذى جبل الطور الى ايلة ۞ وأَيْلَةُ هذه مدينة صغيرة عامرة بها زرع يسير وهى مدينة اليهود الّذين حُرِّمت عليهم صيود السبت فيها[e] وجُعل منهم القردة والخنازير على ما يذكره اهل الرواية وبها فى ايدى يهودها عهد رسول الله صلعم، ثمّ الى مَدْيَن[f] وجُدَّة مواضع غير مأهولة بالناس وما انتهى على هذا البحر فى عطوف اليمن الى عمان[g] والبحرين الى عبّادان فقد وصفناه فى صفة ديار العرب ۞ وامّا عَبّادان فحصن صغير منيع عامر على شاطئ البحر ومجمع مآء دجلة وهو رباط كان فيه المحاربون للصفريّة والقطريّة وغيرهم من متلصّصة البحر وبها على دوام الايّام مرابطون، ثمّ تقطع[h] عرض دجلة فتصير على ساحل هذا البحر الى مهروبان من حدّ فارس ويعترض فيه اماكن تمنع من السلوك الّا فى المآء وذلك انّ مياه خوزستان تجتمع الى الدَّوْرَق وحصن مَهْدِىّ والبَاسِيَان فتتّصل[i] بمآء البحر، ومَهْرُوبَان مدينة صغيرة عامرة وهى فرضة أَرَّجَان وما والاها من ادانى فارس وبعض خوزستان، ثمّ ينتهى[k] البحر على الساحل الى شِينِيز وهى مدينة اكبر من مهروبان *ومنها يرتفع الشينيزىّ الّذى يحمل الى الآفاق، ثمّ ينتهى الى جَنَّابَة وهى اكبر من مهروبان[l] وهى فرضة لسائر[m] فارس خصبة شديدة الحرّ وعلى[n] البحر بهذا السيف ما بين جنّابة ونَجِيرَم قرى ومزارع ومساكن متفرّقة شديدة الحرّ، ثمّ ينتهى الى سِيرَاف وهى الفرضة العظيمة لفارس[o] وهى مدينة جليلة وابنيتها ساج

---

a) B. add. والحجاز. *b*) I. melius على. *c*) Secundum omnes Codd.; quasi post البحر distantia omissa est. *d*) L. يقيمون. *e*) P. om. et leg. فجُعل. *f*) P. النجار. *g*) L. عَمّان. *h*) L. يقطع et فيصير. *i*) L. فيتصل. *k*) B. تنتهى. L. et B. add. الى. P. تنتهى على ساحل البحر. *l*) L. et B. haec om. *m*) P. لاكثر. *n*) P. add. نحر هذا. In L. هذا expunctum est. *o*) P. وسآتى بذكرها فى جملة بلاد فارس omissis ceteris.

تتّصل الى جبل يطلّ على البحر وليس بها مآء يجمد[a] ولا زرع ولا ضرع وهى من *اغنى بلاد[b] فارس، ثمّ يتجاوزها على الساحل فى مواضع منقطعة تعترض بها جبال ومفاوز الى ان ينتهى[c] الى حصن ابن عُمارة وهو[d] منيع علىّ على نحر البحر وليس بجميع فارس حصن امنع منه ويقال انّ صاحبه هو الّذى قال الله تعالى فى جدّه[e] وكان وَرَآءَهُمْ مَلِكٌ يأْخُذُ كُلَّ سَفِينَةٍ غَصْبًا، وينتهى على ساحل هذا البحر الى هُرْمُوز وهى فرضة لكرمان مدينة غنّآء كثيرة النخيل حارّة جدًّا، ثمّ يسير عليها آخذًا بشطّه[f] الى الدَّيْبُل وهى مدينة عامرة وبها مجمع التجّار وهى فرضة لبلد السند[g] وبلد السند هى المَنْصُورَة واراضى الزُّطّ *المعروفين بالبُدْهَة المتّصلين[h] بالمُلْتَان، ثمّ ينتهى *على ساحل بلدان[i] الهند الى ان يتّصل بساحل التبّت والى ساحل الصين ثمّ لا يسلك بعد ذلك۞

واذا[k] اخذتَ من القلزم غربىّ هذا البحر *فانّه ينتهى الى بريّة قفرة لا شىء فيها الى ان يتّصل ببادية البجة والبُجَة قوم أصحاب[l] اخبية من[m] شعر وهم[n] اشدّ سوادًا من الحبشة فى زىّ العرب لا قرى لهم ولا مدن ولا زرع الّا ما ينقل اليهم من بلد الحبشة ومصر والنوبة وينتهى حدّهم ما بين الحبشة وارض النوبة وارض مصر وارض معدن الذهب، *وياخذ هذا[o] المعدن من قرب اسوان من[p] أرض مصر على نحو من عشر مراحل حتّى ينتهى الى حصن على البحر يسمّى عَيْذَاب ويسمّى مجمع الناس بهذا المعدن العلّاقى وهو رمال وارض مبسوطة لا جبل بها، ثمّ يتّصل ذلك بارض الحبشة وهم

---

a) L. et B. بحمد. *b*) L. et B. اعما بلد, sed in B. ante بلد est parva lacuna. *c*) B. تنتهى. *d*) P. add. حصن عظيم. *e*) Qor. 18 vs. 78. *f*) B. et P. بشطه. *g*) L. الهند. *h*) Codd. المعروفون بالندهة متصلين. *i*) P. فى اجلّ بلاد. *k*) B. اذا. *l*) P. فانك تلقى برية قفرة الى ما قدمت ذكره من الجزائر والبجة فى اعراض تلك البرية ولهم. *m*) P. om. *n*) P. والوانهم. B. pro شعر وهم habet شعورهم (sic). *o*) L. et B. وياخذها. *p*) Conjectura sic scripsi. L. et B. على. I. tantum اسوان مصر.

نصارى وتقرب الوانهم من الوان العرب بين السواد والبياض وهم مفترقون فى ساحل هذا البحر الى ان يحاذى عدن وما كان من النمور والجلود الملمّعة واكثر جلود اليمن الّتى تدبغ للنعال تقع منها الى عدوة اليمن وهم اهل سلم ليسوا[a] بدار حرب ولهم على الشطّ موضع يقال له زَيْلَع فرضة للعبور الى الحجاز واليمن، ثمّ يتّصل ذلك بمفازة النوبة والنوبة نصارى وهو بلد اوسع من الحبشة وبها من المدن والعمارة اكثر ممّا بالحبشة ويخترق نيل مصر فيما بين مدنها وقراها حتّى يتجاوز ذلك الى قفار ومفاوز برارىّ[b] يتعذّر مسلكها، ثمّ ينتهى ذلك الى ارض الزنج.ممّا يحاذى عدن[c] الى ان يمتدّوا على البحر ويتجاوزوا جميع حدود الاسلام ويحاذوا بعض بلدان الهند لسعة بلدهم وكبره، وبلغنى انّ فى بعض اطراف بلد الزنج صرودًا فيها زنج بيض وبلد الزنج هذا بلد[d] قشف قليل العمارة قليل الزرع الّا ما اتّصل منه بمستقرّ الملك ٭

المغرب

وامّا المغرب فهو ممتدّ على بحر[e] الروم ولبحره عمارتان تنقسم بنصفين فنصف من شرقىّ هذا البحر للعرب والروم ونصف من غربيّه، وامّا الغربىّ فمن مصر وبرقة الى افريقيّة وناحية تنس الى سبتة وطنجة فللعرب خاصّة وازيلى وما فى اضعاف هذا الاقليم، وامّا الشرقىّ فهو بلد الروم من حدود الثغور الشامية الى القسطنطينيّة الى نواحى رومية وقلّورية والانكبردة والافرنجة وجلّيقيّة ثمّ باقى ذلك الى آخره للعرب فى يد اصحاب الاندلس، وقد صوّرتُ مدنه وذكرتُ اعماله وارتفاعها وما فيها من التجارات والمجالب الى ما سوى ذلك ممّا لجزيرة الاندلس[f] وكنتُ جمعتُها وبلد الروم ثمّ رايتُ تفريقهما[g] ووضع كلّ صورة منهما على حِدَة من صاحبتها وسآتى[h] بحدودها بعدُ، والّذى يساير[i] ارض الاندلس ويحاذيه من بلد الاسلام صقلّيّة وصقلّيّة

a) B. وليبسوا. b) L. et B. برار. c) B. add. الى عدن. d) B. om. e) L. et B. بلد. f) L. add. على البحر. g) L. et B. تفريقها. h) B. وستادى. i) L. بساير, B. بشادر.

تجاه اقليبية من ارض افريقيّة ثمّ تمتدّ ارض الاندلس على البحر، وامّا الجانب الغربىّ فانّ حدّه المحيط به من قُبوله حدّ مصر من الاسكندريّة على النيل وارض الصعيد حتّى يمضى على ظهر الواحات الى بريّة تنتهى الى ارض النوبة آخذًا الى البحر المحيط وممتدًّا الى حقيقة[a] المغرب، ثمّ يستمرّ الى الشمال ثمّ الى فوهة بحر الروم الّتى تاخذ من البحر المحيط بنواحى طنجة وازيلى يحاذى ارض الاندلس المذكورة المحاذية لبلد الروم وارض صقلّيّة، ثمّ تمتدّ ارض الاندلس على البحر فتواجه من ارض المغرب تونس وهكذا الى طبرقة الى جزائر بنى مزغنّان الى تنس الى وهران الى نكور[b] الى سبتة ثمّ الى ازيلى، ثمّ[c] البحر المحيط التَّجنُوب فيمرّ على ماسة[d] ومغارب سجلماسة وظاهر السوس الاقصى ويمتدّ على ظواهر اودغشت وغانة وكوغة وقبول سامة وغيارُو[e] فى بلد لا عدد لاهلها الى ان يصل[f] الى البريّة الّتى لا تسلك الى الحيين[g] ويكون بين دبرته[h] وبلاد الزنج برارىّ عظيمة ورمال[i] كانت فى سالف الزمان مسلوكة[k] وفيها الطريق من مصر الى غانة فتواترت الرياح على قوافلهم ومفردتهم فاهلكت غير قافلة واتت على غير مفردة وقصدهم ايضًا العدوّ فاهلكهم غير دفعة فانتقلوا عن ذلك الطريق وتركوه الى سجلماسة، وكانت القوافل تجتاز بالمغرب الى سجلماسة وسكنها اهل العراق وتجار البصرة والكوفة والبغداديّون الّذين كانوا يقطعون ذلك الطريق فهم واولادهم وتجاراتهم دائرة[l] ومفردتهم دائمة وقوافلهم غير منقطعة الى ارباح عظيمة وفوائد جسيمة ونعم سابغة قلّ ما يدانيها التجار فى بلاد الاسلام سعةَ حال ولقد رايتُ صكًّا كُتب بدين على محمّد بن ابى سعدون باودغشت[m] وشهد عليه العدول باثنين واربعين الف دينار ❁

وامّا الاندلس فانّها جزيرة تتّصل بالبرّ الاصغر من جهة جلّيقيّة ويحيط

---

a) B. s. p. *b*) L. بكور, B. نكور. *c*) Jacut, I, p. ٣٧٩, 6 addit الى. Sed praedicatum est حدّه. *d*) In B. ut vid. ماسّة. *e*) L. et B. وعردوا. *f*) L. et B. تصل. *g*) L. الصيين, B. الصس. *h*) L. et B. ددرده. *i*) L. ومال. *k*) Ex conjectura addidi. *l*) B. om. *m*) B. باودغسس.

بها الخليج المذكور من مغربها[a] والبحر المحيط من بعض شمالها وشرقها من حدّ بلد الجلالقة على كورة شنترين[b] ثمّ الى لشبونة ثمّ الى شلب[c] ثمّ الى جبل العيون[d] ثمّ الى ما لديه من المدن الى جزيرة جبل[e] طارق المحاذى لسبتة ثمّ[f] الى مالقة ثمّ الى المريّة فرضة بجّانة[g] ثمّ الى بلاد مرسية ثمّ الى بلاد بلنسية ثمّ الى بلاد طرطوشة ثمّ يتّصل ببلاد الكفر ممّا يلى البحر[h] بناحية افرنجة وممّا يلى المغرب ببلاد عَلْجَسْكَس[i] وهم جيل من الأَنْكُبَرْدَة ثمّ الى بلاد بسكونس ثمّ ببلاد الجلالقة حتّى ينتهى الى البحر ۞ وقد افردتُ لذلك صورة بذاتها رسمتُ فيها مواقع مياهها ومجاريها ومكان مدنها على حسب مواقعها من المشرق والمغرب بها والجنوب والشمال، وصوّرتُ[k] المغرب على صورتين ابتدأتُ منهما بصورة ما بين مصر الى القيروان وما فيه من المنازل والمناهل ثمّ اتبعتُ ذلك بصورة ما بين القيروان الى بلاد طنجة وما في غربىّ هذا الاقليم من البلدان العامرة وما يحتاج الى رسمه وذكره ومثاله والى الله الرغبة فى التوفيق لما جانس الحقّ ووافق الصدق وايّاه نسأل المعونة[l] ۞

فهذه صورة المغرب ومكان كلّ مدينة منها وموقعها من شماله وجنوبه وشرقه وغربه على حسب ما ادت الاستطاعة اليه ووقفتُ بالمشاهدة والخبر[m] الصحيح عليه، فامّا بَرْقَة فمدينة وسطة ليست بالكبيرة الفخمة[n] ولا بالصغيرة الزريّة ولها كور عامرة وغامرة وهى فى بقعة فسيحة يكون مسيرتها يومًا كبيرًا فى مثل ذلك ويحيط بالموضع جبل من سائر جهاتها وارضها حمرآء خَلُوقيّة التربة وثياب اهلها ابدًا محمرّة يعرف اهلها بالفسطاط من بين اهل المغرب بحمرة ثيابهم وتغبّرها ويطوف بها من كلّ جانب بادية يسكنها[o] الطوائف من البربر

a) Jacut, I, p. ٣٧٦ من بعض مغربها وجنوبها. b) L. et B. سنترين. c) L. et B. لشتة. d) L., B. et Jacut, I, p. ٣٧٦ الغور. e) L. et B. بلد. f) Deëst. g) L. et B. تجارة; Jacut, I, p. ٣٧٦, 11 بجاية. h) Jacut addit الشرقى. i) L. علجسكين. k) B. وصورة. l) Hic sequitur وهذه صورة بلاد المغرب. m) P. الخبار. n) Ex P. addidi. o) L. تسكنها.

وهى برّيّة بحريّة جبليّة ووجوه اموالها جمّة وهى اوّل منبر ينزله القادم من مصر الى القيروان وبها من التجّار وكثرة الغرباء فى كلّ حين ووقت ما لا ينقطع طلابًا لما فيها من التجارة وعبورًا عليها مغرّبين ومشرّقين وذلك انّها تنفرد من التجارة الّتى ليس فى كثير من المغرب مثلها والجلود المجلوبة للدباغ والتمور[a] الواصلة اليها من اوجلة ولها اسواق حارّة[b] من بيوع الصوف والفلفل والعسل والشمع والزيت وضروب المتاجر الصادرة من المشرق والواردة من المغرب وشرب اهلها من ماء المطر فى مواجن تدّخر واسعارها فى اكثر الاوقات فائضة بالرخص فى جميع الاغذية ✿ ويليها أَجْدَابِيَةُ مدينة على صحصاح[c] من حجر فى مستوى بناؤها من طين وآجرّ وبعضها بحجارة ولها جامع نظيف ويطيف بها من احياء البربر خلق كثير ولها زروع مباخس وليس بها ولا ببرقة ماء جارٍ وبها نخيل حسب كفايتهم وبمقدار حاجتهم وواليها القائم بما عليها من وجوه اموالها وصدقات بربرها وخراج[d] زروعهم وتعشير خضرهم وبساتينهم هو لاميرها وصاحب صلاتها وله من وراء ذلك لوازم على القوافل الصادرة والواردة من بلاد السودان، وهى قريبة من البحر ترد عليها المراكب بالمتاع والجهاز وتصدر عنها بضروب من التجارة واكثر ما يخرج عنها الاكسية المغاربة[e] وشُقَق الصوف وشرب اهلها من ماء السماء ✿ وأَوْجَلَة منها على ايّام بين غربها وجنوبها وهى بلد ذات نخيل عظيمه، وغلّات تتحصّل[f] منها لاهلها جسيمه،، ويليها فى وقتنا هذا رجل من ناحية صاحب برقة ولم يكن ارتفاعها ومالها الداخل على خزانة السلطان فى جملة مال برقة فلمّا ضُمّت اليها كثر وغزر وزادت الحال فى ذلك ومنها الى ودّان طريق قصد ✿ وودّان هذه ناحية ومدينة فى جنوب مدينة سُرْت وكانت مضمومة اليها وهى جزيرة لا تقصر فى رخص التمور[g] وكثرتها وجودتها عن اوجلة وان كانت اوجلة اكثر تمورًا واوسع ناحية وغلّات منها بالقسوب الّتى

---

a) Codd. والنمور. b) P. جادة. c) P. صحصاح, vitium frequenter occurrens. Deinde habet مستواة pro مستوى. Edrisi, p. ١٣٣ مستوٍ. d) B. واخراج. e) L. المقاربة. Deinde Codd. وشقه. f) L. يتحصل. g) Cod. والنمور.

بها والتمور الجافّة لانّ غلّات ودّان طيّبة رطبة وتمورها ليّنة عذبة ۞ وسُرْت مدينة ذات سور صالح كالمنيع من طين وبها قبائل من البربر ولهم مزارع تقصد فاذا مطرت انتجعوا امطارها فزرعوا عليها وبها من وجوه الاموال والغلّات والصدقات ما يزيد على حال اجدابية فى وقتنا هذا ولها[a] نخيل تجتنى ارطابها وليس بها من القسب ما باوجلة ولا من التمر ما بودّان وذلك انّ نخيلهم يكاد ان يكون فوق كفايتهم ولهم اعناب وفواكه[b] واسعارهم صالحة وامّا صدقاتهم وجباياتهم وخراجاتهم فيليها صاحب صلاتهم واليه جميع مصالح البلد والنظر فيه وفيما وردها من القيروان وصدر عليها من مصر فى استيفآء الضرائب واعتبار السجلّات والمناشير وقبض ما وقعت فيه حيلة دون الادآء عنه بافريقيّة ومالها اوفر من مال اجدابية لما ذكرتُ واحوالها اصلح لما وصفتُ وهى على البحر ترد عليها المراكب بالمتاع وتصدر به عنها وفيها من جهاز الصوف ما لا يقصر عن اجدابية وبرقة ولحوم الضأن فيها اقلّ غذآء من المعز وتقوم مقام المعز فى غيرها ولحم المعز ملائم لاهلها ولمن اجتاز عليها ومياهها من المطر فى المواجن وآبارها قليلة وعليها قبائل من البربر غزيرة ولهم حاضرة بنفس قصبة سُرْتَ وبينهم خلاف على مرّ الاوقات وحروب ربّما ثارت فى بعض الاحايين وليست كحروب اهل السوس واهل فاس[c] فى الدوام وعاملها قائم بنفسه لا من تحت احد غير مولانا امير المؤمنين عم ۞ وامّا طَرَابُلُس فكانت قديمًا من عمل افريقيّة وسمعتُ من يذكر انّ عمل افريقيّة لمّا كانت طرابلس مضافة اليها معروف معلوم وذلك انّه من[d] صَبْرَة وهى[e] منزل من طرابلس على يوم وبه ضريبة على الخارج من طرابلس الى القيروان وعلى الجائى من القيروان الى طرابلس غير ما يقبضه متولّى عمل طرابلس من كلّ حمل ومحمل وجمل كالّذى بلَبْدَة فى وقتنا هذا يقبض من المجتازين

a) B. وبها. *b*) B. فواكه. *c*) L. et B. فارس, vitium frequens. *d*) Non necesse est aliquid excidisse, ut suspicatus sum in *Descriptio al-Magribi*, p. 55. Explicari potest eodem modo ut mox ونظره من نواحى سرت per *inde a.* *e*) Additur على in L. et B.

بها على الاحمال والجمال والمحامل والبغال والحمير ما[a] يصل الى صاحب طرابلس باجمعه ونَظَرُهُ من نواحى سُرْت واخذ الصدقات والخراج واللوازم من قصرى ابن كموه[b] وابن مطكود[c] والبربر المقيمين هناك من هوارة وغيرهم اليه[d] ، وهى مدينة من الصخر الابيض على ساحل البحر خصبة حصينة كبيرة صالحة الاسواق ووجدتُ بعض اسواقها قد نُقلت من خارجها وربضها الى داخلها وهى واسعة الكورة كثيرة الضياع والبادية وارتفاعها دون ارتفاع برقة فى وقتنا هذا وبها من الفواكه الطيّبة اللذيذة الجيّدة القليلة الشبه بالمغرب وغيره كالفرسك والكمثرى الّذين[e] لا شبه لهما فى كثير من المواضع وبها الجهاز الكثير والصوف المرتفع وطيقان الاكسية الفاخرة الزرق النفوسيّة والسود الرفيعة الثمينة التى مراكب تحطّ عليهم ليلًا ونهارًا وترد بالتجارة على مرّ الاوقات والساعات صباحًا ومساءً من بلد الروم وارض المغرب[f] بضروب الامتعة والمطاعم واهلها قوم موقّرون[g] من بين من جاورهم[h] متميّزون بالتجمّل فى اللباس وحسن الصورة والقصد فى المعاش الى مروّات ظاهرة ولهم عشرة حسنة ورحمة مستفيضة ونيّات جميلة الى مرآة لا يفتر وعقول مستوية[i] وصحّة بيّنة[k] ومعاملة محمودة ومذهب فى طاعة السلطان سديد[l] ورباطات كثيرة ومحبّة للغريب اثيرة ولهم فى الخير مذهب من طريق العصبيّة لا يدانيه اهل بلد لانّه اذا وردت المراكب ميناهم عرضت لهم دائمًا الرياح البحريّة فيشتدّ الموج لانكشاف المرسى بها ويصعب الارساء بادر اهل البلد بقواربهم ومراسيهم وحبالهم متطوّعين[m] فيقيّد[n] المرسى ويرسى به فى اسرع وقت بغير

---

a) L. et B. مما. b) Fortasse legendum est مكرو; cf. *Descr. de l'Afrique et de l'Espagne par Edrîsî*, p. 154 ann. 3. c) B. مصطكود; cf. *Descriptio al-Magribi*, p. 55 seq. d) Si lectio bona est, اليه nihil aliud significare potest nisi الى منزل صبرة, *usque ad Sabram*. e) L. الذى. f) L. العرب. Deinde B. وضروب quod in L. superinscribitur. g) P. مرموقون. h) P. add. بنظافة الاعراض والثياب والاحوال. i) L. مشوبه, B. مستوده. k) B. بنيه. l) L. et B. شديد. m) P. متطاوعين. n) L. فيعيد. Deinde P. المركب.

كلفة لاحد[a] ولا غرامة حبّة[b] فما فوقها تطوّعًا وتعصّبًا للغريب ۞ وامّا قابس فانّها مدينة ذات مياه جارية واشجار متهدّلة وفواكه رخيصة ولها من التمر[c] والزروع والضياع ما ليس لما جاورها من زيتون وزيت وغلّات وعليها سور يحيط به خندق ولها اسواق وجهاز كثير ويعمل بها الحرير وتدبغ بها الجلود وينتابها التجار ولها صدقات وزكوات وضرائب وجوالٍ على اليهود بها وسائمة كثيرة ولها عامل بنفسه وهى خصيبة فى اكثر اوقاتها واهلها قليلو الدماثة غير محظوظين من الجمال والنظافة وفيهم سلامة وفى باديتهم شرٌّ شمرٌ ودين قذر وذلك انّهم لا يخلون من الشراية او القول بالوعد والوعيد والغيلة لبنى السبيل والاعتراض لاموالهم فى القليل والكثير الويل لمن نام بينهم والحرب على من جاورهم واستجار بهم مخالفون اكثر ايّامهم لسلطانهم مواربون[d] فى الحقوق عليهم ولم تزل هذه العادة فيهم الى ان سار منهم الكثير الى قابس فاحرقوا ربضها وحاصروها واستباحوا اموال تجّارها واهل الذمّة منها فامكن الله منهم فاهلكوا عن آخرهم وذلك انّه سارت اليهم صنهاجة فجعلت عشرة من اهلها فى كساء ۞ وامّا سَفَاقُس فمدينة جلّ[e] غلّاتها الزيتون والزيت وبها منه ما ليس بغيرها مثله وكان سعره فيما سلف من الزمن بحال غيّرته الفتن وفى وقتنا هذا ربّما بلغ ستّين وسبعين قفيزًا بدينار وهى على نحر البحر ولها مرسى ميّت الماء وعليها سور حجارة وابواب حديد منيعة وفيها محارس مبنيّة للرباط واسواقها عامرة وهى قليلة الكروم وياتيها من قابس فواكه ما يسدّ[f] حاجة اهلها وشرب اهلها من مواجن بها ولهم من صيد السمك ما يكثر ويعظم خطره بزروب عملت فى الماء الميّت وبناؤها بالحجارة والجير وبينها وبين المهديّة مرحلتان وعليها عامل بذاته للسلطان[g] ۞ وامّا المَهْدِيّة فمدينة *كبيرة احدثها المهدىّ بالله[h]

---

a) L. et B. ولاحد. b) P. مثقال خردلة. c) L. المرنر , B. البردن , P. وبها من البربر ولهم المزارع; cf. Edrisi, p. ١٠٦. d) L. مواربون. e) P. على جبل. Vid. quoque Jacut, III, p. ٩٩, 4. f) L. et B. تسد. g) P. om. h) P. صغيرة استحدثها المهدى القائم بالمغرب.

وسمّاها بهذا الاسم وهى فى نحر البحر وتحوّل اليها من رَقّادَة القيروان فى سنة ۳۰۸ وهى من القيروان على مرحلتين فرضة لما والاها من البلاد كثيرة[a] التجارة حسنة السور منيعة وذلك انّ لها سورًا من حجارة ولها بابان ليس لهما فيما رايتُه من الارض شبه[b] ولا نظير غير البابين اللّذين على سور الرافقة وعلى مثالهما عُملا، وعلى شكلهما اتُّخذا،، كثيرة القصور، نظيفة المنازل والدور،، حسنة الحمّامات والخانات، خصيبة كثيرة الفواكه والغلّات،، طيّبة الداخل حسنة الخارج بهيّة المنظر ادركتُها وملوكها كُماة، وجيوشها حُماة، وتجّارها طُرّاة،، فاختلّت احوالها، والتاثت اعمالها،، وانتقل عنها رجالها بانتقال المنصور عمّ عنها وبُعْده عنها وسكناه بالمنصوريّة من ظهر القيروان وذلك لما دهمه من ابى يزيد مَخْلَد[c] بن كَيْدَاد وقصده المخالفة عليه واطّراد ما اطّرد له عند خروجه بالمغرب فى احزاب الكفر والنفّاق، والاباضيّة والنكاريّة المرّاق،، فانّه صارت به الحال عند نجومه[d] لما سبق به القدر وتقدّم به القضآء الى ان استولى على المغرب باجمعه وحاصر المهديّة وضيّق على اهلها وموالينا عمّ حتّى اذن الله تعالى ببواره، وهو فى غاية الثقة[e] بانصاره، والسرور باغتراره،، فخانه فجوره، واسلمه سروره،، وخرج اليه مولانا امير المؤمنين المنصور بالله صلّعم فى فئة شعارها الايمان، وعادتها[f] من الله الظفر والاحسان،، وعدوّ الله فى عدد لا يحصى، وامّة اذن الله فيها بالفنى،، ......[g] يمرّ مرًّا كرجع الطرف،، ابطأوه فى قبض انفسهم، والنصر منتظم،، فزحزحهم عن مستقرّهم وصياصيهم، وبذل السيف فى نواصيهم،، وانهزم اللعين وقد عاين الموت، وشارف الفوت،، يطلب من الارض معاذا، وفيها من سوء ما اقترفه لواذا،، فمنّاه اهل القيروان الغرور، وانزلوه كالمقهور،، وقد وصل اليهم فى مرحلة واحدة فمنّوه الاباطيل، وزخرفوا له الاقاويل،، فاقام ووصل المنصور امير المؤمنين صلّعم فنزل عن غربىّ القيروان فى منزل نزله بالسعادة وعلت فيه طير النصر والسلامة فتيمّن بنزوله، وتبرّك بحلوله،، فانجزه[h] الله ما وعده، وبلّغه ما

---

a) L. وكثيرة. b) P. شبيه. c) B. om. d) L. et B. نحومه. e) L. النكبه, B. الثقة. f) L. وعداتها (prima manus وعدتها). g) Lacuna in L. et B. h) B. فانجز.

امّله،، فهزم[a] ابا يزيد عن مكانه، وامكن الله من حزبه واعوانه،، فمنّ على اهل القيروان، بالعفو والغفران،، واتبع ابا يزيد فكان بينهما ما يطول شرحه، ويتفاقم انباؤه،، الى ان اخذه وعاد الى العسكر المنصور، والمكان المذكور،، فاختطّ به احسن بلد، فى اسرع امد،، وانتقل اليه واستوطنه، واقام به واستحسنه،، صلوات الله عليه يوم الثلثاء[b] لليلة بقيت من شوّال *سنة ٣٣٧[c] ✿ وامّا سُوسَة فمدينة بين الجزيرة والمهديّة طيّبة رفهة خصبة على نحر البحر ولها سور حصين، ومآؤها معين،، وبها مواجن قليلة، واعمال صالحة نبيلة،، وفى اهلها دهقنة والغالب عليهم السلامة[d] وهى احد فرض البحر ولها اسواق حسنة وفنادق وحمّامات طيّبة وهى من القيروان على مرحلة وكانت لها ضياع جمّة ووجوه من الجباية غزيرة وغلّات واسعة ورباطات كثيرة ✿ والمُنَسْتير بين سوسة والمهديّة وشقانص بين المنستير والمهديّة وهما قصران عظيمان على حافة البحر للرباط والعباد عليهما اوقاف كثيرة بافريقيّة والصدقات تاتيهما[e] من كلّ ارض ✿ والجزيرة[f] اقليم له مدينة تعرف بمنزل[g] باشُّو واسعة العمل خصيبة اوسع من سوسة على السلطان دخلًا واكثر منها جباية واهلًا ولها كورة تضاف اليها وغير ما غلّة يعوّل[h] التجّار عليها وبها[i] غيرُ موضع وخم ظاهر الثقل[k] لا يدخله غريب الّا مرض واذا دخل فيها السودان صلحت حالهم فيه وجميع الفواكه بها ولباشّو هذه اسواق فى كلّ شهر تحضر لايّام معروفة ✿ وامّا تُونس فمدينة قديمة ازليّة ذات مياه جارية وان كانت تسقى[l] بالدواليب فالانتفاع بها كثير والعائدة[m] على اهلها صالحة وهى حصينة فى ذاتها متّسع بغلّاتها ويعمل بها غصار حسن الصنعة وخزف حسن كالعراقىّ المجلوب وكان اسمها فى قديم الزمان تَرْشيش فلمّا احدث

---

a) B. فهز. *b*) L. et B. .....ا. *c*) Desunt haec. *d*) P. واهلها موقرون عقولهم وافرة ومعاملتهم حسنة. *e*) L. et B. تاتيها. *f*) Jacut, I, p. ٤٧. وجزيرة شريك. *g*) L. et B. بالجزيرة. *h*) B. تعول, L. sine punctis. *i*) L. et B. addunt فى. *k*) L. المعل, B. النقل. *l*) B. دستقى. *m*) In L., litterâ ة expunctâ, والعايد.

فيها المسلمون البنيان واستحدثوا البساتين والحيطان سمّيت تونس، وهى مصاقبة لقَرْطَاجَنّة المشهور امرها بالطيب وكثر الفواكه وحسنها * وجودة الثمار[a] وصحّة الهوآء ومن غلّاتها القطن ويحمل الى القيروان فيظهر الانتفاع بها وكذلك القنّب والكَرَوْيَا والعصفر والعسل والسمن والحبوب والزيت وكثير من الماشية ✿ وامّا سَطْفُورَة فاقليم ايضًا على البحر جليل له ثلاث مدائن فاقربهنّ الى تونس أَنْبَلُونَة ثمّ تِنِجَة[b] ثمّ بَنْزَرْت وهى مدينة على البحر خصيبة اصغر من سوسة فى ذاتها وعامل هذه البلاد ينزل فى بنزرت وبها ثمار كثيرة وانهار سطفورة واسعة غزيرة والارتفاع[c] بها والجدا على السلطان قليل ولها وادٍ عجيب يخرج فيه فى كلّ شهر نوع من السمك واذا اهلّ الهلال لا تجد من ذلك النوع واحدة ويظهر غيره واهل هذا الاقليم فيهم صرامة وناسه ذوو بأس فى البرّ والبحر ولهم صبر على الشقآء والكدّ وان كان بلدهم فى هذا الوقت قد خلا وعفا ✿ وطَبَرْقَة[d] قرية على ساحل البحر وهى قرية وبقّة وبها عقارب قاتلة نحو عقارب عسكر مُكْرَم فى وحآء القتل وسرعته ومضىّ ومصآء المنيّة وقربها، ومن اراد طبرقة من تونس على الجادّة اجتاز على مدينة بَاجَة وهى مدينة قديمة كثيرة القمح ولها من الغلّات والزروع ما ليس بجميع المغرب مثله عندى كثرةً وجودةً وهى صحيحة الهوآء كثيرة الرخآء واسعة الداخل[e] على السلطان، وطبرقة المذكورة مع صغر مقدارها فانّما اشتهرت لكثرة ورود مراكب الاندلس عليها ونزولهم فيها وتعشيرهم كان فى سالف الايّام بها وهى تجاه آخر حدود الاندلس من الجانب الغربىّ من بحر الروم المضاف الى الافرنجة[f] ✿ وعلى الساحل من هذا البحر على نحو مرحلة مرسى آخر وفيه معدن المرجان ولا اعرف فى شىء من البحار نظيرًا له فى الجودة ولا يوجد المرجان فى غير هذه المدعوّة مرسى الخَرَز ومدينة تنس ومدينة سبتة المحاذية للاندلس ومدينة[g] الجزيرة

---

a) L. وجوه الثمار. *b*) L. et B. باجه, cf. Edrisi, p. 133. *c*) B. الارتفاع. *d*) L. et B. وطَبَرْقَة. *e*) B. الدخل. *f*) Lacuna parva in L. et B. *g*) L. et B. مدينة.

المعروفة بالجزيرة الخضرآء وما فيها من المرجان قليل الجوهر حقير فى جنب ما يخرج من مرسى الخرز وللمنصور عمّ فيها امين وناظر يلى صلاتها ومعاونها والنظر فيما[a] يخرج من هذا المعدن وللتجّار بها اموال كثيرة وسماسرة[b] لبيع المرجان وشرآئه ويعمل بها فى اكثر الاوقات الخمسون قاربًا وازيد من ذلك فى كلّ قارب العشرون رجلًا واقلّ واكثر والمرجان ينبت[c] كالشجر ثمّ يستحجر فى نفس المآء بين جبلين عظيمين ولاهلها نبيذ ينبذ من العسل ويشرب من يومه فيسكر الاسكار العظيم ويعمل من الصداع ما لا يعمله غيره من الاشربة وهى قليلة الزروع يجلب اليها ما يقوت اهلها ممّا يجاورها من فاكهة وغير ذلك * وبها من السمك[d] ما لم ار فى بلد من سائر بلدان الارض اسمن منه ولا امنع جانبًا لآكله ممّا يصاد بها وسيّما فى اوقات الغلّات ۞ ومدينة بُونَة مدينة مقتدرة وليست بالكبيرة ولا بالصغيرة ومقدارها فى رقعتها كالأُرْبُس وهى على نحر البحر ولها اسواق حسنة وتجارة مقصودة وارباح متوسّطة وفيها خصب ورخص موصوف وفواكه كثيرة وبساتين قريبة واكثر فاكهتها من باديتها والقمح والشعير فى اكثر اوقاتها كما لا قدر له وبها معادن حديد كثيرة ويزرع بها الكتّان ولها عامل قائم بنفسه ومعه من البربر عسكر لا يزول كالرابطة وبها وجوه من التجارة كالصوف والاغنام وبها من العسل والخيرات ما يزيد على من داناهم من البلاد المجاورة لهم واكثر سوائمهم البقر ولهم اقليم واسع وبادية وحوزة بها نتاج كثيرة وقلّ من بها تفوته الخيل السوائم للنتاج ' وبينها وبين جزائر بنى مزغنّان مراسٍ فمنها جيجل مرسى ومنه الى مرسى بِجَايَة ومنه الى مرسى بنى جَنَّاد ومنه الى مرسى الدَّجَّاج وهى مدينة عليها سور منيع وهى على نحر البحر وليس لها مرسى مامون وبها فواكه رخيصة ومأكل ومطعم والقمح والشعير والالبان والاجبان والمواشى ما يعدو[e] غيرهم ممّن يجاورهم وبها من الاشجار

---

a) L. et B. فيها. *b*) L. et B. وشماسرة. *c*) L. نبت. *d*) Conjectura supplevi. De Slane ad versionem (in *Journ. asiat.* 1842) adnotat: „le mot est omis dans le manuscrit, mais il s'agit probablement de *cailles.*" In marg. B. h. l. نظر. *e*) L. يعدى.

والثمر[a] والتين خاصّةً الكثير العظيم ممّا يحمل عنها الى البلاد النائية عنها ✿ وجزائر بنى مَزْغَنّان[b] مدينة عليها سور فى نحر البحر وفيها اسواق كثيرة ولها عيون على البحر طيّبة وشربهم منها ولها بادية كبيرة وجبال فيها قبائل من البربر كبيرة[c] واكثر اموالهم المواشى من البقر والغنم سائمة فى الجبال ولهم من العسل ما يجهّز عنهم والسمن والتين ما يقع به وبغيره من هذه الاسباب الجهاز الى القيروان وغيرها ولهم جزيرة تحاذيها فى البحر اذا نزل بهم عدوّ لجأوا اليها فكانوا بها فى منعة وامن ✿ وتامَدْفوسْت مرسى ومدينة خربت وفيها بقيّة قوم يسكنونها سكنى الصبوّ الى الوطن ✿ وشِرْشَال[d] مدينة قديمة ازليّة قد خربت وفيها مرسى وفيها آثار قديمة واصنام من حجارة ومبانٍ عظيمة، ومنها الى برشك مدينة كان عليها سور فتهدّم ولها مياه جارية وآبار معينة وبها فواكه حسنة كثيرة وسفرجل باعناق كالقرع الصغار وهو طريف واعناب والغالب على اهلها البربر ولها بادية يجتنون العسل من الأَجْباح[e] والشجر لكثرة النحل واكثر اموالهم الماشية ولهم من الزرع والحنطة ما يزيد على حاجتهم ✿ وتَنَس مدينة عليها سور ولها ابواب عدّة وبعضها على جبل قد احاط به السور وبعضها فى سهل وهى من البحر على نحو ميلين على وادٍ كثير الماء وشربهم منه وهى مدينة فوق الصغيرة وليس على البحر فيما قاربها على شكلها بنواحيها فى الكبر وفيها فواكه حسنة وهى من الخصب على النهاية وهى الّتى يعدو[f] اليها الاندلسيّون بمراكبهم ويقصدونها لمتاجرهم وينهضون منها الى ما سواها وللسلطان بها وجوه من الاموال كثيرة كالخراج والجوالى والصدقات والاعشار ومراصد على المتاجر الداخلة والخارجة عنها والصادرة والواردة اليها وعليها بادية من البربر كبيرة[g] وفيها قبائل اموالهم جسيمة وبها من الفواكه والسفرجل المعنّق ما لا ازال احكيه لحسنه وكثرته ✿ ومنها الى مدينة وَهْرَان مراسٍ لا مدن لها مشهورة

a) L. والتمر (ut saepe ت pro ث habet). b) L. h. l. مَزْغَنّا. In B. parva ن addi videtur. c) B. sine punctis. d) L. et B. وشرسال. e) L. et B. الاحماج. f) L. et B. يعدى. g) L. s. p.

كمرسى عطا وليس به احد يسكنه وقصر الفُلُوس وهى محدثة عليها سور من تراب وهى لطيفة جدًّا ومآؤها من عين خارجة عنها وغلّاتهم القمح والشعير والمواشى بها كثيرة ولوهران مرسى فى غاية السلامة والصون عن كلّ ريح وما اظنّ له مثلًا فى جميع نواحى البربر وعليها سور ومآؤها من خارجها جاريًا عليها فى وادٍ عليه بساتين واجنّة كثيرة فيها من جميع الفواكه وفى حاضرتها دهقنة وحذق وفيهم حميّة مع الغريب وهى فرضة الاندلس اليها[a] ترد السلاع ومنها يحملون الغلال والغالب على باديتها البربر من يزداجة وهم فى وقتنا هذا فى ضمن زِيرِى بن مَنَاد ❀ ومنها الى آسَلَن[b] مدينة حصينة لها سور عظيم حصين ومآؤها فيها ولها بساتين كثيرة وكنتُ اعرفها قديمًا لحُمَيد بن يزل[c] ولها مرسى وهى حصينة كثيرة الاهل واكثر اموالهم الماشية وعندهم منها كثير ❀ ومنها الى أَرْجَكُول مدينة ايضًا لطيفة لها مرسى وبادية وخصب وسعة فى الماشية والاموال السائمة ومرساها فى[d] جزيرة فيها مياه ومواجن كثيرة للمراكب وغيرها وهى جزيرة مسكونة معمورة وارجكول على وادٍ يعرف بتافنا[e] وبينها وبين البحر[f] نحو ميلين ❀ وكانت مَلِيلَة مدينة ذات سور منيع وحال[g] وسيع وكان مآؤها يحيط باكثر سورها من * بئر فيها[h] عين عظيمة ازليّة فاكتسحها ابو الحسن جوهر عبد امير المؤمنين وتغلّب عليها فيما بلغنى بنو بُطُوِيَة وهم بطن من البربر وكان بها من الاخبية ما يسدّ حاجتهم ومن الزروع الكثيرة والحبوب والغلّات الجسيمة امر عظيم ❀ ونَكُور[i] مدينة مقتصدة فى وقتنا هذا وكانت قديمًا اعظم ممّا هى وآثارها بيّنة ولها مرسى ترسى به[k] المراكب فى بطن جزيرة تعرف بالمَزِمّة[l] ❀ ومنها الى مدينة سَبْتَة وهى لطيفة ايضًا على نحر البحر

---

a) B. om. b) L. et B. وَآسَلَن. c) L. et B. نزل. d) B. add. مدينة. In L. hoc vocabulum sequitur expunctum. e) L. et B. على تافنا. Vid. quoque Jacut, I, p. ١٩٥, 19. f) L. البحرين. g) L. وخان. h) L. شرقيها; cf. Edrisi, p. ١٧٢. i) L. et B. وتكور. k) L. بها. l) L. et B. بالمرية.

ولها بساتين تقوم باهلها ومآؤها من داخلها يستخرج من آبارها معين وعلى[a] خارجها ايضًا آبار كثيرة ولها مرسى قريب الامر وبها معدن للمرجان صالح دون مرسى الخرز[b] وهى لبنى اميّة ولم يكن لهم فى عدوة المغرب مدينة غيرها ولهم فى ظاهرها بربر ياخذون صدقاتهم ولوازمهم وخراجهم وكذلك من كان من البربر بمرسى موسى فهو لهم وكانّى بها راجعة الى مولانا عمّ ✿ ومنها الى طَنْجة وهى مدينة قديمة ازليّة *آثارها بيّنة وابنيتها قائمة[c] على نحر البحر سكنها[d] اهلها قديمًا سنين فى صدر الاسلام ثمّ استحدثوا لهم مدينة عن ميل منها *على ظهر جبل[e] والّذى اوجب استحداثها خوف آل ادريس عليها عند استحواذهم على سبتة فى وقتهم واكثر اموال اهلها فى الزرع من الحنطة والشعير ومآؤها مجلوب فى قنىّ من مكان بعيد وليس يعلم مكانه واصله بالحقيقة وانّما يطلبون جهاته وهى خصبة صالحة الاسعار وليس عليها سور ✿ وزُلول[f] مدينة لطيفة فى شرق ازيلى لها اسواق قريبة وعليها متولّى حسن بن كَنُّون[g] الفاطمىّ وشربهم كشرب اهل طنجة، وأَزِيلَى[h] مدينة عليها سور متعلّقة على رأس جُرْف خارج من[i] البحر المحيط الى المغرب وهى لطيفة وسورها من حجارة وبعضها على البحر المحيط وحظّهم[k] من الحنطة والشعير وافر ومآؤها من آبار فيها لذيذة معينة وبها اسواق ✿ واذا اخذ منها الآخذ على سيف البحر المحيط يريد الجنوب لقيه وادى سَفْدَد[l] وهو وادٍ كبير عظيم كثير المآء يحمل المراكب عذب ومنه شرب اهل تُشُمّس وهى مدينة لطيفة قديمة ازليّة اوّليّة وعليها سور من البنآء الاوّل تركب[m] وادى تشمّس هذا المعروف بسفدد وبينها وبين البحر نحو ميل ويمدّ سفدد شعبتان تقع اليه احداهما من بلد دنهاجة من جبلى البصرة والثانية

---

a) B. وعن. *b*) B. الخرزة. *c*) Jacut, III, p. ٥٥١, 1 ابارها ظاهرة بناءها بالحجارة. *d*) L. et B. سكنتها. *e*) L. om. *f*) Sequitur in L. لام, quod in B. superscribitur ultimae litterae. *g*) L. كنوز. *h*) B. وازيلي. *i*) Jacut, I, p. ٢٣٥, 6 فى. *k*) L. et B. وحصهم. *l*) Jacut, I, p. ٨٥٢, 6 et III, p. ٣٠٤ شفدد (p. ٢٧٧ شرفدد). *m*) L. et B. يركب.

من بلد كتامة وكلاهما مآء كثير وفيه يحمل اهل البصرة تجاراتهم فى المراكب ثمّ يخرجون الى البحر المحيط ويعودون الى البحر الغربىّ فيسيرون حيث شآءوا منه، وبين مدينة تشمّس هذه وبين[a] البصرة دون المرحلة على الظهر والبصرة هذه مدينة مقتصدة عليها سور ليس بالمنيع وليس لها مياه الّا من خارجها من عيون عليها بساتين يسيرة من شرقيّها ولها غلّات كثيرة من القطن المحمول الى افريقيّة وغيرها ومن غلّاتهم القمح والشعير والحبوب ولهم من ذلك الكثير وهى خصيبة كثيرة الخير حسنة الاسواق والهوآء بها صحيح وبها قوم لهم خطر وميل الى السلامة والعلم ولهم محاسن فى خلقهم قد عمّت نسآءهم ورجالهم والغالب عليهم حسن القدود والشطاط واعتدال الخلق وجمال الاطراف وشملهم الستر والسلامة، وبين البصرة والمدينة المعروفة بالاقْلام *نحو ١٨ ميلًا[b] وهى مدينة احدثها آل ادريس ولها سور منعها عن موسى بن ابى العافية ولهم مياه كثيرة وهى فى شعرآء وجبال شامخة عالية والمدخل اليها من مكان واحد وفيها منبر ومساجد لآل ادريس واليها لجأُوا عند محاصرة موسى لهم والى وقتنا هذا هى قرارهم وهى حصينة خصيبة كثيرة الثمار[c]، ولهم مدينة تعرف بكُرْت وهى مدينة لطيفة فى سفح جبل منيعة ايضًا بغير سور ولها مياه كثيرة وبساتين واجنّة ومزارع عظيمة كثيرة[d] ومن غلّاتهم القمح والشعير والقطن واهلها تجّار والغالب عليهم البربريّة وجميع هذا الصقع[e] المذكور وهو اقليم طنجة لآل ادريس لهم خراجها واليهم تصل جباياتها ☆ ومن المدن المضافة اليهم والداخلة فى قبضتهم ماسَنَة[f] وهى مدينة[g] فى قبلة مدينة البصرة وهى على وادٍ عذب يجرى الى وادى سَبُو وهو وادى فاس وهى[h] مدينة عليها سور يمنعها ولها غلّات كثيرة وخصب وعليها بادية من البربر ومن غلّاتهم القمح والشعير والقطن ولهم مياه كثيرة

---

a) L. et B. ومن. *b*) L. et B. om.; cf. Edrisi, p. ١٩٩. Jacut, I, p. ٦٥٣, 6. اقلّ من مرحلة. *c*) L. التجار. *d*) L. كبيرة, B. om. *e*) Secundum B. et marg. L. In textu L. الاقليم. *f*) L. et B. ماسة. *g*) L. et B. addunt لها سور (in L. semiexp.). *h*) Nempe ماسنة.

وسقى تكثر عائدته عليهم ۞ والحَجَر ايضًا مدينة عظيمة محدثة على جبل عظيم شامخ لآل[a] ادريس وهى حصن منيع فيه املاكهم وهى من اعظم مدنهم عندهم منزلةً واكبرها خطرًا وفيها مآوُها ولها بساتين فيها وليس عليها طريق ولا اليها سبيل الّا من جهة واحدة يسلكه الراجل وهى خصيبة رفهة كثيرة الخير، وبُحَيْرَةُ أَرْبَغ[b] بحيرة اصلها من البحر المحيط صغيرة يرسى فيها المراكب الاندلسيّة وفيها ايضًا يركب اهل البصرة ويشحنون من نواحيهم وناحية بلد بياثة[c] ومنها عن[d] مرحلة الى جهة الجنوب مصبّ وادى سَبُو وهو وادى فاس ومن ورآئه الى ناحية بلد[e] بَرْغَوَاطَة على نحو بريد وادى سَلَا واليه تنتهى سكنى المسلمين وهى رباط يرابط فيه المسلمون وعليه المدينة الازليّة المعروفة بسلا القديمة[f] قد خربت والناس يسكنون ويرابطون برباط يحفّ بها وربّما اجتمع فى هذا المكان من المرابطين مائة الف انسان يزيدون وينقصون ورباطهم على بَرْغَوَاطَة وهى قبيلة من قبائل البربر على البحر المحيط متّصلين بهذه الجهة الّتى شقّت عمارة بلد الاسلام اليها يُعْزون[g] ويَنْتَسِبون وذلك انّ رجلًا بربريًّا كان يعرف بصالح بن عبد الله دخل العراق ودرس شيًّا من النجوم وصلحت منزلته فيها الى ان قوّم الكواكب وعمل التقاويم والمواليد واصاب فى اكثر احكامه وكان له خطّ حسن وفهم باطراف من العلم وعاد فنزل بينهم وكان بربرىّ[h] الاصل مغربىّ المولد مصطنعًا بلغة البربر يفهم غير لسان من السنتهم فدعاهم الى الايمان به وذكر انّه نبىّ ورسول مبعوث اليهم بلغة البربر واحتجّ بقوله تعالى[i] وَمَا أَرْسَلْنَا مِنْ رَسُولٍ الّا بِلِسَانِ قَوْمِهِ وانّ محمّدًا عمّ عربىّ اللسان مبعوث الى قومه والى العرب

---

a) L. et B. لابى et deinde in marg.: بيان هو ادريس بن ادريس بن عبد الله بن حسن بن حسين بن على بن ابى طالب بانى مدينة فاس بالمغرب.
b) L. اربع, B. اربع. *c*) B. بياته. *d*) Jacut, I, p. ٥١٤, 3 على. *e*) L. et B. ومن ورائه الى ناحية المشرق بَرْغَوَاطة وعلى بريد منها وادى. Jacut habet: وادى سَلّة. *f*) L. et B. قديمة. *g*) L. et B. يبغزون. *h*) B. بزدى (an برنى?). *i*) Qor. 14, vs. 4.

كافّة وانّه صادق فيما اتى به من القرآن والاحكام وايّاه اراد الله تعالى بقوله[a] وَصَالِحُ ٱلْمُؤْمِنِينَ وَٱلْمَلَائِكَةُ بَعْدَ ذٰلِكَ ظَهِيرٌ ووعدهم بغير كسوف فرأوه عيانًا وانذرهم باشيآء فادركوها فافسد عقولهم وبدّل معارفهم وافترض عليهم طاعته فى سنن ابتدعها وفرائض اخترعها واوجب عليهم صوم شعبان وافطار رمضان وعمل لهم كلامًا رتّله بلغتهم[b] وشرع فيه محابّه[c] على نحلتهم فهم يتدارسونه ويعظّمونه ويصلّون به وهلك فخَلَفَه وصىّ اقامه من بعده وزاد على ما رسمه باشيآء ذكر انّ له الزيادة فيها والنقصان والحلّ والعقد فيما قدّمه صالح لهم من الاحوال فدعاهم الى النسك وترك الدنيا والاقبال على الزهد وتناهى هو فى ذلك الى ان حُفِظ عليه صبره عن الغذآء خمس ليالٍ وسبعًا وتسعًا وهو فى جميع ذلك يذكر انّه يوحى اليه وانّ الملائكة تاتيه بما ياتى ويذر ويحلّه ويعقده وكان صالح يحلّ لهم الطيّبات ولا يحميهم من المحظورات[d] ويبيحهم اللّذّات وفيهم من يقرأ القرآن ويحفظ منه السور الى الآن ويتاوّل آياته على موافقته لكتابهم وقرآءتهم، وكان اهل البصرة ومدينة فاس يغزونهم فى بعض الاوقات ويسالمونهم[e] ويتاجرونهم ويجلبون لهم التجارات *فى اخرى[f] وفيهم امانة وبذل للطعام وتجنّب لاكثر الحرام والمحظورات من الآثام وقد يصل[g] اليهم اهل اغمات والسوس الاقصى ايضًا بالتجارة وكذلك قوم من اهل سجلماسة وكنتُ الفيتُ محمّد بن الفتح المعروف بالشاكر لله كان يدعو الى غزوهم فى سنة ٣٤٠، واظنّه هلك لم يبلغ منهم محابّه[h] لقلّة اجابة من دعاه الى غزوهم من البربر وخوفهم من اطّراد حيلة لمحمّد بن الفتح عليهم فى ذلك ۞

فهذه[i] جملة احوال المدن المشهورة والمراسى والقرى المعروفة على نحر بحر المغرب من حدّ برقة الى البحر المحيط ممّا انتهيتُ اليه وادركتُه بالعيان او اخذتُه عن من نشأ فيه، وليس من حدّ برقة واعمالها الى نواحى

a) Qor. 66, vs. 4. b) L. بلغاتهم. c) L. محابه, B. مجاده. d) L. hic et paullo post المخطورات. e) L. ويسالونهم. f) Conjectura supplevi. g) L. et B. تصل. h) B. محاده. i) B. وهذه.

افريقيّة فيما يواجه البحر المغربىّ من البرّ غير عشر مراحل فما فوق ذلك بلد يذكر ولا يعرف الّا ما ذكرتُه والغالب على ما واجه هذا البحر من ارض مصر الى نواحى عمل افريقيّة البرارىّ والمفاوز الّتى بين بلاد السودان وارض المغرب وفى اطرافها سكّان من البربر وفى قلب البرّ ايضًا مياه عليها قوم منهم، وامّا ما حاذى ارض افريقيّة الى آخر اعمال طنجة عن مرحلة الى عشر فزائد وناقص فبلاد مسكونة ومدن متّصلة الرساتيق والمزارع والضياع والمياه والولاة والسلاطين والملوك والحكّام والفقهآء وكلّ ذلك فى دعوة امير المؤمنين المعزّ لدين الله وحوزته وقبضته وما عداه وتوغّل فى برارىّ سجلماسة واودغشت ونواحى لمطة[a] مشرّقًا الى فزّان ففيه مياه عليها قبائل من البربر . . . . . . [b] الّذين لا يعرفون الطعام ولا الشعير ولا شيئًا من الحبوب والغالب عليهم الشقآء والاتّشاح بالكسآء وقوام حياتهم اللحم[c] وساذكر ذلك واصفه على استقصآء بعد فراغى من ذكر اعمال افريقيّة الى تاهرت وفاس ✿

فمن القيروان الى الجُهَنيّين[d] وهى قرية مرحلة، ومنها الى سَبيبَة مدينة ازليّة كثيرة المياه والاجنّة عليها سور من حجارة حصين ولها ربض فيه الاسواق والخانات وشربهم من عين جارية كبيرة تسقى بساتينهم واجنّتهم وهى على مرّ الايّام كثيرة الحرث والفواكه خصيبة والغالب على غلّاتهم الكمّون والكراويا والبقول ويزرع عندهم الكتّان ولهم ماشية كثيرة مرحلة، ومنها الى مَرْمَاجَنّة مرحلة وهى لهوارة وفيها اسواق حسنة، ومنها الى مَجّانة مدينة ذات سور من طابية مرحلة وهى كثيرة الزعفران والزرع وفيها معدن حديد وفضّة وفيها الحجارة المجلوبة للمطاحن الى كلّ مكان ولهم وادٍ غزير المآء يزرعون عليه واسواق صالحة وليس لهم زيتون ولا نخل، ومن مجّانة الى تبِجس[e] طريق قصد، ومنها الى مِسْكِيَانَة قرية عليها سور قديمة كثيرة المياه والزرع ولها سوق ومآء جارٍ من عيون وفيها من الحوت[f]

---

a) B. ملطة. *b*) Lacuna in L. et B. *c*) In L. vocabulum اللحم deëst, spatio albo relicto. *d*) L. et B. سبيبية. *e*) L. بمحمس, B. بمجس. *f*) An leg. الحرث?

شىء كثير رخيص وسوقها ممتدّ كالسماط مرحلة وهى اكبر من مرماجنّة ويجمعهما[a] ابدًا عامل واحد، ومنها الى باغاى مدينة كبيرة عليها سور ازلىّ من حجارة وربض ايضًا عليه سور والاسواق فيه وكانت الاسواق قديمًا فى المدينة فنقلت مرحلة[b] ولها مآء جارٍ من وادٍ ياتيهم من القبلة ومنه[c] شربهم مع آبار لهم عذبة ولهم من البساتين كثير وهو بلد بربرىّ البادية واكثر غلّاتهم الحنطة والشعير وعاملها على صدقاتهم ومعاونها ووجوه اموالها عامل بنفسه لا من تحت احد، وجبل أَوْرَاس منها على اميال وفيه المياه الكثيرة والعمارة الدائمة واهله قوم سوء وطوله نحو اثنى عشر يومًا وهم مستطيلون على من جاورهم من البربر[d]، ولباغاى طريق ياخذ على بِلِزْمَة الى نِقاوُس الى طُبْنَة ويتّصل هذا الطريق بطريق مجّانة الى تيجس فيمرّ عليه الى بونة ومن احبّ فمنه يمرّ من تيجس الى القُسْطَنْطِينيّة[e] الى مِيلَة الى سَطيف[f] الى المَسِيلَة[g] وصل اليها ومن اراد من سطيف الى حائط حمزة الى أَشِير كان اقصد له ان كان يريد المغرب، ومنها الى دوفانة[h] الى قرية من جبل اوراس لها سكّان من اللُّهّان والبلد لهم ولبنى عمّهم من اللهانيّين مرحلة، ومنها الى دار مَلُّول[i] وكانت مدينة قديمة فرزحت[k] احوالها وصارت منزلًا ينزله[l] المارّ وفيها مرصد قديم على جميع ما يجتاز بها ومآؤها من عين بها مرحلة، ومنها الى طُبْنَة مدينة عظيمة كثيرة المياه والبساتين والزروع والقطن والحنطة والشعير وعليها سو ر من طوب واهلها قبيلتان من العرب وبرقجانة واكثر غلّاتهم سقى مرحلة ويزرع عندهم الكتّان وجميع الحبوب فيها غزير كثير هذا الى كثرة الماشية من البقر والغنم وسائر الكراع والنعم فحدث بينهم البغى والحسد الى ان اهلك الله سبحانه بعضهم ببعض واتى على نعمهم فصاروا بعد السعة والدعة، الى الضيق والذلّة، والصغار والقلّة،، مشرّدين فى البلاد، مطرّحين بكلّ واد،، ومنها الى

---

a) L. et B. ويجمعها. b) Deëst in L. et B. c) B. ومنهم. d) Inepte sequitur h. l. مرحلة. e) B. القسطنطنيه, L. القسطيطنينيه. f) L. et B. شطيف, h. l. g) L. et B. المسليه. h) Mokkadasi (Cod. Berol. p. 110) habet ذوفانة. i) L. et B. دار ملوك. k) L. فررحت, B. فدرحت. l) L. ينزل له.

مَقْرة منزل يعرم فيه الناس مرحلة ، ومنها الى المَسِيلة مرحلة وهى مدينة محدثة احدثها علىّ بن الاندلسىّ احد خدم القائم عمّ وعليها سور حصين من طوب ولها وادٍ يقال له وادى سَهْر فيه ماء عظيم منبسط على وجه الارض وليس بالعميق[a] ولهم عليه كروم واجنّة كثيرة تزيد على حاجتهم ولهم سفرجل يحمل الى القيروان اصله من سفرجل تنس معنّق ومن غلّاتهم القطن والحنطة والشعير وتكثر عندهم المواشى من الدوابّ والاغنام والبقر وعليها من البربر بنو برزال وبنو زنداج[b] وهوارة ومزاتة[c] وعليهم صدقات كثيرة ويزرعون فيؤخذ منهم الخراج ، ومنها الى خور منزل ينزله الناس لا ساكن به فيه ماء من عيون عذبة مرحلة ، ومنها الى هاز وكانت قرية عظيمة فتخربت وهى فى وقتنا هذا مفازة فيها ماء عيون مسجونة مرحلة ، ومنها الى ابن[d] جَرْتيل قرية كبيرة كثيرة الزرع والمياه وشربهم من عيون مرحلة وسكّانها زناتة[e] ، ومنها الى ابن ماما مدينة صغيرة ذات منبر عليها سور طوب ولها خندق ووادٍ عذب كثير الماء يزرع عليه وعلى المطر ايضًا مرحلة ، ومنها الى اغبر[f] قرية صغيرة وتشقّها الطريق وتقطعها[g] جانبين مرحلة ، ومنها الى تاهَرْت مرحلة وهى مدينتان كبيرتان احداهما قديمة والاخرى محدثة والقديمة ذات سور وهى على جبل ليس بالعالى وفيها كثير من الناس وفيها جامع والمحدثة مدينة ايضًا فيها جامع كتاهرت القديمة وامام وخطيب والتجّار والتجارة بالمحدثة اكثر ولهم مياه كثيرة تدخل على اكثر دورهم واشجار وبساتين كثيرة وحمّامات وخانات وهى احد معادن الدوابّ والماشية والغنم والبغال والبراذين الفراهيد ويكثر عندهم العسل والسمن وضروب الغلّات ۞

ومن والقيروان الى المسيلة طريق غير هذا الطريق على بلاد كتامة والاربس ، فمن القيروان الى جَلُولاء مدينة عليها سور وفيها عين ماء جارية وعليها بساتين كثيرة قد حفّت بها ونخيل كثير مرحلة خفيفة ، ومنها الى

---

a) L. بالغميق. b) L. نداج ; B. رنداج. c) L. et B. ومزانه. d) L. et B. ابى. e) L. et B. زبانه. f) B. اخبر. g) L. ويقطعها , B. s. p. Deinde L. et B. جانبان.

أَجَر قرية مآؤها من الآبار ولهم زروع كثيرة من الحنطة والشعير مرحلة خفيفة ، ومنها الى طامجنة[a] قرية لها فَحْصٌ كبير ولهم من الغلّات المتّصلة بالاربس من الحنطة والشعير امر عظيم مرحلة خفيفة ايضًا ، ومنها الى الأُرْبُس وهى مدينة لها اقليم واسع وغلّات جُلّها الزعفران ولها سور حصين من حجر وفى داخلها عينان جاريتان احداهما تسمّى عين رَبَاح والاخرى عين زياد وعين زياد اطيب وعليها معوّلهم فى شربهم ومآؤها صحيح وبها معدن للحديد وهى ذات فواكه صالحة ، وأُبّة عنها على[b] اثنى عشر ميلًا مدينة عن غربىّ الاربس وبها من الزعفران ما يضاهى زعفران[c] الاربس فى الكثرة والجودة وارضها واحدة مختلطة وعملها كعمل واحد فى وسطها عين مآء جارية منها شربهم[d] وعليها سور طين رخيصة الاسعار كثيرة[e] الفواكه والثمار وعليها جبل مظلّ ، ومن الاربس الى تامديت[f] مدينة لها سور وشربهم من عيون بها واكثر غلّاتها القمح والشعير مرحلتان بينهما قرية تعرف بمرماجنّة[g] ، ومن تامَديت الى تِيفَاش مرحلة وهى ايضًا مدينة قديمة ازليّة أوّليّة عليها سور قديم بالحجر والجير ولها عين مآء جارية ولهم من الاجنّة والبساتين ما يقوتهم وعليها شعرآء[h] كبيرة ، ومنها الى قصر الافريقىّ مدينة لا سور عليها والغالب على غلّاتها القمح والشعير وتحتها واد يجرى ينتفع به من كان فى اعلى عملها ومنه شربهم مرحلة ، ومنها الى أُرْكُو قرية لها اجنّة وعيون ومياه جارية كثيرة وقمح وشعير وغلّات صالحة وجميع مياههم عذبة مرحلة ، ومنها الى تِيبَجِس[i] مدينة لها سور وربض قد استدار من قبليّها الى بحريّها[k] وسوق صالح ومآء جارٍ من عين تعرف بتبودا[l] وفى وسط المدينة مآء كثير من عين طيّبة مرحلة ، ومن تيبجس الى إيزدران[m] قرية لها حاضرة وبادية ولها

a) L. et B. طاقجنة; cf. Edrîsi, p. 140. b) L. الى. c) In L. et B. deëst. d) L. et B. شربه. e) L. et B. كثير. f) L. تامديث; B. ثامديث h. l. deinde تامديث. g) L. بمزماجنه. h) L. et B. شطرا. i) L. et B. بيباجس. k) B. بحريها. l) B. بثبودا. m) Cf. Edrîsî, p. 140, ubi lectio Codd. data est.

بالبعد منها عيون وشربهم منها وهى بلد قمح وشعير مرحلة[a] ، ومنها الى المهريّين[b] قرية فى فحص مآؤها من * الآبار ولها[c] سوق الغالب عليها البربر وهى لكتامة ومزاتة مرحلة ، ومنها الى تامسنت[d] قرية وسوق لكتامة ومزاتة[e] ولها اجنّة ومآء يجرى وآبار معينة مرحلة ، ومنها الى دَكّمَة قرية لها سوق الغالب عليها كتامة وشربها من آبار وغلّتهم القمح والشعير مرحلة ، ومنها الى اوسكيت مرحلة وهى قرية فيها بعض حوانيت لبربر كتامة ولها مياه كثيرة يزرعون عليها ، ومنها الى المسيلة * اقلّ من مرحلة ومنها[f] الى أَشير مرحلتان ينزل المارّ بينهما فى الوادى المالح وهو واد يجرى بمآء مالح ويرحل الى اشير وسياتى ذكرها فيما بعد بما يغنى عن اعادته من ذكر شِئانها[g] وقراها وجميع اوصافها ۞ ومن المسيلة الى افريقيّة طريق ثالث ياخذ من المسيلة الى مقّرة ومنها الى طبنة ومن طبنة الى بِسْكِرَة مرحلتان ومن بسكرة الى تَهُوذا[h] مرحلة ومنها الى بَادس مرحلة ومن بادس الى تامَديت[i] الى مَدالَة مرحلتان ومن مدالة الى نَفْطَة[k] مرحلة ومن نفطة الى قَسْطِيلِيَة بعض مرحلة ومنها الى قَفْصَة وسياتى ذكر هذا الطريق فيما بعد ۞

ذكر الطريق من فاس[l] الى المسيلة فمن فاس على سَبُو[m] وهو نهر عظيمُ المآء كثيره واليه مصير وادى فاس * وجميعهما يصبّ[n] فى البحر عليه قرى تتّصل احداها بالاخرى الى نُمالتة مرحلة وهى ايضا على واد يقال له إينَاوَن ولنمالتة واد غير ايناون ياتيها من القبلة يعرف بوادى نمالتة عليه كروم وبساتين كثيرة ، ومنها الى كَرْنَطَة[o] وهى مدينة على وادى ايناون

---

a) L. et B. ملح. *b*) L. المهريبين; B. المهرديين; Mokaddasí مدينة المهردين; cf. porro Edrîsi, p. 141. *c*) B. ابار ودها (in L. antea وبها). *d*) L. et B. بامسنت, et sic Mokaddasí. Cf. Edrîsi l. l. Bekrî habet تامسلت. *e*) Jacut I, p. ٨١٣, 12 ورزناتة. *f*) L. et B. om.; cf. Edrîsi, p. ١٢٠. *g*) L. شمايها, B. شيايها. *h*) L. et B. بيهودا. *i*) B. تامديث. *k*) L. يقطه; B. بقطه et يقطه. *l*) L. فارس. *m*) L. شبو, B. شُبو. *n*) L. et B. وجميعها tantum. *o*) Jacut كَرَّانْطة. Cf. Edrîsi, p. 91.

ولها وادٍ آخر ياتيها من القبلة عليه من الفواكه والكروم والسقى امر عظيم ، ومن كرنطة تاخذ الطريق على زناتة[a] وهو وادٍ وقرى متّصلة ذوات اسقآء وبعض هذه القرى متّصلة بمياه ايناون ومخرج ذلك الى قلعة كُرْماطة[b] وهو سوق وحصن على ايناون ولها من الزرع والضرع والمواشى والسائمة الكثيرة العظيمة مرحلة ، ومن كرماطة الى فجّ الجبل المعروف بتازا الى مرارو[c] وهى مدينة لطيفة كثيرة القمح والشعير مرحلة ، ومنها الى وادى مسون طريق على[d] تابريدا وهى مدينة لطيفة على وادى مُلْوية مرحلة ووادى ملوية يقع الى وادى صا ويصبّان جميعًا فى البحر ما بين جُرَاوة ابن ابى العيش ومليلة ، ومنها الى صا مدينة لطيفة على وادٍ عظيم يدخل على جميع دورهم ويشقّ الصحرآء اليهم مرحلة ، ومن صا الى جراوة ابن ابى العيش وبينها وبين البحر ستّة اميال وكانت عامرة آهلة مرحلة ، ومنها الى ترنانة مدينة عليها سور وبها سوق وانهار مطّردة[f] وفواكه كثيرة عظيمة وكروم جسيمة مرحلة ، ومنها الى العَلَويّين قرية على نهر ياتيها من القبلة ولها عليه فواكه عظيمة مرحلة ، ومنها الى تِلِمْسان[g] مرحلة لطيفة وهى مدينة ازليّة ولها انهار جارية وعليها ارحية وفواكه كثيرة ولها سور من آجرّ حصين منيع وزرعها سقى وغلّاتها عظيمة ومزارعها كثيرة مرحلة ، ومنها الى قرية تعرف ايضًا بالعَلَويّين مرحلة وهى قرية عظيمة آهلة على نهر ولها اجنّة وعيون ، ومنها الى تانلوت[h] وهى قرية جليلة كبيرة ذات اجنّة وارحية على اوديتها وفواكه مرحلة ، ومنها[i] الى عيون سى قرية كبيرة ولها عيون وانهار مطّردة[f] مرحلة ، ومنها الى وادى الصّفاصف وهو الوادى النازل من افكّان * مرحلة ، ومنها[i] الى افكّان مرحلة وافكّان مدينة لها ارحية وحمّامات وقصور وفواكه وكانت ليَعْلَى بن محمّد ذات سور من تراب فى غاية الارتفاع والعرض ووادبها يشقّها بنصفين ، ومنها الى تاهرت بالعرض الى المشرق[k] ٣ مراحل

a) L. et B. زباته. b) Jacut كُرْماطة. c) Cf. Edrisî, p. 91, ann. 4. d) L. et B. الى. e) L. نرفانة, B. ترفادة; cf. Edrisi, p. ٨٠, ann. k. f) L. مطرودة. g) B. تَلَمَسّان. h) B. تانلوت; cf. Edrîsî, p. 94. i) In L. et B. desunt. k) B. الشرق.

فكان على واديها اعمال عريضة واجنّة ومزارع ، ومنها الى المُعَسْكَر قرية عظيمة لها انهار واشجار وفواكه مرحلة ، ومن المعسكر الى جبل تُوجِين[b] الى عين الصفاصف قرية كبيرة لها عين وانهار وفواكه ومنها الى سقى يَلَّل مرحلة ، ومنها الى يَلَّل مدينة ذات انهار ايضًا وفواكه ومزارع مرحلة ، ومن يلل الى شلف وهى مدينة[c] ذات سور وحصن ونهر واشجار ومزارع مرحلة ، ومنها الى غُزّة وهى مدينة صالحة وفيها سوق وحمّام مرحلة[d] وتصاقب اعمالها سوق ابراهيم وهى مدينة ايضًا صغيرة فيها حمّام وسوق وهى على نهر شلف ، ومن سوق ابراهيم الى تاجَنّة مدينة صغيرة فيها سوق ولها فواكه وتين كثير عظيم يجهّز عنها مرحلة ، ومنها الى تنس مرحلة ، ومن تنس الى بنى واريفن[e] مرحلة لطيفة بين جبال عوالٍ عظام وبنو واريفن قرية ازليّة لها كروم وسوانٍ كثيرة وهى على نهر شلف ، ومنها الى الخَضْرآء مدينة على نهر ولها فواكه وسوانٍ وبها السفرجل المعنّق مرحلة وهى مدينة حصينة[f] ولها جامع وسوق وحمّام ، ومنها الى مِلْيَانَة مدينة ازليّة ولها ارحية على نهر وسقى كثير[g] من واديها ولها حظٌّ من نهر شلف مرحلة ، ومنها الى سوق كَرّان[h] وهو حصن ازلىّ[i] وله مزارع وسوانٍ وهو على نهر شلف ايضًا مرحلة ، ومن سوق كرّان الى رِيغَة ؛ وهى قرية وسوق صالح ولها[k] فواكه واجنّة وانهار تطّرد ومزارع مرحلة ، ومنها الى رطل مازوعة[l] قرية لطيفة حسنة بها مآء عذب مرحلة ، ومنها الى أَشِير مدينة بحصن يسكنها زِيرِى بن مَنَاد ولها سور حصين واسواق وعيون تطّرد واجنّة ومزارع واقليم حسن القدر مرحلة ، ومن اشير الى تامزكيدا وبها عين ولها انهار عذبة مرحلة ، ومنها الى المكان المدعوّ بالوادى المالح مرحلة ، ومنها الى المسيلة مرحلة وقد اتيتُ بهذا الطريق مقلوبًا لانّى سلكته من المغرب الى افريقيّة ✿

---

a) L. يوجين, B. دوجن. *b*) L. et B. مدينة وهى. *c*) L. et B. om. *d*) L. et B. h. l. واريقن, deinde اريفن. *e*) B. خصيبة. *f*) L. كبير. *g*) L. et B. كراز; cf. Edrisi, p. 98, ann. 7. *h*) L. et B. ريغه. *i*) L. et B. وله. *k*) Edrisî, p. ٨٥, habet ماورغة.

وفاس مدينة جليلة يشقّها نهر وهى جانبان يليهما اميران مختلفان وبين اهل الجانبين فتن دائمة وقتل ذريع متّصل ونهرها كبير عظيم الماء عليه ارحية كثيرة وهى مدينة خصيبة مفروشة بالحجارة فى كلّ يوم من ايّام الصيف يرسل فى اسواقها النهر فيغسل ارضها فتبرد الحجارة وجميع ما بها من الفواكه والغلّات والمطاعم والمشارب والتجارات والمرافق والجبايات فزائد على ما قرب منها وبعد فى ارض الهَبَط فكثير جدًّا[a] ۞ ومنها الى سِجِلْمَاسَة ١٣ مرحلة وسجلماسة مدينة حسنة الموضع جليلة الاهل فاخرة العمل على نهر يزيد فى الصيف كزيادة النيل فيزرع بمآئه حسب زروع مصر فى الفلاحة وربّما زرعوا سنة ببذر وحصدوه سبع سنين بسنبل لا يشبه سنبل الحنطة ولا الشعير بحبّ صلب المكسر لذيذ المطعم[b] وخلقه بين القمح والشعير ولها نخيل وبساتين حسنة واجنّة ولهم رطب اخضر كالسِّلْق فى غاية الحلاوة واهلها قوم سراة مياسير يباينون سائر اهل المغرب بالمخبر والمنظر مع علم وستر وصيانة وجمال واستعمال للمروّة وسماحة ورجاحة وابنيتها كابنية الكوفة الى ابواب رفيعة على قصور مشيدة عالية ۞ وعن يسار طريق فاس[c] الى سجلماسة اقليم أَغْمَات وهو رستاق عظيم فيه مدينة اغمات وهى كثيرة الخير والتجارة الى سجلماسة وغيرها ومن[d] سجلماسة الى اغمات نحو ٨ مراحل ومثلها الى فاس ۞ ومن ورآئها الى ناحية البحر المحيط السُّوس الاقصى وليس بالمغرب اجمع بلد اكبر ولا ناحية اوفر خيرًا منها[e] ولا ارفه ولا اجمع لفنون المآكل والمشارب منها وبها الاترجّ والجوز والنخل وقصب السكّر والسمسم والقنّب وسائر البقول الّتى لا تكاد تجتمع فى غيرها وذلك انّها تجمع فواكه الصرود والحرور[f] واهل السوس فرقتان احداهما فرقة مُوسَوِيُّونَ يقطعون على موسى بن جعفر من اصحاب ابن وَرْصَنْد[g] والغالب عليهم الجفآء وغلظ الطبع والفرقة الثانية سُنّيّة مالكيّة حَشَوِيّة وبينهم القتال

---

a) Rectius et elegantius fuisset فكثير جدا وزائد على الخ. *b*) B. الطعم.
c) L. فارس. *d*) L. وبين. *e*) B. om. *f*) Jacut, I, p. ٣٢, substituit الجروم.
g) Bekri, p. ١٦١, محمد بن ورستند.

المتّصل ليلًا ونهارًا والدماء الدائمة ولهم مسجد يصلّى فيه الفريقان فرادى عشر صلوات اذا صلّوا هُؤُلَآء اتوا هُؤُلَآء بعشر اذانات وعشر اقامات والمالكيّون منهم فوق الشيعة فى الفظاظة وغلظ الطبع وجباسة الاخلاق وبقدر ما لهم من مواد لذّة العيش، يتغالون فى الجهل والطيش»، ✿ ومن السوس الى سجلماسة الى أَوْدَغُشْت[a] شهران واودغشت مدينة لطيفة اشبه بلاد الله بمكّة لانّها بين جبلين وكذلك مدينة الجُرْزُوَان من اقليم الجُوزَجان فيما بين جبلين اشبه البلدان بهما ✿ ومن اودغشت الى غانة بضعة ١٠ يومًا بالمفردة ومن غانة الى كُوغَة *١٥ يومًا ومن كوغة[b] الى سامة دون الشهر ومن سامة الى كزم نحو شهر ايضًا ومن كزم الى كَوْكَوْ شهران ومن كوكو الى مرندة شهر ومن مرندة الى زَويلة[c] شهران ومن زويلة[d] الى اجدابية شهر ومن اجدابية الى فَزّان ١٥ مرحلة ومن فزّان الى زغاوة شهران ومن اودغشت الى أَوْلِيل معدن الملح شهر ومن اوليل الى سجلماسة راجعًا الى الاسلام شهر ونصف ومن سجلماسة الى لَمْطَة معدن الدرق اللمطيّة ٢٠ يومًا ومن سجلماسة الى القيروان على نفزاوة وقسطيلية شهران ✿ واكثر بربر المغرب الّذين من سجلماسة الى السوس واغمات وفاس الى نواحى تاهرت والى[e] تنس والمسيلة وطبنة وباغاى الى اكربال[f] وأَزَّفُون ونواحى بونة يضيّفون[g] المارّة ويطعمون الطعام ويتخلّف قوم منهم بخلف ذميم من بذل اولادهم لاضيافهم على سبيل الاكرام وقد جاهد على ذلك ابو عبد الله الداعى[h] لبعضهم الى ان بلغ بهم كلّ مبلغ فما تركوه ✿ فامّا القُسْطَنْطِينِيّة[i] الّتى لكتامة فمدينة قريبة الامر تدانى ميلة ✿ ونَقَاوُس مدينة كبيرة عليها سور من صخر قديمة ازليّة ولها مياه كثيرة واجنّة عظيمة وبها جميع الفواكه كالجوز والكروم والقطن والزرع الكثير ✿ وبِلِزْمَة حصن لطيف فيه رجال جلد وله

---

a) B. أُودَغشت. Deinde L. et B. شهرين. b) In L. et B. desunt. c) B. h. l. addit عشرة مراحل. d) L. h. l. addit عشرة مراحل. Cf. Jacut I, p. ١٣٢, 2 seq. e) B. الى. f) Jacut I. p. ٥٤٢, 1 اكزبال et deinde male وارفود. g) L. يصنعون. h) B. om. i) L. et B. القسطيليه.

مآء جارٍ وهو فى وسط فحص وعليه سور تراب وزروعهم تسقى بمآئهم وهو بلد محدث للعرب وفيه بقاياهم الى الآن فى غاية الرخص والسعة وكثرة الكراع والماشية والعزّ والقدرة يدفعون عن انفسهم ۞ وممّا ظاهر هذه الديار الى نواحى البادية على طريق سجلماسة من افريقيّة سُماطَة من نَفْزاوة [a] مدينة صالحة وتدانيها مدينة بِشَّرى [b] وهى ايضًا ذات سور ونَفْطَة ايضًا مصاقبة لهذه الحدود مدينة ذات سور ونخيل ومدينة قَسْطيليَة مدينة كبيرة عليها سور حصين وبها نخيل كثير والتمر [c] القسب بها كثير وهى مغوثة افريقيّة بتمورها وفيها الاترجّ الكثير الكبير الحسن الطيّب واكثر الفواكه بها على حال معتدلة ومآؤها غير طيّب ولا مرىء وسعر الطعام بها على سائر الاوقات غالٍ لانّه يجلب اليها ولا يزرع بها الشعير ولا القمح الّا زرعًا تافهًا [d] وهى من السعة فى البيوع والاشربة فى الاسواق وكثرة [e] الوارد والصادر ملتمسين للمير والتجارة بما لا تدانيها فيه مدينة وكذلك الحامّة مدينة غير طيّبة المآء ولها شىء من النخيل وبينها وبين مدينة قفصة القصور الثلاث [f] ۞ وقَفْصَة مدينة حسنة ذات سور ونهر يجرى اطيب من مآء قسطيلية ولها اجنّة وكروم ونخيل وهى تصاقب من جهة اقليم قُمُودة وفيه مدينة قاصرة ومدينة مذكور [g] ومدينة نقاوص ومدينة جمونس الصابون وهى مدينتان قريبتا الاحوال ۞ فامّا جبل نَفُوسَة فجبل عالٍ يكون طوله ٣ ايّام او اقلّ من ذلك فيه منبران فى مدينتين احداهما تسمّى شَرُوس [h] والاخرى تسمّى مسيف [i] فى وسط الجبل ولهم مياه جارية وكروم واعناب طيّبة وتين غزير واكثر زرعهم الشعير الّذى اذا خبز كان اطيب طعمًا من سائر الطعام فى

---

a) Lector in margine L. et B. pro من نفزاوة corrigit male من تقيوس et dicit Somâtam sibi esse ignotam. Cf. mea *Descriptio al-Magribi*, p. 69. Revera notam esse marginalem patet ex B. *b*) B. بُشرى. *c*) L. والتمر et paullo post بتمورها. *d*) L. et B. تافه. *e*) L. وكثيرة. *f*) I. e. تقيوس. *g*) B. مدكور. Cf. Edrîsî, p. 122 ann. *h*) B. شروس. *i*) B. مسير (ut fort. antea in L.) et om. فى وسط.

سائر اقاليم[a] الارض ولم ار له بجميع الارض نظيرًا وفيه مدينة جادُو[b] من جانب نفزاوة فيها منبر وجامع وجميع اهل هذا الجبل شراة وهبيّة واباضيّة خوارج ما لجؤوا قطّ الى طاعة سلطان، ولا استولى عليهم من غيرهم انسان،، قديم في ايديهم وذلك انّ عبد الله بن وهب الراسبيّ وعبد الله ابن اباض[c] لجؤوا اليه[d] من وقت انصرافهم عن امير المؤمنين عليّ عمّ بمن سلم معهم من اهل النهروان فاقام خلفهم على منهاج سلفهم واقاموا هذا الجبل دار هجرة لهم ۞ وجميع هذه المدن ونفزاوة ومدينة لاوَجّة[e] ومدينة بادس ومدينة بسْكرة يتدانون في احوالهم ويتقاربون[f] في المسافة والحال والقدر والصفة الّا ما شيّدتُ ذكره وصفته فانّه على ما وصفتُ ۞ وكورة تاهرت من افريقيّة الّا انّها في القديم مفردة العمل والاسم في الدواوين * وقد تغيّرت تاهرت عمّا كانت عليه[g] ۞ ومدينة سَطيف كثيرة الخير تقارب ميلة والمسيلة وتصاقب القسطنطينيّة[h] وبربرها بالصورة الّتي ذكرتُها من بذل الطعام والاولاد وكان اصل ما استباحهم به ابو عبد الله الداعي على بذل اولادهم لاضيافهم فانّي سمعتُ ابا عليّ بن ابي سعيد يقول انّه ليبلغ بهم فرط المحبّة في اكرام الضيف ان[i] يؤمر الصبيُّ الجليل الاب والاصل الخطير في نفسه[k] بمضاجعة ضيفه ليقضي منه نهمته وينال منه الحرام وربّما وقعت شهوةُ احد الباطل في جليل[l] من فرسانهم وشجعانهم فلا يمتنع عليه منه مطلب من الباطل ويرى ذلك كرمًا وفخرًا والاباء عنه عارًا ونقصًا وليس نرى[m] بكتامة الّتي تستنصيف[n] ولا بغيرها شيئًا من هذا الامر ولا يجيزونه ولا يستحسنون ذكره، وكتامة الّتي بهذه الناحية متشيّعون وبهم ظهر ابو عبد الله الداعي واخذ المغرب[o] وجميع هؤلاء البربر في وقتنا هذا فقراء بتواتر[p] الفتن ودوام

---

a) L. اقليم. b) L. et B. جاروا. c) L. اناس. d) L. et B. اليها. e) L. et B. لاوجه. Cf. Edrisi, p. 124 ann. f) Sic, pro تتدانى في احوالها وتتقارب. g) In L. et B. haec infra post واخذ المغرب inseruntur. h) L. et B. القسطيلية. i) L. الضيفان. k) Jacut I, p. ٥٤٢, 14 add. ومالة. l) B. خليل. m) L. ىرى. n) Videtur legendum بسطيف, coll. Edrisî, p. ٩٩, 10. o) Vid. supra ann. g. p) L. بنواتر.

القحط وكثرة القتل والموت وكذلك كتامة فى حالها ، فامّا اهل قسطيلية وقفصة ونفطة والحامّة وسُماطة وبشّرى واهل جبل نفوسة فشراة امّا اباضيّة من اصحاب عبد الله بن اباض او وهبيّة من اصحاب عبد الله بن وهب وتجاورهم من البربر زناتة ومزاتة قبيلتان عظيمتان الغالب عليهم الاعتزال من اصحاب واصل بن عطآء وكان ابو يزيد مخلد بن كيداد [a] الاباضىّ الخارج على القائم محمّد بن عبيد الله عمّ من اهل سماطة ومن فراعنتهم قتل خليلًا [b] صاحب ديوان المغرب وميسورًا الخادم صاحب جيش المغرب واتّسق له من الظلم والعدوان ما جعل الله بغيه نكالًا عليه ❀

وامّا القيروان فاعظم مدينة بالمغرب واكثرها واعظمها تجرًا واموالًا واحسنها منازل واسواقًا وبها ديوان جميع المغرب واليها تجبى اموالها وفيها دار سلطانها وسمعتُ ابا الحسن بن ابى علىّ الداعى صاحب بيت المال فى سنة ٣٣٦ يقول دخل من مال المغرب من جميع وجوه امواله وسائر كوره ونواحيه واصقاعه عن خراج وعشر وصدقات ومراعٍ وجوالٍ ومراصد وما يؤخذ من عمل الاندلس وبلد الروم فيعشّر على سواحل البحر وما يخرج عن القيروان الى الفسطاط فوق سبع مائة الف الف دينار ودون الثمان مائة الف الف دينار قالوا ولو بسط يده لجآءت اضعاف ذلك وان قصر عنه فالقليل من هذا المبلغ وسمعتُ هذه الحكاية واللفظ بعينه وصيغته من زيادة الله ابى مضر ابن عبد الله صاحب الخراج فى سنة ٣٣٦ وكانّهما تفاوضاه وعلما وجوه ذلك وما يدخل فيه من ارتفاق اصحاب الاعمال واستئثارهم بما يزيد على القوانين فى ايديهم وما يبعد ان يكون ذلك كذلك لما تبيّنته من ضمان برقة وحالها ❀ فامّا ما يجهّز من المغرب الى المشرق فالمولّدات الحسان الّتى استولدهنّ بنو العبّاس وغيرهم وولدن غير سلطان عظيم كسَلّامة البربريّة امّ ابى جعفر عبد الله بن محمّد بن علىّ بن عبد الله بن عبّاس وقَراطيس امّ ابى جعفر هارون الواثق بن المعتصم وقَتُول امّ ابى منصور محمّد القاهر ابن المعتضد وغير من ذكرتُ من ملوك المشرق وامرآئه ، والغلمان [c] الروم

---

a) L. et B. كنداد. b) L. et B. خليل et mox وميسور. c) Addidi copulam.

الحسان والعنبر والحرير والاكسية الصوف الرفيعة والدنيّة[a] والجباب الصوف والانطاع والحديد والرصاص والزبيبق والخدم المجلوبون[b] من بلاد السودان والخدم المجلوبون[b] من ارض الصقالبة، ولهم الخيل النفيسة من البراذين والرجال الجلد من البربر ✿ فامّا اسعارهم على تنآءى مدنهم وديارهم فعلى غاية الرخص فى الاطعمة والاغذية والاشربة واللحمان ولهم من جيّد الفواكه والتمور والارطاب وعندهم من الجمال الكثيرة فى براريّهم وسكّان صحاريهم الّتى لا تدانيها فى الكثرة ابل العرب ولهم طاعة لمن ملكهم وثقّفهم[c] ونفار وقماص ان اغفلهم واهملهم، وليس فى بلدانهم من الفواحش الظاهرة وتعاطى الامور المنكرة كالعيدان والطنابير والمعازف والنوائح والقيان والمخنّثين والفسق الشنيع كالمشرق هذا الى تهوّر فى اكثرهم شديد وجنون عتيد وبذل السيف وقد يوجد ايضًا ذلك فيهم فيمن رقّ ادبه ✿ وتقارب القيروانَ سجلماسةُ فى صحّة الهوآء ومجاورة البيدآء، مع كثرة تجارة غير منقطعة من سجلماسة الى بلد السودان وارباح متوافرة، ورفاق متقاطرة، وسيادة فى الافعال، وحسن اقتصاد فى الاعمال، الى عمل بالظاهر كثير، وتقدّم فى اعمال الخير شهير، وحنوّ بعضهم على بعض على طريق المروّة وان كانت بينهم الترات القديمة وذلك انّهم قبائل كانت فى السلف يقصد بعضها بعضًا، ودخلتُها فلم ار بالمغرب اكثر مشايخ[d] فى حسن سمت وممازجة للعلم منهم الى سعة نفوس عالية وهمم سامية وسائر ارباب مدن المغرب دونهم فى اليسار وسعة الحال تتقارب[e] احوالهم وتتدانى اوصافهم ولقد رايتُ باوْدَغُشْت[f] صكًّا فيه ذكر حقّ على رجل من اهل سجلماسة لرجل آخر من اهلها باربعين الف دينار وما سمعتُ بالمشرق لهذه[g] الحكاية نظيرًا ولقد اخبرتُ بها بخراسان والعراق فاستطرفت، ولم يزل المعزّ ايّام ولايته يجتنبها من قوافل خارجة الى بلد السودان وعشر وخراج وقوانين على ما يباع بها من ابل وبقر

---

a) L. والزبنة. b) L. et B. المجلوبين. c) B. وثعقهم. d) L. مشايخا, B. مشايخنا. e) L. بتقارب, B. تقارب. f) B. بباوْدَغَشْت. g) L. بهذه.

وغنم الى ما يخرج عنها ويدخل الى نواحى افريقيّة وفاس والسوس واغمات الى غير ذلك ممّا على دار الضرب والسكّة اربع مائة الف دينار ❊

والبربر الّذين بالمغرب قبائل لا يلحق اعدادهم ولا يوقف على آخرهم لكثرة بطونهم وتشعّب افخاذهم وقبائلهم وتوغّلهم فى البرارىّ وتبدّدهم فى الصحارى ولهم ملوك على مقاديرهم مقدّمون يطيعونهم ولا يعصونهم ويامرونهم فلا يخالفونهم والمال فيهم من الماشية كثير جدًّا فمن المتعزّبين [a] المعروفين المتوغّلين فى البرارىّ صنهاجة اودغشت وسمعتُ من يذكر انّهم نحو ثلاث مائة الف بيت * مواءلة وحصن [b] ويجمع اكثرهم طاعة الملك المقيم باودغشت والملك فيه وفى اهل بيته ومن طريف ما احكيه من كثرة مواشيهم انّ ابا اسحاق ابراهيم بن فَرَغ شَغْلَةُ اخبرنى انّ بعض قبائل البربر قصدهم فى جمع كثيف وعدّة قويّة لانتهاز فرصة فيهم عن طوائل كانت وترات تاخّرت عليهم فبلغ ذلك تنبروتان ملكهم فدعا برعاة اخت له وقال انتم على مآء فلانة وبنو فلانة يريدونه [c] ليلة كذا وكذا فاذا كان فى سحر [d] تلك الليلة فتعالوا بابل اختى الّتى هناك على الشرف الفلانىّ ثمّ نفّروها على القوم ففعلوا وضربت الابل على ذلك الجيش الّذى قصدهم فاتوا على ما كان معهم من الابل والسلاح وارباهم دوسًا لهم ووطيًا عليهم حتّى لم يعرف لواحد منهم حيلة [e] بوجه من الوجوه قال وكان الرعاة مائتين مع كلّ راعٍ مائة وخمسون جملًا [f]، وصاحب اودغشت هذا رجل يخالط صاحب غانة وملك كوغة ويهاديهما [g] ❊ وفيما بين اودغشت وسجلماسة غير قبيلة من قبائل البربر متعزّبين لم يدخلوا الحاضرة ولا عرفوا غير البادية ومن ذلك شرطة وسمسطة [h] وبنو مسّوفة قبيل يقيمون [i] بقلب البرّ على مياه غير طائلة لا يعرفون البُرّ ولا الشعير ولا الدقيق وانّما اقواتهم الالبان وفى بعض الاوقات يدركون اللحم

---

a) L. المتغربيين ; B. المتغردمن. b) B. مواله وحص. c) B. يبردونه. d) L. اساحر. e) B. حليه. f) Lector in B. adnotavit جملا الف ثلاثون يكون. g) B. ودهاردهما ; L. et B. addunt دونه, quod forsan exstitit e lectione ويهادونه. h) An forte leg. مسطّاسة? i) B. مقيمون.

وهم قبيلة ليست بكبيرة[a] وفيهم من الجلد والقوّة ما ليس لغيرهم ولهم ملك يملكهم ويدبّرهم تكبره صنهاجةُ وسائر اهل تلك الديار لانّهم يملكون تلك الطريق وفيهم بسالة وجلد ولهم لوازم ياخذونها[b] من التجّار المجتازين بهم حسب ما يدخل ايديهم على المارّة بهم ۞ ومن دون سجلماسة غير فخذ من زناتة ومزاتة متعزّبين فى باديتهم غير انّهم ياكلون البُرّ ويعرفونه ويزرعونه وفى اعراضهم اصحاب البرانس المقيمون بين السوس واغمات وفاس ولهم لوازم على المجتازين من فاس الى سجلماسة يلزمونهم على ما معهم من التجارة ويخفرونهم وفيهم الشراية والتديّن القوىّ بها والتمسّك بها وهم الّذين عارضوا بعض المعتزلة وسالوا عن حاله وكان قد شقّ بلدهم بغير خفير منهم واستخبروه عن نفسه وعن اصحابه فقال مشركون فقالوا اعلًا انزلوا[c] لتسمعوا كلام الله ثمّ نبلغكم الى مأمنكم ففعلوا ذلك ولم يرزؤوهم شيئًا واجازوهم الى متوسّط بلاد المغرب، وهوارة ومِكْناسة[d] ومديونة وجميع البربر من اهل البادية المقيمين فى الضواحى ينتجعون المراعى ويرتادون المياه ويزرعون على المطر حيث وجدوه وفى كثير منهم الوان حسنة ووجوه نقيّة حتّى ياخذوا فى جهة الجنوب فكلّما اوغلوا فيه ازدادوا سوادًا حتّى ينتهوا الى بلد السودان فيكون من ينتجعه اشدّ سوادًا وفيهم اصحاب ماشية وخيل وبغال يقتنون الرّمك وينتجون[e] البغال وغيرها ومنهم من لا يقدر لعَوَز الماء على غير الابل واليسير من المعز ۞ وبين[f] المغرب من البلدان الّتى قدّمتُ ذكرها وبلد السودان من سائر الاعراض مفاوز منقطعة قليلة المياه متعذّرة المراعى لا تسلك الّا فى الشتاء ۞ فامّا ناحية البربر الّذين بنواحى طنجة وازيلة والبصرة وظاهر فاس فاكثرهم فى ضمن ولد ادريس بن عبد الله وهو[g] ادريس بن عبد الله بن الحسن[h] بن علىّ بن

---

a) L. بكثيرة. *b*) L. et B. ياخذونه. *c*) B. انزا et mox تبلغكم. *d*) L. et B. ومكيّاسه et ومديوفه. *e*) B. وننيحون. *f*) L. ومن. *g*) Male Codd. ولد عبد الله بن ادريس وهو ادريس بن عبد (B. عمد) الله بن الحسين. *h*) L.

ابى طالب عمّ وهم فى غاية من طيب العيش ورفاهيته وخصبه ورخص الاسعار وطيب الاهوية والاغذية وكانت حالهم فيما تقدّم ازيد من هذه الحال صلاحًا وفى وقتنا هذا فقد تدانت احوالهم وصلحت امورهم وعمر طريقهم ولم يزل اهل هذا النسب منظورًا اليهم مرعيّة حقوقهم عند بنى اميّة على سالف الدهر وادركتُ [a] عبد الرحمان ابا المُطَرِّف بن محمّد بن عبد الله بن محمّد بن عبد الرحمان بن الحكم بن هشام بن عبد الرحمان بن معاوية ابن هشام بن عبد الملك بن مروان يحافظ عليهم مرّة ويسوقهم بالعصا مرّة لما كان تظاهر [b] به ابو العيش من قبح السيرة وخبث المعاملة لبنى السبيل وكثر الغيلة وذلك انّ عبد الرحمان هذا واهله يملكون الاندلس ويحاذون هذه الناحية وبينهم اصل الخليج الخارج الى بلد الروم عن قرب مسافة ما بين العدوتين حتّى انّهم ليرى بعضهم ماشية بعض وصور اشجارهم وزروعهم ويتبيّنون الارض المفلوحة من الارض البور [c] وعرض الماء فى ذلك يكون ١٢ ميلًا، وامّا حكم [d] اصحاب طنجة المذكورين عند المهدىّ والقائم ومن تقدّم من ملوك المغرب فعلى سبيل الرعاية والصيانة كانوا يَفِدون ويزورون ويكرمون ويبجّلون ويحملون ويوصلون ويصرفون على ما يحبّون ❊

ذكر الاندلس

وامّا الاندلس فجزيرة كبيرة فيها عامر وغامر وطولها دون الشهر فى عرض نيف وعشرين مرحلة وتغلّب عليها المياه * الجارية والشجر والثمر [e] والرخص والسعة فى * الاحوال من الرقيق الفاخر والخصب الظاهر الى اسباب التملّك الفاشية فى اكثرهم ولما هم [f] به من رغد العيش وسعته وكثرته يملك [g] ذلك اهل [h] مِهَنهم وارباب صنائعهم [i] لقلّة مؤنهم [k] وصلاح بلادهم [l] * ويسار ملكهم

---

a) Additur male ابا. *b*) L. et B. يظاهر. *c*) Hinc in edit. Jacut I, p. ٣٧٦, 5 corrigendum زروعهم وبائرهم. *d*) In L. deëst, spatio albo relicto. *e*) P. الحلوة والاشجار والاثمار والاطيار والانهار العذبة. *f*) Makkarî, I, p. ١٣٠. هى et post من addit اسباب. *g*) P. pro his: جميع الاحوال الى نيل النعم والتملك ذلك منهم الفاشى فى الخاصة والعامة فينال. *h*) In L. et B. deëst. Makkari مهينهم. *i*) L. et B. ضياعهم. *k*) Makk. مونتهم. *l*) Makk. معاشهم وبلادهم.

بقلّة شغله [a] وسقوط تكلّفه بشىء يحذره وحال يخافه اذ لا خوف عليه ولا رقبة لاحد من اهل جزيرته [b] مع عظم مرافقه [c] وجباياته ووفور خزائنه وامواله وممّا يُدَلُّ [d] بالقليل منه على كثيره انّ سكّة دار ضربه على الدنانير والدراهم ضريبتها [e] فى كلّ سنة مائتا الف دينار يكون عن صرف سبعة [f] عشر بدينار ثلاثة آلاف الف درهم واربعمائة الف درهم هذا الى صدقات البلد وجباياته وخراجاته واعشاره وضماناته ومراصده والاموال المرسومة على المراكب الواردة والصادرة والجوالى والرسوم على بيوع الاسواق، ومن اعاجب احوال هذه الجزيرة بقاؤها على من هى فى يده مع صغر احلام اهلها وضعة نفوسهم [g] ونقص عقولهم وبعدهم من البأس [h] والشجاعة والفروسيّة والبسالة ولقاء الرجال ومراس الانجاد والابطال * وعلم موالينا عمّ [i] بمحلّها فى نفسها ومقدار جباياتها ومواقع نعمها ولذّاتها ☆

فامّا مغرب هذه الجزيرة فمن مدخل هذا الخليج المذكور ومصبّ مائه عن [k] البحر المحيط من نواحى لَبْلَة وجبل العيون آخذا على أُنْب [l] وشِلْب الى ان يتّصل بشَنْتَرَة والنهر الآخذ [m] من سَمُّورة مدينة الجِلّالقة الى موضع مصبّه من البحر المحيط، وشمالها فمن شنترة [n] ذاهبًا على سمُّورة ولِيُون وأَربُونَة من بلاد جِلّيقيّة [o] الى اقاصى .... [p]، ومشرقها فمن مشرق جلّيقيّة الى الخليج الروميّ على نواحى سَرَقُسْطَة [q] وضواحى وَشْكَة [r]

---

a) In L. et B. desunt. P. كُلَفه et deinde ولوازمه وسقوط شُغْله. Verba excidisse patet ex Makk. b) P. add.: ولا خشية له من عدوّ ينصب لمملكته. c) L. موافقه. d) P. ادلّك. e) P. ضمانها, Makk. دخلها. f) L. تسعة, B. دسعه. g) L. نفوسهم. h) L. الناس. i) Makk. مع علم امير المومنين. Deinde B. محلها. k) L. antea فى. l) Jacut أُكْشُونَبَة et اونبة (Huelba). m) L. et B. الاخر (intelligitur Duero). n) L. add. والنهر الاخر quae verba deinde expuncta sunt. Melius fuisset dicere فمن مصبّ دُوَيْره. o) B. hic et deinde جِلّيقيّة. p) Lacuna in L. et B. q) In L. sequitur سرقسطه, in marg. B. سرقصطه. r) Vulgo وشقة.

وطرطوشة وجميع بلد الافرنجيّة من جهة البرّ وجنوبها الخليج المذكور من[a] تجاه جزيرة صقلّيّة الى[b] بلاد بلنسية ومرسية[c] والمريّة ومالقة والجزيرة الى ركن البحر المحيط ۞ واوّل ارضها المعمورة على الخليج الرومىّ فمن اشبيلية[d] الى طرطوشة وهى آخر المدن الّتى على البحر المتّصلة ببلاد الافرنجة[e] ومن جهة البرّ ببلاد علجسكس[f] وهى بلاد حرب من النصارى ثمّ تتّصل[g] ببلد بسكونس وهى ايضًا نصارى * ثمّ ببلاد[h] الجلالقة فتنتهى الاندلس الى حدّين حدّ[i] الى دار الكفر وحدّ الى البحر وما ذكرته من المدن على البحر وغيره فمدن كبار عامرة ولم تزل الاندلس فى ايدى بنى مروان الى هذه الغاية ۞ ومن مشاهير مدنها القديمة جيّان وطليطلة ووادى الحجارة وجميعها قديمة ولم يحدثوا بها فى الاسلام غير مدينة بجّانة وهى المريّة وهى على حدود رستاق البيرة[k] وشنترين على ظهر البحر المحيط ۞

وبالاندلس سلاع كثيرة ترد الى مصر والمغرب واكثر جهازهم الرقيق من الجوارى والغلمان من سبى افرنجة وجلّيقيّة والخدم الصقالبة وجميع من على وجه الارض من الصقالبة الخصيان من جلب الاندلس لانّهم بها يخصون ويفعل ذلك بهم * تجّار اليهود[l] عند قرب البلد وجميع ما يسبى الى خراسان من الصقالبة فباقٍ على حالته ومقرّ على صورته وذلك انّ بلد الصقالبة طويل فسيح والخليج الآخذ من بحر الروم ممتدًّا[m] على القسطنطينيّة واطرابزندة[n] يشقّ بلدهم بالعرض فنصف بلدهم بالطول يسبيه الخراسانيّون ويصلون[o] والنصف الشمالىّ يسبيه الاندلسيّون من جهة جلّيقيّة وافرنجة وانكبردة وقلّورية وبهذه الديار من سبيهم الكثير باقٍ على حاله ۞

---

a) B. ومن. b) B. الا et deinde بكنسية. c) B. ومرشية. d) Legendum videtur بلنسية. e) Inserendum videtur من جهة البحر. f) L. et B. علجشكش et mox بشكونش. g) L. يتصل. h) Conjectura supplevi. i) L. حدا et mox وحدا k) Codd. كبيره. l) In L. lacuna. In B. voci اليهود superinscribitur ط, sed Mokaddasi fere idem narrat. m) L. et B. ممتد. n) B. واطرابزنده. o) ? B. ويصملون.

ورِيُّو كورة عظيمة خصيبة ومدينتها ارْجُذُونَة[a] ومنها كان عمر بن حفص الخارج على بنى اميّة، وفَحْصُ البَلُّوط متّصل بديار ابن حَفْصُون[b] كورة واسعة خصيبة، وأُسْقُفَة[c] رستاق ايضًا حسن ومدينته غافق، وبالاندلس غير ضيعة فيها الالوف من الناس لم تمدّن ۞ وهم على دين النصرانيّة روم[d] وربّما عصوا فى بعض الاوقات ولجأ قوم منهم الى حصن فطال جهادهم لانّهم فى غاية العتوّ والتمرّد واذا خلعوا ربقة الطاعة صعب ردّهم الّا باستئصالهم وذلك شىء يطول، وماردة وطليطلة من اعظم مدن الاندلس واشدّها منعة[e] ۞ وثغور الجَلّالِقَة مارِدَة ونَفْزَة[f] ووادى الحجارة وطليطلة ومدينة[g] الجلالقة ممّا يلى ثغور الاندلس يقال لها سَمُّورة وعظيم الجلالقة بمدينة يقال لها لُيُون فيها سلطانهم وعدّتهم بعد سمّورة ومدينة لهم يقال لها أُوِبيط[h] وهى بعيدة عن بلد الاسلام وليس فى اصناف الكفر الّذين يلون الاندلس اكثر عددًا[i] من الافرنج غير انّ الّذين يلون المسلمين منهم فئة ضعيفة شوكتهم قليلة عدّتهم وفيهم اذا مُلكوا طاعة وحسن نصيحة ومحاسن كثيرة واليهم يرغب اهل الاندلس عن الجلالقة باولادهم والجلالقة اصدق محاسن واقلّ طاعة واشدّ قوّة واكثر بأسًا وبسالة وفيهم غدر وهم فى عرض طريق الافرنجة ۞

واعظم مدينة بالاندلس قُرْطُبَة وليس بجميع المغرب عندى لها شبيه[k] فى كثر[l] اهل وسعة رُقْعَة[m] وفسحة اسواق ونظافة محالّ وعمارة مساجد وكثرة حمّامات وفنادق ويزعم[n] قوم من اهلها انّها كاحد جانبى بغداد وذلك انّ

---

a) L. et B. احدونه. *b*) L. et B. حفصونه, Jacut I, p. ١٩٥, 16 حفصويه. Cf. I., p. ٣٤, *c*. *c*) B. واسعبه. *d*) In L. lacuna. *e*) Lacuna in L. Deinde addidi copulam. *f*) L. et B. s. p. *g*) Cf. I., p. ٤٣, 7. L. et B. تلى مدينة, quae lectio servari potest si praemittitur وهى. *h*) L. ارسط, B. ارنبط. Vulgo ابيط. Jacut, I, p. ٢٢٤, 5 male hunc locum confudit cum ارنيط (*Arnedo*). *i*) L. عدد. *k*) P. add.: ولا بالجزيرة والشام ومصر ما يدانيها. *l*) P., Jacut, IV, p. ٥٩, 6 et Makkari, I, p. ٣٠٠ كثرة. *m*) In L. et B. deëst. Makk. محل. *n*) L. ويزعم.

عبد الرحمان بن محمّد ابتنى فى غربها مدينة * تعرف بالزهرآء[a] فى سفح جبل يعرف بجبل بطلش[b] وخطّ فيها الاسواق وابتنى الحمّامات والخانات والقصور[c] والمنتزهات واجتلب الى ذلك بنآء العامّة وامر مناديه بالندآء ألَا مَنْ اراد ان يبنى دارًا او يتّخذ مسكنًا بجوار السلطان فله اربعمائة درهم فتسارع الناس الى العمارة فتكاثفت وتزايدوا فيها فكادت ان تتّصل الابنية بين[d] قرطبة والزهرآء وانتقلوا ببيت مالهم وديوانهم وخزائنهم وقد نُقل جميع ذلك واعيد الى قرطبة تطيُّرًا منهم بها وتشأُّمًا بموت رجالهم فيها ونهب سائر ذخائرهم وسمعتُ من غير ثقة ممّن يستبطن حالهم انّ لعبد الرحمان بن محمّد ممّا اتّجه[e] له جمعه من مال الاندلس وجباياتها من حقوقها وغير واجبها الى سنة ٣۴٠ نحو عشرين الف الف دينار ولستُ اشكّ على ما يوجبه النظر وتواطأً به الخبر فيما جمعه الحكم بعد هلاك ابيه من خدمه والمصادرين الّذين كانوا فى جملته والى وقتنا هذا عن اسباب الاندلس ولوازمها وجباياتها وخراجها واعشارها وصدقاتها وجواليها تمام اربعين الف الف دينار وليس لهذا المال فى وقتنا هذا بموضع[f] من مواضع الارض نظير غير ما فى يد ابى تغلب[g] الغضنفر بن الحسن بن عبد الله بن حمدان فانّه ممّا يعلمه الخاصّ والعامّ بالعراق وديار ربيعة جمع[h] من تركة ابيه ما يضاهيه ويزيد عليه زيادة بيّنة٬ وقرطبة وان لم تكن كاحد جانبى بغداد فهى قريبة من ذلك ولاحقة به ان شآء الله تعالى وهى مدينة حصينة ذات سور من حجارة ومحالّ حسنة وفيها كان مسكن سلطانهم[i] قديمًا وداره داخل سورها المحيط بها واكثر ابواب هذه الدار مشرعة[h] فى البلد من غير جهة[k] ولها بابان يشرعان فى نفس السور الى الطريق الآخذ على الوادى من الرصافة٬ والرُّصافة مساكن اعالى البلد متّصلة باسافله من ربضها

---

a) L. بالزهرة. *b*) Jacut بَطْلَس. Vulgo جبل العروس. *c*) In B. haec omnia desunt. *d*) B. دمن, L. من. *e*) B. om.; L. اتجد. *f*) L. الموضع. *g*) L. ثغلب. *h*) Conjectura supplevi. *i*) Makk. سلاطينهم et deinde ودورهم. *k*) Makk. القصر السلطانى من البلد وجنوب قرطبة على نهرها.

مشتبكة[a] ابنيتها محيطة بها مستديرة عليها من شرقها وشمالها وغربها فامّا الجنوبيّة[b] منها فهو الى واديها وعليه الطريق المعروف بالرصيف والاسواق والبيوع والخانات والحمّامات ومساكن العامّة بربضها[c] ومسجد جامعها جليل فى نفس المدينة والحبس منه قريب، وقرطبة هذه بائنة بنفسها[d] عن مساكن ارباضها ظاهرة[e] ودُرْتُ بها فى غير يوم فى قدر ساعة وقد قطعت الشمسُ خمسة عشر دقيقة[f] ماشيًا، وللزهرآء[g] ايضًا مسجد جامع دون جامع البلد فى المحلّ والقدر والكبر، وعلى سورها سبعة ابواب حديد وليس لها نظير بالمغرب فخامة حال وسعة تملّك وابتذال لجيّد[h] الثياب والكسى وفراهة الكراع وكثر الحلى وان لم يكن لها فى عيون كثير من الناس حسن بارع فليس لجيوشهم حلاوة فى العين ولا علم بأَبَابِين[i] الفروسيّة وقوانينها ولا بالشجاعة وطرقها واكثر ظفر جيوشهم فى القتال بالكيد وممّا يدلّ على ذلك انّى لم ار قطّ بها احدًا اجرى على فرس فاره او برذون هجين ورجلاه فى الركب ولا يستطيعون ذلك ولا بلغنى عن احدهم وكلّ ذلك لتخوّفهم[k] من السقوط الى فشل فيهم عند لقآئهم وتواطئهم على نزع ارجلهم من ركبهم ولم[l] تطيق قطّ جريدة عبد الرحمان ولا مَنْ سبقه من آله خمسة آلاف فارس ممّن يقبض رزقه ويختم عليه ديوانه لانّه مكفىّ المؤنة باهل الثغور ممّا[m] يَنُوبُه من كيد العدوّ الّذى يجاوره من الروم ولا عدوّ عليه سواهم وقلّ ما يكترث لهم وربّما طرقه فى الاحايين[n] مراكب الروس والترك والصقالبة والبجناكيّة وهم جيل من اجيال الترك المجاورين لارض الخزر والبلغار فانكوا فى اعمال الاندلس وربّما انصرفوا خاسرين ☆

وبالاندلس غير مجلب من التجارة كالزيبق والرقيق والحديد والرصاص

---

a) L. مستقبلة. *b*) Jacut, IV, p. ٥٩, 10 وجنوبيها et pro hac lectione faciunt pronomina in seqq. *c*) Quae sequuntur in compendium redacta sunt apud Jacut, l.l. 11—14. *d*) Om. Makk. L. بغسها. *e*) B. طاهرة. *f*) Makk. درجة. *g*) L. et B. وللزهرة. *h*) B. الجيد. *i*) ? L. ببابين, B. بآبين. *k*) L. بتخوفهم. *l*) B. ولا. *m*) L. وما. *n*) B. الاحانبيين (ح).

وضروب من الفرش [a] كقطع الارمنيّ الحسن وعندهم تعمل اللبود المشهورة في جميع الارض بالجودة والصبغ الحسن ولهم من الالوان والاصباغ [b] والحشائش الّتي يلوّن [c] بها الحرير وانواع الصوف [d] والثياب ما [e] ليس في بلد من بلدان الارض له نظير حسنًا وكثرة، فامّا اسعارهم فتضاهي النواحي الموصوفة في الرخص وكثرة فواكههم مع طيبة فيها فكالمباحة الّتي لا ثمن لها، ومَلَابِسُهم نظيفة الى طيب عيش يناله عوامُّهم وتمتُّع بالرويّة من الخدم وقلّ من يصير اليه اهاه من اهلها الّا على الفاره من المركوب ولا يعرف فيهم المهنة والمشي الّا اهل الصنائع والارذال واكثر ركوبهم البغال وفيها يتفاخرون وبها يتكاثرون ولهم منها نتاج * في جزائرهم [f] لم ار مثله في معادن البغال المذكورة ومواضعها المشهورة كارمينية والران ونتاج برذعة [g] وباب الابواب وشروان شاه لانّها تُصْنَع عندهم وتنتجب في بلدهم ويجلب اليهم ايضًا منها شيء حسن الشِيَة عظيم الخلق كثير الثمن والطالب من مَيُرْقَة [h] وهي جزيرة في بحرهم منقطعة تلي ناحية الفرنجة [i] واسعة الخير كثيرة الثمار رخيصة الماشية لكثرة المراعي غزيرة النتائج والمواشي معدومة الجوائح [k] قليلة الآفة فليس بها عاهة ولا وحش يؤذيهم في سائمتهم ورايتُ منها غير بغل بيع بخمس مائة دينار واليها ترغب ملوكهم وايّاها يستوطئُون ويؤثرون فيما يركبون فامّا ما تبلغ قيمته منها المائة والمائتي دينار فاكثر من ان يُحصي وليس ذلك لانّها ازيد على البغال الموصوفة في حسن السير وسرعة المشي بل لعظم خلقها وحسن شِيَاتها واختلاف الوانها وجمال مناظرها وعلوّ ظهورها وصحّة قوائمها ✿

ذكر المسافات بها من قرطبة الى مُرَاد مرحلة ومن مراد الى غرغيرة [l] يوم ثم الى إشْبِيلِيَة يوم وهي مدينة كثيرة الخير والفواكه والكروم والتين خاصّة [m]

---

a) L. الفرس, B. العرس. *b*) Copulam addidi. *c*) B. يكون. *d*) B. والصوف. *e*) B. مما. *f*) B. وجزيرتهم. *g*) L. et B. s. p. *h*) L. مسرقه, B. ممبرقه. *i*) B. افرنجة. *k*) L. الحوايج. *l*) Cf. Edrisî, p. 254, ann. 2. *m*) Additur inepte يومان.

وهى على وادى قرطبة ومن اشبيلية الى لَبْلَة a يومان وهى مدينة صالحة القدر عليها سور ومنها الى جبل العيون يومان وهى مدينة قديمة ازليّة كثيرة الخير ومن جبل العيون الى أُلْب b ٣ ايّام وهى ايضًا مدينة قديمة ذات سور ومن الب الى أُخْشُنَبَة c وهى مدينة مشهورة عظيمة كثيرة الخير ٤ ايّام ومن اخشنبة الى مدينة شِلْب ٦ ايّام ومن شلب الى قصر ابى دانس d ٥ ايّام مدينة صالحة وهى ايضًا خصيبة ومنها الى المعدن وهو فم النهر الى * مدينة لِشْبُونَة e يوم ومن لشبونة الى شَنْتَرِين f يومان ومن شنترين g الى يابُرة ٤ ايّام ومن بابرة الى جِلْيَانة h يومان ومن جليانة الى أَلْبَش i يوم ومن البش الى بَطَلْيُوش عدوة النهر يوم ومن بطليوش الى قنطرة السَّيْف ٤ ايّام ومن قنطرة السيف الى ماردة يومان k ومن ماردة الى مَدَلِّين l يومان ومن مدلّين الى تُرْجِيلَة يومان ومن ترجيلة الى قصراش m يومان ومن قصراش الى مِكْنَاسَة n يومان ومن مكناسة الى مَخَاضَة البَلَاط يوم ومن * مخاضة البلاط o الى طَلَبِيرَة ٥ ايّام ومن طلبيرة الى طليطلة p ٣ ايّام ؛ ومن قرطبة الى * بطليوش فى q جهة المغرب على الجادّة r ٦ مراحل ومن قرطبة الى بَلَنْسِيَة ١٢ مرحلة ومن قرطبة الى المَرِيَّة فرضة بَجّانَة ٧ ايّام ومن المريّة الى مُرْسِيَة ٥ ايّام ۞ وجميع هذه المدن المذكورة مشهورة بالغلّات والتجارات والكروم والعمارة والاسواق والعيون والحمّامات والخانات

---

a) L. كبلة. *b*) L. bis كب, B. semel لب; Jacut, I, p. ١٩٤, 11 لبّ. *c*) L. اخشينة, B. احشنبة; deinde L. اخشنب, B. احشنب. *d*) L. et B. ابن وادسن. *e*) L. et B. الشبونة (لشبونة) مدينة. *f*) L. et B. شنترة, ut quoque Jacut, I, p. ٢٧٥, 3. *g*) In L. antea scriptum fuit شنترة. *h*) Alius ejusdem nominis locus, isque multo celebrior, jacet non longe a Guadix. *i*) *Elvas*. L. et B. الش. Jacut habet آلبش. *k*) L. et B. يوم. *l*) L. et B. مدلير. *m*) *Caceres*. Edrisî, p. ١٨٧ قاصرش. Cf. Jacut, I, p. ٢٧٩, 8. *n*) L. et B. سكنان. *o*) B. المحاضة. *p*) L. et B. طليلة. *q*) Restitui ex Edrisi, p. ١٨١, 3 a f. *r*) L. et B. الجلدة.

والمساجد الحسنة وفيها ما يزيد على بعضها فى المحالّ والجباية والارتفاع والولاة والقضاة والمخلفين[a] على رفع الاخبار وتأمّل الاحوال وليس بها مدينة غير معمورة ذات رستاق فسيح الى كور * الّا ولها[b] ضياع كثيرة واكارة[c] واسعة وماشية وسائمة وعدّة[d] وكراع وعبيد[e] ✿ ومن قرطبة الى كَرْكُوِيْه[f] مدينة فيها منبر ولها اسواق وبها حمّامات وفنادق ۴ ايّام وفى كلّ ليلة ينزل بقرية آهلة، ومن كركويه الى قلعة رَبَاح[g] مدينة كبيرة ذات سور من حجارة ولها وادٍ كبير هى عليه منه شربهم ويزرعون عليه وبها اسواق وحمّامات ومتاجر يوم والطريق على قرى ذات عمارة، ومن قلعة رباح الى مَلْقُون[h] مدينة على نهر لها سور من تراب وهى دون قلعة رباح فى الكبر ونهرها يعرف باسمها ومنه شرب[i] اهلها مرحلة[k]، ومنها الى ابلش[l] قرية فيها فندق وعين منها شربهم آهلة مرحلة، ومن ابلش الى طليطلة مرحلة وهى مدينة كبيرة جليلة مشهورة اكبر من بَجّانَة ذات سور منيع وهى على وادى تاجُو وعليه قنطرة عظيمة ويقال انّ طولها خمسون باعًا ويصير واديها الى الوادى المنصبّ الى شَنْتَرة، ومن طليطلة الى مَغَام قرية كبيرة وبها معدن الطفل الاندلسىّ مرحلة، ومن مغام الى الغوا[m] مدينة كبيرة ذات سوق ومحالّ وتكون نحو وادىآش[n] مرحلة، ومنها الى وادى الحجارة مدينة كبيرة ثغر مشهور الحال مسوّر[o] بحجارة وهى ذات اسواق وفنادق وحمّامات وحاكم ومخلف وبها تسكن ولاة الثغور كاحمد بن يعلى وغالب وعليها اكثر جهاد جلّيقيّة، ومنها الى شعرآء[p] القوارير وبها منهل تنزله الرفاق مرحلة، ومنها الى مدينة سالم

---

a) L. والمخلفين, B. والمحلعمن. *b*) P. فيها. *c*) L. et B. واكثره; P. ضياع عدّاد واكرة et deinde وسعة. *d*) P. وعتاد. *e*) P. add. فامّا وزروعهم نحوس (بخوس .l) حسنة الربع كثيرة الدخل او اسقاء على غاية الكمال وحسن الحال. *f*) L. et B. كوكونه; cf. Edrîsi, p. 226. *g*) L. et B. ربياح, B. semel رباح. *h*) L. ملعون, Jacut مَلْغُون. Est *Malagon*. *i*) B. بشرب. *k*) Addidi coll. Edrîsî, p. ١٨٦. *l*) Edrîsi l. l. ارلبة. *m*) Sic. *n*) Nempe فى الكبر. *o*) L. مستور. *p*) L. et B. سعرا.

مرحلة ، ومنها الى مدينة غالب[a] بن عبد الرحمان ولها سور عظيم ورساتيق واقليم واسع وماشية رفهة فى جميع اسبابها وهى اكثر الاندلس حربًا وغزوًا ٭

ذكر صقلّيّة

واما صقلّيّة فجزيرة طولها سبعة ايّام فى[b] اربعة ايّام والغالب عليها الجبال والقلاع والحصون وجميع[c] ارضها مسكونة مزروعة وليس لها مدينة مشهورة[d] معروفة غير المدينة المعروفة ببَلَرْم وهى قصبة صقلّيّة على نحر البحر من الشمال وهى خمس حارات[e] محدودة غير متباينة ببعيد مسافة وان كانت حدودها ظاهرة فمنها المدينة الكبرى الّتى تسمّى بلرم عليها سور من حجارة مانع شامخ يسكنها التجّار وفيها مسجد الجامع الاكبر وكان بيعة للروم وفيه[f] هيكل عظيم وسمعتُ بعض المنطقيّين[g] يقول انّ حكيم اليونان يعنى ارسطاطاليس فى خَشَبَة معلّق[h] فى هذا الهيكل الّذى قد اتّخذه المسلمون مسجدًا وانّ النصارى كانت تعظم قبره[i] وتستسقى[k] به لما شاهدت اليونانيّة عليه من اكباره واعظامه[l] قال والسبب فى تعليقه بين السمآء والارض ما كان الناس يلاقونه عند الاستسقآء والاستشفآء والامور المهمّة الّتى توجب الفزع[m] الى الله تعالى والتقرّب[n] اليه فى حين * الشدّة والهلكة[o] وعند وطئ بعضهم لبعض وقد رايتُ هناك خشبة عظيمة[p] يوشك ان يكون القبر[q] فيها ، ومدينة تعرف بالخالِصَة ذات سور ايضًا من حجارة وليس

---

a) Nescio quae urbs intelligitur. In L. syllaba غا expuncta videtur, ut مدينة لب supersit, quo casu Tudela significari probabile foret. Sed pater Lobi Musá fuit, dum patri Ghálibi nomen fuit Abdorrahmán (vid. e. g. *al-Bayán*, II, p. ٢٥٧, 7). b) P. add. عرض. c) P. et Jacut III, p. ٤٠٩ واكثر. d) L. et B. مسكونة. e) Jacut نواحى. f) L. et B. فيه, Jacut I, p. ٧١٩, 4 وفيها. g) L. et P. المنطقين, B. المنطيقيين. h) P. مُعَلَّقة. i) L. B. et P. قدره. k) L. وتستقى, B. ودستسعى, Jacut وتستشفى. l) B. واعظاما. m) P. الفزعة. n) L. والتقريب. o) P. الشدائد وخوف الهلكة. p) Jacut معلقة. q) P. هذا القبر.

كالسور الاوّل يسكنها السلطان واتباعه[a] وليس فيها اسواق ولا فنادق وبها حمّامان[b] وفيها مسجد جامع صغير مقتصد وفيها حبس السلطان ودار صناعة البحر والديوان ولها[c] اربعة ابواب من قبولها ودبورها[d] وغربها وشرقها البحر وسور لا باب له، وحارة تعرف بحارة الصقالبة وهى اعمر من المدينتين اللّتين ذكرتُهما واجلّ ومرسى البحر بها وبها عيون جارية * بينها وبين المدينة ومياه كالحدّ بينهما[e]، وحارة تعرف بحارة المسجد * المعروف بابن سقلاب[f] وهى كبيرة ايضًا وليس بها مياه جارية وشرب اهلها من الآبار وقبليّ البلد وادٍ يعرف بوادى عبّاس وهو وادٍ كبير عظيم ومطاحنهم عليه كثيرة وبساتينهم واجنّتهم غير منتفعة به[g]، والحارة الجديدة[h] وهى حارة كبيرة تقارب حارة المسجد[i] وليس بينهما فرق ولا فاصلة، ولا على حارة الصقالبة[k] سور واكثر[l] الاسواق فيها[m] بين مسجد ابن سقلاب والحارة الجديدة كسوق الزيّاتين باجمعهم والصيارفة والصيادلة من خارج سورها والخرّازين والصياقلة والنحّاسين واسواق القمح كلّها خارج السور[n] وكذلك سائر الصنّاع على اختلافهم وفى داخل البلد للقصّابين فوق الخمسين ومائة حانوت لبيع اللحم والقليل منهم هناك وهذا يدلّ على قدرهم وعددهم ويدلّ ايضًا على ارتفاع شأنهم عظمُ مسجدهم وذلك انّى حزرتُ المجتمع به اذا غصّ باهله بلغ سبعة آلاف رجل ونيفًا لانّه يقوم فيه اكثر من ستّة وثلاثين صفًّا للصلاة وكلّ صفّ منها لا يزيد على مائتى رجل، وبالمدينة من المساجد وفى الخالصة والحارات[o] المحيطة بها ومن[p] ورآء سورها[q] عامرة

---

a) Jacut II, p. ٣٩١, 10 واجناده. b) Amari (*Biblioth. Sicula*, p. ٥, 4) حمامات. c) B. وبها. d) Amari proponit legere ومن دبورها. e) Jacut III, p. ٤٠٩, 15 وهى فاصلة بينها وبين بلرم ولا سور لها. f) Jacut وتعرف بابن صقلاب. g) B. om. به. h) In L. et B. deëst (B. والحارة et pro وهى habet هى). i) Jacut حارة ابن صقلاب. k) Jacut عليها. l) L. et B. واكبر. m) Nempe in urbe Palermo. Amari proposuit legere فيها. n) L. السوق. o) L. et B. والحارة. p) L. et B. من. q) L. ذلك سور بها.

اكثرها قائمة على عروشها بحيطانها وابوابها نيف وثلاث مائة مسجد يتواطأ اهل الخبرة[a] منهم فى علمها ويتساوون[b] فى معرفتها وعددها وبظاهرها ممّا يحفّ[c] بها ويلاصقها بين اجنّتها وابراجها ومحالّ كانت متّصلة بالاقرب فالاقرب منها على الوادى المعروف بوادى عبّاس مجاورة الموضع[d] المعروف بالمعسكر[e] فى ضمن البلد متبدّدة[f] فى وادى عبّاس وبعضها كان فى اثر بعض الى الموضع المعروف بالبيضاء وهى قرية تشرف على المدينة بينهما نحو من فرسخ وقد خربت وهلك اربابها بما دار عليهم من الفتن يعرف ذلك جميعهم غير مختلفين فى مقدارها وانّها تزيد على مائتى مسجد، ولم ار مثل هذه العدّة فى بلد من البلدان الكبار على ضعف مساحتها ولا سمعتُ به الّا ما يتذاكره اهل قرطبة ولم اقف على حقيقة ذلك من قرطبة وذكرتُه فى موضعه على شكّ منّى فيه وانا محقّقه فى صقلّيّة لانّى شاهدتُ اكثره ولقد كنتُ واقفًا ذات يوم بها فى جوار دار ابى محمّد القَفْصىّ الفقيه الوثائقىّ فرايتُ فمن[g] مسجده فى مقدار رمية سهم نحو عشرة مساجد يدركها بصرى ومنها شئ تجاه شئ وبينها طريق[h] وسالتُ عن ذلك فقيل لى انّ القوم لشدّة انتفاخ رؤوسهم[i] كان يحبّ كلّ واحد منهم ان يكون له مسجد مقصور عليه لا يحبّ ان يشركه فيه غير اهله وحاشيته وربّما كان اخوان منهم متلاصقة داراهما متصاقبة الحيطان فعمل كلّ واحد منهما مسجدًا[k] لنفسه ليكون جلوسه فيه وحده وفى جملة هذه العشرة مساجد الّتى ذكرتُها مسجد يصلّى فيه ابو محمّد القفصىّ والى جانبه بنحو عشرين خطوة مسجد لولده ابتناه ليتفقّه فيه وغرض كلّ واحد منهم ان يقال مسجد فلان لا غير وكان له هذا الولد وهو فى نفسه حدث عظيم وكان لعظم خطره فى نفسه واعجاب ابيه[l] يظنّ انّه ابو ابيه او انّه بغير اب لصلفه

---

a) L. الخيرة. b) L. ويستاوون. Ex corr. Fleischeri ad *Bibl. Sicul.* c) L. et B. حف. d) B. للموضع, Jacut, I, p. ٧١٩, 10 et III, p. ٤٠٩, 22 المكان. e) Jacut add. وهو. f) B. متبردة, quod Amari recepit. g) B. فى. h) Jacut عرض الطريق فقط. i) Jacut add. وقلة عقولهم. k) L. مسجد. l) L. واعجابه, B. واعجابيه.

وحسن وجهه ، وبها رباطات كثيرة على ساحل البحر مشحنة بالبطّالين والفسّاق والمتمرّدين شيوخًا واحداثًا غثاثًا[a] اغتامًا[b] قد عملوا السجّادات[c] فى وجوههم منتصبين لاخذ الصدقات وقذف المحصنات واكثرهم يقودون ويلوطون وانّما اووا الى هناك لعجزهم وعدم السكنى ومهانة انفسهم ✿ وكنتُ ذكرتُ احوال الخالصة وابوابها وما فيها فامّا القصر وهو بلرم وهى المدينة القديمة وابوابها فاشهرها باب البحر سمّى بذلك لقربه من البحر واليه باب آخر لطيف محدث احدثه ابو الحسن احمد بن الحسن بن ابى الحسين وذلك انّ اهل المدينة سألوه فيه فعمله على نشز مطلّ على نهر وعين تعرف بعين الشفا[d] وبها يعرف هذا الباب فى وقتنا ولهم مرفق بهذا الباب والعين ثمّ باب يعرف بشنتنغاث وهو باب قديم واليه باب يعرف بباب روطة وروطة نهر كبير يهبط من هذا الباب اليه واصله تحت هذا الباب وفيه ماء صالح عليه ارحية كثيرة متقاطرة ثمّ باب الرياض وهو ايضًا محدث احدثه ابو الحسن وكان بجواره باب يعرف بباب ابن قرهب فى موضع غير حصين وكانت المدينة قوتلت[e] منه قديمًا فدخل على اهلها منه معرّة وضرر جسيم فازاله ابو الحسن عن المكان الضارّ الى الموضع الصالح ويجاور باب الابناء[f] وهو اقدم ابوابها ثمّ باب السودان تجاه باب الحدّادين ثمّ باب الحديد ومنه المخرج الى حارة اليهود واليه باب احدثه ابو الحسن ايضًا ولم يسمّ باسم ويخرج منه الى حارة ابى حماز وجميعها تسعة ابواب ، وهذه المدينة مستطيلة ذات سوق قد اخذ من شرقيّها الى غربيّها يعرف بالسماط مفروش بالحجارة عامر من اوّله الى آخره بضروب التجارة ويطيف بها عيون كثيرة منصبّة من غربها الى شرقها ويكون مقدارها ما يدير رحويْن وعلى مائها[g] ارحية كثيرة ويجاورها من حيث بدؤ مسيلها الى حين[h] مصبّها فى البحر اراض كثيرة يغلب عليها السباخ وفيها القصب

a) B. اغثاثا ; L. واحداث اعثانا. b) Amari اغبايا , Fleischer اغبياء (L. اغماما , B. اعثاما s. اغتاما). c) L. السجدات. d) L. et B. h. l. الشعا. e) Codd. s. p. f) B. الادنا. g) L. منابلها. h) Fleischer vult حيث. Verba حين مصبها فى in B. desunt.

الفارسىّ وبحائر ومقاثى[a] صالحة وفى خلال اراضيها بقاع قد غلب عليها البربير وهو البردىّ المعمول منه الطوامير ولم اعلم لما بمصر من هذا البربير نظيرًا[b] بوجه الارض الّا ما بصقلّيّة منه واكثره يفتل حبالًا للمراكب واقلّه يعمل للسلطان منه طوامير لا تزيد[c] على قدر كفايته وشرب بعض اهل المدينة وهم المجاورون لسورها من نحو باب الرياض الى نحو باب الشفا من مياه هذه العيون وباقى اهلها واهل الخالصة وجميع اهل الحارات شربهم من آبار دورهم * خفيفًا كان او ثقيلًا من المآء يلذّ لهم[d] على كثرة المياه العذبة الجارية عندهم وشرب اهل المعسكر من العين المعروفة بالغربال لها مآء صالح وبالمعسكر عين تعرف بعين النسع[e] دون الغربال فى كثرة المآء وعين تعرف بعين ابى سعيد وكان من بعض ولاتهم فهى مضافة اليه وشرب الناحية الغربيّة من العين المعروفة بعين الحديد وهناك معدن حديد وهو للسلطان يصرفه فى مراكبه وكان هذا المعدن لبعض بنى الاغلب وهو بقرب قرية تعرف ببلهرا وفيها عيون وانهار تتفجّر منها وهى تمدّ وادى عبّاس وتقوّيه وهى كثيرة البساتين والكروم ويحيط بالبلد عيون غيرها مشهورة ينتفع بمياهها كالقادوس[f] وما فى ناحية القبلة كالفوّارة الصغيرة والكبيرة الّتى على انف الجبل وهى اغزر عيونهم مآء وتتصرّف هذه المياه الى اجنّتهم وللبيضآء عين حسنة تعرف بالبيضآء وتصاقب الغربال والغربيّة وشرب الناحية المعروفة ببرج البطّال من العين المعروفة بعين ابى مالك واكثر المياه لاجنّتهم بالسواقى ولهم اجنّة كثيرة واعذآء لا تسقى وهى كالشام وغيره واكثر مياه الحارات والبلد من الآبار وهى ثقيلة غير مريّة وانّما صرفهم الى شربها رغبةً عن شرب المآء الجارى العذب قلّة مروّاتهم[g] وكثرة اكلهم البصل وفساد حواسّهم[h] لكثرة تغذّيهم بالنىء منه وما فيهم من لا ياكله فى كلّ يوم ويؤكل فى داره صباحًا ومسآء من سائر طبقاتهم وهو الّذى افسد تخيّلهم[i] وضرّ أدمغتهم وحيّر

a) L. ومقاسى. b) L. نظير. c) L. يزيد, B. نزند. d) Jacut hæc reddit per عذبة وملحة. e) L. بالمسع, Amari السبع. f) L. كالعادوس, B. كالفادوس. g) Jacut addit وعدم فطنتهم. h) L. حواشهم. i) L. تحبلهم, B. sine punct.

حواسّهم وغيّر عقولهم ونقص افهامهم وافسد سحنة وجوههم فاحال مزاجهم حتّى رأوا الاشيآء او اكثرها على غير ما هى عليه والّذى دخل تحت العدّة انّ فيها ازيد من ثلاث مائة معلّم يؤدّبون الصبيان وهم يرون انّهم افضلهم واجلّهم وانّهم اهل الله وهم شهودهم وامنآؤهم هذا على ما اشتهر عن المعلّمين من نقص عقولهم وخفّة الادمغة وانّما لجؤوا الى هذه الصناعة هربًا عن الجهاد ونكولًا عن الحرب وقد وضعتُ فيهم كتابًا فيه جميع اخبارهم ✿

ذكر مصر

وامّا مصر فلها حدّ ياخذ من بحر الروم من بلد الاسكندريّة ويزعم قوم انّها من برقة فى البرّيّة[a] حتّى ينتهى[b] الى ظهر الواحات ويمتدّ الى[c] بلد النوبة * ثمّ يعطف على حدود النوبة فى حدّ أُسْوَان[d] الى ارض البجة من[e] ورآء اسوان حتّى ينتهى الى بحر القلزم ثمّ يمتدّ * على بحر القلزم ويجاوز القلزم[f] الى طور سينا ويعطف على تيه بنى اسرآئيل مادًّا[g] الى بحر الروم فى الجفار خلف العَرِيش ورَفَح[h] ويرجع[i] على الساحل مادًّا[g] على بحر الروم الى الاسكندريّة ويتّصل بالحدّ الّذى ذكرناه من نواحى[k] برقة ✿

لم اجد سبيلًا الى ايراد صورة مصر فى صفحة واحدة فاثبتُّها فى صفحتين والصورة الاولى صورة الصعيد من اسوان الى الفسطاط وشطنوف عند انفصال النيل منها والثانية من انفصال النيل فى[l] خليجين احدهما ياخذ من شرقىّ شطنوف الى تنّيس واعمال دمياط والآخر عن غربىّ شطنوف آخذًا الى رشيد من ساحل الاسكندريّة ✿

---

a) Makrîzî, I, p. ١٥ البرّ. *b*) L. تنتهى. *c*) L. عن, B. على. *d*) L. et B. om. (P. من حد). Deinde P. على, Makr. على حدّ ارض السبخة. *e*) L. ومن. Makr. فى. Deinde P. et Makr. قبلى. *f*) L. et B. pro his tantum هذا. (P. ويجاور). *g*) P. et Makr. مارا. *h*) L. et B. om. *i*) B. ودرحل. Deinde Makr. الى. *k*) L. et B. om. Deinde P. الاسكندرية. Post برقة sequitur وهذه صورتها. *l*) L. et B. من.

ومصر اقليم قديم جليل عظيم الفائدة[a] فى سالف الزمان[b] وجدتُ بخطّ ابى[c] اليمن الورّاق فى اخبار ابى الحسين الخصيبىّ قال حدّثنى ابو حازم القاضى قال قال لى ابو الحسن ابن المدبّر[d] لو عمرت مصر كلّها *لقامت باهل الارض وكفتهم[e] وقال تحتاج مصر الى ثمانية وعشرين الف الف فدّان[f] وانّما يعمر منها الف الف فدّان وقال لى انّه كان يتقلّد الديوانَيْن بالعراق *يريد ديوان المشرق وديوان المغرب ولا أَبيتُ فى ليلة[g] من الليالى وعلىّ عَمَلٌ او بقيّة منه وتقلّدتُ عمل مصر فكنتُ ربّما بتُّ وقد بقى علىّ *شىءٌ من العمل فاتمّه[h] اذا اصبحتُ قال وقال لى ابو حازم القاضى جبا عمرو بن العاص لعمر بن الخطّاب اثنى عشر الف الف دينار فصرفه عثمان بعبد الله ابن ابى سرح فجباها اربعة عشر الف الف دينار فقال عثمان لعمروٍ[i] ابا عبد الله علمت انّ اللقحة درّت بعدك فقال نعم ولكنّها اجاعت اولادها وقال ابو حازم انّ هذا الّذى جباه عمرو وعبد الله بن ابى سرح انّما كان من الجماجم خاصّة دون الخراج وغيره قال فاستثبته[k] فى ذلك فقال هذا هو الصحيح[l] عندنا☆ وبها[m] الهرمان الّذان[n] ليس على وجه الارض لهما نظير *لمسلم ولا لكافر[o] ولا عُمِلَ *ولا يُعْمَل كهما[p] وقرأ بعض بنى العبّاس على بعضهما[q] انّى قد بنيتُهما فمن كان يدّعى قوّة فى[r] ملكه فليهدمهما والهدم

a) P. جسيم العايدة. b) P. add.: وان قصر عن ذلك فى انفه فلوجوه منها انه كان قديمًا قُعْدد المُلْك يسكنه عظام الفراعنة واكابر الجبابرة كمُصْعَب ابن الوليد فرعون موسى والوليد بن مُصْعَب فرعون يوسف ومن كان بين عصريهما من الفراعنة. In L. et B. spatium album est, in cujus medio in L. legitur حكايت. c) L. ابو. d) Cf. Makrîzî, I, p. ٣٧. e) P. لَوَقَتْ باعمال يعنى خراسان والعراق والشام قال ولم ابت الدنيا. f) L. فدانا. g) P. ليلة قط. h) P. محاسبة فاستتمه. i) Cf. Makrîzî, I, p. ٧٩. k) L. فاتثبته. l) B. لصحيح. Post عندنا spatium album in L. et B. m) P. add. من العجائب. n) L. et B. الذى. o) P. et Makrîzî, I, p. ١١٤ فى ملك مسلم ولا كافر. p) L. et B. tantum ويعمل. q) L. et B. بعضها, P. et Makr. احدهما. r) L. et B. om. Cf. quoque Kazwînî, II, p. ١٧٧.

ايسر من البناء فهمّ به [a] واظنّه المامون او المعتصم فاذا خراج مصر يومئذ لا يقوم به وكان خراجها يومئذ [b] *على الانصاف فى الجراية [c] اذا بلغ النيل سبعة عشر ذراعًا وعشر اصابع اربعة آلاف الف دينار ومائتى الف *وتسعة وسبعين [d] الف دينار [e] فاعرض عن ذلك [f] ✿

وللفسطاط طريق على الظهر فى البرّ الى الاسكندريّة دون طريق الماء الآخذ على شَطْنُوف فانّه يسلك من شطنوف الى رَشيد وذلك انّه ياخذ من شطنوف الى سُبْك [g] العَبيد *١٢ سقسًا ، ومن سبك العبيد [h] الى مَنُوف مدينة كبيرة بها حمّامات واسواق واهل تناية ويسار وفيهم وجوه من الناس ولها اقليم عظيم وعمل يليه عامل جسيم ١٦ سقسًا ، ومن منوف الى محلّة صرد [i] شبر فيه حمّام وفنادق وسوق صالحة ١٦ سقسًا ، ومن محلّة صرد الى صَخَا [k] مدينة كبيرة ذات حمّامات واسواق وعمل واسع واقليم جليل له عامل بعسكر وجند وغلّات وبها الكتّان الكثير وزيت الفجل الى قموح عظيمة ١٦ سقسًا ، ومن صخا الى شبرامية [l] مدينة كبيرة بها جامع واسواق صالحة ١٦ سقسًا ، ومن شبرامية الى مسير [m] مدينة لها منبر [n] واسواق كثيرة الغلّات وبها عامل عليها للماء وقسمته ١٦ سقسًا ، ومن مسير الى سَنْهُور مدينة ذات اقليم كبير وحمّامات واسواق وعامل [o] كبير فى نفسه ولها غلّات كثيرة من قموح وكتّان وقصب سكّر [p] وغير ذلك ١٦ سقسًا ، ومن سنهور الى البُنْجُوم [q] اقليم له مدينة باسمه عظيمة بها

---

a) P. et Makr. بذلك. *b*) P. et Makr. على عهده. *c*) Makr. بالانصاف فى الجباية وتوخى الرفق بالرعية والمعدلة. *d*) P. et Makr. وسبعة وخمسين. *e*) Makr. add. والمقبوض على الفدان دينارين. *f*) P. add.: ولم يهدمها شيئًا, Makr. ولم يعد فيه شيئًا. In L. et B. spatium album. *g*) L. سيل, B. سبل; Edrîsi, p. ١٥٨, سكاف. Cf. *Moschtarik* in voce. *h*) L. et B. om.; vid. Makrîzi, I, p. ١٩٣. *i*) Edrîsi صرت, B. مرد h. l. Pro شبرٌ فيه حمام Makr. وفيها منبر وحمام. *k*) Vulgo سخا. *l*) B. شبرامنه, Makrîzi شبركمية in edit. Bul. et sic in Cod. Lugd. 372; in Cod. 371 شبركمنية. *m*) L. h. l. مسدرم, B. مشيوم h. l. et deinde مشير. Fortasse hic legendum مسير وفى ut habet Makr. *n*) Makr. جامع. *o*) Male in ed. Makr. عمل. *p*) L. لسكر. *q*) L. et B. النجوم. In ed. Makr. male النخوم.

عامل * عليها وعسكر[a] وجامع وحمّامات وفنادق ١٩ سقسًا ، ومن البجوم الى نَسْتَرَوَه[b] مدينة حسنة وهى على بحيرة[c] البُشْمور ويحيط بها مياه كثيرة الصيود من السموك وعليها قبالة كبيرة للسلطان وبها قوم مياسير ويوصل اليها فى المعديات اذا زاد الماء واذا نضب وُصل اليها بالجسور ٢٠ سقسًا ، ومن نستروه لى البَرَلُّس مدينة كثيرة الصيد ايضًا من هذه البحيرة بها حمّامات جميلة الامر ١٠ سقسات ، ومن البرلّس الى اِخْنا[d] حصن على شطّ البحر المالح فيه منبر وخلق كثير من الناس وصيّادون للصير[e] وبها حمّام ١٠ سقسات ، ومن اخنا الى رَشيد مدينة على النيل قريبة من مصبّ النيل الى البحر المالح * من فوهة تعرف بالأُشْتوم[f] وهى المدخل من البحر ٣٠[g] سقسًا وبها اسواق صالحة وحمّامات ولها نخيل كثير وارتفاع واسع[h] ، وهذا الطريق الآخذ من شطنوف الى رشيد ربّما امتنع سلوكه عند زيادة النيل لغلبة الماء وكثرته على وجه الارض فربّما اخذ بعض الطريق على الظهر وبعضه فى المراكب والماء ☆ وامّا الآخذ من شطنوف مغرّبًا عن الماء الآخذ الى دمياط وتنّيس يشرع الى ضيعة تعرف بالجُرَيْسَات[i] وهى مع شطنوف فى برّ واحد ذات منبر وبها اسواق صالحة وبينهما ٦ سقسات ، ومن الجريسات الى ابى يُحَنّس[k] قرية ينفصل منها الماء فى خليجين آخرين ايضًا ١٠ سقسات فيجرى احدهما مغرّبًا الى الاسكندريّة ويشرع على تَرْنُوط وهى جانبان متحاذيان جعلت على الخليج وبها منبر فى الجانب البحرىّ منهما وبيع كثيرة وقسّيسون[l] ورهبان واسواق عامرة وحمّامات وبها[m] عامل وعسكر وغلّات

---

a) L. et B. وعليها عسكر, Makr. om. *b*) L. et B. h. l. نسترويه. Jacut praescribit نَسْتَرُو et sic legitur in edit. Makr. Codd. Lugd. habent نتسرا (372 بسترا). Vid. Abulfeda, p. ٣٨. *c*) L. et B. مدينة. *d*) L. et B. اجنا. *e*) L. et B. وصيادين الطير et L. بها pro وبها. *f*) In L. et B. haec desunt. *g*) L. et B. يكون pro ثلثون. *h*) Makrizi وضريبة على ما يحمل من الاسكندرية. *i*) L. بالجريسيات, B. بالحرسيات. *k*) L. s. p. B. h. l. دىحبس, infra دىحنس. *l*) L. et B. وقسيسين. *m*) B. ولها.

وبينهما ١٠ سقسات، ويشرع ايضا هذا الماء على بَسْتَامَة a ضيعة عظيمة ذات منبر واسواق كثيرة وبادية تزيد على الفى رجل وبها غلّات واسعة وبينهما ١٢ سقسًا، ومنها الى شابور مدينة كثيرة العبيد والمقاتلة واسعة الغلّات فيها حمّام وعامل تحته خيل للحماية ١٦ سقسًا، ومنها الى مَحَلّة نُقَيْدَة b وهى ضيعة كبيرة عامرة وبها منبر وعامل عليها وحمّام ولها ناحية كبيرة وغلّات غزيرة وضياع فى ضمنها وبرسمها جليلة ١٦ سقسًا، ومن محلّة نقيدة الى دنشال بلد عامر فيه جامع وحمّام وكروم كثيرة وبرسمه ضياع جليلة وعمل مضاف اليها ١٦ سقسًا، ومن دنشال c الى قَرْطَسا وهو بلد كبير فيه حمّام ومنبر وبرسمه ضياع وافرة غزيرة فوق ما تقدّم ذكره من المدن المضافة اليها الكور والضياع وله كروم وفواكه غزيرة عظيمة تجلب ١٦ سقسًا، ومن قرطسا الى *شبر وابو مينا d ضيعة كبيرة بها جامع وخلق كثير وبادية ومزارع وغلّات واسعة ١٢ سقسًا، *ومن شبر وابو مينا الى قَرَنْفيل ضيعة بها جامع وعمارة آهلة ١٢ سقسًا e ولها وبرسمها ضياع تعرف بالجابريّة، ومن قرنفيل الى ابرشيق f ضيعة بها منبر وبِيَع واسواق ولها كورة كبيرة ١٢ سقسًا، ومن ابرشيق الى الكِرْيَوْن مدينة كبيرة حسنة فيها جامع وحمّام وفنادق وكروم تجلب اعنابها الى الاماكن وبرسمها كورة ذات ضياع وهى جانبان على خليج الاسكندريّة ومنها يركب التجّار فى الصيف عند زيادة النيل الى مصر ولها عامل عليها ومعه خيل ورَجْل ١٦ سقسًا، ومن الكريون الى موضع يعرف بقرية الصّبير g منهل فيه صيّادون للصبير كثيرون ٨ سقسات، ومن قرية الصبير الى الاسكندريّة ٨ سقسات، فهذه مسافات خليج الاسكندريّة ۞ وامّا الشعبة الخارجة تجاه ترنوط مشرّقة تشرع الى شبر والاو وهى ضيعة ذات ثلاث حارات كبار كثيرة

a) L. et B. s. p. Vid. Edrisî, p. ١٩٠; Niebuhr البصطاميه *Bestamie.* b) L. نفيدة, B. نقمدة. Vid. Jacut, *Moschtarik*, p. ٣٨٩. Edrisi السيدة. c) B. h. l. ديشال. d) Edrisî, p. ١٩٠, locum appellat سوق ابى منا. e) Haec in B. desunt. f) Makrizi, I, p. ١٧٠ et Sacy, *Relation de l'Égypte*, p. 662 برسيف. g) Male in editione Edrisî الصبر.

الاهل غزيرة السكّان بها حمّام وجامع وقاض وعامل وكورة جليلة واسعة فمن ابى يحنّس اليها ٩ سقسات، ومن شبر والاو الى مَنُوف مدينة كبيرة عظيمة كثيرة الغلّات والخيرات والكتّان بها[a] وال عليها وقاض لها حمّامات وجامع واسواق كثيرة[b] حسنة وكور عدّة برسمها واسعة ١٦ سقسًا، ومن منوف الى طَنْدَتَا ضيعة ايضًا حسنة عظيمة[c] بها جامع وحمّام ولها ضياع وعامل بخيل ورجّالة برسمه ولها اسواق وبها جامع لطيف ١٤ سقسًا، ومن طندتا[d] الى فيشة بنى سُلَيم ضيعة فيها حمّام وسوق وجامع وكورة مضافة اليها ١٢ سقسًا، ومن فيشة بنى سليم الى البنداريّة[e] ضيعة فيها جامع واسواق كبيرة[f] وبرسمها ضياع ولها عامل وفيها حمّام طيّب ١٠ سقسات، ومن البنداريّة[g] الى محلّة المَخْروم مدينة بها سلطان وقاض وشحنة وخيل ورَجْل وحمّام وجامع واسواق ١٠ سقسات، ومن محلّة المخروم الى قُلَيْب العُمّال وهى من الجانب الغربىّ عن الخليج مدينة فيها جامع وحمّام ولها كورة ذات ضياع واسواق ولها حاكم وسلطان ١٠ سقسات، ومن قليب العمّال الى بَبِيج[h] مدينة كبيرة فيها جامع وبيع كثيرة وبها جامع[i] وحاكم وسلطان وبرسمها ضياع كثيرة ١٠ سقسات، ومن[k] ببيج ومحلّة * ببيج ينفصل[l] الخليج الآخذ من نحو شابور ومحلّة نقيدة[m] وهما جانبان ايضًا قطعتين[n] فتشرع احداهما الى فَرْنَوَة[o] مغرّبة من ناحية ببيج ومحلّة ببيج والاخرى مشرّقة الى صا وهى مدينة فيها جامع وبيع كثيرة وحاكم وسلطان واسواق وبها حمّام العين المعروفة بعين موسى عمّ ويقال انّه سجن[p] بها ٩ سقسات، ومن صا الى بَبَاى[q] ضيعة فيها جامع وبرسمها كورة ذات ضياع وعامل وحاكم وبيع ١٠ سقسات،

---

a) B. لها. *b*) L. كبيره. *c*) B. om. *d*) L. h. l. طندتا. *e*) Edrîsi البيدارية: *f*) L. et B. كبيره. *g*) B. add. ضيعة. *h*) L. مليج h. l., deinde ببيج. B. ببيح et بيج. *i*) Sic. Infra ad urbem بلهيت idem recurrit. *k*) B. وبين. *l*) Conjectura supplevi. *m*) L. et B. s. p. *n*) L. et B. قطعتان. *o*) Makrîzi, I, p. ١٧٠ فرنو. *p*) L. et B. سحن. *q*) L. et B. بباى s. دباى, cf. Jacut sub بيا.

ومن بياى الى الصافية[a] ضيعة كبيرة كثيرة قصب السكّر وبها غير معصرة للسكّر وعمله وبها جامع وبيع وحاكم وعامل واسواق حسنة ١٠ سقسات، ومن الصافية الى دَمِيجِمُول[b] ضيعة كبيرة ايضًا كثيرة قصب السكّر والمعاصر وعُمل السكّر بها والقند ولها منبر وسوق وحاكم ٦ سقسات، ومن دميجمول الى سِنْدَيُون ضيعة كبيرة آهلة واسعة الغلّات وبها جامع وبيع ٨ سقسات او تزيد قليلًا، ومن سنديون الى بِلْهِيت[c] ٦ سقسات، وامّا الشعبة الآخذة من ببيج ومحلّة ببيج الى فرنوة فانّ فرنوة منهما على نحر الماء وفى غربيّه وهى مدينة كثيرة[d] البادية وهى الغالبة عليها وبها جامع وسلطان وحاكم وبيع عداد واسواق لا بأس[e] بها وبينهما ١٢ سقسًا، ومن فرنوة الى محلّة مسروق مدينة لها[f] كورة عظيمة وفيها الموز الحسن الكثير والفواكه الواسعة تجلب الى الفسطاط وبها حمّام وجامع وبيع وحاكم وصاحب معونة ١٥ سقسًا، ومن محلّة مسروق الى محلّة[g] ابى خراشة مدينة كثيرة[d] الاسواق وبها جامع وحمّام وحاكم وصاحب معونة فى عسكر صالح ولها كورة ذات غلّات كثيرة[d] ٦ سقسات، ومن محلّة ابى خراشة الى فِيشَة ضيعة فيها منبر ولها بادية لا بأس بها ١٢ سقسًا، ومنها الى سندبيس[h] ضيعة ايضًا عظيمة كثيرة الدهاقين والبيع والخنازير صالحة الارتفاع ١٥ سقسًا، ومن سندبيس الى سُنْبَاذة[i] ضيعة تشاكل سندبيس ١٥ سقسًا، ومنها الى بِلْهِيت[k] نحو ١٠ سقسات ويجتمع ببلهيت الخليجان المتشعّبان من ببيج احدهما الآخذ عن فرنوة والآخر الآخذ على صا قدام بلهيت وهى مدينة كبيرة لها جامع وهى ساحل

---

a) Edrîsî اصطافية, Niebuhr صافى. *b*) L. s. p. B. دمنحمول et دمنجمول; vid. itinerar. Niebuhri ubi دميجمون *Dmidsjimún*. *c*) B. نلهيب. *d*) B. كمرة. *e*) L. et B. ناس. *f*) L. et B. بها. *g*) L. et B. om. h. l. Makrîzi habet بو خراشة. *h*) Forsitan non differt a سمديسى Edrîsii, سمديسة Makrîzii. Jacut habet سمديسة et سندبلس (sic). *i*) L. et B. سنبلدة; vid. Jacut et cf. Makrîzi, I, p. ١٧٠, 4, ubi سنادة pro quo Cod. 371 سنمادة, Cod. 372 سمادة. *k*) L. et B. بلهيب, vitium saepe occurrens.

الاسكندريّة فى الربيع وبها حاكم وصاحب معونة وجامع واسواق ولا حمّام بها ✿ وجميع ما على شطّ [a] النيل من [b] بلهيت الى رشيد ضياع لا منبر فيها ويطول بذكرها الكتاب ولمصر ومدنها غير كتاب مستوفى بصفات [c] ضياعها [c] الآخذة من شطنوف مشرّقة الى دمياط وتنّيس المتّصلة بالبحيرة فقد ذكرتُ بين اشكال مدنها مسافاتها ونستغنى بذلك عن اعادة لفظ منه وتكرير قولهم فيه ولو امكن مثل ذلك فى جميع هذه الخلجان [d] لكان اجمل واحسن ولمّا تعذّر ولم يكن فيه اعادة ذكره بالكلّيّة اقتصرتُ على المشهور المعروف حسب ما توخّيتُه من ذكر سواد كلّ بلد وريف كلّ [e] ناحية ووصفها مفصّلة بعد تصوير مدنها وبقاعها وطرقها موصّلة ومفصّلة لما كان ذلك القصد والبغية وادآء العلم بكلّيّته ✿

فامّا ما يحيط بديار مصر من المسافات فمن ساحل بحر الروم من العريش * الى ان [f] يتّصل بارض النوبة من ورآء الواحات نحو ٢٥ مرحلة ومن حدّ النوبة ممّا يلى الجنوب على آخر حدود النوبة نحو ٨ مراحل ومدينة النوبة العظمى تعرف بدُنْقُلَة الى أُسْوَان نحو ٤٠ مرحلة [g] ومن القلزم على ساحل البحر الى ان تعطف على التيه ٦ مراحل ومن حدّ التيه الى ان تتّصل ببحر الروم نحو ٨ مراحل وتمتدّ مع البحر الى اوّل الحدّ الّذى ذكرتُه نحو ١٢ مرحلة ✿ ومن الرملة الى مدينة الفسطاط ١١ مرحلة * فذلك ان تخرج [h] من الرملة الى أُبْنَى [i] مدينة نصف مرحلة ومنها الى يَزْدُود

---

a) B. om. *b*) L. et B. الى. *c*) B. لصفات. Post ضياعها. P. add.: وجباياتها وخواصها وقد تغيرت منذ دخل المغاربة اليها ورزحت من جميع اسبابها وبقى منها رسوم وبقايا دِمَنٍ خالية تشهد بما سلف فيها من الامور الرفيعة العالية. *d*) L. et B. الخليجان. *e*) L. et B. على. *f*) L. et B. om. *g*) Corrupta haec esse videntur et fortasse sic restituenda: من العريش الى اسوان نحو ٢٥ مرحلة ومن اسوان الى ان يتصل بارض النوبة من وراء الواحات نحو ٨ مراحل ومن حد النوبة مما يلى الجنوب الى اخر حدود النوبة (ومدينة العظمى تعرف بدنقلة) نحو ٤٠ مرحلة فمن ذلك الى. *h*) L. et B. ان يخرج (B. نخرج). *i*) L. et B. لبنى.

مدينة ايضًا تمام مرحلة ومن يزدود الى غَزّة مدينة حسنة كثيرة الخير مرحلة ومنها الى رَفَح مدينة صالحة وجامع حسن مرحلة ومن رفح الى العَرِيش مدينة ذات جامعيين مفترقة المبانى الغالب عليها الرمل وهى قريبة من الساحل ولها فواكه وثمار كثيرة حسنة مرحلة وذكر ابن عبد الحكم[a] انّ الجفّار باجمعه ايّام مصعب بن الوليد والوليد كانت معمورة بالقرى والمياه وانّ قول الله تعالى[b] وَدَمَّرْنَا مَا كَانَ يَصْنَعُ فِرْعَوْنُ وَقَوْمُهُ وَمَا كَانُوا يَعْرِشُونَ *عن هذه المواضع وانّ العمارة كانت متّصلة منه الى اليمن[c] ولذلك سمّيت العريش[d] عريشًا، ومنها الى[e] الوَرّادَة منزل قريب الحال مرحلة ومنها الى البَقّارة قرية مرحلة ومنها الى الفَرَمَا وهى مدينة على نحر بحر[f] الروم كثيرة الحيتان والرطب غير طيّبة المآء يردها التجّار فى البرّ والبحر مرحلة ومن الفرما الى جُرْجِير مرحلة وهى مدينة ومن جرجير الى فَاقُوس مدينة صالحة ايضًا مرحلة ومنها الى بِلْبَيْس مرحلة ومنها الى الفسطاط مرحلة، وطول ارض مصر من اسوان الى بحر الروم ٢٥ مرحلة[g] فهذه جملة مسافاتها ✿

---

a) L. الحكيم. Cf. Makrîzî, I, p. ٢١١. Sequens ان in L. et B. deëst. *b*) Qor. 7, vs. 133. *c*) Supplevi haec ex Makrîzio. Deinde L. وبذلك. *d*) Additur in L. et B. ورفح. *e*) L. et B. om. Deinde L. الوارده. *f*) L. البحر. *g*) P. haec addit: وذلك انّ من اسوان الى اتْفُوا ٤ ابرد ونصف ومن اتفوا الى اسْنَا[1] بريدان ومن اسنا الى أَرْمَنْت بريدان ومن ارمنت الى قُوص بريد ونصف ومن قوص الى بلبين[2] ٤ ابرد ونصف ومن بلبين الى اخميم بريد ونصف ومن اخميم الى قاو بريدان ومن قاو الى اسيوط بريد ومن اسيوط الى منشارة[3] بريدان ومن منشارة الى الاشمونين بريدان ومن الاشمونين الى طَحَا بريدان ومن طحا الى مصر ١٠ ابرد ثم تركب فى السفينة الى اىّ موضع وبلد تريد فان طرقاتهم فى الماء بالمراكب.

---

1) Cod. أَسْنَا. 2) Verosimillime vult urbem بُلْيَنَا s. بلينة. 3) Cf. Edrîsi, p. ٤٩ cum ann. *a*. Lectio Cod. B. مَنْسَارة recipienda videtur.

واما صفة [a] مدنها وبقاعها فانّ مدينتها العظمى تسمّى الفُسْطاط وهى فى شرقىّ [b] النيل وذلك انّ النيل ينزل عليها من الجنوب ويصبّ فى الشمال الى الشرق ما هو........ [c] وهى مدينة حسنة ينقسم النيل عندها [d] قسمين فيعدى من احدهما الى الآخر فعدوة اولى فيها ابنية حسنة ومساكن جليلة تعرف بالجزيرة يعبر اليها بجسر فيه نحو ثلاثين سفينة ويعبر من هذه الجزيرة على جسر آخر الى القسم الثانى كالجسر الأوّل الى ابنية جليلة ومساكن [e] على الشطّ الثالث يعرف بالجيزة [f] والفسطاط مدينة كبيرة نحو ثُلُث بغداد ومقدارها نحو فرسخ على غاية العمارة والخصب والطيبة واللذّة ذات رحاب فى محالّها واسواق عظام [g] ، ومتاجر فخام ، وممالك جسام ،، الى ظاهر انيق ، وهوآء رقيق ،، وبساتين نضره ، ومتنزّهات [h] على ممرّ الايّام خضره ، وبالفسطاط قبائل وخطط للعرب تنسب اليها محالّهم [i] كالكوفة والبصرة الّا انّها اقلّ من ذلك وهى سبخة الارض غير نقيّة التربة * والدار يكون بها طبقات ستّ وسبع وخمس طبقات [k] وربّما سكن [l] فى الدار المائتان من الناس ، وبالفسطاط دار تعرف بدار عبد العزيز * يسكب فيها كلّ يوم لسكّانها [m] اربع مائة راوية ماء وفيها خمس مساجد [n] وحمّامان وافران [o] ومعظم بنيانهم بالطوب * واكثر سفل دورهم غير مسكونة [p] وبها مسجدان للجمعة بنى احدهما عمرو بن العاص [q] فى وسط الاسواق [r] والآخر باعلى

---

a) P. صفات. *b*) In P. prima manus شمال. *c*) Lacuna in L. et B. In B. altera manus supplevit الجزيرة. Cf. Edrisî, p. ١٤٣. *d*) P., Makrîzî, I, p. ٣٤١, et Makkari, I, p. ٦٨٦, لديها. *e*) P. add. طيبة. *f*) L. بالجزيرة. Vocatur quoque برّ الجزيرة, vid. Makkari, I, p. ٦٨٨. *g*) Makr. et Makk. add. فيها ضيق. *h*) Iidem ومنتزهات. *i*) Iidem om. *k*) Iidem وتكون الدار بها خمسا وستا وسبع طبقات; P. سبع طبقات وستا وخمسا. *l*) Makr. et Makk. يسكن. *m*) P. ابن مروان كان يسكنها ويُصَبّ فيها لمَنْ فيها فى كل يوم عهدنا هذا. *n*) Annotatio ad Edrisî, p. 171 deleatur. *o*) P. وغير فرن يخبز فيه. *p*) B. مسكون; Makr. et Makk. واسفل دورهم غير مسكون. *q*) L. العاصى. *r*) Makr. et Makk. الفسطاط.

الموقف بناه * ابو العبّاس [a] احمد بن طولون وكان خارج مصر [b] ابنية بناها احمد بن طولون ميلًا فى مثله [c] ليسكنها جنده وتعرف بالقطائع * كبناء بنى [d] الاغلب خارج القيروان رقّادة وقد خربتا [e] جميعًا فى وقتنا هذا واخلف الله عوض [f] القطائع بالقاهرة [g] وهى مدينة اجدّها [h] ابو الحسن جوهر فتى امير المؤمنين ومصباح دولته صلوات الله عليه لجيوشه وحشمه وقد ضمّت من المحالّ والاسواق والحمّامات والفنادق والقصور المشيدة وعلى جميعها سور [i] منيع رفيع وبها ديوان مصر ومسجد جامع حصين [k] نظيف وبَنَت السيّدة [l] جامعًا رابعًا بالقَرَافَة بديع البناء فسيح الفضاء بهىّ المنظر وبالجيزة والجزيرة ايضًا جامعان آخران دون جامع القرافة فى نبله وحسنه ، ولها نخيل كثيرة وبساتين واجنّة صالحة وزروعهم بماء النيل تمتدّ فتعمّ [m] المزارع من حدّ اسوان الى حدّ الاسكندريّة ويقيم الماء فى ارضهم [n] بالريف والحوف [o] مذ امتداد الحرّ الى الخريف ثمّ ينصب فيزرع ثمّ لا يسقى بعد ذلك ولا يحتاج الى سقى بتّة ✿ وارض مصر لا تمطر ولا تثلج وليس بها موضع يجرى به الماء دائمًا [p] الّا الفيّوم والفيّوم اسم الاقليم [q] وبالفيّوم مدينة وسطة ذات جانبين تعرف بالفيّوم ويقال انّ يوسف النبىّ عم اتّخذ

---

a) P., Makr. et Makk. om. b) Makr. et Makk. الفسطاط. c) Iidem ميل. Deinde L. et B̈. لتسكنها, Makr. et Makk. يسكنها. d) Makr. et Makk. كما بنى بنو. e) L. et B. خربا. Deinde Makr. et Makk. om. جميعا. f) Iidem بدل. g) Iidem بظاهر مدينة الفسطاط القاهرة وقد استحدث المغاربة. h) B. احدثها. i) P. بظاهر مصر مدينة سموها القاهرة استحدثها جوهر صاحب (marg. غلام) اهل المغرب عند دخوله الى مصر لجيشه وحاشيته وقد الخ — الاسواق وحَوَتْ من اسباب القنية والارتفاق بالحمامات والفنادق الى قصور مشيدة ونعم عتيدة وقد احدق بها سور (Cod. ut saepe صور). k) P. om. et add. post نظيف: عزيز القوام والموذنين. l) Anno 362, vid. Makrîzi, II, p. ٣١٨. m) L. et B. فيهم. n) B. اراضيهم. o) B. وبالحوف. p) Deëst in L. et B.; Edrîsî, p. ١٤٣, من غير حاجة. q) L. اقليم.

لهم مجرى وزنه ليدوم لهم دخول الماء فيه وقوّمه بالحجارة المنضّدة وسمّاه اللاهُون[a] ✿

وامّا النيل فانّ ابتداء مآئه لا يعلم وذلك انّه يخرج من مفاوز من وراء ارض الزنج لا تسلك حتّى ينتهى الى حدّ الزنج ثمّ يقطع فى مفاوز وعمارات ارض النوبة فيجرى على عمارات متّصلة الى ان يقطع ارض مصر وهو نهر يكون عند امتداده اكبر من دجلة[b] والفرات اذا جُمِعَا[c] ومآؤه اشدّ عذوبةً وحلاوةً[d] وبياضًا من سائر انهار[e] الاسلام وهو متّصل بالبرّيّة الّتى لا تسلك لجِنّها وقد ذكره بطلميوس فى كتاب جغرافيا فلم يعْزِ اصله الى موضع، وفيه يكون التمساح والسقنقور وسمكة تعرف بالرعّادة لا يستطيع احد[f] ان يقبض عليها وهى حيّة حتّى ترتعش يده وتسقط منها فاذا ماتت فهى كسائر السمك، والتمساح دابّة من دوابّ الماء مستطيل الذنب مستطيل الراس وراسه نحو نصف طول ذنبه وله انياب لا يقبض بها على * شىء من البهائم الّا اهلكه[g] ويخرج من الماء فيمشى فى البرّ[h] ويقيم عن[i] الماء اليوم والليلة ونحو ذلك وليس *له فى البرّ سلطان ولا يضرّ احدًا[k] وجلده لا يعمل فيه شىء من السلاح الّا تحت ابطه[l] وباطن فخذيه، والسقنقور صنف يتولّد[m] منه ومن السمك ولا يشاكل السمك من جهة يديه ورجليه ولا التمساح لانّ ذنبه * املس مستدير[n] وذنب التمساح مسيّف[o] مضرّس ويتعالج[p] بشحم السقنقور[q] للجماع ولا يكون بمكان الّا فى النيل *من حدّ اسوان[r]، وأُسْوان

---

a) L. et B. اللاهوز. b) P. الدجلة vitium saepius occurrens. c) P. اجتمعا. d) L. et B. om. e) P. in marg. add. بلاد. f) L. احدا. g) P. على دابة ما كانت من سَبُع او جملٍ الا مدّه فى الماء وله على كل شىء سلطان الا الجاموس فانه لا قوام له بالكبير منها. h) P. البرّيّة. i) P. خارج. k) P. سلطانه فى البر كسلطانه فى الماء et deinde وله جلدة. l) P. ابطيه. m) Makrîzî, I, p. ٩٩ يتوالد. n) Makr. et partim P. اجرد املس عريض غير مضرّس. o) Makr. سخيف. p) L. ويعالج. q) L. et B. h. l. الصقنقور, P. الشَّقْنْقور. r) P. او نهر مهران من ارض الهند والسند وكذلك التمساح.

هذه ثغر على النوبة الّا انّهم يتهادنون ✿ وبصعيد مصر عن[a] جنوب النيل معدن الزبرجد فى برّيّة منقطعة * عن العمارة[b] وليس فى الارض معدن للزمرّد غيره ٬ * وفى شمال النيل جبل يمتدّ عليه يعرف بالمقطّم[c] وفى نواحيه حجر الخماهن[d] ويمتدّ هذا الجبل الى النوبة[e] وعند هذا الجبل بحذآء الفسطاط قبر محمّد بن ادريس الشافعىّ الفقيه فى جملة المقابر[f] ودفن بها من الانبيآء يوسف ويعقوب والاسباط وموسى وهارون وبها ولد عيسى بن مريم بكورة أَهْنَاس ولم تزل نخلة مريم تعرف باهناس الى آخر ايّام بنى اميّة ✿

ومن مشاهير مدنهم وعجيب آثارها الاسْكَنْدَرِيّة وهى مدينة على بحر البحر ورسومها بيّنة وآثار اهلها ظاهرة تنطقُ عن ملك وقدره ٬ وتعرب عن تمكّن[g] ونصره ٬ وتُفْصِح عن عظة وعبره ،، كثيرة الحجاره ٬ جليلة[h] العماره ،، فلو سالتَ عن اهلها لرايتها مُخْبِرة عنهم بالعظائم فرشها الرخام والمرمر ٬ وجلّ ابنيتها بالعمد المسمّرة ،، وفيها المنارة المشهورة المبنيّة بالحجارة المركّبة

---

a) P. من. b) L. et B. عنه; cf. Edrîsî, p. ٣٢. c) P. ومن حد جزائر بنى حَدّانٍ الى نواحى عيذاب جبل يمتد الى الفسطاط يعرف — فيه. d) P. add. وشىء من البلور ويحاذّه ناحية الزمرد. e) P. add. الى اقاصى بلد السودان. f) P. add. التى فى صحفه (l. سفحه) لاهل مصر. g) P. add. فى البلاد وسموّ. h) B. حايلة. i) P. pro his (cf. Makrîzî, I, p. ١٥٩ seq.) وبها من العمد العظام وانواع الاحجار والرخام الذى لا تقلّ القطعة منه الا بالوف ناس قد عُلّقتْ بين السماء والارض على فوق المائة ذراع مما يكون الحجر منها فوق رؤوس الاساطين ودايرِ الاسْطُوان منها ما بين خمسة عشر ذراعًا الى عشرين ذراعًا والحجر فوقه عشرة اذرع فى عشرة اذرع فى سمك عشرة اذرع بغرائب الالوان وبدائع الاصباغ فلو سالت عن اهلها لرايتها مُخْبِرة عن حالهم بالعظائم ولها طرقات مفروشة بانواع الرخام وبالحجر الملوّن وفى بيعها عمد لصفآء صقالها وحسن لونها يبين كالزمرد الاخضر وكالجزع الملوّن وكثرة ابنيتها بالعمد المُسمّر ومنه شىء على قضبان نحاس قد دبّر بانواع اخلاط لئلّا

المضبّبة بالرصاص ليس لها على وجه الارض نظير يدانيها ويقاربها فى اشكالها ومبانيها وسمكها يشتمل على آية بيّنة ويستدلّ بها على مملكة قاهرة لمَلك عظيم ذى حال جسيم ومُلْك عقيم[a] تزيد على ثلاث مائة ذراع ويزعم قوم انّ بانيها وبانى الهرمين ملك واحد ويروى آخرون غير ذلك ☆ ومن[b] حدّ الفسطاط فى[c] غربىّ النيل ابنية عظيمة[d] يكثر عددها مفترشة فى سائر الصعيد تدعى الاهرام وليست كالهرمين اللّذين تجاه الفسطاط على فرسخين منها ارتفاع كلّ واحد منهما اربع مائة ذراع وعرضه كارتفاعه مبنىّ بالحجارة الكَذّان[e] الّتى سمك الحجر وطوله وعرضه من العشرة الاذرع الى الثمان * زائد وناقص على ما توجبه الهندسة وموقع الحجر من جوار لصيقه وكلّما ارتفع بناؤه[f] عن وجه الارض ضاق حتّى يصير اعلاه نحو[g] مَبْرك جمل وقد مُلئت حيطانهما[h] بالكتابة اليونانيّة[i] وقد تقدّم ذكر بعض ما فيهما[k] من

يغيّره الزمان وتحت الأُسطوانة منه ثلاث سرطانات نحاس او اربع والاسطوانة فى الهواء عليها ضروب الصُوَر المعروفة والمجهولة.

a) L. عظيم, P. وسلطان عقيم. Deinde P. addit: وهى المنارة المشهورة فى جمهورُ الارض اخبارها التى جميع العامة والخاصة من اهل الدراية مُجْمَعون على ان مؤسسها اخترعها لرصد الفلك وادرك ما ادركه بها وذلك لانكشاف فضائها وسعة سمائها وقلة ابخرة صحرائها لان لكل ارض سرابًا على مقدارها وليس لها سراب وسُمْكها كان يزيد على ثلثمائة ذراع فوقعت منه قبّة عظيمة كانت راس المنارة لطول العهد لا كما يزعم المحاكيون (sic) فى حماقات مؤلّفة ورقاعات مصنّفة انها بُنِيَتْ لمراة كانت فيها ترى سائر ما يدخل الى بحر الروم من ناحية الروم مستعدّ للقتال ويزعم الخ. b) P. et Makrîzi, I, p. ١١٤ وفى. c) P. عن. d) P. et Makr. عظام. e) Iidem et B. الكَذّان. f) L. et B. بناؤها. g) P. et Makr. حسب ما دعت الحاجة الى وضعه فى زيادته ونقصانه (ونقصه .M) واوجبته الهندسة عندهم (.P. om) لانهما كلما ارتفعا فى البناء ضاقا حتى يصير اعلاهما من كل واحد منهما (.P. om) مثل. h) L. et B. حيطانها. i) In B. superscribitur, in L. sequitur السريانية, quod quoque in P. k) L. et B. فيها.

الكتابة وقد ترجم لبنى العبّاس وفى داخل كلّ واحد منهما[a] طريق يسير[b] فيه الناس رجّالة[c] الى اعلاه وفى هذين الهرمين طريق مخترق فى باطن الارض واضح[d] من احدهما[e] الى الآخر *واكثر ما سمع فيها انّها قبور ملوكهم وكانت قبل اتّخاذ ملوكهم ايّاها قبورًا مخازن واهرآء للغلّات[f] ✿

ومن جليل مدنها[g] تِنّيس ودِمْيَاط وهما مدينتان لا زرع فيهما ولا ضرع لانّهما جزيرتان *فى وجه النيل غربهما وجنوبهما وشرقيّهما وشماليّهما البحر[h] وبهما يتّخذ رفيع[i] الدبيقىّ والشرب والمصبّغات[k] من الحلل السنيّة[l] الّتى ليس فى جميع الارض ما يدانيها *فى الحسن والقيمة[m] وربّما بلغ الثوب من ثيابهم مائتى دينار اذا كان فيه ذهب وما[n] لا ذهب فيه يبلغ المائة

---

a) L. et B. منها. b) L. تسير. c) L. et B. om. d) Librarius in marg. L. لعله واصل. In tribus Codd. Edrisii (v. p. ١٣٩) additur يفضى. e) L. احداهما. f) P. et Makr.: وقد ذكر قوم انهما قبران وليسا كذلك وانما *وجد صاحبهما الذى عملهما انه يقضى بالطوفان هلاك[1] جميع ما على وجه الارض الا ما خُصّن فى مثلهما فخزن ذخائره وامواله فيهما واتى الطوفان ثم نضب. *وصار ما فيهما الى مصر بن نوح[2] وقد خزن فيهما بعض[3] الملوك المتاخرين[4] اهراءه. g) P. add. وخواصها ما خُصّت به. h) P. بين الماء العذب والمالح. i) P. add. الكتان. k) L. فى المصبغات. l) P. النغيسيّة, Edrisî, p. ١٥٩ التنيسية. m) L. et B. فى القيمة. Deinde P. add.: والنعمة والترف والرقة وربما بلغتْ الحلة من ثيابها الخ. n) L. et B. ومما.

---

[1]) Makr. عملهما (Codd. Lugd. فى) صاحبهما على (Cod. 371 رجد , 372 اخذ) حمل (Cod. 372 بان الطوفان يهلك) انه قضى بالطوفان انه يهلك. P. habet وهلاك. [2]) Makr. فصار ما كان فيهما الى بيصر بن مصرائم بن نوح. [3]) P. om. [4]) P. المتاخمين. Deinde in ed. Makr. sequitur وجعلهما هراءه ; Codd. Lugd. tantum habent اهراه, P. اهراء.

الجوبانان a وبحر جنكان b فهذه بحيرات قائمات بانفسها ينتفع بها مجاورها ۞ وامّا بيوت نيرانها فانّها لا تخلو ناحية ولا مدينة بفارس الّا القليل من بيوت النيران والمجوس اكثر الملل بها ولهم من هذه البيوت بيوت يفضّلونها فى التعظيم ساذكرها ۞ وامّا حصونها ففى عامّة فارس وبعضها امنع من بعض واكثرها بناحية سيف بنى الصّفّار ۞ وسافصّل كلّما ذكرته مجملًا وابتدئ بذكر ما بكلّ كورة وناحية من النواحى الّتى تشتمل على القرى وتنصرف فى الدواوين باعمال مفردة ورساتيق مستقلّة بضياعها ومنها ما فيه منابر ومنها ما يخلو منها وربّ كورة هى اكبر واعرض ومدنها ونواحيها فى التسمية اقلّ ممّا هو اصغر منها واتتبّع ذلك ۞

فامّا كورة اصطخر فناحية يزد c وهى اكبر ناحية فيها وبها من المدن

I. et nostrum semper scribitur تـوّج. Sed nomen habet a loco, de quo sermo est I., p. ١١١, 7, ١٢٢, 13 et ١٣٦, 4, et quem secundum lectionem obviam in Codicibus Ibn Haukalis, confirmatam, ut mihi videbatur, a Jacut, nuncupavi مورق. Exstant autem hujus nominis lectiones sequentes: Cod. Istakhríi B. موز et مور, C. موز ,مور ,بوذ ,اللور ,صور ,دمور ,توز ,التوز et in mappa التور et جور. E. اللور, بوذ, مور, موز, Ous. p. 84 الثو l. الثور, p. 90 صور, p. 99 مور, p. 112 جور l. مور, in mappa O. مور; F. (Cod. Bodl. Ous. 373) bis ثور, in mappa حور et الثور, صور et مور; Cod. Ibn Hauk. L. et B. مورق ,بون ,البور (sed ultima lit. ex و seq. orta esse *potest*), L. برز, B. يوز; Mokaddasí (MS. Berol. p. 215) موركان (sed كان orta esse *potest* e nomine كازرون quod sequitur apud Ist., in Codd. Mokaddasii desideratur); Edrisí, I, p. 412 كور et موراق, p. 414 ann. 3 در, p. 392 مور; Jacut, III, p. ٨٣٨, 13 التوز et fort. IV, p. ٦٧٦, 8 مُورَق. Suspicor autem nomen lacus proprie fuisse درياجه شور, loci موز (= موژ?), quae nimirum inter sese confusa sunt. Vocatur quoque hic lacus بحيرة كازرون.

a) L. et B. الخوبادان. Idem lacus infra appellatur (I., p. ١٢٢) بحيرة الباسفهوية. b) Vid. ad I., p. ١٠٠ d. Apud Jacut, II, p. ١٧٦, 3 occurrit forma mendosa جيكان. Ab Ibn Batuta, II, p. 61 جمكان appellatur. c) L. et B. برد.

فملح مآؤها وفيها مدن مثل الجزائر تطيف البحيرة بها ولا طريق اليها الّا فى السفن والبلاد المعروفة بها تنّيس ودمياط ودبقُ[a] وشطا وتونة وهذه البحيرة قليلة العمق[b] يُسار فى اكثرها بالمدارى وتلتقى[c] السفينتان تحكّ احداهما الاخرى هذه مصعدة[d] وهذه نازلة بريح واحدة مُمْلأة شُرُعها بالريح ومتساوية فى سرعة السير، وفى هذه البحيرة سمكة تعرف بالدلفين[e] فى خلقة الزقّ المنفوخ واكثر ما يكون فى بحر الروم وذكر قوم من اهل المعرفة بالبحر انّ فى هذه السمكة خاصّيّة مشهورة وذلك انّها لا تزال تدفع الغريق عن غرقه وهو يجود بنفسه وهى تشيله تارة وتدفعه تارة الى ان تخرجه الى الساحل او الماء القصير، وذُكر انّ بالاسكندريّة سمكة تعرف بالعَرُوس حسنة المنظر لذيذة الطعم[f] اذا اكلها المرء يرى فى منامه كانّه يُؤتى ان لم يتناول عليها الشراب او يكثر من اكل العسل ☆ ومن حدّ هذه[g] البحيرة الى حدّ فلسطين والشام ارض رمال كلّها متّصلة حسنة اللون تسمّى الجِفار بها نخيل ومنازل ومياه مفترشة غير متّصلة وهذا الرمل المعروف يتّصل من جهة المغرب برمل سجلماسة واودغشت وذلك انّك تاخذ من الجفار مغرّبا الى جبل المقطّم وتمتدّ على قبلة مصر مادًّا على ساحل النيل الى نواحى اسوان وتعبر النيل فى غير موضع فيكون على جانبيه فاوّل ما تعدى النيل من الشرق الى الغرب فمن نواحى إهْرِيت[h] وشَرُونَة وبَبَاص وصُول والبَرْنبيل[i] وانْفيح وأَسْكَر والحى[k] الى نواحى بُوصِير[l] قُوريدُس واهْنَاس ودلّاص وسُمُسْطا[m] والقَيْس وطَحَا[n] والأشْمُونَيْن فتاخذ على ارض الفيّوم وبحيرة أقْنَى وتنْهمت فتمضى على الشنوف وتستبطن طريق الباطن آخذًا على قبالة عقبة برقة مارًّا على الطريق الاعلى وخلف الطريق الجادّة ويقع شىء منه الى ساحل بحر برقة وينقطع ولا ينقطع ما على الطريق مغرّبا الى صحارى جبل

---

a) P. وذيقوا. Deinde addit ودميرة. b) L. الغمق. c) L. وبلتقى. d) P., Edrîsî l. l. et Makrîzî, I, p. ١٨١, صاعدة. Cf. imprimis Jacut, I, p. ٨٨٣. e) B. بالدلقين. f) L. المطعم. g) L. هذا. h) L. اهريب. i) L. البرنبل. k) Sic. l) L. ابو صير. m) L. وشمسطا. n) L. et B. h. l. وطخا.

نفوسة[a] ونفزاوة ويقع[b] الى لمطة ورمال سجلماسة ويتّصل باودغشت المتّصلة[c] بالبحر المحيط ويتّصل رمل الجفار من ناحية القبلة معملاً فى نفس البرّ الى أيْلة ويتّصل برمل القلزم ويتّصل من ايلة على الساحل والجادّة ومعظمُهُ على طريق المدينة ممّا جاوز ارض لَخْم وجُذام وجُهَينة وبَلِيّ ممّا دنا من ارض تبوك ويعبر على وادى القرى مادًّا بديار ثمود مشرّقا الى جبلى طيّء ويتّصل برمل الهَبِير ورمل الهبير متّصل برمل البحرين والبصرة وعمان الى ارض الشحر ومهرة ويعبر البحر فيكون تجاه الشحر ومهرة من بلاد الزنج رمل كهيئة رمل الشحر ويحاذى راس الجمجمة من ارض كرمان حصن ابن[d] عمارة وهرموز فيمرّ شمالا الى اقاصى خراسان على اعمال هراة والطبَسَيْن[e] ورمال مرو وسرخس ويمضى منه شيء يشرف على اعمال السند الى الدَّيْبُل وسُوبَارَة وسَنْدان وصَيْمُور[f] ماضيًا فى براريّ الهند الى التبّت وبلاد الصين الى البحر المحيط فجميع الرمل الّذى على وجه الارض متناسب لا اعرف بينه فصلًا[g] الّا القليل وكذلك جبال الارض كلّها متناسبة الّا القليل اليسير. ويتّصل حدّ الجفار ببحر الروم وحدّ بالتيه وحدّ بفلسطين[h] من الشام وحدّ ببحيرة تنّيس وما اتّصل به من ريف مصر الى حدود القلزم وبه حيّات شبريّة[i] تثب من الرمل الى المحامل فتلسع اهلها ويزعم اهل مصر فى اخبارهم انّ الجفار ايّام فرعون كانت معمورة بالقرى والمياه وانّ الّذى قال الله تعالى وَدَمَّرْنَا الآية[k] هو الجفار ولذلك سمّى العريش عريشا ✿ وامّا تيه بنى اسرائيل فيقال انّ طوله اربعون فرسخا وعرضه قريب من طوله وهو ارض فيها رمال وبعضه جلد وبه نخيل وعيون مفروشة قليلة يتّصل حدّ له الى الجفار وحدّ الى جبل طور سينا وما اتّصل به وحدّ باقاصى بيت المقدّس وما اتّصل به من فلسطين وحدّ له ينتهى الى مفازة فى ظهر ريف مصر الى حدّ القلزم ✿

---

a) L. et B. نفوشه. *b*) L. وتقع. *c*) L. et B. المتصل. *d*) L. et B. ابى. *e*) L. et B. والطيسين. *f*) L. et B. وسندار وصمور. *g*) L. et B. فصل. *h*) L. et B. فلسطين et paullo post بحيرة. *i*) L. et B. شربه. *k*) Vid. supra p. ٩٥, 6.

ومدينة الأُشْمُونَيْن مدينة صغيرة عامرة ذات نخيل وزروع ويرتفع منها ثياب كثيرة، وبجنبها من شمال النيل مدينة يقال لها بُوصِير وبها قُتل مروان بن محمّد ويقال انّ سحرة فرعون الّذين حشرهم[a] من بوصير ۞ وأُسْوَان مدينة كبيرة عليها نخيل وزروع وهى اكبر مدن الصعيد ۞ والبُلْيَنَا واخْمِيم مدينتان متقاربتان فى العمارة صغيرتان حصينتان وذو[b] النُّون المصرىّ الناسك من اخميم ۞ وبالفَيُّوم مدن كبار جليلة وكور عظام بها[c] من الامتعة والاعمال ما يغنى عن تحديده شهرته كالبَهْنَسَة المعمول بها الستور والبسط والمضارب[d] والفساطيط الكبار والطرف السلطانيّة وغير ذلك ولم يزل استعمال التجّار والسلاطين بها الستور الثمينة ما طول الستر ثلاثون ذراعًا وازيد وناقص قيمة الزوج ثلاثمائة دينار واقلّ واكثر، وطَحَا مدينة فيها غير طراز ومنها الفقيه الجليل ابو جعفر العراقىّ الطحاوىّ صاحب كتاب اختلاف فقهآء الامصار، والفَيُّوم نفسها مدينة ذات جانبين على وادى اللاهون طيّبة فى نفسها كثيرة الفواكه والخيرات غير صحيحة الهوآء ولا موافقة للطارى عليها والنازل بها واكثر غلّاتها الارزّ وان كانت لا تعدم من اصناف الغلّات شيـًّا ومن ظاهرها آثار عظيمة والناحية مسمّاة باسمها، والفيّوم ناحية كانت فى قديم الأيّام وسالف الازمان عليها سور يشتمل على جميع اعمالها ويحيط بجميع مدنها وبقاعها ورايتُ اكثره من جانب البرّيّة بيّنة ابراجه وقد غلب على اكثره الرمل فطمّه وسقطت الحاجة اليه بالاسلام وغيره فخرب عند سقوط رسوم الجاهليّة ۞ والفَرَمَا على شطّ بحيرة تنّيس وهى مدينة حصينة وبها قبر جالينوس اليونانىّ، ومن الفرما الى تنيس فى البحيرة دون الثلاثة[e] فراسخ وهى مدينة كثيرة الرطب صالحة الفاكهة، وفى تنّيس تلّان عظيمان مبنيّان بالاموات مسندين بعضهم الى بعض ويسمّى هذان البناءآن بُوتُون[f] ويشبه ان يكون ذلك من قبل موسى صلّعم وبعثه لانّ اهل مصر فى ايّام موسى كان

---

a) Fortasse excidit فى يوم موسى vel talequid; cf. I., p. ٥٣ et Edrîsî, p. ۴٥.

b) L. وذا. c) B. وبها. d) L. et B. والمصار; vid. Edrisi, p. ٥. et Makrizî, I, p. ٢٣٧. e) L. et B. الثلاث. f) B. بيوتون.

دينهم الدفن ثمّ صارت للنصارى [a] ودينهم ايضًا الدفن ثمّ صارت للاسلام وعليهم اكفان من خشن الخيش وجماجمهم وعظامهم فيها صلابة الى يومنا هذا ✿ وبالفسطاط عين شمس ومَنْف قريتان قد خربتا وكانتا متنزّها لفرعون قريتين عظيمتين عين شمس عن شمال الفسطاط ومنف عن جنوبه وعلى راس جبل المقطّم فى قلّته مكان يعرف بتنّور فرعون ، وفى نيل مصر مواضع لا يضرّ فيها التمساح كعدوة بوصير والفسطاط ، وفى عين شمس زرع ينبت كالقضبان يسمّى البلسم يتّخذ منه دهن البلسان لا يعرف بمكان من الارض الّا هناك ✿ وشُبْرَة ضيعة جليلة يعمل فيها شراب العسل من مآء العسل مشهور امره ✿ وشاقُوس وجُرْجِير مدينتان من ارض الحَوْف والحوف ما كان من النيل اسفل [b] الفسطاط وما كان جنوبيّه [c] يعرف بالريف ومعظم رساتيق مصر وقراها [d] بالحوف والريف ✿ وهم [e] قبط نصارى لهم البيع الكثيرة وهم اهل يسار وفيهم قلّة شرّ وكثرة خيريّة ومن اولاد القبط غيلان ابو مروان رئيس الغيلانيّة فرقة [f] من الشيعة وآسية بنت مزاحم ومارية امّ ابراهيم بن نبيّنا عم [g] وهاجر امّ اسماعيل بن ابراهيم عم وربّما ولدت المرأة القبطيّة * الولد والاثنين [h] والثلاثة والاربعة فى بطن واحد [i] ولم اسمع بمثل ذلك فى موضع من المواضع وذكروا انّ العلّة فى ذلك [k] انّ مآءهم مآء انيث [l] يريدون مآء النيل وممّا يقارب هذه الحكاية *وليس بالمنتشر [m] فى البشر ولا فى جميع الاقطار ايضًا انّ غنم تركستان تلد الشاة فى السنة ستّة وسبعة [n] كما تلد الكلبة واهل تركستان وبلاد خوارزم يذبحون ما زاد

---

a) L. النصارى. b) L. واسفل. c) P. in marg. من اعلى النيل. d) L. et B. om.; cf. quoque Edrisî, p. ١٩٣. e) P. واهلها. f) P.; L. et B. om. g) B. add. وعلى نبيّنا افضل الصلاة والسلام. h) P. الولدين. i) P. add. بحمل واحد et sic Edrisî l. l. k) P. وليس ذلك بمكان ولا فى شىء من البلدان ولا ذلك بالخصوص وربما جرى ذلك فى السنة دفعات وذلك. l) L. et B. انيث. m) L. et B. tantum وليست. n) P. add. روس من الحُمْلان والمعز.

على الاثنين وينتفعون بجلودها وذلك انّ جلودها حمر قانئة الصبغ يباع الجلد منها مع ربع دينار الى دانقيْن واقلّ واكثر على حسب صبغته ويكون فيها ايضًا جلود سود تبلغ لنقآئها وحسنها الديناريْن والثلاثة واكثر من ذلك وما لم يكن من جلد احمر او اسود بيع عشرة بدرهم او نحوه وسالتُ عن علّة ذلك فقيل انّ اغنامهم لا تعدم المرعى ليلًا ولا نهارًا وان هوآءهم يغذو حيوانهم ويزيد فى صحّتهم ونقآء بشرتهم ما لا يحتاجون معه الى دليل غير المشاهدة فانّها تقرّر عين صدقهم والله اعلم ۞

فامّا معدن الذهب فمن اسوان اليه ١٥ يومًا والمعدن ليس فى ارض مصر ولكنّه فى ارض البجة وينتهى الى عَيْذَاب ويقال انّ عيذاب ليست[a] من ارض البجة وانّما هى من مدن الحبشة[b] والمعدن ارض مبسوطة لا جبل فيها وهى رمال ورضراض ومجمع تجّارهم بالعَلَّاقى ؛ وليس بالبجة قرى ولا خصب وانّما هم بادية وقنيتهم البخت وليس فى البخت اسير منها ورقيقهم ونجبهم وسائر ما بارضهم يقع الى مصر ۞ وبمصر بغال وحمير لا تعرف ببلاد الدنيا أَسْيَر ولا احسن ولا اثمن منها لكنّها مختطفة[c] الخلق غير عَبْلة الابدان ولا يحمل اكثرها لحمًا وهى الغاية فى سرعة المشى وحسن السير ولهم من ورآء اسوان حمير صغار فى مقدار الكباش ملمّعة[d] تشبه البغال الملمّعة اذا خرجت[e] من مواضعها لم تَعِش بتّة[f] ولهم حمير[g] تعرف بالسقلاقية[h] بارض الصعيد زعموا انّ احد ابويها وحشىّ والآخر اهلىّ فهى اسير تلك الحمير ۞ فامّا ارتفاع مصر فى وقتنا هذا وما صارت اليه جباياتها ودخلها فقد ذكرتُ ذلك فى غير وقت ووقتنا هذا كارزح الاوقات جباية فانّه على غاية الصون من دخول المطامع عليه وحذف ما كان يرتفق به الجباة والمقاطعون وما لا شكّ فيه انّها[i] جُبيت لسنة ٣٥٩[k] على يد ابى الحسن

---

a) Codd. ليس. b) B. الحمطه. c) P. مختتطفة. d) L. et B. معلمه et mox المعلمه. P. add.: الجلود يشبه تلميعها تلميع جلود البقر وقد يكون منها الاصفر المدنّر والاشهب المقمّر فيكون فى غاية الحسن. e) P. اخرجت. f) L. دمه. g) B. حمر. h) Vid. I., p. ٥٥. i) Codd. وانها. k) P. ٣٠٠.

جوهر عبد امير المؤمنين المعزّ لدين الله ثلاثة آلاف الف دينار ومائتى [a] الف دينار وذلك انّهم كانوا فيما سلف من الزمان يؤدّون عن الفدّان ثلاثة دنانير ونصفًا وزائدًا [b] عن ذلك القليل الى نقص يسير فقبض منهم فى هذه السنة المذكورة عن الفدّان سبعة دنانير ولذلك ما انعقد هذا المال بهذا الوفور ✿

احوال الشام

وامّا الشام فانّ غربيّها بحر الروم وشرقيّها البادية من ايلة الى الفرات ثمّ من الفرات الى حدّ الروم وشماليّها بلاد الروم ايضًا [c] وجنوبيّها حدّ مصر وتيه بنى اسرآئيل [d] وآخر حدودها ممّا يلى مصر رَفَح وممّا يلى الروم الثغور المعروفة كانت قديمًا بالجزريّة [e] وهى مَلَطْيَة والحَدَث ومَرْعَش والهارونيّة *والكَنيسة وعين زَرْبَة [f] والمِصّيصَة وأَذَنَة وطَرَسُوس والّذى يلى الشرقىّ والغربىّ مدن قد ذكرناها فى تصوير الشام وفى اعادتها تطويل [g] ✿

قد جمعتُ الثغور الى الشام وبعض الثغور يعرف بثغور الشام وبعضها يعرف بثغور الجزيرة *وكلّها من الشام وذلك انّ كلّ ما كان ورآء الفرات فمن الشام وانّما سمّى من ملطية الى مرعش ثغور الجزيرة [h] لانّ اهل الجزيرة بها كانوا يرابطون ويغزون منها لا [i] لانّها من الجزيرة، وكور الشام انّما هى جند فِلَسْطين وجند الأُرْدُنّ وجند دِمَشْق وجند حِمْص وجند قِنّسْرين والعواصم والثغور، وبين ثغور الشام وثغور الجزيرة جبل اللُّكام وهو الفاصل بين الثغرين وجبل اللكام جبل داخل فى بلد الروم [k] ويقال انّه ينتهى الى

---

a) P. et Makrîzi, I, p. ٩٩, vs. 3 a f. واربعمائة. *b*) B. ونصف او زايدا. *c*) P. om. *d*) P. h. l. add.: هذا فى زمانه واما فى زماننا هذا فان شماليها الى طرف طرابزون (Cod. طرائزون) والخزر بيد المسلمين قد افتتح الكثير منها فى تاريخ ٥٨٠. *e*) L. et B. بالخزريه. *f*) L. et B. الكبيشيه وعين رزبه. *g*) Sequitur وهذه صورة الشام. *h*) B. haec om. *i*) Conjectura addidi. Cf. I., p. ٥٥ *n*. *k*) P. add.: ومتصل بجميع بلاد الروم et in marg. وهو جبل سمعان.

حدّ مائتى فرسخ ويظهر فى الاسلام[a] بين مرعش والهارونيّة وعين زربة فيسمّى اللكام الى ان يجاوز اللاذقيّة ثمّ يسمّى جبل[b] بَهْرآء وتَنُوخ الى[c] حمص ثمّ يسمّى جبل لُبْنان ثمّ يمتدّ على الشام حتّى ينتهى الى بحر القلزم من جهة ويتّصل بالمقطّم من اخرى وهو جبل على ظهر الارض اوّله بالمشرق من بلد الصين خارجًا من البحر المحيط على وخّان[d] فيقطع بلاد التبّت لا فى وسطها بل على مغاربها[e] ومشارق بلاد الخَزْلَخِيّة[f] الى ان ياتى من حدود الاسلام فرغانة فتمرّ منه[g] قطعة الى الجنوب من فرغانة * وقطعة الى الشمال ويمرّ صدر هذا الجبل على فرغانة[h] الى جبال البُتّم[i] على جنوب أُشْرُوسَنَة فيكون جبال البتّم منه وشرب سمرقند ومياهها[k] منه * ثمّ ياخذ الى سمرقند من جنوبيّها ايضًا فيمرّ على نَسَف على شمال[l] السغد الى كشّ ونَسَف ونواحى زمّ فيقطعه نهر جَيْحُون ويمضى فى وسطه بين شعبتين منه[m] فيمرّ مغرّبًا[n] الى الجُوزَجان ويمتدّ على الجوزجان وياخذ على الطالقان[o] الى [p] مرو الروذ الى طوس[q] آخذًا الى[r] نيسابور فيكون نيسابور على سفحه وهو فى شرقها ويمتدّ سائرًا الى الرىّ فيكون عن يمين القاصد من خراسان للعراق[s] وتتشعّب منه جبال جرجان وطبرستان والجيل[t] والديلم ويتّصل

---

a) P. الثغور. Deinde L. et B. من. *b*) L. بجبل. *c*) P. add. ان يجاوز. *d*) B. وحان. Duo Codd. Edrîsii (A. C.) habent وخان, duo optimi (B. D.) وجان. Sed cf. I., p. ٢٥٣, ٢٧٩, ٢٨٠. *e*) Edrîsi جنوبها. *f*) Ex Edr.; L. et B. افرناجه. Makrîzi, I, p. ١٢٣ ويمر على بلاد الططر. *g*) P. بها. *h*) Edr. haec om. *i*) Codd. saepius اليتم s. التيم. *k*) Edr. add. تنبعث; Makr. habet الممتد بها نهر السغد. *l*) Edrîsî: وتنفذ قطعة منه الى نسف على جنوب. Revera lectiones نسف et شمال inter se pugnant. *m*) P. et Makr. add. وكانه قطع ويستمر (P. ويستمد) الجبل الى et habent deinde ثمّ (ليمرّ الماء .P) فى وسطه. *n*) Edr. شمالا. *o*) L. الطالقون. *p*) P. et Makr. add. اعمال. *q*) P. et Makr. add.: فيكون جميع مدن طوس فيه. *r*) Edr. على. *s*) Edr. الى العراق. *t*) L. et B. والجبل. P. الى الرى omisso والديلم.

بجبال اذربيجان[a] وهو ذاهب من نيسابور على ما وصفتُ الى الرىّ فيكون الرىُّ فى سفحه وهو فى شرقها وتتّصل به اعمال الجبال من اصبهان وجبال شيراز ونواحيها الى ان يصل الى * بحر فارس[b] ولا يزال يساير الطالبَ من الرىّ[c] العراقَ عن يمينه الى حلوان على همذان وقرميسين[d] وحلوان اوّل حدود العراق فينعطف هذا الجبل عن فرسخ من حلوان عن طريق العراق عادلًا عن سمت المغرب الى الشمال فيمضى على شهرزور وسهرورد[e] الى ان ياتى الى دجلة بنواحى تكريت فيكون منه جبل بارمّا الّذى عن شرقىّ دجلة وجبل الشقوق الّذى عن غربيّها ويصعد بصعودها فيكون منه جبلا زينى وزامر اللّذان فى شرقىّ حديثة الموصل ويمرُّ على حاله[f] يساير دجلة الى الجبل المعروف[g] بجبل الثمانين الى جبل الجُودىّ مارًّا الى آمد وتتشعّب منه جبال ارمينية الخارجة المتّصلة بجبال ارمينية الداخلة الّتى اتّصلت بجبال طبرستان واذربيجان من الرىّ وهى جبال مادّة على جبل القبق من باب الابواب فى شمالىّ[h] بحيرة الخزر الى بلاد ياجوج وماجوج ولا يزال ماضيًا[i] من اعمال آمد ومَيّافارِقين[k] ونواحى دجلة الى الفرات فيكون سميساط[l] فيه ويتّصل بحدود مرعش الّتى ابتدأتُ ذكره منها الى ان وصلته بجبل لبنان الى بيت المقدّس ثمّ يمرُّ عن يسار الذاهب من الرملة الى الفسطاط الى المقطّم ولا يزال الى آخر الصعيد الاعلى ويتّصل بجبال النوبة وتعمد منه شعبة آخذةً[m] على النيل فيقطعها النيل وياخذ من جانب النيل الغربىّ مغرّبًا عن[n] بحيرة أُقْنى وتَنْهَمت فيمضى بين الباطن وظاهر الشنوف الى جبل برقة وتكون[o] عقبة برقة الّتى فى مغرب رَمّادَة[p] منه ولا يزال ماضيًا فى

---

a) P. add. والقبق واللان وبلد الروم. b) Makr. البحر الهندى. c) L. et B. رى. d) L. et B. وقرمسيبر. e) L. وشهرورد. f) P. جباله. g) L. et B. add. من نيسابور. h) B. شمال. i) P. هذا الجبل يستمرّ; Makrîzi, I, p. ١٢٤ مستمرًّا. k) Addidi ex P., Edr. et Makr. l) Edrisi شمشاط (trad. II, p. 336). m) B. اخره. n) B. على. o) B. ويكون. p) L. et B. رحاده. Vulgo الرمادة.

وسط * البرّ يراه من يحجّ[a] فيه ولا يزال كذلك الى قبلة برقة ويمتدّ على صدور أَجْدَابِيَة وسُرْت[b] الى جبل نفوسة فيصير عند بلوغه الى تَفْزاوة جبالَ رمالٍ سامقة لا تصعد الّا بشدّة ويضرب عرق منه من جبل برقة فى بطن البرّ الى فزّان وعلى زويلة راجعًا[c] الى القبلة ثمّ لا يزال هذا الجبل يظهر فى موضع مستحجرًا وتارة رملًا ودهسًا الى سجلماسة ويعرض فى تلك البرارىّ على ما ذكر سالكوها الى اودغشت والبحر المحيط واظنّه كما ذكروه وان كنتُ لم اشاهد جميعه بل لتواطئ الناس على الاخبار به من هذه الناحية وجميع ما ذكرتُه عنه بغير هذه المواضع فبالمشاهدة منّى له والمعاينة لاشكاله ويقينه[d] على ما ذكرته ووصفته ان شآء الله ۞

وامّا جند فلسطين وهو اوّل اجناد الشام ممّا يلى المغرب فانّه تكون مسافته للراكب طول يومين من رَفَح الى حدّ اللَّجُّون وعرضه من يافا الى ريحا مسيرة يومين، وزُغَر وديار قوم لوط والجبال والشَّرَاة[e] فمضمومة اليها وهى منها فى العمل الى ايلة، وديار قوم لوط والبحيرة المنتنة وزغر الى بَيْسان وطَبَرِيّة تسمّى[f] الغَوْر لانّهما[g] بين جبلين وسائر مياه بلاد الشام يقع اليها وبعضها من الاردنّ وبعضها من فلسطين فى العمل، وامّا نفس فلسطين فهو ما ذكرتُه وفلسطين مآؤُها من الامطار والطلّ واشجارها اعذآءٌ وزروعها كذلك[h] لا تسقى الّا[i] نابلس فانّ فيها مياهًا[k] جارية وفلسطين ازكى بلاد الشام ومدينتها العظيمة الرَّمْلَة وبيت المقدّس تليها فى الكبر وهى مدينة مرتفعة على جبل[l] يصعد اليها من كلّ مكان[m] وبها مسجد ليس بالاسلام مسجد اكبر منه * والبنآء فى قبليّه[n] فى زاوية من غربىّ المسجد يمتدّ[o] على نصف

---

a) L. البربراه من نحج. b) L. وشرقيه. c) L. et B. راجعة. d) L. ونقينه, B. وبقيته. e) L. et B. والسراه. f) L. et B. يسمى. g) Edrisî add. لا سقى بها الا بنابلس. h) P. add. نحوس (l. بخوس) et habet deinde بقعة. i) L. الى. k) Codd. مياه. Post جارية P. add.: اعين سبع عشرة منبعًا. l) P. جبال ut I. m) P. add. يقصدها القاصد من فلسطين. n) P. وله بناء فى قبليّه مُسَقّف; L. et B. قبلته. o) P. ويمتد هذا التسقيف.

عرض المسجد والباقى من المسجد خالٍ لا بنآء فيه الّا موضع الصخرة فانّ هناك * حجرًا مرتفعًا[a] كالدكّة * عظيم كبير غير مستوٍ[b] وعلى الصخرة قبّة * عالية جدًّا وارتفاع الصخرة من الارض[c] الى صدر القائم وطولها وعرضها متقارب * يكون بضع عشرة ذراعًا فى مثله[d] وينزل الى باطنها[e] بمراقٍ من باب يُشْبِه السرداب الى بيت يكون طوله نحو خمسة اذرع فى عشرة لا بالمربّع ولا بالمستدير[f] وسمكه فوق القامة، وليس بالبيت[g] المقدّس مآءٌ جارٍ سوى عيون لا * تنفع الزرع[h] وهى من اخصب بلاد فلسطين؛ وفى المسجد موضع يعرف بمحراب داوُد النبىّ عم[k] بنية مرتفعة ارتفاعها يشبه ان يكون نحو خمسين ذراعًا من[l] حجارة وعرضها نحو ثلاثين ذراعًا على التخمين[m] والحزر واعلاه[n] بنآءٌ كالحُجْرة وهو[o] المحراب الّذى ذكره الله تعالى[p] واذا وصلتَ الى البيت[q] المقدّس من الرملة فهو اوّل ما يلقاك وتراه من بنآء بيت المقدّس، وبمساجدها لعامّة الانبيآء المعروفين محاريب[r] معروفة ✿ ولبيت المقدّس بناحية الجنوب منها على ستّة اميال قرية تعرف ببيت لَحْم وهو[s] مولد عيسى عم فى بعض الروايات * والنخلة الى الآن هناك معظّمة[t] ✿ ومن بيت لحم ايضًا على سمته فى الجنوب مدينة تعرف

---

a) Codd. حجر مرتفع. *b*) L. et B. عظيمة كبيرة غير مستوية; P. مستوٍر. *c*) P. haec habet: عالية مستديرة الراس قد غشيت بالرصاص الغليظ السمك وارتفاع هذه الصخرة من الارض نحو مائة وخمسين ذراعًا بالنجار والصخرة التى تعرف بصخرة موسى عم تحت هذه القبة (conject. addidi). *d*) P. وعليها حصار حائط مُلوّح ويكون نصف قامة ومساحة الحجر عشرة ذراعًا. *e*) P. باطن هذه الصخرة. *f*) L. et B. المستدير, P. add. ولا بالمرتفع. *g*) P. ببيت. *h*) P. ينتفع الزُرع بها et add. وعليها شُجَيْرات. *i*) P. add.: على ممرّ الاوقات et habet deinde وفى سورها. *k*) P. add. ut I. وهو. *l*) L. et B. فى. *m*) L. et B. النجمين. *n*) P. وباعلاه. *o*) L. et B. وهى. *p*) P. addit verba Qoran. 38, vs. 20. *q*) P. بيت. *r*) P. آثار ومحاريب. *s*) P. وبها. *t*) P. ut I. ويقال ان فى بيعة منها بعض النخلة التى اكلت منها مريم وهى مرفوعة عندهم يصونونها.

بمسجد ابراهيم وفى المسجد * الّذى يجمّع[a] فيه للجمعة قبر ابراهيم واسحاق ويعقوب عمّ صفًّا وكلّ قبر من قبورهم تجاه[b] قبر * امراة صاحبه[c] والمدينة فى وهدة[d] بين جبال[e] كثيفة الاشجار واشجار هذه الجبال وسائر[f] جبال فلسطين زيتون وتين وجُمّيز[g] وسائر الفواكه اقلّ من ذلك ويرى اهل مصر انّها مضافة اليهم ۞ ونابُلُس مدينة السامرة[h] ويزعم اهل بيت المقدّس انّه ليس بمكان من الارض سامرىّ بغيرها[i] ۞ وآخر مدن فلسطين ممّا يلى جِفار مصر مدينة يقال لها غَزّة بها قبر[k] هاشم بن عبد مناف[l] وبها مولد محمّد بن ادريس الشافعىّ وقبره بالفسطاط وفيها استغنى[m] عمر بن الخطّاب فى الجاهليّة لانّها كانت متجرًا لاهل الحجاز ۞ وبفلسطين نحو عشرين منبرًا على صغر موقعها وهى من اخصب بلاد[n] الشام واليها اشار الله تعالى بقوله[o] سُبْحَانَ ٱلَّذِى أَسْرَى بِعَبْدِهِ لَيْلًا الآية[p] ۞ وامّا الجبال والشَّرَاة[q] فناحيتان متميّزتان امّا الشراة فمدينتها تسمّى[r] أَذْرُح وامّا الجبال فمدينتها تسمّى رُوَاث وهما فى غاية الخصب والسعة وعامّة سكّانها العرب متغلّبون عليها ۞

وامّا الأُرْدُنّ فانّ مدينتها الكبرى طَبَرِيّة وهى على بحيرة عذبة الماء طولها اثنا عشر فرسخًا فى عرض فرسخين او ثلاثة وبها عيون جارية حارّة[s] مُسْتَنْبطها على نحو فرسخين من المدينة فاذا انتهى الماء الى المدينة على ما دخله

---

a) P. المجتمع. *b*) P. تجاهه. *c*) L. et B. امراته et sic unus Cod. Edrîsii (A). *d*) P. وَهَدَة. *e*) P. الجبال. *f*) P. واكثر. *g*) P. et Abulfeda, p. ٢٤١ وخرنوب. *h*) L. et B. السمرة. *i*) P. الا ومنها اصله et h.l. collocat verba ويرى اهل مصر انها مضافة اليهم. *k*) P. add.: ابى نضلة. *l*) P. add.: سيد قريش اجمع. *m*) P. ومنها ايسر ut I., et deinde مستطرقا pro متجرا. *n*) B. بلدان. *o*) Qor. 17, vs. 1. *p*) P. add.: وهذا اقوى الادلة على خصبها وبركتها واما جباية فلسطين فى زمان المولف وذلك بتاريخ ٤٠٠ للهجرة فكان خمس مائة الف دينار وكذلك جباية دمشق واعمالها (deëst). *q*) L. et B. ut solent والسراه. *r*) L. et B. om. *s*) L. et B. om.

من الفتور بطول السير اذا طُرحت فيه الجلود تمعّطت لحرّه ولا يمكن استعماله الّا بالمزج[a] ويعمّ ذلك الماء حمّاماتهم وحياضهم ۞ والغَوْر مع اوّل هذه البحيرة ثمّ يمتدّ على بيسان حتّى ينتهى الى زغر * وَارِدًا الى[b] البحيرة الميّتة[c] والغور ما بين جبلين غائرٌ فى الارض جدًّا وبه * نخيل وابٌّ[d] وعيون وانهار ولا تسقط به الثلوج وبعض الغور من حدّ الاردنّ الى ان يجاوز بَيْسان فاذا جاوزه كان من حدّ فلسطين، وهذا البطن اذا امتدّ فيه السائر ادّاه الى أَيْلَة ۞ ومدينة صُور من احصن[e] الحصون الّتى على شطّ البحر عامرة خصيبة ويقال انّه اقدم بلد بالساحل وانّ عامّة حكماء اليونانيّة كانوا منها ۞ وبالاردنّ كان مَسْكن يعقوب النبى عم، وجُبّ يوسف على اثنى عشر ميلًا[f] من طبريّة * الى ما[g] يلى دمشق، ومياه[h] طبريّة من البحيرة ۞

وامّا جند دمشق فانّ قصبتها دمشق وهى اجلّ مدينة بالشام وهى فى ارض واسعة[i] بين جبال * تحفّ بها[k] مياه كثيرة واشجار وزروع[l] متّصلة وتعرف تلك البقعة بالغُوطة عرضها مرحلة فى مرحلتين وليس بالشام[m] مكان انزه منها، ومخرج مآئها من تحت بيعة تعرف بالفيجَة[n] مع ما ياتى اليه من عين بَرَدَى من جبل سَنير ثمّ يتفجّر على حافاته عيون كثيرة ثمّ يخرج من ذلك نهر كبير اخرجه يزيد بن معاوية يغوص الرجل فيه عمقًا ثمّ يخرج[o] منه نهر المِزّة ونهر القَنَاة ثمّ يظهر عند * خروجه من بين الشعاب فى موضع[p] يقال له النَّيْرَب ويقال انّه الموضع[q] الّذى عناه الله تعالى بقوله[r] وَآوَيْنَاهَا إِلَى رَبْوَةٍ ذَاتِ قَرَارٍ وَمَعِينٍ ثمّ يتّصل[s] من هذا الماء

---

a) P. بمزاج. *b*) P. ويرد. *c*) P. المنتنة. *d*) P. فاكهة وابّ وموز ونخيل. *e*) L. احسن. *f*) P. فرسخا. *g*) P. مما. *h*) P. وجميع مياه. *i*) P. مُسْتَوِيَّة قد دُحِيَتْ, I. واسعة. *k*) P. محتفّة بها الى (L. et B. تحف). *l*) P. add. قد احاطت بها. *m*) P. فى المغرب. *n*) L. et B. بالفيحة, P. بالعنجة. Deinde in P. eadem sequuntur quae I. habet. *o*) P. ينبسط. *p*) P. ut I. الخروج من الشعب بموضع. *q*) P. ut I. المكان. *r*) Qor. 23, vs. 52. *s*) P. ينقل.

عمود النهر المسمّى بَرَدَى [a] وعليه قنطرة فى وسط مدينة دمشق *عريضة كثيرة الماء [b] فيفضى الى قرى الغوطة فيجرى الماء فى عامّة دورهم وسككهم وحمّاماتهم، وبها مسجد ليس * فى الاسلام مثله ولا احسن [c] بُقْعة منه فامّا الجدار والقبّة الّتى فوق المحراب عند المقصورة فمن * بِنَآء الصابئين [d] وكان *مصلًّى لهم [e] ثمّ صار فى ايدى اليونانيّين فكانوا يعظّمون فيه دينهم ثمّ صار [f] لليهود وملوك من عبدة الاوثان فقتل فى ذلك الزمان يحيى بن زكريّآء عمّ ونُصِب رأسه على باب هذا [g] المسجد المسمّى باب جَيْرُون ثمّ تغلّب عليه [h] النصارى فصار فى ايديهم بيعة [i] يعظّمون فيه دينهم ثمّ [k] جآء الاسلام فصار المكان للمسلمين واتّخذوه مسجدًا وعلى باب جيرون نصب راس [l] الحسين بن علىّ عمّ بالموضع الّذى نصب فيه راس يحيى بن زكريّآء عمّ فلمّا كان فى ايّام الوليد بن عبد الملك عمره [m] فجعل ارضه رخامًا مفروشًا [n] وجعل وجه جدرانه رخامًا مجزّعًا [o] واساطينه رخامًا موشّى ومعاقد رءوس اساطينه ذهبًا ومحرابه مذهّب الجملة مرصّعًا بالجوهر [p] ودور السقف كلّه ذهبًا * مكتوبًا عليه [q] كما يطوف بترابيع [r] جدار المسجد، وقيل [s] انّه انفق عليه وحده خراج الشام سنتين، وسطحه رصاص واذا ارادوا غسله * بثق الماء اليه [t] فدار على رقعة المسجد باجمعه حتّى اذا فُجِر منه انبسط عنه وعن جميع الاركان بالسّويّة * وكان خراج الشام على عهد بنى

---

a) P. ببَرَدَا. *b*) P. (l. الماء) غزرّ ما عذر الراكب (l. يعبره) لا يضره وهو نهر وكثره. Cf. I. *c*) P. (sic) بساير بلاد الاسلام احسن منه ولا اتين. *d*) P. من بعدهم ابنية الصابئة. *e*) P. مُصَلّاهم. *f*) L. et B. صارت. Deinde Edrîsî: لملوك من عباد الاوثان فكان لهم موضعا لاصنامهم ثم انتقل الى اليهود فقتل. *g*) L. et B. om. *h*) Codd. عليها; recte Edrîsî. Mox B. فصارت. *i*) L. et B. om. *k*) P. ut I. حتى. P. add. لهم. *l*) P. add. امير المومنين. *m*) P. عمّره. *n*) P. مُجزّعًا. *o*) P. h. l. مُجَزَّعًا. *p*) P. بالجواهر. *q*) P. مُكْتَتَبًا et sic I. et Edrîsî. *r*) P. ترابيع ut I. Deinde L. et B. om. جدار. *s*) P. ut I. et Edr. ويقال. *t*) P. يَنْبَثِق الماء عليه.

اميّة الف الف دينار ومائتى[a] الف دينار[b] ۞ *وفى حدود دمشق[c] بَعْلَبَكّ وهى مدينة *فى سفح[d] عامّة ابنيتها من حجارة وبها قصور من حجارة قد بُنيت على اساطين شاهقة وليس[e] بارض الشام *بنية بحجارة[f] اكبر منها ولا اعجب من بنآئها ۞ وطَرَابُلُس[g] وهى مدينة كثيرة الخير والغلّات والفواكه الجيّدة بيّنة الخصب والرخص وهى قريبة من مدينة بَيْرُوت الّتى على ساحل بحر الروم وهى فرضتها وساحلها وبها يرابط اهل دمشق وسائر جندها واليها ينفرون عند استنفارهم وليسوا[h] كاهل دمشق فى جفآء الاخلاق وغلظة[i] الطباع وفيهم من اذا دُعى الى الخير اجاب واذا ايقظه الداعى اناب، ولنفس دمشق خاصّيّة بطالعها[k] *الجارى بها[l] على الخلاف وسمعتُ عبد الله بن محمّد[m] يقول *برج الاسد معوجٌّ فاسد مع شرفه وضيآئه وقلّ ما كان طالع بلد فصفت طاعته واستقامت وذكر[n] سمرقند واردبيل ومكّة ودمشق وصقلّيّة وقال لا تصلح[o] لسلاطينها ولا يستقيم[p] سلاطينها بها واكثر هذه المدن فالغدر اثبت ما فى نفوسهم والشرّ اشمل الاحوال عليهم، وببيروت[q] هذه كان مقام الأَوْزَاعىّ وهى ذات نخيل وقصب سكّر وغلّات متوفّرة وتجارات البحر عليها دائرة وسابلتها غير منقطعة حصينة خصيبة منيعة السور رخيصة الاسعار جيّدة الاهل مع منعة فيهم من عدوّهم وصلاح فى عامّة امورهم ۞

---

a) P. وثمان مائة. *b*) P. haec non male post سنتين collocavit. *c*) P. ومن بلاد دمشق. *d*) P. ut I. على جبل et deinde وعامة. *e*) P. ut I. ليس. *f*) P. ابنية حجارة et deinde اكثر. *g*) In L., B. et P. deëst. *h*) P. وليس اهلها. *i*) B. وغلظ. *k*) L. et B. يطالعها. Deinde L. الحارى (ultima littera indist.), B. الكايس. *l*) P. ان اهلها مجبولون. *m*) P. add. القيم. *n*) P. pro his: فى برج الاسد فساد باعوجاج فى درج منه مع شرفه وعلوّ محلّه وقلّما كان بعض تلك الدرج طالع بلد واحدًا ونظر (P. واحد ونظر .l) من تلك الدرج من تربيع او مقابلة فضعف (l. فصفت) طاعته واستقامت سريرته وذكر اشياء فى حكم. *o*) P. يصلح. *p*) L. تستقيم. Deinde P. الا بالسيف pro سلاطينها بها. *q*) B. وبيروت.

واما جند حِمْص فانّ مدينتها[a] حمص وهى مدينة فى مستواة[b] خصبة صحيحة الهوآء من اصحّ بلدان الاسلام تربةً وكان فى اهلها خبال[c] مفرط وليس بها عقارب ولا حيّات واذا دخلت الحيّة او العقرب اليها ماتت ولها مياه واشجار وزروع كثيرة واكثر زروع رساتيقها[d] اعذآءٌ وبها بيعة بعضها المسجد[e] الجامع وشطرها للنصارى فيه[f] هيكلهم ومذبحهم وبيعتهم من اعظم بيع الشام، ودخلها الروم فى وقتنا هذا واتوا على سوادها واخربوها، وجميع *طرق حمص[g] من اسواقها وسككها مفروشة بالحجارة والبلاط[h]، وزاد اختلالها[i] بعد دخول الروم اليها ثمّ انّ قومًا استوطنوا ممّن سلم من الروم فاتت البادية عليهم تاكل زروعهم وتسلبهم[k] مرّة بعد اخرى ✿ واما أَنْطَرْسُوس[l] فحصن على البحر ثغر لاهل حمص فيه مصحف عثمان بن عفّان وعليه سور من حجارة يمنع اهلها من بادرة[m] ولقد نجوا من الروم فى حيننا هذا عند قصد نقفور ساحل الشام ✿ واما شَيْزَر وحَمَاة فانّهما مدينتان صغيرتان نزهتان كثيرتا المياه والشجر والزروع[n] والفواكه ✿

واما جند قِنَّسْرين فمدينتها حَلَب وكانت عامرة جدًّا غاصّة باهلها كثيرة الخيرات على طريق[o] العراق الى الثغور وسائر الشامات *فافتتحتها الروم[p] وكان لها سور من حجارة لم يغن عنهم من العدوّ شيئًا فخرّب[q] جامعها وسبى ذرارىّ اهلها واحرقها وكان بها[r] قلعة غير طائلة ولا حسنة العمارة فلجأ اليها قوم من اهلها

---

a) P. add. الكبرى. Pro جند hic semper habet ناحية. *b*) P. add. من الارض. Deinde L. خصيبه. *c*) P. add. ويسار. I. habet جمال. *d*) P. add. بخوس l. نخوس. *e*) P. مسجد. *f*) L. et B. فيها. *g*) P. طُرُقاتهم. *h*) P. مُبَلَّطة. *i*) L. اختلاها. *k*) L. et B. وسلبهم. *l*) Sic hic et deinde Codd. pro انطرطوس; cf. Abulfeda, p. ٢٣٩, ann. 1; Amari, *Bibl. Sicul.*, p. ٣٣٧, vs. 7. Edrîsî idem habet. Vid. quoque I., p. ٩١ *i*, quibus addatur lectio Cod. O. (East. Indian Office, 1026) in mappa انطرسوس. *m*) B. بادره. *n*) B. والزرع. *o*) B. طرايف. *p*) P. وكان الروم قد افتتحها فى تاريخ ثلثمائة ونيف وسبعين للهجرة. *q*) P. واخرب. *r*) B. لها.

فنجوا وهلك بها من المتاع والجهاز للغرباء واهل البلد وسُبى[a] بها وقُتل من اهل سوادها ما فى اعادته[b] ارْماض لمن سمعه ووهن على الاسلام واهله وكان لها[c] اسواق حسنة وحمّامات وفنادق[d] ومحالّ وعراص فسيحة[e] وهى الآن كالمتماسكة ولها واد يعرف بابى الحُسْن[f] قُوَيْق وشرب اهلها منه وفيه قليل طفس ولم تنزل اسعارهم فى الاغذية وجميع المآكل قديمًا[g] واسعة رخيصة وعليهم الآن للروم فى كلّ سنة قانون يؤدّونه وضريبة تستخرج من كلّ دار وضيعة معلومة وكانّهم معهم فى هدنة وليست وانْ كانت احوالها متماسكة وامورها راخية[h] بحال جزء من عشرين جزواً[i] ممّا كانت عليه فى قديم اوقاتها وسالف ايّامها ✿ وقنّسرين مدينة نسبت[k] الكورة اليها وهى من اضيق تلك النواحى بناء وان كانت نزهة الظاهر مغوثة فى موضعها بما كان بها من الرخص فاكتسحتها الروم فكانّها لم تكن الّا بقايا دِمَن قَدَيْتُها[l] من دِمَن ✿ ومَعَرّة النُّعمان[m] مدينة هى وما حولها من القرى اعذاء ليس بنواحيها[n] ماء جارٍ ولا عين وكذلك جميع جند قنّسرين شربهم[o] من السماء وهى مدينة كثيرة الخير والسعة والتين[p] والفستق وما شاكل ذلك من الكروم[q] ✿ وبينها وبين جَبَلة التى على ساحل البحر الرومىّ.........[r] وكانت مدينة جليلة يسكنها وزير الجبلين فافتتحها الروم وسبوا منها خمسًا وثلاثين الف امراة وصبىّ ورجل بالغ ، وجزيرة قُبْرُس تحاذى جبلة فى وسط

a) B. وسبا. b) P. add. على وجهه. c) P. بها. d) P. add. كثيرة. e) Deinde in P. seq.: ومشايخ واجلّة وهى الان فى زماننا وهو تاريخ نيف وسبعين وخمس مائة للهجرة احسن ممّا كانت قديمًا واكثر عمارة ماهولة بالمشايخ والرؤساء والاكابر واما قلعتها فهى حصينة منيعة فى غاية الاحكام (add. in marg. لا يقدر عليها فى زماننا). f) Vocales addidi. g) L. قديمة. h) L. راجية. i) L. جزأ. k) P. تنسب. l) Vocales in B. m) Addatur ad I., p. ۹۱, 3 a f. Codd. O. et F. (Cod. Bodl. Ous. 373) legere معرة مصرين. n) P. بجميع نواحيها ut I. o) P. اعذاء وشربهم et deinde من ماء. p) P. فى التين. q) P. الكرم وغيرها. r) Lacuna non indicata in Codd. Videtur excidisse distantia. Expugnata est Djabala anno 357 (Jacut, II, p. ۳٥, 20).

البحر الرومىّ وبينها وبين جبلة مجرى يوم وليلة وكانت للمسلمين والروم فاحتوى الروم عليها بتفريط المسلمين وخذلان ✿ واَمّا الخُنَاصِرَة فهى حصن يحاذى قنّسرين الى ناحية البادية وعلى شفيرها وسيفها كان يسكنه عمر بن عبد العزيز صالحة فى قدرها مغوثة للمجتازين عليها فى وقتنا هذا لانّ الطريق انقطع من بطن الشام باتيان الروم عليه وهلاك وُلاته فلجأ الناس الى طريق البادية بالأَدِلّآء والخفرآء ✿

والعَوَاصِمُ اسم الناحية[a] وليس بمدينة تسمّى بذلك وقصبتها أَنْطَاكِيَة وهى بعد دمشق انزه بلد بالشام وعليها الى هذه الغاية *سور من صخر[b] يحيط بها وبجبل مشرف[c] عليها لهم فيه مزارع واجنّة[d] وارحية وما يستقلّ به اهلها من مرافقها ، ويقال انّ دَوْر سورها[e] يوم تجرى مياههم فى اسواقهم ودورهم وسككهم ومساجد جامعهم وكان لهم ضياع وقرى ونواحٍ خصبة حسنة استولى عليها العدوّ فملكها وكانت قد اختلّت قُبَيل افتتاحها فى ايدى المسلمين وهى ايضًا فى ايدى الروم اشدّ اختلالًا وفتحها الروم فى اوّل سنة ٣٥٩[f] ✿ ومدينة بَالِس مدينة على شطّ الفرات من غربيّه صغيرة وهى اوّل مدن الشام من العراق[g] وكان الطريق اليها عامرًا ومنها سابلًا وكانت فرضة لاهل الشام على الفرات فعفت آثارها ودرست قوافلها وتجارها بعد سيف الدولة وهى مدينة عليها سور ازلىّ ولها بساتين فيما بينها وبين الفرات واكثر غلّاتها القمح والشعير ، ومن مشهور اخبارها انّ المعروف بسيف الدولة علىّ بن حمدان عند انصرافه[h] عن لقآئه صاحبَ مصر وقد هلك جميع جنده انفذ اليه المعروف بابى حصين القاضى فقبض من تجّار كانوا بها معتقلين عن

---

a) P. للناحية. b) P. من حجارة (sic) صُوَر. c) P. مشرّف. d) P. ومراع واشجار ut I. e) P. ut I. add. للراكب, ibique lector in margine haec adnotavit: كذب صريح فاحش قبيح فكانّ كاتب هذا الكتاب ما رآها ووالله الماشى لو ذكر من خارج سورها مرتين واكثر لقدر فى يوم واحد والله اعلم. f) P. فاستولى على اكثر نواحيها المسلمون منذ مُلْكها الافرنج وذلك فى السنة ٤٩٨ للهجرة. g) P. الجزيرة. h) B. اصرافه.

السفر ولم يطلق لهم الثغور مع خوف نالهم فاخرجهم عن احمال بزّ واطواف زيت الى ما عدا ذلك من متاجر الشام فى دفعتين بينهما شهور قلائل وأيّام يسيرة الف الف دينار ۞ وعلى القرب منها مدينة مَنْبِج خصيبة[a] كثيرة الاسواق قديمة الآثار[b] عظيمة الاسوار[c] فى بريّة[d] الغالب عليها وعلى مزارعها الاعذآء[e] وهى حصينة عليها سور ازلىّ رومىّ ۞ وبقربها ايضًا مدينة سَنْجَة وهى مدينة صغيرة بقربها قنطرة حجارة تعرف بقنطرة سنجة ليس فى الاسلام قنطرة *احسن منها ويقال انّها من عجائب الزمان[f] ۞ ومدينة سُمَيْسَاط *على الفرات[g] وكذلك جِسْرُ مَنْبِج وهما مدينتان صغيرتان حصينتان لهما زرع سقى ومباخس ومآؤهما[h] من الفرات ۞ وكانت مدينة مَلَطْيَة مدينة كبيرة من اكبر الثغور واكثرها سلاحًا ورجالاً دون جبل اللكام الى ما يلى الجزيرة ويحفّ بها جبال كثيرة فيها الجوز والكروم واللوز وسائر الثمار الشتويّة والصيفيّة مباحة لا مالك لها وهى من اقوى[i] بلد الروم فى هذا الوقت يسكنها[k] الارمن وفتحت فى سنة ٣١٩ ۞ وكانت المدينة المعروفة بحِصْن مَنْصُور صغيرة حصينة فيها منبر وبها[l] رستاق وقرى برسمها اعذآء فاستاثر القضآء بهلاكها على ايدى الروم وبنى حمدان ۞ والحَدَث ومَرْعَش مدينتان صغيرتان افتتحها الروم من قبل يومنا هذا[m] فاعادها سيف الدولة علىّ بن عبد الله وعاد الروم فانتزعوها ثانية من المسلمين[n] وكان لهما زروع واشجار

a) P. خصبة حصينة. b) Ex P. addidi. c) P. add. وبها من الكروم الاعذآء وارض على وجه الارض فى سائر ضياعها ما يزيد على الكثرة. d) P. add. برية حمراء خلوقية. e) P. البخوس l. النحوس. f) P. add. اعجب ولا اعظم منها ويضرب بها المثل فيقال من عجائب الدنيا كنيسة الرُهاء وقنطرة سَنجَة (sic) [Marg. وهى قنطرة واحدة على نهر سريع الجرى فى وادٍ يدعى النهر الازرق]. g) P. فى نفس الفرات وهى حصن صغير منيع ولها ربض. h) L. ومآوها. i) Fortasse legendum قرى, coll. I., p. ٩٢, paen.; Cod. O. Istakhríi h. l. insert وآنرا از ناحيت روم شمرند. k) B. لسكنها. l) B. ولها. m) B. om. n) P. add.: وعاد المسلمون فتحوها وكان فتحها مسعود بن قلج ارسلان السلجوقى صاحب بلاد الروم [marg. سنة ٥٤٥ وهى بيد المسلمين [الان].

كثيرة وفواكه وكانتا [a] ثغرين يرابط فيهما المسلمون ويجاهدون ففسدت النيّات وافتتحت الاعمال وارتفعت البركات وفسدت المذاهب ولجّ الملوك فى الظلم والاستئثار بالاموال والعامّة فى الاصرار على المعاصى والطغيان فهلك العباد وتلاشت البلاد وانقطعت الجهاد وبذلك نطق الكتاب العزيز حيث يقول سبحانه وعزّ من قائل [b] وَاِذَا أَرَدْنَا أَنْ نُهْلِكَ قَرْيَةً أَمَرْنَا مُتْرَفِيهَا فَفَسَقُوا فِيهَا فَحَقَّ عَلَيْهَا ٱلْقَوْلُ فَدَمَّرْنَاهَا تَدْمِيرًا ✿ وكانت الهارونيّة من غربىّ جبل اللكام فى بعض شعابه * حصنًا صغيرًا [c] بناه هارون الرشيد * ادركته عامرًا حسنًا فاهلكته الروم [d] ✿ وكانت الاسْكَنْدَرِيّة [e] ايضًا حصنًا [f] على ساحل بحر الروم ذا نخيل وزرع كثير * وغلّة وخصب كثير فاتى عليه العدوّ [g] ✿ وكذلك حصن التينات حصن كان على شطّ البحر فيه مقطع لخشب الصنوبر الّذى كان ينقل الى الشام ومصر والثغور وكان فيه رجال فتّاك [h] اجلاد لهم علم بمضارّ بلد الروم ومعرفة بمخايضهم ✿ وكانت الكَنيسة حصنًا [i] فيه منبر وهو [k] ثغر فى معزل من ساحل البحر يقارب حصن المُثَقّب [l] الّذى استحدثه عمر ابن عبد العزيز وعمره وكان فيه منبره ومصحفه بخطّه وكان فيه [m] قوم سراة [n] من عبد شمس اعتزلوا الدنيا ورفضوا المكاسب وكان لهم ما * يقيم بهم [o] من المباح [p] ✿ وكانت عَيْن زَرْبَة بلدًا [q] يشبه مدن الغور * بها نخيل وخصب واسعة [r] الثمار والزرع والمرعى وهى المدينة الّتى كان وَصيف الخادم همّ بالدخول منها الى بلد الروم فادركه المعتضد بها وكانت حسنة الداخل

a) L. et B. وكانت et mox فيها. b) Qor. 17 vs. 17. c) Codd. حصن صغير. d) P. فى غاية العمارة فى جهادهم فى غاية الجلد والشطارة يغيرون ويغنمون ويتلصّصون على بلد الروم فيسلمون وقد ملكه الروم الان. e) P. اسْكَنْدَرُونَة. f) P. add. عظيما. g) P. فدخلها الروم وملكها. De urbe بياس mentio non fit. h) B. عمال. i) L. et B. حصن, P. ايضا حصينًا. k) Ex I. supplevi. l) L. المنقب, B. المعقب. m) P. وسكانه. n) P. سُراة et deinde من ولد. o) P. habet يقوتهم. p) P. add. فهلكا جميعًا. q) L. et B. بلد. P. in marg. منها كان الحكيم العشاب ديسقوردوس. r) P. به النخيل والخصب والسعة فى.

والخارج نزهة[a] داخل سورها *جليلة فى جميع امورها[b] ☆ وكانت المصّيصة مدينتين احداهما تسمّى المصّيصة والاخرى تسمّى كَفَرْبَيّا[c] على جانبى جَيْحان وبينهما قنطرة حجارة وكانتا حصينتين جدًّا على *شرف من الارض[d] ينظر منها الجالس فى مسجد جامعها[e] نحو البحر اربعة فراسخ كالبقعة[f] بين يديه خضرة نضرة[g] جليلة الاهل نفيسة *القدر كثيرة[h] الاسواق حسنة[i] الاحوال، وجَيْحان نهر يخرج من بلد الروم حتّى ينتهى الى المصّيصة ثمّ الى رستاق يعرف بالمَلُّون[k] فيقع فى بحر الروم وكان كثير الضباع غزير الكراع ☆ وكانت أَذَنَة مدينة كاحد جانبى المصّيصة على نهر سَيْحان فى غربىّ النهر، وسيحان دون جيحان فى الكبر عليه قنطرة عجيبة البناء طويلة جدًّا ويخرج هذا النهر من بلد الروم ايضًا، وكانت جليلة الاهل حسنة المحلّ فى كلّ اصل وفصل وعلى اصل طريق طرسوس ☆ فامّا مدينة طَرَسُوس[l] فالمدينة المشهورة[m] المستغنى بشهرتها عن تحديدها كبيرة[n] عليها سوران من حجارة كانت تشتمل *على خيل ورجال وعدّة وعتاد وكراع وكانت من العمارة والخصب بالغاية الى رخص عامّ على مرّ الايّام وتعاقب الاعوام[o] وكان بينها وبين حدّ الروم جبال[p] متشعّبة من اللكام كالحاجز

a) P. add. من. b) P. فهلكت ايضا. c) L. كفرنما, B. كفرىما, P. كفرنبيا. d) P. نشز من الارض وشرف. e) P. add. الى. f) P. كالرقعة, B. كالمقيعة. g) L. نظرة. h) L. القد وكثيره. i) L. et B. كثيره. P. deinde addit: فهلكت منذ ملكها الكفار. k) L. et B. بالملور. Deinde P. ثم يقع. l) P. طُرْطوس. m) P. المذكورة. n) B. om.; P. add.: استحدثها المامون بن الرشيد ومدّنها وجعل عليها سورين الخ. o) P. pro his: من الخيل والرجال والنجدة والعتاد والكراع والسلاح والعمارة والخصب والغلات والاموال والسعة فى جميع الاشياء على حال لم يتصل بمثله ثغر من الثغور لمسلم ولا كافر الى عزّ تامّ ونصرٍ عامّ على جميع من وليها من رجال الاسلام فما غزا فى بر او بحر الا وصحبه من الظفر والنصر والغنائم بالقسر والقهر ما تنطق الاخبار بتصديقه والاثار بتحقيقه. p) P. add. منيعة.

بين العمليين * ورايتُ غير[a] عاقل مميّز وسيّد حصيف مبرّز يشار اليه بالدراية والفهم * واليقظة والعلم[b] يذكر انّ بها مائة الف فارس[c] وكان ذلك عن قريب عهد من الايّام الّتى[d] ادركتُها وشاهدتُها وكان السبب فى ذلك انّه ليس من مدينة عظيمة من حدّ سجستان وكرمان وفارس وخوزستان[e] والجبال وطبرستان والجزيرة واذربيجان والعراق والحجاز واليمن والشامات ومصر والمغرب الّا وبها لاهلها دار[f] ينزلها غُزاة تلك البلدة ويرابطون بها اذا وردوها * وتكثر لديهم الصلات وترد عليهم الاموال والصدقات[g] العظيمة الجسيمة التى ما كان السلاطين يتكلّفونه وارباب النعم * يعانونه وينفذونه متطوّعين[h] متبرّعين ولم يكن فى ناحية ذكرتُها رئيس ولا نفيس الّا وله عليها * وقف من ضيعة ذات مزارع[i] وغلّات او مسقّف من فنادق فهلكوا[k] فكانّهم لم يقطنوها وعفوا فكانّهم لم يسكنوها حتّى لظننتهم كما قال الله تعالى[l] هَلْ تُحِسُّ مِنْهُمْ مِنْ أَحَدٍ أَوْ تَسْمَعُ لَهُمْ رِكْزًا ۞ وكانت أُولَاس[m] حصنًا على ساحل البحر فيه قوم متعبّدون[n] حصين وكانت فيهم خشونة فى ذات الله تعالى وكان فى آخر ما على بحر الروم من العمارة فكانت ممّا بدا به العدوّ ۞ وبَغْرَاس كان فيه منبر على طريق الثغور وكانت فيها[o] دار ضيافة لزُبَيْدَة ولم يكن بالشام دار ضيافة غيرها كبيرة ۞

وامّا البحيرة الميّتة فهى من الغور فى صدر الشام بقرب زُغَر وانّما تسمّى

---

a) P. وكم رايت من. Pro عاقل B. غافل. b) P. والفطنة والعلم والرياسة والسياسة. c) P. add. وبعملها. d) Ex marg. P. e) P. add. والرى واصبهان et habet deinde وجميع الجبال. f) P. add. ورباط. g) P. ويرد عليهم الجرايات والصلات وتَدَرُّ (وتَدَرّ l.) عليهم الانزال والحملان. h) P. يعاونونه (L. et B. وينفذونه). وينتفقّدونه متطوعين وينحاصّون (وينحاضّون l.) عليه. i) P. اوقاف من ضياع ذوات اكرة وزروع. k) P. ودور وحمامات وخانات هذا الى مُشاطرة من الوصايا بالعين الكثير والورق والكراع الغزير فهلكت وهلكوا وذهبت وذهبوا. l) Qor. 19, vs. 98. m) L. et B. الاوس et deinde حصن. n) L. et B. متعبدين. o) L. et B. فيه.

الميّتة لانّه ليس فيها من الحيوان شىء بتّة الّا شىء يُقْذَف به يعرف بالحُمّر، واهل زغر يلقّحون كرومهم وكروم فلسطين كما يلقّح النخل بالطلع الذكر وكما يلقّح اهل المغرب تينهم بذكارهم، وزُغَر مدينة حارّة جروميّة متّصلة بالبادية صالحة الخيرات وبها النيل الكثير المقصّر عن صباغ نيل كابُل وفيه لهم تجارة واسعة ومقصد كبير وبزغر بسر[a] يقال له الانْقلآء[b] لم ار بالعراق ولا بمكان اغرب[c] ولا احسن منظرًا منه لونه كالزعفران ولم يغادر منه شيئًا ويكون فى اربع منه رطل، وديار[d] قوم لوط هى[e] الارض المعروفة بالملعونة وليس بها زرع ولا ضرع ولا حشيش ولا نبات وهى بقعة سودآء قد فرش بها حجارة متقاربة فى الكبر ويروى انّها الحجارة المسوّمة[f] الّتى رُمى بها قوم لوط وعلى عامّة تلك الحجارة كالطابع وهى شىء كالقوالب للجبن[g] لا تغادر من هيآتها وخلقها شيئًا ۞ ومُعَان مدينة صغيرة على شفير البادية ايضًا سكّانها يونانيّة[h] وفيهم لبنى السبيل مرفق ۞ وحَوْرَان والبَثَنيّة[i] رستاقان عظيمان من جند دمشق مزارعهما[k] مباخس تتّصل اعمالهما بحدود نِمْرِين[l]

---

a) L. et B. تين. *b*) L. et B. الانقاد. *c*) Legendum videtur اعذب. *d*) L. et B. ودار. *e*) L. et B. وهى. *f*) L. الموسومة. *g*) L. للحين. *h*) Legendum videtur بنو امية. *i*) L. والبثينة. *k*) L. et B. مزارعها et deinde اعمالها. *l*) L. نهردن, B. دهردمن, mox L. et B. ببهرا. Procul dubio hic habemus mentionem aquarum antiquitus celeberrimarum מֵי נִמְרִין quae oppido בֵּית נִמְרִים s. נִמְרָה nomen dederunt, quarumque nomen etiamnunc superest, testibus Burckhardt, Seetzen, Robinson et Wallin (*Zeitschr. d. d. m. Ges.*, VI, p. 190, 199). Frustra autem in uno et altero corpore traditionum in capite باب الحوض verba ad quae alludit Ibn-Haukal quaesivi. Traditio in *Sonan* at-Tirmidhíi, quam laudat Jacut, III, p. ٧١٩, 11, est secundum lithogr. Mirtah, II, p. ٧٥, حوضى من عَدَنَ الى عمّان البَلْقاء ماؤه اشدّ بياضًا من اللبن وأَحْلى من العسل واكوابه عدد نجوم السماء. In alia traditione apud eundem legimus: عرضه (الحوض) مثل طوله ما بين عمان الى ايلة ماؤه اشد بياضا من اللبن واحلى

الّذى عند البلقآء وعَمّان الّذى جآء فى الخبر انّ نِمْرًا من ازكى الحوض وانّه ما بَيْنَ بصرى وعمّان ۞

فامّا المسافات بالشام فانّ طولها *a* من حدّ ملطية الى رفح والطريق من ملطية على منبج وبينهما ۴ ايّام ومن منبج الى حلب يومان ومن حلب الى حمص ٥ ايّام ومن حمص الى دمشق ٥ ايّام ومن دمشق الى طبريّة ۴ ايّام ومن طبريّة الى الرملة ٣ ايّام ومن الرملة الى رفح يومان فذلك ٢٥ مرحلة، وعرضها فى بعض المواضع اكبر من بعض وذلك انّ اعرضها *b* طرفاها وأَحَدُ طرفيها من الفرات من جسر منبج على منبج ثمّ على قورس *c* فى حدّ قنّسرين ثمّ على العواصم فى حدّ انطاكية ثمّ يقطع جبل اللكام الى بيّاس ثمّ الى التينات ثمّ الى المثقّب *d* ثمّ على المصّيصة ثمّ على اذنة ثمّ على طرسوس وذلك نحو ١٠ مراحل، وان سلكتَ من بالس الى حلب ثمّ الى انطاكية ثمّ الى الاسكندريّة ثمّ الى بيّاس حتّى تنتهى الى طرسوس فالمسافة ايضًا نحو ١٠ مراحل غير انّ السمت المستقيم هو الطريق الاوّل، وامّا الطريق *e* الآخر فهو حدّ فلسطين ياخذ من البحر من حدّ يافا حتّى ينتهى الى الرملة ثمّ الى بيت المقدّس ثمّ الى ريحا ثمّ الى زغر ثمّ الى جبال الشراة *f*

من العسل, in tertia aperte ficticia حوضى كما بين الكوفة الى الحجر الاسود. Loci Bokhárii quae huc pertinent sunt (Ms. Leid. 356 *b* f. 219 *r.*) أمامَكُم حَوْضٌ كما بَيْنَ جَرْبآء وأَذْرُح et قدر حَوْضى كما بَيْنَ أَيْلَةَ وصَنْعآء من اليَمَنِ. In alia traditione apud Tirmidhí in libro ابواب صفة الجنة capite باب ما جاء ما لادنى اهل الجنة من الكرامة legimus (l. l. p. ٩.) وتنصب له قُبّةٌ من لُؤْلُؤٍ وزَبَرْجد وياقوت كما بين الجَابِيَة (Gloss. موضع بالشام) الى صَنْعاء (Gloss. موضع باليمن), quod in margine explicatur: وبعد ما بين طرفيها كما بين الموضعين هما جابية الشام وصنعاء اليمن. Videtur igitur quaerenda traditio in collectione Schiítica, quam nos hic non possidemus.

a) L. طوله. *b*) L. et B. عرضها. *c*) L. et B. فورس. *d*) L. et B. المنقب. *e*) I. الطرف et mox الطرفين. *f*) L. et B. السراة.

الى ان ينتهى الى مُعان[a] ومقدار هذه المذكورة ٩ مراحل، فامّا ما بين هذين الطريقين من الشام فمختصر ولا يكاد يزيد موضع عرض الاردنّ ودمشق وحمص على اكثر من ٣ مراحل لانّ من دمشق الى بيروت على بحر الروم مسيرة يومين غربًا والى اقصى الغوطة من دمشق حتّى يتّصل بالبادية مشرّقًا يومًا[b] ومن حمص الى انطرسوس التّى على بحر الروم مسيرة يومين غربًا ومن حمص الى سلمية على البادية شرقًا يومًا[b] ومن طبريّة الى مدينة صور التّى على البحر غربًا يومًا[b] ومنها الى ان تجاوز فيق على ديار بنى فزارة مشرّقًا[c] دون اليومين فهذه مسافات طول الشام وعرضه ❁ والمسافة فى اضعافه فالمبدأ[d] بفلسطين اذ هى اوّل اجناد الشام ممّا يلى المغرب وقصبتها الرملة ومنها الى يافا نصف مرحلة ومن الرملة الى عسقلان مرحلة ومنها الى غزّة دون مرحلة ومن الرملة الى البيت المقدّس يوم ومن بيت المقدّس الى مسجد ابراهيم يوم ومن بيت المقدّس * الى ريحا[e] مرحلة ومن بيت المقدّس الى البلقآء يومان ومن الرملة الى قيساريّة يوم ومن الرملة الى نابلس يوم ومن ريحا الى زغر يومان ومن زغر الى جبال[f] الشراة يوم ومن جبال الشراة الى آخر الشراة يوم ❁ وقصبة الاردنّ طبريّة ومنها الى صور يوم ومنها الى عقبة فيق يوم ومنها الى بيسان مرحلتان خفيفتان ومنها الى عكّا[g] يوم، والاردنّ اصغر بلاد الشام واقصرها مسافة ❁ وامّا جند دمشق فدمشق قصبتها ومنها الى بعلبكّ يومان ومنها الى بيروت يومان ومن بيروت الى طرابلس يوم ومن بيروت الى صيدا يومان ومن دمشق الى اذرعات ٤ ايّام والى اقصى الغوطة يوم والى حوران والبثنيّة يومان ❁ وجند قنّسرين فقنّسرين مدينتها غير انّ دار الامارة والاسواق ومجمع ناسها والعمارات بحلب فمن حلب الى * بالس يومان ومن حلب الى قنّسرين يوم ومن حلب الى الاثارب يوم ومن حلب الى قورس يوم ومن حلب الى منبج يومان ومن حلب الى[h] الخناصرة يومان ❁ والعواصم قصبتها انطاكية وكان منها الى

a) L. معاد. b) L. et B. يوم. c) L. et B. مشرقه. d) L. et B. والمبدى.
e) L. et B. om. f) L. et B. h. l. بلد. Ex I. et Edrîsi. g) L. عكه ut Edrisi.
h) In L. et B. haec omnia desunt.

اذنة ٣ مراحل ومنها الى بغراس يوم والى الاثارب يومان والى حمص ٤ مراحل ومنها الى مرعش يومان والى الحدث ٣ مراحل ❊ وامّا الثغور فانّه لا قصبة لها وكلّ مدينة قائمة بنفسها ومنبج مدينة قريبة من الثغور ومن منبج الى الفرات مرحلة خفيفة ومن منبج الى قورس[a] مرحلتان ومن منبج الى ملطية ٤ ايّام ومن منبج الى سميساط يومان ومن منبج الى الحدث يومان ومن سميساط الى شمشاط مرحلتان ومن شمشاط *الى حصن منصور يوم ومن حصن منصور[b] الى ملطية يومان *ومن حصن منصور الى زبطرة يوم ومن حصن منصور الى الحدث يوم[b] ومن ملطية الى مرعش ٣ مراحل كبار ومن مرعش الى الحَدَث يوم فهذه مسافات الثغور الجزريّة ، وامّا الثغور الشاميّة فمن الاسكندريّة[c] الى بيّاس مرحلة خفيفة ومن بيّاس الى المصّيصة مرحلتان ومن المصّيصة الى عين زربة مرحلة ومن المصّيصة الى اذنة مرحلة ومن اذنة الى طرسوس مرحلة *ومن طرسوس الى اولاس على بحر الروم يومان[b] ومن طرسوس الى الحوزات مرحلتان ومن طرسوس الى بيّاس على بحر الروم فرسخان ومن بيّاس الى الكنيسة والهارونيّة اقلّ من يوم ومن الهارونيّة الى مَرْعش من ثغور الجزيرة مرحلة فهذه جملة مسافات الثغور ❊

وقد انتهى القول فيما قصدتُ ذكره من الشام بعد ذكر المغرب ومصر والشام فى اقاليم ممتدّة على بحر الروم فاستوفيتُها بالذكر والوجه لذكر ارتفاعها ودخلها اذ قد خرجت عن ايدى المسلمين وامّا الباقى من الشام فى ايدى المسلمين *الّذى كلامهم[d] فيه نافذ وامرهم فيه ماضٍ فهو ما كان على ساحل بحر الشام من طرابلس وأَنْفَة الى نواحى يافا وعسقلان لانّ اللاذقيّة[e] وما نزل عنها وحاذاها تحت جزيتهم ومقاطعتهم[f] وما عدا ذلك ففى ملكهم وقبضتهم وحوزتهم والحكم فيه اليهم وقد اقام كثير من اهله فيه على اداء الجزية واظنّهم صائرين الى النصرانيّة انفةً من ذلّة الجزية ورغبة مع حذف المؤنة فى العزّ والراحة ، فامّا خراجاتها واعشارها ومرافق

---

a) L. et B. غورس. b) L. et B. om. c) L. et B. h. l. الاسكندرونة. d) B. الذين حكمهم. e) L. الاذقية. f) Suffixum spectat الروم.

سلاطينها فكان ذلك على اوقات مختلفة بقوانين متباينة وجبايات ناقصة وزائدة وذلك انّها مذ سنة ٣٠ بين قوم يتطاول احدهم على الآخر واكثرهم غرضه ما اجتلبه في يومه وحصله لوقته لا يرغب فى عمارة ولا يلتفت اليها بروية ولا اشارة ورايتُ ارتفاع الشام وما فى ضمنها من الاعمال والاجناد والّذى اقف عليه من جماعه علىّ بن عيسى ومحمّد بن سليمان لسنة ٢٩٩ وسنة ٣٠٦ من جميع وجوهها الى حقوق بيت المال وما يلزم له من التوابع دون ارزاق العمّال تسعة وثلاثون الف الف درهم ۞

ذكر بحر الروم

وسأصلُ ذلك بذكر بحر الروم اذ هو خليج من البحر المحيط خارج بين[a] ارض الاندلس وارض طنجة وأَزِيلَة وسَبْتَة ونحوها محاذيًا للجزيرة الخضراء واشبيلية من بلاد الاندلس (واشبيلية من جنوبىّ الاندلس) وعرض هذا الماء بهذا المكان المعروف بأَشْبَرْتَال وهو جبل عال فيمتدّ جنوبًا الى سَلَا[b] ويحاذيه من عدوة الاندلس الجبل[c] الأَغَرّ فيمتدّ الى لَبْلَة الى ناحية الشام اثنا عشر ميلًا ثمّ يتّسع ويعرض فيمتدّ على سواحل المغرب ممّا يلى شرقىّ هذا البحر حتّى ينتهى الى اقاصى مصر ممتدًّا على ارضها حتّى ينتهى الى الشام وارضها متّصلًا الى طَرَسُوس عليها وعاطفًا منها دائرًا على بلدان الروم من انطاكية وما قاربها ثمّ يصير غربىّ البحر الى خليج القسطنطينيّة[d] ثمّ يمتدّ على *سواحل اثيناس[e] وسواحل قَلَوْرِيَة وأَنْكَبَرْدَة[f] الى قرب أَفْرَنْجَة ورُومِيَة فيصير البحر حينئذ جنوبيًّا لارض جلّيقيّة ويكون على ساحله الافرنجة الى ان يتّصل بطَرْطُوشة من بلاد الاندلس ويمتدّ على النواحى الّتى ذكرتها فى صفة الاندلس حتّى يحاذى المريّة واعمال الجزيرة المعروفة بجبل طارق وارض اشبيلية ونواحيها ثمّ يمتدّ على البحر المحيط الى شنترين وهى آخر بلاد الاسلام على هذا البحر من جانب بلد[g] الروم، ولو انّ رجلًا سار من سبتة وطنجة على ساحل هذا البحر مؤمّلًا ان يعود الى ما يحاذيه

---

a) L. et B. من. b) L. يسلا. c) Bekrî, p. ١١٣ et Makkari, I, p. ٨٣ جبل. d) L. et B. قسطنطينيه. e) L. سا اثيناس, B. ساثيناس. f) B. قَلوريه وانكبَرْدَة. g) B. om.

من ارض الاندلس لدار على جميع بلد الروم من حيث لا يمنعه مانع الّا نهر او خليج القسطنطينيّة فانّه يفضى اليه من البحر ايضًا وذلك انّه انفصل به من الارض فاصلة حازت [a] بعض بلد الصقالبة وبعض بلد الروم وقلّورية وافرنجة [b] وجلّيقيّة والاندلس فجعل ذلك جزيرة من الارض الكبيرة [c] ولا تتّصل بشىء منها لانّها قائمة بنفسها ولم يحتج الى ان يدلّه دليل ان امكنه ذلك ان شآء الله تعالى [d] ۞

هذه جملة صورة بحر الروم وما لديه من المدن المشهورة لبنى الاصفر وكيفيّة الخليج القاطع لبلد الروم الى المحيط من بحر الروم وجملة تتّصل به الى الاندلس، وسمعتُ ابا الحسن محمّد بن عبد الوهّاب التدمورىّ وكان رجلًا قد نيّف على مائة سنة صحيح العقل يقول سرتُ من كَمَخ [e] وهى مدينة للروم صالحة القدر عامرة على يد الملك [f] الى القسطنطينيّة مائة وستّة وثمانين بريدًا فلمّا عدتُ من عنده عدتُ على أَنْقَرَة وهى مدينة كبيرة خراب الى مَلَطْيَة مائة وثمانية وعشرين [g] بريدًا فكان من كمخ [h] الى صَارِخَة [i] يومان والى مدينة خَرْشَنَة يومان وسرنا على مدن لا اعرف اسمآءها [k] الى صَاغَرَة [l] وهى نهر آلس [m] فعبرناه فى مركب وسرنا من [n] المعبر فى البحيرة ستّة فراسخ وسرنا يومًا آخر على الظهر الى مدينة تعرف بِنِقْمُودِيّة [o] وركبنا

---

a) L. جازت. b) L. et B. h. l. وفرنجة. c) L. et B. الكبير. d) Sequitur in L. et B. وهذه صورة بحر الروم وما عليه من نواحيهم واعمالهم من حدود التغور الى خليج القسطنطينية بجميع ما عليه الى بلاد الاندلس. e) Vocales in B. Jacut praescribit كَمْخ, sed nomen quoque scribitur كماخ et Graece est *Κάμαχα*. f) Edrîsî (Clim. 5, Sect. 5) addit ثم الى عمورية. g) B. ٢٨٠. h) Edrîsî add. ثم مرحلة الى باذلو. i) L. ملطية, Edrîsî صادخة. k) L. اسماوها. l) Pessime h. l. Sangarius et Halys confunduntur. Edrîsî (II, p. 392) زغره, Ibn Batuta, II, p. 325 سَقَرِىّ. Cf. Ibn Khordádbeh, p. 86 et 220; Bekrî in ann. ad *Merácid* II, p. ٤٩٥. Jacut in v. صاغِرَة. m) B. وهو — الش. n) Conjectura supplevi. o) *Nicomedia*. Edrîsî eodem modo nomen scribit.

منها فى البحر يومين وصرنا الى مدينة تعرف بخَلْقَدُونية فبتنا بها وقمنا فى السحر وركبنا فى الخليج وصبحنا القسطنطينيّة [a] والبريد عندهم فرسخ، قال وكنتُ اسمع انّ للملك اربعة حبوس دون دار البلاط الّتى يحبس بها اسرآء الملك وهى باسمآء [b] رساتيق لهم احدها يعرف بالطَرَقْسيبس [c] والآخر بالأَبْسيق [d] والآخر بالبُقُلّار [e] والآخر بالنُّومَرَة [f] * والطرقسيبسىّ والابسيقىّ [g] ارفهها لانّه لا قيود فيهما والبقلّار والنومرة ضيّقان ومن حُبس فى دار البلاط فلا بدّ من ان يحبس بالنومرة وهو حبس ضيّق مؤلم، قال وكانوا يسيرون بنا فى كلّ يوم من عشرين بريدًا الى خمسة عشر الى القسطنطينيّة فى نحو عشرة ايّام من كمخ والّذى اعرفه انّ بين كمخ وملطية عشر مراحل وبين ملطية وانقرة عشرين [h] مرحلة ومنها الى القسطنطينيّة عشر مراحل فيصير جميع الطريق اربعين مرحلة، قال فالفيتُهم وانّ الملك يتبعه الوزير [i] فى المنزلة وهو اللُّغُثيط من بعده وللفَرْخ من المنزلة انّه يلبس خفّين احدهما احمر والآخر اسود ولا يقدر غيره ان يلبس هذا الزىّ بوجه وذلك انّ الحكم والقطع والضرب والقود من غير مؤامرة الملك اليه ثمّ الدُّمُسْتُق من بعد [k] ثمّ البطارقة وهم اثنا عشر رجلًا لا يزيدون ولا ينقصون بوجه واذا هلك احدهم قام مقامه من يصلح له ثمّ الزَّراوِرَة وهم لا يحصون كثرة كالقوّاد اللاحقين بالامرآء ثمّ الطرامخة [l] وهم النَّنّآء [m] وارباب النعم من اهل القسطنطينيّة

---

a) B. sine artic. *b*) Conjectura supplevi. *c*) L. بالطرقشيش. Est thema tertium *τὸ τῶν Θρακησίων*, apud Constantin. Porphyrog. p. 22 (ed. Bonn.). *d*) *Ὀψίκιον.* *e*) L. بالبلقلار, B. بالبقلار. *Βουκελλαρίων.* *f*) *Νούμερα*; vid. Georgius Codinus *de aedificiis*, p. 76. *g*) B. الطرقسيس والابسيق. *h*) L. et B. عشرون. *i*) Verba sequentia minus perspicua sunt. Fortasse post وهو excidit الفرخ ثم. Ibn Khordádbeh (p. 92) inter Wezirum et Logothetam distinguit. Sed in Codini Curopalatae libro de officialibus palatii (p. 10) *ὁ ἔπαρχος* inferior gradu est logothetâ. Cf. porro Reiske ad Const. Porph. *de Cerim.*, p. 37 seq. *k*) Videtur addendum اللغثيط. *l*) Graece *τουρμάρχαι*. Ibn Khordádbeh et Kodáma singularem scribunt طومرخ. Jacut, II, p. ٨٦٤, 16, ٨٦٥, 8 طرموخ. *m*) Codd. النفاه.

ومنهم يكون الارتفاع الى الزرورة والبطرقة وكلّ مولود يولد بالقسطنطينيّة للطرامخة فللملك عليه جراية من وقت يولد الى آخر عمره يدرج فى اسباب الزيادة فى اعطيته وارزاقه عند درج بلوغه ويكفله بقدر[a] استحقاقه للزيادة عند تعلّقه باسباب الرياسة من علم او صعلكة وتقدّم فى اسباب الشجاعة وترسّم بالرأى والفهم الّا ان يترهّب ويستغنى عن العطآء فيعفيه الملك ۞

وممّا اعلمه انا فى وقتنا هذا انّى دخلتُ[b] من مَيّافارقين اريد بلد الروم فنزلنا على حصن الهيباج مرحلة ٦ فراسخ ومنه الى حصن ذى القَرْنَيْن وهو حصن منيع مرحلة خفيفة ومنه الى مدينة الارديس[c] وكانت للمسلمين ٧ فراسخ ومنها الى ضيعة القسّ[d] ٣ فراسخ ومنها الى هيباب[e] مدينة ايضًا ٥ فراسخ ومن هيباب *الى قرية الكليس ٦ فراسخ ومن الكليس الى الكُلْكُس قرية ٣ فراسخ ومنها[f] الى حصن زياد ٤ فراسخ ومن حصن زياد الى تلّ أَرْسَنَاس ٣ فراسخ وعبرنا الفرات[g] الى قرية تعرف بالحمام ٤ فراسخ ومنها الى مَلَطْيَة ٤ فراسخ وعبرنا الى عَرْقا[h] مدينة عامرة ٤ فراسخ ومنها الى ضيعة فى وادى الحجارة ووادى النقرة[i] وهو آخر عمل الاسلام كان ٦ فراسخ ومنها الى الرُّمّانة[k] قرية وحصن ٦ فراسخ ومن الرمّانة الى سَمَنْدُو ١٠ فراسخ* ولم اترك الاستخبار فى خلال ذلك قبله وبعده من صعاليك ديار ربيعة ومَن أُسر غير دفعة ببلد الروم وخرج سارقًا لجماعة من المسلمين والروم لعلمه بالبلد ومعرفة نواحيه وفودى به عن ارتفاع بلد الروم وما فيه من المرافق للملك واللوازم والقوانين الموضوعة له فى كلّ سنة فالفيتُ ذلك دون جبايات المغرب بكثير كبير والفيتُ ذلك كالهدايا والضرائب على النواحى يزيد وينقص على قدر محلّ المتّلبين[l] لها ومن اعظم جباياتها واكثر اموالها ضريبة

---

a) Codd. وبقدر. b) B. رحلت. c) Edrîsî (II, p. 314) Cod. B. semel الارديسو. d) B. القشّ. e) B. semel هباب, Edrîsî هيبات. f) Haec in Edrîsî desunt. g) Inserendum videtur (collato Edrîsî): الى تل بطريق ٣ فراسخ ومنها. h) Edrîsî Cod. B. غرقة, Jacut عرقة. i) Edrîsî وادى البقر. k) Edrîsî Cod. B. male الزمانة. l) L. et B. المتلبين.

بلد أَطْرَابَزَنْدَة وأَنْطالِيَة المجعولة لِما يرد من بلد الاسلام ممّا يؤخذ من سواحل الشام ومراكبهم ويغنم بالمراكب والشرنديات الحربيّات والشوانى *وتباع المسلمون[a] ويقام من اثمان مراكبهم والامتعة الّتى فيها ضريبة الملك ويستاثر القيّمُ على ذلك بما يزيد على مال الملك من اثمان الامتعة والمراكب والمسلمين، واخبرنى عدّة ثقات عارفون بحال بلد الروم مواطئون[b] لحديث عيسى بن حبيب النجّار انّ ضريبة انطالية[c] على صاحب المراكب المجعول اليه قصد بلد الاسلام سقطت وكانت فى سالف الزمان واوّل ما دار لهم الظفر بالمسلمين وذلك بعد سنة ٣٠٠ قناطير ذهب تكون مع اللوازم الّتى تلحقها والهدايا ثلاثين الف دينار ومائة اسير فى كلّ سنة ولمّا زاد من خذلان مجاوريهم من العرب[d] بانهتاكهم صارت بالامانة فتاتى فى كلّ سنة اضعافًا مضاعفة يتّليها رجل منهم يشهد له الجميع بالامانة والديانة والحرص على الجهاد والنفاذ[e] فى مقاومة المسلمين بالعناد والعلم بمضارّهم من حيث يكون فى نفسه متعبّدًا على نحلتهم رحيمًا باهل الملّتين، وامّا اطرابزندة فالّذى عليها ان يعشر القماش الداخل اليها والخارج عنها وترد على صاحبها هدايا هى برسم الملك وما سمعتُ احدًا يذكر انّها بلغت منذ عرفت هذه الضرائب واخذت ملطية وشمشاط[f] وحصن زياد[g] عشرة قناطير ذهبًا تصير[h] الى السلطان[i] وللمتولّى هذا العمل ايضًا شىء من التجّار يصل اليه بحقّ قيامه وشىء ممّا يصل الى الملك ۞ فامّا غزو البحر من جهتهم وقيام مراكبهم الحربيّة والشرندية والشينية[k] فانّه يؤتى الى كلّ ضيعة تقارب البحر فيؤخذ من كلّ دخان اى كلّ بيت ديناران ويُجْمَع ذلك ويُدْفَع الى النافذين فى البحر اثنا عشر دينارًا لكلّ انسان وياكل ممّا آفاء الله عليه ومنّ الملك ولا شىء له فى الغنيمة من ثمن مسلم او متاع او مركب وكلّ ذلك متوفّر على

---

a) Sic. Videtur restituendum ويباع بها من المسلمين. b) L. et B. مواطى. c) L. انطاليّه. d) L. المغرب. e) L. et B. والنفاد. f) L. وبشمشاط. g) Repetitur بلغت. h) L. et B. يصير. i) In L. sequitur, in B. superscribitur الملك. k) L. et B. والسينية.

الملك فاذا قبضوا ارزاقهم أصلحوا ما احبّوا من مركب وآلة له او مرمّة لمركب قديم فى ايديهم وما يبقى[a] من المال المجموع من هذه الجهة يصرفه المتولّى للبحر حيث يراه بعد حمله معه الى بلد الاسلام وفراغه ممّا قصد له، وامّا غزوهم فى البرّ فانّ نقفور اخذ من كلّ دخان اعنى البيت الّذى يسكنه رئيس منهم يملك خدمًا وغنمًا وبقرًا وجنانًا ومزدرعًا فى حال متوسّطة عشرة دنانير عينًا ذهبًا وازنة والرجل فوق هذه الطبقة فى القوّة عليه رجل بسلاحه ودابّته وقوامه ومؤنه ونفقته[b] له ثلاثون دينارًا وبهذا اتّجه لنقفور ما اتّجه فى المسلمين لا انّه فرّق مالًا من عنده او لزمه درهم فما فوقه من خزائنه بل ربح[c] فى خلال ذلك فى جمعه هذه الاموال وعند صرفها فى النفقات اموالًا خرج بها الى بلد الاسلام وعادت معه فاحتجنها وكانت جبايته لهذه الاموال على هذه الجهة السبب فى مقت النصرانيّة له وبغضها لايّامه وسخطها لبقائه وخوفهم من معاودته لما ضَرِىَ عليه فى بلد الاسلام فجعلوا ذلك سببًا لقتله وطريقًا للحُجّة عليه ۞

وامّا بلد الروم فانّ مشارق بلدانهم المضمومة اليهم والمضافة على مرّ الاوقات الى مملكتهم ما واجه من ناحية الثغور الشاميّة والجزريّة الى آخر حدود ارمينية وشمالها من نواحى البَجَناكية وبَسْجَرْت[d] وبعض بلاد الصَّقالبة ومغربها بعض البحر المحيط وما حاذّ جلّيقيّة وافرنجة من جزيرة الاندلس وبعض بحر المغرب وجنوبهم بقيّة بحر المغرب وبعض ساحل الشام ومصر ۞ والمدن النفيسة قليلة مع سعة رقعتها واتّصال * ايّام آجالها[e] وذلك انّ جلّها جبال وقلاع وحصون ومطامير وقرى تحت الارض وقد استولى الخليج الآخذ من القسطنطينيّة[f] الى اطرابزندة على اكثرها وليس هناك مدينة مشهورة بل على ما وصفته وحددته، ومياههم كثيرة غزيرة وليس يمرّ على وجه الارض مرًّا مستقيمًا وانّما يتغلغل بين الجبال على غير استقامة سير وصوّرتُ غير نهر لهم بل جلّ مياههم ليس[g] جريها على ما[h] فى الصورة شكله لما ذكرته

a) L. et B. تبقى. b) L. et B. ونفقة. c) L. ربيح, B. رنح. d) L. et B. وسحرت. e) L. et B. ايامًا حالها. f) L. القسنطنية, B. القسطنية. g) L. et B. ولبس. h) L. om.

لكنّى[a] تحرّيتُ اصل مخرجه الى حين مصبّه فشكلته على ذلك ✿ وبلد الروم عند كثير من خاصّة الاسلام بخلاف ما هو عليه وبه عند عامّتهم من عظم المحلّ وجليل الخطر ووفور الدخل وقوّة الرجال وكثرة الاموال وسعة الاعمال ولهم[b] عند جميع من له ادنى ميزة وبحث عن حقائق الاحوال ومعرفة باقطار الارض والممالك وسكّانها والجبايات فيها لا تقارب شان المغرب ولا تدانيه ✿ وقد ذكرتُ هذا البحر وما عليه من المدن والبقاع من حدّ طنجة ونواحيها الى ارض مصر الى آخر الشام الى أَوْلاس ممّا كان فى ايدى المسلمين وشكلتُ ذلك الى اطراف بلد الروم وما دون الخليج وبعده الى الارض الصغيرة واثبتُّ فيه اكثر ما بعد الخليج من ورآء ارض القسطنطينيّة ونواحى بَلْبُونَس[c] وجون البَنَادِقِيّين وارض قلّورية وروميه والانكبردة وجلّيقيّة وافرنجة، *والّذى يحادّ[d] نواحى اولاس ممّا على هذا البحر جبال لا تحدّ لكثرتها يقال لها اقْلِيمِيَّة واقليميّة مدينة كانت للروم قديمًا اتى عليها الاسلاميّون وبعض ابواب طَرَسُوس كان يسمّى باب اقليميّة منسوب اليها وهذه الجبال آخذة يمينًا وشمالًا للبحر[e] وغيره وليست اقليميّة على البحر ولا قريبًا من شطّه وسيفه ✿ واذا جزتَ هذه المواضع بنحو مرحلة نزلتَ بالمكان المعروف باللّامس[f] قرية على شطّ البحر كان الفدآء يقع فيها بين المسلمين والروم فيكون الروم فى مراكبهم والمسلمون فى البرّ ينفادون ✿ وتتّصل هذه الناحية باقليم اجيا[g] معدن الميعة الّتى تجلب الى جميع الارض فى البرّ والبحر من هذا الرستاق والناحية، ويمتدّ البحر الى أَنْطَالِيَة وبينهما اربعة ايّام بطاروس جيّد ومثلها فى البرّ وانطالية حصن منيع ورستاق عظيم مضاف الى حصن انطالية وليس للملك عليه دخان ولا لازم من صغير ولا كبير ولا

---

a) L. لكن. *b*) Vocabulum excidisse videtur e. g. تـوكـيـد „iis (nempe viris primariis illis qui aliter sentiunt de potentia (ما هو عليه وبه) regni Byzantini quam vulgus) *assentit* quicunque cet." *c*) L. et B. بـلـبـونـس. *d*) L. et B. الذى تحاد. *e*) L. et B. البحر. *f*) L. بالامس, B. بالامش. *g*) L. et B. h. l. احـيـا. Est 'Αγία Constantini Porph. (*de Thematibus*, p. 38), hodie *Alaja*.

طريق لغيره بوجه من الوجوه وفيه صاحب بريد ومرتّبون[a] بالبغال والدوابّ فى البرّ ومرتّبون[a] فى البحر لنقل الحوائج والخرائط والكتب، ومن اجيا المذكورة اذا اقلع فى اللجّ مسيرة اربعة ايّام الى ارض مصر، وبين[b] انطالية والقسطنطينيّة[c] ثمانية ايّام فى البرّ على دوابّ البريد وفى البحر على الطاروس خمسة عشر يومًا والارض الّتى بينهما عامرة ماهولة مسكونة لا تنقطع سابلتها من نواحى انطالية ورستاقها وهو[d] رستاق كثير الخير والمير الى خليج القسطنطينيّة[e] وعليه سلسلة ممتدّة لا تعبر عليها سفن البحر الّا باذن وعلامة كالمرصد ويقع الخليج فى بحر الروم من البحر المحيط وذلك[f] انّه يخرج من نفس الشمال على طرف من البرّيّة الّتى لا تسلك بردًا فيمضى بقطر من اقطار ياجوج وماجوج ثمّ يمضى فيخرق بلد[g] الصقالبة فيقطعه قطعتين، ويتوسّط بلد الروم من ورآئه الى المغرب بلاد أثينَاس[h] ورُومِيَة وكلاهما ذوات اعمال ورساتيق وبلدان ومدن مضافة اليهما وبرسمهما وقرى ومزارع وقصور وحصون وملوك على قدر صالح ورومية واثيناس[h] مدينتان بهما مجمع النصارى وتقربان[i] من البحر، فامّا اثيناس[k] فهى دار حكمة[l] اليونانيّين وبها تحفظ علومهم وحكمهم ورومية ركن من اركان ملك النصارى وذلك انّها كرسىّ للنصارى ولهم ايضًا كرسىّ بانطاكية وكرسىّ بالاسكندريّة[m] والكرسىّ الّذى ببيت المقدّس محدث لم يكن فى ايّام الحواريّين واتّخذوه بعدهم ليعظم به بيت المقدّس ۞ ثمّ تتّصل ارض قَلَوْرِيَة بارض أَنْكُبَرْدَة واوّل ذلك ارض ستورى[n] ثمّ نواحى مَلَّف ومدينة ملف اخصب بلدان انكبردة وافضلها واجلّها حالًا واكثرها يسارًا واموالًا، وتتّصل ارض ملف بارض نَابُل[o] وهى مدينة صالحة

---

a) L. et B. ومرتبين. *b*) L. ومن. *c*) L. et B. والقسنطنيه. *d*) Additur in L. et B. على. *e*) L. et B. القسنطينه. Fortasse deinde cum I. inserendum وهو خليج مالح. *f*) Cf. Dimaschkí, p. ١٤٣, 18 seqq. *g*) L. et B. بلاد. *h*) L. اهمساس, B. ادمماس. *i*) L. et B. ويقربان. *k*) L. ابنيباس, B. ادنماس. *l*) L. كلمه. *m*) B. بالاسكندرونه. *n*) B. سمورى, Jacut, IV, p. ١٦٧, 19 سلورى. Amari (*Bibl. Sicul.* p. ١٠) jubet legere سَلَرْنَى. *o*) L. بابل, B. om. ملف بارض.

بحال[a] دون ملف فى كثير من الاحوال واكثر اموال نابل من الكتّان وثياب الكتّان ورايتُ بها منه ثيابًا لم ار بسائر اقطار الارض لها شبيهًا[b] ولا يستطيعها صانع فى جميع طرز الارض وهو ثوب يعمل مائة ذراع فى خمسة عشر *الى عشر[c] ويباع الثوب منها بمائة وخمسين رباعىّ وزائد وناقص، ويتّصل نابل بارض غَبْطَة[d] ثمّ تتّصل ديارهم بافرنجة على ساحل البحر الى ان تحاذى صقلّيّة وتجاوزها الى ان تتّصل بطرطوشة من ارض الاندلس ❁

وفى هذا البحر جزائر صغار وكبار وجبال عامرة للمسلمين والروم فامّا المعمورة بالناس والاسلام فى وقتنا هذا فصقلّيّة وهى اكبرها واكثرها عدّة واشدّها باسًا وهى ناحية قريبة من الافرنجة طولها سبع مراحل فى اربع ❁ وكان للمسلمين فيه غير جزيرة جليلة وناحية مشهورة فاستولى العدوّ عليها مثل قُبْرُس واقْرِيطِش وكانتا جزيرتين كثيرتى الخير والمير والتجارة والوارد منها والصادر عنها وكانوا يغزون بلاد النصرانيّة وينكون فيها النكاية الظاهرة يوجبها لهم قربهم من مطالبهم ومجاورتهم بمساكنهم فصمدت النصارى صمدها ووكدت وكدها الى ان مُلِكتا جميعًا وكانت قبرس على غير ما كانت اقريطش عليه من موافقة[e] كانت بينهم وبين المسلمين فيها وذلك انّها قسمان فكانت نصف للمسلمين ونصف للنصرانيّة وكان للمسلمين بها امير وحاكم، وجزيرة اقريطش حُرّة[f] مذ كانت فُتحت[g] لم يكن للنصرانيّة فيها مدخل ولا مخرج الّا على طريق الجهاد او فى حين الهدنة والمسالمة يدخلونها على شرائط بينهم ❁ ومَيُرْقَة جزيرة لصاحب الاندلس وكذلك جبل القلّال يضاف الى ذلك العمل وليست ميرقة بالمدانية لصقلّيّة فى حال من الاحوال وان كانت ذات رخص وخصب وسائمة ونتاج فانّها تقصر عن صقلّيّة فى العدّة والعتاد والقوّة على الجهاد وكثرة التجارة ووفور العمارة ❁ ومن الجزائر المشهورة غير العامرة جزيرة خالصة[h] وهى واسطة بين صقلّيّة

---

a) B. om. *b*) L. et B. شبيه. *c*) B. om. *d*) L. عيطة, B. عبطة. *e*) L. et B. موافقته (sic). *f*) L. et B. حده. Conjectura edidi. *g*) Conjectura supplevi. *h*) Ibn Djobair, p. ٣٥. خالطة, Kazwînî, I, p. ١٢٤ et II, p. ١١٧ جالطة.

واقريطش ✿ وكانت اقريطش وقبرس للمسلمين وابناء المجاهدين فداخل اهلهما من الحسد والنكد ما داخل اهل الثغور الجزرية[a] والشاميّة * واهل ذلك البلد[b] من الفسق والفساد والشحّ والعناد والغيلة والنصاق فجُعلوا عبرة للمعتبرين وموعظة للناظرين وَلَنْ يُصْلِحَ ٱللّٰهُ عَمَلَ ٱلْمُفْسِدِينَ وَلَا يُضِيعُ أَجْرَ ٱلْمُحْسِنِينَ[c]، وقد ذكرتُ انّ من جَبَلَة الى جزيرة قبرس يومين ومنها الى الجانب الآخر من ساحل بلد الروم كذلك وممّا يكون بها المصطكى الجيّد والمبعة الكثيرة والحرير وشىء من الكتّان وبها من القمح والشعير والخصب ما لا يحدّ[d] ✿ وجبل القلّال جبل قديم على مرّ الزمان فيه مياه واراض وعمارة وحرث يقوت[e] من نجا[f] اليه فوقع اليه قوم من المسلمين فعمروه وصاروا فى وجوه الافرنجيّة لا يقدر عليهم لامتناع مواضعهم ومقداره فى الطول نحو ميلين ✿ وليس فى البحار[g] اعمر حاشية من هذا البحر لانّ العمارات فى الجانبين ممتدّة غير منقطعة ولا ممتنعة وسائر البحار[h] تعترض فى شطوطها المفاوز والمقاطع وقد الحّ الروم فى وقتنا هذا على المسلمين الّذين على سواحله بالغارات واختطاف مراكبهم من كلّ جهة ولا غياث[i] لهم ولا ناصر والملك فيهم حقير ذليل، وهو جامع مانع والعالم يسرق ولا يشبع ويفتى بالتاويل،، على ما يختار ولا يخلف معاذًا[k] ولا مرجعا، والتاجر فاجر لا يعاف حرامًا ولا مطمعا،، والزاهد ذئب اذرع[l] فى كلّ بليّة يشرع، وبكلّ ريح يقلع،، فالثغور والجزائر الى الاعداء مسلمة، والارض الى الله من اربابها متظلّمة،، وهذه جملة صفة هذا البحر وما عليه من العمارة والاعمال، وذكر ما يحتاج اليه منه فى كلّ حال،، ✿

الجزيرة

واما الجزيرة الّتى بين دجلة والفرات وتشتمل[m] على ديار ربيعة ومضر[n]

---

a) L. et B. والجزيرة. *b*) Fortasse haec verba delenda sunt. *c*) Qor. 10 vs. 81 et 3 vs. 165 cet. *d*) B. دبجد, L. يجد. *e*) L. et B. تقوت. *f*) B. لجا. *g*) B. التجاره, L. المجار. *h*) L. et B. التجار. *i*) L. عناث. *k*) L. معاذا. *l*) L. et B. ادرع. *m*) L. تشتمل. *n*) L. et B. in marg.

فمخرج الفرات من داخل بلد الروم على ما سلكته من ملطية على يومين ويجرى[a] بينها وبين المدينة المعروفة بشمشاط[b] وكانت للمسلمين ويمرّ عليها وعلى جسر منبج وبالس الى الرقّة وقرقيسيا والرحبة وهيت والانبار وينقطع حدّ الفرات ممّا يلى الجزيرة ثمّ يعود حدّ الجزيرة فى سمت الشمال الى تكريت وهى مدينة على دجلة حتّى ينتهى عليها مصعدًا الى السنّ ممّا يلى الجزيرة والى الحديثة والموصل ويصعد دجلة الى جزيرة ابن عمر *ثمّ يتجاوز[c] الى آمد فينقطع حينئذ حدّ الجزيرة وتصعد دجلة على اقلّ من يومين فى حدّ ارمينية ثمّ يعود الحدّ مغربًا الى سميساط ثمّ ينتهى الى مخرج[d] مآء الفرات فى حدّ الاسلام من حَيْث ابتدآته ومخرج[e] دجلة وان كان فى بلد الروم فطالمَا كان فى يد الاسلام وعلى يمين[f] دجلة وغربىّ الفرات مدن وقرى تنسب الى الجزيرة وهى خارجة منها وبائنة عنها ساذكرها بما يدلّ على حالها ان شآء الله تعالى[g]☆

قد اتّفق العلمآء بمسالك الارض وبعض الحسّاب المشار اليهم بعلم الهيئة فيما تواصفوه من صفات الارض انّها مصوّرة على تصوير طائر فالبصرة ومصر الجناحان والشام الراس والجزيرة الجُؤجُو واليمن الذنب وهذه حكاية تحتاج الى *تفريع وتقرير[h] جامع وفهم صحيح لتقف على حقّ ذلك من باطله وموقع الجزيرة قريب ممّا قالوه ان وجب ان يكون الشام راسًا[i] لهذا الطائر، والجزيرة اقليم جليل بنفسه شريف لسكّانه[k] رَفِهٌ بخصبه كثير الجبايات وان كانت الاحوال والاموال والدخل على سلطانه[l] تغيّر حالها[m] بتغيّر الجزيرة واختلّ بهلاك رجالها وارباها وتنصُّر[n] ابطالها وسمعتُ رئيسًا[o] من علمآء البغداديّين[p] يذكرها فقال هى معدن الابطال، وعنصر الرجال،، وينبوع الخَيْل

a) L. et B. وتجرى et deinde وتمر. b) I., p. ٧١, ult. سميساط ut quoque Mas'udí, I, p. 215. c) L. ....واوز. d) L. et B. مجمع. e) L. et B. ويخرج. f) Lege يسار. I., p. ٧٣, 6 شرقى. g) Sequitur وهذه صورة الجزيرة. h) B. tantum تقرير sed in marg. تعرديع. i) L. رسًّا. k) P. بسكانه واهله. l) L. السلطان, P. لسلطانه. m) L. et B. حاله. n) P. وتضرر. o) L. ريسًّا. p) B. البغداذيين.

والعدّه، وينبوت [a] التّحيْل والشدّه [b]،، ۞ وأمّا حدودها ومسافاتها [c] فمن مخرج الفرات فى حدّ ملطية الى سميساط يومان ومن سميساط الى جسر منبج ٤ ايّام ومن الجسر الى بالس ٤ ايّام *ومن بالس الى [d] الرقّة يومان ومن الرقّة الى الانبار ٢٠ يومًا ومن الانبار الى تكريت يومان فى نفس البرّيّة ومن تكريت الى الموصل ٦ ايّام ومن الموصل الى آمد ١٤ يومًا ومن آمد الى سميساط ٣ ايّام ومن سميساط الى ملطية ٣ ايّام، ومن الموصل الى بَلَد مرحلة ومن بلد الى نصيبين ٥ مراحل ومن الموصل الى سنجار ٣ مراحل ومن سنجار الى نصيبين ٥ مراحل ومن نصيبين الى راس عين ٣ مراحل ومن راس عين الى الرقّة ٤ ايّام ومن راس عين [e] الى حرّان ٣ ايّام ومن حرّان الى جسر منبج يومان ومن حرّان الى الرُّها يوم ومن الرها الى سميساط يوم ومن حرّان الى الرقّة ٣ ايّام، ومن الرقّة الى قرقيسيا ٤ ايّام ومدينة الخانوقة فى وسط الطريق ومن الخانوقة الى عَرَابان ٤ مراحل ومن عَرَبان الى الجبال [f] مرحلتان، ومن ماكسين الى المنخرق يوم والمنخرق بحيرة بين ماكسين والفرات استدارتها مساحة جريب او ازيد بقليل وفيها مآء ازرق عذب كالزلال لا يعرف قعرها ولا تعلم كيفيّتها وذلك انّها اعتبرت ليعرف مقدارها ومقدار مآئها بالوف اذرع من الحبال بالمثقلات فلم يجدوا لها قرارًا ولا فى يد احد منها علم ولا حقيقة ۞ وعلى ظهر الخابور بنواحى عربان بالبعد من الخابور عن مرحلة مدن كثيرة قد غلبت عليها البادية فحكمهم دون اهلها فيها امضى وامرهم فى غلّاتهم واموالهم انفذ واعلى كالعُبَيديّة [g] والجشيشيّة وهذه مدن عليها اسوار كثيرة لا تحصى وقد لجأ الى * الخفائر والادمّة [h]

---

a) L. وبنوت, B. وبيوت, P. ويبيبوب. *b*) P. التحيّل والسدّة. *c*) L. ومسافتها.
d) L. et B. والى. *e*) L. et B. h. l. العين. *f*) Nempe جبال سنجار, vid. infra et cf. I., p. ٧٣, 4 a f. et ann. *o* et p. ٧٤ ann. *h*. Post مرحلتان fortasse excidit: ومن عربان الى ماكسين مرحلة, cf. I., p. ٧٤, ann. *h*. *g*) L. et B. h. l. كالعبدية. Deinde B. والحشيشه. *h*) L. الخضاير والازمة, B. الخضاير والادمه.

اهلُها وكلُّ من ساقهم تبعوه وكلّ من خانوه اطاعوه فاذا ملك الفرات سلطان قادر امنوا واذا ضعف السلطان بنواحيهم هلكوا وغُنِموا۞

وكان من اجلّ بقاع الجزيرة واحسن مدنها واكثرها فواكه ومياهًا ومنتزهات وخضرة ونضرة الى سعة غـلّات من القمح والشعير نَصيبينُ وهى مدينة كبيرة فى مستواة من الارض ومخرج مآئها على[a] شعب جبل يعرف ببالوسا وهو انزه *مكانًا بها[b] حتّى ينبسط فى بساتينها ومزارعها ويدخل الى كثير من دورها[c] وكان لهم مع ذلك فيما *تقدّم من[d] المدينة ضياع مباخس كثيرة[e] جليلة عظيمة[f] السائمة دارّة الغلّات والنتاج معروفة الفرسان مشهورة الشجعان *وديارات نصارى[g] تقصد للنزهة[h] ولم تزل على ما ذكرتُه من اوّل الاسلام[i] تضمَّن بمائة الف دينار الى سنة ٣٣٦.[k] فاكبَّ عليها بنو حمدان *بصنوف الجور وتجديد الكلف[l] الى ان حمل ذلك بنى حبيب وهم بنو عمّ بنى حمدان الى ان خرجوا بذراريّهم *ومواشيهم وثقلهم فى اثنى عشر الف[m] فارس على فرس عتيق وسلاح شاكّ من درع وجوشن مذهّب ومغفر مدبّج وسيف فارد[n] ورمح خطّىّ وآلة وعدّة[o] على بلد الروم مطلّة[p] فقمع بها شوكتهم ويسبون بها ذراريّهم ويخربون[q] حصونهم ويخوضون[r] ديارهم

a) P. ut I. من. Deinde P. شُعَب. b) P. مكانٍ. c) P. add.: ويعدق (l. ويغدق) البُرك التى فى قصورها. d) P. بعد على, I. بعد عن. e) P. كبار. f) P. add. غزيرة et والكراع post السائمة. g) P. الى ديارات النصارى وبيع وقلّايات. h) P. add.: للفُرجة والفُرَج (?) وينتج. i) P. add.: معروفة بكثرة الاثمار ورخص الاسعار et deinde يتضمن. k) P. ٣٣٠. l) P. بصروف الظُلْم والعُدْوان ودقائق الجور والغُشْم وتجديد رسوم ما عرفوها وكُلَف نوائب ما عهدوها الى المطالبة ببيع الضياع والمُسقّف من العقار. m) P. وعبيدهم ومواشيهم وخفهم الذى يمكن بمثله النقلة ومن ساعدهم من جيرانهم وشاركهم فيما قصدوا به الغَصْب لعقارهم فى نحو خمسة الاف. n) L. فاره, B. فاره; P. صقيل. o) P. add.: ثم نزل. p) P. مُطْلَة et deinde يسبى ذراريهم ويقمع الخ. In textu legendum videtur تقمع. q) P. add.: بالاستطالة. r) B. ويخوصون, P. ويخرسون.

تقدّمهم[a] كهذه العدّة لهم من جنائب عتاق وبغال فرّه عليها الخدم والموالى فتنصّروا باجمعهم واوثقوا ملك الروم من انفسهم بعد ان احسن لهم النظر فى انزالهم على كرائم الضياع ونفائس الحباء والمتاع وتخييرهم فى القرى والمواشى[b] ورفدهم *بالنواحى والمواشى العوامل[c] وعادوا الى بلد الاسلام على بصيرة بمضارّه[d] وعلم باسباب فساده وخبرة بطرقه ومعرفة بدقّه وجلّه وقلوبهم تضطرم حقدًا وتفور كيدًا وقد كاتبوا من خلّفوه ولاطفوا من عرفوه بقصد آل حمدان له فى ماله وضياعه فاطمعوهم فيما نالوه وعرّفوهم ما رجعوا اليه وجاؤوا[e] فيه من قصد بلد الاسلام واجتياحه واصطلام بقاعه ونواحيه وانّ الملك ايّدهم[f] وقوّاهم وانعم عليهم وآواهم فلحق بهم كثير من المخلّفين عنهم[g] وانتمى اليهم من لم يك منهم فشنّوا الغارات على بلد الاسلام وافتتحوا حصن منصور وحصن زياد وصاروا الى كفرتوثا ودارا فاتوا عليها[h] بالسبى والقتل والحقوا اسوارها بالارض[i] وصارت لهم تلك عادةً وديدنًا يخرجون كلّ سنة عند اوان الحصاد[k] الى ان اتوا على ربض نصيبين بنفسها[l] والغربىّ من ضياعها وتعدّوا ذلك الى ان وصلوا الى جزيرة ابن عمر فاهلكوا ظاهرها وسحقوا راس عين[m] واعمالها وساروا الى الرقّة وبالس وعادوا الى ميّافارقين وارزن فاخربوا قراها وضياعها واحرقوا[n] اشجارها وزروعها الى ان جعلوها كالخاوية على عروشها وتزايدت[o] ثقة الملك بهم والروم[p] الى ان جعلوا لهم الارزاق والاعطية وصاروا خاصّة الملك[q] وفتحوا له المضايق وتقدّموا فى المسالك واطمعوه على مرّ الايّام وتعاقب الاعوام وهلاك السلطان والاسلام[r] فى انطاكية والمِصّيصة وحلب وطَرَسُوس فدار لهم عليها ما كان

---

a) L. et B. بقدمهم. Deinde B. لهذه. P. haec ad والمولى om. b) P. والمنازل. c) P. بالمواشى والاموال. d) P. نصيرة نصارة. e) B. وجاوروا. f) B. ايدبهم. g) P. ممن تخلّف عنهم. h) P. عليهما et deinde اسوارهما. i) P. add. وضروا بذلك. k) P. الغلّات. l) P. نفسها. m) P. العين, L. ساجين. n) P. وحصدوا. o) L. وتزايدو. p) P. add. فى السكوت اليهم. q) P. add.: وآراء العرب اثقف من آراء الروم لما يقترن بهم من الجسارة والبسالة. r) P. وفقر الخواص والعوام.

القضآء قد سبق به والمقدار قد نفذ فيه وعمد المعروف كان بناصر الدولة الحسن بن عبد الله بن حمدان الى نصيبين فاكتسح اشجارها وبذل ثمارها *وغوّر انهارها واستصفاها[a] عمّن دخل الى بلد الروم واشترى *من بعض قوم واغتصب آخرين[b] فملكها الّا القليل وجعل مكان الفواكه الغلّات *والحبوب كالقطن[c] والسمسم والارزّ فصار ارتفاعها *اكثر ممّا[d] كانت عليه وزادت ربوعها[e] فسلّمها الى من بقى من اهلها ولم يمكنهم النهوض عنها وآثروا فطرة الاسلام ومحبّة المنشأ حيث قضوا ايّام الشباب على مقاسمة النصف من غلّاتها على اىّ نوع كانت وعلى ان يقدّر الدخل[f] ويقوّمه عينًا ان شآء او ورقًا ويعطى الجواب لمن وجب له حقّ المقاسمة فيكون دون الخمس فلم يزالوا على ذلك معه *الى ان الحقه الله بسلفه[g] فَمَا بَكَتْ عَلَيْهِمُ ٱلسَّمَآءُ وَٱلْأَرْضُ وَمَا كَانُوا مُنْظَرِينَ واهلها مع ولده[h] فى وقتنا هذا على اقبح ما كانوا عليه مع والده من تقدير يستغرق اكثر الغلّة وتقويم ما يبقى من سهم المزارع بثمن يرونه ويحمل[i] الى مخازنهم واهرآئهم اصابتَه فيقبض منه ما يحتاج لبذره ويرضخ له ما يقدّره متمسّكًا لرمقه وعيشه بالجهد، واعمال نصيبين اربع قِسَم لها اربعة من العمّال وحضرتُها فى سنة ٣٥٨ وقد رُفع تقريرها عن توسّط الى ابى تغلب بن عبد الله بن حمدان فكان حاصلها من حنطة وشعير وارزّ وحبوب عشرة آلاف كرّ فأُخرج تقويم اسعارها على خمس مائة درهم الكرّ فكان المال على التقرير المذكور خمسة آلاف الف درهم ورُفع لها من الجماجم عن جواليها ولوازمها مع الزيادات فيها خمسة آلاف دينار ورفع لها عن عشور اللطف وهى[k] ضرائب الخمر خمسة آلاف دينار وارتفاع عرصات القوانين الماخوذة عن الغنم والبقر والدوابّ والبقول خمسة آلاف دينار

a) L. et B. وعواريها واستقصاها. b) P. من آخرين غصبًا وجبرًا. c) P. بالحبوب والقطن. d) P. اضعاف ما. e) Videtur legendum ريوعها. f) L. الداخل. g) P. ومع ولده الغضنفر الى ان لحقا باسلافهما. Verba seqq. sunt ex Qor. 44, vs. 28. h) L. ذلك. i) L. ويحمل et mox ويرضح. k) L. et B. وهو.

ورفع ما يقبض من الطواحين فى القصبة والضياع المقبوضة *والمشتراة وغلّات العقار والمسقّف من الحمّامات والدكاكين سبعة عشر الف دينار[a] وكانت اعمال دارا[b] فى الربع الشمالىّ وطُور عَبْدِين ايضًا وهو اعظم رساتيقها ورفع تقرير رستاق ابنيسن وهو بجوار طور عبدين كان لسيف الدولة بالفى كرّ حبوب قوّمت على السعر المذكور الف الف درهم ورفع عصيرها واسقآؤها وجماجمها وعرصاتها وطواحينها بثلاثين الف دينار هذا على انّ جلّ البلد قد خرب[c] وناسه قد هلكوا ليُوبق الله مُتّلىَ ذلك بما يُمْلى له ويزيد كربه من تثمير الظلم وتوفيره ولكلّ شىء آخر، وبنصيبين عقارب قاتلة موصوفة، وبالقرب منها جبل ماردِين ومن قرار الارض الى ذروته قدر فرسخين وعليه قلعة لحمدان بن الحسن بن عبد الله بن حمدان تعرف بالباز الاشهب[d] فى بلد الروم لا يستطاع فتحها عنوة وبجبلها حيّات موصوفة تفوق الحيّات فى سرعة القتل وبجبل ماردين هذا جوهر للزجاج جيّد ويحمل منه الى سائر بلدان الجزيرة والعراق ايضًا ۞

وامّا المَوْصِلُ فمدينة على غربىّ دجلة[e] صحيحة التربة والهوآء وشربهم من مآء دجلة وفيها نهر يقطعها فى وسطها وبين مآئه ووجه الارض نحو الستّين ذراعًا وزائد وناقص ولم يكن فيها[f] شجر ولا بساتين الّا الشىء القليل اليسير فلمّا كان فى وقتنا هذا غرست فيها الاشجار وكثرت[g] الكروم والفواكه والنخيل والخضر وبها مسكن سلطان الجزيرة[h] ودواوينها ومجبى[i] اموالها وارتفاعها ولها اقاليم ورساتيق ومدن كثيرة مضافة اليها وارتفاع جبايات زادت على ما كان[k] فى سالف الزمان بالظلم والعدوان وذلك انّ ابن حمدان المذكور اغتصبهم ايضًا ضياعهم الخراجيّة واشترى منها القليل بسهم من اعشار ثمنها واستملك رباعها وداخلها وخارجها واستعمل فيها من المحال ما ذكرتُه من سيرته فى بلد نصيبين ....[l] فى كثرة الضياع وفسحة الاعمال

---

a) In B. desunt. *b*) B. درا. *c*) L. خرجت. *d*) Ibn Batuta, II, p. 143 eam appellat الشهباء. *e*) L. et B. المدينة. *f*) B. بها. *g*) L. et B. وكثرة. *h*) P. المدينة. *i*) L. et B. وتجبى. *k*) P. كانت عليه. *l*) Lacuna non indicata.

وعظم المحلّ وكثرة السكّان والاهل وهى مدينة ابنيتها بالجصّ والحجارة *كبيرة غنّاء[a] اهلها عرب ولهم بها خطط واكثرهم ناقلة الكوفة والبصرة وكان بها من كلّ جنس من الاسواق السوق والاثنان والثلاثة والاربعة ممّا يكون فى السوق *مائة دكّان[b] وزائد وناقص وبها من الفنادق والحمّامات والمحالّ[c] ما رغب اليه سكّان البلاد النائية فقطنوها، وجذبهم اليها *رخص اسعارها[d] فسكنوها،، وهى فرضة لاذربيجان وارمينية[e] ولها بوادٍ واحياء كثيرة تصيف[f] فى مصايفها وتشتو فى مشاتيها من احياء العرب وقبائل ربيعة ومضر وقبائل الاكراد كالهكّاريّة والحُميديّة والجليليّة واللاويّة[g] وكانت بها بيوت[h] فاخرة وقوم اهل مروّة ظاهرة لهم[i] من *التناية يسار[k] كبنى فهْد وبنى[l] عمران من وجوه الازد واشراف اليمن وبنى شجاع وبنى اود وبنى زبيد *وبنى ابى خراش والانباريّين والعمريّين[m] وبنى هاشم وغيرهم ففرّقهم[n] جور بنى حمدان، وبدّدهم فى كلّ مكان[o]،، بعد انتزاع املاكهم، وقبض ضياعهم،، واخْراج[p] اكثرهم الى قصد الأطراف[q] بعد ان كانوا مقصودين[r]، وفى ذكر البلد ما

a) Restitui ex P. coll. I., p. ٧٣ ubi sic legendum videtur. b) P. المائة حانوت. c) P. add. والرحاب والساحات والعمارات ما دعت اليها. d) P. رخصها وميرها. e) P. add. والعراق والشام. f) P. يُصيّفوا et deinde ويُشْتوا. g) L. والاويّة. h) P. اسواق. i) Ex P.; L. et B. om. k) L. et B. المماده دسار. Deinde P. add. وباملاكهم ويسارهم على الايام استطالة واقتدار،،. l) P. بن. m) P. وبنى جارود. n) P. فمزّقهم. o) P. صُقع ومكان. p) L. واخراج, B. واخراج, P. واحواج. q) P. add.: والشتات فى اعماق الاكناف،،. r) P. add.: والى السؤال بعد ان كانوا مَسْئولين،، فمن هالك فى نَجْف (نَجَف l.)، ومُضْطهد فى طرف، ومُعرّض للحين والتلف،، اما فى زماننا هذا وهو سنة ٥٦٠ فقد عُمّرت عمارةً لم يكن قط منذ اسّست حتى ان العمارة قد استولت عليها ولم يبق بها موضع فامتدّت العمارة الى خارج السور وصار فى خارجها اسواق وحمّامات وفنادق وغير ذلك من المرافق ولها نواحٍ عريضة ورساتيق عظيمة وكُور كثيرة عزيزة الاهل والقرى والقصور والمواشى الى غير ذلك من اسباب النتاج والسائمة من الاغنام والكراع فمن ذلك رستاق نينوى الخ.

يدلّ على ما كان عليه من العتاد والعدد ووصف ارتفاعه ما يعرب عن حاله ومكانه ويغنى عن ذكر شرفه وشانه وكذلك كلّ بلد ذكرته واذكره فالعبرة بارتفاعه وجباياته هى *الّتى تدلّ[a] على قوّته وقوّة اهله اذ قوام الدنيا بالمال وهذه عبرة لجميع العقلآء ومرآة لسائر الفهمآء وان خرج بالخصوص عن بحر العموم فى هذه القصبة[b] قوم لم نحكم بهم[c] ولم نلتفت اليهم ۞ ولها رساتيق ونواحٍ عريضة[d] كثيرة الاهل والقرى والقصور وفيها رستاق نِينَوَى وكانت لهم[e] مدينة فى سالف الزمان آثارها بيّنة واحوالها ظاهرة وسورها مشاهد وهى البلدة الّتى بُعث اليها يونس بن متّى عمّ *وهى من شرقىّ دجلة تجاه الموصل۞ ويحادّ هذا الرستاق[f] رستاق المَرْج وهو ايضًا *كبير فسيح العمل[g] وفيه مدينة تعرف بسوق الاحد فيه سوق للاكراد ومواعيد معروفة وهى مدينة حصينة كثيرة الخير تجاه الجبل۞ ورستاق حَزّة[h] وهو اقليم ورستاق بينه وبين اعمال المرج الزاب[i] الكبير۞ ومدينة تعرف بكَفَرْعَزّى يسكنها[k] قوم من النصارى يعرفون بالشهارجة[l] ۞ وقَرْدَى وبازَبْدَى[m] رستاقان عظيمان[n] فيهما الضياع الجليلة الخطيرة الّتى تغلّ[o] كلّ ضيعة منها[p] فى السنة نحو الف كرّ حنطة وشعير وحبوب ولها من[q] مرافق الجماجم واللطف ما يقارب غيرها من الضياع ۞ ورستاق نُهَدْرَا[r] وهو ايضًا عظيم جليل الضياع[s] والدخل والمرافق والعائدة۞ ورستاق الخابور[t] وفيه مدن كثيرة واعمال واسعة تجاور[u] رستاق سِنْجَار ونواحى الجبال وللجميع من الدخل الكبير عن

---

a) B. الدليل. b) B. القصه. c) L. فيهم. d) L. om. e) P. به. f) P. مليح فسيح وتجاه هذا الرستاق مع جلالته وعظمه وقُرْبه الى حوزته. g) P. واسع كثير الضياع والماشية والكراع. h) L. et B. حده, P. حزّة. i) L. et B. الزاى. k) L. et B. يسكنه. l) P. add. ذو يَسَار. m) L. et B. وبازندى, P. وبارندى. n) P. add. متجاوران l. متجاوزان. o) P. تكيل. p) P. add. دَخْلًا. q) B. om. r) B. ناهدرا, P. باهدرا. Cf. Beládsorí, p. ٣٣١. Est pro بانهدرى, ut قردى pro باقردى et عربايا pro باعربايا. s) P. المقدار والضياع. t) I. e. خابور الحسنية. u) L. et B. تجاوز.

سائر وجوه الغلّات والفواكه اليابسة والرطبة ۞ ورستاق مَعْلَثَايا a وفَيْشابُور وهما ايضًا رستاقان خطيران معدودان فى نفائس الاعمال ومحاسن الكور بكثرة الغلّات والخيرات والتجارات ۞ وحضرتُ مدينة الموصل آخر مرّة دخلتها سنة ٣٥٨ فالفيتُ ارتفاعها من الحاصل من دون قسمة المزارعين بنينوى والمرج وكورة حزّة b ستّة آلاف كرّ حنطة وشعير قيمتها من الورق ثلاثة آلاف الف c درهم ومن الحبوب والقطانى ثلاث مائة كرّ قيمتها عشرة آلاف دينار ومن الورق ...... d عن وجوه اوجب اجتباؤُها e من جوالٍ وضمانات ومرافق بيت المال عشرة آلاف دينار دون ضياع تعرف بضياع الاخوة فى هذه النواحى الثلاث المقدّم ذكرها دخلها f حاصلًا اربعة آلاف كرّ حنطة قيمتها من الورق الفا الف درهم وتوابعها من واجب بيت المال الفا دينار قيمتها من الورق ثلاثون الف درهم، وقيل انّ اموال الناحية g المتقبّل عرصاتها ومشاتيها وجزائرها والمستغلّات المختزلة من اصحابها والمشتراة وما الى اللطف والجوالى الفا h الف درهم، وذكروا باعَرْبايا i وهى من نواحيها k وحدُّها من باعربايا الى ان تصاقب بازَبْدَى l ودخلها انّ الحاصل دون الواصل بحقّ المقاسمة الى المزارعين ثمانية آلاف كرّ حنطة وشعير قيمتها من الورق m دون زيادة الصنجة وحقّ بيت المال اربعة آلاف الف درهم وفيها من الاجلاب والجوالى وعرصة n برْقعيد الفا دينار وثلاثون o الف درهم، وذكر بازبدى p فقال

---

a) B. مغلثايا. Deinde L. قيشابور. Cf. Jacut in v. Nullus autem dubito eandem regionem significari apud Jacut, IV, p. ٥٩, 15 nomine فيروز سابور

b) L. et B. جره. c) B. om. d) Lacuna non indicata. Suppleri potest مائة وخمسون الف درهم وبها من الاموال. e) B. اجتباها. f) L. et B. يدخلها.

g) Videtur significari regio quae infra appellatur الضيعة المقبلة. h) L. et B. الفى. i) L. h. l. باعربايا, deinde باعُرباثا; B. h. l. باعَرباثا, deinde باغرياثا.

k) L. نواحى. Deinde L. et B. add. رساتيقها. l) L. et B. بازندى. m) L. الورن, B. الوزن. n) B. وعرضه. o) Accuratius وقيمتها من الورق ثلاثون.

p) L. et B. بازندى.

حدّها من الضيعة المعروفة بالمقبّلة والأَحْمَدىّ وباعوشا[a] والبيصاءَ الى حدود الجزيرة ودخلها من الحنطة والشعير الحاصل الفا كرّ قيمتها الف الف درهم ولها من وجوه الاموال المذكورة المشهورة الفا دينار وقيمتها ثلاثون الف درهم، وبانُهَدْرَى[b] وهى من حدّ المُغيثة الى الخابور ومن[c] مَعْلَثايا الى فيشابور الحاصل دون الواصل من المزارعين من الحنطة والشعير ثلاثة آلاف كرّ قيمتها مائة الف دينار وبها من *الاموال عن وجوه اسقاتها ثلاثون الف دينار، وقرى الجزيرة المعروفة بابن عمر وجبل باسُورِين ونواحيه الى طَنْزَى[d] وشَاتَان الحاصل من الحنطة والشعير ثلاثة آلاف كرّ قيمتها مائة الف دينار وبها من[e] المال من وجوه الطواحين والجوالى وما اشبه ذلك ثلاثون الف دينار، والحاصل على التقريب عن جميع اعمالها وجباياتها وعن قيمة عين حمى[f] من الورق ستّة عشر الف الف درهم ومائتا الف وتسعون الف درهم[g] ۞ ومنها مدينة على تسعة فراسخ منها تسمّى الحَديثة كثيرة الصيود واسعة الخير وهى فى ضمن الموصل عملها وبها تجبى اموالها، وللموصل فى وسط دجلة مطاحن تعرف بالعروب قليل[h] نظيرها فى كثير من الدنيا لانّها قائمة فى وسط الماء[i] بسلاسل الحديد فى كل عَرْبَة[k] منها حجران[l] يطحن كلّ حجر خمسين وِقْرًا فى *كلّ يوم[m] وهذه العروب من الخشب والحديد *الّذى لا يمازجه شىء من الحجر والجصّ وبمدينة الحديثة منها عداد تعمل فى وسط دجلة وقد ملك بنو حمدان متاعها حسب ما ذكرتُه من حال الموصل وسائر ديار ربيعة وارتفاعها نحو خمسين الف دينار وليس فى

---

a) L. وباعوسا. *b*) L. et B. وباهدرى. *c*) L. et B. وهى. Deinde L. بعلثايا, B. مغلثايا. *d*) L. طيزا; Jacut طنزة. *e*) In B. haec omnia desunt. *f*) ? B. عمن حتى. *g*) P. pro hisce omnibus tantum sed inaccurate: فالفيت ارتفاعها وجباياتها من الوجوه كلها من البلدة ورساتيقها اكثر من اربعة الاف الف ومائة الف دينار (Pro وتسعون L. et B. male وسبعون). *h*) P. يقلّ. Deinde L. بنظيرها. *i*) P. ماء شديد الجرى موثقة. *k*) L.; P. عُرْبَة pro quo altera manus عروبة. *l*) P. اربعة احجار. *m*) P. اليوم والليل.

العراق لها نظير الّا ما كان فى دجلة بتَكْرِيت وعُكْبَرَآء والبَرَدَان وبغداد نفسها وبمدينة تعرف ببَلَد فوق الموصل على دجلة على نحو سبع فراسخ منها شىء كثير كان يطحن عليها أيّام كان الجهاز من ديار ربيعة الدقيق والحنطة والشعير الى العراق، وبَلَد هذه من غربىّ دجلة بالموصل[a] وكانت بلد مدينة كثيرة الزرع[b] والاموال والتجارات والمشايخ المذكورين *باليسار وكثرة العقار[c] الى ان وضع ناصر الدولة عليهم يده *وقصدهم بتمرّده[d] فلم يُبْقِ لهم باقية وبدّدهم فى كلّ زاوية[e] فما تعرف لهم ثاغية ولا راغية *اكلتهم الشدائد وصبّت عليهم المصايب فهم كما قال بعض خزاعة *عند نزوعه[f] عن مكّة

كان لم يكن بين الحجون الى الصفا   انيس ولم يسمر بمكّة سامر

وليس بها مآء جارٍ سوى دجلة وكان لها[g] اشجار وفواكه وكروم فقصدها ابن حمدان بما قصد غيرها به من الشؤم والطغيان[h] ✿ ومنها الى مدينة سِنْجار تسعة فراسخ وهى مدينة فى وسط[i] البرّيّة فى سفح جبل خصيب بها انهار جارية وعيون مطّردة[k] ومباخس واسقآء وضياع قريبة الحال وعليها سور من حجر يمنع بالقوّة عن اهلها[l] وقد نالها من البلآء ما عمّ مجاوريها منه وبها اترجّ كبير والجوز الحسن والنخل والرطب والكروم والسمسم وفى جبلها

---

a) Pro his P.: وبمدينة تفليس فى نفس الكُرّ (Cod. الكُبّر) منها شىء به يقوم اقوات اهل تفليس وهى دونها فى الفخم والعظم وكان ببلد المدينة التى عن سبعة فراسخ من الموصل عروب كبيرة فلم يُبْق منها ابن حمدان ولا من اهلها باقية وبالرقة وقلعة جَعْبَر مثل هذه العروب الا انها دونها بالعراق فى. b) In L. ex corr. الزروع. P. كثيرة الغلات والاموال والجهاز. c) P. حسن اليسار وسعة الاحوال وكثرة الاموال. d) P. واستفرغ فيهم جهده. e) P. قبر وزاوية. f) L. om. g) L. et B. له. h) P. Pro his: وكان لبلد فى ظاهرها بين غربيّها وشمالها مكان يعرف بالأَوْشَل نزه كثير الشجر والثمر والخضر والكروم والفواكه يقصدها (l. فقصده) بنو حمدان بما قصد (l. قصدوا) به الموصل والبلد (l. وبلد) فهو كالبُور مع شرف هذا الاوشل ومكانه من الربع (l. الريع) اذا زرع. i) P. ناحية. k) P. مُطْرَدَة. l) L. et B. اهله.

السُّمّاق الكثير واللوز وضروب الفواكه والزيتون والرُّمّان، وبقربها وادٍ من اودية ديار ربيعة فيه شجر وضياع وكروم وخصب يسكنه قوم من العرب قاطنين فيه ومخفرين من بنى قُشَيْر ونُمَيْر وعُقَيْل وكِلاب، وليس بالجزيرة مدينة ذات نخل فى وقتنا هذا اكثر من سنجار الّا ان يكون على الفرات ونواحى هِيت والانبار ۞ وبين بَلَد ونصيبين بَرْقَعِيد وأَذْرَمَة[a] فامّا برقعيد فمدينة كثيرة الزروع من الحنطة والشعير ويسكنها بنو حبيب قوم من تغلب *وفيها معوقة بنى[b] السبيل وفى اهلها شرّ[c] لانّهم من جنس بنى حمدان وشربهم من الآبار وليس بها كروم ولا بساتين، ومنها الى مدينة اذرمة ستّة فراسخ وكانت مدينة صالحة كثيرة الغلّات فافتتحها الروم لمّا خرجوا الى نصيبين والمتنصّرة[d] فاتوا عليها ولم يبق بها الّا نفر يسير وصبابة لا تجد الى النقلة عنها وجهًا ولا سبيلًا، ومنها الى نصيبين تسعة فراسخ وقد ذكرتُها بما يغنى من الاعادة ۞ ومن نصيبين الى دارا مدينة كانت[e] طيّبة فى نفسها كثيرة الخيرات وجميع المطاعم والمآكل وان كانت هذه الحالة قديمة فى جميع هذه الديار وخاصّة كَفَرْتُوثَا[f] حظُّها من كلّ خير جزيل لها[g] سور[h] وهى فى مستواة من الارض واكبر من دارا ولها ثمر وشجر وزروع وضياع[i] افتتحتها الروم ايضًا *فى سنة افتتاحهم راس عين[k] ۞ وراس عين[l] مدينة ذات سور من حجر وكان داخل سورهم من المزارع والبساتين والطواحين ما كان يقوتهم لولا[m] ما اتى عليهم من الجور الغالب والبلآء الفادح الّذى كان من جهة بنى حمدان وكانت مدينة يسكنها العرب ولهم بها خطط وفيها من العيون ما ليس ببلد من بلدان الاسلام ولا الكفر وكانت اكثر من ثلاث مائة عين مآء جارية كلُّها صافية يبيّن ما فى قعورها على اراضيها تحت مياهها من

---

a) L. وآدومه, B. وادومه. b) P. وفيهم مَغوثة لبنى. c) P. بعض الشر.
d) L. والمنتصرة. e) P. قديمة. f) L. et B. راس العين (عين). g) B. ولها.
h) L. et B. h. l. افتتحتها الروم ايضا quae verba infra desunt. i) B. om.
k) P. فى زمان المولف والان وهى للمسلمين والعاقبة للمتقين. l) P. العين.
m) B. لو.

اعلاها[a] وفيها غير عين لا يعرف لها قرار وغير[b] بئر عليها *شبّاك من حديد[c] يقال لها خسيف وقد جُعل الشبّاك دون وجه المآء بذراع *ونحوه ليحفظ[d] ما يسقط فيها ويقال انّهم اعتبروا غير بئر *ثمانين ذراعًا بحبال[e] فلم يبلغوا قعرها[f] وتجتمع هذه المياه التى ان تصير نهرًا واحدًا وتجرى على وجه الارض يُعْرف[g] بالخابور يقع الى نواحى قَرْقيسيا[h] وكان عليه لاهل راس[i] عين نحو عشرين فرسخًا قرى ومزارع وكان لهم غير رستاق وناحية كثيرة[k] الضياع والاشجار وكروم على هذه المياه المذكورة وكان لها ايضًا مباخس واعذآء فى مزارعها وضياعها فلم يبق بها الّا صبابة فى نفس القصبة على رقبة من الروم والعرب قد لجؤوا الى بعض دورها وجعلوها حصنًا ياوون اليه عند خوفهم ۞ ونهر الخابور المذكور عليه مدائن كثيرة قد سلكتُها ووصفتها لمدينة عَرَبان وهى مدينة لطيفة كثيرة الاقطان وثياب القطن تحمل منها الى الشام وغيرها وعليها سور منيع ومن ورآئه منعة من الرجال، وسُكَيْر[l] العبّاس وهى ايضًا مدينة لطيفة فيها غلّات وبها رجال وكذلك طلبان[m] والجحشيّة وتُنَيْنير[n] والعُبَيديّة مدن تتقارب اوصافها وفيها ما له اقليم كبير ورستاق واسع وعمل صالح ودخل واشجار وكروم وسفرجل موصوف ۞

ومدينة آمِد على جبل[o] من غربىّ دجلة مطلّ عليها نحو مائة[p] قامة وعليها سور اسود من حجارة الارحية ويسمّى ذلك السور ميمونًا[q] من شدّة

---

a) Cf. Jacut, II, p. ٧٣٣, 5. *b*) L. et B. وعين. *c*) P. شبابيك الحديد بمابين (بمائتين l.) والخشب. *d*) P. او نحوه ليمنع. *e*) P. اذرع من الحبال. *f*) P. add. (l. خُسْف) ويقال انها خُسف omissis verbis يقال لها خسيف. Cf. Jacut, II, p. ٧٣٢, 2. *g*) P. فيعرف et deinde ويقع. *h*) P. الخانوقة بالفرات. *i*) L. et B. om. *k*) B. كبيرة. *l*) L. وسكين. *m*) Sic quoque Edrîsî, II, p. 150, cf. Jacut, III, p. ٥٤٣, 2. Apud I., p. ٧٤ *h* et Jacut, III, p. ٤٨٥, 12 طابان appellatur. Efficere nequeo utrum nomine sequenti idem oppidum significetur, quod supra p. ١٣٩, 19, الجشيشية, ab Edrîsîo l.l. male حسنية appellatur, necne. *n*) L. وتنمس, B. وتنس. *o*) P. حجر. *p*) P. خمسين. *q*) L. et B. ميمون. Deinde P. لشدّة.

سواده وذلك انّه من حجارة ارحية الجزيرة وليس لهذه الحجارة على وجه الارض نظير ومنها ما يساوى[a] الخمسين دينارًا واقلّ واكثر بالعراق * وهى كثيرة الشجر ولها مزدرع بداخل سورها ومياه وطواحين على عيون تنبع منها[b] وكان لها ضياع ورساتيق وقصور ومزارع برسمها هلكت لضعفهم واقتدار

a) P. add. الحجر للطاحن. b) P. داخل سورها ثلاث عيون كلّ عين تدير ارحيةً عند خروجها من منبعها. Deinde haec addit: ولها كروم كثيرة وفواكه حسنة وكانت بالقديم ثغرًا من الثغور يرابط بها وعلى سورها اوقاف كثيرة (Cod. كسرة) قال كاتب هذه الاحرف دخلتها سنة ٥٣٤ ولم يكن بها الّا بقايا رمق وفيها من الصدور والاجلّاء والرؤساء والمشايخ والفضلاء وارباب العلم والحكم واصحاب الفقه والادب وذوى اليسار والمروة والافضال والكرم والنوال ومواساة الغريب والقريب جماعة صالحة فلم يزل بهم جور بنى نيسان (Cod. بيسان) وظلمهم وكثرة الاضطهاد والاجحاف والمصادرات والتضييق عليهم ومطالبتهم برسوم ومُؤَن وضعوها لم تك فيها قبل وتكلفهم ما لا يُطاق فالجاهم ذلك الى التشتّت عن الاوطان، والبُعْد عن الاهل والاخوان،، فخربت بيوتهم، وانمحت آثارُهم،، فلم يبق باسواقها حانوت معمور فضلًا ان يقال مسكون ومع ذلك وسمهم بسِمَة رديّة بحيث كان احدهم اذا دخل بلدة وقصد ناحية غيّر اسمه وانكر بلده خوفًا على نفسه وصيانةً لعرضه ودَمه الى ان فرّج الله عمن بقى بها وافتتحها الملك العالم العادل المويّد المظفّر المنصور نور الدين فخر الاسلام ابو عبد الله محمد بن قرا ارسلان بن داود ابن سُكْمان الارتقى خلّد الله دولته وثبّت وطأته وذلك فى اول سنة ٥٧٩ فاطلق لهم الابواب ورفع المكوس ومحى تلك الرسوم المذمومة وفعل فعل الاكارم الاجواد، الطلّاعين فى الفضل ذروة الانجاد،، مُغْتَنِمًا للذكر الجميل، والاجر الجزيل،، والآن فقد دَبّتْ الحيوة فى عروق اهلها اليها، وافاضة العدل من مالكها عليها،، ان شاء الله تعالى وهو الموفق المعين ✿ ومَيّافَارِقين مدينة جليلة عظيمة الخطر عليها سور من حجارة وفصيل وخندق عميق مُضْطَكّة العمارة ضيّقة الاسواق وبها مسجد جامع لا باس به والفواكه

الروم عليهم وقلّة المغيث والناصر[a] ولم يبق للمسلمين احصن ولا امنع منه وان ضعف اهله خشى عليه من العدوّ والله يكفيهم ويؤيّدهم ✿ وجزيرة ابن عمر مدينة صغيرة لها اشجار وثمار ومياه وعليها سور وبلغها العدوّ فلم يقف

والاشجار والانهار محتفّة بها وفى هواءها وَخَامَة مّا ✿ وماردين حصن حصين منيع لا يُرام ولا يُقْدَر عليه مبنىّ على قُلّة جبل شاهق فى الهواء وهو مشرف على تلك الجبال شرقًا وغربًا شمالًا وّجنوبًا لا يدانيه قُلّة جبل البتة وفيه من الذخائر والعدّة والاسلحة ما لا يمكن حصره ومن تحته فى ناحية الجنوب ربض عامر مُنغَصّ (Cod. مُنعَصّ) بالسكّان فسيح (Cod. فسق) الاسواق وليس بين ايديهم حائل يمنعهم من النظر الى برية راس العين والخابور وسنجار ومياههم من عيون مجرورة فى قنوات وقد استحدثوا الان الصهاريج والبرك ليجمعوا ماء المطر حيث كثر الخلف وازدادت العمارة ولهم الفواكه الكثيرة اللذيذة والكروم الواسعة والهواء الصحيح والرُّخْص ✿ وتحتها فى الصحراء من جانب القبلة على اربعة فراسخ منها او اقلّ موضع يعْرَف اليوم (Cod. للموق. Nomen antiquum erat, ut videtur, قوچ حصار, Jacut, II, p. ٦١٣, 5) دُنيسر كان قبل هذا قرية يجتمع الناس فى صحرائها كل يومِ احدٍ للبيع والشرى فانعمرت الان عمارةً كثيرة واتخذ بها الخانات والفنادق والحمامات والاسواق والبيع والشرى يجلب اليها الجهاز من سائر البلدان قد استوطنها الناس من كل فج عميق وكثر بها (Cod. وكثرتها) الارتفاع والضمانات ✿ واما حصن كيفا فهى قلعة حصينة منيعة ذات شُعَب مدثونة بين الجبال سوى جانبها المشرف على دجلة (Cod. semper الدجلة) من الجانب الغربى عن دجلة وفيها شعاب واودية لا يقدر عليها وبين يديها على دجلة قنطرة عالية حسنة البناء استحدثها الامير فخر الدين قرا ارسلان بن داود فى سنة (deëst) ٥١٠ وتحتها ربض عامر فيه الاسواق (Cod. رساتيق والاسواق) والحمامات والفنادق والمساكن الحسنة وبناؤهم بالحجر والجصّ ولها رساتيق كثيرة وضياع عامرة وهى وخمة الهواء وبيّة لا سيما فى الصيف.

a) Quaedam excidisse videntur.

عندها وبينها وبين الموصل ثلاثون فرسخًا وفيها تجارة دائمة على مرّ الاوقات لانّها فرضة ارمينية وبلاد الارمن ونواحى مَيّافارِقين وأَرْزَن ويصل منها الى الموصل المراكب مشحونة بالتجارة كالعسل والسمن والمنّ والجبن والجوز والبندق واللوز والفستق والتين وما اشبه ذلك من سائر الانواع وهى الآن احسن هاتيك الناحية عمارة وارجاها سلامة لوفور اهلها وكثرة خصبها وليست كارزن وميّافارقين من خلوّ المنازل وعدم الرجال فى الضياع والقلاع، وقلّة الماشية والكراع، والجزيرة متّصلة بجبل *ثمانين وباسُورين وفَيْشابُور[a] وجميعها فى الجبل الّذى منه جبل الجُودىّ متّصل بآمد من جهة الثغور واعالى البلد باعمال مَرْعَش واللكام واسفلها لا يبعد عن دجلة الى مدينة السنّ الّتى[b] على شرقىّ دجلة فى حدود جبل بارِمّا ويتّصل بجبل شَهْرَزُور وسُهْرَوَرْد[c] ☆ والسنّ مدينة لطيفة بينها وبين تكريت بضعة عشر فرسخًا وفى اهلها جور وشرّ وبينهم دماء وضغائن وليست ببعيدة من الخراب، وبينها وبين مدينة البَوازِيج اربعة فراسخ وهى مدينة على الزاب الاصغر من غربيّه يسكنها قوم خوارج الغالب عليهم ايواء اللصوص وفعل القبائح وشرى السرقات وما ياخذه بنو شيبان[d] من قطع الطريق الى مدينة السنّ، مصبّ الزاب الاصغر فى دجلة عن غلوة منها، والسنّ مضمومة الى عمل الجزيرة وليست البوازيج منها ولا فى ضمنها لانّها مذ كانت لمن غلب ☆

وديار مُضَر فهى من هذه الجزيرة قائمة حدودها وكذلك ديار بكر وديار ربيعة تعرف كلّ ناحية من المجاورة لها باوصافها واقطارها ومدنها واجلّ مدينة لديار مضر الرقّة وهى والرافقة مدينتان كالمتلاصقتين وكلّ واحدة بائنة من الاخرى باذرع كثيرة وفى كلّ واحدة منهما مسجد جامع[e] وهما على شرقىّ الفرات وكان لهما عمارة واشجار واعمال ومياه ورساتيق وكور وقلّ حظّهما من كلّ حال وضعفت بما حمّلها سيف الدولة اخو ناصر الدولة تجاوز الله عنه من الكُلَف والنوائب وصادر اهلها مرّة بعد اخرى وكانت خصبة

---

a) L. et B. دمادتن وياسورين وقيشابور. *b*) L. et B. الذى. *c*) L. وشهرورد. *d*) L. s. p., B. سيبان. *e*) B. om.

رخيصة الاسعار حسنة الاسواق وفى اهلها ولاء لبنى اميّة، وفى غربىّ الفرات بين[a] الرقّة وبالس ارض صِفّين وبها قبر عمّار بن ياسر رضّه واكثر اصحاب امير المؤمنين علىّ عم وصفّين ارض على الفرات مطلّة من شرف عالى السمك ويرى من كان بالفرات منه عجبًا وذلك انّه يرى قبورًا فى موضعين احدهما اعلى من الآخر ويعدّ فى احد الموضعين دون العشرة قبور وفى الآخر نحو عشرين قبرًا ويصعد الى المكان فلا يرى لذلك اثرًا ولا يحسّ منه خبرًا وانّى لاستقبح ان احكى هذه الحكاية ولكنّى بلغتنى فكذّبتُها ثمّ رايتُها فلزمنى حكايتها تصديقًا لمن تقدّم بالحكاية التىّ وان عرّضتُ نفسى للتُّهم على انّ[b] اكثر قتلى اصحاب علىّ عم هناك معروفة قبورهم، وخبّرنى من رأى هنالك بيتًا ينسب انّه كان بيت مال علىّ بن ابى طالب عم ✿ ومدينة حَرّان تليها فى الكبر وهى مدينة الصابئين وبها سدنتهم ولهم بها تلّ[c] عليه مُصَلّى الصابئين يعظّمونه وينسبونه الى ابراهيم وهى من بين تلك المدن قليلة الماء والشجر وكانت زروعها مباخس وكان لها غير رستاق عظيم وكورة جليلة فافتتح الروم اكثرها واناخت بنو نُمير وبنو عُقَيل بعقْوتها وبقعتها فلم تبق بها باقيه، ولا فى رساتيقها ثاغية ولا راغيه،، وهى مدينة فى[d] بقعة يحفّ بها[e] جبل مسيرة يومين فى مثلها[f] مستواة ✿ ومدينة الرُّهَا فى شمال هذه البقعة وكانت وسطة من المدن والغالب على اهلها النصارى وبها زيادة على ثلاث مائة بيعة ودير وصوامع[g] فيها رهبانهم ولهم فيها بيعة ليس للنصرانيّة اعظم ولا ابدع صنعةً منها ولها مياه وبساتين وزروع كثيرة[h] نزهة وهى اصغر من كفرتوثا[i] وكان بها منديل لعيسى بن مريم عم فخرج[k] ملك الروم فى بعض خرجاته[l] ونزل بهم وحاصرهم وطالبهم به فسلّموه اليه على هُدنة وافقوه على[m] مدّتها ✿ وجِسْرُ مَنْبِج وسُمَيْساط مدينتان نزهتان ذواتا

---

a) B. من. *b*) Conjectura addidi ان. *c*) P. طربال كالطِّربال الذى بمدينة بلخ. *d*) L. et B. om. *e*) P. يحتفّها. *f*) P. add. وجميعها. *g*) L. et B. om. *h*) B. كبيرة. Deinde L. نزه. *i*) L. كفرثوثا, B. كفرتوتا ut supra. *k*) P. add. تكفور. *l*) L. خراجاته. *m*) P. الى et post مدتها addit: وهذه البيعة قد خرب اكثرها ولم يبق منها الا الطاق الاعظم فى تاريخ ٥٨٠.

السجوبانان a وبحر جنكان b فهذه بحيرات قائمات بانفسها ينتفع بها مجاورها ۞ وامّا بيوت نيرانها فانّها لا تخلو ناحية ولا مدينة بفارس الّا القليل من بيوت النيران والمجوس اكثر الملل بها ولهم من هذه البيوت بيوت يفضّلونها فى التعظيم سأذكرها ۞ وامّا حصونها ففى عامّة فارس وبعضها امنع من بعض واكثرها بناحية سيف بنى الصّفّار ۞ وسافصّل كلّما ذكرته مجملًا وابتدئُ بذكر ما بكلّ كورة وناحية من النواحى الّتى تشتمل على القرى وتنصرف فى الدواوين باعمال مفردة ورساتيق مستقلّة بضياعها ومنها ما فيه منابر ومنها ما يخلو منها وربّ كورة هى اكبر واعرض ومدنها ونواحيها فى التسمية اقلّ ممّا هو اصغر منها واتتبّع ذلك ۞

فامّا كورة اصطخر فناحية يزد c وهى اكبر ناحية فيها وبها من المدن

I. et nostrum semper scribitur تـوّج. Sed nomen habet a loco, de quo sermo est I., p. ١١١, 7, ١٢٢, 13 et ١٣٦, 4, et quem secundum lectionem obviam in Codicibus Ibn Haukalis, confirmatam, ut mihi videbatur, a Jacut, nuncupavi مورق. Exstant autem hujus nominis lectiones sequentes: Cod. Istakhrii B. موز et مور, C. التوز, توز, دمور, صور et in mappa التور et جور, E. اللور, بوذ, مور, موز, Ous. p. 84 صور l. الثو, p. 90 الثور l. صور, p. 99 مور, p. 112 جور l. مور, in mappa O. مور; F. (Cod. Bodl. Ous. 373) bis ثور, in mappa حور et الثور, صور et مور; Cod. Ibn Hauk. L. et B. السبور, بون, مورق (sed ultima lit. ex و seq. orta esse *potest*), L. برز, B. يوز; Mokaddasi (MS. Berol. p. 215) موركان (sed كان orta esse *potest* e nomine كازرون quod sequitur apud Ist., in Codd. Mokaddasii desideratur); Edrisi, I, p. 412 كور et موراق, p. 414 ann. 3 دز, p. 392 مور; Jacut, III, p. ٨٣٨, 13 التوز et fort. IV, p. ٩٧٩, 8 مُورَق. Suspicor autem nomen lacus proprie fuisse دریاچه شور, loci موز (= موژ?), quae nimirum inter sese confusa sunt. Vocatur quoque hic lacus بحيرة كازرون.

a) L. et B. الخوباذان. Idem lacus infra appellatur (I., p. ١٢٢) بحيرة الباسفهوية. b) Vid. ad I., p. ١٠٠ d. Apud Jacut, II, p. ١٧٩, 3 occurrit forma mendosa جيكان. Ab Ibn Batuta, II, p. 61 جمكان appellatur. c) L. et B. برد.

دجلة ومخرجها من الجبال الّتى بين نواحى اذربيجان من جنوبها وبين اعمال الموصل وبين هذين النهرين مراعٍ كثيرة وبلاد كانت الضياع بها ظاهرة الى من قريب فتكاثرت عليهم البوادى واعتورتهم[a] الفتن فصارت قفارًا من السكّان، يبابًا بعد العمران، وهى فى الشتآء مشاتى الاكراد الهذنانية[b] ومصايف لبنى شيبان ✿ ومدينة تِكْرِيت على[c] غربىّ دجلة واكثر اهلها نصارى[d] مطلّة على جبل عظيم شاهق وعلى ظهر هذا الجبل منها الموضع المعروف بالقلعة وهو حصن ذو مساكن ومحالّ يشملها سور حصين وهى قديمة البنآء وتجمع سائر فرق النصارى وبها من البيع والاديرة القديمة الّتى تقارب عهد عيسى والحواريّين لم تتغيّر ابنيتها وثاقة وجلدًا ومن اعظم بيعة بها محلًّا بيعة الخضرآء وابنيتهم بالجصّ[e] والآجرّ والحجر[f]، ومن تكريت هذه يشقّ نهر دُجَيل الآخذ من دجلة على بعض مساكن المدينة وفى فنآئها مارًّا الى سواد سُرّ مَن رّأى فيعمره الى قريب بغداد ✿ وعانة مدينة صغيرة فى وسط الفرات يطوف بها خليج من الفرات[g] ✿ وحصن مَسْلَمَة اتّخذه مسلمة بن عبد الملك وبه طائفة من بنى اميّة عن بعد من الفرات وشرب اهله من الفرات[h] وفيه مباخس ✿ وتلّ بنى سَيّار كانت مدينة صغيرة خربت وكان اكثرها لعبّاس بن عمرو الغَنَوىّ وقد تراجع اليها فى وقتنا هذا قوم وهى على مرحلة من راس عين[i]، واتّصل خراب تلّ بنى سيّار بباجَرْوان[k] وكانت منزلًا حصينًا[l] نزهًا وكانت من منكب طريق حرّان الى الرقّة ✿ والداليَة مدينة صغيرة بشطّ الفرات عن غربيّه وبها أُخِذ صاحب الخال

---

a) L. واعتورهم. b) B. لهذنانيه. c) L. et B. om. d) P. add. وهى. e) L. et B. الجص. f) P. والحصا. Deinde B. من, fortasse omisso واسفل. g) P. add.: وبالفرات غير مدينة كهى فى جزيرة قد احاط بها الماء وقرية حسنة ذات اشجار ومساكن وجامع واما الحُدَيْثة (حديثة الفرات i. e. الحَديثة l.) مدينة (l. فمدينة) لها جامع واسواق واهل لهم عدد. Cf. I., p. ٧٧ a. h) I. السماء. Deinde B. om. وفيه. L. habet مباخش. i) L. et B. om. k) L. et B. بباجروان. l) Collato I., p. ٧٨, 6, videtur legendum خصيبا.

الخارج[a] بالشام على بنى العبّاس ۞ والجبل الجُودىّ بقرب الجزيرة وفيه القرية المعروفة بثَمانين الّتى يقال ان على جبلها استوت سفينة نوح عم لقوله تعالى[b] وَٱسْتَوَتْ عَلَى ٱلْجُودِيِّ ويتّصل هذا الجبل كما ذكرتُ بالثغور بالكلام ويقال انّ جميع من كان مع نوح عم فى السفينة ثمانون رجلًا فبنوا هذه القرية ولم يعقب منهم احد فسمّيت باسم عددهم ۞ وسُرُوج رستاق له مدينة حصينة تعرف بسروج عن شمال طريق حرّان الى جسر منبج خصبة[c] كثيرة الاعناب والفواكه ويعمل بها من شهد[d] زبيبها لكثرته الناطف وهى على يوم من حرّان ۞

العراق

وامّا العراق فانّه فى الطول من حدّ تكريت الى عبّادان وعبّادان على بحر فارس وعرضه من القادسيّة على الكوفة وبغداد الى حلوان وعرضه بنواحى واسط من واسط الى قرب الطّيب وبنواحى البصرة من البصرة الى حدود جُبّى[e]، والّذى يطيف بحدوده من تكريت فيما يلى المشرق حتّى

a) Secundum P.; L. et B. احد الخوارج. b) Qor. 11, vs. 46. c) L. حصينة. d) B. hoc, L. sequens vocab. om. e) B. حى, P. جُبَى. Deinde P. addit: وهو اقليم اعظم اقاليم الارض منزلةً واجلّها (Cod. واجله) صفةً واكثرها (Cod. واكثره) جبايةً واجملها (Cod. واجمله) اهلًا واكثرها (Cod. واكثره) اموالًا وافخرهم صنائع وابدعهم محاسن واهله فاوفرهم عقولًا وابسطهم حلوما، واعجلهم فطنةً واغزرهم علوما،، فى سالف الزمان والامم الخالية يقرّ لهم بذلك اهل الفضائل، ولا يمترى فيه ذوو الدراية والخصائل،، ورايتُ ببعض الخطوط القديمة انّه كان يُجْبَى لقباد ابى نوشروان مائة الف الف وخمسين الف الف مثقال وانّ عمر بن الخطّاب رضه امر بمساحته فكان طوله من العَلث (sic) فى جرى دجلة (Cod. cum articulo ut semper) الى عبّادان مائة وخمسة وعشرين (Cod. وعشرون) فرسخًا وعرضه من عقبة حلوان الى العُذَيب ثمانين فرسخًا عامرةً مُغِلّة فبلغت جربانه ستة وثلاثين الف الف جريب فوضع على كلّ جريب الحنطة اربعة دراهم وعلى شعير (sic) درهمين وعلى جريب النخل ثمانية

يتجوز بحدود [a] شهرزور وسهرورد [b] ثمّ يمرّ على حدود حلوان وحدود السيروان [c] والصيمرة وحدود الطيب وحدود السوس حتّى ينتهى الى حدود جبّى ثمّ الى البحر فيكون هذا الحدّ من تكريت الى البحر تقويسًا ويرجع على حدّ المغرب من ورآء البصيرة فى البادية على سواد البصرة وبطائحها الى واسط ثمّ على سواد الكوفة ثمّ على ظهر الفرات الى الانبار ثمّ من الانبار الى حدّ تكريت بين [d] دجلة والفرات وفى هذا الحدّ من البحر على الانبار [e] الى تكريت تقويس ايضًا فهذا المحيط بحدود العراق [f] ۞

فامّا ذكر المسافات به من حدّ تكريت الى البحر ممّا يلى المشرق على تقويسه فنحو شهر ومن البحر راجعًا فى حدّ المغرب على تقويسه الى تكريت فنحو شهر، ومن بغداد الى سُرّ من رأى نحو ٣ مراحل ومن سرّ من راى الى تكريت مرحلتان ومن بغداد الى الكوفة ۴ مراحل ومن الكوفة الى القادسيّة مرحلتان ومن بغداد الى واسط ٨ مراحل ومن بغداد الى حلوان ٩ مراحل والى حدود الصيمرة والسّيروان نحو ذلك، ومن واسط الى البصرة ٨ مراحل ومن الكوفة الى واسط على طريق البطائح ٩ مراحل ومن البصرة الى البحر مرحلتان، وعرض العراق على سمت بغداد من حلوان الى القادسيّة ١١ مرحلة وعرضه [g] على قمّة سُرّ من راى من دجلة الى حدّ شهرزور والجبل نحو ٥ مراحل والعامر منه اقلّ من مرحلة والعرض بواسط

دراهم وعلى جريب الكرم والرطاب ستة دراهم وختم على خمس مائة الف انسان للجزية على الطبقات وانّه جُبى السواد فبلغت الجباية مائة الف الف وثمانية وعشرين الف الف درهم وجباه عمر بن عبد العزيز مائة الف الف واربعة وعشرين الف الف درهم وجباه الحجّاج بن يوسف مائة الف الف وثمانية عشر الف الف وامّا فى زماننا هذا وهو تاريخ سنة ٥٥٠ فهو (deëst) اكثر ممّا ذكره اضعافًا مُضاعفة لا أُحيط بمقداره.

a) B. om. *b*) L. وشهرورد. *c*) L. et B. شيروان. *d*) L. من. *e*) B. الانبارى. *f*) Hic sequitur وهذه صورة العراق. *g*) L. et B. وعرضها. *h*) B. جبّا.

الى نواحى خوزستان نحو ٤ مراحل وبنواحى البصرة الى جبّى[a] مدينة ابى علىّ الجُبّائىّ مرحلة ✿

وامّا مدنها فانّ البصرة مدينة عظيمة ولم تكن فى ايّام العجم وانّما اختطّها المسلمون ايّام عمر بن الخطّاب رضه ومصّرها عُتْبَة بن غَزْوَان فهى خطط وقبائل كلّها ويحيط بغربيّها البادية مُقوّسَةً وبشرقيّها مياه الانهار مفترشةً وذكر بعض اهل الاخبار انّ الانهار[b] عُدّتْ ايّامَ بلال بن ابى بُرْدَة فزادت على مائة الف نهر وعشرين[c] الف نهر تجرى فيها[d] الزواريق وكنتُ انكر ما ذكره من عدد هذه الانهار حتّى رايتُ كثيرًا من تلك البقاع فرايتُ فى مقدار رمية سهم عدّة من الانهار صغارًا تجرى فى جميعها السماريّات، ولكلّ نهر اسم ينسب به الى صاحبه الّذى احتفره او الى الناحية الّتى ينصبُّ منها او ينصبُّ مآؤه اليها واشباه[e] ذلك من الاسامى فجوّزتُ ان يكون ذلك فى طول هذه المسافة وعرضها ولم انكره، وهى من بين سائر العراق مدينة عُشْريّة ولها نخيل متّصلة من عَبْدَاسِى[f] الى عبّادان نيف وخمسين[g] فرسخًا متّصلة لا يكون الانسان منها بمكان[h] الّا وهو فى نهر ونخيل او يكون بحيث يراها[i] وهى موصوفة بالمجالس[k] الحسنة والمناظر الانيقة[l] *والميادين العجيبة والفواكه البديعة والبرك الفسيحة[m] لا تخلو من *المتنزّهين ولا تعرى من المتطرّقين[n] منحدرين ومصعدين وهى مستواة[o] لا جبل فيها ولا[p] يقع بصر الانسان على جبل البتّة[q]، وبها آثار امير المؤمنين[r] صلوات الله عليه ومواقف معروفة من يوم الجمل وبها قبر طلحة بن عبيد الله[s] فى

---

a) B. جبّا. *b*) P. انهار البصرة. *c*) L. وعشرون. *d*) P. فى اكثرها. Deinde B. الزوارق. *e*) B. add. الى. *f*) L. et B. عبداس, P. عنداسِى; cf. Jakubí, p. ١٠٩. *g*) L. et B. وخمسون. *h*) Ex P. et I.; L. et B. om. *i*) P. ut I. يراهما. *k*) Ex P. qui pro موصوفة habet وُصِفَت. L. et B. بالمحاسن. *l*) B. والابنية الفاخرة والعروش العجيبة والاشجار المثمرة والفواكه. *m*) P. الانيقة. المتنزهين بغرائب الملاهى وصنوف الملاذّ اللذيذة والرياحين الغضّة. *n*) P. وجماعة المتطرّقين. L. et B. المتطرفين. *o*) P. فى مستواة من الارض. *p*) P. add. يكون بحيث. *q*) L. البثه, B. بتةً. *r*) P. add. على بن ابى طالب. *s*) P. add. والزبير بن العوام رضهما.

نفس المدينة وخارج المِرْبَد فى البادية قبر أَنَس بن مالك والحسن البصرىّ وابن سيرين والمشاهير من علماء البصرة وزهّادها، ومن مشاهير[a] انهارها نهر الأُبُلّة طوله اربعة فراسخ ما بين البصرة والابلّة وعلى جانبى هذا النهر بساتين وقصور متّصلة كانّها بستان واحد قد مُدّت على خيط وتتشعّب[b] فوق البصرة وتحتها انهار كثيرة فمنها ما يقارب هذا النهر فى الكبر ولا يُدانيه فى الجمال والمنظر[c] وكانّ نخيلها غُرست ليوم[d] واحد وهذه الانهار الكبار كلّها منخرقة بعضها الى بعض وكذلك عامّة انهار البصرة حتّى اذا جاءهم مدّ البحر تراجع الماء فى كلّ نهر حتّى يدخلَ * بساتينهم وجنّاتهم[e] وجميع انهارهم من غير تكلّف[f] فاذا جزر الماء عنها وانحطّ خلت منه البساتين والنخيل وبقيت اكثر الانهار فارغة والغالب على مياههم الملوحة وانّما يستقون لشربهم اذا[g] جزر الماء الى آخر حدّ نهر مَعْقِل ثمّ يعذب[h] فلا يضرّه ماء البحر، وعلى نهر معقل ايضًا ابنية شريفة ومساكن عالية وقصور مشيّدة وبساتين وضياع واسعة غزيرة عظيمة كبيرة، وكان على رُكْن الابلّة فى دجلة بين يدى نهرها خور عظيم الخطر *وماء جسيم دائم الضرر[i] وكانت اكثر السفن تسلم من سائر الاماكن فى البحر حتّى ترده فيبتلعها وتغرق فيه بعد ان تدور على وجه الماء ايّامًا وكان يُعْرَف بخور[k] الابلّة فاحتالت له بعض نساء بنى العبّاس[l] بمراكب *على مقدار فانسدّ[m] وزال الضرر فى وقتنا هذا عمّا كان عليه، واكثر ابنيتها[n] بالآجرّ وهى[o] مدينة عظيمة جليلة خصيبة

---

a) B. مشاهر. b) B. وتنشعب. P. add. من. c) P. وحسن المنظر. d) P. فى يوم. e) P. ut I. نخيلهم وحيطانهم. f) P. add. ولا تعب. g) L. et B. فاذا. h) L. et B. بعدت. i) P. جسيم الصرد (l. الضرر) دائم الغرد (l. الغرر). k) In L. lacuna, B. tantum بخور. P. يعرف بكرداب, post الابلة addens وخورها. l) P. in marg. وهى زبيدة. m) Pro his non valde perspicuis verbis P.: بمراكب اشترتها فاكثرت منها فاوسقتها بالحجارة وبلّعتها ذلك المكان. n) P. عمارتها. o) Deinde P.: وكانت مدينة عظيمة جليلة القدر كبيرة جدًّا حتّى انّ من طرف نهر معقل اذا سار الانسان على خطّ مستقيم الى ناحية القبلة

عامرة وافرة جميلة نزهة[a] وللبصرة من الذكر بالتجارة والمتاع والمجالب والجهاز ما يستغنى بشهرته عن اعادته وذكره ۞ ولها من المدن عَبَّادان والأُبُلّة والمَفْتَح[b] والمَذار[c] فى مجارى مياه دجلة وهى مدن صغار متقاربة فى الكبر عامرة الّا الابلّة فانّها اكبرها وهى احد حدود البصرة من جهة

يكون (Deëst aliquid. Fortasse بين آخر) السور وبين طرف النهر نحو فرسخ او اكثر قال كاتب هذه الاحرف دخلتُها سنة ٥٣٧ وقد خربت ولم يبق من آثارها الّا الاقلّ وطُمست مَحالُّها فلم يبق بها الّا محالٌّ (Cod. الْاَمْحَالُّ) معلومة كالنخّاسين وقَسامِيل وهُذَيل والمِرْبَد وقبر طلحة وقد بقى فى مَحَلّة بيوت معدودة وباقى بيوتها امّا خراب وامّا غير مسكونة وجامعها باقٍ فى وسط الخراب كانّه سفينة فى وسط بحرٍ لُجّيٍّ وسورها القديم قد خرب وبينه وبين ما قد بقى من العمارة مسافة بعيدة وكان القاضى عبد السلام الجيلىّ رحمه قد سوّر على ما بقى سوراً بينه وبين السور القديم دون نصف (Cod. النصف) فرسخ فى السنة ٥١٩ وسبب خرابها ظلم الولاة والجور وايضًا فى كلّ سنة مرّةً او مرّتين تشنّ عليهم البادية الغارات واكثرهم خَفَاجة وابتداء خرابها منذ خرج بها البُرْقعىّ وادّعى انّه علوىٌّ وتحصّن بنهر الخصيب ومحاصرة احمد الموفّق بن المتوكّل ايّاه وسمعتُ جماعة من اهل البصرة يقولون كان بها فى زمن الرشيد بن المهدىّ اربعة آلاف نهر يُجْبى له فى كلّ يوم من كلّ نهر مثقال ذهب ودرهم نُقْرَة وقَوْصَرة تَمْر وسمعتُ الشيخ وهب ابن العبّاس وكان من جملة الوعّاظ المعروفين بالبصرة يحكى عن والده العبّاس انّه قال كان على باب المَحَلّة الّتى يسكنها دكّانُ بقّال منفرد عن السوق وانّ ذلك البقّال شكى الى العبّاس قلّة المعاش وذكر انّه كان يُشْتَرى من دكّانه فى كلّ سنة عشرة (Cod. عشر) مَكَاكِى خردلٍ دون باقى الحوائج وفى سنتى هذه قد بقى من مَكُّوكَىْ (Cod. مكوكين) خردل بقيّة ۞

a) L. نزه. b) L. et B. والمعمح. P. hujus loco وبلحان i. e. وبَلْنَجان. c) P. add.: والمَشّان ومَطّار (Jacut مطارة) وهى الآن [وهو التاريخ الذى يقال له المركب] عامرة قرى متقاربة فى الكبر والمشان اكبرها.

نهرها وهى خصيبة عامرة فيها اسواق صالحة ولها حدٌّ آخر من عمود دجلة مكانَ ينشعّب منها النهر المعروف بنهر الابلّة وينتهى عمود دجلة الى البحر بعبّادان بعد ان يصرب اليه نهر الابلّة، وفى اضعاف قراها[a] آجام كثيرة وبطائح المآء تسير فيها السفن بالمدارى لقرب قعرها كانّها كانت على قديم الايّام مكشوفة[b] ويشبه ان يكون لمّا بُنيت البصرة وشُقّت انهارها وكثرت واستغلق بعضها على بعض فى مجاريها تراجعت المياه وعلت على ما يسفل من ارضها فصارت بطائح وآجامًا ✿ وللبصرة كتاب يعرف بكتاب البصرة لعمر بن شبّة *الّفه وكتابَ الكوفة وكتابَ مكّة يُغْنِى عن ذكر شىء من اوصافها وهذه الكتب موجودة بالمشرق والمغرب[c] ، فامّا ارتفاعها فى وقتنا هذا فمن وجوه اموالها كلّها[d] وجباياتها من اعشارها وجماجمها ومصالحها وضمان البحر بلوازم المراكب فانّى حصرتُه فى سنة ٥٨ فكان ستّة آلاف الف درهم ✿

ومدينة واسط مدينة على شاطئ دجلة *ودجلة تشقّها بنصفين والنصفان متقابلان بينهما جسر سفن يعبر عليه مَنْ اراد من احد الجانبين الى الآخر[e] وفى كلّ جانب مسجد جامع وهى محدثة فى الاسلام احدثها[f] الحجّاج ابن يوسف يحيط بحدّها الغربىّ البادية بعد مزارع يسيرة وهى خصيبة كثيرة الشجر والنخيل والزروع وهى اصحّ هوآءً من البصرة وليس لها بطائح ولها ارض[g] واسعة ونواحٍ فسيحة وعمارة متّصلة *وبها قوام بغداد اذا استنتبّ نواحيها[h] ، ونواحى واسط عمل مفرد من اعمال العراق بعامل جليل نبيه خطير وحصرتُها[i] وحصرتُ ارتفاعها الى الديوان بمدينة السلام سنة ٣٥٨ فكان ستّة آلاف الف درهم ✿ ومدينة الكوفة قريبة من مدينة البصرة فى الكبر

a) L. قرارها. b) Ex I.; L. et B. مسكونة. c) P. موجود فى جميع الاماكن.
d) L. وكلها. e) P. من الجانب الغربىّ وفى الجانب الشرقىّ قرية ينسبونها الى انّها من واسط وبينهما جسر من سفن يعبر عليه. f) P. استحدثها.
g) Altera manus in P. اراضى. h) P. وبها ميرة مدينة السلام [بغداد] اذا اسنمب (l. استَنَّتْ) أَوْ عيبهَتْ. Pro استنتب in textu quoque videtur legendum استنّت. i) L. et B. وحصر فمها.

وهوآؤها اصحّ ومآؤها اعذب وهى على[a] الفرات وبنآؤها[b] كبنآء البصرة ومصّرها سعد بن ابى وقّاص وهى خطط *لقبائل العرب[c] الّا انّها خراج بخلاف البصرة لانّ ضياع الكوفة قديمة جاهليّة وضياع البصرة احيآء[d] موات فى الاسلام ✿ والقَادسيّة والحِيرَة والخَوَرْنَق على سيف البادية ممّا يلى المغرب ويحيط بها ممّا يلى المشرق النخيل والانهار والزروع وهى والكوفة فى اقلّ من مرحلتين، والحيرة مدينة جاهليّة طيّبة التربة مفترشة البنآء كبيرة وقد خفّ اهلها بعمارة الكوفة وبينها وبين الكوفة *نحو فرسخ، وبالكوفة[e] قبر امير المؤمنين علىّ بن ابى طالب عم فيقال انّه بموضع يلى زاوية جامعها[f] أُخْفِىَ من اجل بنى اميّة وفى هذا الموضع دكّان علّاف ويزعم اكثر ولده انّه[g] بالموضع الّذى ظهر قبره فيه على فرسخين من الكوفة وقد شهّر[h] ابو الهَيْجآء عبد الله بن حمدان هذا المكان[i] وجعل عليه حصنًا[k] منيعًا وابتنى على القبر قبّة عظيمة مربّعة[l] الاركان من كلّ جانب لها باب[m] وسترها بفاخر الستور وفرشها بثمين الحُصُر السامان[n] وقد دفن فى هذا المكان المذكور جلّة اولاده وسادات آل ابى طالب من خارج هذه القبّة وجُعلت الناحية وما دون الحصار الكبير تُرْبًا لآل ابى طالب، والكوفة فى هذا الوقت واعمالها وسوادها مضاف الى ضمان بغداد ومرفوعة اعمالها الى دواوينها وحضرتُ ارتفاع السواد سنة ٣٥٨ وقد ضمنه ابو الفضل الشيرازىّ وسائر طساسيج بغداد دون زيادة الصنجة وحقّ بيت المال فكان ثلاثين الف الف درهم ✿ والقَادسِيّة مدينة على شفير البادية وهى من المدن صغيرة ذات نخيل ومياه وزروع ويزرع فيها الرِّطاب الكثيرة ويتّخذ منها القتّ علفًا لجمال الحاجّ

---

a) P. in marg. add. شرقى. *b*) L. بنآؤها. *c*) *Sic* B. et L. in marg. cum نسخة. In textu antea وقبائل للعرب, nunc القبائل للعرب. Cf. I., p. ٨٢ *e*. *d*) L. et B. addunt فى الجاهلية. *e*) P. haec om. *f*) P. جامع الكوفة et deinde وأُخْفِىَ مكانه خوفًا عليه من بنى امية. *g*) P. ان قبره. *h*) P. شهد. *i*) In marg. L. نسخة القبر. *k*) P. حصارًا. *l*) P. مرتفعة البنيان قوية. *m*) P. ابواب. *n*) B. الشامان.

وغيرها وليس للعراق بعدها من ناحية البادية وجزيرة العرب مآء يجرى ولا شجر ۞

واما بغداد فمدينة مُحْدَثة فى الاسلام لم تكن[a] فابتناها المنصور فى الجانب الغربىّ من دجلة وجعل حواليها قطائع لحشمه ومواليه واتباعه كقطيعة الربيع والحَرْبيّة[b] وغيرهما ثمّ عمرت وتزايدت[c] فلمّا ملكها المهدىّ جعل معسكره فى الجانب الشرقىّ فسُمّى عسكر المهدىّ وتزايدت بالناس والبنيان وكثرت[d] عمارتهم وانتقل اسم الخلافة الى الجانب الشرقىّ[e] ودار مَنْ بيده المملكة اسفل هذا الجانب بالحَرِيم وليس ممّا ورآء دار السلطان بنيان للعامّة متّصل وتفترش قصور السلطان وبساتينها من بغداد الى نهر بين[f] فرسخين على جدار واحد حتّى *يتّصل نهر عيسى[g] الى شطّ دجلة ويتّصل البنيان بدار خلافتهم مرتفعًا على[h] دجلة الى الشّمّاسيّة نحو خمسة اميال وتحاذى الشمّاسيّة فى الجانب الغربىّ الحربيّة[i] فيمتدّ نازلًا على دجلة البنيان الى آخر الكَرْخ ويسمّى الشرقىّ جانب باب الطاق. ويسمّى جانب الرُّصافة ويسمّى[k] عسكر المهدىّ لانّه كان عسكرًا بحذآء مدينة ابى جعفر المنصور ويسمّى الجانب الغربىّ جانب الكَرْخ، وبها مساجد للجمعة وصلاتها خاصّة فى اربعة مواضع فمنها فى الجانب الغربىّ الجامع بمدينة المنصور

---

a) I. add. بها عمارة. *b*) L. والحربيه. *c*) P. عُمّرت ومُدِّنَتْ. *d*) Ex P. addidi وكثرت. Deinde L. عماراتهم. *e*) Deinde P.: هناك (Cod. وبنا) وبُنى مسجد جامع حسن والآن فقد خَرُبَ ذلك المكان ولم يبق معمور غير الجامع ومقابر قريش والمحلّة المعروفة بقبر ابى حنيفة رضه وانتقلت العمارة الى نهر مُعلّى وقد سُوّر فى زماننا هذا وهو عشر السّتّين (Cod. عَشْر السّتّين) وخمس مائة بسور حصين منيع وبين يديه خندق عميق محيط به يتخرّقه مآء دجلة (Cod. الدجلة) وبين الجانب الغربىّ والشرقىّ جسْرٌ ممدود من السفن مشدود بالسلاسل الحديد وكان فى القديم جسران اثنان فامّا الاشجار الخ. *f*) L. et B. بس. *g*) I. تتصل من نهر بين. *h*) L. الى. *i*) Lacuna in L. et B., supplevi ex I. *k*) L. om.

وفى الرصافة جامع اهل باب الطاق وفى دار الخلافة ايضًا جامع يحضره الخاصّة والعامّة ومسجد بَرَاثا فى الجانب الغربىّ واصله انّه مشهد امير المؤمنين علىّ عمّ، وتتّصل عمارة الجانب الشرقىّ اسفل دار الخلافة بكَلْوَاذَى[a] وهى ايضًا مدينة قَصَدَة[b] فيها مسجد جامع ولو عُدّ فى جملة بغداد لجاز لانّ كثيرًا من اهلها يصلّون فيه، وبين الجانبين على دجلة جسران مربوطان بالسفن لعبور المجتازين، وقد تبيّن النقصان عليها وبها وهلك اكثر محالّها وذلك انّه كان من باب خراسان عمارة الى ان يبلغ الجسر ويمتدّ الى باب الياسريّة من الجانب الغربىّ وعرضها فقد اختلّ ايضًا وهو من الجانبين ايضًا نحو خمسة اميال فاختلّ ذلك *وهلك ونقص[c] منه الكثير واعمر بقعة بها اليوم الكَرْخ وجانبه لانّ اهل الياسريّة ومساكن معظم التجّار هناك، فامّا الاشجار والانهار[d] الّتى فى الجانب الشرقىّ ودار الخلافة[e] فانّها[f] من ماء النهروان وتَامَرّا وليس يرتفع اليها من دجلة الّا شئ يسير يقصر عن العمارة، وامّا الجانب الغربىّ فانّه يشقّ اليه من الفرات نهر عيسى من قرب الانبار تحت قنطرة دممّا وتتحلّب[g] من *هذا النهر[h] صُبابات تجتمع فتصير نهرًا يسمّى الصَّرَاة *يفضى ايضًا الى بغداد وعليه[i] عمارات كثيرة للجانب الغربىّ وينفجر[k] منه انهار كثيرة لعمارات الناحية ويقع ما يبقى من ماء الصراة الصغيرة والكبيرة فيما يجاور[l] نهر عيسى من بغداد *الى دجلة[m] فى جوف مدينة بغداد وعليه كثير من مساكنهم ودورهم وبساتينهم، فامّا نهر عيسى فانّ السفن تجرى فيه من الفرات الى ان تقع فى دجلة والصَّراة فيها حواجز تمنع من جرى السفن *بسكور ودوال[n] فيها فتنتهى السفن فيها الى

---

a) L. et B. بكلْوَاذَى. Cf. Jacut, IV, p. ٣٠٢, 14 seq. b) L.; B. قَصْدَة. c) B. ونقص وهلك. d) P. والزروع. e) P. الخليفة. f) P. add. تُسْقَى. g) P. يتحلب. h) L. هذه الانهار, P. الفرات. Deinde L. صَبابات. i) P. يصبّ ايضًا الى دجلة (Cod. الدجلة) عند المحلّة المعروفة بباب البصرة وعليها. k) B. sine punct. l) B. يجاوز. m) Addidi ex I.; L. et B. om. n) L. et B. بسكورة ودوالى.

قنطرتها ثمّ تُحَوَّلُ ما فيها وتُجَاوِزُ به ذلك الحاجز الى سفن غيرها ✿ وبين بغداد والكوفة سواد مشتبك غير متميّز تخترق اليه انهار من الفرات فاوّلها ممّا يلى بغداد نهر صَرْصَر وعليه[a] مدينة صَرْصَر تجرى فيه السفن وعليه جسر من المراكب[b] يعبر عليه ومدينة صرصر[c] عامرة بالنخيل والزروع وسائر الثمار صغيرة من بغداد على ثلاثة فراسخ، ثمّ ينتهى على فرسخين الى نهر المَلِك وهو كبير اضعاف نهر صرصر فى مآئه وغزره[d] وعليه جسر من سفن يعبر عليه ونهر الملك مدينة اكبر من صرصر عامرة باهلها اكثر نخلًا وزروعًا وثمرة وشجرة منها، ثمّ ينتهى الى قصر ابن هُبَيْرَة وليس بين بغداد والكوفة مدينة اكبر منها وهى بقرب نهر الفرات الّذى هو العمود ويطلع[e] اليها هناك عن يمين وشمال انهار متفرّقة ليست بكبار الّا انّها تعمّهم بحاجتهم وهى اعمر نواحى السواد، ثمّ ينتهى الى نهر سُورَى وسورى مدينة مقتصدة ونهر كثير المآء وليس للفرات شعبة اكبر منه وينتهى الى سائر سواد الكوفة ويقع الفاضل منه فى بطائح الكوفة وسورى هذه من بين تلك النواحى اكثرها كرومًا ✿ وكَرْبَلآء من غربىّ الفرات فيما يحاذى قصر ابن هبيرة وبها قبر الحسين بن علىّ عم وله مشهد عظيم *وخَطْب فى اوقات. من السنة بزيارته وقصده[f] جسيم ✿ ومدينة سُرَّ مَنْ رَأَى فى وقتنا هذا مختلّة قد تجمّع اهل كلّ ناحية منها الى مكان صار لهم به مسجد جامع وحاكم وناظر فى امورهم وصاحب معونة يصرفهم فى ذلك المتولّى للناحية وكانت سرّ من رأى مدينة طولها سبعة فراسخ على شرقىّ دجلة ومنها شرب اهلها وليس فى نواحيها مآء يجرى الّا انهار القاطول الّتى تنصبّ بالبُعد منها الى سواد بغداد فامّا ما يحيط بها فبريّة وعمارتها ومياهها واشجارها فى الجانب الغربىّ بحذآئها ممتدّة والمواضع الّتى ذكرتُها بلاد ومدن قائمة بانفسها كدُور العَرَبَايى[g] والكَرْخ ودُور الخَرِب[h] وصينيّة سرّ من رأى نفسها فى وسطها ومن اوّل ذلك

---

a) B. عليه. *b*) B. مراكب. *c*) L. et B. om. *d*) L. وغزرة. *e*) Deëst in L. et B. Vid. I., p. ٨٥ *d*. Mox L. et B. وهناك. *f*) P. وخُطّاب عند زيارتها فى اوقات من السنة. *g*) L. et B. العربانى; cf. Beládsorí, p. ٢٩٧ et ann. *d*. *h*) Vid. Jacut *Modjam* et *Moschtarik* sub خَرِب. Paullo post locus vocatur الدور لخراب.

الى آخره من الدور الخراب نحو مرحلة لا ينقطع مآوها ولا تخفى آثارها وهى اسلاميّة ابتدأها المعتصم واستتمّ بناءها المتوكّل وهوآوها وثمارها اصحّ من ثمار بغداد وهوآئها ولها نخيل كثيرة وكروم واسعة وغلّات تحمل الى بغداد [a] ☆ وامّا النَّهْرَوان فمدينة يشقّها نهر النهروان بنصفين فى وسطها وهى صغيرة عامرة من بغداد على اربعة فراسخ كثيرة الغلّات والخيرات والنخيل والكروم ولا سيّما السمسم والحبوب ونهرها يفضى الى سواد بغداد [b] اسفل من دار الخلافة الى الاسْكاف وغيرها من المدن والقرى، فاذا جزْتَ النهروان الى الدَّسْكَرة الى حدّ حلوان خفّت المياه والنخيل وان كان من الدسكرة الى حدّ حلوان كالبادية منقطعة [c] العمارة منفردة المنازل والقرى حتّى تفضى الى نهر تامرّا وحدود شهرزور الى تكريت ☆ * فامّا المَدَايِنُ فمدينة صغيرة جاهليّة كسرويّة آثارها عظيمة وآياتها قائمة [d] وقد نُقل * عامّة ابنيتها الى بغداد [e] وهى من بغداد على مرحلة وكانت مسكن الاكاسرة وبها ايوان كسرى [f] المشهور ذكره بحديث سَطِيح وغيره الى يومنا هذا وهو ايوان * معقود عظيم جسيم من آجرّ وجصّ [g] وليس للاكاسرة بنية كالايوان ☆ * وينْعَتُ هذا الاقليم بارض بَابِل وكانت قُبَيْلُ بابل مدينة [h] وهى الآن قرية صغيرة [i] اقدم ابنية العراق عهدًا استحدثها الملوك الكنعانيّون وسكنوها [k] ومَنْ كان بعدهم وكانت دار مقامهم * ولهذا آثار الابنية [l] تخبر انّها كانت فى * قدم الزمان [m] مصرًا عظيمًا ويروى آخرون انّ الضَّحّاك اوّل مَنْ بناها وسكنها التبابعة ودخلها

---

a) P. add. وهى الان خراب اكثرها. b) In L. male additur اذ. c) L. متقطعة. d) P. والمداين كانت مدينة كبيرة عظيمة جسيمة كسروية قديمة اكثر الات عماراتها الى مدينة السلام وهى الان مدينة صغيرة معالمها قائمة. e) P. مدينة. f) P. add. انوشروان. g) P. عظيم جسيم معقود بالاجر والجص; cf. I., p. ٨٩, 10. h) P. واما بابل فكان مدينة الفراعنة والنماردة وقرار ملكهم وحومة نعمهم. i) P. add. وهى, I. الا انها. k) L. et P. (prima manus) وسكونها. P. ut I. ملوك الكنعانيين. l) P. ut I. وبها اثار ابنية. m) P. ut I. قديم الايام.

ابراهيم عم[a] ۞ وكُوثَارَبَّا مدينة كانت اكبر من بابل ويقال انّ ابراهيم الخليل بها طُرح فى النار[b] وكُوثَى بلدان وناحيتان تعرف احداهما بكوثى الطريق والاخرى بكوثاربَّا وبها *تلال عظيمة من الرماد[c] ويزعمون انّها[d] نار النمرود ابن كنعان الّتى طرح فيها ابراهيم الخليل عم ۞ والجامعان منبر صغير حواليها رستاق عامر خصيب جدًّا يجاوز نواحى المداين ۞ والمداين من شرقىّ دجلة ومن بغداد على مرحلة ويقال انّه كان فى ايّام ذى القرنين قد عُقد بها على دجلة[e] جسر من آجرّ وليس لذلك اثر فى هذا الزمان وقد حُكيتْ هذه الحكاية عن تكريت وانّه كان على دجلة بها عُقد جسر من آجرّ يعبر عليه وادركتُ اثرًا من ذلك يشهد له فى سنى نيف وعشرين وثلاث مائة ۞ *فامّا عُكْبَرَآء والبَرَدَان والنُّعْمَانيّة ودَيْرُ العاقول وجَبُّلُ وجَرْجَرَايَا وفَمُ الصِّلْح ونهر سابُس[f] وسائر ما ذكرتُه على شطّ دجلة من المدن فهى متقاربة فى الكبر وليس بها مدينة كبيرة وهى مشتبكة العمارة ولكلّ مدينة من ذلك كورة[g] ۞ وامّا حُلْوَانُ فليس بالعراق بعد البصرة والكوفة وواسط اعمر منها واكبر واخصب واشهر وجلّ ثمارها التين وهى بقرب الجبل وليس للعراق مدينة بقرب الجبل غيرها وربّما سقط بها الثلج فامّا اعلى جبلها فالثلج يسقط به دائمًا ۞ والدَّسْكَرَة بها نخيل وزروع عامرة وخارجها حصن من طين داخله فارغ وهى مزرعة يقال انّ الملك كان يقيم به فى بعض فصول السنة فسمّيت دسكرة الملك لذلك ۞

وقد قدّمتُ القول بالنقويس الّذى فى حدّ العراق من نحو تكريت الى

---

a) P. addit: وتجاهها حلّة ابن مَزْيَد مدينة مُحْدَثَة استحدثها منصور ابن مزيد الاسدىّ فى سِنِى السبعين (l. التسعين) واربعمائة غربىّ الفرات مُغْتَصَّة بالناس كثيرة الاسواق دائمة الشرى والبيع وبها مسجد جامع حسن كبير وجبايتها ربّما زادت على مائة الف الف (Sic in marg. In textu tantum الف) دينار. b) In marg. P.: وليس ذلك بصحيح وانما كان ذلك بالرهآء وبها عين ابراهيم الخليل عم. Deinde L. et B. وكوثا. c) P. تلان عظيمان رماد. d) In marg. P. additur رماد. e) L. et B. h. l. الدجلة. f) L. et B. شاش. g) B. كور.

ان يجاوزه[a] مشرّقًا عن دجلة الى قرب العَلْث بالطول على مثال القوس الى الدسكرة ثمّ يطوف على مثال القوس الى عمل واسط من حدّ العراق الى حدّ الجبل فانّه قليل العمارة[b] وانّما العمارة فيه ممّا يحاذى سرّ من رأى اميالاً يسيرة والباقى[c] بادية ✿ ولم ابالغ فى وصف العراق لاكثار الناس فيها ووصفهم المستفيض لها واشتهار عامّة ما نذكر منها وهذه صفة جامعة لها اذ[d] قصدى فيها وفى غيرها اثبات هَيْآتها فى الصورة وموضع بعضها من بعض ✿ وامّا ارتفاعها فيخرج عنه ارتفاع البصرة وواسط فى وقتنا هذا وحضرتُ عقد ضمانها من حدّ تكريت الى حدّ واسط بجميع طساسيجها واعمال الكوفة المضمومة[e] اليها من جميع وجوهها واسبابها على[f] ابى فضل الشيرازىّ فى سنة ٣٥٨ وكان دون زيادة الصنجة وحقّ بيت المال ثلاثين الف الف درهم وقد تقدّم ارتفاع البصرة وواسط عند ذكرهما وانّهما تُضْمَنَا معًا باثنى عشر الف الف درهم فى هذه السنة المذكورة[g] ✿

---

a) I. insert سامرا. b) Hic quaedam desunt, quae suppleri possunt ex I., p. ٨٧, 3 a f. seqq. c) L. et B. add. فى. d) L. et B. واذ. e) L. مضمومة. f) B. الى. g) P. haec habet: (sic) وامّا عكبرآء (Cod. عُكْبُرا) والبردان والعَلَث والجُوَيث (والحونث .Cod) والكَرْخ والدُّور (والدُّور .Cod) والبوازيج شرقىّ تكْريت فهى (وهى .Cod) على النهر (.ex marg) الصغير الّذى اخذ (أُخِذ .Cod) من بلاد الدربند (الدربند .Cod) وشهرزور ولها نهر ياخذ من الزاب من اعلاها مسيرة اربعة اميال ويجىء اليها من قبليّها ويقسم بمقاسم عُملت من الآجرّ افواه الانهار نهر الى شرقيّها ونهر الى غربيّها يسقى بساتينها واقطانها ونهر يسمّى السّنّ (السب .Cod) يدخل تحت السور من قبليّها ويشقّ فى وسطها وفى اسواقها وعليه مرابع بالآجرّ وربّما دخل واحد دكّانه استقى المآء من طاقه ويخرج منها النهر فيسقى البساتين والاقطان الى شماليّها وشرقها وهو مآء كثير وفيها ايضًا نهر (نهران .Cod) صغير (صغار prima manus) يشقّ وسط البلد ويروح الى غربىّ البلد يسقى الاقطان والبساتين وفى بساتينها فاكهة مليحة واكثرها الرمّان والرطب واهلها لبّنو (لبنين .Cod) العربكة محبّون الغريب وينتصفون (وينغصّون .Cod) له وربّما حمل من فاكهتها الى الموصل وبغادى

خوزستان

فامّا حدود خوزستان ومحلّها ممّا يجاورها من البقاع المصاقبة لها ومحادّها منه فانّ شرقيّها حدّ فارس واصبهان وبينها وبين حدّ فارس من حدّ اصبهان نهر طاب وهو الحدّ الى قرب مَهْرُوبَان ولهذا النهر رستاق كبير وناحية واسعة ونهر عميق عليه جسر من خشب معلّق بين السمآء والمآء وبينه وبين المآء نحو عشرة اذرع يعبر عليه مارّة تلك الناحية والمجتازون بها ثمّ يصير الحدّ بين الدورق ومهروبان على الظهر الى البحر وغربيّها حدّ رستاق واسط واعمالها ودور الراسبىّ وشماليّها حدّ الصَّيْمَرَة والكَرْج[a] واللّور

عليه باسمها وربّما ابيع فاكهة غيرها (غير فاكهها prima manus) باسمها لشهرتها بالجيّد ورؤسآؤها قوم بنى يعرب من بجيلة من ولد جرير بن عبد الله البجلىّ ورؤسآء نصفها الآخر قوم من بنى هود يقال لهم بنو هود بن (من .Cod) قحطان وهؤلآء رؤسآء الجانبين مختلفون (مختلفين .Cod) فى المذهب فبنو يعرب شيعة وبنو هود سُنّيّة ولكلّ منهم تبع عظيم وربّما يجرى بينهم شىء من القتال على ذلك الّا انّهم يزوّجون (يزوجوا .Cod) بعضهم من بعض ولا يزوّجون (يزوجوا .Cod) غريبًا ولا يتزوّجون (يتزوجوا .Cod) من غريب وكانوا قديمًا من عسكر علىّ بن ابى طالب رضه لمّا فتح تكريت اخذوها وسكنوها بعد مقتله بالكوفة وهى مبنيّة بالطوب الّذى (التى .Cod) هو اللبن والجصّ مساكن مرتفعة جدًّا احسن من إِرْبِل، وامّا دَقُوقَا والنَّهْرَوَان وجَلُولآء (وجلولا .Cod) والدَّسْكَرَة وخانِقِين ودير العَاقُول وكَلْوَاذَى وجَرْجَرَايَا وفَمُ الصِلْح ونهر سابس (وشاش .Cod) والنُّعْمَانِيَّة والعَرَّاف والبطائح وقُوسَان فهذه كلّها وامثالها ممّا لم نذكره متقاربة بعضها من بعض وليس بها مدينة كبيرة بحيث نذكرها باكثر من هذا وايضًا انّى لم ابلغ فى مدينة السلام خاصّةً وسائر العراق عامّةً لاكثار الناس فيها ووصفهم المستفاض لها واشتهار عامّة ما يذكر منها وهذه صفة جامعة لها اذ قصدى فيها وفى غيرها انّما هو اثبات هيآتها فى الصورة وموقع بعضها من بعض والله الموفق للصواب ۞

a) Vid. I., p. ٨٨ *f*. In P. deëst.

حتّى يتّصل على حدود الجبال الى اصبهان على انّه يقال انّ اللور واعمالها كانت من *خوزستان فحُوّلت الى الجبال وحدّ[a] خوزستان ممّا يلى فارس واصبهان وحدود الجبال من واسط على خطّ مستقيم فى التربيع الّا انّ الحدّ الجنوبىّ من حدّ بَيّان[b] الى رستاق واسط يصير مخروطًا فيضيق فى التربيع عن ما قابله[c] وفيه من حدّ الجنوب ايضًا من حدّ عبّادان على البحر الى حدّ فارس تقويس يسير فى الزاوية وينتهى هذا البحر آخذًا الى المغرب ذاهبًا الى دجلة[d] حتّى يجاوز بيان ثمّ ينعطف من وراء المَفْتَح والمَذار الى ان يتّصل برستاق واسط من حيث ابتدأوه[e] ☆

فامّا ما يقع فى كورها من مدنها فالأَهْوازُ مدينة تعرف بهُرْمُزْشَهْر وهى الكورة العظيمة والناحية الجسيمة الّتى ينسب الناس اليها سائر الكور[f] وعَسْكَرُ مُكْرَم وتُسْتَر وجُنْدَىْ سَابُور[g] والسُّوس[h] ورَامَ هُرْمُزْ والسُّرّق وكلّ ما ذكرناه من كورة فهو اسم المدينة غير السرّق فانّ مدينتها[i] الدَّوْرَق وهى المعروفة بدورق الفرس وايِذَج[k] ونهر تِيرَى وحَوْمَة الزُّطّ والخابَرَان[l] وهما واحد وحَوْمَة البُنْيان[m] وسوق سُنْبِيل ومَنَاذِر الصغرى ومناذر الكبرى وجُبَّى والطِّيب وكَلِبْوان وهذه مدن ولكلّ مدينة كورة، ومن مدنها المشهورة المعروفة فى جميع الارض بَصِنّى المذكورة عى الستور المجلوبة الى جميع اقاليم الدنيا وآزم وسوق الاربعاء وحصن مهدىّ والباسِيان وبَيّان وسُلَيْمانان وقُرْقُوب ومَتُّوث[n] وبِرْذَوْن[o] وكُرْجَة ☆

---

a) Haec ex I. supplevi. b) L. et B. bis بَبِّيان, sed vid. Jacut. P. شمان, I. من عبادان. c) L. بقابله. d) L. et B. الدجلة. e) Hic in L. et B. sequitur وهذه صورة خوزستان. f) L. et B. الكورة; P. المدن والكور والان فقد خرب اكثرها وانجلى اهلها وصارت مدينة عسكر مكرم اكثر عمارة منها. g) P. semper جُنْدِيسَابُور. h) L. et B. والشُّوش. i) L. et B. مدينته. k) L. وانبدج, B. sine punctis. P. وأيذج. l) L. et B. والحايران, P. والجايران. Deinde L. et B. مما واحد. m) L. et B. التنتيان h. l.; P. الثننات et الثنيات. n) B. ومتوت. o) L. وبوذون, B. ودون, P. وبَرودَن. Deinde P. وكرخة addens فهى جميع ما لها منابر.

وخوزستان هذه فى مستواة من الارض سهلة ومياه جارية واكبر انهارها نهر تستر وهو النهر الّذى بنى عليه سابور الملك شاذروان[a] بباب تستر حتّى ارتفع مآوه الى المدينة لانّ تستر على نشز كالمرتفعة عن ما داناها[b] من الارض فيجرى هذا النهر من ورآء عسكر مكرم على[c] الاهواز حتّى ينتهى على[c] نهر السّدْرة[d] الى حصن مهدىّ ويقع فى البحر، ويجرى من ناحية تستر نهر المَشْرُقان حتّى ينتهى الى عسكر *مكرم ويشقّها بنصفين ويتّصل بالاهواز وآخره قصبة الاهواز لا يتجاوزها[e] *فاذا انتهى الى عسكر مكرم[f] فعليه جسر كبير نحو عشرين سفينة[g] وتجرى فيه السفن العظام وركبتُه انا من عسكر مكرم الى الاهواز والمسافة عشرة[h] فراسخ فسرنا فى المآء ستّة فراسخ ثمّ خرجنا وسرنا فى وسط النهر وكان الباقى من هذا النهر الى الاهواز طريقًا يابسًا لانّ ذلك كان فى آخر الشهر والقمر فى نقصانه فنقص المآء عن ملأِ النهر من قبل المدّ والجزر الّذين ينقصان ويزيدان بزيادة القمر، ولن يضيع من هذا المآء شىء[i] بوجه من الوجوه بل يسقى به اراضى قصب السكّر وما فى اضعافه من النخيل[k] والزروع وغير ذلك، وليس بخوزستان كلّها على كمال عمارتها[l] بقعة هى اعمر وازكى من المشرقان، ومياه خوزستان من الاهواز والدورق وتستر وغير ذلك ممّا يصاقب هذه المواضع كلّها تجتمع[m] عند حصن مهدىّ فيفيض[n] هنالك بعد ان يكثر ويغزر ويصير له عرض ممّا[o] يقارب الفرسخ وينتهى الى البحر، وليس بخوزستان بحر الّا ما ينتهى اليها

---

a) P. الشادروان. *b*) B. دانيها, P. عماداتها. *c*) P. الى. *d*) L. et B. الشذرة. *e*) L. et B. om. Addidi ex P. (cf. I.) qui habet تتجاوزها. *f*) L. et B. om. Restitui ex I. *g*) P. pro his: وعلى نهر المسرقان فى وسط عسكر مكرم قنطرة حسنة محكمة البنآء بالجصّ والآجرّ عريضة جدًّا وفى هذه القنطرة سوق ودكاكين ومسجد حسن نزه; cf. Jacut, I, p. ۴۱۱, 19 seqq. *h*) L. عشر; I. ثمانية. *i*) L. et B. ملى. *k*) P. add. ..والاشجار. *l*) L. عماراتها. *m*) L. et B. مجتمع. *n*) Masculino genere hic inaccurate utitur, quasi praecederet فتصير نهرًا, cf. I.; p. ۹۰, 6. *o*) P. ما.

عن زاوية من حدّ مَهْرُوبان الى قرب سليمانان بحذآء عبّادان وهو شىء يسير من بحر فارس ☆ وليس بجميع خوزستان جبال ولا رمال الّا شىء يسير يتاخم نواحى تستر وجندى سابور وناحية ايذَج[a] واصبهان وباقى خوزستان كارض العراق ☆ وامّا هوآؤها وتربتها وصحّة اهلها فانّ مياهها طيّبة عذبة جارية ولا اعرف بجميع خوزستان بلدًا مآؤه من البئر لكثرة المياه الجارية بها، وامّا تربتها فما بَعُدَ عن[b] دجلة الى ناحية الشمال ايبس واصحّ وما كان الى دجلة اقرب فهو من جنس ارض البصرة فى السبخ[c] وكذلك الصحّة ونقآء البشرة فى الناس فيما بعد عن دجلة ☆ وامّا المَشْرُقان خاصّةً ففيه رُطَب يعرف برطب الطنّ يقال انّ ذلك الرطب اذا اكله الانسان وشرب عليه مآء المشرقان لم يُخْطَأْه[d] منه رائحة الخمر، وليس بخوزستان موضع يجمد[e] فيه المآء ولا يقع فيه الثلج ولا يخلو من النخيل، والعلل بها كثيرة وخاصّةً لمن انتابها وطرا عليها، وثمارهم وزروعهم فالغالب منها فى غلّاتهم النخل ولهم عامّة الحبوب كالحنطة والشعير والباقلآء[f] واكثر حبوبهم بعد القمح والشعير الارزّ حتّى انّهم ليخبزونه وياكلونه وهو لهم قوت[g] وكذلك رساتيق العراق، وليس من بلد ليس[h] به قصب سكّر فى جميع هذه الكور الكبار الّتى تقدّم ذكرها واكثر ذلك بالمشرقان ويقع جميعه الى عسكر مكرم وليس بعسكر مكرم فى القصبة كثير سكّر ولا بتستر ويتّخذ الكثير منه بالسوس وفى سائر المواضع للاكل من القصب ما يسدّ الحاجة ويزيد، وعندهم عامّة الثمار ولا يكاد يخطئهم الّا الجوز وما لا يكون الّا ببلاد الصرود ☆ وامّا لسانهم فانّهم[i] يتكلّمون بالفارسيّة والعربيّة غير انّ لهم لسانًا آخر خوزيًّا ليس

---

a) L. et B. اندج. b) L. et B. من. c) P. التسبّخ. Deinde B. ولذلك. d) L. et B. تخطى. e) B. يحمل. Ridicule P. الا ويجمد فيه الماء القليل. f) B. والباقلى. P. والفول. g) P. addit: وفيهم من تعوّد اكل خبز الارزّ طول السنة حتّى اذا اكل خبز الحنطة اخذه المَغْس ووجع البطن وربّما يموت منه. h) L. et B. om. P. وليس بخوزستان موضع الا وفيه. i) P. فعامتهم, I. فان عامتهم.

بعبرانىّ ولا سريانىّ ولا فارسىّ، وزيّهم زىّ اهل العراق فى الملابس من القمص والطيالسة والعمائم وفى اضعافهم من يلبس الازر والمآزر، والغالب على اخلاقهم الشرّ[a] والمنافسة فيما بينهم فى اليسير من الامر[b] وشدّة الامساك، والغالب على خَلْقهم صفرة الالوان[c] والنحافة وخفّة اللحى ووفور الشعور[d] فيهم اقلّ ممّا فى غيرهم من المدن وهذه صفة عامّة النجروم، وامّا ما ينتحلونه من الديانات فالغالب عليهم الاعتزال والغلبة لهم[e] دون سائر النِّحَل والقول بالوعد والوعيد فيهم اكثر منه فى جميع الخلق واظهر على الحقيقة والصدق، وليس فى موازين جميع اهل الارض الحبّة مجزّأة على اربعة اجزآء الّا بالعسكر ويقال لكلّ جزء[f] تومنة، وفى عوامّهم واهل مهنهم من الرياضة بالكلام والعلم به وبوجوهه ما يضاهون[g] به الخواصّ من ارباب البلدان وعلمائها ولقد رايتُ حمّالاً عَبْرَ وعلى راسه وقر ثقيل او على ظهره وهو يساير حمّالاً آخر على حاله وهما يتنازعان فى التأويل وحقائق الكلام غير مكترثين بما عليهما فى جنب ما خطر لهما ۞

ومن الخاصّيّات عندهم ما تقدّم ذكره بتستر من الشاذروان الّذى بناه سابور وهو من اعجب البنآء واحكمه وطوله نحو الميل قد رُصّ بالحجارة ورُصِفَ[h] كلّه حتّى تراجع المآء فيه وارتفع[i] الى باب تستر ۞ وبنهر السوس[k] تابوت دانيال كما بلغنى والله اعلم انّ ابا موسى الاشعرىّ وجده وكان اهل الكتاب يديرونه فى مجامعهم ويتبرّكون به ويستسقون المطر اذا اجدبوا فاخذه ابو موسى وشقّ من النهر الّذى على باب السوس خليجًا وجعل فيه ثلاثة قبور مطويّة بالآجرّ ودفن ذلك التابوت فى احد القبور ثمّ استوثق منها كلّها وعمّاها ثمّ فتح المآء *حتّى قلب[l] ذلك الثرى الكثير على ظهر تلك القبور والنهر يجرى عليها الى يومنا هذا ويقال انّ من نزل الى قعر المآء

---

a) P. الشراسة. b) P. الامور. c) P. اللون. d) P. الشعر. e) B. بهم, P. لاهله. f) L. جزوٌ. g) P. يباهون. h) P. ورُصِّفَ. i) L. et P. addunt: حتّى تراجع. Deinde P. على. k) Sic P. ut I.; L. et B. تستر. l) P. على قَلْب.

وجد تلك القبور✿] ولهم بناحية آسَك متاخمًا لارض فارس جبل تتّقد منه[a] النار ليلًا وبالنهار الدخان لا يطفأ[b] ابدًا كالبُرْكَان وجبل النار وأُسْتُرُنْجُلُو[c] وهى *جزائر تجاه[d] صقلّية لا ينقطع نارها ليلًا ودخانها نهارًا وسببه فيما اظنّه عين كبريت او نفط *او غيره[e] ممّا تعمل فيه النار وقد وقعت فيه على قدم الايّام فعلى قدر ما تخرج يحترق ابدًا وقد رايتُ جميع النيران الّتى بصقلّية وما رايتُ هذا وانّما احسبه توهُّمًا لا بالحقيقة✿] وبعَسْكَرِ مُكْرَم صنف من العقارب صغار على قدر ورقة الانجذان[f] وصفرتها تسمّى الجرّارة[g] قلّ من يسلم من لسعتها[h] وهى ابلغ فى القتل من *بعض الحيّات[i] ✿ ويتّخذ بتستر الديباج الّذى يحمل الى جميع الدنيا وكان يعمل بها كسوة الكعبة البيت[k] الحرام الى ان افتقر السلطان وحلّت به الحرمة[l] فسقطت عنه عند ذلك فريضته ويكون بها لكلّ من ملك العراق طراز وصاحب✿ ويعمل بالسوس[m] الخزوز الثقيلة ومنها تحمل الى الآفاق، *وبالسوس صنف من الاترجّ شمّامات ذكيّة كالاكفّ باصابعها لم ار مثلها فى جميع الارض من بلدان الاترجّ[n] ✿ وبقُرْقُوب[o] السوسن جرد الّذى يحمل الى الآفاق وبها وبالسوس طرز للسلطان✿ وببَصِنّى تعمل الستور المشهورة فى جميع الارض المكتوب عليها عمل بصنّى[p] وقد يعمل ببِرْذَوْن وكَلِيوَان[q] وغيرهما من المدن ستور يكتب عليها بصنّى وتدلّس فى ستور بصنّى✿ وبرامَهُرْمُز من ثياب الابريسم ما يحمل الى كثير من المواضع، ويقال انّ مانى بها قُتل وصُلب

---

a) P. تقَد فيه. b) L. et B. يطفى, P. ينطفىء ut I. c) L. et B. وسرنحلوا; vid. ann. ad *Merâcid*, IV, p. 311. d) L. دىحـدااپرتَجاه, sed altera littera ا recentioris manus est. B. داير تجاه. Cf. Edrîsî apud Amari, *Biblioth. Sicula*, p. ٢٠. e) L. et B. om. Restitui ex I. Mox L. يعمل. f) L. et B. sine punctis. P. ورق الاندجات. g) L. et B. الحراره. h) B. لسعها. i) P. الافاعى القاتلة وامضى سمّا. k) P. والبيت. l) ? L. et B. الرحمة. Deinde L. فسقط. m) L. بالشوش. n) P. tantum وبخوزستان انواع من مُرَكّب الاترجّ. o) L. et B. وبقرقوف. p) L. بُصُنّى, B. بُصْنّى. q) L. et B. وكيلوان.

ويقال انّه مات فى محبس بهرام حتف انفه فقطع راسه واظهر قتله ۞ وجُنْدَى سَابُور مدينة خصبة واسعة الخير وبها نخل وزروع كثيرة ومياه وقطنها يعقوب بن الليث الصفّار لخصبها واتّصالها بالمير الكثيرة ومات بها وبها قبره ۞ وبنهر تِيرَى ثياب تشبه ثياب بغداد وتحمل اليها فتدلّس بها وتقصر هناك وتحمل جهازًا الى جميع الآفاق فلا يشكّ فيها وهى حسنة ۞ وجُبَّى مدينة ورستاق عريض مشتبك العمارة بالنخل وقصب السكّر وغيرهما ومنها ابو علىّ الجُبّائىّ الشيخ الجليل امام المعتزلة ورئيس المتكلّمين فى عصره ۞ ثمّ تتّصل زاوية من خوزستان بالبحر فيكون لها خور يخاف[a] على سفن البحر اذا انتهت اليه وربّما غرقت فيه الكثير وذلك ممّا يستجمع من مياه خوزستان بحصن مهدىّ فيتّصل بالبحر ويعرض هناك[b] حتّى ينتهى[c] من طرفه المدّ والجزر ويتّسع حتّى كانّه البحر ويزيد على الفرسخ ۞ وتتّخذ بالطِّيب تِكَكٌ تشبه الارمنىّ قلّ ما توجد بمكان من الاسلام بعد ارمينية احسن ولا افخر منها وان كان ما يعمل بسجلماسة من جنسها لكنّه لا يبلغ القيمة ولا يدانيها ولا يقارب الحسن وهى مدينة مقتصدة طيّبة يعمل فيها الاكسية والبرّكانات ۞ واللُّور بلد بذاته خصب والغالب عليه هوآء الجبل وكان من خوزستان فضُمّ الى اعمال الجبل وله بادية واقليم ورستاق والغالب[d] عليه الاكراد فهو خصب وبمصاقبتهم رطب ۞ وسَنْبِيل[e] كورة متاخمة لفارس وكانت مضمومة اليها من ايّام محمّد بن واصل الى آخر ايّام السِجْزيّة[f] فحوّلت الى خراسان ۞ والزُّطّ والخابَرَان[g] كورتان عظيمتان عامرتان متجاورتان كثيرتا[h] الدخل ۞ والبُنْيان متاخمة[i] للسَّرْدَن من ارض فارس وحدّ اصبهان وهواؤها هوآء الصرود وليس بخوزستان رستاق يقارب الصرود غير البنيان ۞ وآسَك قرية ليس لها منبر وحولها نخيل كثير وبها كانت *وقعة

---

a) Deëst يخاف. Supplevi ex I. b) B. هنالك. c) L. et B. تنتهى. d) B. الغالب. e) Forma سِنْبِيل occurrit apud B. in itinerario. f) L. et B. السحريه. g) L. والحابران, B. sine punctis. h) L. كثيره. i) L. et B. متاخمتان.

الازارقة[a] التى يقال انّ اربعين من الشراة قتلوا فيها نحو الفَىْ رجل من الجند اتّبعوهم من البصرة، والدوشاب الآسكىّ[b] الّذى يحمل الى العراق مشهور بالجودة ومفضّل على كلّ دبس من الدبس الرَّجّانىّ وغيره ✿ وامّا مَنَاذِر الكبرى والصغرى فكورتان عامرتان ايضًا بالنخيل والزروع ولهما ارتفاع كثير ولاربابهما فى الديوان محلّ ليس يُدَانِى[c] رفعة وجلالة ✿

فامّا المسافات بها فانّ من خوزستان الى العراق طريقين شارعين احداهما الى البصرة ثمّ الى بغداد والاخرى الى واسط ثمّ الى بغداد فامّا طريق البصرة فانّك تاخذ من الرَّجّان[d] الى آسك قرية مرحلتين خفيفتين ثمّ الى زَيْدَان[e] مرحلة وزيدان[f] قرية ومنها الى الدورق مرحلة والدورق مدينة كثيرة الاهل وهى مدينة الرستاق المعروف بسرّق[g] ثمّ من الدورق الى خان من دونها تنزله السابلة يعرف بخان مَرْدَوَيْه[h] مرحلة ثمّ الى الباسيَان مدينة وسطة فى الكبر عامرة يشقّها نهر بنصفين مرحلة ومن الباسيان الى حصن مهدىّ مرحلتين[i] وفيها منبر ويسلك بينهما[k] فى المآء وكذلك من الدورق الى الباسيان يسلك فى المآء وهو ايسر من البرّ ومن حصن مهدىّ الى بَيَان مرحلة على الظهر وبيان منبر وقد انتهيتَ الى آخر حدود خوزستان وبيان على دجلة[l] فتركب منها ان شئتَ الى الابلّة وان شئتَ على الظهر حتّى تحاذى الابلّة ثمّ تعبر ✿ وامّا الطريق على واسط الى بغداد فانّ من الرجان الى سوق سَنْبِيل مرحلة ثمّ الى رام هرمز مرحلتين[i] ثمّ من رام هرمز الى عسكر مكرم ٣ مراحل ومن عسكر مكرم الى تستر مرحلة ومن تستر

---

a) L. et B. الازارقة الواقفه. b) L. et B. الاسكر. c) Vocales in B.; L. fort. بدانى. d) L. et B. semper الرجان et الرجانى pro ارجان et الارجانى; cf. Jacut sub رجان et *Lobbo 'l-lobáb* sub الرجانى. Male ibi praescribitur بتشديد الجيم. e) L. et B. ديرا. f) L. et B. om. g) L. بشرق. h) L. منذونه, B. من دونه, et om. مرحلة. Illud من دونها quoque ex errore Ibn Haukalis ortum videtur, coll. I., p. ٩٥. i) L. et B. مرحلتان. k) L. et B. منهما. l) L. et B. الدجلة.

الى جندى سابور مرحلة ومن جندى سابور الى السوس[a] مرحلة * ومن السوس الى قرقوب مرحلة ومن قرقوب الى الطيب مرحلة[b] ويتّصل بعمل واسط، ومن العسكر الى واسط طريق اخصر من هذا الطريق ولا تمرّ على تستر وانّما ذكرتُ هذا المسلك لانّى قصدتُ ذكر المسافة ما بين المدن ولم ارد نفس الطرق الى بغداد وكان هذا اجمع لما اردناه ❊ ومن العسكر الى ايذج[c] ٤ مراحل ومن العسكر الى الاهواز مرحلة ومن الاهواز الى أَزَم[d] مرحلة ومن الاهواز الى الدورق ٤ مراحل ومن عسكر مكرم الى الدورق نحو ٤ مراحل، *ومن الاهواز الى رامهرمز نحو ٣ مراحل[e] ايضًا لانّ الاهواز وعسكر مكرم فى سمت واحد ورامهرمز منهما[f] كاحدى المثلّثات[g]، ومن عسكر مكرم الى سوق الاربعاء مرحلة ومن تعدّى سوق الاربعاء الى حصن مهدىّ سار مرحلة، ومن الاهواز الى نهر تيرى يوم، ومن السوس الى بصنّى اقلّ من مرحلة ومن السوس الى بردون مرحلة خفيفة ومن السوس الى متّوث مرحلة، فهذه جميع المسافات بها ❊ فامّا ارتفاعها فانّى حضرتُ ضمانها فى سنة ٣٥٨ عن جميع حقوق السلطان من[h] ابى الفضل الشيرازىّ فكان ثلاثين الف الف درهم دون زيادة الصنجة وحقّ بيت المال ❊

بلاد فارس

وامّا فارس فالّذى يحيط بها ممّا يلى الشرق حدود كرمان وممّا يلى الغرب كور خوزستان وممّا يلى الشمال المفازة الّتى بين فارس وخراسان وبعض حدود اصبهان ومن[i] الجنوب بحرها[k] وفيها زنقة وزاوية تلى كرمان ممّا يلى المفازة وفى الحدّ الّذى يلاصق البحر تقويس قليل من اوّله الى آخره وزنقة وزاوية اخرى ايضًا ممّا يلى اصبهان وانّما وقعت هاتان الزنقتان[l]

---

a) L. et B. الشوش hic et deinde. b) L. et B. om. Supplevi ex I. Deinde B. وتتصل. c) L. الدجا. d) L. ارم. e) Haec ex I. restitui. f) L. et B. منها. g) I. زوايا المثلث. h) P. وهو ببيد. i) I. et P. ومما يلى. k) Fortasse excidit, coll. I., وصورة فارس على التربيع. l) B. addit كالزاويتين.

لانّ من شيراز وهى واسطة فارس اليهما[a] من المسافة نحو نصف ما بين خوزستان وبين شيراز وكذلك جروم كرمان[b] ۞

قد صوّرتُ فارس بحدودها ولم اصوّر فيها رستاقًا لانتشار ذلك وكثرته ولا الجبال لانّه ليس بفارس بلد الّا وبه جبل او يكون الجبل بحيث تراه الّا اليسير ولم اصوّر *الّا مدينة[c] لها منبر مذكور مشهور وقد ذكرتُ فى هذه الرسالة ما يعلم به من قرأها موضع كلّ كورة برساتيقها[d] ومواضع المدن بها ان شآء الله تعالى۞ فامّا ما بها من المدن والرموم[e] والاحيآء والحصون وبيوت النيران والانهار والبحار[f] والكور فانّ كورها خمس كور فاوسعها واعرضها واكثرها مدنًا[g] ونواحىَ كورة اصْطَخْر *ومدينتها اصطخر[h] وهى اكبر مدينة بهذه الكورة، وتليها فى الكبر أَرْدَشِير خُرَّه[i] ومدينتها جُور ويدخل فى هذه الكورة قُبَاذخُرَّه[k] وبكورة اردشير خرّه مدن هى اكبر من جور مثل شيرَاز وسِيرَاف وانّما صارت جور مدينتها لانّها بنآء اردشير ودار ملكه وشيراز وان كانت قصبة لفارس كلّها وبها الدواوين ودار الامارة فهى مدينة محدثة فى الاسلام، وتليها فى الكبر كورة دارابَجِرْد *ومدينتها دارابجرد[l] وفَسَا هى اكبر منها واعمر غير انّ الكورة منسوبة الى دارا[m] الملك وهى مدينته الّتى ابتناها لهذه الكورة، وتليها فى الكبر كورة الرجان[n]، وتليها كورة سابور[o] وهى اصغر كور فارس ومدينتها سابور وبهذه الكورة مدن هى اكبر منها كالنُّوبَنْدَجان[p] وكازُرُون ولكنّ هذه الكورة[q] تنسب الى سابور وهو الّذى ابتنى المدينة المعروفة بسابور[r] المشهورة بالثياب السابورىّ ۞ وامّا رمومها[s]

---

a) L. et B. اليها. b) Hic in L. et B. sequitur وهذه صورة فارس وبحرها. c) L. الا مدينة. d) Ex I.; L. et B. برستاقها. e) Codd. والزموم. f) L. والتجابر, B. والتجار. g) B. مدنها. h) L. et B. om. i) L. et B. ازدشير جره semper (B. اردشير h. l.); P. ازدشير خُرَّة. k) L. et B. قبان جره et sic semper جره pro خره. l) L. et B. om. Deinde L. وفشا, B. وفسّا. m) L. et B. دار. n) P. أَرّجان. o) B. شابور. p) L. et B. كالنوشجان (cf. Jacut, IV, p. ٨٢٣, 13), P. كالبُوشجان. q) L. et B. كوره. r) P. بشابور فى خراسان. s) Codd. semper cum ز.

فهى ايضًا خمسة واكبرها رمّ جيلَوَيْه[a] ويعرف برمّ الزميجان[b] والّذى يليه فى الكبر رمّ احمد بن اللّيث ويعرف باللّوالجان[c] ويلى ذلك فى الكبر رمّ لحسين[d] ابن صالح ويعرف برمّ الديوان ثمّ رمّ شهريار ويعرف برمّ المازنجان[e] والمازنجان من الاكراد القبيل الّذى فى حدود اصبهان ناقلة من هذا الرمّ ورمّ احمد ابن الحسن[f] يعرف برمّ الكاريّان[g] وهو رمّ اردشير ۞ فامّا احيآء الاكراد فانّها تكثر عن الاحصآء غير انّهم بجميع احيآئهم المقيمة بفارس على استفاضة اهل الديوان والخاصّة من علمآء التنّآء[h] يزيدون على خمس مائة الف بيت شعر ينتجعون المراعى فى الشتآء والصيف على مذاهب العرب ويخرج من البيت الواحد من الارباب والاجرآء والرعآء واتباعهم ما بين رجل واحد الى عشرة من الرجال ونحو ذلك، وساذكر من اسامى احيآءهم ما يحضرنى ذكره على انّهم لا يتقصّون[i] فى العدد الّا من ديوان الصدقات ۞ وامّا انهارها الكبار الّتى تحمل السفن اذا أُجريت فيها فانّها نهر طاب ونهر شِيرِين ونهر الشادكان ونهر درخيد[k] ونهر الخُوبذان ونهر رتين[l] ونهر سَكّان ونهر جرشيق ونهر كُرّ[m] ونهر فَرواب[n] ونهر تيرزة[o] ۞ وامّا بحارها فالبحر الاعظم معروف باسمها لانّ بحر البصرة الى اقصى عمل الهند يعرف ببحر فارس وبحيرة البَخْتَكان[p] وبحيرة دَشْت أرزن وبحيرة الموز[q] وبحيرة

---

a) L. حيلوده et infra خبلويه, B. حملونه. b) L. الزمجان, B. الزمنجان. c) L. et B. بالّلونجان. d) L. et B. احمد; vid. ad I., p. ٩٨ *f*. e) I. البازنجان. f) L. et B. الحسين. g) L. et B. الكاربان. h) B. التنا, L. الثناه. i) B. ينقصون. k) L. et B. دوخيد. l) L. et B. رس, infra اوس. Vid. ad I., p. ٩٩ *k*. *Araxes* intelligi nequit, cf. Ritter, VIII, p. 866 seqq. Codd. Istakhrii O. رودمن et رندن, F. ربدر et ردمر habent. m) L. كو. n) L. et B. ثروان. o) L. بيوره, B. بوره. Vid. ad I., p. ٩٩ *m*, quibus adde: O. دمرده et دمرره, F. دمردن, دمرده et دمنزره. p) L. et B. البانجكان. q) Lectio hujus nominis incertissima est. Apud I., p. ١٠٠, 1 et ١٢٣, 12 receptum est الستوّز et توّز, sed temere. Nihil enim commune habet cum urbe توّز, cujus nomen apud

البحوبانان a وبحر جنكان b فهذه بحيرات قائمات بانفسها ينتفع بها مجاورها ۞ وامّا بيوت نيرانها فانّها لا تخلو ناحية ولا مدينة بفارس الّا القليل من بيوت النيران والمجوس اكثر الملل بها ولهم من هذه البيوت بيوت يفضّلونها فى التعظيم ساذكرها ۞ وامّا حصونها ففى عامّة فارس وبعضها امنع من بعض واكثرها بناحية سيف بنى الصّفّار ۞ وسافصّل كلّما ذكرته مجملًا وابتدئ بذكر ما بكلّ كورة وناحية من النواحى الّتى تشتمل على القرى وتنصرف فى الدواوين باعمال مفردة ورساتيق مستقلّة بضياعها ومنها ما فيه منابر ومنها ما يخلو منها وربّ كورة هى اكبر واعرض ومدنها ونواحيها فى التسمية اقلّ ممّا هو اصغر منها واتتبّع ذلك ۞

فامّا كورة اصطخر فناحية يزد c وهى اكبر ناحية فيها وبها من المدن

I. et nostrum semper scribitur تـوّج. Sed nomen habet a loco, de quo sermo est I., p. ١١١, 7, ١٢٢, 13 et ١٣٦, 4, et quem secundum lectionem obviam in Codicibus Ibn Haukalis, confirmatam, ut mihi videbatur, a Jacut, nuncupavi مورق. Exstant autem hujus nominis lectiones sequentes: Cod. Istakhrii B. موز et مور, C. النوز ,توز ,سور ,صور et in mappa النور et جور, E. اللور ,بوذ ,مور ,موز, Ous. p. 84 الثو l. الثور, p. 90 صور, p. 99 مور, p. 112 جور l. مور, in mappa O. مور; F. (Cod. Bodl. Ous. 373) bis ثور, in mappa حور et الثور, صور et مور; Cod. Ibn Hauk. L. et B. البور ,بون ,مورق (sed ultima lit. ex و seq. orta esse *potest*), L. برز, B. يوز; Mokaddasi (MS. Berol. p. 215) موركان (sed كان orta esse *potest* e nomine كازرون quod sequitur apud Ist., in Codd. Mokaddasii desideratur); Edrisi, I, p. 412 كور et موراق, p. 414 ann. 3 دز, p. 392 مور; Jacut, III, p. ٨٣٨, 13 النوز et fort. IV, p. ٩٧٩, 8 مُورَق. Suspicor autem nomen lacus proprie fuisse درياچه شور, loci موز (= موز?), quae nimirum inter sese confusa sunt. Vocatur quoque hic lacus بحيرة كازرون.

a) L. et B. البخوباذان. Idem lacus infra appellatur (I., p. ١٢٢) بحيرة الباسفهوية. *b*) Vid. ad I., p. ١٠٠ *d*. Apud Jacut, II, p. ١٧٩, 3 occurrit forma mendosa جيكان. Ab Ibn Batuta, II, p. 61 جمكان appellatur. *c*) L. et B. برد.

كَثّه وهى القصبة ومَيْبُذ[a] ونائيين والفَهْرَج وليس فى جميع النواحى ناحية بها اربع منابر غير هذه الناحية وناحية الرُّوذان وكانت من كرمان فحوّلت الى فارس ويكون امتداد هذه الناحية فى الطول نحو ستّين فرسخًا، وأَبَرْقُويَه وهى المدينة وفيها اِقْليد، والشَّرْمَق مدينة ورستاق، والجَوْبَرْقان[b] مدينتها مُشْكان[c]، والأَرْخُمَان *مدينتها الارخمان، والمُرَيْزِجان مدينة ولها رستاق[d]، وبرم مدينتان اباذه[e] وهى قرية عبد الرحمان ومهرزنجان، وصاهك الكبرى ولها رستاق، وشهر فاتك مدينة ولها رستاق، وهَرَاة فيها منبر، والرُّوذان مدينة ورستاق فيه من المنابر أَبَان[f] وكمس وخَبْر[g]، والأَذْكان بها منبر، والبَيْضاءَ ولها اقليم وعليها سور، وهَزَار بها منبر، ومائيين[h] مدينة بها منبر، وايرج[i] ولها رستاق، وخُرَّمَة[k] ورستاقها يعرف بالطُّسوج[l]، والحِيرَة فيها منبر، والسرواب[m] وكَمِين ولهما[n] منبران، وبَجَّة ورستاقها الأُرْد[o]، وكُرْد وبها منبر، واللُّورجان[p] ورستاقها السَّرْدَن[q] ۞ ذكر ما باردشير خرّه من المدن جُور ولها رستاق، نابنذ[r] ورستاقها مِيمَنْد[s]، والصِّيمكان ولها رستاق،

---

a) L. وميندة, B. ومَيْنِد, P. ومنبد. Deinde ex P. et I. addidi ونائيين (P. ويابس). *b*) L. et B. والخوبرقان, P. والجُوبرقان. *c*) L. et B. مسكنان, P. مسكان. Deinde L. et B. والارجمان. *d*) L. et B. haec ita habent: مدينة ولها رستاق والمزبرجان (P. الموبرجان) مدينتها الارجمان (P. الارّجان). Deinde L. et B. وبزم. *e*) L. et B. اداده. *f*) L. et B. اثار. De nomine seq. vid. ad I., p. ١٠٢ *d*, ubi proposui legere واناس. Addatur F. كيش, O. كلس et in mappa كمس. *g*) L. et B. sine punctis. *h*) L. et B. sine punctis. P. ومابَيْن. *i*) L. et B. وابرج, P. وايدخ. *k*) Sic recte P.; L. et B. وحرمة. *l*) P. بالسُّطوح. *m*) L. et B. والسرداب, P. والسِّرْداب. *n*) L. ولها. *o*) L., B. et P. الازد. *p*) L. واللوزجان, P. واللوزدجان. *q*) P. السَّرْدان. *r*) L. et B. نايبين, P. ومابَيْن. Apud I., p. ١٠٤, ult., male recepi مائيين. Cod. O. ibi habet مادين, F. مادر, mappa C., O. et F. ناس (نَاس). Bene hoc nomen scribitur apud Abulfeda, p. ٣٢٢, 2, Jacut, II, p. ٤٨٩, 1, sed Jacut, I, p. ١٩٩, 15 male نائيين, III, p. ٢١٣, 4 نابد. In Codd. Mokaddasii nomen interdum recte scribitur. *s*) L. et B. منبد. In marg. P. منها ابو (addidi) الحسن الميمندى.

وبخَبْر a منبر، وخَورَسْتان b ولها رستاق باسمها، والفوشجان c ولها رستاق باسمها، وكُرّان ولها رستاق باسمها، وسيراف ولها منبران *نَجيرَم وجَم d، والغُنْدِجان ورستاقها *دَشْت بَارِينَ e وفيه منبر بالفهلق، وصُقَارِه f ورستاقها الدستقان g، تَوّج قصبة توّج، والخُرْمُق h قصبة الاغرِسْتان، كبير i قصبة كبير، كازَرِين k لها رستاق، ابيز l قصبة ابيز، سَميران ولها رستاق، وكُوّار ولها رستاق كبير، وفى البحر جزائر منسوبة الى كورة اردشير خُرّه جزيرة بركاوان وهى m لافت وبها مدينة وجامع، وأُوَال وبها مدينة ولها جامع وفيها اسواق صالحة، وخارك n وفيها منبر وله اهل وناس وبعض تجارة ۞ ذكر ناحية كورة دارابجرد اباذه o وكَرِّبجرد p واقليمهما يعرف بكُرْم q، والمصّ وبها منبر ورستاق يعرف بها، وفَسّا r مدينة جليلة فى ذاتها كثيرة الاهل والتجارة ولهم يسار s ومنها شيخنا احمد بن عبد الغفّار النحوىّ الفقيه على مذهب العراقيّين والمتكلّم

وزير السلطان محمود الغزنى رحمهما. Minus recte, vid. Jacut, IV, p. ٧١٩, 1. Deinde B. والصَّيْمكان.

a) L. ودحمر, B. ودحير, P. وبحُور. b) L. et B. وخوزستان. c) L. والغوثنجان, B. والفوثنحان. d) L. et B. نحترم وحم, P. بِجُرِم وخم. e) L. et B. درست بارين. f) L. et B. وصعاده, P. وصَعَادَة. g) L. et B. الرستغان, P. الوستعان. h) L. والحريق, B. et P. الجرمق (الجَرْمق P.). Apud I., p. ١٠٩, 4 et ١٣٩, 5 male recepi الخريق. Vid. Jacut in v. i) P. وكيز. k) L. et B. كازرون. l) L. et Edrîsi, I, p. 398 ابور, B. انور et ابور. Vid. ad I., p. ١٠٩ l quibus adde: O. ادرن et ابرز, F. ادرن et ادرين, et lectionem *Djihân Numa*, p. ٢٦٥, 3 ايرد. In mappis C., F., O. et P. videtur indicari hic locus nomine اررن. Lectio incertissima est. Non autem procul jacere debet a flumine Sekkán (Sitárekán). m) L. et B. وبها. Deinde P. لافُتْ. n) L. et B. وخاوك, P. جارك. o) L. et B. ابادة, P. اباده. p) L. وكزبجرد. Vocales ex P. Deinde L. et B. واقليمها. q) L. et B. بلاوم, P. بكُوم. r) L. وفشا, B. وفسّا. s) P. add.: قد خرب فى زماننا هذا اكثرها وتشتت اهلها.

على مذهب ابى هاشم وقد لقيتُه[a] وهو من جلّة المعتزلة ومن المشهورين بالذكاء والحفظ، طَمَسْتان وبها منبر، والكُردبان[b] وبها منبر، وجَهْرَم[c] ولها رستاق وهى مشهورة *وكثيرة يسار الاهل[d] واليها ينسب الجهرمىّ من البُسُط المعمولة بها وبها غير طراز للسلطان والتجار[e]، والفستجان وبها منبر، والداركان وبها منبر، وجُوَيم ولها اقليم ومنها ابو احمد الجويمىّ احد روساء التُنّاء بفارس وهو معروف بالعراق، *وازبراه لها رستاق باسمها، وسنان ولها رستاق باسمها، وايجُ بها منبر، والاصبهبذات وبها منبر[f]، وخبار[g] ورستاقها تَيْريز[h]، والمُرَيزجان[i] وبها منبر، والمارَوان وبها منبر، *ورُونَنج ورستاقها حشوا، ورستاق الرستاق وبها منبر، وتسارم[k] وبها منبر[l]، والماسْكَنات وبها منبر، ورم[m] ورستاقها شهربار[n] ✿ ذكر نواحى كورة سابور فمنها سابور وقد تقدّم ذكرها، والجَنْجان ورستاقها كازَرون، والزامجان[o] مدينة ورستاقها باسمها، والخُوبَذان ولها رستاق باسمها، والنُوبَنْدَجان ولها رستاق كبير[p]، وعمل المورستان[q] بها منبر، وخُرّه[r] ولها رستاق آهل خصيب[s] وناحية ذات فضاء وسعة فسحة ✿ ذكر نواحى الرجان[t] والرّجان مدينة فى غاية الطيب والنزهة وكثرة المياه والخصب من الزروع والنخيل والكروم والزيتون والزيت والجوز والاترجّ وبها

---

a) L. et B. لقيه. b) L. et B. والكودبان, P. الكُوذِيَان. c) P. وجَهْرُم et mox الجُهْرُمى. d) P. بكثرة الاهل ويسارهم. e) L. والتجا.., B. والحجل. Deinde L. et B. الفشيجان, P. والفسْتجان. f) Haec in L. et B. et partim in P. male collocata sunt in provincia Arradján. In his P. وازبراه, L. et B. وسنان, وابج et والاصبهندات. g) L. et B. وحمار. Vid. ad I., p. ١٠٨ e. Locus hodie appellatur خَيْر, خَيْره s. خَيْل, vid. Ritter, VIII, p. 766. h) L. et B. نمرين. i) L. المزبرجان, B. والمزبرجان. k) P. وبازر. l) Haec in L. et B. desunt. Deinde L. et B. والماسكنان. m) L. et B. وزم. n) L. et B. شهريران. o) L. et B. والزايجان, P. والزَنْجان. p) P. add. وعمل واسع غزير. q) Contractum est ex الموردستان ut habet Cod. O. Istakhrii. r) L. et B. وجره. Vid. ad I., p. ١١٣ c. s) L. et B. اهله خصيبة. t) P. ارّجان.

فواكه الصرود والجروم ومنها ابو بكر ابن شاهَوَيْه[a] الفقيه المهندس غير انّ مآءها[b] غير طيّب ولا مرىء[c]، بلاد سابور بها منبر، *وريشَهْر بها منبر[d]، ومَهْرُوبان[e] وبها منبر وهى على نفس الساحل على غاية الحرّ[f]، وجَنّابة بها منبر ومنها ابو سعيد الحسن بن بهرام الدجّال[g] صاحب البحرين وهى مدينة فيها طرز للكتّان من غير نوع كثيرة التجارة، وشينيز بها منبر ومنها الثياب الكتّان الشينيزىّ التى وقع الاجماع انّ الطيب لا يعلق ويعبق بشىء من الثياب كعبقه بها لترفها ونعمتها ✿

ذكر رمومها وصفاتها   فامّا رمومها فانّ لكلّ رمّ منها قرى ومدنًا مجتمعة قد ضُمّن خراجَ كلّ ناحية منها رئيس من الاكراد وأُلْزِمَ صَلاحَ[h] حال ناحيته وتنفيذ القوافل وحفظ الطرق والقيامَ باحوال السلطان اذا عرضت وهى كالممالك، فامّا رمّ جيلَوَيْه[i] المعروف بالرميجان فانّه يلى اصبهان وياخذ طرفًا من كورة اصطخر وطرفًا من كورة سابور وطرفًا من كورة الرّجان وحدّه ينتهى الى البيضآء وحدّه[k] منه الى حدود اصبهان وحدّه منه الى خوزستان وحدّه منه ينتهى الى رمّ[l] ناحية سابور وكلّ ما وقع فيه من المدن فكانّه من عمل اصبهان وممازجهم من عمل اصبهان المازنجان وهم من المازنجان

---

a) L. et B. ساهويه, cf. Ibn Khallicán, n. 594. *b*) L. ماوها. *c*) P. add.:

وبقربها الى ناحية النوبندجان شعب بوّان فى غاية ما يمكن ان يكون [مثلها] من الحسن والنزهة وفيه يقول المتنبى ....

يقول بشعب بوّان حصانى   اعن هذا تفرّ الى الطعان

ابوكم آدم سنّ المعاصى   وعلّمكم مفارقة الجنان

Vid. ed. Dieterici, p. ٧٦٦ seqq., Kazwini, I, p. ١٣٩ seq. *d*) Ex P. et I. addidi. Deinde L. et B. inserunt وازبراه الخ quae supra in provincia Darábgerd reposui. Sequitur apud L. et B. وزم ورستاقها زم, apud P. ورُم ورستاقها (i. e. رم شهريار). In P. quoque الداركان h. l. collocatur. *e*) L. مهرويان. *f*) L. الحجر. *g*) L. et B. الرجال. *h*) Sic L. et B. cum vocal. Melius fuisset اصلاح. *i*) L. et B. خَبْلَوَيْه. *k*) In L. cum signo expungendi additur ينتهى. *l*) Apud I., p. ١١٣ non exstat. Videtur autem intelligi رم الديوان.

الّذين هم برمّ[a] شهريار وليس منهم احد فى عمل فارس الّا ولهم بها قرى وضياع كثيرة، وامّا رمّ الديوان المعروف بالحسين بن صالح وهو من كورة سابور فانّ حدًّا منه يلى اردشير خرّه وثلاثة حدوده تنعطف بها كور سابور فكلّ ما كان من المدن فى اضعافه فهو منها، وامّا رمّ اللّوالجان[b] لاحمد ابن الليث وهو فى كورة اردشير خرّه فحدٌّ منه يلى البحر ويحيط بثلاثة *حدوده كورة[c] اردشير خرّه وما وقع فى اضعافه من القرى فهو منها، وامّا رمّ الكاريان[d] فانّ حدًّا منه الى سيف بنى[e] الصفّار وحدًّا منه الى رمّ المازنجان وحدًّا *منه الى[f] حدود كرمان وحدًّا منه الى[g] اردشير خرّه وجميعها فى اردشير خرّه ☆ وامّا احياء الاكراد بفارس فالكرمانيّة والرامانيّة[h] ومدثر وحىّ محمّد بن بشر[i] والبقيليّة والبندامهْريّة وحىّ محمّد بن اسحاق والصباحيّة والاسحاقيّة والادركانيّة[k] والسهركيّة والطمادهنيّة[l] والزباديّة والشهرويّة والبنداذقيّة[m] والخسرويّة والزنجيّة والصفريّة والشهياريّة والمهركيّة والمباركيّة والاستامهريّة[n] والشاهونيّة والغراتيّة والسلمونيّة والصيريّة[o] والازاددختيّة[p] والبرازدختيّة والمُطّلبيّة[q] والمماليّة والشاهكانيّة والجليليّة، فهؤلآء المشهورون ولا يتهيّأ تقصّيهم الّا من ديوان الصدقات ويزيدون على خمس مائة الف بيت ويخرج من الحىّ الواحد الف فارس واقلّ من ذلك واكثر ينتجعون فى الشتآء والصيف المراعى الّا القليل منهم على حدود الصرود وامّا اهل الجروم فلا يزالون ولا ينتقلون بل يتردّدون فيما لهم من النواحى ولهم من العدّة والبأس والقوّة بالرجال والدوابّ والكراع[r] ما يستصعب على السلطان امرهم اذا اراد ان

---

a) L. et B. من بر. b) L. et B. اللولجان. c) L. حدود وكورة, B. حدود كورة. d) L. et B. الكاريان. e) L. et B. om. f) L. et B. من. g) Addidi الى. h) L. والزمانيه, B. والزامانيه. Deinde L. et B. ومدين وحد. Quoque in Cod. F. exstat مدين. i) L. بشير. Deinde L. et B. والقبيله. k) L. والاركانيه. Cf. I., p. ١١٤ m. l) L. et B. والطارهنيه. m) L. et B. والبنداوفيه et deinde والجسرويه. n) L. والاسامهريه. Cod. Ist. F. اسبامهريه. o) Cod. F. وصبريه, ut C. p) L. et B. والارادوجبيه et deinde والبراردخنيه. q) L. et B. الملطينه. r) B. والكراح.

يخيفهم، ويزعم ابن دُرَيد انّهم من العرب وانّهم من ولد كرد بن مرد بن عمرو بن عامر فى حماسته وابو بكر محمّد بن الحسن بن دريد ممّن يستنبط علوم العرب واخبارها محتجٌّ به ومسلّم له ما يدّعيه، وهم اصحاب اغنام ورماك [a] والابل فيهم قليلة وليس للاكراد خيل عتاق الّا ما عند المازنجان المقيمين بحدود اصبهان وامّا دوابّهم فبراذين *وشهاريٌّ وهم على [b] حسن حال ويسار ومذاهبهم فى القنية [c] والنجعة مذاهب العرب ويقال انّهم يزيدون على مائة حىّ وذكرتُ نيفًا وثلاثين حيًّا ۞

وامّا حصون فارس فانّ منها مدنًا محصّنة بحصون منيعة واسوار شاهقة عالية ومنها حصون داخل المدن وقهندزات وحواليها ارباض ومنها حصون فى جبال منيعة منفردة عن البنيان قائمة بانفسها، ومن المدن المحصّنة اِصْطَخْرُ لها حصن حواليه ربض، ومدينة كَثّه لها حصن، والبَيْضاء لها حصن وربض، وقرية الآس [d] لها قَهَنْدَز وربض، وشِيرَازُ ولها قهندز [e] يسمّى قلعة شَهْمُوبَذ [f]، وجُور عليها حصن بغير ربض، وكازِرُون [g] لها قهندز من داخل السور وربض، *ودارابَجِرْد لها حصن وربض [h]، ورُوبَنْج لها حصن وربض، وسَميران لها قهندز وربض، وفَسَا ذات قهندز وربض، وسابور لها حصن فقط، الجَنَّجان [i] لها حصن فقط، جَفْتَه [k] لها حصن فقط، وسمعتُ غير رئيس [l] يذكر انّ بفارس

---

a) L. et B. ورمال. *b*) L. et B. وسهارى وعلى. *c*) L. et B. الفتنة. *d*) L. et B. om.; P. الامير. *e*) P. add. وربض. *f*) L. et B. شهموند, P. سهمُوند. Quum ederem Ist. non animadverti nomen arcis idem esse ac nomen partis unius urbis Schiráz, cujus nomen male edidi I., p. ١٠۴, 5, 8 et 9 شاهمرك. Cod. F. hic habet perspicue شاهُموبّد et شاهمويد, p. ١١٦, 6 شهمويد. Quoque lectio Cod. Ist. B. ساهمويد cum lectione nunc recepta conspirat. Cod. O. facit cum E., h. l. nomen omittens, ad p. ١٠۴ legens شاهمرتك. *g*) I., p. ١١٦, 7 habet وكارزين recte, nam urbs ditionis Kázerun mox memoratur sub nomine الجنجان. *h*) Ex I. et P. addidi. L. et B. om. *i*) L. et B. sine punctis. P. والنحنحان. *k*) L. et B. sine punctis. P. وحفنه. *l*) P. add.: من كاتب مُحَصّل وتنانىّ جليل حصيف (Cod. خصيف — مُحَصّل وتانى).

زيادة على خمسة آلاف قلعة منفردة فى جبالها لا تقرب من المدن وفى المدن منها القهندزات ولا يمكن تقصّى ذلك الّا من الدواوين وكذلك المدن المحصّنة فانّى لا اقدر على تقصّيها وانّما ذكرتُ جوامع ممّا اعرفه وسمعتُ به، وفى هذه القلاع ما لم يذكر لاحد من الجبابرة انّه قدر عليه عنوة منها قلعة بنى عُمَارة وتسمّى دِيكبَايَه[a] يريدون انّها كثلاث اثاف[b] لانّها قارّة على ثلاث شُعَب كقرار[c] القدر على الاثافى وتنسب الى الجُلَنْدَى بن كنعان ولا يقدر احد ان يرتقى اليها بنفسه الّا ان يرقى به فى شىء من البحر[d] وهى مرصد لآل عُمَارة على البحر يعرفون منها المراكب اذا اقبلت خرجوا اليها وطلبوها بضرائبهم عليها، وقلعة الكاريّان[e] على جبل طين قصدها محمّد بن واصل فى جيشه وقد تحصّن بها احمد بن[f] الحسن الازدىّ فلم يقدر عليه[g]، وقلعة سعيداباذ بدارابجرد[h] من كورة اصطخر فى جبل شاهق ويرتقى اليها مسيرة فرسخ وكانت فى الشرك تعرف باسْفَنْدباذ[i] فلمّا كان الاسلام تحصّن فيها زياد بن ابيه ايّام علىّ عم فنسبت الى زياد ثمّ تحصّن بها آخرَ ايّام بنى اميّة منصور بن جعفر[k] وكان واليًا على فارس فعرفت به ونسبت اليه ثمّ عطلت فعمد اليها محمّد بن واصل فخرّبها ثمّ بناها وكان محمّد بن واصل الحنظلىّ واليًا على فارس[l] فلمّا اخذه يعقوب ابن الليث لم يقدر على فتحها الّا بامر محمّد[m] فخرّبها ثمّ احتاج اليها فاعادها وجعلها محبسًا لمن سخط عليه وعدل عن قتله، وقلعة اشْكَنْوان[n] من رستاق مائيين[o] والمرتقى اليها صعب وهى منيعة جدًّا وفيها عين ماء جار[p]، وقلعة جُوذَرْز صاحب كَيْخُسْرُو[q] بموضع يعرف بالسويقة من كام فيروز

---

a) L. et B. داكباياه يره. b) L. افاق. c) L. et B. كقراب. d) L. et B. البحن. e) L. et B. الكاربان. f) L. et B. add. محمد. g) I., p. ١١٧, 4 melius عليها. h) I., p. ١١٧, 4 برامجرد. i) Codd. O. et F. quoque اسفنديار. k) Leg. جمهور, vid. ad I., p. ١١٧ k. l) P. وكان امير فارس يليها حربًا وخراجًا. m) P. et I. add. بن واصل. n) P. اسكنواز. o) L. تابيين, B. نابيين, P. بايمن. p) P. جارية. q) L. et B. كنحسره.

وهى منيعة جدًّا، وقلعة الجصّ[a] بناحية الرّجان يسكنها المجوس باذْكُذارات[b] الفرس وايّامهم تتدارس فيها وهى منيعة جدًّا، وقلعة ايرج[c] تدانيها فى المنعة، ولها قلاع منيعة وربّما قُدر عليها بالاحتيال لفتحها وهى اكثر من ان يبلغها تحصيل من غير الديوان ۞

وامّا بيوت نيرانها فتكثر ايضًا ويعجز علمها من غير الديوان اذ ليس من بلد ولا رستاق ولا ناحية الّا وبها عدد كثير من بيوت النيران غير انّ المشاهير الّتى يفضّلونها على غيرها فى التعظيم منها بيت نار الكاريان ويعرف *ببيت نارجُوى[d]، وبيت نار بخُرّه[e] ينسب الى دارا بن دارا وبه تحلف المجوس فى المبالغة بايمانهم، وبيت نار عند بركة جور ويسمّى بارين[f] وحدّثنى مَنْ قرأ عليه بالفهْلويّة انّه أُنفق عليه ثلاثون الف الف درهم، وبيت النار الّذى على باب سابور يعرف بشَبَر[g] خَشين، وبيت نار ايضًا على باب سابور محاذ لباب ساسان يعرف بجُنْبَد كَاوشيذ[h]، وبكازرون بيت نار يعرف بجَفْتَه[i]، وبها ايضًا بيت نار يعرف بكلازن[k]، وبشيراز ايضًا بيت

---

a) L., B. et P. الحصن et deinde P. بباب ارّجان. *b*) L. et B. بابذكارات. *c*) L. et B. ابرج. *d*) L. .... ببيت, B. فرا .... Apud Istakhrí, p. ١١٨, 9 edidi بارْفوا secutus editionem Masudii, in qua recepta est lectio Cod. Leid. 127. Patet autem ex eodem Mas'udío (p. 75 seq.) pyraeum Káriáni appellatum fuisse آذرجوى (male editum est آزر), quod semi-Arabice redditur نارجوى. Lectio autem نار in hoc nomine confirmatur a vers. Pers. Istahkrii, quam F. nuncupavi (Bodl. Ous. 373), ubi est بآتش كده فرا i. e. بنارفرا. Explicatur nomen a Mas'udío l.l. per نهر النار. *e*) L. بجره, B. بحره. *f*) L. باردس, B. نباردس; videtur nomen esse پاريس *antiquus*. Memoratur apud Mas'udí l.l. p. 74, 3 et 78, 4. *g*) L. et B. بشر. *h*) L. et B. كلوشن ut quoque Cod. Ist. O., dum F. habet كاوسر. Cf. Vullers sub كاو. *i*) L. et B. بحفنه. *k*) Cf. I., p. ١١٩ *a*, quibus addatur lectio O. et F. كلادن. Fortasse legendum est كُل آذر.

نار يعرف بالكارستان[a] وبها بيت آخر يعرف *بهُرْمُز وعلى[b] باب شيراز بالقرية المعروفة بالبَركان[c] *بيت نار يعرف بالمسوبان[d] ويرى هذا البيت من شيراز[e] وهى قرية فى شمال شيراز وعن يسار طريق يَزْد الآخذ الى خراسان وبينها وبين شيراز ميل ومن دين المجوس انّ المرأة اذا زنت فى حملها او فى حيضها لم تطهر الّا بان تاتى هذه النار فتتعرّى لبعض الهرابذة ليطهرها ببول البقر[f] ۞

وامّا انهار فارس فذات مياه طيّبة *واعظمها نهر طاب الّذى[g] يخرج من حدود اصبهان وجبالها ويظهر بناحية السُّرْدَن بعد ممرّه بنواحى البُرْج وانصبابه فى نهر مَسِن وهو النهر الخارج من نواحى اصبهان الى نواحى السردن ومجمعهما[h] عند قرية تدعى مسن ولا يزال ما يفضل عن حاجتهم جاريًا الى باب الرّجان تحت قنطرة تكان[i] وهى قنطرة بين فارس وخوزستان قليلة النظير وهى عندى اجلّ من قنطرة قرطبة من عمل

---

a) L. et B. بالكارنيان, quod minus recte recepi apud I., p. ١٠٤, 5 et 8 et ١١٩, 1. Cod. F. legit كارسان aut كارسان. Utraque autem lectio كارسان et كارستان bona est. *b*) L. et B. بهرمزد على. *c*) L. et B. بالنبوكان s. بالبنوكان. *d*) Apud L. et B., qui habent indist. بالميسريان (دان), haec verba, praemissa و, collata sunt post ميل. Lectio Codicis Ist. O. est مسوبان, F. مسوبان. Fortasse autem legendum est مينوباذ; cf. Vullers in v. *e*) L. شيران, Edrîsî, I, p. 413, سيراف. *f*) Operae pretium est hic adnotare quomodo Cod. F. haec in versione correxit: وهر كه ازيشان ميخواهد كه در بعضى ازين ديرها مقيم ومجاور شود البته بيش بعضى از معتكفان آتش كده ودانشمندان ايشان مُتَعرّض مى شود تا اورا بكميز كاو غسل مى كنند وبعد ازآن مجاور ومعتكف مى شود. *g*) In L. et B. haec desunt. Defectus antiquus est, nempe jam exstabat in Codice quo usus est Edrîsî (I, p. 409). Cetera hanc ob causam a scribis sunt mutata: تخرج — فتظهر — ممرها — وانصبابها. Lacunam supplevi ex I., p. ١١٩ et Jacut, III, p. ٤٨٥, 17. *h*) L. et B. ومجمعها. *i*) L. ثكان, B. تمكان.

بعض تُنَّآء[a] فارس فيسقى[b] رستاق رِيشَهْر[c] ثمّ يقع فى البحر عند حدّ شينيز[d] ۞ وامّا نهر شِيرِين فانّ مخرجه من جبل دينار[e] الّذى بناحية بازرنج[f] فيسقى فُرْزُك[g] والجلادجان ۞ وامّا نهر الشادكان فانّه يخرج من بازرنج وجبالها حتّى يدخل *تَنْبُوك مورستان[h] وخان[i] حمّاد فيسقى رستاق زِيرَابَاذ ونابند[k] والكَهْركان ثمّ يمتدّ الى دشت الدستقان[l] ثمّ يدخل البحر ۞ وامّا نهر درخيد فانّه يخرج من جبال الجُوِيخان[m] *فيقع فى بحيرة درخيد ۞ ونهر الخُوبَذان[n] فيخرج من الخوبذان فيسقى نواحيها وانبوران[o] ثمّ يصبّ الى الجلادجان[p] متفرّقًا يتساقط فى البحر ۞ ونهر رتين[q] يخرج من الخُمَايْجان[r] العليا حتّى يصير بالزِّيريان[s] فيسقط فى نهر سابور فيمضى الى توّج فيمرّ ببابها ومنها الى البحيرة[t] ۞ ونهر اخْشِين يخرج من خلال *جبال داذين[u] فاذا بلغ الجُنْقان[v] وقع فى نهر توّج ۞ ونهر سَكّان يخرج من رستاق الرُّوَيْجان[w] من قرية تدعى شاذفرى[x] فيسقى زروعها ثمّ ينحدر الى رستاق سياه فيسقيه ومنها الى كُوَار فيسقيها ومنها الى خَبْر[y] فيسقيها ثمّ الى الصِّيمكان فيسقيها ثمّ الى كازَرين[z] فيسقيها ثمّ الى قرية

---

a) L. ثنا. *b*) L. et B. فتسقى. *c*) L. et B. وشهر. *d*) I. تستر. Deinde L. et B. فاما. *e*) L. et B. دينان. Deinde L. التى. *f*) L. et B. h. l. تازْرنج. *g*) L. et B. غُرْزَل. *h*) L. et B. بتيزل وهو رستاق. *i*) L. وجد ابن, B. وجْدس. *k*) L. et B. ونايين (B. زيزانَّزد) زيرانزد. Eodem modo corrigatur I., p. ١٢٠, 1, ad quem locum addi possunt hae variae lectiones: O. دراير, F. ديرادرد. Jacut in v. زيرباذ ut Mokaddasí. Apud Vullers: زِيرْباد nomen regionis, e *Chrest.* Spiegel. *l*) L. et B. الرستغان. *m*) L. الخوىجان, B. الحوىجان. *n*) B. الحوىران. *o*) B. وابيوران. *p*) In L. haec omnia desunt. *q*) L. et B. اوس. *r*) L. et B. الحماذحان. *s*) L. بالزيران, B. بالزدران. Vid. ad I., p. ١٢٠ *f*. *t*) Melius I. البحر. *u*) L. واد دمن, B. واد بيبن et sic Edrîsî. *v*) L. et B. الخيفان. *w*) L. et B. الروبحان. *x*) L. et B. سارفرى. *y*) L. et B. حمر. *z*) L. et B. كازرون.

سكّ a وهذا الوادى منسوب الى سكّ ثمّ يقع الى البحر وليس فى انهار فارس نهر اكثر عمارة من هذا النهر ✿ ونهر جرشيق b فانّه يخرج من رستاق *ماصرم ويخترق رستاق c المُشْكان حتّى يجرى تحت قنطرة حجارة عاديّة تعرف بقنطرة *سَبُوك d حتّى يدخل رستاق e خُرّه فيسقيها ثمّ الى رستاق دادين f ويقع فى نهر اخشين ✿ ونهر الكُرّ فانّه يخرج من كُرْوان من حدّ الأُرْد g وينسب الى الكروان وهو يخرج من شعب بوّان المشهور ويسقى كام فيروز وينحدر فيسقى قرية رامَجِرْد وكاسْكان والطّسّوج h فينتهى الى بحيرة بجفوز i تعرف ببحيرة البَاخْتَكان k ويقال انّ له l منبعًا يخرج من بعض m كور دارابجرد فينتهى الى البحر ✿ ونهر فَرْوَاب n يخرج من الجُوَيْبَرْقان o من قرية تعرف بفرواب فيجرى على باب اصطخر تحت قنطرة خراسان حتّى يسقط فى نهر الكرّ ✿ ونهر تيرزة p يخرج من ناحية داراجان سياه q فيسقى رستاق الخُنَيْفغان r وجُور حتّى يخترق رساتيق s اردشير خُرّه ثمّ يقع فى البحر، وبها انهار تقصر عن هذا المحلّ واقصرُ عن احصائها ✿

*بحار فارس t وقد تقدّم الذكر بانّ بحر فارس خليج من البحر المحيط

---

a) L. et B. شك; vid. ad I, p. ١٢٠ o, quibus adde: F. سَك, O. شك. b) L. et B. h. l. جرسيف. c) L. et B. ماصوم بجيرم (ودخيرم) ورستاق. Deinde L. المسكان, B. المسكان. d) L. et B. سيول (B. semel سبول). e) Haec bis leguntur in L. et B. Deinde ut solent جره. f) L. et B. داريبن. g) L. et B. الازد. Deinde legendum videtur وينسب كروان اليه; vid. ad I., p. ١٢١ c. h) L. والسطوج, B. والطسنّوح. i) L. et B. بحفر ورد سيم. k) L. et B. البجكان. l) L. et B. لها. Mox L. تخرج. m) B. om. n) L. et B. فروات et mox بقروات s. بغروات. o) L. الجوبزقان, B. الجويزقان. p) L. sine punctis. q) L. et B. داراجار سياه ut quoque Cod. F. Eadem varietas lectionum est in nomine regionis Darábadjird الداركان, vid. I., p. ١٠٨, a qua haec diversa esse videtur. r) L. الجبنْفغان, B. الحبنفغان. s) L. et B. رستاق. t) L. et B. om.

فى حدّ الصين وبلد الواق وهو يجرى على حدود بلدان السند وكرمان الى فارس فينسب هذا البحر من بين سائر الممالك الّتى عليه الى فارس لانّه ليس عليه مملكة اعمر منها ولانّ ملوك فارس كانوا على قديم الايّام اقوى سلطانًا وهم المستولون الى يومنا هذا على ما بعد وقرب من شطوط هذا البحر ولانّا لا نعلم فى جميع بلد فارس وغيرها سفنًا تجرى فى بحر فارس فتخرج عن حدّ مملكتها بجلالتها وصيانتها الّا لفارس[a] ۞ ومن بحيراتها الّتى تحيط بها القرى والعمارات بحيرة البَخْتَكان[b] الّتى يقع فيها نهر كُرّ[c] وهى بناحية *جفوز الى[d] قرب صاهك كرمان[e] فيكون طولها نحو عشرين فرسخا ومآؤها ملح ينعقد ملحًا وحواليها مَسْبع ويحيط بها رساتيق وقرى وهى فى كورة اصطخر ۞ وبحيرة بَدَشْت[f] أَرْزَن من كورة سابور وطولها نحو عشرة فراسخ ومآؤها عذب وربّما جفّت حتّى لا يبقى فيها من الماء الّا القليل وربّما امتلأت نحو عشرة فراسخ[g] وتحتفّ بها القرى والعمارات وعامّة سمك شيراز منها ۞ وبحيرة موز[h] من كورة سابور تعرف بكازرون وطولها نحو عشرة فراسخ ايضًا الى قرب مُوز[i] ومآؤها ملح[k] وفيها صيد كثير ومنافع ۞ وبحيرة الجنْكان مالحة وطولها نحو اثنى عشر فرسخا ويرتفع من اطرافها الملح وحواليها قرى الكَهْرجان وهى من اردشير خرّه واوّلها من شيراز على فرسخين وآخرها حدّ لخوزستان ۞ وبحيرة الباسفوية[l] الّتى عليها دير الباسفوية طولها نحو ثمانية فراسخ ومآؤها ملح وصيدها كثير وفى اطرافها

---

a) B. للفارس. *b*) L. et B. البجكان. *c*) L. et B. كُنّز. *d*) L. et B. جفر والى. Cod. F. h. l. حقون, supra دريا نحمرر, ubi L. et B. illud بحفر و د سيم. *e*) Quoque Cod. F. recte h. l. (I., p. ١٣٢, 7) insert كرمان. Intelligitur صاهك الكبرى, quae prope confinia Kirmáni jacet; et hoc modo distinguitur a صاهك in provincia Arradján (I, p. ١٥١). *f*) L. بدشت, B. بَدَشت. *g*) B. add. ومآؤها. *h*) L. et B. بون. *i*) L. et B. مورق. *k*) B. om. *l*) L. et B. الباسفرية. Vid. I. qui habet الباسفهوية. Addi possunt ibi variae lectiones: O. ماسفهوية, sed in mappa باسعهوده, F. باسفهوية. Cod. Constantinop. Mokaddasii habet الباسفرية. Appellatur lacus quoque بحيرة الجوبانان.

آجام كثيرة فمنها قصب وبردىّ وحلفآء وغير ذلك ممّا يتّسع به اهل شيراز وهى فى كورة اصطخر متاخمة للزرقان[a] من رستاق هَزار[b] ۞

فامّا ذكر مدنها واحوالها فانّ اصْطَخْرُ مدينة وسطة فى وقتنا هذا وسعتها مقدار ميل وهى من اقدم مدن فارس واشهرها وبها كان يكون ملك فارس حتّى حوّل اردشير الملك الى جُور[c]، ويروى فى الاخبار انّ سليمان بن داوود عم كان يسير من طبريّة اليها من غُدْوة الى عشيّة وبها مسجد يعرف بمسجد سليمان ويزعم قوم من عوامّ الفرس الّذين لا يرجعون الى تحصيل انّ جَمَ الّذى كان قبل الضحّاك هو سليمان، وكان فى[d] قديم الايّام على اصطخر سور قد تهدّم وبنآؤهم من الطين والحجارة والجصّ[e] على قدر يسار البانى وقنطرة خراسان بخارج[f] من المدينة على بابها ممّا يلى خراسان الّا انّ ورآء القنطرة ابنية ومساكن ليست بقديمة ۞ وامّا سابور فمدينة بناها سابور الملك وهى فى السعة نحو اصطخر الّا انّها اعمر واجمع وايسر اهلًا وبنآؤهم نحو ابنية اصطخر وبها[g] وباصطخر وبآء لِفَساد فى هوآئها غير انّ خارج المدينة صحيح الهوآء ۞ ودارابجِرْد[h] من بنآء دارا ولذلك سمّيت دارابجرد *وتفسيرها عمل دارا[i] ولها سور عامر جديد كسور جور وعليها[k] خندق تتولّد المياه فيه من *النزّ وتاتيه من عيون تتّصل به وفى هذا المآء حشائش اذا دخلته دابّة او انسان[l] التفّت عليه فلا يتهيّأ له عبوره ولا يكاد يسلم[m] الّا بشدّة وجهد، ولها اربعة ابواب وفى وسط المدينة جبل

---

a) L. et B. للمرزقان. b) L. et B. هراة ut male recepi apud I., p. ١٣٣, 1. Lectio C., quam quoque habet F., unice bona est. c) P. add. والان فقد خرب اكثرها. d) L. et B. على. e) Hic et deinde in B. vitio Codicis nonnulla deperdita sunt aut chartâ agglutinatâ ita tecta ut legi nequeant. Ubicunque B. deficit, lectionem L. rejectam asterisco notabo. f) P. et I. خارج. g) Ex I. addidi. h) *L. وبنآء بجرد. i) In *L. haec posita sunt ante ولذلك. k) P. وتحته. l) Haec ex P. et I. restitui. In L. et B. desunt. Deinde hi pro التفت habent تحمل. m) P. add. منه.

حجارة[a] كأنّه قبّة ليس له اتّصال بشىء من الجبال وبنيانهم من طين وليس بها فى زماننا كثير اثر للعجم ۞ وامّا جُور فاستحدثها اردشير ويقال انّ مكانها كان مآء واقفًا كالبحيرة فنذر[b] اردشير ان يبنى مدينة على المكان الّذى يظهر *فيه بعدوّه[c] ويحدث فيها بيت نار *فظهر هناك[d] فاحتال فى ازالة مآء ذلك المكان بما فتح من مجاريه وبنى فيه مدينة جور، وهى قريبة فى السعة من اصطخر وسابور ودارابجرد وعليها سور عامر من طين وخندق ولها اربعة ابواب واحد منها *ممّا يلى المشرق[e] يسمّى باب مِهْر[f] وممّا يلى المغرب باب بهرام وممّا يلى الشمال باب هرمز[g] وممّا يلى الجنوب باب اردشير، وفى وسط المدينة بنآء مثل الدكّة يسمّى الطْربال[h] يعرف بلسان الفرس *بأَيْوَان وكِيَاخَرّه[i] وهو بنآء بناه اردشير يقال انّه كان من الارتفاع بحيث انّه يشرف منه الانسان على المدينة ورساتيقها[k] وبنى اعلاه بيت نار واستنبط بحذآئه من جبل عالٍ مآء حتّى اصعده الى اعلى هذا الطربال كالفوارة ثمّ ينزل فى مجرى آخر وهو بنآء من جصّ وحجارة وقد استعمل الناس اكثره وخرب حتّى لم يبق منه الّا اليسير ولم ار له *نظيرًا الّا ما[l] بمدينة بلخ[m] فى غربيّها خارج بابها مُطلّ على المقابر بنآء يكون اعلاه اكبر من جريب مساحة فى غاية العلوّ من آجرّ وطوب وخبره كالخبر المتقدّم من ذكر الطربال الاوّل، وفى المدينة مياه جارية وهى نزهة جدًّا يسير الرجل منها عن كلّ باب نحو *فرسخ فى بساتين وقصور ومتنزّهات فى غاية الحسن والطيب والنضرة[n] ۞ فامّا مدينة شيراز فانّها مدينة اسلاميّة بناها

---

a) L. et B. om. b) L. et B. نقدر. c) L. et B. الماء به او بعدوته. Vid. I. d) L. et B. om. e) Haec in L. et B. ante واحد sunt collocata. f) L. مهر. g) L. هرمز. h) Vullers تربالى. Male hic urbem كون s. جون appellat. i) L. et B. ببابيرا وكمماص. Recte scribitur nomen in Cod. F. Istakhrii. k) P. وجميع رساتيقها, cf. I. l) In B. tantum superest ماء .... m) Cf. supra p. ١٥٤ c. Fortasse pro فى legendum est وفى. n) P. الفرسخ بين البساتين والمتنزهات والخضرة النضيرة وكان فى هذه البساتين قصور ودور حسنة طيبة فخرب اكثر ذلك.

محمّد بن القاسم بن ابى عَقيل ابن عمّ الحجّاج وسمّيت بشيراز تشبيهًا لها بجوف الاسد وذلك انّ عامّة المِيَر بتلك النواحى تحمل الى شيراز ولا تحمل منها الى مكان وكانت معسكرًا للمسلمين لمّا اناخوا على فتح اصطخر فلمّا افتتحت اصطخر تبرّك بهذا المكان فجعله مدينة وهو نحو فرسخ فى السعة وليس عليها سور وهى مشتبكة البناء كثيرة الاهل بها شحنة جيش فارس ابدًا ودواوين فارس وعملها وولاة الحرب فيها ❁ وامّا كازَرين[a] فانّها مدينة صغيرة نحو ثُلث اصطخر ولها قلعة وليس لها من القوّة فى اسبابها والكبر بحيث يجب ذكرها باكثر من هذا وانّما تذكر لانّها قصبة قبانخرّه[b] ❁ ومن اجلّ المدن الّتى بكورة اصطخر ممّا يلى خراسان كَثّه[c] وهى حومة يَزْد وأَبَرْقُوِيه[d] وبناحية كرمان الرُّوذان وهِرِيَة[e] من شقّ كرمان ومن ناحية اصبهان كُرْد والسَّرْدَن فامّا كَثّه[f] فهى حومة يزد وانّها مدينة على طرف المفازة لها طيب هواء البرّيّة[g] وصحّتها وخصب المدن الجليلة[h] ولها رستاق يشتمل على رخص والغالب على ابنيتها آزج[i] الطين وبها مدينة محصّنة بحصن وللحصن بابان من حديد ويسمّى احدهما باب ايزد[k] والآخر باب المسجد لقربه[l] من الجامع وجامعها فى الربض ومياههم من القُنىّ الّا نهرًا لهم يخرج من ناحية القلعة من قرية فيها معدن الآنك وهى نزهة جدًّا ولها رساتيق عريضة خصبة وهى ورساتيقها كثيرة الثمار لفضل كثرتها ما يحمل الى اصبهان وغيرها رطبة ويابسة وجبالهم كثيرة الشجر والنبات وخارج المدينة ربض يشتمل على ابنية واسواق تامّة العمارة والغالب على اهلها الادب والكتابة ولهم مسجد جامع طيّب ❁ وامّا أَبَرْقُوِيه فانّها مدينة محصّنة[m] كثيرة الرحمة

---

a) L. et B. كازروان, P. كازرون. *b*) L. et B. قبانجرد. *c*) B. كثّه. Pro حومة Cod. F. Istakhrii semper habet جُومَة. *d*) Hic in B. duo folia desiderantur. *e*) * L. وهريه. *f*) * L. كَثّه. *g*) * L. النريه. Restitui ex P. et I. *h*) P. الجبليّة quae fortasse vera lectio est. *i*) P. et I. ازاج. *k*) * L. اندور, vid. ad I., p. ١٢٥ *l*, ubi addatur: O. ابزد, F. الرر. *l*) * L. لقربهم. *m*) * L. مخصبه, P. خصبة كثيرة الرخصة. Etiam Codd. Istakhrii O. et F. sic legerunt.

تكون نحو الثلث من اصطخر وهى مشتبكة البناء والغالب على ابنيتها وابنية يزد الآزج[a] وهى ناحية قفرة من الشجر قرعاء ليس حواليها بساتين ولا فيما بَعُدَ منها وهى[b] خصبة رخيصة الاسعار ۞ والرُّوذان قريبة من ابرقويه فى الشبه وهى اكبر من ابرقويه وهى فى الابنية وسائر ما وصفنا مقاربة لابرقويه غير انّ لها مياهًا وثمارًا كثيرة تفضل عن اهلها فتحمل الى النواحى ايضًا ۞ ومدينة كُرْد[c] اكبر من ابرقويه واخصب وبناؤهم من طين وهى كثيرة القصور ۞ والسَّرْدَن[d] اكبر منها وارخص سعرًا وهى كثيرة الاشجار[e] ۞ والبيضاء اكبر مدينة فى كورة[f] اصطخر وانّما سمّيت البيضاء لانّ لها قلعة تبيضّ من بعد ويرى بياضها من شاسع وكان عسكر[g] المسلمين يقصدونها فى فتح اصطخر ويسال بعضهم لبعض[h] عنها فيقول اترى البيضاء فيقول نعم اليها لا تخطئ غمْضًا واسمها بالفارسيّة نَسَاتَك[i] وتقارب فى الكبر اصطخر وبناؤهم من طين وهى تامّة العمارة خصبة رطبة يتّسع اهل شيراز بميرتهم ۞ وبكورة سابور *من المدن النُّوبَنْدَجان[k] وكازِرُون والنوبندجان اكبرهما ۞ وكورة دارابجرد فاكبر مدينة بها فَسَا[l] وهى مدينة مفترشة البناء واسعة الشوارع تقارب فى الكبر شيراز الّا انّها اصحّ هواء من شيراز واوسع ابنية[m] منها وبناؤهم من طين واكثر الخشب فى ابنيتهم السَّرْو وهى مدينة قديمة

---

a) * I. الازاج, P. الازواج. b) P. بل. c) * L. et P. كَرْد; d) * L. والسرمق, P. والسّرمن, cf. ad I., p. ١٢٩ *i*, ubi addatur Cod. O. facere cum E., sed F. cum B., C. et D. e) P. المياه والاشجار. f) Ex P. et I.; in *L. deëst. g) P. ut I. بها معسكر. h) P. بعضا. i) * L. تسايل; jam in *Add.* ad Ist., p. ١٢٩ *m* revocavi lectionem ibi receptam نشاتك. Nomen est نسا, auctum syllaba تك ut ab aliis ejusdem nominis locis distingueretur. Minus recte in ed. Mas'udíi, IV, p. 75, 5 et 76, 5, secundum nonnullos Codd. editum est نسا والبيضاء. Cod. noster 282 priore loco tantum البيضاء, altero نَسَا habet. In Cod. Ist. F. نسادك scribitur. k) Haec in * L. desunt. Multo plura de hac provincia tradit I. l) *L. فسّا, P. نَسَا. m) P. شوارع.

*وبها مدينة عليها حصن وخندق[a] ولها ربض واسواقها فى ربضها ويجتمع فيها *ما يكون[b] فى الصرود والجروم من البلح[c] والرطب والجوز والاترجّ الى غير ذلك، وسائر المدن بعد جواز[d] دارابجرد متقاربة فى عماراتها وخصبها ۞ وقرى اردشير خرّه فقد ذكرتها واكبر مدينة بها بعد شيراز سيراف[e] وهى تقارب شيراز فى الكبر وبناؤهم بالساج والخشب يحمل من بلاد الزنج وابنيتهم طبقات[f] على شفير البحر ونحوه وهى مشتبكة البناء كثيرة الاهل *يبالغون فى نفقات[g] الابنية حتّى انّ الرجل من التجار لينفق على داره زيادة على ثلاثين[h] الف دينار[i] وليس فيما يقاربها ويحيط بها بساتين واشجار وانّما فواكههم وتوسّعهم وطيّب مياههم من جبل مشرف عليهم يسمّى جَمّ[k] وهو اعلى جبل بها يشبه جبل الصرود وسيراف اشدّ تلك المدن

---

a) P. pro his: قد خرب الان اكثرها. *b*) Ex P. et I. restitui, *L. om. *c*) I. الثلج. *d*) *L. جوار. *e*) P. سَيْراف. *f*) P. add. كطبقات مصر وهى. *g*) Sic recte P. et I.; *L. يبايعون فى بيعات. *h*) P. عشرين والثلثين. *i*) P. add.: من غير ان يسرف ولا يستنكر ذلك واهلها موسرون جدًّا حتى انه حكى عن احدهم انه مرض فاوصى فكان ثلث ماله الحاضر عنده الف الف دينار غير ما كان له مع المضاربين ورامَشْت النقيبُ بولده موسى فى عدن بتاريخ سنة ٥٣٩ ذكر آن الات النقرة (Cod. البُقرة) التى يستعملها وُزنت فكانت الفًا ومائتى منًا وهو اصغر اولاده واقلُّهم بضاعةً ولرامشت اربع خَدَم ذكروا ان كل واحد منهم اكثر غناءً من موسى ولده ورايتُ كاتب رامشت يذكر انه لما خرج من بلد الصين مذ عشرين سنة كانت بضاعته خمس مائة الف دينار وهو علىّ النيلىّ من سواد الحلّة فاذا كان كاتبه بهذه الكثرة فكيف يكون هو وهو الذى رفع ميزاب (Cod. منبراب) الكعبة وكان نقرةً وجعل مكانه ذهبًا ولبّسها بالثياب الصينىّ التى لا يعرف احد قيمتها وبالجملة لم اسمع ان تاجرًا فى زماننا هذا وصلت حاله ومالُه الى ما شمل عليه حال رامَشْت فى كثرة المال واليسار والجاه العريض. In *Chron. Mekk.*, II, p. ١٠٩, scribitur nomen hujus viri رامُشْت. Vid. de eo quoque Ibn Djobair, p. ١٠١. *k*) *L. خم.

حرًّا ۞ والرّجان مدينة كثيرة الخير برّيّة بحريّة سهليّة جبليّة وبينها وبين البحر مرحلة وقد تقدّم شىء من ذكرها ۞ وتَوّج مدينة شديدة الحرّ ايضًا فى وهدة بناؤها طين وهى كثيرة النخيل والبساتين تضاهى النوبندجان فى حرّها ونخلها وحالها ۞ وبقرب النوبندجان شعب بَوّان ويكون مقداره فرسخين قرى ومياه متّصلة قد غطّت الاشجار تلك القرى حتى لا يكاد يراها الانسان الّا ان يدخلها وهى انزه شعب بفارس ۞ وجَنّابة وشِينيز ومَهْروبان على البحر شديدة الحرّ بها نخيل وما يكون فى الجروم من الفواكه ۞

ذكر مسافات بفارس   فالطريق من شيراز الى سيراف تخرج من شيراز الى كَفْره[a] قرية ٥ فراسخ ومن كفره الى بخره[b] قرية ٥ فراسخ ومن بخر الى كُوار غلوة وهى مقسم ماء مدينة كوار ومن بخر الى البنجمان[c] قرية ٤ فراسخ ومن البنجمان الى جُور ٦ فراسخ ومن جور الى دَشْت شوراب[d] ٥ فراسخ *ومنها الى خان آزاذْمَرْد ٦ فراسخ وهو[e] خان فى صحراء قدرها[f] ٣ فراسخ وهذه الصحراء كلّها نرجس مضعّف ومن[g] خان آزاذمرد الى كيرند[h] قرية ٦ فراسخ ومنها الى مَىّ[i] ٦ فراسخ ومن مى الى راس العقبة[k] ٦ فراسخ بمنزل يعرف باذركان[l] ومن اذركان الى بركانة[m] خان ٤ فراسخ ومن بركانة الى سيراف المدينة نحو ٧ فراسخ يكون الجميع نحو ٦٠ فرسخًا ۞

والطريق من شيراز الى يزْد وهو طريق خراسان فمن شيراز الى الزُّرْقان ٦ فراسخ ومن الزرقان وهى منازل على واد[n] عذب الى اصطخر ٦ فراسخ ومن اصطخر الى بيره[o] قرية ٤ فراسخ ومن بير الى كهمند[p] ٨ فراسخ ومن

---

a) I. كفره. *b*) Vid. ad I.; *L. نجد. *c*) *L. الميمجان. Ad I., p. ١٢٨ *m* addatur: O. بمحمان, F. سمحان. Ouseley igitur conjectura scripsit. *d*) *L. سوراب. *e*) Pro his *L. tantum والى. *f*) *L. بدر. *g*) *L. ومنها الى. *h*) *L. كيربد. *i*) *L. متى. *k*) *L. القبه. Cod. F. سر كُريوه. *l*) Apud I. locus بادركان appellatur, sed Cod. F. quoque habet ادركان. *m*) Codd. O. et F. تركانه. *n*) *L. زاد. *o*) *L. بين. *p*) Cod. O. كهندز et كهن در, F. كهند.

كهمند الى قرية بيد[a] ٨ فراسخ ومن قرية بيد الى ابرقويه ١٢ فرسخًا ومن ابرقويه الى قرية الاسد ١٣ فرسخًا ومن قرية الاسد وهى ذات حصن الى قرية الجوز[b] ٦ فراسخ ومن قرية[c] الجوز الى قلعة المجوس[d] قرية ٦ فراسخ ومن قلعة المجوس الى مدينة كَثَه حومة يزد ٥ فراسخ ومن يزد الى أَنْجِيرَه[e] موضع عليه قباب وعيون ماء عليها اصول تين[f] وهى آخر عمل فارس ٦ فراسخ وليس بعدها عمل لفارس فذلك ٨٠ فرسخًا ✿

والطريق من شيراز الى جنّابة فمن شيراز الى خان الاسد وهو على نهر السُّكّان ٦ فراسخ ومن الخان الى دَشْت أُرْزَن خان ٤ فراسخ ومن دشت ارزن الى تيره قرية ٤ فراسخ ومن تيره الى كازرون مدينة ٦ فراسخ ومن كازرون الى قرية دَرِيز[g] ٤ فراسخ ومن قرية دريز الى راس العقبة خان[h] ٤ فراسخ ومن راس العقبة الى تَوّج المدينة ٤ فراسخ ومن توّج الى جنّابة ١٢ فرسخًا فذلك ٤٤ فرسخًا ✿

والطريق من شيراز الى السِّيرَجَان[i] فمن شيراز الى اصطخر ١٢ فرسخًا ومن اصطخر الى زياداباذ[k] قرية من رستاق جور ٨ فراسخ ومن[l] زياداباذ الى كلودر[m] ٨ فراسخ ومن كلودر الى الجوبانان[n] قرية لها بحيرة ٦ فراسخ ومن الجوبانان الى قرية عبد الرحمان ٦ فراسخ وهى مدينة تسمّى اباذه ومن قرية عبد الرحمان الى قرية الآس مدينة وتسمّى البودنجان ٦ فراسخ ومن قرية الآس الى صاهك ٨ فراسخ ومن صاهك الى رباط السَّرْمَقان وهو رباط كالخان ٨ فراسخ ومنه الى بُشْت[o] خَم رباط ايضًا ٩ فراسخ ومن بشت خم

---

a) *L. ذيبد. b) *L. الخور; Cod. O. ديه خور, F. ديه حور. c) *L. قلعة. d) Cod. F. قلعهٔ كبران. e) *L. ابخيره. Male apud I., p. ١٣. et ٢٣٥ edidi آبخيزه. Vid. Vullers in v. f) Cod. F. كه دران صحرا درختان انجير بى حد وعدّ مى باشد. g) *L. دير. Male apud I., p. ١٠٩ ult. et ١٣. edidi درزيز. Cf. Ritter, *Erdkunde*, VIII, p. 827 et 828. h) Codd. O. et F. خان سر گريوه. i) *L. الشيرجان. k) *L. ديماراباذ. l) *L. male add. توج. m) *L. كلوان sed expuncto deinde ا. n) H. l. in *L. sine articulo. o) *L. سيف, sed in itinerario Kirmáni ut recepi.

الى السيرجان مدينة كرمان ٩ فراسخ، ورباط السرمقان من حدّ فارس * وما بعدها^a من حدّ كرمان فجميع ذلك من شيراز الى السرمقان ٩٢ فرسخا و١٨ فرسخا الى السيرجان ۞

والطريق من شيراز الى جروم كرمان فمن شيراز الى خان ميم قرية من رستاق الكَهْرجان ٧ فراسخ ومنه الى خَوَرِسْتَان^b ٧ فراسخ ومن خورستان الى منزل يعرف بالرباط ۴ فراسخ ومنه الى كُرْم^c مدينة ۴ فراسخ ومن كرم الى فَسَا^d ٥ فراسخ ومن فسا الى طبستان^e مدينة ۴ فراسخ ومن طبستان الى جومة^f الفستجان مدينة ٦ فراسخ ومن الفستجان الى الدَّارَكان مدينة ۴ فراسخ ومن الداركان الى المُرِيْزِجَان^g مدينة ۴ فراسخ ومنها الى سنان مدينة ۴ فراسخ ومنها الى دارابجرد فرسخ ومنها الى رَمّ^h المهدىّ ٥ فراسخ ومنها الى رستاق الرستاق مدينة ٥ فراسخ ومنها الى فُرْج^i مدينة ٨ فراسخ ومنها الى تارم مدينة ١۴ فرسخا فالجميع^k من شيراز الى تارم ^l٨٣ فرسخا ۞

الطريق من شيراز الى اصبهان فمنها الى هَزَار مدينة ^m٧ فراسخ ومنها الى مائين^n مدينة ٦ فراسخ * ومن مائين^o الى كنسا^p مرصد ٦ فراسخ ومنها الى كنار قرية ۴ فراسخ ومن كنار الى قصر اعين قرية ٧ فراسخ ومنها الى اصطخران^q قرية ٧ فراسخ ومنها الى خان رُوشَن^r قرية ٧ فراسخ ومنها الى كرو^s قرية ٧ فراسخ ومن كرو الى كره ٨ فراسخ ومن كره الى خان لنجان^t ٧ فراسخ ومنها الى اصبهان ٧ فراسخ، وحدّ فارس الى خان روشن ومنه الى

---

a) *L. وبعدها. b) *L. خوزستان. c) *L. كر. d) *L. فشا. e) L. طمستان. f) Desinit hic lacuna in B.; L. et B. حومه الفيسجان et deinde L. et B. الفيشجان. g) L. et B. برجان. h) L. et B. زم. i) L. et B. ترج. k) B. دمجمع. l) L. et B. اثنان وثلاثون. m) Videtur legendum ٦; vid. ad I., p. ١٣٣ m. Lectio ٩ quoque in Codd. O. et F. n) L. بياس, B دايمن. o) L. وبياس. p) L. et B. كيسا. q) L. اصطخرار. r) L. et B. hic et mox دوشن. Appellatur quoque خان اويس. s) L. et B. كرد. t) *L. النجار.

شيراز ٤٣ فرسخا ويكون الجميع الى اصبهان ٧٢[a] فرسخا ☆

الطريق من شيراز الى خوزستان فمن شيراز الى جُوَيْم مدينة ٥ فراسخ ومن جويم الى خُلّان[b] قرية ٤ فراسخ ومن خلّان الى الخرارة قرية كبيرة قليلة المآء ٥ فراسخ ومن الخرارة الى الكركان ٥ فراسخ ومن الكركان الى النوبندجان مدينة كبيرة ٦ فراسخ ومنها الى الخُوبَذان[c] قرية ٤ فراسخ ومنها الى درخيد قرية ٤ فراسخ ومنها الى خان حمّاد قرية ٤ فراسخ ومنها الى بندك[d] قرية ٨[e] فراسخ ومنها الى قرية العقارب وتعرف ببهبر[f] ٤ فراسخ ومنها الى راسبين[g] ٤ فراسخ ومن راسبين الى الرّجان ٧ فراسخ ومن الرّجان الى سوق سَنْبيل ٦ فراسخ والحدّ قنطرة تكون من الرّجان على غلوة فجميع الطريق من الرّجان الى شيراز ٦٠[h] فرسخا ☆

فامّا المسافات بين المدن الكبار بفارس فمن فسا[i] الى كارزين[k] ١٨ فرسخا ومنها[l] الى جهرم ١٠ فراسخ والى كارزين ٨ فراسخ، وقد مرّ انّ من شيراز الى اصطخر ١٢ فرسخا ومن شيراز الى كُوار ١٠ فراسخ ومن شيراز الى جور ٢٠ فرسخا ومن شيراز الى فسا ٢٦ فرسخا ومن شيراز الى البيضاء ٨ فراسخ ومن شيراز الى دارابجرد ٥٠[m] فرسخا وقد مرّ انّ من شيراز الى سيراف ٦٠ فرسخا ومن شيراز الى النوبندجان ٢٥ فرسخا ومن شيراز الى يزد ٧٤ فرسخا

---

a) *L. bis computata distantia inter Schiráz et Khán Ruschan habet مائة وستة عشر. b) L. et B. جلان. c) L. الجويدان, B. الجويدان. Lectionem apud I. receptam revocavi in *Add. et Em.* d) L. بيدل, B. بيدل. e) L. دلث, B. دلثه. f) L. بهبر, B. بنهر. g) L. et B. راشين, semel L. فواشين. h) L et B. احد وستون. i) B. غشا, mox فسّا. k) L. et B. male bis كازرون pro كارزين.
l) Explicationem Sprengeri (I., p. ١٣٤ e) partim confirmant Cod. O. qui habet واز بسا et Cod. F., qui pro sequente والى habet واز انجا. Ceterum quoque in hisce versionibus textus corruptus est. m) Cod. F. ٥٤, hic nempe cum C., E. et O. inter Khán Mím et Khaurestán distantiam 9 Par., inter hunc locum et ar-ar-Ribát cum C. 7 Par. habet.

ومن شيراز الى توّج ٣٢ فرسخا ومن شيراز الى جنّابة ٥٤ [a] فرسخا ومنها الى الرّجان ٦٠ فرسخا وقد مرّ ذلك ومنها الى سابور ٢٥ فرسخا ومن شيراز الى خرّمة [b] ١٤ فرسخا ومن شيراز الى جهرم ٣٠ فرسخا، ومن جور الى كازرون ١٦ فرسخا ومن سيراف الى نجيرم ١٢ فرسخا ومن مهروبان الى حصن ابن [c] عمارة وهو طول فارس على البحر نحو ١٦٠ فرسخا، والّذى يحيط بالمفازة من حدّ كرمان الى حدّ اصبهان من روذان الى ابان ١٨ فرسخا ومن ابان الى الفَهْرَج ٢٥ فرسخا ومن الفهرج الى كَثّه ٥ فراسخ ومن كثه الى مَيْبُذ [d] *١٠ فراسخ ومن ميبذ [e] الى عُقْدَة ١٠ فراسخ ومن عقدة الى نائين ١٥ [f] ومن نائين الى اصبهان ٤٥ [g] فرسخا ومن روذان الى نائين ٨٣ فرسخا، ومسافة الحدّ *الّذى يلى كرمان من حدّ السيف من لدن حصن ابن عمارة الى ان ينتهى الى تارم ثمّ يمتدّ الى الروذان حتّى ينتهى الى بريّة خراسان مثل ما من البحر على خطّ شيراز الى ان ينتهى الى مفازة خراسان [h] وهو ١٢٠ فرسخا، *والحدّ الّذى يلى خوزستان ومهروبان حتّى ينتهى [h] الى الرّجان وبلاد سابور والسردن الى اوّل حدّ اصبهان نحو ٩٠ فرسخا ۞

ذكر المياه والهوآء والتربة بفارس ارض فارس مقسومة على خطّ من لدن الرّجان الى النوبندجان الى كازرون الى خُرّه [i] ثمّ على حدود السّيف الى كازَرين [k] حتّى تمتدّ على الرّمّ [l] ودارابجرد الى فُرْج [m] وتارم فما كان من [n] ناحية الجنوب فجروم وما كان يلى الشمال فصرود ويقع فى [o] جرومها الرّجان والنوبندجان ومهروبان وشينيز وجنّابة [p] وتوّج ودشت الدستقان *وخرّه وداذين [q] وموز [r] وكارزين ودشت بارين

---

a) Melius I. ٤٤. *b*) *L. جرمه *c*) *L. om. *d*) *L. ميبند. *e*) *L. haec om. *f*) *L. خمسه وعشرون. *g*) *L. خمسه وعشرون. *h*) In *L. haec omnia desunt. Restitui ex I. *i*) L. et B. جره, P. خُرّه. *k*) L. et B. كازرون, P. om. *l*) Nempe رم المهدى. Sic recte tantum Cod. O., ceteri omnes الرموم. *m*) L. et B. توج (B. تَوَّج). Deinde وبارم. *n*) P. مما يلى. *o*) L. et B. فيها. *p*) B. وجُنّابة. *q*) L. et B. وجره ودارين. *r*) L. وبرز, B. وبوز. Deinde male omnes Cod. وكازرون.

وجيبرين[a] ودشت البوسقان ورمّ اللّوالجان[b] وكبير وكيزرين[c] وايرز وسَميران *وخُمَايْجان وكُران[d] وسيراف ونجيرم وحصن ابن عمارة[e] وما فى اضعاف ذلك، ويقع فى الصرود اصطخر والبيضآء ومائين[f] وايرج وكام فيرور وكُرْد وجَلّار[g] وسروستان[h] والاُسْبنجان والاُرْد والرون وصرام وبازرنج والسّرْدَن والخُرّمة[i] *والحيرة والتّيْريز والميسْكانات[k] والايج والاصبهبذات وبُرم ورهنان[l] وبوّان وطَرْخنيشان[m] والجَوْبرْقان[n] واقْليد والسّرْمَق وأبرْقويه *ويَزْد وجارين ونائين[o] *وما فى[p] اضعاف ذلك من البلاد والنجاد، وعلى الحدّين مدن فيها ما فى الصرود والجروم من النخيل والجوز مثل فسا وجور وشيراز وسابور والنوبندجان وكازرون، وامّا الصرود ففيها[q] اماكن يبلغ[r] من شدّة البرد بها[s] ان لا ينبت[t] عندهم شىء من الفواكه والبقول سوى الزرع *كالارد والرون[u] وكرد والرساتيق الاصطخريّة والرهنان، وامّا الجروم فانّ بها ما يبلغ بشدّة[v] الحرّ فى الصيف الصائف الّا يثبت[w] عندهم شىء من الطيور لشدّة الحرّ مثل الاغرِسْتان[x] وهى رستاق ولقد خبّر بعض الناس الامير ابا شجاع فَنّاخُسْرو انّه كان فى بيت يشرف على واد فيه حجارة فراى[y] نصفَ النهار الحجارة تتفلّق فيه كما تتفلّق فى النار، والصرود كلّها صحيحة الهوآء والجروم فالغالب عليها فَساد الهوآء وتغيير الالوان وليس فيها اكثر وبآء من

---

a) L. وحيبرين. b) L. et B. اللولجان. Deinde B. om. وكبير. c) L. رحمانجان, B. وكيرريق. Deinde L. et B. وابرد. d) L. et B. وكيرردمق. e) L. et B. عمار. f) L. et B. ونابين et deinde وابدج. وكوار (كواب). g) L. et B. وجلان; I., p. ۱۳۹, 7 وكلار. h) L. et B. وسروشتن et deinde *L. والاستنجان. i) *L. والحومه. k) L. et B. واكير والسرين والمنسدانات. l) L. et B. رهمان, mox الرهيان et الرهبان. m) L. et B. وطرحشيان. n) L. والخويرقان, B. والحوبرقان. o) L. et B. ودرد وجان ودرد باس (درد باس). p) L. et B. وفى. q) *L. فيها. r) L. تبلغ, B. دملغ. s) *L. وبها. t) *L. يلبث, P. يثبت. u) *L. كالازد والروذ. v) P. et I. من شدة. w) P. يلبث. x) L. et B. الاعريسان. y) In L. et B. male positum post النهار.

مدينة دارابجرد ثمّ توّج واصحّ الهوآء من جرومها الرّجان وسيراف وجنّابة وشينيز واعدل هذه المدن ما كان فى هذين الحدّين كشيراز وفسا وكازرون وجور وغير ذلك وليس بجميع فارس هوآء اصحّ من هوآء كازرون ولا اصلح ابدانًا وبشرةً من اهلها واصحّ مياهها مآء كُرّ وارداً مآئها مآء دارابجرد ۞

فامّا زيّهم ولباسهم واحوالهم فالغالب على خلقهم النحافة وخفّة الشعر وسمرة اللون واهل الصرود اعبل اجسامًا واكثر شعورًا واشدّ بياضًا ۞ ولهم ثلاثة السنة الفارسيّة الّتى يتكلّمون بها وجميع اهل فارس يفقهونها ويكلّم بعضهم بعضًا بها الّا الفاظًا تختلف لا تستعجم على عامّتهم، ولسانهم الّذى به كتب *c* العجم وايّامهم ومكاتبات *d* المجوس فيما بينهم هو *e* الفهلويّة الّتى تحتاج الى تفسير حتّى يعرفها الفارسىّ، ولسان العربيّة الّذى به مكاتبات السلطان والدواوين وعامّة الناس ۞ وامّا زيّهم فكان السلطان زيّه الاقبية وقد تلبس سلاطينهم الدراريع وان كانوا فرسًا ومن لبس الدراريع منهم اوسع فروجها وعرّض جِرِبّانَاتها *f* وجيوب دراريعهم كجيوب الكُتّاب والعمائم تحتها القلانس المرتفعة ويحملون السيوف بحمائل وفى اوساطهم المناطق وخفافهم تصغر عن خفاف اهل خراسان وقد تغيّر زىّ سلطانهم فى وقتنا هذا لانّ الغالب على اصحابه لبس الديلم، وقضاتهم يلبسون الدّنّيّات وما اشبهها من القلانس المشمّرة عن الاذنين مع الطيالسة والقمص والجباب ولا يلبسون درّاعة ولا خفًّا بكسره *g* ولا قلنسوة حتّى تغطى الاذنين، وكُتّابهم يلبسون ملابس كتّاب العراق ولا يستعملون القبآء ولا الطيلسان، وتُنّاؤهم بين لباس الكتّاب *h* والتجار من الطيالسة والاردية والاكسية التونسىّ والخزّ والعمائم والخفاف الّتى لا كسر فيها والقمص والجباب والمبطّنات ويتفاضلون فى جودة الملابس والزىّ واحد كزىّ اهل العراق ۞ والغالب على اخلاق ملوكهم وخدمهم والتنّاء منهم والمخالطين للسلطان من عمّال الدواوين وغيرهم

a) B. وجُنّابة. *b*) B. وفسّا. *c*) L. et B. om. *d*) Copula deëst in L. et B. *e*) L. et B. من. *f*) Vocales in L. *g*) I., p. ١٨٣, 5 بكسر. Cod. F. ibi habet موزه مُكسّر ut vs. 7; *h*) L. et B. الكتان.

والداخلين عليهم استعمال المروّة فى احوالهم واقامة الوظائف[a] والمطابخ وتحسين الموائد بالمطاعم وكثرة الطعام[b] واحْضار الحلوى والفواكه قبل الموائد والنزاهة عمّا يقبح به الحديث من الاخلاق الدنيّة وترك المجاهرة[c] بالفواحش والمبالغة فى تحسين دورهم ولباسهم وموائدهم والمنافسة فيما بينهم فى ذلك والآداب الظاهرة فيهم والعلم الشائع فى جميعهم، وامّا تجارهم فالغالب عليهم محبّة الجمع للمال والحرص فوق مَنْ سواهم من اهل الامصار فامّا اهل سيراف[d] والسواحل فربّما غاب احدهم عامّة عمره فى البحر ولقد بلغنى انّ رجلًا من سيراف أَلِفَ البحرَ حتّى ذكر انّه لم يخرج من السفينة نحو اربعين سنة وكان اذا قارب البرّ اخرج صاحبه فقضى حوائجه فى كلّ مدينة يتحوّل من سفينته الى اخرى اذا انكسرت واحتيج الى اصلاحها، ولقد حُظّوا من ذلك بحظّ جليل وهم اهل صبر على الغربة وفيهم اليسار الظاهر حيث كانوا، ولقد رايتُ بالبصرة منهم ابا بكر احمد بن عمر السيرافىّ فى سنة ٣٠٥[e] وقد قدمتُ عليه بكتاب ممّن يعزّ عليه فى مُهِمّ له فاخذ الكتاب من حيث لم ينظر الىّ فقراه ثمّ وضعه من يده ولم يُعْرنى لحظًا وسأله فى الكتاب مخاطبتى على معانيه واستعلام ما عرض فيه من مخاطبته وما بينهما ممّا يحبّ وقوفه عليه من جهتى كالمستشهد بعلمى بعد تعريفه فى الكتاب صورتى ومحلّى منه ثمّ اقبل على بعض خدمه وذكر مراكبه وحاله فوثبتُ غيظًا وانا لا ابصر ما بين يدىّ من شدّة ما نالنى وداخلنى باعراضه فكانّه لحظ مكانى فقال ما فعل الرجل فقيل ومن هو فقال صاحب فلان فقيل له وبصاحب فلان ما فعلتَ هذا الانقباض لقد خرج وهو لا يبصر ما بين يديه حنقًا والمًا فقال علىّ به فالحقنى كاتبه وقد بثّ جماعةً غيره فى طلبى فى الطريق الّتى قصدتُ له فقال انّ الشيخ تألّم من خروجك بغير اذنه وعرّفناه ما ظهر لنا منك فانفذنا لردّك فقلتُ واللّه لقد رايتُ ملوك الدنيا او اكثرهم ممّن تحت ايديهم الآلاف[g] من الناس على اختلاف اطوارهم

---

a) B. الوصائف. b) P. الملون. c) L. المهاجرة. d) L. الاسيرداف, B. الا سيراف. e) Annus corruptus est. Fort. leg. ٣٥٥. f) B. معانئه. g) Conjectura addidi.

وتباين احوالهم وهم قطبُ الصلف فما رايتُ رجلًا اكثر زهوًا وبأْوًا واقبح صلفًا منه فقال وحقّ له ذلك هذا رجل اعتلّ فى سنة ٤٨ علّةً خيف عليه منها فاوصى فبلغ ثُلث ماله مع شىء استزاده على الثلث لانّه لا وارث له الف الف دينار بين مركب قائم بنفسه وآلته ووكيل معلوم ما عنده وتحت يده بالحسابات الظاهرة والقبوض المعروفة المعلومة من جهاتها واوقاتها الى بربهار ومتاع من جوهر وعطر فى خانبّاراته ومخازنه وقلّ مركب خطف له الى ناحية من نواحى[a] الهند او الزنج او الصين فكان له فيه شريك او كرىّ الّا على حسب التفضّل على المحمول بغير اجرة فافحمنى قوله وعدتُ اليه فاعتذر ممّا كان وهذا وان زاد على الثلث فلعلّه اوصى بنصف ماله فما[b] سمعتُ انّ احدًا من التجار ملك هذا المقدار ولا تصرّف فيه ولا من وديعة سلطان لانّها حكاية اذا اعتبرت كالخرافات يستوحش من حكاها منها ✿ وما علمتُ مدينة فى برّ ولا بحر بجميع المشرق[c] فيها قوم من الفرس مقيمون[d] الّا وهم فى[e] اعفّهم طريقة واحسنهم طبقة[f] وفيهم علم واكثرهم يقول بالوعيد على مذاهب اهل البصرة واليه ميلهم ومن كان خاصّةً من اهل جرومهم يفضّل ابا علىّ ابن عبد الوهّاب على الجميع واليه ينحجون[g] واليه يأتمّون واهل الصرود من شيراز واصطخر وفسا فالغالب عليهم مذاهب اهل *الحشْو وفى[h] الفتيا مذاهب اهل الحديث، وفيهم اليهود والنصارى والمجوس وليس فيهم صابىٌّ ولا سامرىٌّ واكثر اهل الملل فيهم المجوس واليهود اقلّ من النصارى وليس[i] المجوس بدار اكثر منهم بفارس لانّ بها كانت دار ملكهم واديانهم وكتبهم وبيوت نيرانهم يتوارثون ذلك فى ايديهم الى وقتنا هذا ۞

وبفارس سنّة جميلة وعادة فيما بينهم كالفضيلة من تفضيل اهل البيوتات القديمة واكرام اهل النعم الاوّليّة وفيها بيوت يتوارثون فيما بينهم اعمال الدواوين على قديم ايّامهم الى يومنا هذا منهم آل[k] حبيب وكان مشايخهم

---

a) B. نواهى. b) *L. وما. c) P. add. والمغرب. d) *L. يقيمون. e) In P. expunctum est. f) P. طبيعة. g) L. sine punctis. h) L. الحشور فى. i) Sequitur in L. et B. من. k) L. et B. الى.

مُدْرِكٌ واحمد والفضل بنو حبيب واصلهم من كام فيروز ومنشاهم شيراز قطنوها وتقلّدوا الاعمال الجليلة الشريفة، وكان المامون استدعى مدرك بن حبيب للحساب وغيره من وجوه الخدمة وحظى عنده وقرأ عليه فمات ببغداد ايّام المعتصم واتُّهم يحيى بن اكثم[a] به ✡ وآل[b] ابى صفيّة من موالى باهلة منهم يحيى وعبد الرحمان وعبد الله بنو محمّد بن اسماعيل ناقلة توطّنوا بها ✡ وآل[c] المرزبان بن زادية *اليهم فى الاعمال[d] وكان الحسن ابن المرزبان بندارًا لمحمّد بن واصل ومن بعده ليعقوب بن الليث *وخدم علىّ بن المرزبان عمرو[e] بن الليث[f] على ديوان الاستدراك والى يومنا هذا تجرى اعمال الدواوين بينهم ولقيتُ جعفر بن سهل بن المرزبان كاتب ابى الحارث ابن افريقون[g] وهو حىّ الى يومنا هذا ولا والله الّذى لا الٰه غيره ما رايتُ احدًا قبله ولا بعده اجتمعت الالسن على حمده بفضله وكرمه كاجتماعها عليه لانّ السِّيَر المقروءة والآثار المرويّة ومن ادركنا فى عصرنا ممّن تعلّق باسم الكرم ودأب ونصب فى طلبه يُمْدَح ويُذَمُّ غَيْرَهُ فلم ار له ذامًّا ولا مستزيدًا بوجه من الوجوه ولا بسبب من الاسباب ولم يدخل خراسان منذ خمسين سنة احد ليس له عليه فضل ويد يشكرها وان لم يلقه قصده بالمكاتبة والتحفة حتّى انّه احتال فى ايصال فضله وتسبيره[h] مكارمه الى من لا يمكنه قصده ولا يضع نفسه فى الحاجة اليه، فاقام فى رباطات جعلها فى ضياع وقفها على مصالحها بقرًا سائمة تحلب وياخذ البانها القوّام عليها ويقصدون المجتازين عليهم والمارّين بهم بالاطعمة منها ومن غيرها على مقدار السابلة والمارّ بهم ويسقونهم رائبها فى الهواجر قصدًا للمارّين والجائين على ضياعه بهذا اللطف والوجه الحسن وما من قرية ورباط له الّا وفيه المائة بقرة الى فوق ذلك لهذا الوجه والمقصد دون بقره العاملة له فى

---

a) *L. اكتم. b) *L. والى. Cf. I., p. ١٤٧ *l*, ubi add.: F. صُفْرَه. c) L. et B. والى. Pro زادية, L. زاذيه (Cod. F. داديه). d) Sic L. et B. Vid. I., p. ١٤٨ *a* (Cod. O. et F. habent ut E.). e) L. عمر. f) B. haec om. g) In capite de Khorasán nomen افريغون scribitur. h) L. et B. وتشبيد.

اسباب منافعه وله غير نظير بخراسان لا يدانيه ولا يقارنه فى هذا الباب ولا فى غيره ۞ واهل[a] المرزبان بن فرابنداد[b] اقدم اهل هذه البيوتات فى العجم واكبرهم عددًا منهم ابو سعيد[c] الحسن بن عبد الله ونصر بن منصور ابن المرزبان وعبد الرحمان بن الحسين[d] بن المرزبان وخدايداد[e] بن مردشاد بن المرزبان واحمد بن خدايداد[f] فى جماعة اقصر عن معرفتهم وعددهم ۞ وعلىّ بن خرشاد[g] واولاده الحسين والحسن واحمد الى يومنا هذا يتولّون بفارس الدواوين مع من ذكرتُه من اهل البيوتات المقدَّم وصفها ۞

وقد انتحل قوم من الفرس ديانات خرجوا بها عن المذاهب المشهورة فدعوا اليها وانتصبوا لها ولولا انّ اهمال امرهم وترك ذكرهم ضرب من العصبيّة على الدين وباب من التحامل عليه لاضربتُ عنه ولكن نذكر المستفيض وما بمن يقرأ هذا الكتاب حاجة الى معرفته وضرورة الى علمه دون الاستقصاء لذلك اذ الاخبار قد اتت به واعتقد النأس فيه القبيح ووقفوا منهم على التلبيس المذموم وتاليف الكتب بالقذف للاسلام والبرآءة بعد تاليف شىء منها خلبوا به[h] القلوب ودعوا[i] اليه العامّة ومن لا رياضة له بالعلم من الخاصّة فى الظاهر وضدّ ذلك فى الباطن ' وممّن عُرف من هاؤلآء واشتهر وطار ذكره فى الآفاق وظهر الحسين بن منصور[k] الحلّاج من اهل البيضآء وكان حلّاجًا ينتحل النسك والتصوّف فما زال يرتقى به طبقًا عن طبق حتّى انتهى به الحال الى ان زعم انّ من هذّب فى الطاعة جسمه وشغل بالاعمال الصالحة قلبه وصبر على مفارقة اللذّات وملك نفسه بمنعها عن الشهوات ارتقى الى مقام المقرّبين ومنازل الملائكة الكرام الكاتبين ثمّ لا يزال يتردّد فى درجة المصافاة[l] حتّى يصفو عن البشريّة طبعه فاذا لم يبق فيه من البشريّة

---

a) *L. واهله اهل. b) L. et B. فرابند اذْ. Apud I., p. ١٤٨, 4 temere recepi خداوند. Cod. F. habet quoque فرامداد. c) Sic quoque Codd. O. et F. d) *L. الحسن. e) *L. وحودمدار et deinde مردشادى. f) L. et B. خوابده s. خوابمده. Cod. F. habet corrupte واحمد كه از خراسان بود. g) I. مردشاد. h) L. بها. i) L. وادعوا. k) L. et B. om. l) L. et B. المصافات.

نصيب حلّ فيه روح الله الّذى كان منه كعيسى بن مريم فيصير مطاعًا لا يريد شيًا الّا كان من جميع ما كان ينفذ فيه امر الله تعالى وانّ جميع افعاله حينئذ فعل الله وامره وكان يتعاطى هذا ويدعو الى نفسه بتحقيق ذلك كلّه حتّى استمال جماعة من الوزرآء وطبقات من حاشية السلطان وامرآء الامصار وملوك العراق والجزيرة والجبال وما والاها وكان لا يمكنه الرجوع الى فارس ولا يطمع فى قبولهم ايّاه لتخوّفه على نفسه منهم لو ظهر لهم واُخذ واعتقل وما زال فى دار السلطان ببغداد الى ان خيف من قبله ان يستغوى كثيرًا من اهل دار الخلافة من الحجّاب والحرم[a] وغيرهم فصُلب حيًّا الى ان مات ۞ ومنهم الحسن المكنى بابى سعيد بن بهرام الجنّابىّ من اهل جنّابة كان دقّاقًا تعلّق بدعوة القرامطة من قبل عبدان الكاتب صهر حمدان قرمط واستخلفه على نواحيه وجعل الدعوة اليه بجنّابة وشينيز وتوّج ومهروبان وجروم فارس فدعاهم واخذ الكثير من اموالهم وفُطن به فقُبض على ما جمعه من المال واتّخذه من الخزائن والعدد وافلت بحشاشته فلم يزل فى خفية حتّى كتب اليه حمدان قرمط من كَلْوَاذَى بالشخوص الى ما قبله ولم يكن رآه فلمّا عاينه رأى منه نافذًا فيما يكلّفه ورأى ما دار عليه ليس من قبل سوء سياسة فيما كان بسببه لكن وجوه وقعت كالضرورة فانفذه الى البحرين وامره بالدعوة هناك وايّده بوجوه القوّة من المال والكتب وغيرهما فورد البحرين وصاهر ابن سُنْبُر[b] وبثّ الدعوة فى العرب الّذين بتلك النواحى فقبلوها وانفتحت الديار على يده واجابته القبائل والعشائر رغبة ورهبة بعد ان حاصر هَجَر وافتتحها بضروب من الحِيَل[c] ومشاقّ من الاعمال ليس هذا موضع ذكرها، وكان حمدان قرمط اذذاك فى دعوة السلطان حذآء امير المومنين المهدىّ[d] بالله فرجعا عمّا كانا يعتقدانه وخالفا

---

a) I. والخدم. *b*) L. et B. شنبر. *c*) B. الخيل. *d*) L. المهتدى. Est primus khalifa Fatimidarum. In opusculo „*Mémoire sur les Carmathes du Bahraïn*," App. p. ٧١ male proposui legere حذرَ امير المومنين المقتدر. Textus sanus est et probat me recte disseruisse p. 24 de apostasia Hamdáni et Abu Sa'idi.

ذلك وجرت خبوط [a] وتخاليط كثيرة فى بعض الروايات، وذُبح ابو سعيد فى حمّام قد اتّخذها فى قصره مع جماعة من وجوه رجاله بالأَحْسَآء، وخلفه ابنه ابو طاهر سليمان بن الحسن لعنه الله الفاتح البصرة والكوفة وصاحب قوافل الحاجّ فى طريق العراق وقاتل آل ابى طالب وبنى هاشم والمستحلّ دمآءهم وفروجهم واموالهم ومخرب مكّة وآخذ الحجر وفاعل كلّ كبيرة ومستحلّ كلّ عظيمة الى ان اهلكه الله ودمر عليه واتى على اهله وولده بتشتيت الكلمة واختلاف الدعوة وغيلة بعضهم لبعض بالقتل والختل بالمكايد وما كان من افعالهم فى بلدان المسلمين واعتراضهم على حجيجهم وعيثهم فى بلادهم وما لهم منه فلا حاجة بنا الى ذكره لشهرته والغنى عن اعادته مثل اخذه كنوز الكعبة وقتله المعتكفين ببيت الله الى ان أُخذ عمّ ابى طاهر اخو ابى سعيد وقراباته وذووه فحُبسوا بشيراز مدّةً وكانوا مخالفين له فى الطريقة يرجعون الى صلاح وسداد فشهد لهم بالبرآءة من القرامطة فخُلّى عنهم ۞ ومنه ابو جعفر محمّد بن علىّ الشَّلْمَغَانىُّ [b] فانّه ايضًا ممّن ظاهر بامور من العلم ودعا الى الفقه والزهد وتزايا [c] بالورع والعفّة والّف كتبًا فى الحلال والحرام باحسن النظام واجمل التاليف وهو مع ذلك يُسِرُّ شقاق الأُمّة ويعتقد الاعتراض عليهم ويرى انّ الدار دار كفر واهلها واموالها ومناكحهم وحجّهم وغزوهم فاسد وجهادهم لازم ودعا مرّة الى اجداد امير المؤمنين المعزّ لدين الله واخرى الى نفسه واضطرب فى فنون اعتقدها فى البارئ تعالى جَدُّهُ الى ان هلك ايضًا صَلْبًا وكفى الله امره، والله الحافظ [d] للاسلام واهله والدافع عنهم بمنّه وطوله فقد عاد غريبًا كبدوه [e] غريبًا ۞

ذكر الخاصّيّات بفارس وما يجلب منها فبناحية اصطخر تفّاح يكون بعض التفّاحة حلو صادق الحلاوة وبعضها حامض صادق الحموضة وكنتُ رايتُ ذلك فى حكاية انّ مرداس بن عمر [f] حدّث بها الحسن بن رجآء فرأى فى

---

a) L. et B. خطوب. b) L. et B. الشلعمانى; vid. Jacut, III, p. ٣١٤ seq., Ibno 'l-Athír, VIII, p. ٢١٩ seqq. c) B. وتزيا. d) In L. et B. deëst. e) L. كحين بدوه. f) L. et B. عمرو.

وجهه انكارًا له فاحضره ايّاه حتّى رآه، وبقرب ابرقويه تلال رماد كالجبال العظيمة الّتى صعود التلّ ونزوله نحو ميل ويزعم قوم انّها نار نمرود وهو خطأ لانّ نمرود[a] كان كنعانيًّا ومساكنهم[b] ببابل ورايتُ مثل هذه الجبال جبالاً اعظم منها واعلى واكبر على نهر الزاب الكبير الجائى من نواحى ارمينية وبلد الداسن[c] بموضع كان من عمل حِبْتُون[d] فى ظاهر قرية تعرف بالمحمّدية ومررتُ بما هو اصغر منها يصاقبها فى بلد السودان، وبكورة سابور رستاق يعرف بالهندوجان فيها[e] بئر بين جبلين يخرج منها دخان فيتعالى كثيرًا[f] ولا يقدر احد ان يقربها واذا طار عليها طائر[g] سقط فيها *وترى فى حال هويّه[h] احتراقه قبل تغيّبه فيها، وبكورة الرّجان فى نواحى صاهك غير بئر لا قعر لها، وبناحية كام فيروز بالقرية المعروفة بالمورجان[i] بين جبال شاهقة كهف فيه جرن يقطر اليه من سقف هذا الكهف ماء يزعم قوم انّ له طلسمًا فان دخل ذلك الكهف رجل خرج من الماء بما يكفيه وان دخله الف رجل خرجوا من ذلك الجرن *من الماء والقطر[k] بما يكفيهم[l] ومقدار ذلك الجرن كالجفنة الصغيرة وكالغضارة الكبيرة، وعلى باب الرّجان ممّا يلى خوزستان قنطرة على[m] نهر طاب نسبت[n] الى الديلمىّ طبيب الحجّاج بن يوسف وهى طاق واحد سعة ما بين عَمُودَيْه على وجه الارض ثمانون خطوة وارتفاعه[o] مقدار ما يجوز فيه راكب الجمل بيده علم[p] من اكبر ما يكون من الاعلام، وبكورة اردشير خُرّه[q] بنواحى شيراز عين ماء حلو[r] يشربه الناس لتنقية الجوف فمن شرب منه قدحًا اقامه مجلسًا وان[s] ازداد فلكلّ قدح

---

a) L. et B. النمرود. b) B. ومساكينهم. c) *L. الداسق. d) L. et B. حيتون. e) L. et B. om. f) P. add. بالنهار et deinde ut I. ولا يتهيأ لاحد. g) B. om. h) P. ويُرَى فى حال هبوطه وهويه; *L. هواده pro هويه habet. i) *L. بالورجان. Cod. F. habet quoque معروف (l. بلورجان) بلورحان. k) Sic recte P.; L. et B. والقطر من الماء. l) P. add. ويعمّهم. m) L. et B. om. n) P. ينسب. o) P. ut I. وارتفاعه. p) P. رمح. q) L. et B. om. خره. Ut semper habent ازدشير. r) P. حارّ عذب. s) P. ut I. ومن.

مجلس، وبناحية داذين[a] نهر ماء عذب يعرف بنهر اخشين يُشْرَب منه *ويسقى الارضين[b] واذا غُسلت فيه[c] الثياب خرجت خُضْرًا[d]، وبناحية كُرّان[e] طين اخضر كالسلق واشرق منه يؤكل[f] ولا نظير له، وبشيراز نرجس ورقه كورق السوسن وفى داخله كعين[g] النرجس سوآء ☆

فامّا ما يجلب من فارس الى سائر الارض وهو افضل اجناسه فى سائر البلدان فماء الورد الّذى بكُوَار[h] وجُور ينقل الى المغرب والى الاندلس ومصر والى اليمن وبلد الهند والصين ويفضل على كلّ ماء ورد سواه ويرتفع الكثير من غيرهما باعمال فارس الّا انّ الاكثر من جور[i]، وبجور ماء الطلع وماء القيسوم الّذى لا يكون فى غير جور وماء الزعفران وماء الخلاف[k] بفارس ودهن الخلاف يعلوان[l] على جميع ما فى الارض من شكلهما الّا دهن الخلاف بالمراغة فانّى رايتُ منه منًّا بعشرة دنانير وكان عندى خيرًا من ذلك، وترتفع من سابور الادهان فتفضّل على كلّ جنس الّا الخيرىّ والبنفسج الّذين بالكوفة، ويرتفع *من شينيز[m] الثياب الشينيزيّة ومن جنّابة المناديل الجنّابيّة ومن توّج التوزىّ ولا يشبهها شىء من ثياب الارض فى جنسها وان وجد ارفع منها وللسلطان فى كلّ بلد *منها طراز[n]، ويرتفع من فَسَا[o] انواع من الثياب الّتى تحمل الى الآفاق ومنها طراز الوشى المرتفع الّذى ليس[p] بسائر الآفاق كهو اذا كان مذهّبًا واذا كان ساذجًا فكالّذى[q] بجهرم وغيرها وامّا الصوف فانّه يعمل للسلطان وللتجار ثياب للفرش ما ياخذ قيمة كثيرة وكلل مرتفعة من سائر اصناف الحرير وتتّخذ من القزّ للسلطان ستور[r] معيّنة مُعْلمة ومن ثياب القزّ والصوف الفاخرة ما يحمل الى كثير من الامصار

---

a) L., B. et P. دارين. b) P. elegantius ويُسْقَى به الارضون. c) P. بمائها.
d) L. خضراء. e) L. et B. كوار, et sic Cod. F. f) L. يباكل. g) P. عيون صُفْر كعيون. h) L. et B. بكوان. Mokaddasí MS. p. 213 كسول habet.
i) P. add. والى جور ينسب الورد الذكىّ الرائحة. k) B. الخِلّاف. l) *L. يعلوا. m) L. et B. بشينيز. n) L. et B. طراز منها. Vid. I. o) B. فَسًّا, P. فسا. p) L. et B. om. q) L. et B. وكالذى. r) L. ستون.

والسوسنجرد الّذى يكون بها ارفع ممّا يكون بقرقوب وتوّج وتارم[a] وبها اكسية القزّ الّتى تكون بالقيم[b] الوافية الراجحة[c] كالمائة دينار ونحوها، ويرتفع من جهرم ثياب وشى مرتفع فامّا البسط والمنخاخ والمصلّيات والزلاليّ المعروفة فى سائر الارض بالجهرميّ فلا نظير لها، ويرتفع من يزد[d] وابرقويه ثياب قطن تحمل الى كثير من النواحى، ويرتفع من الغُنْدِجان[e] قصبة دشت بارين[f] من البسط والستور والمقاعد واشباه ذلك ما[g] يوازى به عمل الارمنىّ وبها طراز للسلطان[h] ويحمل منها الى الآفاق جهاز كثير، وسوسنجرد فسا افضل من سوسنجرد قرقوب لانّ متاع فسا من صوف والقرقوبىّ[i] من ابريسم والصوف احكم عملًا فى الصنعة، وبدارابجرد حوت من الخندق المحيط بالبلد لا شوك فيه ولا عظم ولا فقار وله فلوس وهو عندى من الذّ السموك، ويرتفع منها ثياب كالطبرىّ للفرش تستحسن، وبقرية من قرى دارابجرد المومياى الّذى يحمل الى الآفاق وهو ملك للسلطان ولا نظير له وهو غار فى جبل قد وُكّل به من يحفظه وهو مسدود الباب والمدخل مقفل مغلق مختوم معلّم بعلامات كثيرة لمن يحضره عند فتحه ويفتح فى كلّ سنة عند وقت معلوم وقد استجمع فى فُقْرة حجر هناك ما اجتمع وفى غير ذلك الشىء بعد الشىء فاذا جُمع يكون موجودًا فى كلّ سنة كالرمّانة ويختم بمشهد ثقات السلطان من الحكّام واصحاب البرد والمعدّلين ويرضخ للّذين يحضرونه بالشىء اليسير منه وهو المومياى الصحيح وما عداه فمزوّر وليس بصحيح وبقرب هذا الغار قرية تعرف بآئين[k] فينسب اليها وتفسيره موم قرية آئين، وبناحية دارابجرد جبال[l] من الملح الابيض والاسود والاصفر والاحمر والاخضر وجميع الالوان[m] وهى جبال على ظاهر[n] الارض ينحت منها

---

a) L. et B. وبارم. b) L. باقليم, B. بالعدم. c) B. sine punctis, L. النراحجه.
d) L. ببرد, B. ىرد. e) L. et B. القندجان. f) L. et B. ببيرم. g) L. مما.
h) Sine ulla indicatione hic L. et B. plurimis omissis pergunt in media descriptione Indiae. Omissa in L. alibi exstant, in B. desiderantur. i) *L. والقرقوب.
k) *L. بادمن et mox ادمن. l) *L. om. m) P. add. المتفرعة. n) P. وجه.

الموائد والغضار والآنية المستظرفة[a] وتحمل الى مدن فارس وغيرها، وبفارس عامّة المعادن من الفضّة والحديد والآنك والكبريت والنفط واشباه ذلك ما يُغْنِى اهلها عن عمل ما سواه من البلدان والنواحى الّا انّ الفضّة قليلة وبها معدن ذهب ومعدن صفرها بالسَّرْدَن يحمل منها الى البصرة وغيرها والحديد بجبال اصطخر وبقرية من *كورة اصطخر تعرف بدارابجرد[b] معدن الزيبق، ويعمل بفارس مداد اسود للدوى والصبغ يفضّل على كلّ مداد فى الارض غير الصينىّ لانّهما جميعًا من تذاكى[c] النيران المجوسيّة المتقادمة وهو فى نفسه دخانها لا غير، وبشيراز ابراد معروفة فى اكثر اقطار الارض بالشيرازيّة ✿

فامّا نقودهم ومكاييلهم للبيع والشرآء فجميع بيوع فارس بالدراهم والدنانير عندهم كالعرض واوزانهم كاوزان جميع الارض المعروفة العشرة دراهم سبعة مثاقيل وليست كاليمن والاندلس فى اختلاف الاوزان، والامناء الّتى يوزن بها المتاع منوانٍ صغير وكبير فالكبير وزن الف واربعين درهمًا كرطل اردبيل ومنّها منٌّ كبير ورطل اللحم بالاندلس تسعة ارطال ونصف بالفلفلىّ والفلفلىّ خمس عشرة اوقية بالبغدادىّ ورطل القيروان فلفلىّ ايضًا الّا رطل اللحم فانّه اثنا عشر اوقية[d] والمنّ الاصغر بفارس كمنّ العراق مائتان وستّون درهمًا وهذا المنّ المستعمل بفارس وعامّة البلدان وامصار المسلمين وان كان لهم اوزان غير ذلك، والمنّ بالبيضاء ثمان مائة درهم وباصطخر اربع مائة وبخرّه[e] مائتان وثمانون درهمًا وبسابور ثلاثمائة وببعض نواحى اردشير خرّه مائتان واربعون، والكيل لشيراز الجريب عشرة اقفزة والقفيز ستّة عشر رطلًا فى التقدير ويزيد وينقص بحسب المكيل به ولكنّه حنطة ستّة عشر رطلًا ورطلهم كرطل بغداد اثنا عشر اوقية والاوقية عشرة دراهم وثلثان وللقفيز عندهم كيل يعرف بنصف قفيز وثلث وربع وكلّ واحد مجزّأ منه ومنّها معروف معلوم قائم بنفسه موجود فى سائر حوانيتهم ولهم ايضًا كيل صغير وهو جزء من اربعة وعشرين جزءا من هذا القفيز وجريب اصطخر وقفيزها على نصف جريب شيراز وقفيزها

---

a) Ex P.; *L. المستظرفة. b) *L. كور اصطخر وبدارابجرد. c) *L. تذاكر. d) *L. رطلا. e) *L. وبجره.

ومكاييل البيضاء تزيد على مكاييل اصطخر بنحو الربع وتنقص عن شيراز وكذلك الرّجان وكازرون تزيد[a] على العشرة من كيلهم ستّة ومكاييل فسا تنقص عن مكاييل شيراز فهذه جمل ما يجب علمها ويسأل الناس عنها ❁

وامّا ابواب المال لبيت المال على الناس فمن الرموم وما تطبق عليها الدواوين وخراج الارضين والصدقات واعشار السفن واخماس المعادن والمراعى والجوالى وغلّة دار الضرب والمراصد فى الضياع والمستغلّات واثمان الماء وضرائب الملّاحات والآجام، وامّا خراج الارضين فعلى ثلاثة اصناف المساحة والمقاسمة والقوانين الّتى هى مقاطعات معروفة لا تزيد ولا تنقص زُرعت او لم تزرع تؤخذ بالعبرة والمساحة دون المقاسمة فان زرع زارع[b] أُخذ خراجه بالمساحة على الجربان وان لم يزرع لم يؤخذ وعامّة فارس مساحة الّا الرموم فانّها مقاطعة بالعبرة والشىء اليسير من المقاسمات، وتختلف الاخرجة فى البلدان على المساحة فتثقلها بشيراز وعلى كلّ صنف من المزروع شىء مقدّر وذلك انّ على الجريب الكبير من الارض يزرع فيها الحنطة والشعير بالسيح مائة وسبعين[c] درهمًا والشجر بالسيح مائة واثنين وتسعين درهمًا والرطاب والمقاثى السيح للجريب الكبير مائتان وسبعة وثلاثون درهمًا وثُلثا درهم وعلى الجريب الكبير من الكروم بالماء السيح ايضًا الف واربع مائة وخمسة وعشرون درهمًا، والجريب الكبير ثلاثة اجربة وثلثان بالجريب الصغير والصغير ستّون ذراعًا فى ستّين ذراعًا بذراع الملك وذراع الملك تسع قبضات[d]، وخراج كُوار[e] على الثُلثين من هذا لانّ جعفر بن ابى زهير الشّامىّ[f] كلّم الرشيد فردّه الى ثلثى الربع، وخراج اصطخر ينقص من خراج شيراز شيئًا يسيرًا لا اقف

---

a) *L. يزيد. *b*) *L. ذارع. *c*) Secundum I., p. ١٧٥, 8, legendum foret وتسعين. Sic quoque habet Cod. O., sed Cod. F. صد وشصت (١٦٠). *d*) *L. male قصبات ut quoque Mokaddasí (cf. Lane sub جريب). Lectionem تسع habent omnes Codd. Verum secundum Motarrizí scribendum est سبع (cf. Lane sub ذراع). *e*) I. جور, sed Codd. O. et F. quoque habent كوار. *f*) *L. ut omnes Codd. Istakhrii الشامى.

عليه، وخراج البخوس على ثُلث السيح والطوىّ a فى البطّيخ والقثّاء والبقول على ثلثى الخراج واذا سُقى السيح سقية قبض السلطان ربع الخراج وطالب به اشدّ المطالبة واذا بُدِىَ b بالثانية طالب بتمام الخراج واستتمّه عند استتمام السقى، وكورة دارابجرد والرّجان وسابور زروعهم ومقادير الخراج على ارضهم بخلاف هذا يزيد وينقص اكّاره على قدر ملكه ودخله ✿ والمقاسمة على وجهين ضياع فى ايدى قوم من اهل الرموم وغيرهم معهم عهد مع امير المؤمنين علىّ بن ابى طالب عم وعمر بن الخطّاب وغيرهما من الولاة المسمّين باسم الخلافة فيقاسمون على العشر الى الثلث وغير ذلك والوجه الآخر مقاسمات على قرى قُبضت وصارت لبيت المال باخلال اصحابها ووجوه غير ذلك يزارع الناس عليها بالخمسين وحسب الموافقة ✿ واما ابواب اموال الضياع فالضياع السلطانيّة خارجة من المساحة والّذى يؤخذ c منها بالمقاسمة والمقاطعة وعلى الأَكَرَة فيها ضرائب من الدراهم يؤدّونها، والصدقات واعشار السفن واخماس المعادن والجزية ودار الضرب والمراصد وضرائب الملّاحات والآجام واثمان الماء والمراعى فانّها تقرب فى الرسم ممّا فى سائر الامصار، وليس بفارس دار ضرب الّا بشيراز، وامّا المستغلّات فانّ تُرْبتها للسلطان وقد ابتنى فيها التجار الاسواق وغيرها والبناء لهم ويؤدّون اجرة الارض والطواحين للسلطان واجرة الدور الّتى يعمل فيها الماورد، وكان الرسم القديم بفارس انّ كلّ حومة بها لا خراج على الكروم فيها ولا على الاشجار الى ان ولى علىّ ابن عيسى بن الجرّاح الوزارة سنة ٣٠٢ فالزمهم فيها كلّها الخراج، وكان بفارس ضياع قد الجأها اربابها الى الكبراء من حاشية السلطان بالعراق فهى تجرى d باسمائهم ويحمل عنهم الربع وهى فى ايدى اهلها واهلها يَتَبَايَعُونها ويتوارثونها ✿ وكانت فارس فى قديم الأيّام وقبل الاسلام مقاسمات الى ايّام قباذ e ابى انوشروان فانّه نزل *من تعب نالهُ f فى بعض البساتين

a) *L. والطرى. b) *L. بدى, I. نُدِّىَ. c) *L. يوجد. d) *L. تجرى.
e) P. فاما ارتفاعها فى تاريخ ٣٧٠ فكان (deëst) الف الف دينار وكان خراجها على ثلاثة اصناف المساحة والمقاسمة والقوانين التى هى المقاطعات لا يزاد ولا ينقص الى ايام قباذ. f) P. add.: طريدة فى طلب رجاله عن بانقطاعه نفس من.

فذًّا[a] فردًا فالفى[b] امرأة وبين يديها صبيّة صغيرة[c] تمدّ يدها الى شجرة[d] رمّان والعجوز تمنعها *الى ان ضربتها[e] فقال[f] قباذ لِمَ *تضربين هذه الصبيّة فقالت[g] لنا فيها وفى جميع الباغ شريك غائب كريم ويقبح[h] بالشريك الحاضر[i] خيانة الشريك الغائب *قال ومن الشريك قالت[k] الملك قباذ له فيها قسمة[l] ويقبح بالفقير ذى المروّة *ان يخون الغنىّ اذا كان عدلًا فبكى ثمّ قال[m] صدقت ما اقبح بالفقير ان يخون الغنىّ واقبح منه ان *يخون الغنىُّ العدل الّذى هو اعدل منه[n] وقد سلّطه وملّكه *واقدره احضرى الىّ فلانًا وفلانًا فحضر اصحابه وجيشه فلم يزل من مكانه[o] حتّى جعل جميع فارس مقاطعات *تقبض اذا حيزت البيادر والانادر[p] ۞ وامّا ارتفاع فارس فى وقتنا هذا دون اعمال الرّجان على الوجوه المذكورة فانّه[q] الف الف وخمس مائة الف دينار ومائتا دينار لا اقف عليها[r] واعمال الرّجان واموالها لوالد صاحب فارس فى يد ابى الفضل ابن العميد بخمس مائة الف دينار ونحو عشرة آلاف دينار ۞

---

a) *L. فرا. b) *L. et P. فالقى. c) P. add.: وقد استضافها فاضافته والصبية. d) P. غصن. e) P. ولجّت الصبية الى ان قطعت رمانة فضربتها العجوز ضربًا وجيعًا. f) P. add. لها. g) P. ضربت الصبية على هذا القدر اللطيف الخسيس من رمانة فقالت يا سيّدنا. h) P. فيقبح. i) *L. المحاضر. Deinde P. ان يخون. k) P. سيما اذا كان عدلًا امينًا فقال قباذ ومن شريكك فقالت. l) P. بحق القسمة. m) P. خيانة الغنى ذى العدالة وكانت فارس فى ايامه مقاسمات فقط فبكى قباذ وقال. n) P. يجور الملك الغنى العدل الامين الذى امره الله تعالى بالعدل. o) P. ومكنه واقدره فى عباده وبلاده وقال احضرى لدىّ اذا نزل العسكر فحضر اصحابه وحضرت فلما اجتمع الجيوش والعساكر بمجلسه اخبرهم خبر العجوز ولم يَرِمْ. p) P. وخراجات غير ما فى البيادر وهذا هو العدل العظيم واعطى لتلك العجوز عطآء اغناها وجعل تلك البقعة لها ولابنتها واولادهما. q) Addidi فانه. r) Ante لا aliquid deësse videtur.

ذكر كرمان

وأمّا كرمان فشرقيّها ارض مكران ومفازة ما بين مكران والبحر من ورآء البلوص وغربيّها ارض فارس وشماليّها مفازة خراسان وسجستان وجنوبيّها بحر فارس ولها فى حدّ السيرجان دخلة فى حدّ فارس مثل الكمّ وفيما يلى البحر تقويس ۞ [a]

*كرمان لها [b] صرود وجروم وصرودها تقصر عن صرود فارس فى البرد [c] وليس فى جرومها شئ من الصرود وفى صرودها ربّما عرض بعض الجروم، فامّا ما يرتفع فيها من المدن الّتى اعرفها فهى السِّيرَجَان وهى قصبة كرمان وجِيرُفْت وبَمّ وهُرْمُوز وهى مدن كبار اعلام مشهورة وفى اضعافها مدن [d] دونها وفيما بين فارس وبين جيرفت مدينة رُوئين [e] وبعضهم يزعم انّها ليست من كرمان والبعض يقول هى من كرمان ومدينة كشيستان [f] وجيروقان ومرزقان والسورقان ووَلَاشْكِرْد [g] *والمعدن بين افْشَكَث [h]، وما يلى جيرفت الى السيرجان ناجتة [i] وخير، وما بين السيرجان *وبمّ الشامات [k] رستاق يعرف بقوهستان [l] السيرجان وبهار [m] وخنّاب وغُبَيرا وكوغون [n] ورائين وسَرْوِسْتان [o] ودارجين، وما بين جيرفت وبمّ مدينة هُرْمُز الملك تعرف فى وقتنا هذا بقرية الجُوز، وما بين السيرجان وفارس كردكان وبِيمَنْد [p]، وبين السيرجان

---

a) Sequitur وهذه صورة كرمان. b) P. كرمان اقليم جليل وناحية واسعة ولها. c) *L. البر. d) Deëst مدن in *L.; P. oppida sequentia sic enumerat: اما هرموز ودُورسست (sic) وبارَم ورَوْذان وكشتِسْتان وجُويرقان وسرزقان واذركان ولاشجرد وخشناباد وكاهون وخَبر وكلما ذكرته وصوّرته فهى مدن متقاربة. e) *L. الروذان. Apud I., p. ١٥٩ recepi روبين, sed praefero روئين collato Vullers in v. (Codd. O. et F. رودس et دودس). f) *L. كسبستان h. l. et deinde وخيروقان. Pro مرزقان Jacut, IV, p. ٢٦٤, 9 male موقان. g) *L. والاشكرد. h) Sic *L. Verba per errorem h. l. in textum recepta esse videntur, et restituendum ومغون cum I., p. ١٩٠, 1. i) *L. بباختة. k) *L. والشامات. l) *L. بقومستان. m) *L. وكهان. n) *L. وكرعون. o) *L. وسروشتان. p) *L. وبيميد.

وبين فارس ايضا الى حدود دارابجرد خسناباذ وكاهون، ومن النسيرجان الى ما يلى المفازة بِرْدَشِير[a] وجَنْزَرُوذ[b] وزَرَنْد وفُوزين[c] وماهان وخَبيص، وبين ماهان وخبيص رستاقان عظيمان كالخبيص يعرفان بخَبَق[d] وبَبَق، وممّا يلى المفازة بناحية بَمّ نَرْمَاشِير[e] والفَهْرَج وسَنِيج[f] فى وسط المفازة منقطعة عن حدود كرمان وان كانت مضمومة اليها وصوّرتها وكانّها الى مفازة فارس اقرب، وكذلك الاخواش[g] ليست من كرمان على انّ منهم من يزعم انّ الاخواش من عمل سجستان فصوّرناها على آخر كرمان، وحوالى جبل البارز الربقان ومدينة دهج[h] وقفبر وخومة قوهستان ابى غانم، وفى ما يلى هرموز وجيرفت مدينة كُومين ونهرزنجان[i] والمَنُوجان، فامّا سُورُو فعلى البحر وليس بها منبر وهى عظيمة وهذا ما علمته من حالها ۞

ومن مشاهير جبالها المنيعة جبال القُفْص وجبال البارز وجبال معدن الفضّة وليس ببلاد كرمان نهر عظيم ولا بحيرة الّا بحر فارس وخليج منه يخترق الى هُرْمُوز يسمّى الجير[k] فتدخل فيه السفن من البحر وهو مالح، وبين اضعاف مدن كرمان مفاوز كثيرة وليس اتّصال عماراتها كاتّصال عمارات[l] فارس ۞ وجبال القُفْص فهى جبال جنوبيّها البحر وشماليّها حدود جيرفت والرُّوذَبار وقوهستان ابى غانم وشرقيّها الاخواش[g] ومفازة بين القفص ومكران وغربيّها البُلُوص وحدود نواحى المَنُوجان[m] ونواحى هرموز ويقال انّها سبعة اجبال

---

a) *L. بيزدشير. P. de hac urbe habet: والذى فيها من المدن المشهورة فى عصرنا هذا بردسير وهى مدينة صغيرة كثيرة العمارة آهلة بالناس وقد عُمّر حولها اكثر منها اضعافا مضاعفا وبها دار الملك ومقرّ السلطان والديوان ومَجْمَع العساكر. b) *L. وجنزروذ. c) *L. وجوين. d) *L. بحبق. Secutus sum ar-Rohní apud Jacut, II, p. ٤٠١, 21, qui vero habet خَبْق وبَبْق. e) *L. h. l. نرماسير. f) *L. ومستنج. g) *L. الاحواش. h) In mappa P. زمج. i) *L. وابهردنجان. Cod. O. in mappa شهر ردحان, in textu دهر زنكان, Cod. F. نهر ردحان et رود ردكان. k) *L. الخبر. Cf. I., p. ١٦٣ f. Cod. O. habet خير, F. حمر. l) *L. عماررة. m) *L. الموناجان h. l.

ولكلّ جبل رئيس منهم وهم صنف من الاكراد وحىٌّ من احيآئهم يكونون [a] نحو عشرة آلاف رجل مستظهرين ممتنعين وكان للسلطان عليهم جراية يستكفّهم بها وهم مع ذلك يقطعون الطريق ويخيفون السبيل فى عامّة كرمان والى مفازة سجستان وحدود فارس فاستاصل الامير ابو شجاع فنّاخسرو ابن الحسن[b] بن بُوَيه صاحب شيراز[c] شوكتهم وجاس ديارهم وشتّتهم وخرّب[d] نواحيهم بمواترة قصده ايّاهم واتلاف رؤسآئهم[e]، وهم رجّالة لا دوابّ لهم والغالب على خلقهم النحافة والسمرة وتمام الخلق *ويزعمون انّهم من العرب فى دعوة عبيد الله المهدىّ والقائم لله ولده[f] ويوصف انّ ببلادهم اموالًا مجموعة وذخائر[g] تكثر عن الوصف وتجلّ عن الحدّ ويقولون انّها *للامام المعزّ لدين الله[h] ۞ وامّا البُلُوص فهم فى سفح جبل القفص *ولا يخاف القفص احدًا[i] الّا من البلوص وهم اصحاب نعم وبيوت شعر كالبادية ذوو سلامة لا يتأذّى بهم احد ولا *يخيفون السبيل[k] وبهم بلغ صاحب شيراز ما احبّه من القفص ۞ وجبال البارز جبال خصيبة[l] فيها اشجار وهى بلد صرود وناحية تقع فيها الثلوج منيعة واهلها ذوو سلامة *لا يتأذّى بهم احد[m] ولم يزل اهلها على المجوسيّة ايّام بنى اميّة كلّها لا يقدر عليهم وكانوا اشدّ من القفص شدّة واكثر ضررا وبليّة فلمّا ولى بنو العبّاس اسلموا وكانوا مع ذلك فى منعة الى ايّام السجزيّة فاخذ يعقوب وعمرو ابنا الليث رؤساءهم[n] وملوكهم واخلو تلك الجبال من عتاتهم وهى اخصب من جبال القفص وبها معادن حديد ۞ وجبال المعادن جبال بها فضّة تمتدّ من ظهر

---

a) P. add. على ما ذكره اهل نواحيهم. b) *L. الحسين. c) P. add. شأفتهم وكسر. d) P. واخرب. e) *L. راسايهم; P. add. ثم الجأهم الى خدمته وفرّقهم فى اكناف نواحيه ومملكته. f) P. وكانوا فى دعوة اهل المغرب من جملة اهل خراسان. g) P. add. نفيسة. h) P. مدخرة لامام الزمان وصاحبه .... i) P. ولم يخف القفص من احد. k) P. يعترضون لابناء السبيل الا بخير. l) *L. حصيبه, P. حصينة. m) P. لا يَرَوْن اذية احد. n) *L. راوساهم.

جيرفت على شعب يعرف بدرفارد الى جبل الفضّة مرحلتين[a] ودرفارد هذه شعب خصب عامر[b] بالقرى والبساتين نزه جدًّا ✿

وجروم كرمان اكثر من صرودها ولعلّ صرودها نحو الربع وهى ممّا يلى السيرجان وفيما حواليها الى جهة فارس والمفازة وممّا يلى بمّ، والجروم فيها من حدّ هرموز الى حدّ مكران وحدّ فارس وحدّ[c] السيرجان فتقع فى اضعافها هرموز والمنوجان وجيرفت وجبال القفص *وده بارست[d] وبُشْت خَم وما فى اضعاف ذلك من المدن والرساتيق وكذلك بمّ وما فى اضعافها الى المفازة وحدّ مكران الى خَبِيص، والغالب على اهل كرمان نحافة الجسم والسمرة لغلبة الحرّ وليس بعد جيرفت وبمّ ممّا يلى المشرق شىء من الصرود وممّا يلى المغرب من جيرفت صرود يقع فيها الثلج وما بين جبل الفضّة الى درفارد الى ان تشرف على جيرفت وكذلك فى وجه جبل البارز، وبقرب جيرفت موضع يعرف بالميزان وعامّة فواكه جيرفت والحطب والثلوج تحمل اليها من ميزان ودرفارد وبجيرفت نهر يعرف بدِيورُود[e] شديد الجرى وله وَجْبَةٌ *وخرير شديد[f] ويجرى على الصخر ولا يستطيع احد ان ينزله الّا *متوقيًا لتلك[g] الحجارة وفيه ماء بقدر ما يدير خمسين رحًى ✿ وهُرْمُوز مجمع تجارة كرمان وهى فرضة البحر وموضع السوق وبها مسجد جامع ورباط وليس بها[h] كثير مساكن وانّما مساكن التجار فى رساتيقها متفرّقين فى القرى وبلدهم كثير النخل والغالب على زروعهم الذرة ✿ وجِيرُفْت[i] كبيرة[k] طولها نحو ميلين وهى متجر خراسان وسجستان ويجتمع فيها ما[l] يكون

---

a) *L. من جلس. Cod. F. دو فرسنك. *b*) *L. عامه: *c*) *L. حد sine copula. *d*) *L. وده وبارست. Deinde وبست. Ad I., p. ١٩٥ *g* addatur lectio Cod. F. ودشت نر ورودست et *Djih. N.*, p. ٢٥٨ med., ubi memorantur دشت بر et روسان. *e*) *L. h. l. بنهر رود, infra هرى رود, P. هَرَى رود, Edrîsî, I, p. 422, مرى رود. Vid. I. *f*) P. وجرى سريع. *g*) P. ut I. متوقيا على رجليه من تلك. *h*) *L. بهم. *i*) P. وجَيْرَفْت. *k*) P. مدينة. *l*) *L. om.

بالصرود والجروم من الثلج[a] والرطب والجوز والاترنج[b] ومآوهم من نهر ديوروذ وهى مدينة وناحية خصبة جدًّا وزروعهم سَقْىٌ ۞ ومدينة بَمّ بها نخيل ولها قرى كثيرة وهى اصحّ هوآءً من جيرفت ولها قلعة منيعة مشهورة وهى فى المدينة وبمدينة بمّ ثلاثة مساجد يجمّعون فيها الجمعات منها مسجد للخوارج فى السوق عند دار منصور بن خردين امير كان لكرمان ومسجد جامع فى البزّازين لاهل الجماعة ومسجد جامع فى القلعة وفى مسجد الجامع للخوارج بيت مالهم للصدقات وشُرَاتهم قليلون الّا انّ لهم يسارًا، وبمّ اكبر من جيرفت ويعمل ببمّ من قطنهم ثياب فاخرة *جليلة المقدار باقية[c] وتحمل الى كثير من اقطار الارض ومن طرائف[d] ما يعمل عندهم الطيالسة[e] المقوّرة فى المنسج[f] تنسج برفارف يبلغ الطيلسان منها والشرب الرفيع ثلاثين دينارًا زائدًا وناقصًا يباع بخراسان والعراق ومصر ولهم عمائم معروفة مرتفعة ايضًا يرغب فيها اهل العراق ومصر وخراسان ولثيابهم بقآء مستفيض كبقآء العدنىّ والصنعانىّ اقلّه من خمس سنين الى عشرين سنة وثيابهم ممّا يدّخرها الملوك ويقتنونها وكان عندهم طراز للسلطان فهلك بهلاكه ۞ والسّيرَجان مياههم من القنىّ فى المدينة كمياه نيسابور *ومياه رساتيقها[g] من الآبار وهى[h] اكبر مدينة بكرمان وابنيتها آزاج لقلّة[i] الخشب بها ۞ والغالب على اهل السيرجان مذهب اهل الحديث والغالب على اهل جيرفت الراى وكذلك على اهل الروذبار وقوهستان ابى غانم واهل البلوص والمنوجان يتشيّعون[k] ۞ ومن حدّ مغون وولاشجرد[l] الى ناحية هرموز يزرع[m] النيل والكمّون ويحمل الى الآفاق ويتّخذ بها الفانيذ وقصب السكّر والغالب على طعامهم الذرة وبها نخيل كثير حتّى ربّما بلغ بها وبسائر جروم جيرفت التمر

---

a) P. البَلَح (ceteri omnes الثلج, vers. Pers. بَرف). *b*) P. والاترنج. *c*) P. حسنة رفيعة. *d*) P. طريف. *e*) P. الطيالس. *f*) P. المناسج. *g*) *L. ورساتيقها. Secutus sum I.; P. habet ورساتيقها يشربون. *h*) P. وكانت قصبة كرمان واجلها واعمرها فخربت وكانت النخ. *i*) *L. لقة. *k*) *L. ينشعون. *l*) *L. ولاشجرد. *m*) Ex marg. *L. cum نسخه. In textu يزرعون.

مائة منّ بدرهم، ولهم^a سُنّة حسنة لا يرفعون من تمورهم^b ما اسقطته الريح *وياخذه غير اربابه^c وربّما كثرت الرياح فيصير الى الضعفآء والمساكين من التمور فى التقاطهم اكثر ممّا^d يصير الى اربابه وليس عليهم فيها الّا العشور للسلطان كحال^e البصرة ❀ وامّا ناحية ده بارست^f فانّه بلد قشف والغالب على اهله اللصوصيّة^g ❀ وسُورُو قرية على البحر بها صيّادون وهى منزل لمن اراد ان ياخذ من فارس الى هرموز وليس بها منبر ❀ ولسان اهل كرمان الفارسيّة الّا القفص فلهم مع لسان الفارسيّة لسان آخر ❀ وقد ذكرتُ ما يرتفع من ثياب بمّ وبَزَرْنْد ترتفع البطائن المعروفة بالزرنديّة وربّما حُملت من العراق الى مصر ❀ والخواش^h نواحى تعرف بالاخواش هم بوادٍ اصحاب ابل ومراعٍ ولهم اخصاص ينزلون بها ولهم نخيل كثير ويرتفع من خواش من نواحيها الفانيذ الّذى يحمل الى سجستان وخراسان وغير ذلك ❀ والغالب على نقودهم الدراهم والدنانير فيما بينهم كالعرض لا يتبايعون بها ❀

فامّا المسافات بين مدن كرمان فانّ من السيرجان الى رستاق الرستاق من حدّ فارس نحو ٤ مراحل وذلك انّ من السيرجان الى كاهون مرحلتين ومن كاهون الى حسناباذ نحو من فرسخين ومن حسناباذ الى رستاق الرستاق مرحلة^i، ومن السيرجان الى الروذان ممّا يلى فارس منها الى بيمند^k ٤ فراسخ ومن بيمند الى كُرْدَكان^l فرسخان ومن كردكان الى أُناس مرحلة كبيرة ومن اناس الى الروذان من حدّ فارس مرحلة خفيفة، ومن السيرجان الى رباط السَّرْمَقان من حدّ فارس مرحلتان كبيرتان وليس فيما بينهما منبر وبُشْت خَم فيما بين السيرجان وبين رباط السرمقان منزل، ومن السيرجان الى بمّ اوّل رحلة منها الى الشامات وتعرف بكوهستان^m ومن الشامات الى

---

a) P. وكان لاهل كرمان. *b*) P. ثمارهم. *c*) P. ويلقطه المساكين والضعفاء بغير كره من اربابه. *d*) *L. ما. Deinde P. يتخصص اربابه. *e*) P. add. اهل. *f*) P. in textu دهنارُسْت, sed in mappa ut *L. *g*) P. add. وفيهم شر شمر. *h*) *L. والخوش. *i*) Cod. O. دو مرحلة. *k*) *L. بيميذ. *l*) Vocales sec. Cod. F. ubi كُركان. *m*) Supra قوهستان السيرجان.

بهار[a] مرحلة خفيفة ومن بهار الى *خنّاب مرحلة خفيفة ومن[b] خنّاب الى غبيرا مرحلة خفيفة ومنها الى كوغون[c] فرسخ ومن كوغون الى راثين مرحلة ومنها الى سروستان مرحلة ومن سروستان الى دارجين مرحلة خفيفة ومنها الى بمّ مرحلة، ومن السيرجان الى جيرفت ان مررتَ على طريق بمّ فالى سروستان ثمّ تعطف الطريق الى هرمز[d] قرية الجوز مرحلة ومنها الى جيرفت مرحلة، ومن شآء من السيرجان الى ناجته[e] مرحلتان ومن ناجته الى خير[f] مرحلة ومنها الى جبل الفضّة مرحلة ومن جبل الفضّة الى درفارد[g] مرحلة ومن درفارد الى جيرفت مرحلة، ومن السيرجان الى خبيص ٦ مراحل يُرْحَل[h] من السيرجان الى فِرْزِين[i] مرحلتان ومن فرزين الى ماهان *مرحلة ومن ماهان[k] الى خبيص ٣ مراحل، والطريق من السيرجان الى زَرَنْد ۴ مراحل وذلك انّ من السيرجان الى بردشير مرحلتين[l] ومن بردشير الى جَنْزَرُوذ[m] مرحلة كبيرة ومن جنزروذ الى زرند مرحلة ومن زرند الى حدّ المفازة مرحلة كبيرة ۞ ومن بمّ الى المفازة طريق ومن بمّ الى نَرْمَاشِير[n] مرحلة ومن نرماشير الى الفهرج على طريق المفازة مرحلة، ومن هرمز[o] الى جيرفت مرحلة ۞ ومن جيرفت الى قناة الشاه مرحلة ومن قناة الشاه الى مغون مرحلة ومن مغون الى ولاشكرد مرحلة ومن ولاشكرد الى اردكان[p] مرحلة *ومنها الى مرزقان مرحلة[q] ومنها الى جيروقان[r] فرسخ ومنها الى كشيستان[s] مرحلة خفيفة *ومنها الى روئين مرحلة خفيفة ومن روئين الى فارس مرحلة خفيفة[t] ۞

---

a) *L. سهار et نهار. b) In *L. haec desunt. c) *L. جوين habet pro كوغون. d) *L. هريو. e) *L. باختة. f) *L. جبر. g) *L. h. l. دفارد. h) *L. يدخل. i) *L. فردين. k) In *L. desunt. l) *L. مرحلتان. m) *L. جنزرون. n) *L. نرماشير. o) *L. هرار. Collato I. hic major pars itinerarii ab urbe بم ad جيرفت desideratur. p) Sic *L. h. l. pro السورقان quod supra habuit et quod I. habet. Cf. P. supra in annot. *d* p. ٢١٩, ubi اذركسان enumeratur inter ولاشجرد et سرزقان (*sic*). q) Haec in *L. desunt. Vid. I. r) *L. خيزوقان. s) *L. كشتستان. t) Haec ex I. supplevi.

ومن جيرفت الى هرموز الطريق الى ولاشكرد ثمّ يعدل الى اليسار الى كوميں مرحلة ومن كوميں الى نهر زنكان مرحلة ومنه الى المنوجان مرحلة ومن المنوجان الى هرموز مرحلتان ۞ والطريق من هرموز الى فارس فمنها الى سورو مرحلة ومنها الى رويست[a] ٣ مراحل ومن رويست الى تارم[b] ٣ مراحل، فهذه جوامع المسافات بها ۞ فامّا ارتفاعها فى وقتنا هذا فمشتّت بما احدث[c] علىٌّ بن محمّد بن الياس وولده بعده واخبرنى غير واحد من الثقات انّه جباها خمس مائة الف دينار فى غير سنة[d] ۞

بلاد السند وما يصاقبها

وامّا بلاد السند وما يصاقبها ممّا جمعتُه فى صورة واحدة فهى بلاد السند وشىءٌ من بلاد الهند ومُكْرَان وطُوران والبُدْهَة وشرقىُّ ذلك كلّه بحر فارس وغربيُّها كرمان ومفازة سجستان واعمالها وشماليُّها بلاد الهند وجنوبيُّها مفازة ما بين مكران والقفص من ورآئها بحر فارس وانّما صار بحر فارس يحيط بشرقىّ هذه البلاد والجنوبىّ من ورآء هذه المفازة من اجل انّ[e] البحر يمتدُّ من صَيْمُور على الشرقىّ الى تِيز مكران ثمّ ينعطف على هذه المفازة الى ان ينقّوس على بلاد كرمان وفارس[f] ۞

والّذى يرتفع من المدن بهذه البلاد فمن ناحية مكران التِّيز وقَنّزْبُور[g] ودَرَك وراسك[h] وهى مدينة الخروج[i] وبِه وبند وقصرقند واصفقة وفهلفهرة ومَشْكَى وقنبلى *وأرْمَائِيل، وبنواحى[k] طوران من المدن محالى[l] وكِيزكانان وشورة وقُزْدار[m]، وبنواحى البدهة من المدن قَنْدَابِيل وهى امُّ الناحية، وامّا نواحى السند وما يقع بها من المدن فالمنصورة واسمها برهمناباذ[n] بالسنديّة

---

a) *L. زويست. b) L. بارم. c) *L. حدث. d) P. اما ارتفاعها الف الف ومائة الف دينار فى تاريخ ٣٥٠. e) Ex I. addidi. f) Hic sequitur صورة بلاد السند. g) *L. وقمردور. h) *L. وواسك. i) *L. الخوارج. Quatuor nomina sequentia sine punctis sunt. k) *L. وارماديل بنواحى. l) *L. مجال. Deinde وكيزدكانان. m) *L. h. l. وقسدار. n) *L. تاميرامان, Dimaschkí, ed. Mehren, p. ١٧٥ تاميران.

والدّيبل والبيرون a *وقالرى واترى وبلوى b ومسواهى والفهرج وبانية c ومَنْحاتَرى وسَدُوستان d والرُّور والجندرور e ، وامّا مدن الهند فهى قامُهُل f وكَنْبايَة وسوبارة ولها نواحٍ جليلة واساول وجناول g وسَنْدان وصَيْمُور *وبنى بتن h * والجندرور والسندرون i وهذه مدن الهند الّتى عرفتُها ولها بواطن واماكن كفرزان وقنّوج فى المفاوز وهى كلمطة وأوذغشت فى اقطار نائية واماكن سحيقة لا يصل اليها تاجر الّا من اهلها لانقطاعها وكثرة الآفات المقتطعة لقاصدها k ✿ ومن كنباية الى صيمور هو l بلد بَلْهَرا m صاحب كتاب الامثال ويعرف الملك باسم الناحية كما قالوا غانة وهو اسم الناحية واسم الملك وكذلك كوغة وغيرهما n والغالب عليها o الكفر وفيها مسلمون ولا يلى عليهم من قبل بلهرا p الّذى فى زماننا هذا الّا مسلم يستخلفه عليهم وكذلك العادة وجدتُها فى كثير من بلدان الاطراف الّتى تغلّب q *عليها ملك r الكفر كالخزر والسرير واللان *وغانة وكوغة s لا يقبل المسلمون فى جميع

---

a) *L. والبروزق. b) *L. والرى وايرى وبلزى. c) *L. وبادمه et nom. seq. sine punctis. d) Sic semper. I. سدوسان. Deinde *L. والزور. e) Nomen h. l. delendum videtur. f) *L. sine punctis. g) *L. حباول; cf. Edrisi, I, p. 170. Nomen اساول occurrit in *Djih.-Numa*, p. ١٩٥, 11. h) I. hujus loco الملتان habet. Gildemeister nomen componit cum urbe Malabaricâ منيفتّن (Abulfeda, p. ٣٥٥). Potius conferatur پتن *Djih. Numa*, p. ١٩٩, 8 a f., ١٩٩, 3. i) *L. والجندرور والسندرور. k) In P. caput sic incipit: قد صوّرتُ بلاد السُّنْد وبعض بلاد الهند التى يملكها المسلمون فان بلاد الهند مواطن واماكن فجاج واعماق وجزائر لم يطأها تاجر اقطارها نائية وبراريها فسيحة لا يصل اليها الا من اهلها ولا يمكن سافرة غيرها ان يردها لانقطاعها ونأيها وكثرة الآفات المعترضة على من قصدها وطرى عليها. l) *L. وهو. m) P. بَلْهَرا hic et deinde. n) P. add.: وهو بلد على شاطئ البحر. o) P. على هذه الناحية. p) *L. بهرا. q) *L. يغلب. r) P. عليهم املاك. s) P. وكاشغرت وكثير من ذلك الطرف.

هذه *امضاء حكم[a] ولا يتولّى حدودهم ولا يقيم عليهم شهادة الّا المسلمون[b] وان قلّوا وفى بعض هذه النواحى الغيث من المسلمين من يستشهد بالمشار اليه فى العفّة وليس من اهل ملّة الاسلام فيرضى بذلك خصمه وربّما جَرَحَه الخصمُ فيقيم مكانه المسلمون ويفصل بذلك الحَكَمُ، وببلاد بلهرا *مساجد يجمَّع فيها الجمعات[c] ويقام بسائرها الصلوات بالاذان على المناير[d] والاعلان بالتكبير والتهليل وهى مملكة عريضة ۞

والمنصورة مدينة مقدارها فى الطول والعرض نحو ميل فى مثله يحيط بها خليج من نهر مهران وهى فى شبيه بالجزيرة واهلها مسلمون وملكهم من قريش من ولد هَبّار بن الاسود قد تغلّب عليها اجداده وساسوهم سياسة اوجبت رغبة الرعيّة فيهم وايثارهم على من سواهم غير انّ الخطبة لبنى العبّاس وهى مدينة[e] حارّة بها نخيل وليس لهم عنب ولا تفّاح ولا جوز ولا كمثرى ولهم قصب سكّر[f] وبارضهم ثمرة على قدر التفّاح تسمّى الليمونة[g] حامضة شديدة الحموضة[h] ولهم فاكهة تشبه الخوخ يسمّونها الانبج تقارب طعم الخوخ واسعارهم رخيصة وفيها خصب، ونقودهم القندهاريّات كلّ درهم منها خمسة دراهم ولهم درهم يقال له الطاطرىّ فى الدرهم درهم وثُمْن ويتعاملون بالدنانير ايضا وزيُّهم زىّ اهل العراق الّا انّ زىّ ملوكهم يقارب زىّ ملوك الهند فى الشعور والقراطق ۞ وامّا المُلْتان فهى مدينة نحو المنصورة فى الكبر وتسمّى فرج[i] بيت الذهب وبها صنم[k] تعظّمه الهند وتحجّ اليه من اقاصى بلدانها ويتقرّبون الى هذا الصنم فى كلّ سنة بمال عظيم فينفق على بيت الصنم[l] والمعتكفين فيه منهم وسمّيت الملتان باسم الصنم

a) P. .ان يحكم عليهم الا مسلم منهم b) P. .من هو فى دعوتهم c) Restitui ex P. et I.; *L. .المساجد تجتمع بها الجماعات d) *L. et P. المناير (P. فى pro على). e) P. add. .جرومّية. Pro بها altera manus in *L. لها. f) P. add. .يعقد منه القند الكثير الغزير g) *L. .النيمونه h) P. add. .وليس كالليمون i) *L. فوج, P. .فَرْخ k) P. .الصنم الاعظم للهند l) P. add. .وسدنته

ومكان هذا الصنم فى قصر مبنىّ فى اعمر موضع بسوق الملتان بين سوق العاجيّين وصفّ [a] الصفّارين وفى وسط هذا القصر قبّة والصنم فيها وحوالى القبّة بيوت يسكنها خدم هذا الصنم *ومن يعكف [b] عليه وليس بالملتان من السند والهند الّذين يعبدون الاوثان غير هاؤلآء [c] الّذين *هم فى [d] هذا القصر مع هذا الصنم وهذا الصنم صورة على *خلق الانسان مربّع [e] على كرسىّ من جصّ وآجرّ والصنم قد أُلبس جميع جسده جلدًا يشبه جلد [f] السختيان احمر لا يبين من جسده شىء الّا عيناه فمنهم من يزعم انّ بدنه خشب ومنهم من يدفع [g] ذلك غير انّه لا يترك *بدنه ينكشف [h] وعيناه جوهرتان وعلى راسه اكاليل من ذهب مرتفع *على ذلك الكرسىّ [i] وقد مدّ ذراعيه على ركبتيه وقد فرق *اصابع يديه [k] كمن يحسب اربعة وعامّة ما يحمل الى هذا الصنم من المال ياخذه *امير الملتان [l] وينفق على السدنة منه [m] *فاذا قصدهم الهند للحرب وانتزاع هذا الصنم منهم آتوا الصنم فاظهروا كسره واحراقه فيرجعون ولولا ذلك لخرّبوا الملتان، وعلى [n] الملتان حصن ولها منعة وهى خصبة رخيصة الاسعار غير انّ المنصورة اخصب واعمر منها [o] وانّما سمّيت الملتان فرج بيت الذهب لانّها فتحت فى اوّل الاسلام وكان بالمسلمين ضيق [p] وقحط فوجدوا فيها ذهبًا كثيرًا فاتّسعوا *فيها بما وجدوه [q]، وخارج الملتان على نصف فرسخ ابنية كثيرة تعرف بجندرور [r] وهى

---

a) P. وسوق. *b*) P. والمعتكفين. *c*) P. add. السدنة. *d*) P. يحوزهم. *e*) P. خلقة — متربّع ut I. *f*) P. et I. om. *g*) P. ينكر. *h*) P. احد ان يراه. *i*) P. om. Pro مرتفع I. habet متربع. *k*) P. اصابعه بيده. *l*) P. القرشى الهبّارى امير المنصورة والملتان وتلك البلاد. *m*) P. add. كفاقهم. *n*) P. وقد قصدهم الهند غير مرّة للتغلّب فما قدروا عليهم لان على. *o*) P. add.: وفى اهلها رغبة فى القران وعلمه والاخذ بالقراءآت (ex marg.; text. بالمقار) السبعة ومحبّة العلم والفقه والادب وفيهم خسارة وزعارة اخلاق. *p*) P. اضاقة. *q*) Uylenbroek jubet delere فيها, Gildemeister vult بها وجدوه فيها. I. به; P. بذلك. *r*) *L. بجندرم sed ex emendatione non admodum perspicua. P. بالجندروز.

معسكر للامير ولا يدخل منها الى الملتان الّا فى يوم الجمعة عند ركوبه الفيل ويدخل وقد ركبه فيصلّى بهم الجمعة ويعود[a] واميرهم قرشىّ *من ولد[b] سامة بن لوىّ قد تغلّب عليها اوّلوه *ولا يطيع صاحب المنصورة وهو[c] يخطب ايضًا لبنى العبّاس[d] ۞ وامّا بسمد[e] فمدينة صغيرة وهى والملتان دون الجندرور عن شرقىّ نهر الملتان وهو نهر مهران بين كلّ بلد منهما وبين النهر نحو فرسخ وشربهم من الآبار وبسمد هذه خصيبة وتكتب بالباء وبالفاء ۞ ومدينة الرّور[f] تقارب الملتان فى الكبر وعليها سوران وهى على شطّ نهر مهران ايضًا وهى من حدّ المنصورة خصبة رفهة[g] كثيرة التجارة ۞ والدَّيْبُل من[h] شرقىّ نهر مهران على البحر وهى متجر عظيم وتجارتها من وجوه كثيرة وهى فرضة هذه البلاد وغيرها وزروعهم مباخس وليس لهم كثير شجر ولا نخيل وهو بلد قشيف[i] وانّما مقامهم به للتجارة ۞ والبيرون[k] مدينة بين الديبل والمنصورة على نحو نصف الطريق وهى الى المنصورة اقرب وهى مقاربة فى الحال لمنحاترى[l] ، ومَنْحَاتَرَى على غربىّ مهران وبها يعبر من جاء من الديبل الى المنصورة وهى بحذائها ۞ والمسواهى[m] والفهرج وسدوستان كلّها غربىّ نهر مهران[n] وهى متقاربة فى احوالها ۞ *وانّرى وقالِّرى[o] من شرقىّ مهران على طريق المنصورة الى الملتان وهما بعيدتان

---

a) P. add. على الفيل الى دار امارته. Cod. F. habet فيل سفيد. b) Ex P. et I.; *L. ادن. Post لوى P. add. ابن غالب. c) P. وليس هو فى طاعة احد غير انه. d) In P. sequitur: قال كاتب هذه الاحرف اظنّ انّ الهنود افتتحوا الملتان (addidi) بعد هذا لانّى وجدتُ فى الكتاب الّذى الّفه العتبى الكاتب فى مناقب السلطان محمود بن سبكتكين وفتوحه انه استفتح الملتان فى سنة ٤٠٠ بعد واقعة عظيمة جرت له مع ملكها وحروب جمّة قد بالغ فى وصفها العتبى. e) P. بسمل. f) *L. الروز, P. الزور. g) P. نزهة. h) P. عن. i) P. et I. قشف. k) *L. والمدور. l) *L. لمحاترى, omisso deinde ومنحاترى: m) *L. والسواهى. n) Male additur وبها يعبر. o) *L. وادرى والرى.

من شطّ مهران ولهما عمل صالح وهما متقاربتان فى الحال والصلاح ۞ وامّا بُلرى[a] فعلى شطّ مهران ايضًا فى غربيّه بقرب الخليج الّذى ينفتح من مهران على ظهر المنصورة وهى ناحية ومدينة مقتصدة صالحة الحال ۞ وبانية[b] مدينة صغيرة ومنها عمر بن عبد العزيز الهبّارىّ القرشىّ المشهور حاله بالفضل والنبل بالعراق وغيرها وهو جدّ المتغلّبين على المنصورة ونواحيها ۞ وقامُهُل مدينة من اوّل حدّ الهند الى صيمور *فمن صيمور[c] الى قامهل من بلد الهند ومن قامهل الى مكران فللبُدْهَة وما ورآء ذلك الى حدّ الملتان فهى كلّها من بلد السند ۞ والكفّار فى حدود بلد السند هم البدهة وقوم يعرفون بالمَيْد[d] والبدهة قبائل مفترشة ما بين حدود طوران ومكران والملتان ومدن المنصورة وهم فى غربىّ مهران وهم اهل ابل والفالج الّذى يرغب فيه اهل خراسان وغيرهم من فارس واشباهها لنتاج البخاتى البلخيّة والنوق السمرقنديّة *انّما يحمل منهم[e]، والمدينة الّتى يتّجر اليها البدهة ويقصدونها لحوائجهم فهى قَنْدَابِيلُ وهى كالبادية من البربر لهم اخصاص وآجام ياوون اليها وبطائح مياه يعيشون بها، والميد فهم قوم على شطوط مهران من حدّ الملتان الى البحر ولهم فى البرّيّة الّتى بين مهران وقامهل[f] مراع ومواطن كثيرة ينتجعونها لمصيفهم ومشتاهم ولهم عدد كثير ۞ *وبقامهل وسَنْدَان[g] وصيمور وكنباية مساجد جوامع وفيها احكام المسلمين ظاهرة وهى مدن[h] خصبة واسعة وبها النارجيل[i] ويستعملون منها الخلّ والشراب فيسكرهم ذلك ويستعملون المزر بنبيذ اهل مصر ولا والله ما اعرفه ولا رايتُه ولا ادرى اىّ شىء هو ولا كيف كيفيّته والغالب على زروعهم الارزّ ولهم العسل الكثير وليس لهم نخيل[k] ۞ والراهوق وكلوان رستاقان متجاوران بين كيز وارمائيل

---

a) *L. دلرى. b) *L. وبادمه. c) Ex I. supplevi. d) *L. semper المند.
e) Supplevi ex I. f) *L. وفاهل. g) *L. وبقاهل وسندار. h) *L. مدينة.
i) In marg. P. legitur النارجيل هو جوز الهند et in textu النارجيل الكبير يعملون منه الشراب فيسكرهم وهو كالماء واللبن صفاء وبياضًا ورقّة يسمّى الاطْوَاق ويتخذ منه الخلّ فيكون فى غاية الحموضة. k) *L. خيل.

فامّا كلوان فهى من مكران وامّا الراهوق فمن حدّ المنصورة ولهما مباخس كثيرة الزروع واسعة القرى قليلة الثمر كثيرة المواشى والسائمة من كلّ نوع ✿ والطُوران وادٍ له قصبة تدعى بالطوران حصن فى وسطها ولِيَهُ ابو القاسم البصرىّ امانةً ووكالةً وقضآءً وامارةً وبندرةً وهو لا يعرف ثلاثة من عشرة ✿ والقُزْدار مدينة لها رستاق ومدن والغالب عليها رجل يعرف بمعين[a] بن احمد يخطب لبنى العبّاس ومقامه بمدينة تعرف بكيِزكانان[b] وهى ناحية خصبة الاسعار وبها اعناب ورمّان وفواكه الصرود وليس بها نخيل ✿ وبين بانية[c] وقامُهُل *مفاوز ومن قامهل[d] الى كنباية ايضًا مفازة ثمّ يكون حينئذ من كنباية الى صيمور قرى متّصلة وعمارة للهند كثيرة واسعة ✿ وزىّ المسلمين والكفّار بها واحد فى اللباس وارسال الشعر ولباسهم الازر والمآزر لشدّة الحرّ ببلدانهم وكذلك زىّ اهل الملتان لباسهم الازر والمآزر لشدّة الحرّ ببلدانهم، ولسان اهل المنصورة والملتان ونواحيها العربيّة[e] والسنديّة ولسان اهل مكران الفارسيّة والمكريّة ولباس القراطق ظاهر الّا التجار فانّ لباسهم القمص والاردية كسائر اهل العراق وفارس ✿ ومُكْرَانُ ناحية واسعة عريضة الغالب عليها المفاوز والقحط والضيق والمتغلّب عليها رجل يعرف بعيسى بن معدان ومقامه بمدينة كيز وهى مدينة نحو نصف الملتان وبها نخيل كثير وهى فرضة مكران وبتلك النواحى التيز[f] ويعرف بتيز مكران واكبر مدينة بمكران القنّجْبُور *وبه وبند وقصرقند ودرك وفهلفهرة كلّها[g] مدن متقاربة فى الاقتصاد وجميعها جروم، ولهم رستاق يدعى الخروج ومدينته راسك[h] ورستاق *ايضًا يدعى جردان[i] وبها فانيذ كثير وقصب سكّر ونخيل وعامّة الفانيذ الّذى يحمل

---

a) Cf. I., p. ١٧٧ *a*, quibus adde: Cod. F. معمر بن احمد, O. احمد بن دعمر.
b) *L. بكبزكانان. c) *L. مادىه. d) Addidi ex I. e) Cod. F. بارسى.
f) *L. البير et ببير. Hic desinit magna lacuna in B. Vid. supra p. ٢١٤ ann. *h*.
g) L. ىده ودىىد وقصرقىد ودرك وفهلفهره وكلها. In B. tantum superest .... وبيد ودىه.
h) L. واسك. i) *L. يدعى ايضا حردان. Fortasse cum I. legendum est جَرْدان. Codd. O. et F. حرىان.

الى الآفاق *هو منها الّا شيءٌ[a] يحمل من ناحية ماسكان وبقصدار ايضًا فانيذ كثير ويسكن هذا الرستاق الشراة ويتّصل بنواحى كرمان من[b] ناحية تسمّى مَشْكَى وهى مدينة قد تغلّب عليها رجل يعرف بمطهر[c] بن رجآء ويخطب للخليفة وحده ولا يطيع احدًا من الملوك الّذين يصاقبونه وحدود عمله نحو ثلاث مراحل وبها نخيل قليلة وفيها شئ من الفواكه الصروديّة على انّها من الجروم ۞ وارمائيل وقنبلى مدينتان كبيرتان وبينهما مقدار منزلين وبين قنبلى والبحر نحو نصف فرسخ وهما بين الديبل[d] ومُكران ولهما سَعَة وفى اهلهما يَسَارٌ ومُكْنة ۞ وقَنْدَابِيل مدينة كبيرة وليس بها نخيل وهى فى بريّة منفردة بذاتها واعمالها وهى ممتار للهند ۞ وبين كيزكانان[e] وقندابيل رستاق يعرف بأُتل[f] وفيه مسلمون وكفّار من البدهة ولهم غلّات وزروع وكروم ومواشٍ وسعة وخصب وابل وغنم وبقر واكثر زروعهم البخوس واتل اسم[g] رجل تغلّب فى القديم على هذه الناحية فهى تنسب اليه ۞

فامّا المسافات بها فمن التيز الى كيز نحو ٥ مراحل ومن كيز الى قنّزبور مرحلتان ومن اراد من قنّزبور الى تيز مكران فطريقه على كيز ومن قنّزبور الى درك ٣ مراحل ومن درك الى راسك ٣ مراحل ومن راسك الى فهلفهرة[h] ٣ مراحل ومن فهلفهرة الى اصفقة[i] مرحلتان خفيفتان ومن اصفقة الى بند[k] مرحلة ومن بند الى به[l] مرحلة ومن به الى قصرقند مرحلة، ومن كيز الى ارمائيل ٦ مراحل ومن ارمائيل الى قنبلى مرحلتان ومن قنبلى الى الديبل ٤ مراحل، ومن المنصورة الى الديبل ٦ مراحل ومن المنصورة الى الملتان ١٢ مرحلة ومن المنصورة الى طُوران نحو ١٥ مرحلة ومن قزدار الى الملتان ٢٠ مرحلة وقزدار مدينة طوران، ومن المنصورة الى اوّل[m] حدّ

---

a) L. et B. منها وهو الان شى. *b*) Apud I. من desideratur, sed Codd. O. et F. in suo exemplo habuerunt. *c*) B. ut vid. بطهر. Cod. F. eum مظفر, O. طغر appellat. *d*) B. الدُبَيْل, L. الدبيل. *e*) L. et B. كيزكانيان. *f*) Vocalis ex B. Lectio F. est ادل, O. نابل. *g*) L. om. *h*) L. et B. تل فهره. *i*) *L. اصعفه. *k*) *L. نبيد. *l*) L. et B. نه et بيد. *m*) L. et B. اوال.

البدهة ٥ مراحل ومن كيز وهى مسكن عيسى بن معدان الى البدهة نحو ١٠ مراحل ومن البدهة الى التيز نحو ١٥ مرحلة، وطول كلّ عمل مكران من التيز الى قزدار نحو ١٢ مرحلة، ومن الملتان الى اوّل حدود طُوران نحو ١٠ مراحل، ويحتاج يسير على عبر[a] مهران من اراد بلاد البدهة من المنصورة الى مدينة تسمّى سُدُوستان على سمت مهران ✿ ومن قندابيل الى المنصورة نحو ٨ مراحل ومن قندابيل الى المُلتان مفاوز نحو ١٠ مراحل وبين المنصورة وقامهل ٨ مراحل ومن قامهل الى كنباية ٤ مراحل وكنباية على فرسخ من البحر ومن كنباية الى سوبارة نحو ٤ مراحل وسوبارة من البحر على[b] نصف فرسخ وبين سوبارة وسندان نحو ٥ مراحل وهى ايضًا على نصف فرسخ من البحر وبين سندان وصيمور نحو ٥ مراحل وبين صيمور وسرنديب نحو ١٥ مرحلة ✿ وبين الملتان وبين بسمد نحو مرحلتين ومن بسمد الى الرور[c] ٣ مراحل ومن الرور الى انّرى[d] ٤ مراحل. ومن انّرى الى قالّرى[e] مرحلتان ومن قالّرى الى المنصورة مرحلة، ومن الديبل الى قنّزبور ١٤ مرحلة ومن الديبل الى منحاترى[f] مرحلتان والطريق من الديبل الى قنّزبور على منحاترى، ومن قالّرى[e] الى بلّرى[g] ٤ فراسخ، وبانية هى بين المنصورة وقامهل على مرحلة من المنصورة وقامهل على مرحلتين[h] من المنصورة ✿

وامّا انهارهم فاعظمها نهر مهران ومخرجه من ظهر جبل يخرج منه بعض انهار جيحون ويمدّه انهار كثيرة وعيون غزيرة ويظهر توافره[i] بناحية الملتان فيجرى على حدّ بسمد[k] ويمرّ بالرور ثمّ على المنصورة حتّى يقع فى البحر شرقىّ الديبل وهو نهر كبير عذب جدًّا ويقال انّ فيه تماسيح كتماسيح النيل وهو كالنيل فى الكبر وجريه كجريه بماء المطر الصيفىّ يرتفع على وجه الارض ثمّ ينضب فيزرع عليه حسب ما يزرع بارض مصر ✿ والسندُرُوذ من الملتان

---

a) L. et B. غبر. b) L. et B. الى. c) L. الروز. d) L. et B. ايرى. e) *L. والرى. f) *L. ut semper sine punctis. g) L. ايرى, B. ابرى. h) „Modo dixerat octo. Emendationi locus non est". Gildemeister. i) *L. قوافره. k) *L. يشمد. Deinde وهو pro ويمر.

على نحو ثلاثة ايّام وهو نهر كبير عذب بلغنى انّه يفرغ الى مهران قبل بسمد[a] وبعد الملتان ۞ ونهر الجندرور نهر ايضًا كبير عذب طيّب وعليه مدينة الجندرور[b] ويفرغ الى مهران دون السندروذ[c] الى نواحى المنصورة ۞ وارض مكران فالغالب عليها البوادى والزروع والبخوس لانّها قليلة الانهار جدًّا وفيما بين المنصورة ومكران مياه من مهران كالبطائح عليها طوائف السند يعرفون بالزُّطّ فمن قارب منهم هذا الماء فهم باخصاص كاخصاص البربر وطعامهم السمك وطير الماء فى جملة ما يتغذّون به ولهم سموك كبار جايلة وليس اغذيتهم من السمك كاغذية اهل الشِحْر من سمك الورق الّذى اكبر ما يكون كالاصبع ودونها ومَنْ بَعُدَ من الزطّ عن الشطّ فى البوادى فهم كالاكراد يتغذّون اللبن والجبن وخبز الذرة ۞

وقد انتهينا فى حدّ المشرق الى آخر حدود الاسلام ولم نقصر ان شاء الله فيما قصدناه ولا اعلمنى توخّيْتُ فيه زيادة لتجمّل ولا نقصًا لناحية بازرآء وتقوّل وكان اكثر ما حدانى على هذا الكتاب وتاليفه على هذه الصورة انّى كنتُ فى حال الحداثة شغفًا باخبار البلدان والوقوف على حال الامصار كثير الاستعلام والاستخبار لسافرة النواحى ووكلآء التجار وقرآءة الكتب المؤلّفة فيها وكنتُ اذا لقيتُ الرجل الّذى اظنّه صادقًا واخاله بما اسأله عنه خبيرًا فاجده عالمًا عند اعادة الخبر الّذى اعتقد فيه صدقه وقد حفظتُ نَسَقَه وتاملّتُ طرقه ووصفه واكثر ذلك باطلًا وارى الحاكى باكثر ما حكاه جاهلًا ثمّ اعاوده الخبر الّذى التمسه منه والذكر ليسمع[d] الّذى استوصفته واطالع معه ما صدر مع غيره فى ذلك بعد روّية واجمع بينهما وبين حكاية ثالث بالعدل والسويّة فتتنافر الاقوال وتتنافى الحكايات وكان ذلك داعية الى ما كنتُ احسّه فى نفسى بالقوّة على الاسفار وركوب الاخطار ومحبّة تصوير

---

a) L. بسمد. *b*) L. et B. الجندروز. *c*) L. et B. السندرور. *d*) L. et B. لتسمع.

المدن وكيفيّة مواقع الامصار وتجاور[a] الاقاليم والاصقاع وكان لا يفارقنى كتاب ابن خُرْداذْبَه وكتاب الجَيْهانىّ[b] وتذكرة ابى الفرج قُدامة بن جعفر واذا الكتابان الاوّلان قد لزمنى ان استغفر الله من حملهما واشتغالى بهما عن ما يلزمنى من توخّى العلوم النافعة والسنن الواجبة ولقيتُ ابا اسحاق الفارسىّ وقد صوّر هذه الصورة لارض الهند فخلطها وصوّر فارس فجوّدها وكنتُ قد صوّرتُ اذربيجان الّتى فى هذه الصفحة[c] فاستحسنها والجزيرة فاستجادها واخرج الّتى لمصر فاسدة وللمغرب اكثرها خطأً وقال قد نظرتُ فى مولدك واثرك وانا اسألك اصلاح كتابى هذا حيث ضللتُ[d] فاصلحتُ منه غير شكل وعزوته اليه ثمّ رايتُ ان انفرد بهذا الكتاب واصلاحه وتصويره اجمعه وايضاحه من غير ان اُلمّ بتذكرة ابى الفرج وان كانت حقّا باجمعها وصدقًا من سائر جهاتها وقد كان يجب ان اذكر منها طرفًا فى هذا الكتاب لكن استقبحتُ الاستكثار بما تعب فيه سواى ونصب فيه غيرى ۞

فامّا ارتفاعات هذه النواحى الى ملوكها والقائمين بامورها فشىء طفيف وقدر سخيف لا يتجاوز مؤنهم ولا يزيد على لوازمهم ولعلّها ان تقصر ببعضهم عن نفقاته وتتخلّف به عن طلباته ۞

ارمينية والران واذربيجان

فلنرجع الآن الى حدّ بلد الروم غربًا فنصف اقاليمها الى آخر الاسلام فى حدّ المشرق والّذى نبتدأ به ارمينية والران[e] واذربيجان وقد جعلنا هذا اقليمًا واحدًا لانّه لا يملكه الّا ملك واحد فيما شاهدتُه فى عمرى ومن تقدّمنى كابن ابى الساج ومُفْلِح غلامه وديسم بن شادلويه[f] والمرزبان بن محمّد المعروف بالسلّار[g] ۞

---

a) L. et B. وتجاوز. b) Hinc in B. multorum foliorum lacuna incipit. c) *L. الصفحة. d) Ex emendat. Gildemeister (p. 126). *L. حللت. e) P. واران. f) Ab Ibno 'l-Athír, VIII, p. ٣٩٣ et ٢٨٩ vocatur ديسم بن ابراهيم. g) Titulus principis regionis الطارم, cf. Ist., p. ١٩٠ et Ibno 'l-Athír, VIII, p. ٧٩, 7 a f., ١٤٢, 13.

والّذى يحيط به ممّا يلى المشرق الجبال والديلم وغربىّ[a] بحر الخزر والّذى يحيط به ممّا يلى المغرب حدود الارمن واللان وشىء من حدّ الجزيرة والّذى يحيط به من جهة الشمال اللان وجبال القَبْق والّذى يحيط به من الجنوب حدود العراق[b] وشىء من حدود الجزيرة ۞[c]

*واجلّ النواحى فى[d] اذربيجان واكبر مدنها اَرْدَبيل *فى وقتنا هذا[e] وبها المعسكر ودار الامارة وهى مدينة تكون اعمالها ثلاثين فرسخا فى مثلها والغالب على بنائها الطين والآجرّ *وكان عليها سور عجيب[f] فهدمه السلّار المرزبان بن محمّد بن مُسَافر عند ما نقم على اهلها انزالَ[g] ديسم بن سادلويه[h] بها فى سنة ٣٣١ وانّه عمل عليهم فى شرطهم الّذى شرطوا استثناءَ استحلّ به هدمه فهدمه بايدى تجارها واربابها وكان الرجل الجليل فى نفسه الرائع[i] الحال فى ملكه ياتى بثيابه الّتى كان ماشيا بيعه[k] من بزّ او عطر او غير ذلك فياخذ المعول فيهدم ونظيرُه من التجار يحمل ما يهدمه من تراب وحجارة فى طيلسانه وازاره وردآئه لا يطلق لهم حمله ولا يوسع لهم نقله فى غير الثياب الفاخرة ممّا كانوا يتناعون به من المروّة والمنيّر حتّى اكتسح جميعه وانتسف اثره بعد فقرهم باخذ اموالهم والمبالغة فى مطالباتهم وتشتيتهم من بعد ذلك فى الاقطار، وتمزيقهم وتبديدهم فى سائر الديار،، وذلك انّهم كانوا من اسباب العيارة، وطرق التمرّد والشطارة،، بحال لا يكترثون بالسلطان، معتصمين بالشيطان، معتكفين على البلاء والعصيان،، اموال السافرة بينهم منهوبة، ودماؤهم مراقة مطلولة[l]،، ولقد اخبرنى غير انسان

---

a) *L. وشرقى. b) *L. اذربيجان. c) Hic sequitur وهذه صورتها ارمينية الران اذربيجان جبال الديلم بحر الخزر. d) P. اكمل هذه النواحى. e) P. وان كانت قد رزحت. f) P. وعليها سور منيع, deinde multis omissis. g) Conjectura addidi. Cf. Ibno 'l-Athír l.l. p. ٣٩١. h) *L. h. l. سانويه. i) Lectio vocis hujus in *L. incerta est, legi potest الراسع s. الواسع, fort. الراسخ. k) Locus videtur corruptus. Sensus fortasse est "veste qua solennitati fidei victori sanciendae adfuerat." l) Fort. legendum est مطلوبة propter homoioteleuton.

انّه سأل القصّاب ان يعطيه من الشاة مكانًا آثر اخذه فى جملة ما يعطيه فقطع من ردآء المشترى قطعة ووضعها على اللحم وآخر قطع من كمّه وآخر قطع من منديله تمرّدًا وطغيانًا، وجرأة وعصيانًا، فادال الله منهم، بعد ما املى لهم وحلم عنهم، فهى[a] كالخاوية فى وقتنا هذا قياسًا على ما كانت عليه وبه من العمارة، وكثرة التجارة[b] بالسيّارة، وهى مدينة خصبة[c] واسعارها رخيصة ولها رساتيق وكور جليلة ولها جبل *صعوده ونزوله نحو ثلاثة فراسخ[d] يسمّى سَبَلَان[e] عظيم مرتفع شامخ مطلّ عليها من غربيّها لا يفارقه الثلج صيفًا ولا شتآء وهى مدينة طيّبة انهارها جارية ولها آبار[f] طيّبة اكثر اوقاتها خبزها بالعدد خمسون رغيفًا بدرهم ولحمها منّ ونصف بدرهم والعسل والسمن والمنّ والجوز والزبيب وجميع الماكول يغيض[g] كالمجّان واكثر البلدان المشار اليها بالرخص دونها فى رطوبة الحال ووجود سائر المطلوبات ۞ وتلى اردبيل فى الكبر مَرَاغة وكانت فى قديم الايّام المعسكر ودار الامارة وخزانة ودواوين الناحية بها فنقل ابو القاسم يوسف بن داوداد[h] ابن الداودست ذلك الى اردبيل، ومراغة مدينة[i] نزهة جدًّا كثيرة البساتين والانهار والمياه والفواكه[k] والخيرات والغلّات من سائر الجهات كثيرة الرساتيق والزروع وافرة الحظّ من جميع ما[l] قدّمنا ذكره وبقرية من قراها بطّيخ يعرف

a) *L. نهم. b) Altera manus superscripsit ا, ut fieret التجارات. c) P. add. واسعة. d) P. على صعوده نحو فرسخين. e) *L. et P. سيلان. f) P. add. عذبة. g) *L. يعيض. h) Pro ديوداد (*L. داود). Vid. Defrémery, *Mémoire sur la famille des Sadjides* in *Journ. asiat.* 1847, I, p. 410 seqq. Nomen avi ابو الساج داود est pro ديودست داودست. Ibn Khallicán, n. 838, p. ٩٣ habet ابن دست. *L. h. l. الداودشت. Vid. infra in capite de Transoxania et Ibno 'l-Athír, VII, p. ١١٣. i) P. add. عامرة. k) P. add. الحسنة. l) In P. haec sequuntur: يشتمل عليه الامصار مضافًا الى ذلك سيادة رجالها وكثرة بنآئها (تُنَآئها l.) ومشايخها وعليها سور حصين، وتبريز مدينة حسنة عامرة منغصّة بالخلق كثيرة الخيرات فيها الاسواق الكبيرة والبيع والشرى وهى

بالازدهرىّ مستطيل اخضر الخارج احمر الداخل يزيد على العسل فى حدّة حلاوته ولبّه وكانّه من بطّيخ خراسان الموصوف، وكان على مراغة سور خرّبه ابن ابى الساج فى نحو ما خرّب السلّار سور اردبيل ✿ وتلى مراغة فى الكبر أُرْمِيَة وهى ايضًا مدينة نزهة كثيرة الكروم والمياه الجارية فى المدينة والضياع والرساتيق *وافرة الحظّ من جميع الغلّات والتجارات[a] وبينها وبين مراغة بحيرة كَبُوذان[b] فمراغة من[c] شرقيّها وارمية من غربيّها ولها رساتيق واسعة ونواحٍ خصيبة ✿ *وممّا يجاور[d] ارمية مدينة أُشْنُه وهى ايضًا مدينة كثيرة الشجر والخضر والخيرات والفواكه والخصب والاعناب *والوفور فى جميع الاسباب وهى وباديتها للاكراد الهذبانية[e] وبها يصيفون ولها يقصدون وفيها يبيعون ويشترون ولها اسواق حارّة ومرابح وافرة وتجلب منها[f] الاغنام والدوابّ والعسل واللوز والجوز والشمع وما جانس ذلك[g] الى الموصل ونواحى بلد الجزيرة من الحديثة وغيرها ✿ فامّا المَيانج والخُونَج ودَاخَرّقان[h] وخُوَىّ وسَلَماس ومَرَنْد وتِبْريز وبَيْرَزَنْد ووَرْثان[i] ومُوقان والبَيْلَقان والجابْرَوان[k] فهى مدن صغار متقاربة فى الكبر لطاف وكذلك *أُهَرْ وورزقان[l] وجميع ذلك معموم[m] بالشجر معمور بالخيرات والتمر غير مخصوص منه مكان دون مكان بالانهار والبساتين[n] وعمارة الارضين بل كلّ ذلك معمور بالخيرات مملوء بالبركات

قصبة اذربيجان اليوم اعمر مدينة بها، وخوىّ مدينة وسطة غير انّها عامرة آهلة كثيرة الخيرات والفواكه والبساتين وعليها سور منيع من الآجرّ واهلها الطف طباعًا من اهل تبريز، وسلماس مدينة وسطة ايضًا عامرة كثيرة الاهل والفواكه وعليها سور منيع من الحجارة، وارمية الخ.

a) P. والبساتين واسعة خصبة. b) *L. et P. كيودان. c) P. عن. d) P. وينضاف الى. e) *L. الهدبانيه. f) P. pro his: والمياه الجارية ومرافق المراغة منها ومن الاكراد المقيمين حولها ويجلب منها ومن سوادها. g) P. add. من ضروب المتاجر. h) *L. وراخرقان, P. ودَغْجَرْقان. i) *L. ويرزند ووردال. k) *L. والحادران, P. والجابران. l) *L. h. l. اعد ورزفان, infra اعر* وورزفان. P. h. l. ووزبرقان, infra ut Edrisi, II, p. 324 et 330. m) P. مخصوص. n) P. add. والرياحين.

فواكههم كالباطل ومالكهم كالمتجّان ، *وكانت داخرّقان وتبريز الى اشنه الاذريّة وما يحتفّ بها تعرف[a] ببنى الرُّدَيْنىّ خطّة لهم قديمة واملاكًا لم تزل معينُ[b] السلطان من الاعتراضات سليمة حتّى اذا هلك السلطان وفسد الزمان تحيّفها[c] الجيران وغَمَرَها الطغيان فهى لمن غلب وكان الردينىّ من العرب فاتى عليهم الدهر ومضى فيهم الزمان فعفى على آثارهم وترك السير من اخبارهم[d] ☆ وامّا مدينة بَرْذَعَة فهى *أمّ الران[e] وعين تلك الديار مدينة كبيرة جدًّا تكون نحو فرسخ طولًا فى دونه[f] عرضًا وهى من النزهة والخصب وكثرة الزرع والثمار والاشجار والانهار بحال سنىّ ووصف[g] سرىّ وليس[h] فيما بين العراق وطبرستان بعد الرىّ واصبهان مدينة اكبر منها ولا اخصب ولا احسن موضعًا ومرافق[i] ، ومنها على قدر فرسخ موضع يدعى الأَنْدَراب[k] ما بين *كرْنَة ولَصُوب[l] من انزه مكان واقطاره اكثر من مسيرة يوم فى مثله مشتبكة البساتين والعمارة طيّبة المتنزّهات والباغات[m] ولها فواكه

---

a) *L. يعرف. b) Sic *L. c) *L. تنحيفها. d) P. his omissis habet: وامّا دَوْن (دَوِين .l) فمدينة كبيرة كثيرة الخيرات والبساتين والفواكه والزروع وعليها سور من طين وفيها عيون ومياه جارية والغالب على زروعهم الارزّ والقطن وقد اختلّ احوال اهلها فى زماننا هذا بمجاورتهم للكُرْج فانّهم نهبوا المدينة واحرقوها وفى كلّ وقت يجدون فرصة يشنّون عليهم الغارات والآن فقد عمّروا فى وسط المدينة المسجد الجامع وسوّروه بسور آجرّ وحوله خندق وفيه عين ماء فى وسط المسجد يلتجئون اليه حين يفجأهم عسكر الكرج وبينها وبين الرسّ نحو فرسخين. e) P. من آران. f) P. اقلّ منه. g) P. ومحلّ. h) P. ولم يكن. i) *L. وموافق. Deinde sequitur in P. واسواق (واسواقا .l) وفنادق وحمّامات ودور (ودورا .l) وخانات واموال (واموالا .l) وتجارات فاختلّ حالها بمجاورة الكُرْج لها ، وجَنزة مدينة حسنة كثيرة الخير عامرة عمارة تامّة منغصّة بالخلق واهلها ذوو مروّة واخلاق طيّبة مرضيّة ومجاملة ومحبّة للغرباء واهل العلم. k) *L. الاندرات. l) *L. كونه ونصوب. m) *L. والباحات.

كثيرة وغلّات خطيرة ومتاجر عظيمة ومرابح جسيمة ومقاصد قريبة غير مختلفة وكانت فى سالف الزمان اجلّ واحسن ممّا هى عليه الآن وفيها بندق وشاه بلّوط فوق الّذى بالشام منهما كبرًا وحسنًا وطيبًا وكثرة وبها من حسن الفواكه [a] نوع يدعى الروقال [b] فى تقدير الغُبَيراء له نوى حلو الطعم اذا ادرك وفيه مرارة قبل ادراكه، وببرذعة تين يحمل من لَصُوب يفضّل على ما كان من جنسه ويرتفع بها من الابريسم شىء كثير وذلك انّ توتهم مباح لا مالك له ولا يباع ولا يشترى ويجهّز منها الى فارس وخوزستان جهازًا واسعًا [c]، وببرذعة من نهر الكرّ على نحو ثلاثة فراسخ وفى الكرّ السمك المعروف بالسرماهى ويكون بنهر الرّسّ ايضًا فى ورثان [d] وغيرها يحمل الى اردبيل والعراق والرىّ لطيبه ولذّته وفى الكرّ والرسّ سمك الزراقن [e] والعشوبة [f]، ومن ابواب برذعة باب يعرف بباب الاكراد له سوق يسمّى الكُرْكىّ [g] مقداره فرسخ يجتمع به الناس كلّ يوم احد وينتابونه من كلّ مكان واوب ويجتمع فيه اهل القرى حتّى يكاد يدانى سوق كُورسره وقد غلب اسم السوق لاسم اليوم لدوامه وقولهم يوم الكركىّ حتّى انّ كثيرًا منهم اذا عدّ ايّام الجمعة قال السبت والكركىّ والاثنين يريد بالكركىّ الاحد، ولهم مسجد جامع حسن وكان به بيت مال البلد ايّام بنى اميّة حسب ما بمصر وغيرها والاسواق فى ربضها وهى كثيرة الاسواق والخانات والحمّامات على اختلال ما نابها وتواتر عليها من ايّام الروسيّة [h] الى الآن بجور السلاطين وتدبير المَجانين ۞ فامّا باب الابواب فمدينة على بحر الخزر وفى وسطها مرسى للسفن وفى هذا المرسى *الخارج من البحر [i] اليها بناء قد *بُنى على حافة البحر كالسدّين من جانب الطريقين يجتاز بهما الجائزون من مدخل الماء الّذى يدخل

---

a) In *L. additur الفاكهة, quod fortasse post نوع inserendum est. *b*) Cod. F. روقال et روفال. *c*) *L. واسع. *d*) *L. وريان. *e*) *L. الزراقى; vid. ad I., p. ١٨٣ *g*, quibus adde: O. ذراقن, F. دراقن. *f*) L. sine punctis; vid. ad I., p. ١٨٣ *h*, quibus adde: O. عشر, F. قسب. *g*) Cod. F. semper كرخى. *h*) Anno 332; vid. Ibno 'l-Athír, VIII, p. ٣٠٨ seq. *i*) Ex P.; *L. من البحر الخارج.

فيه السفن وجُعل المدخل متلوّيًا[a] من ناحية بابه وعلى فم هذا الباب سلسلة ممدودة كالّتى بصُور وبيروت عليها قفل لمن ينظر فى امر البحر ولا يدخل المركب ولا يخرج الّا بامر وهذان السدّان من صخر ورصاص[b] وبحر الخزر هو بحر طبرستان، وهى مدينة اكثر[c] من اردبيل زروعًا واثمارها قليلة الّا ما يحمل اليهم من النواحى وهى مدينة عليها سور منيع من حجارة وآجرّ وطين وهى فرضة بحر الخزر والسرير[d] وسائر بلدان طبرستان وجرجان وبلدان الكفر والديلم ويرتفع منها ثياب كتّان كالابدان وليس بالران وارمينية واذربيجان ثياب كتّان الّا هناك وبها زعفران كثير ويقع اليها رقيق كثير من سائر دور الكفر المصاقبة لها ✿ وتِفْليس مدينة دون باب الابواب فى الكبر وعليها سوران من طين ولها ثلاثة ابواب وهى خصبة حصينة كثيرة الخيرات رخيصة الاسعار يزيد رخاؤها على سائر البلدان الراخية والنواحى الخصبة ولقد قال لى من اشترى العسل ذات يوم انّه اشتراه على زيادة من عشرين رطلًا بدرهم، وهى ثغر جليل كثير الاعدآء من كلّ جهة وبها حمّامات كحمّامات طبريّة مآؤها سخين[e] من غير نار وهى على نهر الكُرّ *ولها عُرُوبٌ تطحن فيها *القمح والحبوب كما يطحن بالموصل[f] والرقّة فى العروب الّتى

---

a) *L. متلويا (P. مقلوبا). b) P. haec habet: [in marg. جانب] كالسُدّ بين مطلّين (sic ?) على مآء هذا المرسى الخارج ومآؤه من بحر الخزر وفى هذا السدّ باب مغلق على المآء قد استحكم وصيده بعُقَدٍ قد عُقدت على نفس المآء والمآء من تحته وللسفن مدخل مقلوب من ناحية بابه وعلى فم المدخل الذى يدخل فيه السفن سلسلة ممدودة وعليها قفل لمن ينظر فى امر المآء ولا يدخل المركب ولا يخرج الا بامر صاحب القفل والسد من صخر ورصاص. c) *L. اكبر; cf. I. d) P. والتبريز والالان. e) P. مُسْخَن. f) P. ولها فى عروب يطحن الحنطة كما يطحن عروب الموصل. Deinde haec sequuntur: والآن فهى بيد الكُرج اخذوها فى العشر الاخير من سِنى خمسمائة وملك الكُرج مع كفره يراعى اهلها ويمنع جانبهم من كلّ اذيّة وشعار الاسلام بها قائمة كما كانت ومساجد الجوامع (sic) ممنوع من كلّ

فى وسط دجلة والفرات واهلها فيهم سلامة وقبول للغريب وميل الى الطارئ عليهم وأُنس بمن له ادنى فهم ونسبة[a] الى شىء من الادب وهم اهل سُنّة[b] على المذاهب القديمة يكثرون علم الحديث ويعظّمون اهله مع انّى لقيتُ جماعة وغير واحد من الثقات ممّن طرا اليها واقام بها السنة والاكثر مصطلحين على انّه لم يَبِتْ احدٌ منهم فى منزله بوجه ولا قدر على ذلك ولقد تبيّنتُ من رغبتهم فى ذلك وحرصهم عليه انّى دخلتُها وآليتُ لا آكلُ لاحد بها طعامًا ايثارًا لان املكَ نفسى وانقطع الى ما هو اولى بى من حوائجى فعقد لى مجلس للمناظرة على هذا اليمين فى دار اميرهم وحضر القاضى فابتدأنى دونهم فقال ايّدك الله انّ المأكول فى بلدنا اقلّ من ان نُكْرِهَكَ على ان تنالَه من غير مالكَ وانت تنال منه باليسير فى دون ما اذا تكلّفتَه حلّ منالك من نفس مالكَ[c] ما لا يَنْقُصُ بمشيّة الله عزّ ما أَلِفْتَه ونرتجى الثواب بخدمتك وليس لك ان تنقضَ لنا سيرة ولا تغيّرَ لنا سنّة فانّا منذ ادركنا شيوخنا نسمع[d] تفاوضهم واصطلاحهم على انّه لا يجوز ان يبيت غريبٌ ببلدنا[e] فى منزله ولا خادمين له ان كانت واحدة اللّهمّ الّا ان يكونوا من الكثرة بحال مَنْ يونس بعضهم بعضًا وقلّ ما تركوا برأيهم ولستَ تخلو من ان تكونَ موضعًا لان تستفيد العلمَ اذا وجدتَه مع قيّم به او تكون بصورة مَنْ يُستفاد منه ويُرْغَبُ فيما عنده او ممّن لا يرغب فيه ان وجده عند غير اهله ولا لديه ما يُرْغَبُ فيه واذا كنتَ باحدى هاتين الصورتين الأُخْرَيَيْن فالرحيلُ بك عنّا اولى وراحتنا من النظر اليك وقد ثقلتَ على قلوبنا وايمان المسلمين تلزمنى لأُكَفِّرَنّ عن يمينك فى يومنا هذا او لأُكَفِّرَنّ عنك يا بُنَىّ امْضِ الى بابه فاسمر عليه باذن الامير بخشبة

دَنَس يعتقده الملك بالشمع والقناديل وما يحتاج اليه والاذان فى جميع مساجدها بجهر لا يعرض لهم احد بسوء البتّة وقد اختلط الآن المسلم والكُرجىّ واهلها من المسلمين فيهم الخ.

a) P. وانتساب et mox الاداب. b) P. add. محضة. c) *L. مالكٌ. d) *L. نسمع. e) *L. ببلدانا.

وثيقة واطبع عليها بخاتمى ووكّل الجيرة بمراعاتها ولا تطلق له ايّده الله الدخول اليها الّا بعد رأينا ومطالعتنا والسلام وحيل بينى وبين رحلى وما كان معى فكنتُ عنده ليلة وعند اميرهم ليلة وبضاعتى فى خلال ذلك تباع وما يدعوهم اليه حسن النظر بما[a] عاد بمصالحى يشترى حتّى قُضيت جميع حوائجى وابو بكر القنّاد يطلع[b] على جميع ذلك فقال لى ذات ليلة تحبّ العودة الى جرجان فقلتُ لو وجدتُ الى ذلك وسيلة او كان لى فيه حيلة فقال لا بأس[c] عليك واطلعنى على الصورة فبقيتُ باهتًا فقال ما لى اراك وكانّك لا ترانى فقلتُ يا ويحك هذا يشبه حديث يحيى بن خالد مع ابراهيم بن اسحاق الموصلىّ فقال كيف قلتَ فقلتُ كما سمعتَ فقال يَشْهَدُ لقد استربْتُ[d] غير وقت بذلك الحديث وقد ارانى فعلُ هاؤلآء القوم ممّا يمكنهم فى هذه الوجوه انّ ذلك الحديث حقٌّ لا يشوبه كذب وصدق لا يتخوّنه افْك لانّه لم يدخل على هاؤلآء فيما فعلوه ويفعلونه كلفة وكذلك ما جرى البرامكة اليه من غير كلفة لنفوذ اوامرهم واتّساع حالهم ✿ وليس بالران مدينة اكبر من برذعة والباب وتفليس فامّا بيْلقان وورْثان *وبَرْديج وبرزَنْج[e] والشّماخيّة وشرْوان والأبْخاز[f] والشابرَان وقبَلَة وشكّى وجنْزة[g] وشمْكور وخُنّان[h] فهى ممالك صغار ومدن لطاف متقاربة فى الكبر خصيبة[i] واسعة المرافق ✿

وامّا دَبيل فمدينة اكبر من اردبيل وهى اجلّ ناحية وبلدة بارمينية الداخلة وهى قصبة ارمينية وبها دار الامارة دون جميع نواحى ارمينية كما انّ دار الامارة بالران برذعة وباذربيجان اردبيل وعليها سور والنصارى بها كثير ومسجد جامعها الى جنب البيعة كمسجد حمص فى مشاركة البيعة وملاصقتها ويرتفع بها ثياب مرعز وصوف من بسط ووسائد ومقاعد وتكك وغير ذلك من اصناف الارمنىّ المصبوغ بالقرمز وهو صبغ احمر يصبغ منه

---

a) *L. دما. b) *L. يطع. c) Conjectura addidi. d) *L. اشتربت. e) *L. وبرداج, P. وبردنج. f) *L. والايحان, P. والاذحاز. g) *L. وخيبره. h) *L. وحمار, P. وخنار. i) P. et I. خصبة.

المرعزىّ والصوف واصله من دود ينسج على نفسه مثل دود القزّ اذا نسجت على نفسها القزّ ويرتفع منها بزيون كثير وامّا بزيونهم فله نظير كثير ببلد الروم وان كان فى نفسه مرتفعًا وامّا ما يعرف من عملهم بالارمنىّ من البنوت[a] والمقاعد والبسط والستور والانخاخ والمَسَاوِر والمساند فلا نظير لها فى شىء من الارض بوجه من الوجوه والاسباب كلّها، وكانت فى قديم الايّام لسَنْبَاط ابن أَشُوط ملك الارمن واجداده ولم تزل فى ايدى الكبرآء منهم فازالها ابو القاسم يوسف بن ابى الساج عنهم واخرجها من ايديهم وبايديهم عهود للصدر الاوّل باقرارهم على حالهم واخذ الجزية منهم على ما جرت به مقاطعتهم وكانت بنو اميّة وبنو العبّاس قد اقرّوهم على سكناهم ويقبضون الرسوم عليهم من جباياتهم فتحيّفهم وقصدهم فلم يفلح من بعدهم ولا ارتفعت له راية ✿ والغالب على ارمينية النصرانيّة وللسلطان عليهم كالخراج فى كلّ سنة وكانّهم اليوم فى عهد على حسب ما كانوا بغير حقيقة تطرّقهم السلاطين المجاورون لهم فيسبونهم ويؤذونهم[b] وهم فى ذمّة وكان رقيقهم لا يباع فى بغداد ادركتُه كذلك الى سنة ٣٢٥ ولا يُجيزه احد لانّهم فى بعض ذمّة معروفة ومعهم غير عهد، وهما ارمينيتان احداهما تعرف بالداخلة والاخرى بالخارجة وفى بعض الخارجة مدن للمسلمين وفى ايديهم لم تزل يلونها المسلمون وقد قوطع عليها الارمن فى غير وقت وهى لملوك الاسلام كأَرْجيش وخِلاط ومَنَازْجِرْد وقاليقلا، وحدودها[c] ظاهرة فحدّها من المشرق الى برذعة ومن المغرب الى الجزيرة ومن الجنوب الى اذربيجان ومن الشمال الى نواحى بلد الروم من جهة قالى قلا وكانت قالى قلا فى وسط بلد الروم ثغرًا عظيمًا لاهل اذربيجان والجبال والرىّ وما والاها، وقد تقدّم انّهما ارمينيتان فالداخلة دَبيل ونَشَوَى وقاليقلا وما والى ذلك من الشمال والخارجة بَرْكَرِى وخِلاط وأَرْجيش ووَسْطان والزَوزان وما بين ذلك من القلاع والنواحى والاعمال، ولهم مدخل الى بلد الروم يعرف بطَرَابَزَنْدَة وهى مدينة يجتمع فيها التجار من بلد الاسلام فيدخلون الى بلد الروم منها للتجارة ويخرج اليها خليج من

a) *L. البيوت. b) *L. ويبوذنهم. c) *L. وحدود.

القسطنطينيّة a الى البحر المحيط ولملك الروم على صاحبه المقيم باطرابزندة فى وقتنا هذا مال جسيم كان فى الاوّل دونه كثيرًا وقد تقدّم ذكر ذلك فى اضعاف ذكر بلد الروم واكثر ما يخرج الى بلد الاسلام من الديباج والبزيون وثياب الكتّان الرومىّ وثياب الصوف والاكسية الروميّة فمن اطرابزندة ۞ وليس بين نَشَوَى وبركرى وخلاط ومَنَازْجِرْد وبَدْلِيس وقالى قلا وأَرْزَن وميّافارقين وسِرُوج b كثير تفاوت *لانّ مقاديرها تتقارب ولا يشبه دبيل فى العظم والكبر منها c شىء وهى باجمعها خصيبة كثيرة الخير عامرة وقد نالها فى وقتنا هذا ما نال سائر البلدان باختلال السلطان وتغيّر الزمان d * واكثر العلماء بحدود النواحى يرون انّ ميّافارقين من حدود ارمينية وقوم يعدّونها من اعمال الجزيرة وهى من شرقىّ دجلة على مرحلتين منها فلذلك تحسب من ارمينية ۞ وبهذه البلاد وفى اضعافها من التجارات والمجالب وانواع المطالب من الدوابّ والاغنام والثياب المجلوبة الى النواحى والاقطار معروفة لهم ومشهورة كالتكك الارمينيّة الّتى تعمل بسَلَمَاس تباع التكّة من دينار الى عشرة دنانير ولا نظير لها فى سائر الارض والارمنىّ المقدّم ذكره يعمل بدبيل ويعمل بمَرَنْد وتبريز ودبيل ونواحى ارمينية مقاعد ارمنىّ وانخاخ تعرف بالارمنىّ المحفور يقلّ نظيرها فى جميع النواحى الّتى يشبهون اعمالهم بها وكذلك السبنيّات والمقارم والمناديل المعمولة بميّافارقين وبمواضع من ارمينية ۞

فامّا الانهار بهذه البلاد الّتى تجرى فيها السفن فنهر الكُرّ وهو نهر كبير يكون كالزاب الخارج الى بلاد دجلة وكتجبحان وبَرَدَى فى ارض الثغر ونهر الرّسّ وهما متقاربان فى غزر الماء وكثرته ونهر سَبِيذرُوذ e الّذى بين اردبيل

---

a) Additur in *L. السمآ. b) Pro وسراج; vid. ad I., p. ١٨٨ p, quibus adde: O. وسروج, F. وسرج. c) *L. ومنها. d) P. pro his: الا ان خلاط قد عمر خارج المدينة مثل ما هى اضعافًا مضاعفة واهلها ذو مال ويسار وبها اليوم المتاجر والاسواق الجادّة ومقصد التجار والغالب على اخلاق اهلها الشراسة وبغضة للغريب. e) *L. سندرور.

ورْنجان فنهر يصغر عن جرى السفن به، والكرّ نهر عذب مرئ خفيف يخرج من ناحية الجبل[a] على حدود جنزة[b] وشمكور مقبلًا من ناحية تفليس وقبل ان يمرّ عليها *يمرّ بقلاع[c] فى بلدان الكفر منصبًّا الى بحيرة[d] الخزر وطبرستان على نواحى برذعة، ونهر الرسّ ايضًا نهر عذب طيّب خفيف يخرج من نواحى ارمينية الداخلة[e] حتّى ينتهى الى باب ورثان ثمّ يمرّ فيقع[f] فى بحيرة طبرستان والخزر وهو الرسّ الّذى ذكر الله تعالى قومه وما فعل بهم وهو اذا تامّله المتمكّن منه ومرّ على جانبيه من مدينة ورثان صاعدًا ونازلًا راى عليه آثار مدن قد قُلّبت وخسفت[g] *وهُوّر بعضها[h] وقُلّبت اعاليها اسافلها[i] مصدّقًا لقول الله تعالى[k] وَعَادًا وَثَمُودَ[l] وَأَصْحَابَ ٱلرَّسِّ وَقُرُونًا بَيْنَ ذَٰلِكَ كَثِيرًا وَكُلًّا ضَرَبْنَا لَهُ ٱلْأَمْثَالَ وَكُلًّا تَبَّرْنَا تَتْبِيرًا ۞ والبحيرة الّتى باذربيجان تعرف بكَبُوذان[m] مالحة الماء وليس فيها سمك ولا دابّة وفيها مراكب كثيرة وتختلف[n] بين ارمية ومراغة واعمال تبريز وداخرّقان[o] وحواليها من جميع جهاتها عامرة[p] بما استدارت قرى ورساتيق وبين هذه البحيرة وبين مراغة من شرقيّها خمسة فراسخ وبينها وبين ارمية من غربيّها فرسخان

---

a) P. جبل القبق يمرّ. *b*) *L. sine punctis, P. جشره. *c*) P. يجتاز على قلاع. *d*) P. ناحية. *e*) P. جبل قاليقلا. *f*) P. add.: بعضه فى الكرّ وبعضه. *g*) *L. وخشعت, P. وخُسفت. *h*) Conjectura sic edidi; *L. وهوربها, P. وهو. Deinde L. فقلبت, P. وقُلّب. *i*) P. add.: (l. مرأى) وهى فى اقبح مرئ ومنظر. *k*) Qor. 25 vs. 40 (cf. 2 vs. 12). *l*) *L. وثمودا. *m*) *L. بكيوذان; P. كبوذان; vid. St. Martin, *Mémoire sur l'Arménie*, I, p. 59 seq., Mas'udí, I, p. 97 seq. Ab I., p. ١٨١ ult. بحيرة الشراة appellatur, ab Abulfeda, p. ٤٢ بحيرة تلا et in mappa Cod. Ist. O. دريای شاها وتله. Est autem شاها nomen castelli in insula hujus lacus, vid. Fragmenta histor. Arab., ed. M. J. de Goeje, p. ٥٣٩. Nomen hoc etiamnunc lacui mansit, juxta nomen *lacus Ormiae* (Urumiae). *n*) P. add. بالتجارة. *o*) *L. s. p., P. ودهخرقان. *p*) *L. عامر. Deinde P. ما.

وبين اوائل داخرّقان وسيف هذه البحيرة اربعة فراسخ وطولها نحو اربعة ايّام بين الشمال والجنوب بسير الدوابّ وعرضها فيما بين *المراغة وارمية [a] نحو عشرين فرسخًا ويكون فيها امواج عظام فى الشتآء [b] ومصايب شداد وفى وسطها جبال مأهولة مسكونة بعيالات اصحاب المراكب [c] على *مآء ردىّ قليل وعيش غير جميل رضىّ [d] ۞ وفى جنوب بركرى وخلاط وارجيش بحيرة [e] آخذة من المشرق الى المغرب تكون [f] بضعة عشر فرسخًا [g] يخرج منها سمك صغار اشبار يعرف بالطرّيخ يملح ويحمل الى الجزيرة والموصل والرقّة وحرّان وحلب وسائر الثغور [h] وفى اطرافها ملح البورق المحمول الى العراق والجزيرة للخبّازين وبالقرب منها [i] مقالع الزرنيخ يجلب الى سائر الارض [k] منه الاحمر والاصفر ويحمل من كبوذان ايضًا وهى بحيرة ارمية بورق الصاغة الى العراق والشام ومصر فيربح فيه الربح العظيم الجسيم ۞ ويجلب من الزوزان [l] ونواحى ارمينية والران من البغال الجياد الموصوفة بالنجابة والصحّة والجلد والصبر الى خراسان والعراق والشام وغير ذلك ما يستغنى بشهرته عن ذكره والزوزان ناحية وقلاع لها ضياع الغالب عليها الجبال ويكون بها ايضًا الشهارىّ الحسنة الموصوفة الّتى تقارب الخراسانيّة، وجبالها تتّصل من جهة *الحارث والحويرث [m] بجبال اهّر وورزقان [n] فتمرّ الى تفليس فى الشمال ويتّصل

---

a) P. المشرق والمغرب. b) Ex P.; *L. السير; cf. Edrîsî, II, p. 173. c) P. add. وذواتيها. d) P. مياه زهيدة وعيش شظف et addit ولهم معز يقوم برومقهم (l. برمقهم). e) P. بحيرة خلاط. Ab aliis بحيرة ارجيش appellatur; hodiernum nomen habet a loco وان (Jacut, IV, p. ٨٩٥), qui in mappa Cod. Ist. F. in littore hujus lacus collocatur. f) P. طولها. g) *L. فراسخ. h) P. add. وفى هذه البحيرة حصن يعرف باختماز. In *Djihan Numa*, vers. Norberg, I, p. 599, recte Achtemar vocatur; vid. St. Martin, I, p. 55, 140, II, p. 429. i) P. add.: تل فى جبل من جنوبها. k) P. add.: وهو اصل الزرنيخ et habet deinde ومنه. l) *L. hic et mox الروذان. m) In *L. haec duo nomina corruptissima sunt, cf. Edrîsî, II, p. 330. n) *L. وورزفان. P. add. وكذلك بجبل سيلان (l. سبلان).

بها هناك جبل القَبْق وهو جبل عظيم يقال انّ عليه ثلاثمائة وستّين لسانًا وكنتُ انكرتُ هذا حتّى ادركتُ فيه غير قرية ولكلّ قرية لسان يتخاطبون به غير لسان الاذريّة والفارسيّة وتتّصل جبال القبق بجبال سبّاه كُويه الّذى ورآءه بلاد الخزر فى بلد الغزيّة راجعًا الى المشرق من ورآه بحيرة خوارزم الى جبال خوارزم وجبال فرغانة وذلك انّ جميع جبال الارض متناسبة[a] متفرّعة من الجبل الخارج من جبل الصين ذاهبًا على نحو الخطّ المستقيم الى بلد السودان من بلد المغرب على البحر المحيط ۞ وبنواحى ورثان[b] وبرذعة *وباب الابواب والجزيرة[c] الّتى فى وسط بحيرة الخزر فوّة تحمل فى بحيرة الخزر الى جرجان ويقصد بها بلاد الهند على الظهر وهذه الفُوّة فى جميع الران من حدّ باب الابواب الى تفليس وقرب نهر الرسّ[d] الى نواحى جُزْزان[e] وهى مملكة تحت يد صاحب اذربيجان[f] فى جبل يتّصل بجبال الطُّرْم المتّصلة من غربىّ بحر الخزر بجبال الرىّ[g] وطبرستان وجرجان الى نيسابور ۞ ولهذه الجبال ملوك واصحاب لهم نعم فخمة وضياع وقلاع نفيسة وخيول وكراع الى مدن مضافة اليهم ونواحٍ ذات رساتيق واقاليم عامرة كالملك لهم موفّرة عليهم وبهذه النواحى والجبال والمدن والبقاع الّتى ذكرتُها من الرخص والخصب والمراعى والمواشى وكثرة السوائم والخيرات والبركات وكثرة الاشجار والانهار والفواكه الرطبة واليابسة والخشب ما لو ذُكر لمن لم يشاهده لانكر عظمه، وبها ملوك الاطراف ممالكهم كبار واحوالهم واسعة وتمتّعهم بالبلاد والنعم والتنزّه بالطيب والثياب والخدم الروقة[h] والخيول الفارهة والبغال الثمينة والنتاج من كلّ جنس الى قنية الجوارى المغنّيات والطبّاخين والطبّاخات والنفقات الدارّة السّابغة واستعمال الذهب والفضّة فى الآنية من الصوانى والاطباق والطاسات والاباريق والاسطال المحرّفة[i] من الجير والعسجد

---

a) Additur in *L. من. *b*) *L. وريان. *c*) *L. جزيرة وباب الابواب; cf. Edrisi l. l. ann. 1. *d*) *L. الراس. *e*) *L. حزران. *f*) Videtur inserendum esse المقيم et intelligi locum سميران. *g*) *L. رى. *h*) *L. الروقيه. *i*) *L. المحرقه.

الى ما شاكل ذلك من الزجاج المخروط النفيس والبلّور الثمين والجوهر الفاخر وكان هاؤلآء الملوك عليهم ضرائب قائمة ولوازم تحمل فى كلّ سنة الى ملك اذربيجان سهلة لا تنقطع[a] ولا تمنع وكان ارباب هذه النواحى الّذين هم ملوك الاطراف فى طاعة ملك اذربيجان وارمينية والرّانيْن[b] يرضى منهم ابن ابى الساج بالقليل وياخذ ما ياخذه منهم على سبيل الهديّة فلمّا صارت الى المرزبان بن محمّد بن مسافر المعروف بالسلّار جعل لها دواوين وعليهم فيها قوانين ولوازم يخاطب على مرافقها وبقاياها، ومن اكبر ملوكها فى وقتنا هذا شروان شاه محمّد بن احمد الازدىّ وملك الابخاز من بعده واليه مُلْك يتّصل ببعض جبال القَبْق ونواحيه يعرف بالابخازشاه[c] واليه الصَّنَارىّ[d] المعروف بسنحاريب[e] وهو نصرانىّ فى دينه كابن الدّيرانىّ الملك على الزّوزان[f] ووان ووَسْطان وسايبنْ بمجمل كلّ ملك من هاؤلآء بما عليه *وما يلزمه[g] من المال والضريبة عند ذكر ارتفاع اذربيجان وارمينية والرانيْن والفراغ من ذكر مسافاتها وحالاتها ✿ فامّا لسان اهل اذربيجان واكثر اهل ارمينية فالفارسيّة والعربيّة وقلّ[h] من يتكلّم بها[i] فمَنْ يتكلّم بالفارسيّة لا يفهم بالعربيّة ويفصح بها من التجار وارباب الضياع ولطوائف مَنْ فى الاطراف من ارمينية وما شاكلها السنة اخرى[k] يتكلّمون بها كالارمنيّة[l] مع اهل دبيل ونواحيها ويتكلّم اهل برذعة بالرانيّة[m]، ولهم جبل مشهور معروف يسمّونه القبْق[n] ويحيط به السنة مختلفة كثيرة للكفّار وسمعتُ من يذكر انّ التّجلب[o] ..... ✿ ونقود اذربيجان والران وارمينية الذهب والفضّة واكثرهم اهل عافية وسلامة ورغبة فى طلب المعاش والستر لما دهمهم من المصايب والنوائب فى وقتنا هذا وفيهم على مذهب الحديث كثير والقول بالحشو

---

a) *L. تتقطع. *b*) *L. والزابيين. *c*) Infra simile vitium ab auctore commissum est, ubi loquitur de صاحب شروانشاه. *d*) *L. الصنادى; vid. St. Martin, I, p. 234. *e*) *L. بسنجاريب. *f*) *L. الروذان. *g*) *L. ويلزمه. *h*) ? *L. وكل. *i*) Nempe بالعربية. *k*) *L. اخر. *l*) *L. كلارمية. *m*) *L. بالرابية. *n*) *L. القيق. *o*) Hic quaedam deësse patet.

وكثير من الباطنيّة[a] وليس بجميع اذربيجان وارمينية والرانين[b] متكلّم ولا من يتعصّب للكلام والنظر ولهم اطبّاء فضلاء اجلاء ومياسير بصناعة الطبّ يرون انّ المنطق كفر وصنعة النظر شغل قاطع عن الواجبات وصادّة عن اكثر اسباب السياسات ۞

ذكر الطرق والمسافات بهذه النواحى   الطريق من برذعة الى اردبيل فمن بَرْذَعَة الى يُونان[c] ٧ فراسخ ومن يونان الى مدينة البَيْلَقان ٧ فراسخ ومن البيلقان وهى مدينة طيّبة ذات مياه واشجار وبساتين وثمار على انهار فيها طواحينهم الى وَرْثان وهى مدينة اكبر من البيلقان وافسح واكثر اهلًا واسواقًا ومتاجر وفيها ما يكون فى المدن الكبار وعليها سور ولها ربض فيه اسواقها ٧ فراسخ ومن ورثان الى بَلْخاب[d] ٧ فراسخ وهى منزل وقرية آهلة فيها رباطات وفنادق للسبيل ينزلها السيّارة ومن بلخاب الى بَرْزَنْد وهى مدينة قريبة الحال من البيلقان ٧ فراسخ ومن برزند الى أَرْدَبِيل ١٥ فرسخًا بين قرى ومنازل عن يمين وشمال الطريق ۞ الطريق[e] من برذعة الى باب الابواب فمن برذعة الى بَرْزَنْج مدينة صالحة على نهر الكرّ فيها متاجر ومجالب ١٨ فرسخًا ومن برزنج تعبر الكرّ الى الشَّمَاخِيَة ١٤ فرسخًا ومن الشماخية الى شَرْوَان ٣ ايّام ومن شروان الى الأَبْخاز يومان ومن الابخاز الى جسر سَمُور ١٢ فرسخًا ومن جسر سمور الى الباب ٢٠ فرسخًا ۞ الطريق من برذعة الى تفليس فمن برذعة الى جَنْزَة[f] مدينة صالحة ٩ فراسخ ومن جنزة الى شَمْكُور ١٠ فراسخ ومن شمكور الى خُنَان[g] مدينة ١١[h] فرسخًا ومن خنان الى قلعة ابن كندمان ١٠ فراسخ ومن القلعة الى تِفْلِيس ١٢ فرسخًا الجميع ٥٢ فرسخًا ۞ الطريق من برذعة الى دبيل فمن برذعة الى قلقاطوس ٩ فراسخ ومن قلقاطوس

---

a) *L. البطانيه. Altera manus inseruit ا post ب. *b*) *L. والزابين. *c*) *L. يومان. *d*) *L. بلحاب et deinde تسعة. Vid. I., p. ١٩٢ et Edrîsî, II, p. 323. Cod. Ist. O. habet بلحان, F. بهلاب. *e*) Deëst in *L. *f*) *L. جبره. *g*) *L. حيان. *h*) *L. احد وعشرون ut quoque male apud I., p. ١٩٣, 3. Lectionem nunc receptam habent Cod. Ist. E. et O.

الى مترييس[a] ١٣ فرسخًا ومنها الى دَوْميس ١٢ فرسخًا ومن دوميس الى كيلكوين[b] ١٩ فرسخًا ومن كيلكوين الى السِّيسَجَان[c] ١٩ فرسخًا وهى مدينة طيّبة مقتصدة ومن السيسجان الى دَبيل ١٩ فرسخًا، والطريق من برزنج[d] الى دبيل فى الارمن وجميع هذه القرى الّتى فى ضمنها والمدن مملكة *سَنْبَاط بن أَشُوط[e] الارمنىّ الّتى قبضها منه يوسف بن ديوداد[f] ظلمًا وخلافًا لله ولرسوله صلّعم ۞ الطريق من اردبيل الى زنجان فمن اردبيل الى قنطرة سَبيذرُوذ[g] مرحلة ومن سبيذروذ الى سَرَاة يوم ومن سراة الى نوى[h] يوم ومن نوى الى زَنْجَان مرحلتان ۞ الطريق من اردبيل الى مراغة فمن اردبيل الى كورسره[i] قصر عظيم بحصن عظيم وله اقليم ورستاق جليل جسيم وفيه اسواق بمواعيد من السنة فى رؤوس الاهلّة ادركتُها قديمًا ودخلتُها وانا حدث وفيها من الامم ومعهم المتاع والتجارة من البزّ والسقط والبربهار والعطر والخلّ ومتاع السرّاجين والصفّارين والذهب والفضّة والخيل والبغال والحمير والبقر والغنم بما لو قيل انّ الارض والناحية وما فيها وتستقلّ به فى وهادها وعلى رباها وجبالها اوسع من ارض المَوْقف واكثر من ان انقصّاها بما فيها من الانواع الّتى ذكرناها لم اقابل ذلك بغير التسليم والتصديق وان كانت ارض الموقف الى عرفات بجبالها نحو ثلاثة فراسخ يقوم فيها اهل اليمن ومصر والعراق والمغرب والشام وخراسان الى مَنْ ضامّهم من اصقاع الارض فانّى[k] سمعتُ ابا محمّد عبد الرحمان ابن السمرى[l] وقد قال له ابو الفتح ابن مهدىّ كاتبه باع ابو اسحاق الماجردانىّ ماله وانصرف ولم يحمل الينا مالنا عنده فقال كم باع قال مائتى الف راس فاستثبتُّ ذلك من ابى محمّد دفعات فقال ابومتَ انصرف الى رحمة الله من هذا الموقف غيرَ سوق بالف الف شاة

---

a) *L. ميريس. b) *L. كنكلوين. Cod. Ist. O. habet كيلكون. c) *L. السنسجان. d) Sic nunc in *L., antea برذعة scriptum fuisse ut in I., videtur. e) *L. بسنبساط بن اسوط. f) *L. الداوداد. g) *L. شبيذروذ. h) *L. sine punctis. Vid. ad I., p. ١٩٤ b. i) *L. h. l. كورمتنزه. k) *L. فان. l) *Sic*.

فقلتُ بالف الف شاة فقال نعم وشعيب بن مهران بمثلها ووقفتُ بعد ذلك منه على حكايات عن هذه السوق والموضع ليست من شرط هذا الكتاب وفيما ذكرتُ كفاية فى الدلالة على حال هذه السوق وما يحضرها ٢٨[a] فرسخا ومن كورسره[b] الى المراغة ١٢ فرسخا ۞ ومدينة سرّاة بين كورسره واردبيل مدينة طيّبة كثيرة الخير والبساتين والمياه والفواكه والزروع والطواحين ولها اسواق حسنة وفنادق نظيفة وكان لها *ثانثة جلّة[c] من اهل رأس فهلكوا وبادوا وادركتُ مشايخهم والمروّة فيهم فاشية واحوالهم متماسكة فتجاوز اللهُ عنّا وعنهم ۞ ومن اردبيل الى الميّانج[d] ٢٠ فرسخا وهى مدينة صالحة فى نفسها رفهة باهلها رفيقة بسكّانها ورخصها وخيرها وكثرة ميرها، ومن الميانج الى الخُونج[e] مدينة ايضا[f] بها مرصد على ما يخرج من اذربيجان الى نواحى الرىّ ولوازم على الرقيق والدوابّ واسباب التجارات كلّها والابقار والاغنام وكنتُ اعرف مقاطعته تبلغ مائة الف دينار الى الف الف درهم فى السنة وليس لها نظير فى جميع اقطار الارض ۞ الطريق من اردبيل الى آمد واعمال الثغور والجزيرة فمن اردبيل الى المراغة نحو ٤٠ فرسخا ومن المراغة الى أُرمِيَة فى البحر *نحو ٢٠ فرسخا[g] وعلى الظهر نحو ٣٠ فرسخا ومن ارمية الى سَلَماس مرحلتان ومن سلماس الى خُوىّ ٩[h] فراسخ ومن خوىّ الى بَرْكَرِى ٣٠ فرسخا ومن بركرى الى أَرْجِيش يومان ومن ارجيش الى خِلَاط ٣ ايّام ومن خلاط الى بَدْليس

---

a) *L. اثنى عشر. Vid. Edrisi, II, p. 327 et I., p. ١٩٤. Emendatio confirmatur eo quod infra dicit auctor, distantiam inter Ardebíl et Marágha esse 40 Par. b) *L. h. l. كوسره, deinde كورسراه. c) *L. ثانيه حلمه. d) *L. المايح et mox الممادح. e) *L. الحولح. f) Coll. Edrisi, II, p. 171 videtur quid excidisse e. g. صالحة. Sequens بها conjectura supplevi. g) Conjectura addidi, coll. supra p. ٢٤٨, 2 seq. h) I., p. ١٩٤, 7 a f. ٧, sed Cod. O. هشت (٨). Lectio recepta confirmatur eo quod inter Marágha et Khoï 53 Par. esse dicuntur. Nempe مرحلتان sunt 14 Par.

٣ ايام ومن بدليس الى ارزن *a* الى مَيّافارِقين ۴ ايّام ومن ميّافارقين الى آمد يومان ومن آمد الى حرّان يومان ومن حرّان الطريق *b* الّذى سلكه الغزاة والمجاهدون من المراغة على شمشاط وسُمَيساط الى مَلَطْيَة نحو ٥ ايّام ۞ والطريق من المراغة الى دبيل على ارمية *وسلماس الى خوى *c* ٣٠ فرسخا ومن خوىّ الى نَشْوَى ٥ ايّام ومن نشوى الى دَبيل ۴ مراحل، ومن المراغة الى الدِّينَوَر *d* ٦٠ فرسخا لا منبر فيها، فهذه جوامع مسافاتها وذكر طرقها ۞

فامّا حالها الّتى ادركتُها عليها وكانت به فانّ جباياتها وضرائبها على ملوك اطرافها تعرب عن حالها وتدلّ على حقيقة وصفها وان كانت تزيد وتنقص فى بعض الاوقات ومن اوسط ما جُبيت واعدل ما رفعت فى سنة ٣۴۴ وقد ولى موافقاتها ابو القاسم علىّ بن جعفر صاحب زمام ابى القاسم يوسف بن ابى الساج *ومن بعده للسلّار *e* وهو المرزبان بن محمّد بن مسافر فوافق محمّد بن احمد الازدىّ صاحب شروانشاه *f* وملكها على الف الف درهم ودخل فى موافقته اسحاس *g* صاحب شكّى المعروف بابى عبد الملك ووافق سنحاريب المعروف بابن سوارة صاحب الربع (؟) على ثلاثمائة الف درهم والطاف وصاحب جُرْزان *h* وَسْغَيَان بن موسى على مائتى الف درهم وابا القاسم الوَيْذُورىّ *i* صاحب ويذور على خمسين الف دينار والطاف وابا الهيجاء ابن روّاد *k* عن نواحيه *باهُر وورزقان *l* على خمسين الف دينار والطاف وابا القاسم الخَيْزانىّ *m* عن نواحيه وبقايا كانت عليه على اربعة آلاف

---

a) Secundum Edrisi, II, p. 327, hic inserendum foret ٣٠ ايام ومن ارزن. Cf. I., p. ١٩۴ *i*. *b*) H. l. in *L. additur من المراغة quae verba inserui post والمجاهدون. *c*) *L. وخوى الى سلماس. *d*) *L. دبيوت *sic*. *e*) Haec conjectura addidi. *f*) *Sic*. Cf. supra p. ٢٥٠, ann. *c*. *g*) *Sic*. Fortasse legendum est اشخانيق; cf. Brosset, *Hist. de la Georgie*, I, p. 279. Deinde *L. سمكى pro شكى. *h*) ? *L. حرور. Cf. St. Martin, I, p. 231 seq. Nomen principis videtur esse Armeniacum *Vatchagan*. *i*) *L. الويبروذى et mox ويبرور. Videtur intelligi *Vaïotsdsor*. *k*) *L. زوار. *l*) *L. ويباهر ورزقان. *m*) *L. الجندانى.

الف درهم فرام النقصان وثقل بالمسألة فزيد على موافقته تبرّمًا بفعله ثلاثمائة الف درهم ومائة ثوب ديباج رومىّ والزم بنى الديرانىّ[a] حسب ما كانت موافقاتهم فى كلّ سنة مائة الف درهم وتركها لهم لاربع سنين لانّهم دفعوا اليه ديسم[b] بن سادلويه وكان قد استجار بهم ووافق بنى سُنْباط عن[c] نواحيهم من ارمينية الداخلة على الفى الف درهم واسقط عنهم مائتى الف درهم ووافق سنحاريب[d] صاحب خَاجِين[e] على مائة الف درهم وكراع ولطائف بخمسين الف درهم فبلغت الموافقة عن عين وورق وتوابع والطاف من بغال ودوابّ وحلى عشرة آلاف الف درهم، وخراج النواحى من اذربيجان وارمينية والرانين[f] وحواليها ووجوه اموالها وجميع مرافقها خمس مائة الف دينار ۞

الجبال

وامّا الجبال فانّها تشتمل على ماه[g] الكوفة والبصرة وما يتّصل بهما ممّا[h] ادخلناه فى اضعافهما فحدّها الشرقىّ الى مفازة خراسان وفارس واصبهان وشرقىّ خوزستان وحدّها الغربىّ اذربيجان والشمالىّ بلاد الديلم وقزوين والرىّ وانّما تفردت[i] الرىّ وقزوين وابْهَر وزَنْجان عن الجبال وتضمّ الى الديلم لانّها محتفّة[k] بجبالها على التقويس وحدّها الجنوبىّ العراق وبعض خوزستان[l]

والجبال تشتمل على مدن مشهورة ومعظمها هَمَذان والدِّيْنَوَر واصْبَهان وقُمّ ولها مدن اصغر من هذه مثل قاشان ونُهَاوَنْد واللُّور[m] والكَرَج والبُرْج وسنذكر ما تقع الحاجة الى معرفته منها ۞ فامّا المسافات بها فالطريق من همذان[n]

a) *L. الديدانى; vid. supra p. ٢٥٠, 10 et Ibno 'l-Athîr, VIII, p. ٣٧٧. b) *L. ابيسلم. c) *L. على. d) *L. سنجاريب. e) *L. حاحس; vid. Defrémery in *Journ. asiat.*, 1849, II, p. 503 seq. f) *L. والراس. g) *L. ميباه. h) *L. بما. i) *L. نفرد. k) *L. محتفيه. l) Hic sequitur وهذه صورة الجبال. m) *L. والزور. n) P. add. الى حد العراق ٧٨ فرسخا; secundum itiner. seq. sunt tantum 75, secundum Ist. 64, secundum Abulfeda, p. ٤١٧, 67.

وهى مدينة كبيرة حسنة جليلة المقدار[a] لها انهار واشجار وعمل واسع وغلّات من سائر *وجوه الغلّات[b] وبها اهل تناية فيهم ادب وفضل ومروّة وهى على مرّ الاوقات رخيصة الاسعار كثيرة الاغنام والاجبان[c] *وفيها ضروب من التجارة وبها يباع[d] الزعفران المتّخذ بالرُوذراوَر عمل من اعمالها ويزكو[e] به الى أَسَدَاباذ وهى مدينة ايضا صالحة قويّة الاهل واسعة الرساتيق والدخل ١٥ فرسخا ومن اسداباذ الى قصر اللُصوص ٧[f] فراسخ وهى مدينة وفيها منبر استحدثه مُونس المظفّرىّ ومن قصر اللصوص الى ماذَرّان ٧[g] فراسخ ومن ماذران الى قنطرة النعمان ٥ فراسخ ومن قنطرة النعمان الى *ابى ايّوب قرية[h] ۴ فراسخ ومنها الى بَهِسْتُون جبل عظيم فرسخان[i] وقرية هناك تدعى ساسانيان[k] وفى هذا الجبل المذكور كهف فيه الفرس المصوّر عليه كسرى ويعرف بشِبْدَاز[l] ومن بهستون الى قِرْمِيسِين ٨ فراسخ وهى مدينة لطيفة فيها مياه جارية وشجر وثمر ورخص وابّ وسائمة كثيرة وعيون مندفعة[m] وخيرات وتجارات ومن قرميسين الى الزُبَيْدِيّة منزل صالح ٨ فراسخ ومن الزبيديّة الى مرج القَلْعَة وهى مدينة عليها سور لطيف وهى لطيفة ولها مياه جارية واغنام كالمجّان ٩[n] فراسخ ومن المرج الى حلوان[o] مدينة قد مرّ ذكرها فى وصف العراق لانّها اوّل حدّها من نواحى الجبال ١٠ فراسخ ۞

الطريق من همذان الى الدينور[p] فمن همذان الى ماذران ۴ فراسخ ومن ماذران الى ذاوذان ۴ فراسخ ومنها الى اسداباذ مدينة قد مرّ ذكرها ٩ فراسخ ومن اسداباذ الى صحنة ٩ فراسخ ومن صحنة الى الدينور ٨ فراسخ فجميع

---

a) *L. القدار. *b*) P. الحبوب. *c*) *L. sine punctis, P. والالبان. *d*) *L. الزعفران المجلوب من رُودراور وهو. Restitui ex P. Deinde hic وضروب التجارة من. *e*) *L. وبركوا, P. om. Hamaker in ann. crit. ad Specimen Uylenbroek., p. 104 proposuit وباركوا. *f*) Solus Jacut, I, p. ٢۴٥, 10 habet ۴. *g*) Sic quoque habet Cod. Ist. F. *h*) P. قرية ابى ايوب. *i*) Ex I. addidi. *k*) *L. سايسان. Cf. ad I., p. ١٩٩ *a*. Cod. F. habet شايستان. *l*) *L. بسندان. *m*) P. متدفقة. *n*) P. بسبعة *sic*. *o*) *L. حوان. *p*) P. الدِينُور.

ذلك ٣٠ فرسخا a

الطريق من همذان الى الرىّ فمن همذان الى ساوة ٣٠ فرسخا وساوة

---

a) Itinerarium procul dubio graviter turbatum, emendare voluit Uylenbroek l. l. legendo اربعة وثلثون فرسخا pro ثلاثون فرسخا, sed patet hoc nullo modo sufficere. Verosimiliter duo itineraria confusa sunt, alterum ab urbe Hamadhán pergens ad Madherán et hinc per locum ذاوذان (sic) appellatum, ad Dínawar, alterum jam inde ab Asadabádh se vertens versus Sihnam et hinc ad Dínawar. Erit itaque in hunc modum corrigendum: فمن همذان الى ماذران ومن ماذران الى ذاوذان ۴ فراسخ ومنها [الى الدينور ٣ فراسخ او من همذان] الى اسدباذ مدينة السخ. Quod attinet itinerarium secundum, Abulfeda, p. ۴١٧, quoque dicit distantiam inter Asadabádh et Dínawar esse 17 Par., recte igitur noster habet inter Sihnam et Dínawar esse 8 Par. (I. habet 4 Par.). Quod Ibn Haukal h. l. dicit intervallum inter Hamadhán et Asadabádh esse 9 Par. (non ut supra 15), plurimorum geographorum est sententia e. g. Kodáma habet من اسداباذ الى الزعفرانية ٦ فراسخ ومن الزعفرانية الى مدينة همذان ٣ فراسخ (cf. Ritter, IX, p. 344). Secundum hoc igitur itinerarium distantia inter Hamadhán et Dínawar erit tantum 26 Par., (non 30), et revera plurimi, ut quoque infra noster, dicunt hanc distantiam esse نَيف وعشرون. Difficilius est negotium prioris itinerarii, quoniam de illa statione ذاوذان nihil certi statuendum habemus, et secundum I., p. ١٩٩, 4 quoque inde a Mádherán via per Sihnam ad Dínawar procedit. Subiit hanc etiam ob causam conjectura, verba الى ماذران ۴ فراسخ ومن ماذران الى ذاوذان ۴ فراسخ ومنها spuria esse et continere varias lectiones ad itinerarium praecedens, quo casu ذاوذان corruptum foret e ذزدان [قصر] quemadmodum Persice appellatur قصر اللصوص (Kengewar). Facillima, sed aeque incerta, emendatio est, si tantum verba الى ماذران ۴ فراسخ ومن ماذران e textu ejicimus, sic enim distantia inter Hamadhán et Asadabádh fit 13 Par., quae cum

مدينة[a] على ظهر طريق العراق صالحة الحال كثيرة الجمّالين واكثر الحجّاج يحجّون على جمالهم ومن ساوة الى الرىّ ٣٠ فرسخا ✿

الطريق من همذان الى اذربيجان فمن همذان الى نارستان ١٠ فراسخ ومن نارستان الى أُوذ[b] ٨ فراسخ ومن اوذ الى قَزْوِينَ يومان، وليس بين قزوين وهمذان مدينة، ومن قزوين الى أَبْهَر ١٢ فرسخا ومن ابهر الى زَنْجان ٢٠ فرسخا، وكانت ابهر مدينة جليلة فاناخ عليها الاكراد وعلى تلك النواحى والديلم فتغيّرت، وهذا الطريق اوّلا كان المعروف فامّا اذا قلّ امنهم فانّهم ياخذون من همذان الى زنجان على شَهْرَوَرْد[c] وبينهما دون ٣٠ فرسخا ✿

والطريق من همذان الى اصبهان فمن همذان الى رامن[d] ٧ فراسخ وهى مدينة صالحة الحال ومن رامن الى بَرُوجِرْد[e] ١١ فرسخا وبروجرد ايضا مدينة صالحة الحال كبيرة اكبر من رامن واحسن حالا فى جميع الوجوه ومن بروجرد الى الكَرَج[f] ١٠ فراسخ وهى ايضا مدينة فوق بروجرد *من كثرة[g] الاهل وسداد الاحوال ووجوه ما تدعو الحاجة اليه ومن الكرج الى البُرْج ١٢ فرسخا وهى ايضا مدينة حسنة الحال ومن البرج الى جوسجان[h] منزل ١٠ فراسخ ومن جوسجان الى اصبهان ٣٠ فرسخا لا مدينة فيها ✿

والطريق من همذان الى خوزستان فمن[i] همذان الى الرُّوذراوَر[k] ٧ فراسخ والروذراور اقليم حسن وناحية شريفة ينبت بها الزعفران الّذى ليس بجميع الارض له نظير[l] ومن الروذراور الى نهاوَنْد ٧ فراسخ وهى مدينة

---

17 Par. quae inter Asadabádh et Dínawar sunt, faciunt 30 Par. Ceterum addendum est lectionem 30 Par. de totius itineris spatio confirmari a P.

a) P. add. طيبة. *b*) *L. اود (ut quoque O. et F.). *c*) *L. شهر. Cod. F. habet شهزور. *d*) *L. زامن, P. راجن. *e*) P. يزدجرد. Lectionem ١١ quoque habent O. et F. *f*) *L. h. l. الكرخ. P. optionem dat inter الكرج et الكُرج. *g*) P. بكثرة. *h*) Vid. ad I., p. ١٩٩ *m*, ubi lectio خونجان recepta est. Addatur Cod. F.: خومحان, semel حومحان ; O. حومحان et in mappa حومحان, حردمحان. P. statione hac omissa ab البرج ad Ispahán dat 40 Par. *i*) Sec. P. et I.; *L. ومن همذان الى خوزستان والطريق من. *k*) P. ut I. sine art. *l*) P. شبيه.

جليلة كثيرة التجارة والرساتيق والعمارة ومن نهاوند الى لَاشْتَر[a] ١٠ فراسخ ومن لاشتر الى شابُرْخاسْت[b] ١٢ فرسخا ومن شابرخاست الى اللُّور ٣٠ فرسخا لا مدينة فيها ولا قرية ومن اللور الى قنطرة أَنْدَامِش[c] مدينة فرسخان ومن قنطرة اندامش الى جُنْدَىْ سَابُور فرسخان ۞

ومن همذان الى ساوة ٣٠ فرسخا ومن ساوة الى قُمّ ١٢[d] فرسخا تقطع فى يومين ومن قمّ الى قاشان ١٢ فرسخا وقُمّ وقاشان مدينتان جليلتان كثيرتا الدخل[e] على السلطان والغالب على قمّ التشيُّع وعلى قاشان الحشو، ومن الرىّ الى قزوين ٣٠ فرسخا وليس لقزوين نظير فى كثير من اعمال الجبال بل فى كلّها من يسار[f] اهلها وتمكُّنهم من *الادب ونفوذهم[g] فى العلم وتعلُّقهم بجميع وجوهه وتمسُّكهم قبل دخول الديلم عليهم باسباب المروّات[h] والتفضّل الى غير ذلك من احوال السيادة والكرم وعلوّ النفوس والهمَم *وكم خرج بها من نفيس، وعرف بالعراق وغيرها لهم من رجل رئيس،،[i]، ومن همذان الى الدينور نيف وعشرون فرسخا ومن الدينور الى شَهْرَزُور ٤ مراحل ومن حلوان الى شهرزور ٤ مراحل ومن الدينور الى الصَّيْمَرة[k] ٥ مراحل ومن الدينور الى السِّيروان ٤ مراحل ومن السيروان الى الصيمرة يوم ومن اللور الى الكرج ٦ مراحل ومن اصبهان الى قاشان ٣ مراحل ومن قمّ الى قاشان مرحلتان *فهذه جملة المسافات[l] ۞

والمشهور من مدن الجبال ما ذكرتُه وهى هَمَذان والرُّوذراوَر ورامِن[m] وبُروجِرْد والكَرَج وفَراوندة[n] ونهاوَنْد وقصر اللُّصوص ونهر زَنْدَرُوذ[o] وهو نهر اصبهان

---

a) *L. لاشير, P. لشتر. b) *L. الشابرخاش, P. سابرخواست. Cod. F. habet سابرخاست. c) *L. ازدامشر et اندامشر, P. ايدامش. d) Sic quoque P. et I.; in marg. *L. h. l. scribitur نسخة عشرون فرسخا. e) P. الخير والميرة والدخل. f) Ex P.; *L. pessime لسان. g) P. الاداب وتقوّدهم. h) P. المروة. i) P. pro his: والان قد تغيّرت احوالهم ونفدت اموالهم وبينهم وبين عُتاة الديلم ١٢ فرسخا; cf. infra p. ٢٦٣, 14. Pro نفيس *L. habet نفس. k) *L. h. l. sine art. l) Ex P. m) *L. وزامن et deinde وبرودجرد. n) *L. وراوندة. Lectio recepta quoque exstat in O. et F. (mappa O. فراوند). o) *L. زردروذ.

يَسبيرُ وهذه المدن عليه تُسَايِرُه وتَصْحَبُه كأَسَدَاباذ والدينور وقرميسين والمَرْج *وطَزَر وحَومَة سُهْرَوَرْد[a] وشَهْرَزُور وزَنْجان وأَبْهَر وسِمْنان وقُمّ وقاشان ورُوذَة وبوسنة[b] والكَرَج[c] والبُرْج واصبهان وخان لَنْجان[d] *وبارة ومدينة[e] الصَّيْمَرة ونواحى *سِيرَوَان ونُور[f] الراسِبِىّ والطالَقان ۞

ذكر احوالها ومقاديرها فى ذاتها فهَمَذَان مدينة كبيرة مقدارها فرسخ فى مثله[g] محدثة اسلاميّة ولها سور وربض وللمدينة اربعة ابواب حديد وبناؤهم من طين ولهم مياه وبساتين كثيرة وزروع سيح وبخوس خصبة من جميع الخير كثيرة التجارات والميرة[h] ۞ *واَمّا الدّينَوَر[i] فانّها كثُلُثَىْ همذان

Quae sequuntur recte sese habere nequeunt, ut mappâ inspectâ patebit. Fortasse verba ونهر زندروذ — وتصحبه male hic in textum irrepserunt et verum locum obtinent ad finem itinerarii, supra p. ٢٥٨, 15. Nam de urbibus inde a Barudjird ad Ispahan hoc valere videtur; cf. Ritter, IX, p. 59. Librarius male deinde pro واسداباذ scripsit كاسدباذ, quae ei videbatur emendatio necessaria. Uylenbroek, teste versione, pro يَسبيرُ pronunciavit يُسَبِّرُ. Potius post يسير videtur excidisse من نحو بروجرد vel talequid.

a) *L. وطرز حونه. Apud I., p., ١٩٧ ult. male recepi حورمة. Veram lectionem praebuerunt O. et F. (ubi جومه ut saepius pro حومة), et recte me حومة سهرورد junxisse patet imprimis e mappa O., ubi unus locus Sohraward sic appellatur. *b*) Cf. I., p. ١٩٨ *b*, quibus adde: F. بوسمه et in mappa دوسمه, O. in textu et mappa دوسنه. *c*) Hic aut potius supra abundat, nam de كرج روذراور cogitari nequit, quia ejus loco nomen regionis روذراور jam receptum est. *d*) *L. الابنجان. *e*) *L. وبارمه مدينه. Cf. I., p. ١٩٨ *f*. In textu O. et F. nomen desideratur, sed in mappa F. داره, O. دبارة (وبارة). Jacet autem secundum eas mappas procul a صيمرة (O. سيمرة) in confinio Khuzistani. Si lectio *L. sana est, fortasse hic habemus *Βαρηνη* (Ritter, IX, p. 98). *f*) *L. سندان من دور. *g*) P. add. وهى. *h*) P. add.: واهلها فيهم ادب وفضل ومروة. *i*) *L. والدينور.

وهى ايضًا مدينة كثيرة الثمار والزروع خصيبة واهلها احسن طبعًا من اهل همذان *وفيها مياه ومستنشرف[a] وان قلتَ انّها تزيد على همذان من جهة آداب اهلها وتصرّفهم فى العلوم[b] واشتهارهم بذلك صدقتَ[c] ومنهم ابو محمّد عبد الله ابن قُتَيْبَة الدِّينَوَرىّ صاحب كتاب ادب الكاتب والمصنّفات الكثيرة العجيبة وقد طعن قوم فى بعضها فلم يسقط لاحسانه فى اجلّها ۞ واصْبَهان مدينتان احداهما تعرف باليَهُودِيّة والاخرى شَهْرِسْتانة[d] وبينهما مقدارُ ميلين كقُرْطبة والزهرة متباينتان فى كلّ واحدة منهما منبر واليهوديّة اكبرهما وهى *مثل همذان[e] فى الكبر وبناؤهما من طين وهما اخصب مدن الجبال واوسعها عرصة واكثرها اهلًا ومالًا وتجارة *وسابلة ونعمًا وخيرات وفواكه وطيّبات[f]، وهى فرضة لفارس والجبال وخراسان وخوزستان[g] وليس بالجبال كلّها اكثر جمالًا للحمولات منها ويرتفع منها العتّابىّ والوشى وسائر ثياب الابريسم والقطن ما يجهّز بذلك[h] الى العراق وفارس وسائر الجبال وخراسان وخوزستان وليس كعتّابىّ اصبهان فى الجودة والجوهريّة وبها زعفران وفواكه تجلب الى العراق وسائر النواحى وليس من العراق الى خراسان مدينة

---

a) In P. haec recte ponuntur ante واهلها. *b*) In *L. deëst, P. العلم. *c*) Ex solo P. *d*) P. شهرستان. Lectio *L. quoque apud Dimaschkí, p. ١٨٣. *e*) *L. مثلا شهرستانة. P. مثل شهرستان sed omissis verbis اكبرهما وهى. Edrîsî, II, p. 167 „mais la première est deux fois plus grande que la seconde.” Cf. I., p. ١٩٨ ult. *f*) P. ونعمًا وفواكه وغلّات الّا ان غلاء الاسعار غالب عليها. *g*) Deinde P. haec habet: وهى مدينة ذات نواحٍ نزهة ورساتيق حسنة ويقال ان الاسكندر عند ما بنا سور شهرستان جعل فيه ثلاثمائة وستّين برجًا لكلّ ضيعة برجًا ليتحصّن عند الفزع وتهوى (ويهوى .l) اليه اهلها عند تغلّب الاشرار اما فواكه اصبهان فلجودتها وحلاوتها وصحّتها تلحق عتيقها بطرايثة (sic. Leg. بطراية?) حديثها كالكمثرى الصينىّ والسفرجل والرمّان والتفّاح ويجلب فاكهتها الى مدينة السلام. *h*) *L. ذلك.

بعد الرىّ اكبر من اصبهان[a] ۞ والكَرَجُ[b] مدينة متفرّقة وليس لها[c] اجتماع المدن وتعرف بكَرَج ابى دُلَف وكانت مسكنًا له ولاولاده الى ان زالت ايّامهم وبناؤهم كبناء الملوك قصور عالية وابنية واسعة وفضآء وفسحة ولها زروع ومواشٍ وليس بها كثير بساتين ومتنزّهات وفواكههم من بروجرد وغيرها وبناؤهم من طين وهى مدينة طويلة نحو فرسخين ولها سوقان احداهما[d] على باب مسجد الجامع وسوق اخرى وبينهما صحرآء كبيرة وتصاقبهما[e] الابنية والمنازل والمساكن والحمّامات ۞ وبُروجِرْد مدينة اتّخذ فيها منبرًا حَمُولة بن علىّ وزير آل ابى دلف وهى مدينة خصيبة كثيرة الخير تحمل فواكهها الى الكرج وغيرها حتّى الى همذان والدينور وطولها اكثر من عرضها وطولها نصف فرسخ وبها زعفران كثير ايضًا ۞ ونهاوَنْد على جبل وهى مدينة بناؤها من طين وفيها انهار وبساتين وفواكه كثيرة تحمل الى العراق لجودتها وكثرتها وبها جامعان احدهما عتيق والآخر محدث واليها يرتفع زعفران الرُّوذراوَر وهو رستاق كبير عظيم يزرع فيه الزعفران مشهور المقدار والمكان *وله قرى كثيرة[f] والمنبر منها فى موضع يعرف بكَرَج الروذراور وهى مدينة صغيرة بناؤها من طين وهى خصبة بها مياه وثمار وزروع ويرتفع منها من[g] الزعفران ما لا يرتفع من غيرها من مدن الجبال فيجهّز الى العراق والى سائر النواحى لكثرته وجودته ۞ وحُلْوان مدينة فى سفح الجبل المطلّ على العراق *وقد صوّرناها فى صورة العراق[h] وبناؤها من طين وحجارة ايضًا وهى[i] نحو نصف الدينور ويكون الثلج منها على فرسخين *وكذلك منها الى الجبل[k]

---

a) P. addit وجالنجان (وخان لنجان .l) مدينة صغيرة خصبة كثيرة الخير ولها ناحية ورستاق كاطيب ما يكون بمياهه ولها قلعة عظيمة وهى خزانتها لامرائها. *b*) P. والكرخ. *c*) *L. بها. *d*) Male positum in *L. post الجامع. *e*) *L. وتصاقبها. *f*) Haec in *L. male posita sunt post بكرج الروذراور. *g*) *L. om. من. *h*) P. ويزعم بعض الناس ان حلوان من العراق ويزعم الاكثرون انها جبلية يسقط فيها الثلج وهى من الجبال بلا منازعة. *i*) *L. وهو. *k*) P. غير منقطع ابدًا.

وهى مدينة حارّة فيها نخيل[a] وشجر تين[b] كثير موصوف ومياه واودية تتخرّق[c] فى اعمالها *ورمّان موصوف[d] وقد نالها اختلال فى سورها ۞ وامّا *الصَّيْمَرَة والسِّيروان[e] فمدينتان صغيرتان غير انّ الغالب على بنائهما الجصّ والحجر كمدينة الموصل فى ابنيتها وفيها التمر[f] الكثير والجوز والدستنبويه وما يكون فى بلاد الصرود والجروم وفيهما مياه واشجار وهما نزهتان يجرى الماء فى دورهم ومحالّهم[g] ۞ وشَهْرَزُور[h] مدينة صغيرة قد غلب عليها الاكراد وعلى ما قاربها ودنى من العراق وليس بها امير ولا عامل *وهى من رغد العيش وكثرة الرخص وحسن المكان وخصبه بحالة واسعة وصورة رائعة[i] وكذلك مدينة *سُهْرَوَرْد كشهرزور[k] فى الاوصاف الّتى قدّمتُها لها خيراتها كثيرة وقد غلب عليها الاكراد وقدرها فى رقعتها[l] كقدر شهرزور وكان اكثر اهلها الشراة فانتقلوا ومَنْ سقطت نفسه ورضى بالهوان اقام لمحبّة المنشأ والاوطان وهما خصبتان وعليهما سوران ۞ وقَزْوِين مدينة عليها حصن وفى داخل المدينة جامعها وهى منهل للديلم وكانت فى بعض ايّام بنى العبّاس ثغرا يغزون الديلم منه وبينها وبين مستقرّ ملك الديلم اثنا عشر فرسخا والطالَقان اقرب الى الديلم منها، وليس لقزوين ماء جارٍ الّا مقدار شربهم[m] ويجرى هذا الماء فى مسجد الجامع فى قناة وهو ماء وبىء[n] ولهم اشجار وكروم وزروع كلّها عذى تزكو حتّى تحمل الى ما قاربهم وداناهم، وكان لها اهل شراة[o] لا يُغِبُّهم الزُّوّار والطُّرّاد وفيهم خير بالطبع واصطناع له ومنهم ابو

---

a) P. add. وزروع. *b*) *L. et P. om. *c*) P. ينخرق. *d*) P. ورمانها موصوف. *e*) P. الصيمرة والشيروان وتبينها مشهور بالحلاوة معروف. *f*) *L. التمر. *g*) P. ومجالسهم. *h*) In marg. P. شهرورد. *i*) Ex P. apparet haec verba quae Uylenbroek omisit, quasi ad urbis Bam in Kirman descriptionem (p. ٢٢٣) pertinentia, hic esse collocanda. *k*) *L. شهرزور كشهرزور, P. شهرزور كشهرورد. Uylenbroek, p. 77, censet verba كشهرزور — قدمتها librario tribuenda esse, sed P. habet quoque فى الاوصاف وقدر مساحتها. *l*) L. رفعتها. *m*) P. شرب اهلها. *n*) P. وبى. *o*) *L. شرات et paullo ante قنات.

القاسم علىّ بن جعفر بن حسّان المتكلّم على مذاهب البصريّين والمتفلسف ومَنْ يقال انّه اذكى اهل هذا العصر واشدّهم حفظًا وهو عند صاحب خراسان وفى جملة من يتولّى له الاعمال وبخراسان منهم غير رئيس نفيس عالم فاضل ✿ وقُمّ مدينة عليها سور وهى خصبة [a] *ومآؤُهم من آبار وماء بساتينهم من سوانٍ [b] وبها فواكه واشجار فستق وبندق وليس بتلك النواحى بندق [c] الّا ما بمدينة لاشتر [d] ففيها منه كثير [e] وليس بجميع الجبال نخيل الّا ما بالصيمرة والسيروان وما بشابُرْخاسْت [f] وهى نخيل قليلة غير انّها لقربها من العراق جياد وجميع اهل قمّ شيعة لا يخالطهم احد والغالب عليهم العرب [g] ✿ وقاشان مدينة صغيرة وبنآؤها وبناء قمّ الطين وسائر ما ذكرنا من مدن الجبال سوى الرىّ فانّها بالجصّ [h] وجميعها لطاف متقاربة ✿

وليس بجميع الجبال بحيرة صغيرة ولا كبيرة ولا اتّصال بشىء *من البحار [i] البتّة ولا نهر يجرى فيه السفن غير النهريْن المُفْضِيَيْن [k] بين جبال الجزيرة جآيئة من نواحى ارمينية على جبال داسن [l] ويعرفان بالزابيْن وكانّهما وان كانا من الجبال يخرجان فليسا منها لانّهما الى دجلة ينصبّان وفيها يقعان ورايتُهما جميعًا ومخرجهما من جبال الجزيرة الّتى بين اذربيجان ونواحى الموصل ✿ والغالب على هذه المدن المذكورة والنواحى الموصوفة [m] الجبال الشاهقة العالية والاوعار الصعبة المنيعة الّا ما بين همذان الى الرىّ الى قمّ فانّ الجبال بها قليلة ✿ والّذى يحيط بالجبال *فمن حدّ شهرزور [n] الى حلوان والصّيمرة والسيروان واللور واصبهان وحدّ فارس راجعًا على قاشان

---

a) Antea ut videtur scriptum fuit خصيبة, P. حصينة. b) P. وشرب اهلها من الابار ومياه بساتينهم سواقى. c) P. فستق وبندق. Deinde *L. الى. d) *L. لاشيه, P. لشتر. e) P. الكثير الغزير. f) *L. بسايرخاسب. g) P. add. ولسانهم بالفارسية. h) P. بحصن. i) Conjectura addidi. k) Uylenbroek proposuit المغيضين. l) *L. داسق. m) P. الموضوعة. n) Conjectura supplevi. In *L. male hic collocata sunt verba infra sequentia الصعبة — اكراد شهرزور.

الى همذان حتّى ينتهى الى قزوين ونواحى الديلم *وتمتدّ الجبال *a* الصعبة من حدّ شهرزور الى آمد فيما بين حدود اذربيجان والجزيرة ونواحى الموصل وهو من طولها وربّما كان عرضها فى غير موضع الثلاثين فرسخًا الى الاربعين وانقص وازيد لا ترى فيها مرحلة واحدة فى سهل وهذه الجبال مسكونة مأهولة بالاكراد الحُمَيديّة والاويّة *b* والمِهْرانيّة وغيرهم من اكراد شهرزور وتمتدّ الجبال فى اذربيجان بين وعر وسهل وجبل الى جبل القَبْق *c* على جبال الخُرّميّة، واسافل هذه الجبال من نواحى شهرزور الى نواحى قاشان وحدود خوزستان تعرف بالماهَيْن *d* ماه الكوفة وماه البصرة، وانّما نسبت جبال الديلم الى الديلم اذ كانت قائمة بانفسها ولها ملوك وكان اتّصالها واحدًا من جهة المشرق بجبال طبرستان وجرجان ومن جهة المغرب بجبال اذربيجان وليس بينهما حاجز يستحقّ افرادًا به وقد اضيفت الديلم فى غير وقت الى عمل خراسان ومرّة الى اذربيجان ✿ والرىّ مدينة ليس بعد بغداد بالمشرق مدينة اعمر منها الّا انّ نيسابور اكبر منها عرصة وافسح رقعة فامّا اشتباك البناء والخصب واليسار والعمارة فهى اعمر ومقدارها فرسخ ونصف فى مثله *والغالب على بنائها الطين *e* ✿ ومن الجبال المذكورة بهذه النواحى جبل دُنْبَاوَنْد *f* جبل *g* مرتفع حتّى يرى فيما بلغنى من خمسين *h* فرسخًا لارتفاعه وما بلغنى انّ احدًا ارتقاه ويتحدّث عنه بخرافات كثيرة من انّ السحرة من *i* جميع اقطار الارض تأوى اليه ✿ وجبل بِهِسْتُون جبل منيع

---

a) Iterum conjecturâ supplevi. *b*) *L. والاديه. Supra p. ١٤٤, 8 habet الاويّه, ubi recepi ex P., quod nunc revoco, اللاويه. *c*) *L. القيق. *d*) *L. بالمياهين et deinde ميماه. *e*) P. ولاهلها والحجر بالجصّ وبعض بنائها مذاهب مختلفة، وما لم اذكره فهو امّا مدينة صغيرة او قرية كبيرة منسوبة الى بعض هذه البلاد. *f*) *L. ديناوند. *g*) Ex P. et I. addidi. *h*) Secundum Cod. Ist. C. distantia 75 Par. (I., p. ٢٠٢ *m*), secundum F. 100 Par. Hic addit, praeter ea quae habet C., semet ipsum vidisse montem ex Ispahán: واين ضعيف را ان كوه از نزديك اصفهان مشاهده شده است. *i*) *L. فى.

لا يرتقى الى ذروته ايضًا وطريق الحاجّ من نيسابور الى حلوان تحته وفى بعضه ووجههُ من اعلاه الى اسفله املس[a] ويكون من الرىّ الى حلوان بهذه الصفة حتّى كانّه منحوت[b] منه مقدارُ قامات كثيرة من الارض، ويزعم بعض الناس واظنّه عمرو بن بَحْر الجاحظ فى كتاب البلدان له وهو كتاب نفيس له فى معرفة الامصار انّ بعض الاكاسرة اراد ان يتّخذ جوف[c] هذا الجبل موضع سوق ليدلّ على سلطانه وقوّته[d]، وعلى ظهر هذا الجبل ممّا يقرب من الطريق الآخذ الى العراق مكان يشبه الغار فيه عين ماء تجرى وهنالك صورة دابّة كاحسن ما يكون من الصور ويزعمون انّه صورة دابّة[e] كسرى المسمّى شبْداز[f] وعليه *كسرى مصوّرًا من حجر[g] وصورة امرأته شيرين فى[h] سقف هذا الغار، واخبرنى من رأى فى هذا الجبل على الغار من فوقه بمسيرة بعيدة صورة مكتب ومعلّم وصبيان من حجارة وبيد معلّمهم كالسّيْر *الّذى يضرب به[i] وانّه رأى هنالك مطبخًا وطبّاخه قائم وقدوره منصوبة على اثافٍ معمولة منقوبة وبيد الطبّاخ مغرفة[k] من حجارة۞ وليس بهذه النواحى جبل مذكور مشهور غير ما ذكرتُه وجبل سَبَلان[l] المطلّ على مدينة اردبيل عندى اعظم من دنباوند غير انّه منقطع عن الجبال الّتى[m] تصاقبه فهو يرى فى دون منزلته من العلوّ والسموّ وما رايتُ من رقى ذروته، وجبل الحارث[n] بذَبيل اعظم منهما، وجبال[o] الخُرّميّة جبال منيفة[p] فيها الخرّميّة وكان بابك منها ولهم بقراهم مساجد ويقرأون القرآن ويتقوّل عليهم فى خلال ذلك انّهم لا يدينون فى الباطن بدين غير الاباحة۞

---

a) P. add.: قد عمل وجُرِّد. *b*) P. نحت. *c*) P. بجوف. *d*) In marg. P. additur فلم يقدر. *e*) *L. om. *f*) *L. سنداز. *g*) P. صورة كسرى. *h*) *L. om. *i*) P. يومى لضرب الصبيان. *k*) P. add. منقور فى الحجر. *l*) *L. سيلان. *m*) *L. الذى. *n*) Quod I., p. ٢٠٣ *g* ex E. annotatum est, confirmatur mappa Armeniae O., ubi الحارث appellatur ماست كوه et الحويرث nomen habet ماست كوه كوچك. *o*) *L. وبجبال. *p*) Uno puncto deleto منيعة legi potest, quod magis convenit cum lectione I. ممتنعة.

ونقود اهل هذه النواحى الذهب والفضّة جميعًا والغالب على نقودهم الذهب [a]، وامّا اوزانهم فانّ منْ همذان والماهات اربع مائة درهم ✿ ولا اعلم بجميع البلاد [b] معدن ذهب ولا فضّة غير انّ بقرب اصبهان معدنًا للكحل مصاقبًا لفارس، والغالب على اهل الجبال كلّها قنية الغنم وعلى مطاعمهم اللبن وما يكون منه حتّى انّ جبنهم يحمل الى العراق وفارس وغيرهما من المدن ويوصف بالجودة ✿ فامّا الديوان منها ودار الامارة بها فى وقتنا هذا فهى بالرىّ لانّ ملكها ابا علىّ الحسن بن بُوَيه قد قطن بها واستوطنها وهى باجمعها له [c] وفى يده وجباياتها واصلة اليه ويرتفع اليه منها ومن الرحال [d] المجاورة لعمل اصبهان من ارض فارس الفا الف دينار ✿

الديلم

فامّا الدَّيْلَمُ وما يتّصل بها فمن ناحية الجنوب قزوين والطّرْم وشىء من اذربيجان وبعض الرىّ ويتّصل بها من جهة المشرق بقيّة اعمال الرىّ وطبرستان ويتّصل بها من *جهة الشمال [e] بحر الخَزَر ومن المغرب شىء من اذربيجان وبلدان الرّان وقد ضممنا الى ذلك ما يتّصل به من *جبال الروبنج وقادُوسيّان [f] وجبال قارن وجرجان، وامّا بحر الخزر [g] فقد افردتُ صورته بذاتها *وهو الّذى يلى صورة الديلم [h] واثبتُّ بدونها؛ على جهتها ما يتّصل بها من تلك النواحى الّتى لم اذكرها ولا صوّرتُها [k] ✿

فامّا ناحية الديلم فسهل وجبل فالسهل للجِيل [l] وهم مفترشون على شطّ

---

a) Male Uylenbroek h. l. addit فهلك بهلاكه quae verba pertinent ad finem descriptionis urbis بم (supra p. ٣٢٣, 14). b) I. الجبال. c) Sequuntur haec verba cum signo delendi: له باجميعها نسخة وفى. d) *L. الرجال. e) *L. الجنوب ايضا. f) *L. الروبنج ودادوسيان. g) *L. الخُزْر. h) Haec in *L. (qui Codex h. l. negligentissime est exaratus) post جهتها sunt posita. i) *L. به وبها et mox وما. k) Hic sequi deberet mappa Dailami. l) *L. et P. للجبل.

بحر[a] الخزر تحت جبال الديلم والجبالُ للديلم المحض وهى جبال منيعة والمكان الّذى به[b] الملك يسمّى الطّرْم[c] وبه مقام آل جستان[d] ورياسة الديلم فيهم وزعم ابو بكر محمّد بن دُرَيد انّ الديلم طائفة من بنى ضبّة وناحيتهم كثيرة الشجر والغياض واكثر ذلك للجيل[e] فى الوجه الّذى يقابل البحر وطبرستان وقراهم[f] مفترشة وهم اهل زرع وسوائم وليس عندهم من الدوابّ ما يستقلّون بها ولسانهم منفرد عن الفارسيّة *والرانيّة والارمنيّة[g] وفى بعض الجبل طائفة يخالف لسانُهم لسان الجيل والديلم والغالب على خلقهم النحافة وخفّة الشعر والعجلة والطيش والبدار[h] وقلّة المبالاة والاكتراث، وكان الديلم كفّارًا يُسْبَى رقيقهم الى ايّام الحسن بن زيد بن محمّد بن اسماعيل بن *الحسن بن زيد بن علىّ[i] بن الحسين بن علىّ بن ابى طالب عمّ فتوسّطهم العلويّة واسلم بعضهم وفيهم الى يومنا هذا كفّار ✿ والرويبنج[k] وجبال قادوسيان وقارن هى جبال منيعة ولكلّ جبل منها رئيس والغالب عليها الاشجار العالية والغياض والمياه وهى خصيبة جدًّا فامّا جبال قارن فهى قرى لا مدينة لها غير سهمار[l] على مرحلة من سارية ومستقرّ آل قارن بموضع يسمّى فِرِيم[m] وهو موضع حصنهم وذخائرهم وبمكان ملكهم يتوارث اصحاب الجبل المملكة من ايّام الاكاسرة ✿ وجبال قادوسيان[n] جبال مملكة ورئيسها يسكن قرية تسمّى أُرُم[o] وليس بجبال قادوسيان منبر وبينها وبين سارية مرحلة ✿ فامّا جبال روبنج[p] فانّها كانت لرعاياهم يملكونها وفى هذا العصر هى لملوكهم وهى بين الرىّ وطبرستان فما كان من جهة الرىّ فمن حدود الرىّ وما كان من وجه طبرستان فمن طبرستان ✿ والمدخل الى الديلم[q] من طبرستان على شالُوس

---

a) *L. بحور. b) P. كان فيه قعدد. c) *L. الطرمى. I. روذبار. d) *L. et P. حسان. e) *L. et P. للجبل. f) P. وراهم. g) P. والارانية والارمونية. h) *L. والبدا. i) Ibno 'l-Athír, VII, p. ٨٥ زيد بن الحسن. k) *L. والرويح et mox بادوسيان. l) Fortasse *L. شهمار. m) *L. دردن. n) *L. بانوسبان et mox بانوسيان. o) *L. أُزَم. Cod. F. addit وقريه منصور نيز مى گويند; cf. I., p. ٢٠٩ b. p) *L. زرويج. q) *L. male الرى.

وهى على نحر البحر ولها منعة اذا استوثق منها بالشحنة لصعوبة المسلك على الديلم الى طبرستان، وبين هذه الجبال من حدّ الديلم الى أَسْتَرَاباذ[a] والى البحر اكثر من يوم وربّما ضاق حتّى يضرب الماءُ الجبل فاذا جآء الجآئىُ من[b] الديلم الى الجيل[c] اتّسع حتّى يصير بينه وبين البحر مسيرة يومين واكثر ۞

ونواحى قزوين والّذى[d] يتّصل بها من المدن أَبْهَر وزَنْجان والطالَقان، ويتّصل بالرىّ الخُوار وشَلَنْبة[e] ووِيمة، وتقع فى قومس سِمْنان والدامَغان وبِسْطام، وتقع بطبرستان آمُل وناتل[f] وشالُوس *وكَلار والرُّويان وميلة وبرجى وعين الهُمّ[g] ومامَطير وسارِيَة وطَميسَة، وتقع[h] فى عمل جرجان جُرْجان[i] وأَسْتَراباذ وآبَسْكُون ودِهِسْتان، فامّا جبال *رويَنج وقادوسيان[k] وقارن فلا اعرفُ بها مدينة ولا منبرًا غير سهمار وهى فى جبال قارن ۞

واعظم مدينة فى هذه الناحية الرىّ وذلك انّ طولها فرسخ ونصف فى مثله وهى مدينة بنآؤها من طين ويستعمل فيها الآجرُّ والجصُّ ولها حصن حسن له ابواب مشهورة منها باب باطاق[l] ويخرج منه الى الجبال والعراق وباب بليسان[m] ويخرج منه الى قزوين وباب كُوهَك ويخرج منه الى طبرستان وباب هشام يخرج منه الى قومس وخراسان وباب سين[n] يخرج منه الى قُمّ، ومن اسواقها المشهورة رُوذَة[o] وبليسان ودهك ونَصْراباذ وسارْبانان[p] وباب الجبل

---

a) *L. اسمان اباذ. b) *L. الى. c) *L. الجبل. d) *L. والرى. e) *L. وسليبه, infra سلبنة. Deinde om. copulam ante ويمة. f) *L. ناتل et deinde وسالوس. g) *L. وكلان والرودان وممله برحى وعمن انهم. Ad I., p. ٣٠٩n adde: O. برحى et برجى, F. برحى, برحى et يرخى. h) *L. ويقع. i) *L. om. Deinde habet واستاراباذ. k) *L. رومج وىادوستان. l) *L. ماطا. Vid. I., p. ٣٠٧e. O. et F. habent quoque باطان. Ex littera ultima ن videtur orta esse و vocis sequentis ويخرج. m) *L. بلنسان. Cod. F. مليسان et فليسان, O. مليسان et قليسان. n) *L. h. l. مسن, infra سنن. o) *L. روزه et deinde وبلنسان. p) *L. وسروس وان.

وباب هشام وباب سين واعظمها الرُّوذة وبها معظم التجارات والخانات وهو شارع عريض مشتبك الخانات والابنية، ولها مدينة فيها حصن وفيها مسجد الجامع واكثر المدينة خراب والعمارة فى الربض ومياههم من الآبار ولها ايضًا قُنِىٌّ ولهم فى المدينة نهران للشرب يسمّى احدهما سورقنى[a] يجرى على روذة والآخر الجيلانىّ يجرى على ساربانان[b] ومنهما شربهم *ولهم قُنِىٌّ كثيرة ما يفضل عن مشربهم[c] ويتفرّع الى ضياعهم، ونقودهم الدراهم والدنانير وزيُّهم زىُّ العراقىّ ويرجعون الى مروّة[d] ولهم دهآء وتجارب وبها قبر محمّد بن الحسن الفقيه الكوفىّ وقبر الكسآئىّ والفَزارىّ المنجّم ۞ وامّا مدينة الخُوَار فهى مدينة صغيرة لطيفة نحو ربع ميل وهى عامرة وبها ناس يرجعون الى سرو ومروّات وعلم وديانات ولهم مآء جارٍ يخرج من ناحية دُنْبَاوَنْد[e] ولهم ضياع ورساتيق وحال حسنة ۞ وامّا وِيمَة وشَلَنْبَة[f] فهما من ناحية دنباوند وهما مدينتان صغيرتان اصغر من الخوار واكبرهما ويمة ولهما[g] زروع ومياه وبساتين واعناب كثيرة وخُوَار[h] اشدّ تلك النواحى بردًا ۞ وللرىّ سوى هذه المدن قرى تزيد فى العدد على هذه المدن كبرًا مثل *سُدّ ووَرَامين[i] *وأَرَنْبُوَيه وورزنين ودزاه وقوسين[k] وغير ذلك من القرى الّتى بلغنى انّ فيها ما يزيد اهله[l] على عشرة آلاف رجل، ومن رساتيقها المشهورة القَصْران الداخل والخارج *وبِهْزان والسِّنّ وبشاويه ودُنْبا[m] ورستاق قوسين وغير ذلك، ويرتفع من الرىّ ممّا يجلب الى غيرها القطن الّذى يحمل الى بغداد واذربيجان وغيرهما والثياب المنيّرة والابراد والاكسية ۞

---

a) *L. سورينى. Cod. F. سورس. O. كاريز شاهى. b) *L. يساربابان.
c) Haec in *L. desunt. Cf. ad I., p. ٢٠٨ *l*. d) *L. ثروة. e) *L. ديناوند.
f) P. تيمة وسلمية. g) *L. ولها. Ex I. et P. h) Vid. ad I.; P. et Edrîsî, II, p. 181 lectionem confirmant, ut quoque F. qui habet: وخوار بر كناره وادى مبنى است ودران نواحى واطراف هيچ شهرى ازان سردتر نمى باشد.
i) *L. سدر وراميين. k) *L. واسوده وسردن ودرك وتوسمن. l) *L. om.
m) *L. ودهمان والسى وساوده ودنما. De primo nomine vid. I., p. ٢٠٩ *k*. Cod. F. habet دهتان et دهمان, O. دهنار.

وليس بجميع هذه النواحى نهر تجرى فيه السفن ۞ وامّا الجبال فمن حدّ عمل الرىّ دنباوند[a] وهو جبل رايتُه انا من وسط رُوذة بالرىّ وبلغنى انّه يُرى من قرب ساوة وهو فى وسط جبال يعلو فوقها كالقبّة ويحيط بالموضع الّذى يعلو عليه نحو اربعة فراسخ ولم يصحّ عندى انّ احدًا ارتقاه الى اعلاه ويرتفع من قلّته دخان دائم الدهر كلّه وحوالى هذه القلّة[b] قرى منها قرية دبيران[c] ودرمية وبرا[d] وغيرها من القرى وكان علىّ بن شروين الّذى أُسر على وادى جيحون منها وبلغ به الحال الى ان نافسته نفسه الى ملك خراسان فلم يسعده القدر، والقلّة الّتى ترتفع على بقعة دنباوند[a] جبل اقرع وليس على ما دونها كثير شجر ولا نبات ولا يعلم بسائر الجبال ونواحى الديلم وما يتّصل بها من جبل اعظم منه ۞

وقُومس اكبر مدينة بها الدامَغان وهى اكبر من خُوَار الرىّ وسِمْنان اصغر منها وبِسْطام اصغر من سمنان والدامغان قليلة الماء وهى متوسّطة العمارة وبسطام اكبر منها عمارةً[e] واكثر فواكه ويحمل من فواكهها الى العراق شىء كثير ويرتفع من قومس[f] اكسية معروفة تحمل الى الامصار وهى فاشية فى جميع الارض ۞ وقَزْوين مدينة عليها حصن وداخلها مدينة صغيرة عليها[g] حصن ومسجد الجامع فى المدينة الداخلة وهى مدينة مآؤها من السماء والآبار وليس بها نهر الّا قناة صغيرة للشرب وقد ذكرتُ انّها لا تفضل عن شربهم وهى خصيبة مع قلّة مياهها ويكون مقاديرها ميلًا فى ميل ۞ وأَبْهَر وزَنْجان مدينتان صغيرتان خصيبتان[h] كثيرتا المياه والاشجار والزروع وزنجان اكبر من ابهر غير انّ اهل زنجان تغلب عليهم الغفلة والخبال[i] ۞

وطبرستان اكبر مدنها آمُل وهى مستقرّ الولاة فى هذا العصر وكانوا فى قديم الزمان يسكنون سارية وطبرستان بلد كثير المياه والثمار والاشجار

---

a) *L. ديناوند. b) *L. القلعة. c) *L. sine punctis. d) *L. وبنوا. e) Conjectura addidi; cf. ad I., p. ٢١١ b. Cod. F. tantum habet ودر بسطام ميوه بسيار مى باشند. f) L. قوسن. g) *L. على. h) P. حصينتان. i) *L. والجبال; P. add. موجود فيهم.

الجليلة العظيمة والغالب عليها الغياض وكثرة الاشجار وعلى ابنيتها الخشب والقصب وهو اقليم كثير الامطار شتآءهم وصيفهم[a] واسطحتهم مسنّمة، وآمل اكبر من قزوين مشتبكة العمارة ولا اعلم على قدرها اعمر منها فى نواحيها، ويرتفع بجميع طبرستان الابريسم ويحمل منه الى جميع الآفاق وليس فى جميع الارض من ملك الاسلام والكفر ناحية تقارب طبرستان فى كثرة الابريسم وبها من الخشب الخلنج والكرم وما قاربهما من جنس الشمسار والشواحط ما ليس بمكان مثله، والغالب على اهلها وفور الشعر واقتران الحواجب وسرعة الكلام والعجلة والطيش وعلى[b] طعامهم خبز الارزّ والسمك والثوم وكذلك الديلم والجيل، ويرتفع من طبرستان اصناف من[c] الثياب الابريسم والاكسية الصوف الثمينة والبرّكانات العجيبة وليس بجميع الارض اكسية تبلغ قيمة اكسيتهم وبرّكاناتهم ومطارفهم فاذا كانت بالذهب فهى كما بفارس او ازيد بقليل، وليس بجميع طبرستان نهر تجرى فيه سفينة الّا انّ البحر منهم قريب على اقلّ من يوم، ويعمل بطبرستان مناديل قطن وشرابيّات ودسانك ساذجة ومذهّبة وليس لذهبها نظير هذا الى بقآء معروف فى ثيابهم وقطنهم كقطن صعدة وصنعآء فيه صفرة ولما يعمل منه جوهر حسن ويستحسنه اهل العراق، وبطن طبرستان صقيع بقيع يغلب عليها البرور ومحل الارض ☆

وجُرْجان وجبالها واعمالها مصاقبة لطبرستان وهى مدينة كبيرة دخلتُها ولم ار فى تلك النواحى لها نظيرًا وبنآؤها من طين وهى ايبس من آمل تربة واقلّ مطرًا مع انّه لا تخلو جرجان وطبرستان فى شتآئهم وصيفهم من الامطار الدائمة[d] الكثيرة العظيمة المؤذية المُضْجِرة[e] القاطعة[f] عن الاشغال والصادّة[g] دون[h] الاعمال وكان اهل جرجان احسن وقارًا واكثر مروّة[i] ويسارًا فى كبرآئهم *فهلكوا

---

a) P. add.: وربما اتصل المطر سنة جردًا فلا يرون فيها الشمس et habet deinde ويسطوحهم مسنّمة بالقراميد. *b*) *L. واعلى. Correxi ex P. *c*) Expuncta sunt الخشب و. *d*) P. القايمة. *e*) P. المضرّة. *f*) P. add. للغريب. *g*) *L. ut vid. والمصاده. *h*) P. عن المهمات من. *i*) Sic P. et I.; *L. موده.

وهلكت المدينة الّا الاقلّ[a] وهى قطعتان بينهما نهر يجرى كثير الماء عظيم فى الشتاء وعليه قنطرة معقودة *بين القطعتين من جرجان[b] وجرجان القطعة الشرقيّة من النهر والغربيّة تعرف ببكراباذ وهى اقلّ من جرجان[c]، وكان اكثر ما يعمل الابريسم بها واصل ابريسم طبرستان من جرجان لانّ بزره فى كلّ سنة يؤخذ من جرجان ولا يخرج من بزر طبرستان جوهريّته، ولها مياه كثيرة وضياع عريضة ولم يكن فى المشرق بعد ان تجاوز الرىّ والعراق مدينة اجمع ولا اظهر خصبًا على مقدارها من جرجان وذلك انّ بها الثلج والنخل[d] وفواكه الصرود والجروم[e] والتين والزيتون وسائر الفواكه وكان لاهلها مروّة[f] يتبارون فيها ويأخذون انفسهم بها وبالتأنّى للاخلاق[g] المحمودة فبدّدهم *جور السلطان[h] واختلاف العساكر عليهم وغيّرهم[i] عمّا عرفوه ونقلهم ذلك عمّا عهدوه وخرج[k] منهم رجال كثيرون معروفون بالسرو كالعمركى صاحب المامون[l] وكان من اهل العلم والادب بمكان، ونقودهم[m] ونقود طبرستان الدنانير والدراهم ومنّهم ستّمائة درهم وكذلك طبرستان والرىّ وقومس منّها ثلاث مائة درهم، ولجرجان فرضة على البحر[n] يركبون منها الى الخزر وباب الابواب والجيل[o] والديلم وغير ذلك تعرف بآبسكون مدينة صالحة كثيرة *البعوض والناموس[p] وليس بجميع النواحى المذكورة فرضة اجلّ من آبسكون وكان لهم رباط يعرف برباط دهستان مدينة[q] ولها منبر وهى ثغر للغزّيّة الاتراك وقد شرب من الاختلال شربة ليست بالقويّة، ويتّصل حدّ جرجان بالمفازة الّتى تلى خوارزم ومنها تجيئهم[r] الاتراك ✿ والغالب على اعمال جرجان الجبال والقلاع

a) P. وقد تغير الجميع وانقطعت الموادّ وهلكت الرعية من اختلاف الولاة. b) P. وجرجان جانبان. Deinde habet وجورهم بكثرة المصادرات والجبايات بالجانبين. c) P. add. سعة. d) P. add. والاترج. e) *L. om. f) P. مروّات: g) P. والحلم والاخلاق. h) P. ironice عدل الولاة. Lector subscripsit جور. i) Sequitur in P. ذلك وجديد بالتغيير لما يجرى عليهم. k) *L. ويخرج. l) Cod. F. كه وزير خليفه مامون بوذ. m) *L. om. n) P. بحر طبرستان. o) *L. الجبل. p) P. التعوض *sic*. q) P. add. قصيدة. r) *L. بجميع.

الممتنعة[a] وبها من القلاع فى وقتنا هذا ممّا لم يصل الى وَشْمكير بن[b] ديار ولا خرج عن يد اهله اكثر من الف قلعة لكلّ قلعة منها الضيعة والضيعتان ولمن[c] يملك جرجان *منهم مال يقبضه[d] وربّما منعوا *انفسهم عن[e] دفع ما يجب عليهم مدّةً ولا يمكن فى[f] اكثرهم الّا المسالمة واخذ ما *يتيسّر على الرفق واذا عنّفهم دفعوا[g] عن انفسهم لانّه لا يقدر على مطاولتهم؛ وجرجان وطبرستان مدينتان بين عملى خراسان والرىّ فربّما غلب عليهما[h] اصحاب خراسان فدعوا لآل سامان[i] وربّما غلب عليهما اصحاب الحسن بن بُوَيه فدعوا لآل بويه بها وسيأتى ذكر *ارتفاعهما واموالهما[k] ☆

ذكر المسافات بها   الطريق من الرىّ الى حدود اذربيجان فمن الرىّ الى قزوين ٤ مراحل ومن قزوين الى ابهر مرحلتان ومنها الى زنجان يومان صعبان؛ ومن اراد الطريق بالقصد لم يمض على قزوين ومضى على يَزْدَاباذ[l] من رستاق دَسْتَنَبى[m] ☆ والطريق من الرىّ الى نواحى الجبال فمن الرىّ الى قُسْطَانَة مرحلة ومنها الى مشكويه مرحلة ومنها الى ساوة ٩ فراسخ[n] وساوة ربّما ارتفعت فى اعمال الجبال وربّما ضُمّت الى الرىّ ☆ ومن الرىّ الى طبرستان فمن الرىّ الى برزيان[o] مرحلة خفيفة ومن برزيان الى نامهند[p] مرحلة كبيرة ومنها الى اسك مرحلة ومن اسك الى بلور مرحلة *ومنها الى كنازك مرحلة ومن كنازك الى قلعة اللّارز مرحلة ومنها الى فرست مرحلة[q] ومنها الى آمُل مرحلة ☆ ومن الرىّ الى خراسان على قومس فمن الرىّ الى

---

a) P. المنيعة. b) *L. من. c) P. ولكل من. d) P. عليهم مال كالمقاطعات. e) P. om. f) *L. om. g) P. تيسّر بالرفق والمدارة (l. والمداراة) وان عُنّفوا منعوا. h) *L. عليها hic et deinde. i) *L. شامان. k) *L. ارتفاعها واموالها. l) *L. بودابار. m) *L. وسمه. n) Cod. F. چهار فرسنك. o) *L. برربان et بربربان. p) *L. ماهيد. q) Haec omnia ex I., p. ٢١٥ adidi, recipiens كنازك quia Cod. O. habet كلازك. In Cod. F. hoc itinerarium desideratur. Forma فرست quoque est in Cod. O. (deleatur igitur lectio Ous. قهرست).

افرنذين مرحلة ومن افرنذين الى كهده[a] مرحلة ومن كهده الى خُوَار مرحلة ومن خوار *الى قرية الملح مرحلة ومن قرية الملح الى راس الكلب مرحلة ومن راس الكلب الى سِمْنان مرحلة ومن سمنان[b] الى عَلِيّاباذ مرحلة ومن عليّاباذ الى جرمجوى[c] مرحلة ومنها الى الدامَغان مرحلة ومنها الى الحدّادة[d] مرحلة ومنها الى بَذَش[e] مرحلة ومن بذش الى مورجان مرحلة كبيرة ومن مورجان الى هَفْدَر مرحلة ومن هفدر الى أَسَدَاباذ[f] مرحلة ومنها الى[g] نيسابور واسداباذ من نواحى نيسابور واوّل عملها ❁ والطريق من طبرستان الى جرجان فمن آمُل الى ميلة فرسخان وهى مدينة ومنها الى برجى[h] ٣ فراسخ ومن برجى الى سارية مرحلة ومن سارية الى بارست[i] مرحلة ومن بارست الى اباذان مرحلة ومنها الى طَمِيسَة[k] مرحلة ومنها الى أَسْتَرَاباذ[l] مرحلة ومنها الى رباط حفص مرحلة ومن رباط حفص الى جرجان مرحلة، ومن *اراد ان يخرج من آمل الى مامَطِير مرحلة ومنها الى[m] سارية مرحلة ولا يكون الطريق على برجى[h] فهذا[n] اقصد وانّما ذكرنا الطريق الآخر لانّ فيه منبرين ❁ والطريق من آمل الى الديلم فمن آمل الى ناتِل مرحلة ومن ناتل الى شالوس مرحلة خفيفة *ومن شالوس الى كَلّار مرحلة[o] ومن كلار الى الديلم مرحلة، ومن آمُل الى البحر الى عين الهُمّ[p] مدينة مرحلة خفيفة وفيها نهر ياتى من آمل ❁ الطريق من جرجان الى خراسان فمن جرجان الى دينار زارى مرحلة ومن دينار زارى الى املوتلو[q] مرحلة ومن املوتلو الى اجغ[r] مرحلة ومنها الى سيبداست[s] مرحلة ومن سيبداست

a) *Pagus foeni.* Cf. ad I., p. ٢١٥ *h*. O. et F. habent كهندة ut C. et E., quae lectio quoque bona esse potest. b) Haec omnia ex I. et Edrîsî addidi. c) *L. حرمحون. Cod. F. habet خرّم هَوَا. d) *L. الحداده. e) *L. sine punctis. f) *L. اسرباذ et mox واسراباذ g) *L. add. نواحى. h) *L. بردىحى. i) *L. بادست. I., p. ٢١٦ ult. تمارست. Cod. F. ببارسب. k) *L. طنه. l) *L. استاراباذ. m) *L. اوران تخرج الى ممطير الى. n) *L. وهذا. o) Ex I. supplevi. p) *L. اكهم. q) *L. املوادلوا. Cod. F. habet ملوىلق. r) *L. اجع. s) *L. سيداست. Cf. I., p. ٢١٧ *f*, quibus adde: F. سداسب.

الى أَسْفَرآيين مرحلة ✿ والطريق من جرجان الى قومس فمن جرجان الى جُهَينة مرحلة وهى وادٍ له قرية حسنة ومن جهينة الى بِسْطام مدينة مرحلة ومنها الى وسط قومس مرحلة ✿

وامّا ارتفاع جرجان بعد اختلالها فى وقتنا هذا وجباياتها لنهفشور بن وَشْمَكير بن ديار[a] الديلمىّ وما هو فى ضمنها من الجبايات والقبالات وحقوق السلطان وما يؤخذ من المراكب الواردة والصادرة فى بحيرة طبرستان واطراف الجبال فمن مائة الف دينار الى الف الف درهم وارتفاع طبرستان غير متحصّل لانّها فى يد غير انسان وعلى ما تقدّم من ذكرها وكانت قديمًا كجرجان[b] ✿

بحر الخزر

وامّا بحر الخَزَر[c] فانّ شرقيّه بعض الديلم وطبرستان وجرجان وبعض المفازة الّتى بين جرجان وخوارزم وغربيُّه الران وحدود السرير وبلاد الخزر وبعض مفازة الغُزيّة وشماليُّه مفازة الغزيّة بناحية سِياه كُويه وجنوبيُّه الجِيل والديلم وما دانى ذلك[d] ✿

وهذا البحر ليس له اتّصال بشىء من البحار الّتى على وجه الارض على شبه المادّة والاختلاط الّا ما يدخل اليه من نهر الرُّوس[e] المعروف باتِل *وهو متّصل بشعبة تفضى منه الى الخارج من ارض القسطنطينيّة الى البحر المحيط[f] ولو انّ رجلًا طاف بهذا البحر لرجع الى مكانه الّذى ابتدأ منه لا يمنعه مانع ولا يقطعه قاطع الّا نهر يجذب[g] اليه ويقع فيه، وهو بحر مالح[h]

---

a) Sic quoque supra; Ibno 'l-Athír semper زيار (VIII, p. ١٢٩, ١٤٢, ٢٢٩, ٢٤٧) et sic quoque Melgunof, p. 53. b) P. habet واما ارتفاع جرجان يبلغ مائتى الف دينار عند عمارتها وكذلك طبرستان واليوم فما اظنّ ان هذا القدر يحصل لتداولها بين السلاطين. c) *L. saepius الخُزْر. d) Hic sequitur وهذه صورة بحر الخزر: e) *L. الروسن, P. الرسّ i. e. الرُّسّ, cf. Jacut, II, p. ٨٣٤, 10. f) P. pro his والكرّ والرسّ. g) P. راجع. I. عذب omisso وَ اليه. h) *L. صالح.

ولا مدّ له ولا جزر مظلم قعره بخلاف بحر القلزم وغيره لانّ قعره طين آجن آسن[a] وبحر فارس يتبيّن فى *كثير من[b] بقاعه ارضه لصفوّ ما تحته من الحجارة البيض ولا يرتفع من هذا البحر شىء سوى السموك ويُرْكَب فيه للتجارة[c] من اراضى المسلمين الى ارض الخزر وهو فيما بين الران والجيل وطبرستان وجرجان، وليس فيه جزيرة مسكونة فيها عمارة كما فى غيره جزائر فيها سكّان ومياه ومدن والّذى فيه من الجزائر فيها اشجار ومياه ولم يسكنها فى الاسلام احد منها جزيرة سِيَاه كُويه[d] وهى كبيرة بها عيون وانهار واشجار وغياض ودوابّ وحش[e]، والبها جزيرة حَذْوَ الكُرّ *تعرف بجزيرة الباب[f] وهى كبيرة ايضًا فيها غياض واشجار ومياه ويرتفع منها الفُوّة ويُخْرَجُ اليها من نواحى بَرْذَعَة منتجعةُ الفوّة وطالبوها ويُحْمَل اليها دوابّ من نواحى برذعة وسائر المواضع القريبة اليها فتسرح فيها لتسمن ✿

ومن آبَسْكُون الى الخزر عن اليمين على شطّ البحر لا قرية ولا مدينة سوى موضع من آبسكون على خمسين فرسخًا يسمّى دِهِسْتان كالقرية فيها قوم قلّة وفى مآئهم غور وماء البحر بهذه الناحية قصير القعر وهى دخلة فى البحر فيرسون فيها السفن فى هيجان البحر ويقصد هذا البحر[g] خلق عظيم من النواحى فيقيمون به للصيد ولا اعلم غيره مكانًا يقيم به احد الّا سياه كويه فانّه تقيم به طائفة من الاتراك وهم قريبو العهد بالمقام به لاختلاف وقع بين الغُزّيّة وبينهم فانقطعوا عنهم واتّخذوه دارًا ومأوًى وفيه مرعى ولهم عيون وهذا المكان عن يمين هذا البحر من آبسكون ✿ ومن آبسكون على اليسار الى الخزر عمارة متّصلة الّا شيئًا يسيرًا بين باب الابواب والخزر وذلك انّك اذا اخذتَ من آبسكون على حدود جرجان وطبرستان والديلم والجيل تدخل فى حدود الران واذا[h] جزتَ مُوقان الى ناحية باب الابواب على مسيرة يومين من بلاد شَرْوان شاه وعمله ثمّ[i] الى ناحية سَمَنْدَر اربعة

a) *L. اسف. b) P. اكثر. c) P. et I. التجار. d) P. ut vulgo سياه كوه. Cum nostro facit Edrisi. e) *L. وحسن. f) Ex P. addidi. Nomen autem exstat in mappis. Cf. supra p. ٣٤٩, 8, ubi videtur legendum (vid. ann. c) وجزيرة باب الابواب. g) I. الموضع. h) *L. اذا; vid. ad I., p. ٢١٩ h. i) Conjectura supplevi.

ايّام فهو[a] عمارة ايضًا ومن سمندر الى اتل سبعة ايّام مفازة[b] ۞ ولهذا البحر زنقة بناحية سياه كوبه يخاف على السفن اذا اخذتها ريح هناك ان تنكسر واذا انكسرت السفن هناك لم يتهيّأ جمع شىء منها من الاتراك فانّهم يستولون عليها ۞

وامّا الخزر فاسم الاقليم وقصبته تسمّى اتل واتل اسم النهر الّذى يجرى اليها[c] من *الروس وبلغار ويفيض فى بحر الخزر[d] ، واتل قطعتان فقطعة على غربىّ هذا النهر المسمّى اتل وهى اكبرهما وقطعة على شرقيّه والملك يسكن فى الغربىّ منهما وتسمّى *القطعة الغربيّة اتل والشرقيّة[e] خزران[f] ويسمّى الملك بلسانهم *بك ويسمّى ايضًا باك[g] ، والقطعتان مقدارهما فى الطول نحو فرسخ ويحيط بهما سور غير انّهما[h] مفترشة البناء وابنيتهم كالخركاهات من خشب *وخركاهات لبود الّا شيًّا يسيرًا[i] من طين ولهم اسواق وحمّامات وفيها[k] خلق من المسلمين يقال انّهم يزيدون على عشرة آلاف مسلم ولهم نحو ثلاثين مسجدًا وقصر ملكهم بعيد من اتل اريدُ النهر وقصره من آجرّ وليس لاحد بناء من آجرّ دونه[l] ولا يسوّغ الملك ذلك لغيره ولسور البلد ابواب اربعة منها الى[m] ما يلى النهر ومنها الى ما يلى الصحراء على ظهر هذه المدينة ، وملكهم يهودىّ ويقال انّ له من الحاشية نحو اربعة آلاف رجل[n] والخزر مسلمون ونصارى ويهود[o] وفيهم عبدة الاوثان واقلّ الفرق اليهود

---

a) Conjectura supplevi. *b*) In *L. مفازة hic deëst, legitur post البحر loco vocis زنقة, quam ex I. restitui. *c*) P. اليهم. *d*) P. الرسّ وقيل منبع هذا النهر من الظلمات لا يعرف احد اوله ولا وصل الى منبعه. *e*) Conjectura addidi, coll. p. ١٤, 22 et infra p. ٢٨١. Contra P. habet الغربية منهما وتسمى خزّران والشرقية تسمى اتل. *f*) *L. h. l. خزروان, P. خزّران. *g*) Secundum I.; *L. ايضا اتل ويسمى تال. Lexica habent: يَلك لقب ملك الخزر (Cod. F. بلك). Deinde *L. والقطيعتان. *h*) Ex P.; *L. انها. *i*) P. قد غُشيت بلبود الا شىء يسير بُنِى. *k*) P. وفيهم. *l*) P. ut I. غيره. *m*) *L. om. *n*) P. add. كلهم دينه. *o*) Addidi ex P. et I.

واكثرهم المسلمون الّا انّ الملك وخاصّته يهود والغالب على اخلاقهم[a] اخلاق اهل الاوثان يسجد بعضهم لبعض عند التقائهم واحكامهم يمضونها على رسوم قديمة تخالف دين المسلمين واليهود والنصارى، وللملك من الجيش اثنا عشر الفا مُثْبَتين راتبين اذا مات منهم رجل أُقيم غيره مكانه وليس لهم جراية دارّة ولا ارزاق معلومة بل شىء يسير يصل[b] اليهم فى المدّة الطويلة والاوقات المتراخية اذا كان عليهم خوف او حزبهم[c] امر يجتمعون له، وابواب مال هذا الملك[d] من الارصاد وعشور التجارات على رسوم لهم من كلّ طريق سابل اليهم ولهم وظائف[e] على اهل المحالّ والنواحى من كلّ صنف ممّا يحتاج اليه من طعام وشراب وغير ذلك، وللملك سبعة من الحُكّام من اليهود والنصارى والمسلمين واهل الاوثان واذا عرض للناس حكومة *قضى فيها هاؤلآء[f] ولا يصل اهل الحوائج الى الملك[g] نفسه وانّما يصل الى هاؤلآء الحُكّام وبينهم يومَ القضآء وبين الملك سفير يراسلونه فيما يجرى *ويطالعونه على[h] ما يكون منهم فيرد عليهم امره عند ذلك بما يعملون عليه، وربّما جرى فى *احكامه اشيآء[i] كالخرافة ومنها ما حكاه المعتضد وقد ذُكروا بين يديه فقال انّ النبىّ صلّى الله عليه وسلّم يقول انّ الله جلّ اسمه لم يُولِ رجلًا قومًا الّا وأيّده بضَرْب من التشديد وانْ كان كافرًا ومن ظريف ذلك *انّ رجلًا كان له غلام وقد تبنّاه وكان الغلام كاتبًا نافذًا وكان للرجل ولد من نفسه قد شغله بالسفر والغربة وكان الرجل يدعو ذلك الغلام المشترى بالبنوّة بين التجار من جيرانه وفى الخلوة مع اخوانه واخدانه فهلك الرجل وابنه فى الغربة وكاتب الابنُ الغلامَ لينفذ اليه من التجارات ما كان ابوه يتعاهده به فأبى وقال اسألك ان تَرِدَ لاقبضَ ما معك فالمال لى باجمعه فورد على الولد ما اسرع به الى مستقرّه وتنازعا الخصومة فى ذلك والحجاج بالبيّنات فكان اذا قام لاحدهما ما قد حسبه كافيًا من الحجّة جآء الآخر

---

a) In *L. deëst. b) P. يُوصَل. c) P. حزنهم. d) Ex P. et I.; *L. البلد. e) *L. وضايف. f) P. حكم فيه حاكم تلك المملكة. g) *L. add. فى. h) P. fere ut I. يبنهوا اليه. i) P. احكامهم شىء. Deinde *L. كالحراوة.

من الشبهة بماء a ادحضه واكثر احكامهم مبنيّة على ذلك وطال بهما b التنازع حولًا كاملًا واذا صار الامر عندهم الى ذلك وفى سائر بلدان الكفر حكم فيه الملك دون غيره بما يراه فجلس الملك بعد سنة وحضر اهل البلد فأُعيدت دعاويهم كلّها وشُبَهُهم باجمعها فلم ير الملك لاحدهما على الآخر سبيلًا يجاز c منه فقال للابن انعرف قبر ابيك بالحقيقة فقال عرفْتُه ولستُ اقطع ما عرفته لانّى لم اشاهده فقال للغلام المدّعى وانت تعرف قبر ابيك فقال نعم انا تولّيتُ دفنه فقال علىّ منه برمّة ان وجدتموها فاتى القبر وانتزع منه بعض عظامه البالية وجىء بها اليه فقال ليفصد الغلام المدّعى ففصد ثمّ القى دمه على العظم فكان يمضى عنه يمينًا وشمالًا لا يعلق به ولا يقف عليه وفصد الابن وطرح دمه على ذلك العظم فنشفه d وعلق به فادّب الغلام وعزره ودفعه وماله الى الابن e ☆

---

a) *L. بما. b) *L. بهم. c) ? *L. يحار aut يحد. d) *L. فنشقه.

e) In P. historiola his verbis narratur: ان رجلًا من اهل خزران كان له ولد وقد تصرّف ومهر فى التجارة فاخرجه الى البلغار ولم يزل يجهّزه بالتجارة وتبنّى بعد خروج ابنه عنه عبدًا كان له فخرّجه وبصّره فحسنت بصيرته فيما ندبه له من التجارة حتّى دعاه بالبنوّة لقربه من طاعته وطالت غيبة الولد ومقام الغلام فى خدمة الوالد الى ان هلك الرجل واقبل الولد على الجهاز ولم يعلم بموت ابيه والغلام يحصّل ما يَرِدُ عليه ولا يردّ على الابن الجهاز عوضًا عمّا وصل اليه فكاتب الابنُ الغلام لينفذ اليه جهازًا على الرسم فردّ الجواب يستدعيه ليحاسبه على ما بيده من مال ابيه فورد على الابن ما دعاه الى الاسراع بالقدوم الى مستقرّ ابيه وتنازعا الخصومة فى ذلك واقامة البيّنات وكان اذا قام لاحدهم (لاحدهما l.) بيّنة جآء الآخر بما توقف (يوقف l.) الامر من الشبهة وطال بهما التنازع وطالت الخصومة والتشاجر فرجعوا الى الملك فلم ير الملك لاحدهما على الآخر سبيلًا لتكافؤ البيّنات عنده فقال للابن انعرف قبر ابيك على الحقيقة قال عرفته ولم اشهد دفنه فاحقّه فقال للغلام المدّعى انعرف قبر ابيك قال نعم انا تولّيتُ دفنه فقال علىّ برمّة منه ان وجدتموها فاتى الغلام القبر فانتزع بعض عظامه البالية وجاء بها اليه

وليس لهذه المدينة قرى غير انّ مزارعهم مفترشة يخرجون فى[a] الصيف باجمعهم الى ما زرعوه ويكون بالقرب وبالبعد نحو عشرين فرسخًا فيحصدونه بالعجل الى النهر والى موضع يقرب منها وينقلون ما اجتمع الى النهر فى السفن وما قرب من البلد بالعجل، والغالب على قوتهم الارزّ والسمك والّذى يحمل من عندهم من العسل والشمع والوبر انّما يحمل اليهم من ناحية الروس وبلغار وكذلك جلود الخزّ الّتى تحمل الى الآفاق ولا تكون الّا فى تلك الانهار الشماليّة الّتى بناحية بلغار والروس وكُويَابَة[b] والّذى بالاندلس من جلود الخزّ شىء من الانهار الّتى بنواحى الصقالبة وتشرع الى الخليج الّذى ببلد الصقالبة عليه وقد مرّ وصف هذا الخليج، واكثر هذه[c] الجلود بل جلّها يوجد فى بلد الروس وشىء من ناحية ياجوج وماجوج رفيع يصل الى الروس بمجاورتهم لياجوج وماجوج وتجرهم اليهم فيبيعونه ببلغار قبل ان يخربوها فى سنة ٣٥٨ ويخرج بعض ذلك الى خوارزم لكثرة دخول الخوارزميّة البلغار والصقالبة وغزوهم ايّاهم والغارة عليهم وسبيهم، ومصبّ تجارة الروسيّة الّذى[d] كان الى خَزَران لم يزل بهذه الحال۞ وخَزَران نصف المدينة المعروفة باتل[e] الشرقىّ وبه معظم التجار والمسلمين والمتاجر والنصف الغربىّ خاصّةً للملك وحاشيته وجنده، والخزر الخُلّص لسانهم غير لسان الترك والفارسيّة ولا يشاركه لسان من السنة الامم۞ ونهر اتل يخرج *جانبه الشرقىّ[f] من ناحية خِرْخيز فيجرى ما بين الكَيْماكيّة والغزّيّة وهو الحدّ الّذى بين الكيماكيّة والغزّيّة ثمّ يذهب غربًا على ظهر بُلْغار ويعود راجعًا

فقال للغلام المدّعى انّه ابنه افصد نفسك ففصد ثمّ القى الدم على ذلك العظم فاستمرّ الدم عنه ولم يعلق به وفصد الابن ايضًا والقى دمه على العظم فتشرّبه وتعلّق به فادّب الغلام وعزّره ودفعه وماله الى الابن۞

a) *L. om. *b*) *L. وكربانه. *c*) *L. هذا. *d*) Addidi الذى. *e*) *L. hic et mox deinde بآتل. *f*) Haec verba, quae solus *L. habet, mihi obscuriora sunt. Pro voce priore antea aliud vocabulum in Cod. fuisse scriptum, vestigia ostendunt.

الى ما يلى المشرق حتّى يجوز على الرُّوس ثمّ على بُلْغار ثمّ على بُرْطاس حتّى يقع فى بحر الخزر ويقال انّه يتشعّب من هذا النهر نيف وسبعون نهرًا ويبقى عمود النهر يجرى الى الخزر حتّى يقع فى البحر ويقال انّ هذه المياه اذا اجتمعت باعلاه فى نهر واحد زاد على جَيْحُون كثرة وغزر ماء وفسحة على وجه الارض ويبلغ من كثرة المياه وغزارتها انّها تنتهى الى البحر عن اماكن يتقارب تساقطها الى الماء فيجرى فى البحر داخلًا مسيرة يومين ويغلب على ماء البحر حتّى يجمد[a] فيه فى الشتاء لعذوبتها وحلاوتها ويتبيّن فى البحر لونه من لون ماء البحر ۞

وللخزر ايضًا مدينة تسمّى سَمَنْدَر وهى فيما بينها وبين باب الابواب وكانت بها بساتين كثيرة يقال انّها كانت تشتمل على نحو اربعين الف كرم وسألتُ عنها بجرجان سنة ٣٥٨ لقريب عهد بها فقال ان كان هناك كرم او بستان فما له على المساكين صدقة او كان خلق الله هناك ورقة على ساق يريد انّ جميع ذلك هلك مع البلد وكان اكثره الاعناب والكروم وكان يسكنها المسلمون وغيرهم ولهم بها مساجد وللنصارى بيع ولليهود كنائس فاتى الروس على جميع ذلك واهلكوا جميع ما كان على نهر اتل لجميع خلق الله من الخزر وبلغار وبرطاس[b] واستولوا عليها فلجأ اهل اتل الى جزيرة[c] باب الابواب وتحصّنوا بها وبعضهم فى جزيرة سِيَاه كُوبه *مقيمون خائفون[d]، وكانت منازلهم خركاهات وابنيتهم من خشب قد نُسِج وسُنِّمت سطوحهم وكان ملكهم من اليهود قرابة ملك الخزر وبينهم وبين حدّ السرير فرسخان وبينهم وبين صاحب السرير *هدنة ۞ واهل السرير[e] نصارى ويقال انّ هذا السرير كان لبعض ملوك[f] الفرس وهو من ذهب فلمّا زال ملكهم حُمل الى هذا الموضع مع ذخائر تشاكله وكان حامله من ولد بهرام والملك الى يومنا هذا باسم هذا السرير فيهم ويقال انّه سرير عُمل لبعض الاكاسرة فى

---

a) *L. تجمد. b) *L. h. l. وبرطاش. c) *L. جيزودره. De hac insula vid. supra p. ٢٧٧ ann. *f*. d) *L. مقيمين خايفين. e) Haec in *L. desunt. f) *L. om.

سنين كثيرة وبين اهل السرير والمسلمين هدنة، ولا اعلمُ انّه كان فى عمل الخزر مجمع للناس غير سمندر۞

*وبُرْطاس *امم متاخمة[a] للخزر وليس بينهم وبين الخزر *لسان غيرهم[b] وهم قوم مفترشون على وادى اتل[c] وبرطاس اسم الناحية ايضًا وكذلك الروس[d] والخزر والسرير اسم للمملكة[e] لا للمدينة ولا للناس۞

وليس يشبه الخَزَرُ الترك والخزر سود الشعور صنفان صنف يسمّون قَرَاخَزَر وهم سمر يضربون لشدّة السمرة[f] الى السواد كانّهم صنف من الهند وصنف بيض ظاهرو الحسن والجمال والّذى يقع من[g] رقيق الخزر هم[h] اهل الاوثان الّذين يستجيزون بيع اولادهم واسترقاق بعضهم بعضًا فامّا اليهود منهم والنصارى فانّهم يتديّنون بتحريم استرقاق بعضهم لبعض، وليس يرتفع من بلد الخزر نفسه شىء يحمل الى البعد والقرب غير غِرَى السمك فامّا الرقيق[i] والعسل والخزّ والشمع والاوبار فمجلوبة اليهم، ولباس الخزر ومن داناهم القراطق والاقبية وليس عندهم شىء من الملبوس وانّما يحمل اليهم من نواحى جرجان وطبرستان واذربيجان والروم وما يصاقبهم من الاعمال، فامّا سياساتهم[k] وامر المملكة فيهم فانّه[l] ينتهى الى عظيمهم المسمّى خاقان خزر وهو اجلّ من ملك[m] الخزر لانّ ملك الخزر به ينعقد وهو الّذى يقيمه ويُقْعِده[n] واذا ارادوا ان يقيموا ملكًا بعد هلاك ملكهم جآء هذا الخاقان به فذكّره[o] ووعظه وعرّفه ما عليه وله من حقوق الملك واثقاله وما ينوبه[p] من الاثم والوزر فيما يتكلّفه ان قصر فيه او عمل بغير الواجب منه واتى غير الصواب والحقّ فى احكامه فربّما لم يُجِبْهُمْ *مَنْ عملوا على ولايته[q] اذا

a) I. امة متاخمون. b) I. امة اخرى. c) Haec omnia in *L. desunt. Addidi ex P. coll. I. d) P. denuo expuncto و habet الرسّ. e) *L. للملكة. Deinde P. والناحية لا للناس والقبيل. f) *L. السمر. g) *L. فى. h) *L. om. i) Codd. F. (بندكان) et O. (برده) lectionem confirmant. k) P. ut I. سياستهم. l) P. فانما. m) *L. ملوك. n) P. ودقفه (altera manus ويثقفه) i. e. وثقّفه (ويثقّفه). o) P. add. الله. p) Ex P.; *L. ينويه. q) P. الذى اردوا تمليكه.

سمع ذلك القول ورعًا وزهدًا ورغبة عمّا يسمعه[a] انّ الله يجعله له بتركه[b] الولاية فيتركها[c] ويقبلها غيره *بما يحسن فى نفسه وعقله[d] واذا جآؤوا به ليُقْعدوه فى المملكة ويسلّموا عليه بها خنقه خاقان خزر بحريرة فاذا قارب ان ينقطع نفسه قالوا له[e] كم *تشتهى مدّة الملك[f] فيقول كذا وكذا فان مات *دونها والّا قُتل اذا بلغ تلك السنة[g]، ولا تصلح الخاقانيّة الّا فى اهل بيت معروفين وليس له من الامر والنهى[h] شىء غير انّه يعظّم *اذا دُخِلَ اليه ولا يَصِلُ اليه احد الّا لحاجة فاذا دخل عليه تمرّغ له الداخل[i] فى التراب وسجد وقام من بُعْد حتّى ياذن له بالقعود واذا حزبهم[k] امر عظيم او حرب أُخرج فيه الخاقان[l] فلا يراه احد من الاتراك وغيرهم ممّن يصاقبهم من اصناف الكفر الّا سجد وانصرف ولم يقاتله[m] تعظيمًا له واذا مات ودُفن لم يمرّ احد بقبره الّا ترجّل له وسجد ولا يركب ما لم يغب عن قبره، ويبلغ من طاعتهم لملكهم انّ احدهم ربّما وجب قتله[n] ويكون من اكرمهم عليه[o] واكبرهم منزلةً لديه ولا يحبّ الملك قتله ظاهرًا فيامره ان يقتل نفسه فينصرف الى منزله فيقتل نفسه، وقد ذكرتُ انّ الخاقانيّة فى قوم معروفين ليس فيهم مملكة ولا يسار وربّما كان فيهم موسر[p] فاذا انتهت الرياسة الى احدهم عقدوا له ولم ينظروا الى ما عليه حاله ولقد اخبرنى مَنْ اثق به انّه راى فى بعض[q] اسواقهم شابًّا يبيع الخبز وكانوا يقولون ان هلك خاقانهم فليس احد احقّ بالخاقانيّة منه الّا انّه كان مسلمًا قال ولا

---

a) P. add. ممّا ينالـه فيما يزعم. b) P. بترك. c) P. om. d) P. ممن يحسن من نفسه باقامة رسومهم. e) Ex P. et I.; *L. om. f) P. تحب ان تكون مدة ملكك. g) P. دون تلك المدة فبقضاء الله تعالى وان بقى بعد بلوغ الاجل قبل (l. قتل) بلسانه بعد ما ذكره. h) P. add. فى الخزر. i) P. pro his (cf. I.) ويسجد له الجميع حتى الملك اذا دخل عليه واذا دخل عليه الملك تمرّغ له. k) P. حزنهم. l) *L. الخاقانى. m) P. يقابله ut Dimaschkí, p. ٢٦٣ et sic legit Cod. F. n) P. عليه القتل. o) P. add. واوجبهم حقًّا وحرمة. p) *L. موسرا. q) Ex I. addidi.

يُعْقد الخاقانيّة الّا اليهود ولهم سرير فى قبّة ذهب لا تضرب الّا لخاقان ومضارب خاقان اذا برزوا محتاجين الى رحيل فوق مضارب الملك ومسكنه فى البلدان ارفع من مسكنه ۞

وبُرْطاس[a] اسم الناحية وهم اصحاب بيوت خشب وهم مفترشون[b] ۞ وبَشْجِرْت صنفان صنف فى آخر الغُزِيّة على ظهر بلغار ومبلغهم نحو الفى رجل ممتنعون فى مشاجر[c] لا يقدر عليهم وهم فى طاعة بلغار وبسجرت اكثرهم متاخمون لبجناك وهم وبجناك اتراك ويتاخمون الروم[d] ، ولسان بلغار[e] كلسان الخزر ولبرطاس لسان آخر وكذلك لسان الروس غير لسان الخزر وبرطاس ۞ وبُلْغار[f] اسم المدينة[g] وهم مسلمون ولهم[h] مسجد جامع[i] وبقربهم مدينة اخرى تسمّى سُوَار[k] وفيها مسجد جامع واخبرنى من كان يخطب[l] بها انّ مقدار عدد الناس بهاتين المدينتين نحو عشرة آلاف رجل ولهم ابنية خشب يأوونها فى الشتآء *وفى الصيف يفترشون[m] فى الخركاهات واخبرنى الخطيب بها انّ *الليل عندهم فى وقت الصيف[n] لا يتهيّأ لانسان ان يسير فيه فرسخين وشاهدتُ ما يدلّ على صحّة[o] ذلك عند *دخولى فى الشتآء اليهم[p] انّ النهار كان بمقدار ما صلّينا الاربع صلوات كلّ صلاة فى عقيب الاخرى مع ركعات بين الاذان والاقامة قليلة[q] ۞

والرُّوس[r] ثلاثة اصناف فصنف هم اقرب الى بلغار وملكهم بمدينة تسمّى كُويَابَة[s] وهى اكبر من بلغار وصنف اعلى منهم يسمّون الصَّلاوِيَة وملكهم *بصَلا مدينة لهم[t] وقوم يسمّون الأَرْثَانِيَة[u] وملكهم مقيم بأَرْثا ويبلغ الناس معهم فى

---

a) P. وقد ذكرت ان البرطاس. b) P. add. فى نواحيهم لكثرتهم وقوتهم. Deinde *L. ويبسخرت. c) *L. مساجر. d) Secundum Cod. F. legendum esset الروس. e) *L. et P. البلغار. f) P. والبلغار. g) P. الناحية. h) P. وفى مدينتهم. i) *L. وجامع. k) *L. سواد. l) P. خطيبا. m) *L. والصيف مفترشون. P. add. الارض. n) P. النهار بها فى وقت الشتاء. o) Ex P.; *L. om. p) P. قريبى من ديارهم. q) P. ليست بالكبيرة. r) P. expuncto و habet والرُّس. s) *L. sine punctis. P. كُرِبَابَة. t) Ex P.; in *L. desiderantur. Cf. ad I. u) *L. الارثاييه.

التجارة الى كويابة[a] فامّا ارثا[b] فلم اسمع احدًا يذكر انّه دخلها من[c] الغربآء لانّهم يقتلون كلّ من وطئ ارضهم من الغربآء وانّما يتحدّرون فى المآء يتّجرون ولا يخبرون بشئ من امورهم[d] ومتاجرهم ولا يتركون احدًا يصحبهم ولا يدخل بلادهم، ويحمل من *ارثا السّمّور[e] الاسود والثعالب السود والرصاص، والرّوس[f] قوم يحرقون انفسهم اذا ماتوا ويحترق[g] مع مياسيرهم الجوارى منهم بطيبِ[h] انفسهنّ كما يُفْعَلُ بغانة وكوغة ونواحى بلد الهند بقنّوج وغيرها، وبعض الروس يحلق لحيته وبعضهم يفتلها كمثل اعراف الدوابّ ويضفرها[i] ولباسهم القراطق الصغار ولباس الخزر وبلغار القراطق التامّة، والروس لم يزالوا يتّجرون الى الخزر والى الروم ۞ وبلغار الاعظم متاخمون للروم فى الشمال وهم عدد كثير وبلغ من قوّتهم انّهم ضربوا قديمًا على من يليهم من الروم خراجًا وبلغار الداخل[k] فيهم نصارى ومسلمون، ولم يبق فى وقتنا هذا لبلغار ولا لبرطاس ولا للخزر بقيّة[l] وذلك انّ الروس اتوا على جميعهم واستخرجوا سائر تلك الديار منهم وصارت لهم ومن افلت من ايديهم متشتّت فى ما داناهم محبّة للجوار ببلادهم ورجآء ان يعاهدوهم فيرجعون تحت طاعتهم ۞

ذكر المسافات بين الخزر ونواحيه فمن آبَسْكُون الى بلاد الخزر عن[m] اليمين نحو ثلاث مائة فرسخ ومن آبسكون عن اليسار للماضى يريد الخزر نحو ثلاث مائة فرسخ ايضًا ومن آبسكون الى دِهِسْتان[n] نحو ٦ مراحل ويقطع هذا البحر اذا طابت الريح عرضًا من طبرستان الى باب الابواب فى اسبوع وامّا من آبسكون الى بلاد الخزر فانّه زائد على العرض

a) *L. كربايه, P. الكربايه addens ونواحيها. b) *L. اردابا, P. الارثانية. c) *L. مع. d) *L. امرهم. e) *L. اربا السماور. f) P. ومن الرُّس. g) P. ويحرق. h) P. بطيبة. Deinde *L. et P. انفسهم. i) *L. ويظفرها, P. او يظفرها. k) *L. الدخل. l) P. add. الا شعيثة. m) *L. من. n) *L. دهستانبيناس; vid. ad I., p. ٢١٩ b, quibus adde: F. دماسر دهستان et دهستان دماسس.

لانّه مزوّى، ومن اتل[a] الى سَمَنْدَر ٨ ايّام ومن سمندر الى باب الابواب ۴ ايّام وبين[b] مملكة السرير وباب الابواب ٣ ايّام ومن اتل[a] الى اوّل حدّ من برطاس ٢٠ يومًا ومن اوّل برطاس الى آخره نحو ١٥ يومًا ومن برطاس[c] الى بجناك ١٠ ايّام ومن اتل الى بجناك مسيرة شهر ومن اتل الى بلغار على طريق المفازة نحو شهر وفى المآء شهران فى صعود والانحدار نحو ٢٠ يومًا ومن بلغار الى اوّل حدّ الروم نحو ١٠ مراحل ومن بلغار الى كُويابة[d] نحو ٢٠ مرحلة ومن بجناك الى بَسْجِرْت[e] الداخل ١٠ ايّام ومن بسجرت الداخل الى بلغار ٢٥ مرحلة ✿

مفازة خراسان

وامّا مفازة خراسان فالّذى[f] يحيط بها من شرقيّها حدّ كرمان[g] وشىء من حدود سجستان وغربيّها حدود قومس والرّىّ وقُمّ وقاشان وشماليّها حدود خراسان وشىء من سجستان وجنوبيّها حدود كرمان وفارس وشىء من حدود اصبهان[h] ✿

هذه المفازة من اقلّ بلاد[i] الاسلام سكّانًا وقرى ومدنًا على قدرها لانّ[k] مفاوز البادية فيها مراعٍ[l] واحياء للعرب ومدن وقرى لا تكاد تخلو *نجد وتهامة[m] والحجاز بمكان الّا وهو فى حيّز قبيلة يتردّدون فيها على المراعى وكذلك عامّة اليمن الّا شيئًا بين عمان واليمامة ممّا يلى البحر الى حدود اليمن فانّ ذلك الموضع خالٍ فارغ من ديار العرب عن السكّان وكذلك المفازة الّتى فى اضعاف مكران وكرمان والسند عامّتها مسكونة بالاخبية والاخصاص وغيرها ومفاوز البربر ايضًا القاصية الّتى بين سجلماسة واودغشت واوليل ولمطة وفزّان وزويلة الى ما ورآء ذلك ممّا بينهم وبين البحر

---

a) *L. امل. b) *L. ومن. c) *L. برطاش. d) *L. كوكمايه. e) *L. دشخرت et دمشخرن. Cod. F. habet بشخرت. f) *L. فالرى وخراسان. g) *L. مكران. h) Additur in *L. وهذه مفاوز بين فارس وخراسان. i) P. مفاوز, cui superinscriptum est بلاد. k) *L. الان ساير بحورها sic. l) *L. مزارع. m) *L. دنجدود تهامه.

المحيط فانّه باجمعه مسكون اعرفُ ذلك واقفُ عليه باحيآه البربر فى مراعيهم وليس يستدرك من مفازة فارس وخراسان غير عَلَم الطريق وما يعرض[a] فى اضعاف طرقها من المنازل *والبقاع اذ ليس فى ما عدا طرقها[b] كثير عمارة ولا سكّان، وهذه المفازة من اكثر المفاوز لصوصًا وفُسّادًا وذلك انّها ليست فى حيّز اقليم بعينه فيرعاها اهل ذلك الاقليم بالحفظ لانّ الّذى يحيط بهذه المفازة ايدٍ كثيرة من سلاطين شتّى فبعض هذه المفازة من عمل خراسان وقومس وبعضها من عمل سجستان وبعضها من عمل كرمان وفارس واصبهان وقُمّ[c] وقاشان والرىّ فاذا افسد القاطع فى عمل دخل *فى عمل[d] آخر ومع ذلك فهى مفازة يصعب سلوكها بالخيل وانّما تقطع بالابل فامّا دوابّ عليها احمال فلا *تسلك الّا فى[e] طرق معلومة ومياه معروفة ان تجاوزها[f] فى اعراض هذه *المفاوز هلكوا[g]، وقد سلكتُها على الوجهين جميعًا *فمرّةً مع المُفْردة ومرّة مع الجمال المحمّلة[h] ⁂ وللّصوص فى هذه المفازة مأوًى[i] يعتصمون به ويأوون اليه ويخفون به[k] الاموال والذخائر[l] يعرف بجبل كَرْكَس كُوبه فانّه[m] جبل ليس بالكبير[n] ولكنّه منقطع عن الجبال تحيط به المفاوز[o] وبلغنى انّ دور اسفله نحو فرسخين ولم اقف على ذلك لانّى لم امض به الّا مجتازًا وبهذا الجبل ماء يسمّى آب بنده ووسط هذا الجبل مثل الساحة وفى شعاب[p] هذا الجبل مياه قليلة وهو جبل وعر المسلك[q] الى ذراه[r] فيه معاطف ومسالك وحشة لا يكاد يظهر على من تَوارى[s] فيه وآب بنده[t] اذا صرتَ اليه كنتَ كانّك كنتَ فى حظيرة[u] والجبل

---

a) P. يعرف. b) P. والرباطات الموقوفة على سابلة الطريق المستاجر (l. المستجار) بها فى شدّة البرد من الثلوج وفى شدّة القيض (l. القيظ) من الحرّ وليس فيما عدا اطرقها. c) In *L. deëst. d) P. عملًا ut I. e) P. تسلكها الا على. f) P. جاوزها. g) P. المفازة متجاوز هلك. h) Haec ex P. addidi. i) P. ملجأ. k) P. et I. فيه. l) Secund. P. et I.; *L. للذخاير. m) P. وهو. n) P. add. الطويل. o) P. et I. المفازة. p) P. مجاهل. q) *L. المسالك. r) *L. ذاره. s) P. يتوارى. t) *L. h. l. بيده. u) *L. حظيره. Addidi كنت e marg.; sed fortasse tantum est بيان vocis كنت prioris pessime scriptae.

محيط بك ✿ ويتّصل من هذه المفازة جبل سِيَاه *a* كُويه بوعر يكون نحو فرسخين ربى ووهاد متّصلة بنواحٍ بجبال من نواحى الرىّ الى ان تتّصل بجبال الجِيل والجبل الآخذ من المشرق الى المغرب ✿

وليس فى هذه المفازة قرى ولا اعلم بها مدينة سوى سَنِيج *b* وهى من عمل كرمان فى المفازة على طريق سجستان ويحيط بها من جميع نواحيها هذه المفازة *وفى المفازة على طريق اصبهان الى نيسابور موضع يعرف بالجَرْمَق وهو ثلاث قرى، وتحيط بهذه المفازة *c* من مشاهير المدن ممّا يلى فارس نائين *d* ويَزْد وعُقْدَة وأَرْدِسْتان من اصبهان ومن حدّ كرمان خَبيص وزاور *e* ونَرْماشير ومن حدّ الجبال قُمّ وقاشان ودَزَه *f* وسواد الرىّ وخُوَار الرىّ جميعًا يتاخم المفازة وسِمْنان والدامَغان من قُومِس ويحاذّها من خراسان مدن قُوهِسْتان وهى الطَّبَسَيْن وقائن بسواديهما المنتهِيَيْن *g* الى المفازة ✿

والطرق *h* المعروفة فى هذه المفازة طريق اصبهان الى الرىّ وهى اقربها وطريق من كرمان الى سجستان وطريق من فارس وكرمان الى خراسان فمنها طريق يزد *i* فى حدّ فارس وطريق شُور وطريق زاور *k* وطريق خَبيص *l* من حدود كرمان الى خراسان وطريق يعرف بالطريق الجديد من كرمان الى خراسان فهذه الطرق المعروفة ولا اعلم فيها طريقًا مسلوكًا غير ما ذكرناه وهناك ايضًا طريق قلّ *m* ما يسلك من اصبهان يخرج الى قومس لا تسلك الّا عند ضرورة والمسلك فيه على السمت والقصد، وساصف مسافات هذه الطرق وما فيها وما يحتاج الى علمه ان شآء الله عزّ وجلّ ✿

امّا الطريق من اصبهان الى الرىّ فمن الرىّ الى دَزَه *n* مدينة فيها منبر ولها مآء جارٍ فى نُهَير *o* مرحلة وليس من الرىّ اليها عمارة غير مقدار فرسخين

---

a) *L. كركس. *b*) *L. سبنج, P. مستنج. *c*) Haec omnia in *L. desunt. In P. desideratur الى نيسابور. Deinde *L. ومن. *d*) *L. sine punctis. Deinde وبرد. *e*) *L. وزور. Deinde وبرماشير. *f*) *L. ودرز. *g*) *L. المنتهى. *h*) *L. والطريق. *i*) *L. ببرد. *k*) *L. زود. *l*) *L. حمز. *m*) In *L. deëst. *n*) *L. bis داره semel دره, P. ذُرّه, Edrisi, I, p. 441 درزة. *o*) P. نهر صغير.

فى وسط الطريق، ومن دزه الى دَيْر الجصّ مرحلة وبين دزه ودير الجصّ مفازة محاذية لكركس كوبه وسياه كوبه ودير الجصّ رباط من جصّ وآجرّ يسكنه بذرقة السلطان وهو منزل للمارّة وليس به زرع ولا شجر وفيه بئر ماء[a] مالح غير مشروب[b] ومآؤهم من المطر فى حوضين[c] خارجين من هذا الدير والمفازة تحيط به من كلى الجانبين، ومن دير الجصّ الى كاج مرحلة[d] مفازة ايضًا وكاج *كانت قرية[e] فخربت ولا سكّان فيها وهو منزل ومآؤها من الامطار ايضًا فى حياض[f]، ومن كاج الى قُمّ مرحلة والطريق فى مفازة حتّى تنتهى الى[g] فرسخين من المدينة ثمّ تنتهى الى قرية ثمّ الى المدينة ايضًا مفازة، ومن قمّ الى قرية المجوس طريق عامر مرحلة وفى هذه القرية مجوس[h] ومنه الى قاشان مرحلة فى عمارة على جنب المفازة، ومن قاشان الى حصن يعرف بدرة[i] مرحلتان والطريق بعضه مفازة وتحيط بها العمارة ودرة حصن لاهله به زرع وفيه نحو خمسين مسكنًا، ومن درة الى رباط ابى[k] علىّ ابن رستم مرحلة كبيرة مفازة[l] تتّصل بمفازة كركس كوبه وكان يسكن هذا الرباط رجّالة على النوب وهو منزل للمارّة وله ماء جارٍ من ضيعة[m] بالقرب منه[n] الى حوض بالرباط، ومن هذا الرباط الى دانجى[o] مرحلة ودانجى قرية كبيرة عامرة ومن دانجى الى اصبهان مرحلة خفيفة ۞ والطريق من الرىّ الى اصبهان بين سياه كوبه *وكركس كوبه وكركس كوبه عن يسار السائر وسياه كوبه[p] عن يمينه وسياه كوبه ايضًا[q] مأوى للّصوص ليس فيها عمارة ومن كركس كوبه الى دير الجصّ ٣ فراسخ ومن دير الجصّ الى سياه كوبه ٥

---

a) *L. om., P. مالحة الماء. b) P. شَرُوب. c) P. يذخر فى ماجين. d) Addidi ex P. qui infra om. وهو منزل. e) Secundum P. et I.; *L. قرية كانت. f) P. مواجن. g) I. على. h) P. add. يسكنونها ولا يخالطهم غيرهم. i) P. ذره, Edrîsi درّه. I. بدرة; vid. p. ٢٣. k. F. et O. habent quoque بدره. k) P. om. l) *L. ومفازة. m) P. ut I. قرية. n) *L. منها. o) *L. دالجى, P. دابخى et دانخى. Cod. F. دادحى (ut O.) et دانحى. p) Haec ex I. addidi, coll. Edrîsi, I, p. 441. q) Secundum I.; *L. منها.

فراسخ وهو جبل اسود قبيح المنظر والمخبر وبين سياه كوية وكركس كوية ٩ فراسخ اوعار وربى ووهاد[a] على دير الجصّ ومن كركس كوية الى درة[b] ٧ فراسخ ✿

والطريق من نائين[c] الى خراسان[d] فمن نائين الى مزرعة فى المفازة مرحلة وربّما كان بها رجلان او ثلاثة وتدعى بُونة وفيها عين ماء يزرع عليها، ومنها الى جَرْمَق ۴ مراحل وفى الطريق فى كلّ فرسخين او ثلاثة جنبذة[e] وبركة ماء وجرمق هذه تدعى سِهْدَهْ[f] وتفسيرها ثلاث قرى اسم احداها[g] بيادق والاخرى جرمق والثالثة[h] ارابة وتعدُّ[i] من خراسان وبها نخيل ومواشٍ وزروع كثيرة وفى الثلاث قرى نحو الف رجل وكلّها *فى رأى العين قريب بعضها من بعض[k]، ومن جرمق الى نَوجاى[l] ۴ مراحل فى كلّ *ثلاثة فراسخ[m] او اربعة جنبذة وبركة ماء[n]، ومن نوجاى الى رباط خَوْران[o] مرحلة ومن الرباط الى قرية تسمّى اتشكهان[p] مرحلة خفيفة ومن اتشكهان الى طَبَس مرحلة، ومن اراد من نَوجاى الى دَسْكروان[q] مرحلة ومن دسكروان الى بنّ[r] مرحلة كبيرة ومن بنّ الى ترشيز[s] مرحلتان ومن ترشيز الى نيسابور ٥ مراحل ✿ وطريق من يَزْد[t] وشُور ونائين تجتمع بكُرِى[u] وهى قرية فيها نحو الف رجل ولها[v] رستاق كبير وبين طَبَس وكرى ۳ فراسخ ✿

---

a) *L. وهاد omissa copula. *b*) Secundum I. دِرَّة, quod confirmat Edrîsî, qui habet درزة. Cod. F. درّة. *c*) *L. h. l. مادمن mox بادمن. *d*) P. add. ونائين. *e*) *L. جَنْبُذَهْ ut quoque infra, P. مصنع et deinde او بركة من ناحية فارس. *f*) P. تعرف بسيبهديه. *g*) *L. احداهما. *h*) *L. والاخرى. *i*) P. add. هذه القرية. *k*) P. قرية واحدة فى راى العين. *l*) *L. h. l. نوجانى. Apud I., p. ۲۳۱ *n* recepi secundum E. (et O.) نوخانى. F. دوجاى et semel دوحان. *m*) *L. ثلث مراحل et deinde اربع. *n*) *L. om. *o*) Sic P. et I.; *L. خوزان. *p*) *L. استكهان, P. اتسَكهان. *q*) *L. دسكردار ut quoque Cod. F.; P. دَسْكران. *r*) *L. بر; vid. ad I., p. ۲۳۱ *r*. Cod. F. habet quoque بر. *s*) *L. برسيين, P. برسير. *t*) *L. برد فى. P. om. من. *u*) *L. بلرى, P. نكردن i. e. بكرين. *v*) *L. وبها.

وطريق شُور وشور اسم ماء مالح فى المفازة وليس باسم قرية ولا مدينة *وراس مفازة[a] شور قرية تدعى ببيرة وهى قرية صغيرة بها دون عشرة انفس من حدود كرمان، ومنها الى عين ماء تسمّى مغول مرحلة وليس بها ماء[b]، ومنها الى غَمْر سَرْخ[c] وهو غمر كثير فى وهدة[d] طين احمر وجبله احمر مرحلة، ومنه الى منزل يدعى جاه بر وهو عين وقباب مرحلة ليس بها احد، *ومنه الى حوض هزار حوض يجتمع فيه ماء المطر مرحلة، ومن حوض هزار الى شُور وهو عين ماء مالح الّا انّه شروب وعليهما قباب وليس بها احد[e] ومن شور الى منزل يسمّى مغول ايضا عين ماء وقباب مرحلة، ومن مغول الى كُرِى مرحلة كبيرة *وعلى ٤ فراسخ من كرى بركة يجتمع فيها ماء السيل فى مفازة شور بين ماء شور وبين برّ[f] عن يمين الذاهب من خراسان الى كرمان على نحو فرسخين منها[g] صُوَر الفواكه من اللوز والتفّاح والكمثرى ونحوها من حجارة وفيها صُوَر تشبه صور الناس والاشجار وغير ذلك من حجارة ۞

طريق زاور[h] وهى قرية[i] عامرة وعليها حصار[k] ولها ماء جارٍ وهى من حدود كرمان، فمنها الى مكان يدعى دَركوجوى[l] وفيه ماء عين ضعيف[m] وليس هناك بناء مرحلة، ومنه الى شور دوازده[n] مرحلة وهناك رباط قد خرب

---

a) *L. ولرادمن بمفازة. *b*) I. بناء. *c*) *L. سرج. Cod. F. عمرو بن سرديح. *d*) *L. هدة. *e*) Haec omnia ex I. supplevi. *f*) P. pro his وفى مفازة شور بئر ماء شور. In *L. ultima verba sic scribuntur دمن ما شور ودمن در. Fortasse legendum est ما بين شور. Cod. F. om. ماء. *g*) Additur فى in *L.; P. habet من. *h*) P. زوز. *L. ut recepi et sic h. l. Cod. F., qui supra habuit زوزن et دودر. O. زوزن et روان. Cf. porro ad I., p. ٢٢٩ *d*. *i*) *L. قريبة. *k*) *L. حصار. *l*) *L. دركرحرى, P. دَركوجرى. Lectio recepta, quae restituatur apud I., p. ٢٣٣, 2, est in Cod. F. *m*) P. add. المسيل. *n*) *L. سورة سور, O. سور دوازده. Cod. F. ستورد وازكه. Cf. I., p. ٢٣٣ *b*. P. واركه دوارده.

وشعث[a] فيه نخيل وليس به احد وهو مكان[b] مخوف قلّ ما يخلو من اللّصوص[c]، ومنه الى دير بردان[d] وهناك آبار وهى صحرآء لا بنآء فيها مرحلة[e]، ومنه الى منزل فيه حوض يجتمع فيه مآء المطر مرحلة وليس هناك بنآء، ومن هذا الحوض الى نابند[f] وهى رباط فيه مقدار عشرين مسكنًا وفيه مآء عليه رحى صغيرة ولهم زرع على مآء عين ولهم نخيل وقبل نابند بفرسخين عين مآء وعندها نخيلات وقباب ليس بها احد وهى ملجأ للّصوص غير انّ اهل نابند يتعاهدون هذه النخيل يجتنونها، وتسير[g] من نابند مرحلتين الى مكان يسمّى بئر شك[h] وبين كلّ فرسخين او ثلاثة قباب وحياض مآء وليس بها احد وبئر شك بئر طيّبة المآء، ومن بئر شك الى خَور[i] مرحلة ليس بها احد ومن خور الى خَوْسْت[k] مرحلتان ومن خور[l] الى كُرى[m] نحو ٣ مراحل٥

والطريق من خَبيص فانّ خبيص[n] مدينة على شفير المفازة من جروم كرمان مآؤها جار وبها نخيل كثيرة وهى خصبة[o] رخيصة الاسعار[p]، ومنها الى مكان يسمّى الدّرْوَازَق مرحلة وفيه ابنية مدّ البصر متهدّمة وبها تلال[q] تدلّ على انّها كانت مسكونة[r] وليس بها نهر ولا بنآء ولا عين، ومنها الى مكان يسمّى شُورروذ[s] مرحلة وهو وادٍ يجرى فيه سيول الامطار ولا يجرى من غير مطر ويجرى على ارض سبخة فيأتى السيل مالحًا وهذه المفازة مالحة

---

a) Cod. F. legit شعب (درغالـه). b) P. بمكان. c) P. الحراميّة. d) *L. ديـر دار, P. دَيْـر دان. e) *L. om. f) Sic. P.; *L. بابيد et mox بيابيد. Deinde P. ut I. وهو. g) *L. ويسير, P. ويسار. h) P. تَرْشَك. *L. mox برشك. Cf. I., p. ٢٣٣ l. Cod. F. نبز سك et دسر سك. i) *L. خرو, P. خَوْر. k) *L. درست, P. خَرست. Pro مرحلتان legendum est فرسخان; cf. I., p. ٢٨٩, 11 cum p. ٢٧٤, 6. l) Sic *L.; P. ومنها et I. ومن خوست. m) P. كَرين. n) *L. بين خبيص وبين. o) P. antea habens من حدود كرمان h. l. add. جرومية. p) P. add. على ممر الاوقات. q) P. add. عظام. r) P. ابنية كانت شاهقة فيكافا (l. فتكافأ) بعضها على بعض. s) P. سورود. Cod. F. سور روذ.

التربة، ومنه الى بارسك a جبل صغير مرحلة، ومنه الى مكان يدعى نيمة b مرحلة ومن هذا المكان الى مكان يدعى بالحَوْض وهو حوض يجتمع فيه مآء الامطار، ومنه الى راس المآء مرحلتان وفيه عين مآء يجتمع فى حوض يسقى زراعاتها c وهو رباط يكون فيه الواحد والاثنان، ومن راس المآء الى كُوكُور قرية على راس d المفازة وهى من حدّ قوهستان مرحلة e، ومن كوكور الى خَوْسْت f مرحلتان، وفى مفازة خبيص على فرسخين من راس المآء ممّا يلى خراسان حجارة صغار سود نحو اربعة فراسخ، ومن بارسك الى قبر الخارجىّ g حصًى صغار بعضها فى لون الكافور بياضًا وبعضها اخضر فى لون الزجاج، وليس فى هذه المفازة اذا جزتَ فرسخين من راس المآء الى جبل بجنوبه h نبات نحو مرحلة ❊

وامّا الطريق من يَزْد i الى خراسان فمن يزد الى انجيره k مرحلة وبها l عين مآء وحوض يجتمع فيه مآء المطر وليس بينهما عمارة، ومن انجيره الى خزانة مرحلة ليس بينهما عمارة وخزانة قرية فيها نحو مائتى رجل وبها زرع وضرع وبساتين وعين مآء جارية من تحت خزانة نفسها وذلك انّها حصن على مدرة مرتفعة فى جنب واد قد استقامت على جنبتيه البساتين والكروم الاعذآء وعندهم خصب على مرّ الاوقات، ومن خزانة الى تلّ سياه سبيذ m مرحلة وليس بينهما عمارة وهو خان ليس فيه احد وفيه حوضان ويجتمع فيهما ماء المطر، ومن تلّ سياه سبيذ الى ساغند مرحلة وليس بينهما عمارة

---

a) Sic *L. et P. infra. H. l. *L. بارسل, P. دارسمك. *b*) *L. بيمه, P. ىيمه. *c*) P. زرعًا فى راس الماء. *d*) *L. om. *e*) In *L. et P. deëst. Vid. I., p. ٢٣٤ ult. *f*) *L. حوست, P. خُوست. Cod. F. habet خور. *g*) Sic quoque F. et O. *h*) *L. admodum indistincte ىحموىه. Cf. I., p. ٢٣٥ *c* et emend. ad h. l. Cod. F. verba الى جبل الخ om., sed pro مرحلة habet فرسنك. In O. totus locus desideratur. *i*) *L. ىبرد. *k*) *L. ادحىيره et ادحمره, vid. supra p. ٢٠٠ *e*. *l*) In *L. deëst, ut fortasse plura, cf. I., p. ٢٣٥. *m*) *L. سد.

وساغند قرية فيها نحو اربع مائة انسان وعليها حصن وبها عين ماء تجرى يزرع عليها ولها قُنىّ وبساتين وهى عامرة وخزانة اعمر منها واحصن، ومن ساغند الى *بشت باذام a مرحلة كبيرة وليس بينهما عمارة وبها خان ومنزل ومياهها من الآبار، ومن بشت باذام الى رباط محمّد مرحلة خفيفة وليس بينهما عمارة وهو رباط فيه نحو ثلاثين b رجلًا ولهم زرع وعيون ماء، ومن رباط محمّد الى الريك c مرحلة وهو منزل فيه حوض ماء وخان وليس فيه ساكن والريك رمل قدر فرسخين، ومن الريك الى المهلب مرحلة وهو خان وعين ماء عنده جبل وليس بينهما عمارة، ومنه الى رباط حوران d مرحلة وهو رباط من جصّ وحجارة يكون فيه ثلاثة نفر واربعة يحفظونه وبه عين ماء وليس له زرع، ومن رباط حوران الى زاد آخرة e مرحلة وهى بئر ماء وخان ليس فيه ساكن وليس بينهما عمارة، ومن زاد آخرة الى بستادران f مرحلة وهى قرية فيها نحو ثلاث مائة رجل وفيها ماء جارٍ من قناة وزروع كثيرة وضروع وكروم وليس بينهما عمارة، ومن بستادران الى بنّ g مرحلة خفيفة وبنّ هذه قرية عامرة وفيها نحو خمس مائة رجل وفيها ماء جارٍ وزرع وضرع وخصب، ومن بنّ i الى رادويه k مرحلة وليس بينهما عمارة ورادويه منزل فيه بئر ماء وخان وليس فيه ساكن، ومنها الى ريكن l مرحلة ليس بينهما عمارة وريكن رباط فيه زريع وماء جارٍ وفيه ثلاثة او اربعة نفر، ومن ريكن الى استلشت m مرحلة ليس بينهما عمارة واستلشت منزل فيه حوض ماء المطر وخان وليس فيه ساكن، ومن استلشت الى ترشيز n مرحلة وهى حومة بُشْت o

a) *L. تسبب باذام. b) Cod. F. بنحاه (خمسين). c) *L. السبريك. d) *L. خوران. Addidi deinde مرحلة وهو. e) *L. زاد احره, mox زاد اجره. Cf. I., p. ٢٣٦ d, quibus adde: F. ارادحره et semel رادحره. O. ut recepi. Addidi deinde مرحلة وهى. f) *L. بسمادران. Cod. F. sine punctis, O. پستاداران. g) Cod. F. et O. بر. h) *L. وضروع. i) *L. h. l. بم. k) *L. رادونه. F. et O. quoque ut recepi. l) *L. ريكر. m) *L. اسقيبست. O. ut recepi, F. اسلست. n) *L. sine punctis. o) *L. بسب, F. وآن جومهٔ نيسابور است, O. از حدود بست.

نيسابور وهى مدينة حسنة كثيرة الخير والاهل وفى كلّ فرسخين وثلاثة خان وحوض ماء ❁

وطرق هذه المفازة على الترصيف[a] فمن اصبهان الى الرّىّ طريق ثمّ تليه طرق[b] أَرْدِسْتان الى الطَّبَس[c] وفيها طريق قُومس من[d] اردستان يعدل من نصف طريق الطَّبَسَيْن الى الدامَغان ويليه طريق نائين الى الطبسين الى خراسان ويليه طريق[e] يزد الى خراسان ويلى ذلك طريق شُور ثمّ طريق زاور[f] ثمّ طريق خبيص ثمّ الطريق الجديد ثمّ طريق سجستان الى كرمان[g] ❁ فامّا الطريق الجديد فانّك تاخذ من نَرْماشير[h] الى دارستان مرحلة وهى قرية فيها نخيل وليس وراءها عمارة، ومنها الى راس الماء مرحلة ومن راس الماء وهى عين ماء يجتمع فى بركة ثمّ تقطع عرض المفازة الى قرية سلم ۴ مراحل مفازة كلّها مخوفة ويقال انّ قرية سلم من كرمان، ومن قرية سلم الى هراة ١٠ ايّام، وان شئتَ اخذتَ من نرماشير الى سَنيج[k] ٥ مراحل ومن سنيج الى قرية سلم ٥ ايّام فى عيون ماء قليلة ❁ وامّا طريق سجستان فانّ المدخل اليها من نرماشير الى سنيج ٥ ايّام فى حدّ كرمان ومن سنيج الى سجستان ٧ مراحل، وقد[l] بيّنتُها فى صورة سجستان وكرمان ❁

سجستان

وامّا سِجِسْتَانُ وما يتّصل بها ممّا قد جمعتُ اليها فى الصورة فالّذى

---

a) *L. التوصيف. b) P. طرايق. Deinde *L. ut quoque deinde ارسنان. c) P. الطبسين. Deinde *L. et P. وفيه. d) *L. ومن. e) P. طرايق. f) *L. رود, P. ررو, Cod. F. زوزن. g) P. addit: فهذه الطرايق كلها سلكتها وعرفت منازلها ثم صورتها وشرحتها لك وسنشرح بعض هذا من صورة سجستان. h) *L. برماسير h. l. Pro دارستان, F. et O. ارستان. i) *L. om. k) *L. مستنج hic et deinde. l) Hic desinit longa lacuna in B. Vid. supra p. ٢٣٦ ann. a.

يحيط بها ممّا يلى المشرق مفازة بين كرمان وارض السند وبين سجستان وشىء من عمل الملتان وممّا يلى المغرب خراسان وشىء من عمل الهند وممّا يلى الشمال ارض الهند وممّا يلى الجنوب المفازة الّتى بين سجستان وكرمان وفيما يلى خراسان والغُور والهند تقويس [a] ❁

فامّا مدنها وما يقع فى اضعافها ممّا يحتاج الى معرفته فانّ لها من المدن زَرَنْج *وكِشّ وِنه [b] والطاق والقَرْنين وخُوَاش وقَرْه وجَزَه [c] وبُسْت ورُوذان وشَرْوان [d] والزالَقان وبَغْنِين [e] ودَرْغَش ودرتل [f] وبِشْلَنْك [g] وبَنْجَوَاى وكُهَك وغَزْنَة والقَصْر وسِيوى واسفنجاى [h] وجامان ❁ ومدينتها العظمى تسمّى زَرَنْج وهى مدينة عليها حصن ولها ربض واسع الابنية كثيرة المساكن [i] وفيه دور الامارة [k] لآل الصَّفّار الى غير ذلك من المحالّ والفنادق وعليه سور حصين دائر بالربض وخندق على الربض حصين ايضًا والمآء الّذى فى الخندق ينبع من مكانه ويقع فيه ايضًا فضل من المياه الجارية اليها ولها خمسة ابواب احدها الباب الجديد والآخر الباب العتيق وكلاهما يخرج منهما الى فارس وبينهما قريب وباب كَرْكُويَه [l] يخرج منه الى خراسان والرابع باب نيشَك [m] يخرج منه الى بُسْت [n] والخامس يعرف بباب الطعام يخرج منه الى الرساتيق واعمر ابوابها باب الطعام وكلّها حديد، وللربض ثلاثة عشر بابًا منها باب [o] ياخذ الى فارس ويليه باب دخان [p]

---

a) Sequitur وهذه صورة سجستان. *b*) L. وكشْرويه, B. وكسروده. Cf. I., p. ٢٣٨ *e*, quibus adde: F. وكبروده, O. كمروده. *c*) L. et B. وحره. *d*) L. et B. h. l. وسروان. *e*) L. ويغمبين, B. دعنبين et deinde L. et B. ورغش. *f*) L. et B. semper درنك. Edrîsî, I, p. 442, 450 et 457 درثل semel p. 444 بك. *g*) L. ودمسند, B. بنسمد et deinde L. et B. ودمحواى. *h*) L. sine punctis. B. واسفمحاى. Deinde وماهكان. *i*) P. السكان. *k*) L. للامارة. *l*) L. et B. h. l. كوكنه, infra كركوده, P. كوكيه. Deinde L. تخرج et mox دخرج. *m*) L. et B. ببيست, P. دمشك. *n*) L. et B. ببيست. *o*) Nomen non additur. Cf. I., p. ٢٤٠, 6. *p*) Sic L.; B. وخان, probabiliter male pro جرجان.

ثمّ يليه باب شبرك[a] ويليه باب ساراق[b] ويليه باب شُعَيب ويليه باب نوخيك[c] ويليه باب الكان ويليه باب نيشك[d] ويليه باب كركويه ويليه باب استريس[e] ويليه باب غنجرة[f] ويليه باب بارستان[g] ويليه باب روذكران[h]، وابنيتها كلّها طين آزاج معقودة لانّ الخشب بها يسوس[i] ولا يلبث ومسجد الجامع فى المدينة منها دون الربض اذا دخلتَ باب فارس منها ودار الامارة فى الربض بين باب الطعام وبين باب فارس خارج المدينة والحبس فى المدينة عند الجامع وهناك ايضًا دار امارة[k] على ظهر الجامع عند الحبس قديمة ومنها نُقلت[l] الى خارج الربض، وبين باب الطعام وباب فارس قصران ليعقوب بن الليث ولعمرو بن الليث ودار الامارة فى دار يعقوب بن الليث وداخل المدينة بين باب كركويه وباب نِيشَك[m] ابنية عظيمة تسمّى أَرْك[n] كانت خزانة بناها عمرو بن الليث، واسواق المدينة الداخلة حوالى مسجد الجامع وهى اسواق على غاية العمارة واسواق الربض اسواق عامرة ايضًا منها سوق يسمّى[o] سوق عمرو بناها عمرو بن الليث ووقفها على مسجد الجامع والبيمارستان والمسجد الحرام وغلّة *هذه الاسواق[p] فى كلّ يوم نحو الف درهم، وفى المدينة الداخلة انهار منها نهر يدخل من الباب العتيق والثانى من الباب الجديد والثالث يدخل من باب الطعام ومقدار هذه الانهار اذا جمعت[q] ما يدير الرحى، وعند مسجد الجامع حوضان عظيمان يدخلهما المآء الجارى

---

a) L. et B. سيرك. Cod. F. ستزك. b) Apud I. recepi شناراق. Cod. F. سار, O. سارا. c) Sic I.; L. et B. نوخيرك. Cod. F. دوحودك. d) L. et B. بيست. e) Cod. F. استرس, O. اسبردس. f) L. عنجره, B. عماجره. g) L. et B. فارستان. Cod. F. بارسيان. h) Cod. F. روى كران. i) P. بارض. Cod. F. جوب مفقود است ومتعذر. k) L. et B. الامارة. l) L. دعلب, B. دقلب. Quod sequitur الى خارج الربض minus accurate dicitur. Rectius الى الربض خارج المدينة. m) L. دمسد, B. بيشك. n) B. ارك. o) B. دسمى. Deinde P. ut I. بناه et ووقفه. p) P. هذا السوق; B. هذه السوق ut I. q) B. ut vid. جمعن; P. ان اجتمعت.

ويخرج وينفرّق فى بيوت الناس وسراديبهم كما الرّجان داخل[a] يجرى فى سراديب دور[b] الرّجان ومعظم دور المدينة والربض فيها مآء جارٍ وبساتين وفى عرضها[c] انهار تاخذ منها هذه الانهار الّتى تدخل المدينة، والسوق ممتدّة من باب فارس من المدينة الى باب نيشك[d] متّصل ذلك غير منقطع نحو نصف فرسخ ✿

وارضها سبخة ورمال وهى حارّة بها نخيل ولا يقع بها الثلوج وهى ارض سهلة لا يرى بها جبل واقرب جبالها بناحية قَرِه وتشتدّ رياحهم وتدوم حتّى انّهم قد نصبوا عليها *ارحآء يسيّرونها بها[e] وينتقل رمالهم من مكان الى مكان فلولا انّهم يحتالون عليها[f] لطمّت القرى والمدن بها وذلك انّ جميع الارض[g] رمل، وبلغنى انّهم اذا احبّوا نقل الرمل من مكان الى مكان من غير ان يقع على الارض الّتى الى جانب المكان الّذى[h] ضرّهم كون الرمل به وسقوطه فيه جعلوا[i] *مثل الحائط[k] من خشب وشوك وغيرهما *بقدر ما يعلو على ذلك الرمل[l] وفتحوا فى اسفله بابًا[m] فيدخله الريح *ويطير الرمل على اعلاه مثل الزوبعة فيرتفع على مدّ البصر حيث لا يضرّهم[n]، واخبرنى مَنْ صدر عنهم سنة ٥٦٠[o] الى المغرب وقد جَمَعَنا الطريق[p] فتذاكرنا حالهم فقال تواترت علينا الرياح فى السنة الماضية بما لم يَجْرِ لنا[q] بمثله رسم ولا عادة واكبّت الرياح على الجامع فملأته بالرمل وتزايد الامر *بالبلآء على

---

a) Textus corruptus esse videtur. De urbe Arradján simile quid nusquam memoratur, quatenus scio, et fortasse legendum est الرحى. Pro كما legi posset كماء: b) L. دون: c) I. ربضها. d) L. et B. بيست: e) P. ارحية لطحن فيها بسياسات قد توارثوها قديمًا يقيمونها بالريح يديرونها قموحهم. f) P. بالهندسة دملها (l. يتلّيها) رجال منهم. g) P. البلد. h) P. add. قد. i) B. جعل: k) P. كالحايط وسياجًا زربًا: l) Ex I.; L. et B. ضره كون الرمل به, repetio e versu praeced.; P. om. m) P. add. من تلقاء الريح. n) P. ويطير بها ويصير باعلاه كالزوبعة ويرفع الى حيث آثروا نقله اليه: o) P. ٣٦٠. p) P. add. الى مصر et insert هذه post حالهم. q) L. لهذا.

البلد[a] فدعوا القوم الموسومين[b] بعلم هذه الصنعة والمرسومين[c] بدفعها[d] فعجز اكثرهم واعترف بانّه لا *يدرى كيفيّة مدافعته لانّهم[e] لا يقفون على مادّته من اين هى[f] وابتدر حَدَثٌ منهم فقال علم ذلك عندى وان أُعْطِيتُ[g] ما اؤمّلُهُ وارجوه لِدَفْعِهِ دَفَعْتُهُ[h] وهو عشرون الف درهم فلم يلتفتوا الى كلامه لكثرة سومه وزاد الامر بلآءً فايقنوا بانّه ان اقام[i] عليهم يومه وليلته القابلة هلك البلد فصاروا اليه بالعشرين الف درهم فقبلها وقال قد زاد علىّ التعب ولكن انتم فى امان منه وركض ومن رام معونته معه ثمانية عشر فرسخًا من البلد على غير قصد الريح وعارضها بحِيَلٍ اوقعها *فزالت الريح[k] عن البلد *فانتسفت الريح باجمعه منه[l] وكفاهم الشُّغْل به[m] ورَأَسَ القومَ الّذين كانوا *يتقدّمون فى علم ذلك[n] وفاز *بربح كثير سنىّ[o] ۞

ويقال انّ المدينة القديمة فى ايّام العجم كانت فيما بين كرمان وسجستان بالقرب من دارك بحذآء راسك عن يسار الذاهب من بخارا[p] الى كرمان على ثلاث مراحل وابنيتها وبعض بيوتها قائمة الى هذه الغاية واسم هذه المدينة أَبْرَشَهْرِيَار[q] ويقال انّ نهر سجستان كان يجرى عليها فانقطع ببثق كان يسكر من هِيذَمَنْد[r] وانخفض المآء عنه ومال فتعطّلت وتحوّل الناس وبنوا زرنج ۞

فامّا انهارها فاعظمها نهر هِيذَمَنْد[s] ويخرج من ظهر الغُور حتّى *يمرّ على[t]

---

a) P. على البلد بالاذى واحسّوا بالبلاء. b) L. et B. المرسومين. c) P. والموسومين. d) P. بدفع الريح. e) P. يعلم — لقطاعتهم ولانهم. f) P. add. فانتدب et deinde وكانت الريح مضطربة. g) P. اعطيتم. h) P. add. in marg. عنكم. i) P. قام. k) P. فانصرف الرمل. l) P. وعدل به الى حيث لا يضرّهم. m) P. add. من حيث اهتدى تصريف الريح الى غير جهة المدينة. Deinde *L. habet وراسٌ. n) P. ينتمون الى هذه الصنعة. o) P. بحسن الذكر, addens ثم عدل الى الرمل الذى سقط فى البلد بريح اخرى فانتسفه. p) I. سجستان. q) L. et B. ابرسهريار, I. رام شهرستان. r) B. هندمند h. l. s) P. هيل مند. t) P. يصل الى.

حدّ رُخَّج وبلد الدّاوَر ثمّ يجرى على بُسْت حتّى ينتهى الى سجستان ثمّ يقع فى بحيرة زَرَه، وزره هذه بحيرة يتّسع الماء فيها وينتقص[a] بقدر زيادة الماء ونقصانه وطولها نحو ثلاثين فرسخًا من ناحية كُرِين[b] على طريق قهستان[c] الى قنطرة كرمان على طريق فارس وعرضها مقدار مرحلة وهى عذبة الماء *ويرتفع منها سمك كثيرة وقَصَب وحواليها كلُّها قرى سوى الوجه الّذى يلى المفازة[d]، ويقع فيها نهر هيدمند وهو نهر واحد من بست الى ان ينتهى الى مرحلة من سجستان وينشعّب منه مقاسم الماء فاوّل نهر ينشقّ منه نهر باب الطعام فياخذ على الرساتيق حتّى ينتهى الى حدّ نيشَك[e]، ثمّ ياخذ منه نهر باشترود[f] فيسقى من رساتيقها الكثير، ثمّ ياخذ منه نهر يعرف بسَنَارُوذ[g] فيجرى على فرسخ من سجستان وهو النهر الّذى تجرى فيه السفن من بست الى سجستان *اذا امتدّ الماء ولا تجرى اليهم السفن الّا فى زيادة الماء وانهار مدينة سجستان[h] كلُّها من سناروذ، ثمّ ينحدر فياخذ منه نهر شعبة فيسقى مقدار ثلاثين قرية، ثمّ ياخذ منه نهر مِيلَى فيسقى تلك النواحى[i] ويقع فضله فى بحيرة زره، ونهر نِيشَك[k] يخرج من قرب الغُور[l] فيسقى تلك النواحى وقلّما يفضل منه لبحيرة زره۞ وسجستان ناحية خصبة[m] كثيرة الطعام والتمور والاعناب واهلها ظاهرو اليسار ويرتفع من مفازة سجستان فيما بينها وبين مكران غلّة عظيمة من الحلتيت حتّى انّه قد غلب على طعامهم ويجعلونه فى عامّة اطعمتهم۞

وباليش اسم الناحية ومدينتها سيوِى غير انّ الوالى عليهم مقيم[n] بالقَصْر *واسفنجاى اكبر[o] من القصر۞ ورُخَّج اسم الاقليم *ومدينتها بَنْجَوَاى ولها

---

a) P. :ويتضايف b) L. كوثى indist., B. .كودى c) L. قمسيان indist., B. .قمسيان Cf. quoque Edrisî, I, p. 443. d) Haec in L. et B. desunt. P. habet حولها omisso .كلها e) *L. ىمسىد, f) L. باسمرود, B. .باسيرورد g) L. بساروذ, mox نساورد; B. .بنساروذ Cod. F. سار et روذ, O. سيار روذ, .سيارة روذ h) Ex I. supplevi. L. et B. om. i) I., p. ٢٤٤, plura addit. k) *L. .بيسند l) L. .الغورى m) B. :خصيبة n) L. et B. om. o) L. et B. .واسفراى اقرب

من المدن كُهَك ورخَّج اقليم[a] بين بلدى الداور وباليش[b] وعامّتها صواف[c] ويرتفع لبيت المال منها مال عظيم ويتّسع اهل تلك النواحى بغلّاتها وهى على غاية الخصب والسعة ۞ وبلد الدّاوَر اقليم خصيب وهو ثغر للغور وبَغْنِين وخَلَج وبِشْلَنْك[d] نواحٍ لها ولاة باسبابها، وخُوَاش[e] مدينة وليس عليها سور ولها[f] قلعة، وبلد الداور اسم اقليم ومدينته درتل[g] وله من المدن دَرْغَش[h] وهما على مجرى هيدمند على الشطّ غير انّ بغنين وخلج وكابل والغور نواحٍ واهل هذه النواحى بعضهم قد اسلموا وبعضهم مسالمون *وهى من[i] الصرود، والخلج صنف من الاتراك وقعوا فى قديم الايّام الى الارض الّتى بين الهند ونواحى سجستان فى ظهر الغور وهم اصحاب نعم على خلق الاتراك وزيّهم ولباسهم ۞ وبُسْت مدينة ليس فى اعمال سجستان بعد زرنج اكبر منها وهى[k] وبيّة وزيّهم زىّ اهل العراق ويرجعون الى مروّة ويسار وبها متاجر الى بلد الهند وبها نخيل واعناب وهى خصيبة جدًّا ۞

وامّا القَرْنِين فهى مدينة لها قرى ورساتيق وهى على مرحلة من سجستان على يسار الذاهب الى بست على فرسخين من سروزن ومنها آل[l] الصّفّار الّذين يعملون على فارس وخراسان وكرمان وسجستان وكانوا اربعة اخوة يعقوب وعمرو وطاهر وعلىّ بنو اللّيْث فامّا طاهر فقتل *بباب بست[m] ويعقوب مات حتف انفه بجُنْدَىْ سَابُور بعد رجوعه من بغداد وقبره هناك وعلىّ كان استامن الى رافع بجرجان ومات بدِهِسْتان وقبره هناك، ويعقوب كان اكبرهم وكان غلامًا لبعض الصفّارين وعمرو كان مكاريًا وبلغنى انّه كان فى بعض ايّامه بنّآءًا وكان علىٌّ بن الليث اصغرهم سنًّا، وكان السبب فى

---

a) Ex I. supplevi coll. Edrîsî, I, p. 444. *b*) B. وبالش. *c*) Ridicule F. از آن صنعت واغلب اهل آن صوف مى بافند. et pro منها habet *d*) L. et B. وبيسند. *e*) Vid. ad I., p. ۲۴۵ *a*, ubi خاش appellatur. Differt autem ab urbe خواش mox memoranda. *f*) B. وعليها. *g*) L. et B. ut semper درنك. *h*) B. درُغش. *i*) L. et B. وفى. *k*) P. add. مدينة فى نفسها. *l*) L. et B. الى: *m*) Ex P. et I.; L. et B. ببارست.

خروجهم وارتفاع امرهم انّ خالًا لهم كان[a] يسمّى كثير بن رقّاق[b] شاريًا فى بعض الحصون وكان قد تجمّع اليه جمع فيه وجوه الخوارج فحوصر فى قلعة كانت له[c] وقُتل وتخلّص هاؤلآء ووقعوا الى ارض بست وكان رجل بتلك الناحية عنده جمع كثير يظهرون الحسبة فى الغزو وقتال الخوارج يعرف بدرهم بن نصر فصار هؤلآء الاخوة فى جملة اصحابه وقصدوا سجستان والوالى بها ابراهيم بن الحسين من قبل الطاهريّة[d] وكان فى ضعف فنزل[e] على باب المدينة وكان درهم بن نصر يظهر انّه من المطّوعة وانّه قصد لقتال[f] الشراة محتسبًا فاستمال العامّة فاطاعوه[g] ودخل المدينة وخرج منها واليها[h] الى بعض النواحى ولم يزل حتّى تمكّن من البلد وقاتلوه الشراة وكان لهم رئيس يعرف بعمّار[i] بن ياسر وانتدب لقتاله يعقوب فقاتله وقُتل عمّار وكان لا يحزبهم[k] امر شديد الّا انتدب له يعقوب وكان يرتفع ذلك الامر له على ما يحبّه فاستمال اصحاب درهم بن نصر حتّى قلّدوه الرياسة وصار الامر له وكان درهم ابن نصر بعد ذلك فى جملة اصحابه ولم يزل محسنًا الى درهم بن نصر حتّى استاذنه فى الحجّ فاذن له فحجّ واقام ببغداد مدّة وعاد رسولًا من *امير المؤمنين[l] اليهم فقتله يعقوب واستفحل امرهم[m] بعد ذلك حتّى استولوا على فارس وكرمان وخوزستان وبعض العراق وخراسان ۞

ومدينة الطاق على مرحلة من زرنج وتكون على ظهر الجائى من سجستان الى خراسان وهى مدينة صغيرة ولها رستاق وبها اعناب كثيرة يتّسع بها اهل سجستان ۞ ومدينة خُوَاش من قرنين على مرحلة عن يسار الذاهب الى بست وبينها وبين الطريق نحو نصف فرسخ وهى اكبر من قرنين وبها نخيل واشجار ولها وللقرنين مياه جارية وقنىّ[n] ۞ وفرّه مدينة

---

a) P. ut I. om. b) Sec. I.; L. et B. نقّاد, P. رقّاد. Cod. F. رقّاف, O. ut recepi. c) P. فى القلعة التى كان بها. Deinde B. وقيل. d) L. الظاهرية. e) Altera manus in P. فنزلوا. f) P. قتال. g) P. فاطاعته. h) Ex I. addidi. i) Sic P. et I.; et B. h. l. بعماره ut Cod. Ist. E. et O. k) P. يحزنهم. l) P. الخليفة. m) P. امره وامر اخوته. n) P. add. من تحت الارض كثيرة.

اكبر من هذه المدن ولها رستاق يشتمل على نحو ستّين قرية وبها نخيل وفواكه وزروع وعليها نهر فره وابنيتهم[a] من طين وهى ارض سهلة ۞ وجِزّه متّصلة بعمل فره عن يمين الذاهب من سجستان الى خراسان على نحو مرحلة *وناحيتها ناحية مائيّة وهى[b] صغيرة نحو القرنين ولها قرى ورساتيق وهى خصيبة ومآوُهم من القنىّ وابنيتهم من طين ۞ وشَرْوان[c] مدينة صغيرة نحو القرنين الّا انّها اعمر واكثر اهلًا وبها فواكه[d] واسعة ونخيل واعناب[e] تجلب عنها وتنتقل[f] وهى من بست على مرحلتين ولهما ناحيتان لمنزلين احدهما يسمّى فيروزقند والآخر هو شروان على طريق بلد الداور[g] ۞ والزالَقان من بست على مرحلة وبها فواكه ونخيل وزروع واكثر اهلها حاكة ومآوُهم انهار جارية وبناؤُهم من طين وهى نحو القرنين فى الكبر ۞ ورُوذان[h] اصغر من القرنين وهى بقرب فيروزقند عن يمين الذاهب الى الرخّج واكثر غلّاتها الملح ولهم مع ذلك زروع وفواكه ومياه جارية[i] ۞

وامّا المسافات فانّ الطريق من سجستان الى هراة اوّل مرحلة تسمّى كَرْكُويَه ومن كركويه الى بَشْتَر[k] ۴ فراسخ ويعبر[l] على قنطرة تجرى فيها فضل مياه هيدمند ومن بشتر الى جُوَيْن مرحلة ومن جوين الى السب[m] مرحلة ومن السب الى كنكرة مرحلة ومن كنكرة الى سرشك[n] مرحلة ومن

---

a) P. ut I. وابنيتها. b) Sic lego sec. P.; L. et B. (مادمة) وهى ناحيه مايمه. c) P. وشيروان; Cod. F. quoque habet شروان. d) P. add. كثيرة. e) P. add. غزيرة. f) B. وتنقل. g) L. et B. الدور. h) L. et B. وشروان. i) P. addit: واما بلاد الغُور فهى جبال عامرة ذات عيون وبساتين وانهار جارية وهى حصينة منيعة ويمتدّ جبال الغور فى حدود خراسان وظاهر الباميان الى البنجهير (l. البنجهير) وهذا الجبل من اوله الى اخره معادن الذهب والفضة واغزر معادنهم ما قرب من جرخيز (l. خرخيز). Cf. I., p. ٢٧٣ et ٢٨١. k) L. et B. تستر; vid. ad I., p. ٢۴٨ i. Cod. F. et O. دسمر. l) L., qui hoc itinerarium pessime exaratum habet, et B. والـعـيـن. m) Sic. Vid. ad. I., p. ٢۴٨ l. n) L. et B. سرسك.

سرشک الى قنطرة وادى قَرّه مرحلة ومن قنطرة الوادى الى فره مرحلة ومن فره الى دَرَه مرحلة ومن دره الى كوستان[a] مرحلة ومن كوستان الى خاستان[b] وهى من الأَسْفِزَار[c] مرحلة ومن خاستان الى قناة سرى مرحلة ومن قناة سرى الى الجبل الاسود *مرحلة ومن الجبل الاسود[d] الى جامان[e] مرحلة ومن جامان الى هراة مرحلة ۞

الطريق من سجستان الى بست أوّل مرحلة زانبوق[f] ومن زانبوق الى سروزن قرية عامرة سلطانيّة مرحلة ومن سروزن الى حرورى[g] قرية عامرة سلطانيّة وبينهما[h] نهر نِيشَك وعليه قنطرة من آجرّ مرحلة[i] ومن حرورى الى دَهَك والمنزل رباط مرحلة ومن هذا الرباط المفازة فمنزل منها رباط يسمّى آب *شُور ومن آب شور[k] الى رباط كروذين[l] ومن رباط كروذين الى رباط قُهُسْتان[m] مرحلة ومنه الى رباط عبد الله ومن رباط عبد الله الى مدينة بُسْت، ومن رباط دهك الى *فرسخ من[n] بست كلّها مفازة ۞

والطريق من بست الى غَزْنَة فمن بست الى رباط فيروزقند[o] منزل ومنه الى رباط ميغون[p] منزل ومنه الى رباط كبير[q] منزل ثمّ الى مدينة[r] الرخّج المسمّاة بَنْجَوَاى منزل ومنها الى تكين اباذ منزل *ثمّ الى خرسانة منزل ثمّ

---

a) L. et B. كونبسان. Cod. F. كيوسان et كموسان: b) L. خانيان et خاسان, B. خاميان et خاسان. Cod. F. حاشان et حاسان. c) L. الاسفراى. d) Haec in L. et B. desunt. e) L. حردمان, B. حرمان et حرماز. Cod. F. حارمان et حارمان (ح). f) L. et B. رانيوق. Cod. F. راسوق et رارسوق. g) Sic quoque Cod. F. h) In L. et B. lacuna. Deinde بست pro نيشك. i) L. et B. om. k) Lacuna in L. et B. Cf. I., p. ٢٤٩ o, quibus adde: F. ارسون et ارشون, O. ارسور. l) *L. h. l. عبد الله, deinde كروزين ubi B. كروزدن. F. et O. ut recepi. m) L. et B. هفستان. Cod. F. ut recepi. O. قَسْتان. n) L. ميسره فرسخ ومن. o) L. et B. فيروز. F. خمروز p) L. et B. مغور. q) Cod. F. كَشّ, O. كر. r) L. om.

الى رباط سراب منزل[a] ثمّ الى الاوقل[b] وهو رباط منزل ثمّ الى رباط جنكل اباذ منزل ثمّ الى قرية غوم[c] منزل ثمّ الى قرية *خاست منزل ثمّ الى قرية جومة منزل ثمّ الى[d] خابسار منزل وهو اوّل حدّ غزنة ثمّ الى قرية خشباجى[e] منزل ثمّ الى رباط هزار[f] وهى قرية عامرة ثمّ الى غزنة منزل، وغزنة مدينة جليلة فى نفسها كبيرة بحالها وتجاراتها ۞

والطريق من سجستان الى باليش على المفازة تاخذ من مدينة الرخّج المسمّاة بنجواى الى رباط الحَجَريّة منزل ثمّ الى رباط كنكى[g] منزل ثمّ الى رباط بر[h] وهو منزل ثمّ الى اسفنجاى[i] منزل ۞

والطريق من سجستان الى كرمان وفارس فانّ اوّل منزل من سجستان خاوران[k] والثانى دارك ومنها الى بربن[l] منزل ومنها الى كاونيشك[m] منزل وهما رباطان ثمّ الى رباط الناسى منزل ثمّ الى رباط القاضى منزل ثمّ الى رباط كرامخان[n] منزل ثمّ الى سَنيج[o] منزل وسنيج مدينة بكرمان، وحدّ سجستان اذا جزتَ كاونيشك[p] وبينها وبين كُنْدُر رباط بناه عمرو بن الليث وهذا المكان يعرف بقنطرة كرمان وليس هناك قنطرة بل بالاسم ۞

وسائر المسافات بسجستان جمل فمن سجستان الى جَزّه[q] ٣ مراحل *وهى بين[r] فَرّه والقَرْنين وبينها[s] وبين فره[t] ايضا *مرحلتان وبين نه[u] وفره مرحلة راجحة وهى بحذآئها ممّا يلى المفازة، وكِشّ[v] بينها وبين سجستان

---

a) Haec ex I. addidi. L., B. et Edrîsî, I p. 449 et 459 om. b) L.; B. et Edrîsî الاوق. F. et O. اوفى. c) B. عرم. d) In L. et B. desunt. Supplevi ex I. et Edrîsî. Deinde L. et B. خايسار. F. حانسار. e) L. خشبانى; B. حشبازى, F. حاجى, O. خساجى. f) L. et B. هُذُو; F. هذا. g) L. et B. كمكر. h) L. بر. i) *L. اسفيخاى. k) L. et B. حاوزن. l) L. بردن, B. بردن. m) L. كاوبيسك. n) L. كراغان, B. كراعان: p) L. et B. مستنج. p) L. et B. كاوبيسك. q) *L. دره. r) L. et B. وبين. s) L. et B. وبينهما. t) Sic superscribitur in L. lectioni textus quae est قرية. u) Lacuna in L. et B. v) L. وكسر. Cod. F. كَشّ.

٣٠ فرسخًا فيما يلى حدّ كرمان والطاق على طريق كِشّ على ٥ فراسخ، وخُوَاش على نحو فرسخ من طريق بست وبينها وبين القرنين منزل، ومن بست الى شَرْوان مرحلتان على طريق بلد الداور ثمّ تعبر هيدمند[a] على مرحلة من شروان فتدخل درتل[b] وتمضى مرحلة واكثر الى دَرْغَش[c] على شطّ هيدمند[a] وكلاهما من جهة واحدة ومن درتل الى بغنين يوم فى قبائل[d] بِشْلَنْك فى جنوبىّ بغنين، وبَنْجَوَاى على ظهر غزنة وبينها وبين كُهَك مقدار فرسخ على غربىّ بنجواى ومن بنجواى الى اسفنجاى[e] ٣ مراحل والقصر بحذآئها وبينهما فرسخ واسفنجاى حصن حسن ومن اسفنجاى الى سيوى مرحلتان ۞

فامّا ارتفاع هذه النواحى الّتى جمعت صورتها وذكرتُها من الاعمال المجاورة لسجستان ولم اجد بدًّا من الصاق بعضها الى بعض بالمجاورة فانّها مختلفة الحال متباينة العمّال لكلّ ناحية منها قاضٍ وصاحب خبر وبريد وصاحب معونة وكاتب سالعة[f] يعرف بالبُنْدار يطالب بالخراج ووجوه المال الواجبة للسلطان واكثرها لصاحب خراسان وما غادره فلمن يعتزى اليه ويقيم دعوته وينتمى الى دولته قد جُعِلَتْ طُعْمَةً لَهُ وعليه فيها بعض لوازم يرفعها وهدايا يؤدّيها كصاحب بُسْت لانّه يقيم برجال كثيرة وعساكر جمّة من رسومها المجتبات[g] بتلك الناحية لصاحب خراسان، *ومنها ما هو كالمتغلّب عليه وعلى ماله[h] وعليهم من المؤنات وهم يعتزون الى صاحب خراسان كمحمّد ابن الياس وغيره والبتكين[i] الحاجب ....[k] وقد استولى على غزنة وما جاورها، ومنها ما هو مجمول[l] برمّته ومجموع على جهته بالحسبانات القائمة

a) L. et B. h. l. هندمند. b) L. et B. درنك. c) L. دراعين, B. دراغين.
d) Auctorem sic scripsisse non dubito, quamvis prava sit lectio. Vid. I., p. ٢٥٢ k. Deinde L. et B. بيسند. e) L. h. l. المسعحلى, B. المسفتحاى, mox L. واسفياخاى. f) Conjecturâ edidi. L. سله, B. سلسه s. سلمه. g) *L. المجتباه. h) In B. tantum supersunt ومنها ما — على ماله et sequitur lacuna. (*L. كالتغلب). i) L. والمكين, B. والمكيين. k) Lacuna in L. et B. l) L. et B. محمول. Pro جهته fort. legendum est جبهته; coll. Lane sub رمة.

والقوانين[a] والارتفاعات المعروفة ومن ذلك هراة وهى ناحية جليلة وسياتى ذكرها فى ضمن خراسان ولمّا اوجبته الصورة ما رسمتُها فى هذه الناحية لئلّا يتكرّر ذكرها ويعود خبرها وهى من النواحى الّتى يقبض خراجها فى كلّ عام دفعتين اذ فى كثير من اعمال خراسان ما يجرى هذا المجرى وقد رسم بهذا الرسم وفيها ما هو بغير هذه الصورة ما يقبض خراجه دفعة ......[b]، فامّا عبرتها من وجوه اموالها وقوانين اداآتها فمائة الف دينار ومن الورق اربع مائة الف درهم مع توابع قليلة، وسجستان والرخّج وبست[c] واعمالها جباياتها[d] مائة الف دينار ومن الورق ثلاثمائة الف درهم، وبست عن وجوه جباياتها مائة الف دينار ومن الورق ثمان مائة الف درهم، وغزنة وكابل وما يصاقب ذلك من اعمال الهند مائة الف دينار ومن الورق ستّمائة الف درهم، وفى قديم اوقاتها على ممرّ الدهور الخالية والسِيَر العادلة الماضية ما كانت جباياتها عن هذا القدر اكثر وبركاتها اغزر وغلّاتها اوفر، وهذا جملة ما علمتُه من صفة هذه الناحية وعرفتُه من اخبار هذا الصقع وما خلتُ انْ فى ذلك تقصيرًا عن ما يحتاج الى علمه والوقوف على رسمه ☆

خراسان

واَمّا اقليم خُرَاسَان فانّ خراسان تفضّل[e] على كور عظام واعمال جسام وهى اسم الاقليم[f] والّذى يحيط بها من شرقيّها نواحى سجستان وبلد الهند لانّا ضممنا الى سجستان ما يتّصل بها من ظهر الغُور كلّه الى الهند وجعلنا ديار الخَلَج فى حدود كابُل ووَخّان على ظهر الخُتّل[g] كلّه وغير ذلك من نواحى بلد الهند[h] وغربيّها مفازة الغُزّيّة[i] ونواحى جرجان وشماليّها بلد ما وراء النهر وشئ من بلد الترك يسير على ظهر الخُتّل وجنوبيّها

a) L. et B. والعين. b) Lacuna unius vocabuli in L. et B. c) Fortasse h. l. delendum est وبست. d) L. et B. وجباياتها. e) B. دفضل. f) Ex I. addidi. In L. et B. lacuna. g) *L. الجبل ut infra quoque B. h) In L. et B. sequitur spatium unius vocabuli. i) L. الغزنه.

مفازة فارس وقومس، *وضممنا قومس[a] الى نواحى جبال الديلم مع جرجان وطبرستان والرىّ وما يتّصل بها وجعلنا ذلك كلّه اقليمًا واحدًا وضممنا الختّل[b] الى ما ورآء النهر *لانّها بين نهر وَخْشاب وجَرْياب وضممنا خوارزم الى ما ورآء النهر[c] لانّ مدينتها العظمى ورآء النهر وهى اقرب الى بخارا منها الى مدن خراسان، وبخراسان ممّا يلى المشرق زنقة[d] بين مفازة فارس وبين هراة والغور الى غزنة ولها زنقة فى المغرب فى حدّ قومس الى ان يتّصل بنواحى فَرَاوَة[e] فيصير ما بين الزنقتين[f] عن تربيع سائر خراسان، وفيها من حدّ جرجان وبحر الخزر الى خوارزم تقويس على العمارة[g] ✿

امّا كورة خراسان الّتى يجتمع[h] فيها العُمّال ويفرّق فيها الحُكّام واصحاب البرد والبنادرة ممّا[i] ورآء النهر لصاحب خراسان من آل سامان فكالعمل الواحد وهى نيف وثلاثون عملًا تدلّ ارزاق المتصرّفين فيها على مقادير احوالها فى ذاتها وتعرب عن محلّ اهلها فى انفسهم مع نزور جباياتها وكلّ عمل منها لا يخلو من قاضٍ وصاحب بريد وبندار وصاحب معونة هذا الى غير عمل منها فيه قُضاة يتصرّفون عن قاضى الناحية الكبرى واصحاب اخبار وبرود ينهون اخبارهم الى صاحب الناحية العظمى وجُبَاة للخراج والضمانات الى البندار الاجلّ بالكورة واصحاب معاون وأُمرآء دون امير الناحية وسآتى بذلك مع ارزاق المتقلّبين لهذه الاعمال فى الناحيتين اذ كانتا جميعًا لصاحب خراسان والمتصرّفون فيهما[k] من تحت امره ونهيه ✿ وانّ اعظم هذه النواحى منزلةً واكبرها[l] جيشًا وشحنة واجلّها منزلة وجباية نَيْسَابُور ومَرْو وهَرَاة وبَلْخ وبخراسان *وما ورآء النهر[m] كور دون هذه فى الصغر فمنها قُوهِسْتان وطُوس ونَسَا وأَبِيوَرْد

---

a) Haec ex I. addidi. *b*) L. et B. الجبل. *c*) Haec ex I. supplevi. *d*) Additur in L. et B. وفى المغرب. *e*) L. فراره. *f*) Sec. Abulfeda, p. ۴۴۱, inserendum est كالكمّين خارجين. *g*) Sequitur وهذه صورة اقليم خراسان. *h*) L. التى تجتمع. Fortasse pauca desunt et e. g. legendum est التى تجتمع على النواحى (الاعمال) التى يقام فيها العُمّال. *i*) L. et B. ومما. *k*) L. et B. فيها. *l*) P. واكثرها, sed omissis verbis جيشا — منزلة. *m*) Ineptum additamentum.

وسَرْخَس وأَسْفِزَار وبُوشَنْج وباذَغيس وكَنْج رستاق ومَرْو الرُّوذ والجُوزَجان[a] وغَرْج الشار والباميان وطُخارِسْتان وزَمّ وآمُوى ❁ وخُوَارِزْم فيما ورآء النهر لانّ مدن ذلك من ورآء النهر وخوارزم على السمت اقرب الى بُخارا منها الى خراسان ❁ ولنيسابور كور لا تفرد عنها لانّها مجموعة اليها فى الاعمال وسأذكر كلّ ما هو مضاف الى غيره من اعمال نيسابور وطخارستان المضافة الى بلخ والمجموعة اليها اذ هى فى الدواوين مفردة ومدنها وبقاعها عنها متميّزة * وليس دركنا فى تفريق[b] هذه الكور[c] وجمعها اكثر من استيفآئها وتاليفها فى الصورة ومعرفة كلّ شىء منها فى صورة خراسان او ما ورآء النهر ❁

ونَيْسَابُور تعرف بأَبْرَشَهْر[d] وفيها يقول ابو تمّام حَبِيبُ بن أَوْس الطائىّ[e]

أَيا سَهَرِى بِلَيْلَةِ أَبْرَشَهْرٍ ذَمَمْتَ اِلَىَّ نَوْمًا فى سِوَاهَا

وهى مدينة فى ارض سهلة ابنيتها من طين وهى[f] مفترشة البنآء ومقدار عرصتها نحو فرسخ فى مثله ولها مدينة وقَهَنْدَز ورَبَض وقهندزها وربضها عامران ومسجد جامعها فى ربضها بمكان يعرف بالمعسكر[g] ودار الامارة بمكان يعرف بميدان الحسين والحبس عند دار الامارة وبين الحبس ودار الامارة * وبين المسجد الجامع نحو ميل ودار الامارة[h] بها من بنآء عمرو بن الليث[i] وللقهندز بابان وللمدينة اربعة ابواب احدها يعرف بباب القنطرة والثانى بباب سكّة معقل والثالث بباب القهندز والرابع بباب قنطرة در تكين[k] وقهندزها

---

a) L. et B. والخوزجان et deinde وىىحرح. b) In L. et B. parva lacuna. Supplevi ope I. c) L. et B. الكورة. d) L. بايبَرشهر, B. بايرشهر, P. id. sed altera manus correxit in ايران شهر. e) Versus non exstat in Diwáno Abu Tammámi. Alia exempla nominis e poëtis dat Jacut, I, p. ٨٠ seq., ٥٩٩ seq. f) P. وكانت et deinde مُفْرَشَة. g) *L. بالعسكر. h) Ex I., p. ٢٥٤, 4 a f. addidi, sed pro فرسخ reposui ميل, coll. Cod. O. qui habet مقدار جهاريك فرسنكى. Apud F. est مقدار دانكى نيم فرسنكى. i) Ex I. addidi et ex Edrisio, II, p. 182. k) L. et B. ميكين, Edrisi, l. l. مكين. Cf. I., p. ٢٥٤ p, quibus adde: F. قنطره ور مكين, O. = E.

خارج عن مدينتها ويحفّ بالقهندز والمدينة جميعًا الربض وللربض ابواب فامّا الابواب الّتى يخرج منها[a] الى العراق وجرجان فانّها تعرف بباب القبّاب والباب الّذى يخرج منه الى بلخ ومرو وما ورآء النهر فانّه يعرف بباب جَنْك[b] والباب الّذى يخرج منه الى فارس وقوهستان فانّه يعرف بباب احوص اباذ[c] والباب الّذى يخرج منه الى طوس وعدّة ابواب لا اقف على جميعها ولها باب يعرف بباب سُوخْتَه وباب يعرف بسر شيريين[d] وغير ذلك، فامّا اسواقها فانّها خارجة عن المدينة والقهندز فى الربض وخير اسواقها سوقان احداهما تعرف بالمربّعة الكبيرة والاخرى بالمربّعة الصغيرة فاذا اخذتَ من المربّعة نحو المغرب فالسوق[e] ممتدّة الى مقابر الحسين وفى خلال هذه الاسواق خانات وفنادق يسكنها التجار بالتجارات[f] للبيع فيها ويُقْصَد كلّ سوق[g] منها بما يشاكله ويضاهى كلّ فندق منها سوقًا من اسواق بعض البلدان ويسكن الفندق منها اهل اليسار ممّن فى ذلك السوق الكبار[h] ولغير مياسيرهم فى غيرها سوق وفنادق ويأوى اليها اهل المهن من صنائعهم بالدكاكين المعمورة وباهل الصنعة والحوانيت المشحونة باهل المهنة كالقلانسيّين فى اضعاف سوقهم لهم[i] فندق فيه الدكاكين الكثيرة وكذلك الاساكفة والخرّازين والحبّالين الى غير ذلك من اهل المهن والصنائع وامّا فنادق البزّازين وخانباراتهم بها وبيعهم فيها فاكثر البلدان يشركونهم فى ذلك ولا يقصرون

---

a) I., p. ٢٥٥, 1 منه — الباب. b) L. جِيَك, B. جِيَك. c) L. et B. حوص اباد (اياد). d) L. et B. سبريس. Cod. F. سرلمس, O. سيريس. e) L. et B. والسوق. Verba Istakhrii h. l. male in compendium redacta sunt, nec sine collatione hujus textus intelligi potest. f) ? L. et B. بالحمارات. Fort. leg. بالخانبارات. g) Conjectura addidi. Deinde B. منهما. h) Sic. Fortasse hic omittendum est vocab. et supra legendum ويسكن الفنادق الكبار, aut ante الكبار excidit من الاسواق. i) Conjectura supplevi. Praecedunt in *L. verba غير ذلك من اصحاب المهن quae e versu seq. male huc allata sunt.

عنهم[a]، واكثر مياهها قُنِىٌّ[b] تجرى تحت مساكنهم وتظهر[c] خارج البلد[d] فى ضياعهم[e] ومنها قنىٌّ تظهر فى البلد وتجرى فى دورهم وبساتينهم داخلَ البلد وخارجًا عنه ولهم نهر كبير يعرف بوادى سغاور[f] يسقى منه بعض البلد ورساتيق كثيرة *وعلى هذا الوادى قُوّام وحفظة، وقنيُّهم فى عمق من الارض[g] وربّما كان *منها شىء[h] بينه وبين وجه الارض *مائة درجة ويزيد وينقص وذلك فى المدينة[i]، وليس بخراسان مدينة اصحّ هوآء واكبر[k] فضآء واشدّ[l] عمارة وادوم تجارة واكثر[m] سابلة واعظم قافلة من نيسابور ويرتفع منها[n] مِن اصناف البزّ وفاخر ثياب القطن والقزّ ما[o] ينقل الى بلاد الاسلام وبعض بلدان الشرك لكثرته وجودته ولايثار[p] الملوك والرؤسآء[q] لكسوته اذ ليس يخرج من بلد ولا يمكن ان يرتفع مثله من ناحية[r] ☆ ولنيسابور حدود واسعة ورساتيق

---

a) P. pro his omnibus inde a فرسخ فى مثله habet: الى سنة ٥٤٩ عند كسرة الغزّ للسلطان سنجر بن ملك شاه واستيلآئهم على خراسان ففى هذه السنة دخل الغزّ اليها ونهبوها وقتلوا اكثر اهلها وانجلى الباقون ثم تواترت عليهم نوائب الزمان وصروف الحدثان الى ان خربت ثم لما تقاصرت عنهم ايدى الظلمة وعطف الله عليهم بالرحمة عادوا الى موضع قريب من المدينة على غربيّها يعرف بشايكان وثَمّ تلّ عالٍ فبنوا هناك دورًا وقصورًا واسواقًا وحمّامات وفنادق ومساجد وعادت الآن الى احسن ما كانت عليه من العمران وسمّوها نيسابور وسمعتُ فى سنة ٥٨٠ ان العمارة قد اتصلت الى الموضع القديم وذلك التلّ قد ابتنوا عليه حصارًا منيعًا حصينًا. Pro شايكان Jacut, III, p. ٢٣١ et IV, p. ٨٥٨, 10 et Ibno 'l-Athir, XI, p. ١٨. شاذياخ habent. *b*) P. من قنى. *c*) Codd. ويظهر. *d*) P. العمارة. *e*) P. add. وبساتينهم. *f*) L. بشغاوذ, B. ..عاوذ, P. سَعارِذ; vid. I., p. ٢٥٥ *m*. Cod. F. سعَاوذ. *g*) P. نحو ستين. *h*) P. ما يجتمع اليه كثير من قنىّ البلد. *i*) P. من القنى ما وسبعين ذراعًا. *k*) P. وافسح. *l*) P. واكثر. *m*) P. واغزر. *n*) L. et B. عنها. *o*) L. et B. وما. *p*) P. ورغبة et mox فى كسوته. *q*) L. والرسآء. *r*) P. add. كجوهريّته ولا يشاكله لرفعته وخاصّته.

عامرة وفيها[a] مدن معروفة كالبُوزْجَان[b] ومالينُ المعروفة بكواخرز[c] وجايمند[d] وسلومك[e] وسَنْكان[f] وزُوزَن[g] وكُنْدُر[h] وتُرْشِيز[i] وخان روان[k] وآزَانْوار وخُسْرُوكِرْد[l] *وبهمناباذ ومَزِينَان وسابزْوَار ودِيوَارَة ومِهْرَجان[m] وأَسْفَرَائينُ وخُوجَان وهذه تنسب جميعًا الى نيسابور، *وان جُمع الى نيسابور[n] طُوس فمن مدنها الرَّاذَكَان[o] والطابَرَان ونُوقان وبِزْدِغُور[p] *وقبر علىّ بن موسى الرضى رضهما بظاهر مدينة نوقان[q] مجاور لقبر الرشيد فى *مشهد حسن[r] بقرية يقال لها سَنَابَاذ[s] عليها حصن حصين منبع وفيه قوم معتكفون، وبنوقان معدن القدور[t] البِرام *تحمل الى سائر[u] بلد خراسان فى جبلها وفيه غير معدن من النحاس والحديد والفضّة والفيروزج والخماهن والدَّهْنَج وذكر لى غير انسان انّ فيه معادن ذهب غير انّها تقصر عن المؤنة ورايتُ بها غير قطعة بلّور غير صافية ۞ وكانت دار الامارة بخراسان فى قديم الأيّام بمرو وبلخ الى ايّام الطاهريّة[v] فانّهم نقلوها الى نيسابور فعمرت وكبرت *وعظمت اموالها[w] عند *توطّنهم

---

a) P. وفى مدنها. b) P. كالبوزكان. c) L. et B. بكمواجرد, P. بكواخور. d) L. et B. وجادمند ut quoque Cod. F.; P. وخايمن. e) L. وساومك, B. وساومل, P. وسامَمْل. f) L. et B. وبشكان. Recte P. g) P. وزَوْزَن, L. et B. om. (in B. lacuna). h) P. add. in marg. منها ابو منصور الكندرى وزير السلطان الب ارسلان (Cod. بن سلادن) السلجوقى رحمهما. i) L. et B. وبرنيس, P. وبرشز. k) L. et B. راون. Deinde وازادوان. l) L. et B. وخروكرد, P. وخَركَرد. m) Haec ex I. et duobus locis ultimis exceptis ex P. restitui. Male vero apud I. edidi مزنيان. P. habet مرنيان, Cod. F. مرتيان, O. مزنيان, sed legendum est مزينان, vid. Abulfeda, p. ۴۴٥ ult. n) Addidi ex P. et I. o) L. et B. الرايكان, P. زانكان. Deinde Codd. وطبران. p) L. et B. وغول. Vid. I., p. ۲٥۷ h. q) Ex P. addidi, coll. I. (in B. lacuna). Deinde P. وبمجاوره. r) L. et B. شبنهد حر. s) L. سماباذ, B. ساداد, P. سنا باب. Pro عليها sec. Abulfeda, p. ۴٥۳ leg. عليه. t) L. et B. قدور sine art. u) Ex P.; L. et B. وحمال لسابر. Deinde P. بلاد. v) L. et B. الظاهرية. w) P. وغزرت جباياتها واموالها.

اياها[a] وقطونهم بها حتّى انتابها الكُتّاب والادبآء بمقامهم بها وطرأ اليها العلمآء والفقهآء عند ايثارهم لها وقد اخرجت[b] نيسابور من العلمآء كثرة ونشأ بها[c] على مرّ الايّام من الفهمآء[d] مَنْ شهر *امره وسما[e] قدره وعلا ذكره ☆

ومَرْوُ مدينة قديمة تعرف بمرو الشاهجان ازليّة البنآء ويقال انّ قهندزها من بنآء طهمورث[f] والمدينة القديمة من بنآء ذى القرنين وهى فى ارض مستوية بعيدة عن الجبال لا يرى بالقرب منها جبل وليس فى شىء من حدودها جبل وارضها سبخة[g] كثيرة الرمال وابنيتها من طين وفيها ثلاث مساجد للجمعات فامّا اوّل مسجد أُقيمت الجمعة فيه فمسجد بُنى داخل المدينة فى اوّل الاسلام فلمّا كثر الاسلام بُنى المسجد المعروف بالمسجد العتيق على باب المدينة ويصلّى فيه اصحاب الحديث وبُنى من بعد ذلك المسجد الّذى على ماجان[h] ويقال انّ ذلك المسجد والسوق ودار الامارة من بنآء ابى مسلم[i]، ودار الامارة على ظهر هذا المسجد وفى هذه الدار قبّة بناها ابو مسلم كان يجلس فيها وفيها يجلس امرآء مرو، *وقهندزها مقدار مدينة وهو مرتفع وقد سيقت اليه قناة مآء تجرى فيه الى يومنا هذا وقد زرع عليها مباقل ومباطخ وغير ذلك[k]، وامّا اسواقها فكانت على باب المدينة جنب الجامع فنقلها ابو مسلم الى ماجان وهى من انظف الاسواق[l]، ومصلّى العيد فى محلّة راس الميدان فى مربّعة ابى[m] الجهم ويطوف به[n]

---

a) P. توطينهم بها. b) P. خرجت من. c) L. et B. لى sic. d) P. الفقهاء. e) P. اسمه واسمق. f) In marg. B. طهمورث اقدم من ذى القرنين. g) P. سخينة. h) Sic recte P.; L. et B. ماخان. i) In marg. P. additur الخراسانى المروزى. k) P. pro his: وبها قهندز خراب ليس به عمارة البتة وفى زماننا هذا وهى سنة ٥٨٠ ولبيس (ليس l.) بمرو مسجد جامع عامر غير المسجد الذى بناه ابو مسلم على ماجان وذكر لى عدة اناس من اهل مرو مشايخ انهم لم يروا بمرو مسجدًا جامعًا غير هذا وان المسجدين الاخرين خراب. l) P. add. موجود فيها كلما يحتاج اليه فى ليل او نهار. m) L. الى. n) Suppleyi به coll. I.

من جميع نواحيه البنيان والعمران وهو بين نهر هُرمزفرّه وماجان ۞ والبلد ارباع معروفة الحدود ولارباعه انهار معروفة فمنها نهر هرمزفرّه وهو نهر عليه ابنية كثيرة من البلد وهو[a] ممّا يلى سرخس، وللمدينة الداخلة اربعة ابواب فاحدها الّذى يلى مسجد الجامع وباب يعرف بباب سَنْجان[b] وباب بالين[c] وباب در مشكان[d] ومن هذا الباب يخرج الى ما ورآء النهر وعلى هذا الباب عسكر المامون وضرب مضربه ايّام مقامه بها الى ان انتهت اليه الخلافة ۞ ولمرو نهر عظيم تتشعّب هذه الانهار[e] وانهار الرساتيق منه ومبدأه[f] من ورآء البامِيّان ويعرف بنهر مَرْغاب وتفسيره مروآب اى مآء مرو ومن الناس من يزعم انّ النهر منسوب الى مكان يخرج منه المآء[g] ويجرى[h] هذا النهر على مرو الروذ وعليه ضياعهم واوّل حدّ هذا النهر من عمل *مرو الروذ[i] كوكين وخوزان والقَرِينَيْن[k] فخوزان من مرو الروذ والقرينين من مرو ومقاسم المآء من زَرْق[l] قرية بها مقسم مآء مرو وقد جُعل لكلّ محلّة وسكّة من هذا النهر *نهر صغير عليه[m] الواح خشب فيها ثقب مقدّرة لا يقدر[n] احد يزيد فيها ولا ينقص *ويأتى كلّ يوم[o] من شربهم بمقدار ان زاد *النيّار حلّت[p] عليهم الزيادة وان نقص نقصوا باجمعهم لا ايثار لقوم على قوم[q] ومتولّى هذا المآء امير مفرد وهو اجلّ من[r] والى المعونة بمرو وبلغنى انّه يرتزق على هذا المآء زيادة على *عشرة آلاف[s] رجل لكلّ واحد منهم على هذا المآء عمل ۞ وكانت مرو

---

a) B., L. et P. وهى. Deinde L. et B. تلى. b) L. سىاحان, B. سىحان. c) L. et B. المن. Vid. I., p. ٣٦١ a. Cod. F. دىلمس. d) L. ميسكان. e) Quarum mentionem omisit. Vid. I., p. ٣٦٠. f) P. وابتداوه. g) Additur in L. et B. per repetitionem ويعرف بنهر مرغاب. I., p. ٣٦١, 5 h. l. habet يسمى مرغاب. h) P. ut I. ومجرى. i) I. مرو. Deinde L. et B. ككوكر; vid. I., p. ٣٦١ i. k) L. والقرنين, B. والقرىىن. l) L. et B. دور. m) P. ساقية صغيرة على. n) P. يترك. o) P. وما اتى على قوم. p) P. الماء دخلت. q) P. add.: وهذه الالواح منصوبة بقرية تسمّى بُخش آب على مقدار نصف فرسخ من المدينة, supra omisso loco de زرق. r) L. et B. om. s) P. الف.

معسكر الاسلام فى أوّل الاسلام ومنها يقال استقامت مملكة[a] فارس للمسلمين لانّ يزدجرد[b] ملك الفرس قُتل بها فى طاحونة زُرْق[c] ومنها ظهرت دولة بنى العبّاس وفى دار آل ابى النجم المُعَيْطىّ صُبِغَ اوّل سواد صُبغ ولبسَتْهُ المُسَوِّدة ✿ ومن صحّة فواكههم انّ[d] بطّيخهم يقدّد ويحمل الى سائر الآفاق ولم اعلم هذا يمكن ببلد غيره، وفى مفازتها[e] يكون الأُشْتُرغاز[f] الّذى يحمل الى سائر الآفاق، ويرتفع من مرو الابريسم والقزّ الكثير ويقال انّ اصل القزّ بجرجان وطبرستان على قديم الأيّام وقع من مرو ومنها يرتفع القطن الّذى ينسب فى سائر الاقطار اليها[g] وهو الغاية فى اللين والثياب الّتى تجهّز الى الآفاق ✿ ولها منابر[h] بعضها قديمة وبعضها محدثة ولها مدن[i] مضافة اليها وبرسمها فمنها كُشْمَيْهَن وهى على مرحلة منها فى نفس الرمل[k] لها منبر ونهر كبير وفواكه واشجار وسويقة[l] صالحة وفنادق[m] وحمّامات، وبهُرْمُزْفَرّه[n] منبر وبباشان[o] منبر وبخَرَه[p] منبر وبالسُّوسَقان منبر فهذه منابر مرو ومدنها القريبة منها المصاقبة لها ✿

وامّا هَرَاة فهو اسم المدينة وكان عليها حصار وثيق وحواليها وداخلها ماء وداخلها ايضًا مدينة عامرة ولها ربض وفى مدينتها قهندز ومسجد الجامع بها ودار الامارة خارج الحصن بمكان يعرف بخراسان اباذ منقطع عن المدينة وبينها وبين المدينة نحو *ثلْث فرسخ[q] على طريق بُوشَنْج على غربىّ هراة وبناؤها من طين وهى مقدار نصف فرسخ فى نحوه[r] وكان لمدينتها الداخلة اربعة ابواب فالذى *يخرج منه الى بلخ ممّا يلى الشمال يسمّى باب سراى والّذى[s] يخرج منه الى نيسابور غربىّ يسمّى باب زياد والّذى يخرج منه

---

a) P. دولة. *b*) L. يزيد دجرد. *c*) L. et B. الورق. *d*) L. et B. om. *e*) L. مفازاتها. *f*) L. et B. sine punctis. *g*) P. add. جودته. *h*) Correxi ex I.; L. et B. مياه. *i*) Correxi ex P.; L. et B. منابر. *k*) Ex P.; L. et B. الوصل. Cf. Edrîsî, II, p. 187. *l*) L. et B. والسويقة, P. وسوق. *m*) P. add. ورباط. *n*) L. ونهر من فره. Post منبر quaedam excidisse patet ex I. In B. parva lacuna est. *o*) L. وديباسان, B. وبباسان. *p*) L. et B. وبحجره. Est pro خرق. *q*) Ex I.; L. et B. ثلثة فراسخ. *r*) L. فنجوه, B. فنحوه. *s*) Ex I. supplevi.

الى سجستان جنوبىّ ويسمّى باب فيروزاباذ * والباب الّذى يخرج منه الى الغور شرقىّ يسمّى باب خُشْك وابوابها من خشب[a] غير باب سراى فانّه كان حديدًا[b] وعلى كلّ باب سوق وفى داخل المدينة والربض مياه جارية وللحصن اربعة ابواب بحذآء كلّ باب من ابواب المدينة باب لهذا الحصن ويسمّى[c] باسم ذلك الباب وخارج الحصن جدار يحيط بالحصن كلّه الّا القليل وكان بينهما مقدار ثلاثين خطوة، فاتّفق على اهل المدينة عصيان وال[d] كان لهم من قبل صاحب خراسان يعرف بمحمّد بن الجرّاح وكان محسنًا اليهم فعصوا بعصيانه ومنعوه من صاحب خراسان باغلاق الابواب دونه وتطاولت ايّام عصيانه الى ان ظفر بهم اشعث بن محمّد فافتتح المدينة صلحًا والحصن الّذى داخلها قهرًا وامر صاحب خراسان ان يلحق سورها بالحضيض واقام عليه من طمس آثاره ومحا معالمه وكانّه لم يُرَ لها سور قطّ ولا كان عليها حصن ۞ والمسجد الجامع فى المدينة وحواليه الاسواق والسجن[e] على ظهر قبلة مسجد الجامع وليس بخراسان ولا ما ورآء النهر وسجستان والجبال مسجد اعمر بالناس على دوام الايّام من مسجد هراة ومسجد بلخ واليه مسجد سجستان فانّ بهذه المساجد خلقًا من الفقهآء والناس متزاحمون عامّة الايّام على رسم الشام والثغور، وهى فرضة لخراسان وسجستان وفارس، والجبل من هراة على فرسخين[f] على طريق بلخ ومحتطبهم من مغارة بينهم وبين اسفزار وليس بهذا الجبل محتطب ولا مرعى وانّما يرتفقون منه بالحجارة للارحآء والفرش وغير ذلك وعلى راس هذا الجبل بيت نار يدعى سِرِشك[g] وهو معمور وبينها وبين المدينة بيعة للنصارى وليس بينها وبين المدينة مياه ولا بساتين سوى نهر المدينة على باب المدينة فاذا عبرتَ القنطرة لم ترِ بعدها مآء ولا خضرة، وعلى سائر

---

a) Ex I. supplevi. *b*) L. et B. جديدا. *c*) L. et B. المسمى. *d*) L. et B. والى. *e*) L. والشاجر, B. والشحر; Quoque F. legit الشاجر, nam habet: ودر بشت قبله مسجد درختها جند از الوان فواكه غرس كرده اند. *f*) Sic quoque F. et O. *g*) B. سرسك.

الابواب والجهات ميـاه جارية وبساتين واعمرها بـاب فيروزاباذ ويخرج مآؤهم من قرب رباط كروان فاذا خرج عـن حدّ الغور الى هراة تشعّب منه انهار كثيرة فمنها نهر يعرف *بنهر برخوى[a] يسقى رستاق سنداسنك ونهر يسمّى باريست يسقى رستاق كواشان[b] ونهر يعرف بكنك[c] يسقى رستاق غوبان[d] وكربكرد ونهر يعرف بسنقر[e] يسـقـى رستاق سرخس[f] فى حدّ بوشنج ونهر يعرف بآنجير يسقى مدينة هراة، والبساتين متّصلة علـى طريق سجستان مقدار مرحلة ۞ واكبر مدينة بهراة بعـد هراة كَرُوخ[g] وأوّفه يرتفع من كروخ الكشمش المجلوب الى الآفاق والزبيب الطائفىّ المحمول الى العراق وسائر البلاد ومعظمه يـرتـفـع مـن مالِن وكروخ مدينة صغيرة واهلها شراة ومساجد الجامع بمحلّة منها *تعرف بسبيدان[h] وبنآؤها طين وهى فى شعب بين جبال مقداره عشرون فرسخًا وجميعها مشتبكة بالبساتين والانهار والاشجار والقرى العامرة ۞ وأوّفه اهل جماعة وهى بـحـذآء كروخ ولها بساتين ومياه وبنآؤهم من طين ايضًا ۞ ومالِنُ اصغر من كروخ وهى ايضًا مشتبكة البساتين والمياه والاشجار والكروم عـامرة جدًّا ۞ وخَيْسَار[i] قليلة الاشجار والمياه وهى اصغر من مالن واهـلـهـا اهـل جماعة ۞ واستربيان[k] اهلها خوارج وهى اصغر من مالن ولها مـيـاه وبساتينهم قليلة والغالب عليهم الزرع دون الكروم وهى فى الجبال ۞ وماراباذ كثيرة البساتين والمياه وهى مدينة اصغر من مالن *ويرتفع منها ارزّ كثير يجلب الى النواحى ۞ وباشان مدينة اصغر من مالن[l] ولهم زروع وهى *قليلة البساتين على كثرة مياهها[l] ۞ وبأسْفِزَار اربع[m] من المدن

a) L. et B. وحـوى. Cf. I., p. ٢٦٥ *g*, quibus adde: F. دـوحـوى, O. = E. *b*) Sec. I., p. ٢٦٦, 1; L. et B. سوسار i. e. سوسان. Lacunosa haec sunt. *c*) L. et B. بـكـنـد. *d*) L. et B. sine punctis. Deinde وكودـكـرد. *e*) Vid. ad I., p. ٢٦٦ *p*. Cod. F. سعر. *f*) Cf. I. l.l. Cod. F. سوحمر, O. سوى. *g*) L. et B. plerumque كروج. Deinde B. وأوفه. *h*) L. et B. يعرف (تعرف) بسندار. *i*) L. et B. وحـمـان. *k*) L. et B. sine punctis. *l*) Ex I. addidi. *m*) L. et B. اربع omisso واسفزار.

واكبرها كواشان وهى مدينة اصغر من كروخ ولها مآء وبساتين كثيرة وكواران وكوشك[a] وادرسكر هى متقاربة فى الكبر ولها مياه وبساتين واسفزار اهلها اهل جماعة ۞

فامّا بُوشَنْج فبها من المدن خَرْكَرْد وفَرْكَرْد وكره واكبرها بوشنج وهى مدينة * نحو نصف هراة[b] وهى وهراة فى مستواة ومن بوشنج الى الجبل نحو فرسخين وهو الجبل الّذى من هراة اليه فرسخان وبناؤهم بنآء حسن وليس كهراة ولهم مياه واشجار كثيرة ولهم[c] من اشجار[d] العرعر ما ليس بجميع خراسان[e] فى بلد ويحمل هذا الخشب الى سائر النواحى ومآؤهم من نهر هراة وهو النهر الّذى يجرى الى سرخس وينقطع المآء دون سرخس فى اكثر الاوقات وينصبّ الى النهر الّذى فى وسط سرخس وعليه القناطر المعقودة فى وسط البلد ولبوشنج حصار وعليه خندق ولها ثلاثة ابواب باب يعرف بباب علىّ يفضى الى طريق نيسابور وباب هراة يشرع الى هراة وباب قوهستان ياخذ الى قوهستان ۞ واكبر المدن بها بعد بوشنج كوسوى[f] وهى مدينة حصينة ولها مآء وبساتين قليلة وهى نحو ثلث بوشنج وبناؤهم من طين ۞ وخَرْكَرْد[g] لها ماء وبساتين كثيرة وهى اصغر من كوسوى ۞ وفَرْكَرْد[h] اصغر من خركرد ومآؤها الجارى قليل وهم اصحاب سوائم وليس لهم بساتين كثيرة ۞ وكره[i] لها بساتين ومياه كثيرة وهى نحو فركرد فى الكبر ۞

وبباذَغِيس بها من المدن جبل الفضّة وكُوفا[k] وكوغناباذ وبُشْت[l] وجاذوا وكابرون[m] ودِهِسْتان ومقام السلطان بكوغناباذ[n] واعمرها واكبرها دهستان وتكون

---

a) L. et B. وكوسك. Deinde وادرسكن. *b*) P. متوسطة لا كبيرة ولا صغيرة. *c*) P. ut I. وبها. *d*) L. الاشجار. *e*) In marg. P. additur وغيرها. *f*) L. et B. كوسرى. *g*) L. et B. خوكرد, حركرد et حركد. *h*) B. وفركد. *i*) L. وكوه. *k*) L. et B. وكوه. *l*) L. et B. وبست hic et infra. Deinde L. وجادو, B. وجاد, infra L. et B. وجادوا. *m*) L. وكابوين, B. وكادرون. Infra L. وكايوون. Orta est lectio e confusione duorum locorum كابرين et كالوون. Cf. I., p. ٣٦٨ *g*. *n*) L. et B. h. l. بكوغناد, infra L. وبكوغبان, B. وبكوغباد.

نحو *نصف فرسخ[a] من بوشنج وبنآؤها طين ولهم اسراب كثيرة فى الارض وهى[b] على جبل ولهم مآء جارٍ قليل وليست لهم بساتين ولا كروم وانّما هى مباخس وكذلك كوفا[c] وجبل الفضّة *وكوفا اكبر[d] من جبل الفضّة وجبل الفضّة على جبل كان فيه معدن الفضّة ونفد لنفاد الحَطَب[e]، وامّا كوفا فانّها فى صحرآء ✿ وبكوغنباذ وبشت وجاذوا بساتين ومياه ولهم مباخس[f] كثيرة، وكابرون ليس لها بساتين ولا مياه جارية وانّما مياههم من الامطار والآبار وهم اصحاب زروع ومباخس واصحاب اغنام، وجبل الفضّة على طريق سرخس من هراة، وبباذغيس اهل جماعة، وخُجُسْتان قرية احمد بن عبد الله واهلها شراة ✿

وكَنْج[g] رستاق مدينتها بَبْن[h] ولها كيف وبَغْشُور ومنها ابو منصور *البغوىّ صاحب بريد نيسابور[i] وليس بخراسان اكثر كتبًا[k] منه ولا ايسر فى وقتنا هذا من بستان وضياع وكراع وصامت وناطق وتجارات بين المشرق والمغرب حتّى يكاد يتعلّق باكبر طبقة فيها يسارًا[l] وحسن حال، وسلطان هذه الناحية يقيم ببَبْن[m] وهى اكبر *هذه المدن وبين اكبر[n] من بوشنج وبغشور نحو بوشنج، وببن وكيف لهما مياه كثيرة جارية وبساتين وكروم وبنآؤهما[o] من طين، وامّا بغشور ففى مفازة وهى اعذآء وزروعهم كلّها مباخس ومآؤهم من الآبار وهم اصحاب زروع وهى مدينة صحيحة التربة والهوآء، وهذه المدن كلّها على طريق مرو الروذ ✿

ومَرْو الرُّوذ بها من المدن قصر احنف[p] ودِزّه ومرو الروذ اكبرها وهى اكبر

---

a) Infeliciter sic scripsit auctor pro النصف. b) L. et B. وهم. c) L. et B. كر. d) L. et B. (وكو اكبر) وكواكير unde in F. et O. nom. propr. exstitit كراكين s. كواكين. e) Ante الحطب, quod الخطب scribitur, in L. expunctum legitur الامر, in B. من. Deinde L. et B. واما كوفانها. f) L. مباخش hic et deinde. g) L. et B. وكنج. h) L. et B. om. i) P. الغنوى الكثر الناس بالعربية وافصحهم بالفارسية. k) L. et B. كتب. l) L. et B. يسار. m) L. ببمن, B. ببين. n) B. haec om. o) L. et B. وبناوها. p) L. et B. h. l. (الاخنف) الاحنف, mox احنف. Deinde L. et B. ودَزّه.

من بوشنج ولها نهر كبير وهو النهر الجارى a الى مرو ولهم عليه بساتين وكروم كثيرة وهى طيّبة الهوآء والتربة ✿ وقصر احنف على مرحلة منها على طريق بلخ ودِزَه على طريق أَنْبار b على اربعة فراسخ ولقصر احنف مآءٌ جارٍ وبساتين وكروم وفواكه حسنة، ويشقّ نهر مرو الروذ وسط دزه وهى نصفان وبينهما قنطرة ولها بساتين وكروم وفواكه حسنة، ومن مرو الروذ الى النهر غلوة ✿ والطّالَقان مدينة نحو مرو الروذ فى الكبر ولهم مياه جارية وبساتين قليلة وبنآؤها من طين وهى اصحّ هوآءً من مرو الروذ، *ومن مرو الروذ c الى الجبل ثلاثة فراسخ d ممّا يلى المغرب *ومن جانب e الجبل منه على فرسخين ممّا يلى المشرق، والطالقان فى جبل متّصل بجبال الجُوزَجان ولها رساتيق فى الجبل f ✿

والفارِيَاب g مدينة من الجوزجان *اصغر من الطالقان h وبنآؤها من طين وبالفارياب مسجد جامع وهى مدينة صالحة i تجمع ما يكون فى المدن من سائر الصنائع k وليس بمسجد جامعها منارة ✿ ومن مدن الجُوزَجان l اليَهُوديّة وهى مدينة ايضًا مقتدرة جامعة m ولمسجد جامعها منارتان وان n ذكرتُ ما مرّ لى فى استحداث منارة بالفارياب مع اهلها واميرها وجلّة اهلها o لطال وهم يابون الّا قولهم هذه سُنّة وقبيح بالخلف تغيير راى رآه السلف ✿ والجوزجان p اسم الناحية ومن كبار مدنها اليَهُوديّة وأَشْبُورْقان والنُّخذ q

---

a) P. الذى يخرج من الباميان وينتهى. b) L. et B. الشار. c) In L. et B. desunt. d) In L. sequitur ثلث مراحل. e) Vid. ad I., p. ۲۷۰ c. Cod. F. tantum واز طرف مشرق بكوه دو فرسنگ. f) P. add. كثيرة عامرة وهى من اعمال الزوجزان (l. الجوزجان). g) L. et B. والقاريابات semper. P. addit ايضا. h) P. كثيرة البساتين والمياه; cf. I. i) P. add. جبلية. k) P. الصُنّاع. l) P. add. ايضا, deinde om. m) P. add. للصناع والتجار. n) L. et B. ولى. Haec verba supra sub فارياب collocanda esse videntur. o) Alterutrum اهل corruptum videtur. p) B. والجوزان. q) L. والنخذ, B. والـنُّـخـذ; infra انذخذ et اندخد = اندخون, vid. ad I., p. ۲۷۰ f. P. habet وانخذ.

رستاق ومدينتها أُشْتُرج[a] وكندرم ومن مدن الجوزجان أَنْبَار وسان[b] ونقامش اسم لتجار واشبورقان ۞ ومرسان[c] مدينة بين اليهوديّة والفارياب، واكبر مدينة بها أَنْبَارُ وبها يقيم السلطان[d] فى الشتآء وفى الصيف بالجُرْزوان[e] وهى مدينة بين جبلين اشبه بلد بمكّة[f] وشعابها كشعابها ۞ وأَنْبَارُ اكبر من مرو الروذ ولها مياه وبساتين وكروم وبناؤهم من طين ۞ وسان مدينة صغيرة لها مياه وبساتين وهى فى[g] الجبل وهى مدينة كثيرة الكروم والجوز والخيرات *ولها مياه[h] ۞ وأَشْبُورْقان بها مآء جارٍ والغالب عليهم الزرع وبساتينهم قليلة وفواكههم مجلوبة وهى اكبر من كندرم، ومرسان[i] ايضا تقارب اليهوديّة فى الكبر، وأَنْدَخُذ مدينة صغيرة فى مفازة لها سبع قرى وبيوت الاكراد اصحاب اغنام ولهم ابل ۞ ويرتفع من ناحية الجوزجان الجلود المدبوغة الّتى تحمل الى سائر خراسان والجوزجان عامّة الخصب كثيرة اسباب التجارة[k] ۞

ذكر المسافات بالجوزجان فمن اشبورقان الى انبار[l] مرحلة فى ناحية الجنوب ومن اشبورقان الى اليهوديّة طريق يرجع الى فارياب[m] مرحلتان وكسر ثمّ منها الى اليهوديّة مرحلة ثمّ من اشبورقان الى اندخذ مرحلتان فى الشمال ومن اشبورقان الى كندرم اربع مراحل ثلاث منها الى اليهوديّة ومن اليهوديّة اليها مرحلة ۞

---

a) Nomen ex I. addidi, cf. p. ٢٧٠ *g*. Cod. F. اشلج et سلج. Deinde L. et B. كندرم sine copula. *b*) L. et B. وسار hic et infra; Edrisî, I, p. 469 شار, P. وشان. Quae sequuntur aliunde illustrare nequeo. *c*) L. ومرتان, B. ومرنان, P. وبرنيبان, vid. ad I., p. ٢٧١ *a* et cf. infra ann. *i*. *d*) P. مقام آل فِرعَوْن وسلطانهم. *e*) P. والجزروان. *f*) Additur in marg. P. بلا تشبيه. Cf. supra p. ٩٩, 6. *g*) L. et B. من. *h*) Supervacanea videntur; fortasse coll. I., p. ٢٧٠ ult. sqq. excidit pars descriptionis urbium اليهوديه et كندرم. *i*) L. et B. ومن سار. *k*) P. post كشعابها habet: ولجوزجان سوى هذه المدن التى ذكرتها رساتيق وقرى ذات مياه جارية وفواكه كثيرة فاما ما يقبض من اموالها مائة الف دينار واربع مائة الف درهم فى كل سنة. *l*) L. ادمان. *m*) L. et B. قاريات ut solent.

وغَرْجُ الشار *لها مدينتان[a] احداهما تعرف بأَنْشين[b] والاخرى بشُورمين وهما متقاربتان فى الكبر وليس مقام سلطانهما فى شىء منهما والشار الّذى تنسب اليه هذه المملكة مقيم بقرية فى الجبل تعرف ببَلْكِيان[c]، وكانت هذه ناحيةَ مَلِكٍ عظيم فيما سلف وتقدّم من الزمان يعرف بملك الغَرْجة، وهاتان المدينتان لهما مياه وبساتين ويرتفع من انشين ارزٌّ عظيم يحمل الى بلخ وغيرها من البلدان المجاورة لها ويرتفع من شورمين[d] زبيب كثير يحمل الى النواحى، وبين انشين وبين دِزَه[e] مرو الروذ مرحلة فى المطلع وهى من *نهر مرو الروذ[f] على غلوة من شرقيّه ومن انشين الى شورمين مرحلة ممّا يلى الجنوب وهى فى الجبل ❁

وامّا الغُور فانّها دار كفر وانّما نذكرها فى الاسلام لانّ بها مسلمين وهى جبال عامرة ذات مياه وبساتين وانهار وهى خصيبة منيعة وفى اوائلها ممّا يلى المسلمين قوم يظهرون الاسلام وليسوا بمسلمين ويحتفّ بالغور من عمل هراة الى فراوة الى بلد بنى داوُد بن العبّاس ومن بلد بنى داوُد بن العبّاس الى رباط كروان من عمل ابن فريغون وهو صاحب الجوزجان ومن رباط كروان الى غرجستان ومنها الى هراة وهذا الّذى يطيف بالغور كلّه وكلّ ما اطاف به فمسلمون من جميع نواحيه وليس فى جميع بلدان[g] الاسلام ناحية كفر يطيف بهم المسلمون من جميع نواحيهم غيرهم وهم فى وسطهم الّا الغُور وقبائل برغواطة الّتى[h] من نواحى فاس والسوس وسجلماسة وماسة وهم قوم فى زنقة فى البحر المحيط ❁

وامّا سَرْخَسْ فمدينة بين نيسابور ومرو وهى فى ارض سهلة وليس بها مآء[i] جارٍ الّا نهر يخرج اليها فضلته فى بعض السنة ولا يدوم مآؤه وهو فضل مياه هراةِ وزروعهم مباخس[k] وهى مدينة تكون نحو نصف مرو عامرة صحيحة

a) L. et B. مدينة omisso لها. b) L. et B. hic et deinde افشين; cf. ad I., p. ٢٧١ k. Cod. F. دسمر et دسمن, O. دشمن. c) L. et B. ببلكتان. d) L. et B. شوردمن. Deinde L. ربب. e) L. et B. زده. f) L. فهزم والروذ, B. فهر مرو الروذ. g) B. بلد. h) L. et B. الذى. i) Cod. O. بوشنك quod eodem redit. k) L. مباخش, P. نحوس.

التربة والغالب بعد الزرع على نواحيها المراعى وهى قليلة القرى ومعظم املاكهم الجمال والاغنام وهى مطرح لمحمولات ما يحيط بها من مدن ما ورآء النهر ومدن سائر خراسان ومآؤهم آبار وارحآؤهم[a] على الدوابّ وليس بها من طواحين الماشى وابنيتهم طين ✿ ونَسَا مدينة خصيبة[b] كثيرة المياه والبساتين وهى فى الكبر نحو سرخس ولهم مياه جارية فى دورهم وسككهم نزهة جدًّا ولها رساتيق واسعة خصيبة وهى فى اضعاف الجبال ✿ وفَرَاوَة مدينة ثغر فى وجه البرّيّة *على الغُزّيّة[c] وهى منقطعة عن القرى[d] وفيها منبر يقيم بها[e] المرابطون وهم عدد يسير الّا انّهم يرجعون الى عُدّة وافرة وينتابهم[f] الناس والرباط اسمه فراوة وليس له قرية ولا يتّصل به عمارة ولهم عين مآء *تجرى للشرب فى وسط القرية[g] وليست لهم بساتين ولا زروع[h] ولا مباقل على هذا المآء واهلها دون *الف رجل[i] ✿

وقُوهِسْتَان ناحية من خراسان على مفازة فارس وليس بها مدينة تسمّى بهذا الاسم وقصبتها قاينُ ولها من المدن يُنَابِذُ[k] والطَّبَسَيْن وتعرف بكُرِين[l] وخُور[m] والطَّبَس وتعرف[n] بطبس مَسِينَان ✿ فامّا قاين فهى فى الكبر نحو سرخس وبنآؤهم من طين ولها قهندز وعليه خندق ومسجد جامع ودار الامارة فى القهندز ومآؤهم من القنىّ وبساتينهم قليلة وقراها[o] متفرّقة وهى من الصرود ✿ والطَّبَسَيْن مدينة اصغر من قاين وهى مدينة[p] جروميّة وبها نخيل وعليها حصن وبنآؤها من طين ومآؤها من القنىّ ونخيلها اكثر من بساتين قاين ولا قهندز لها ✿ وخُور اصغر من الطبسين *وهى بقرب[q]

a) P. ut I. وارحيتهم. b) P. حصينة. c) Ex I. et P. addidi. d) L. القرا; B. الغزا. e) Ex I. et P.; L. et B. فيه (P. habet ويقيم). f) L. وينبأ بهم, sed litterae ٮ duae punctae superne inscriptae sunt. g) P. جارية فى دورهم منها شربهم. h) L. et P. زرع. Deinde I. الا, P. vero ولا قرى. i) P. الالف الا انهم ذوو باس وشدّة. k) L. et B. بنابذ, P. بنابند. l) L. et B. بكرند. m) L. et B. h. l. وخوز; P. جور. n) L. et B. يعرف et sic P. o) B. وقُرا. p) P. add. وناحية. q) Pessime L., B. et P. وتدعى, quae lectio inde orta videtur, quod Ibn Haukal pro بقرب apud Ist. legit تعرف.

خَوْشْت a وليس بخوست منبر والمنبر بخور وبنآؤها من طين وليس لها حصن ولا قهندز وبساتينها قليلة ومآؤها من القنىّ b وبها ضيق فى المآء واهلها اهل سوائم وهى على طرف المفازة وليس لهم بساتين ❀ وامّا يُنَابِذُ فانّها مدينة اكبر من خور وبنآؤها من طين ولها قرى ورساتيق ومآؤهم من قنىّ، والطَّبَس اكبر من ينابذ ومآؤها من القنىّ وبنآؤهم من طين ولها حصن خراب c وليس لها قلعة ❀ والنخيل بقوهستان بالطبسين وسائر ما ذكرناه من الصرود، وهذه المدن والقرى الّتى بقوهستان هى متباعدة فى اعراضها مفاوز وليس العمارة بقوهستان مشتبكة اشتباكها بسائر نواحى خراسان وفى اضعاف هذه المدن والقرى الّتى بقوهستان مفاوز d يسكنها الاكراد واصحاب السوائم من الابل والغنم، وليس بجميع قوهستان فيما علمته نهر جارٍ، وخارج مدينة قاين على مسيرة يومين ممّا يلى نيسابور هذا الطين النجاحى e الّذى يحمل الى سائر الارض للاكل ❀

وامّا بَلْخ فانّ الّذى يتّصل بعملها طُخارِسْتان والخُتَّل f وبَنْجَهير وبَذَخْشان واعمال البامِيان وما يتّصل بها g، وامّا بلخ فمدينة جليلة مثل مرو وهراة *وهى فى مستواة وبينها وبين اقرب جبل اليها نحو اربعة فراسخ وبنآؤها من طين وعليها سور ولها ربض ومسجد الجامع فى المدينة فى وسطها واسواقها

---

a) L. et B. خوشب, P. خُواست. Cod. F. خوشت. b) Hic, ut quoque apud I., p. ٢٧٤, 8 excidisse videtur وخوشت عليها حصن, quae supplet Mokaddasí. Cf. I., p. ٢٧٤ i. c) Hic in L. et B. sequitur وهو معمور بالناس على مر الايام وتعاقب الاوقات والساعات et deinde spatio albo in L. relicto واما بلخ فمدينة. Supplevi ex I. et maximam partem ex P. quae sequuntur. d) P. مفازة. e) Sic puncta in P. scribuntur. f) P. والجبل. g) Hic desinit lacuna in L. et B. — In P. sic legimus: اما بلخ فكانت (فى) مستواة من الارض نحو فرسخ فخربت فى سنة ٥٥٠ على يد الغُزّ والآن فقد عاود اهلها ونقلوا العمارة الى موضع آخر بالقرب من المدينة الخرابة وهى ايضا فى ارض مستوية بينها وبين البخ.

حوالى مسجد الجامع[a] وهو معمور بالناس على مرّ الايّام وتعاقب الاوقات والساعات ولها نهر يسمّى دِهاس ومعناه *عشرة ارحية[b] يدير عشر ارحآء مارًا على باب النُّوبَهار ويسقى رساتيقها الى سياه جِرْد ويحتفّ بابوابها كلّها البساتين والكروم وسور المدينة من طين وهى مدينة قديمة ازليّة تجمع جميع التجارات وتقصد بالامنعة من كلّ الجهات وفى اهلها علم وتغلب عليهم *الآداب والتدقيق فى النظر[c] فى العلوم الغامضة وقد اخرجت غير رئيس وعُرف بها غير نفيس ❁

وامّا طُخارِسْتان[d] فانّ اكبر مدنها الطايَقان وهى مدينة فى مستواة وبينها وبين الجبل غلوة ولها نهر كبير وبساتين[e] وكروم ومقدار الطايقان نحو ربع بلخ، ثمّ يليها فى الكبر مدينة وَرْوَالِيز[f]، ويلى ورواليز فى الكبر أَنْدَرَابَة وهى مدينة فى شعب[g] جبال ومنها تجمع *الفضّة[h] الّتى تقع من جاربايه وبنجهير وبها نهران احدهما يسمّى نهر اندراب والآخر[i] نهر كاسان ولها كروم واشجار كثيرة، وجميع ما بقى من مدن طخارستان متقارب فى الكبر[k] وهى كلّها دون الطايقان ودون ورّواليز واندرابة وهى ذات انهار واشجار *وزروع كثيرة عامرة خصبة ❁

وامّا مدن الخُتّل فانّها كلّها ذوات انهار واشجار[l] وعلى غاية الخصب وجميعها فى مستواة *ومطمئنّ من الارض[m] غير سكندرة[n] فانّها فى جبل غير انّ الخُتّل[o] كلّه جبال الّا[p] الوَخْش، واكبر مدينة بالخُتّل مُنْك ثمّ يليها هُلْبُك والسلطان بهلبك، والختّل بين نهر وَخْشاب ونهر بَذَخْشان ويدعى

a) Haec ex I. et partim ex P. addidi. Verba quae sequuntur ad ولها نهر alieno loco sunt in L. et B.; vid. p. ٣٣٥ ann. c. b) Ex marg. P. supplevi. c) P. الفقه ودقة النظر. d) P. semper طخرستان. e) P. ورساتيق. f) B. (ut L.) وَرْوَالِيز et ورواليز. g) L. et B. شعف. h) P. واليها يجتمع القصبة. i) In L. et B. haec desiderantur. k) P. الشبه والكبر. l) In L., B. et P. haec desunt. m) P. مطمئنة فى وجه الارض. n) L. et B. سكنده. o) L. الجبل et mox deinde ut B. الجبل. p) L. et B. om.

جَرْياب[a] وفى اضعافها انهار كثيرة تجتمع كلُّها قبل الترمذ بقرب القُبَاذِيان فتصير كلّها بجيحون ۝ ومُنْك تكون *نحوًا من اندرابة وهلبك اصغر منها، وابنية هذه المدن من طين وسور منك من جصّ وحجارة، يليها من دور الكفر وَخّان وكَرّان ۝ وبَدَخْشان مدينة اصغر من منك[b] وهى عامرة خصيبة ولها كروم وانهار وهى على نهر جَرْياب[c] من غربيّه ۝ ويكون فى الخُتَّل دوابُّ كثيرة ونتاج عظيم وتجلب منها الخيل والبغال والرمك حسب ما يجلب من طخارستان وان لم توازِ ذلك فدونه ويرتفع من بدخشان البجادى[d] والحجارة ذات الجواهر النفيسة[e] الّتى *تشاكل الياقوت الاحمر والرمّانىّ والانواع الموردّة والحمر[f] ويرتفع من هناك ايضًا اللازورد[g] الرفيع ولها معادن[h] فى الجبال تخرج منها ويقع اليها مسك من طريق وخّان من التُّبّت ۝

وبَنْجَهِيرُ مدينة على جبل تشتمل[i] على نحو عشرة آلاف رجل ويغلب على اهلها العبث[k] والفساد ولهم *نهر وبساتين ومزارع[l]، وجاربايه[m] مدينة اصغر من بنجهير وكلاهما معدن للفضّة ومقام اهلها على تلك المعادن وليس بجاربايه بساتين ولا زرع ويشقّ وسطَ المدينة نهر بنجهير وهو نهر جاربايه ايضًا وينثنى الى فَرْوان حتّى يقع الى بلد الهند ۝

وامّا عمل البامِيان فاكبر مدنها الباميان وليس لها حصار وهى على جبل[n]

---

a) L. et B. حربات. b) Haec omnia addidi ex I. et partim ex P.; in L. et B. lacuna est. c) L. حرايات, B. حرادات. d) L. et B. البجادىّ, P. اللعل يدانى والبجادى الرفيع. e) P. الجوهر النفيس. f) L. et B. والحمرة, P. الياقوت فى الحسن والرونق البديع من الاصباغ الموردّة والرمانية والاحمر القانئ الرفيع والحمر الصبّغ (l. الصبغ) وهى الاصل. g) L. اللازود. h) P. add. كثيرة. i) L. et B. يشتمل, P. ويشتمل. k) P. العبث واللعب. l) P. مزارع صالحة ويغلب على نهرهم البساتين. m) L. et B. وحاردانه, P. وجاربايه cum explicatione in marg. يعنى ذوو اربعة ارجل. Paullo post L. بخارزبانه ; B. دنخارزباده. n) P. add. ولها مدن ورساتيق وضياع كثيرة.

ويجرى بين مدنها نهر كبير يقع الى غَرْجستان وفواكههم تجلب اليهم وليس لهم بساتين وتنقل الثمار اليهم من ارسف[a] وغيرها وليس بنواحى الباميان مدينة على جبل سواها وجميعها ذوات انهار واشجار وثمار الّا غَزْنَة فانّها لا بساتين لها ولكن لها انهار وليس فى هذه النواحى والمدن الّتى فى نواحى بلخ كلّها مال ولا تجارة اكثر من غزنة لانّها فرضة الهند وان كانت قد تغيّرت فى سنة ٣٥٥ بما كسب البتكين[b] الحاجب عليها واناخة العسكر بها ✿ وكابُل لها قهندز موصوف بالتحصّن واليه طريق واحد وفيها المسلمون ولها ربض فيه الكفّار واليهود ويزعمون انّ الشاهيّة لا يستحقّها الملك الّا بان يعقد له الملك بكابل وان كان منها على بعد فيستحقّ ذلك بالمصير اليها وعقد الشاهيّة له هناك على شروط كانت لهم قديمة وبقى منها اليسير والتمسّك بالقليل، وهى فرضة للهند ايضًا وطريقها سابلٌ ويباع فيها من النيل كلّ سنة ممّا يعمل بغيضها وسوادها *دون ما يتخلّف البتكين[c] على ما يذكره تجارهم بالفى الف دينار وزائد والّذى شاهدتُ دون ذلك لاسباب[d] جرت من الفتن بدخول البتكين والحلف[e] بينه وبين الملوك المجاورين لها ومطالبتهم بما[f] بعد عهد سلفهم به من الضرائب القديمة وجباية الاموال الجسيمة كالجزية عن رؤوسهم والاخرجة من بلادهم، ويرتفع من كابل ثياب حسنة من قطن يعمل منها سبنيّات وتدخل الى الصين وتخرج الى خراسان وتنبتّ[g] بالسند واعمالها ولهم معادن حديد كثيرة ✿

ويرتفع من بلخ واعمالها فى نفسها النوق المتقدّمة على ما فى جنسها

---

a) *Sic* perspicue L. et B. Ad I., p. ٢٨٠, 10 post اليهم Cod. F. addit: از شهرها نزديك مثل ارسفس وغيره. b) Ibno 'l-Athír, VIII, p. ٤٠٤ scribit الفتكين. c) Verba explicatu difficiliora. Quae sequuntur ad بدخول البتكين in margine scripta sunt, et fieri potest verba ودن الخ spuria esse, conflata nempe e nota marginali (بيان) دون, e ما يتخلف quod infra deëst et e repetitione nominis البتكين. d) L. داسباب. e) L. et B. والخلف. f) Vocabulum deësse debet et quidem, ut suspicor, يتخلف. g) L. et B. وتنبت.

وتعرف بالبخاتى ولا نظير لها من جنسها فى جميع الارض وبها الاترجّ والنيلوفر وقصب السكّر وما لا يكون الّا بالبلدان الحارّة الّا انّه لا نخيل بها ويقع بها وبنواحيها الثلوج وهى من جملة بلاد الصرود وتقع فيها الثلوج الكثيرة ويجمد بها المآء، ولجرياب[a] وسكاوند وكابل جروم حارّة غير انّه لا نخيل بها ☆ *وامّا الغُور فانّها جبال يحيط بها من كلّ جانب دار الاسلام واهلها كفّار الّا نفرًا يسيرًا مسلمين وهى جبال منيعة ولسانهم غير لسان اهل خراسان وجبالهم خصبة كثيرة الزروع والمواشى والمراعى[b] ويقع فى بعضها الثلج وهى فى حيّز الصرود واكثر رقيق *الغور يقع الى هراة وسجستان[c] ونواحيها وتمتدّ على ظهر الغور[d] جبال *فى حدّ خراسان على حدود[c] الباميان الى البنجهير حتّى تدخل[e] فى بلاد وَخّان وتتفرّق بما ورآء النهر الى داخل الترك على حدود ايلاق[f] والشاش والى قرب خرخيز وهذا الجبل من اوّله الى آخره معادن الذهب والفضّة واغزرها ما قرب من بلاد خرخيز[g] حتّى ينتهى الى ما ورآء النهر بفرغانة واشروسنة ومن اغزر هذه المعادن *فى دار الاسلام[h] ما كان بناحية بنجهير وما والاها ☆

*وساصف ما[i] ورآء جيحون وخوارزم معًا فى صفة ما ورآء النهر، وآمُل وزمّ وهما مدينتان متقاربتان فى الكبر على شطّ جيحون ولهما مآء جارٍ وبساتين وزروع وبهما[k] مجمع طرق خراسان الى ما ورآء النهر وخوارزم على ساحل جيحون وبحيرة جيحون وبآمُلَ معظم المقام بما[l] ورآء النهر وزمّ[m] دون آمل فى العمارة الّا انّ بها معبرًا[n] من ما ورآء النهر الى خراسان ويحيط

---

a) B. ولجرياب. Apud I. edidi لجرا, vid. ibi p. ٢٧٧ g. Cod. F. لحوا et (لحرباب) لحراب, O. حردار. b) Haec ex I. addidi. c) Ex I. restitui; in L. et B. lacuna est. d) B. دغور. e) L. يدخل, B. ددخل et mox L. et B. ويتفرق. f) L. البيار, B. المار. Cf. I., p. ٢٨١ g. Cod. F. لمان وسوسن, O. tantum سوسن. g) B. h. l. جرخيز. h) L. et B. om. i) L. et B. وساوعز ممن. k) Ex P.; L. et B. وبها. l) B. لا. m) L. et B. om. n) L. et B. معبر.

*بهما جميعًا[a] مفازة تتّصل من حدود بلخ الى بحر[b] خوارزم والغالب على هذه المفازة الرمال وليس بها عيون ولا انهار الّا آبار ومراعٍ الى ان تنتهى الى طريق مرو الى آمُل ثمّ يصير بينها وبين خوارزم وبلاد الغُزّيّة مفازة تقلّ آبارها والسوائم بها ۞ واكثر السوائم بخراسان من الابل بناحية سرخس وبلخ فامّا الغنم فاكثرها ما يجلب اليهم من بلاد الغزّيّة ومن الغور والخلْج ، وبخراسان من[c] الدوابّ والرقيق والاطعمة والملبوس وسائر ما يحتاج الناس اليه ما يسعهم وينقل الى سائر الاقطار عنهم وامّا الدوابّ فانفسها ما يقع من نواحى بلخ وانفس الرقيق ما يقع من بلاد الترك ولا نظير لرقيق الترك فى جميع رقيق الارض ولا يدانيه فى القيمة والحسن وغير ذلك غلام رايتُه قد بيع بخراسان بخمسة آلاف دينار وتبلغ عندهم الجارية من الترك خمسة آلاف دينار ولم ار بجميع اقطار الارض من الرقيق ما يبلغ هذه القيمة من غلام ولا جارية روميّة ولا مولّدة ولا من فيه خير ولا شرّ الّا من وجد فيه علم[d] آلة السماع وهذا كثير فى دور آل سامان وعند الجِلّة من اهل خراسان، وانفس ثياب القطن والابريسم ما يرتفع من نيسابور ومرو[e] وخير لحمان الغنم ما يجلب من بلاد الغُزّيّة واعذب المياه عندى واخفّها ماء جيحون وايسر اهل خراسان اهل نيسابور وانجب اهل خراسان اهل بلخ ومرو فى الفقه والدين والنظر والكلام وازكى ارض خراسان السقى نيسابور والاعذاء ما بين هراة ومرو الروذ[f]، وليس بخراسان جروم الّا ما كان بناحية قوهستان فيما يلى فارس وكرمان واشدّها بردًا وثلوجًا نواحى الباميان وخوارزم وسياتى[g] على ما تقدّم الذكر له ممّا وراء النهر ان شاء الله تعالى ۞

---

a) L. et B. بها جميعها. Correxi ex I. et P. *b*) P. بحيرة. *c*) B. om. *d*) Conjectura addidi. *e*) Cod. F. hic addit: واز اجناس جلود سختيان درآن ديار آنست كه از شهرها غزنه در انجا جمع مى اورند. *f*) Verba e vers. Pers. I., p. ٢٨٢ *f* ex O. sic corrigenda sunt: انجه آب نيست نيشابورست وآنجه بود هراه ومرو et quae adduntur: ومردمان نيشابور بانشاطتر وخوش دلتر باشند. *g*) B. وسآتى et sic L. e correct.

ذكر المسافات بخراسان   لسنا نستقصى فى ذكر المنازل والفراسخ لانّا بنينا الكتاب على التحرير فى مثل هذا وقد ذكرتُ جوامع منها ان كان ذلك غير متعذّر على مَنْ اراد تقصّى معرفة ذلك من كتاب ابى الفَرَج قُدَامة وجميع ما فيه من هذا النوع وغيره صحيح   فمن نيسابور الى آخر حدّها[a] ممّا يلى قومس الى قرية الاكراد *بقرب اسداباذ ٦ مراحل ومن قرية الاكراد[b] الى الدامَغان ٥ مراحل ومن نيسابور الى سرخس ٦ مراحل ومن سرخس الى مرو ٥ مراحل ومن مرو الى آمل على شطّ نهر جيحون ٦ مراحل *فمن اوّل عمل نيسابور ممّا يلى قومس الى وادى جيحون على السمت ٢٣ مرحلة[c]، ومن نيسابور الى اسفرائين وهو آخر عمل نيسابور ٥ مراحل ومن نيسابور الى بُوزْجَان ٤ مراحل ومن بوزجان الى بُوشَنْج *٤ مراحل[d] ومن بوشنج الى هراة مرحلة ومن هراة الى اسفزار ٣ مراحل ومن اسفزار الى دَرَه[e] وهى آخر عمل هراة مرحلتان ومن دره الى سجستان ٧ ايّام فالجميع من آخر عمل نيسابور *على اسفزار الى دره[f] ١٩ مرحلة، ومن نيسابور الى طوس ٣ مراحل على الدوابّ وقد يصعد الناس من نيسابور العقبة الى طوس[g] فى مرحلة واحدة ومن نيسابور الى نَسَا ٦ مراحل ومن نسا الى فَرَاوة ٤ مراحل ومن نيسابور الى قاين قصبة قوهستان نحو ٩ مراحل ومن قاين الى هراة نحو ٨ مراحل ✿ ومن مرو الى هراة ١٢ مرحلة ومن مرو الى ابيورد ٦ مراحل ومنها الى نسا[h] ٤ مراحل، ومن هراة الى مرو الروذ وهو طريق بلخ ٦ مراحل ومن هراة الى سرخس ٥ مراحل وقد مرّ الطريق من هراة الى نيسابور والى آخر حدّها ممّا يلى سجستان والى قصبة قوهستان ✿ والطريق من بلخ الى مرو الروذ ١٢ يومًا ومن بلخ الى شطّ جيحون فى

---

a) P. حد خراسان. Deinde L. et B. فيما.   b) B. haec om. Pro بقرب L. habet الى.   c) P. فالجميع من اول خراسان اعنى من قومس الى وادى جيحون على السمت ٣٠ مرحلة.   d) Lacuna in L. et B.   e) L. et B. male درق. Vid. I., p. ٢٨٢ ult. et supra p. ٣٠٥, 2, coll. Jacut, II, p. ٥٧١. Cod. F. درّه, O. دزه.   f) L. et B. الى سفزار على درق.   g) L. طوش.   h) L. بنسا.

طريق الترمذ يومان ومن بلخ الى اندرابة ٩ مراحل ومن بلخ الى الباميان ١٠ مراحل ومن الباميان الى غزنة نحو ٨ مراحل ومن بلخ الى بدخشان ١٣ مرحلة ومن بلخ الى شطّ الوادى على طريق الخُتّل[a] وينزل رباط ميلة لابى الحسن محمّد بن الحسن بناه رحمة الله عليه ورضوانه ٣ مراحل وذلك انّه كان نَضّرَ اللهُ وجهَه من ارغب الناس فى فعل الخيرات واقتناء الصالحات وله هذا الرباط وهو اجلّ رباط حسنًا فى نفسه ونفعًا فى موضعه لكثرة الحاجة اليه فى مكانه وشدّة ضرورة الناس اليه واعتمادهم عند المخاوف واكثر الاوقات عليه وهو حصن حصين فى ذاته منيع بعلوّه فسيح المبانى لو نزل به عسكر لاقلّه او ملك عظيم لستره واظلّه هذا ما هو الىّ اجلّ من رباطاته فى اقطار ما وراء النهر وبخراسان ومنها ما له بالقباذيان ومن احسنها رباطاته بترمذ مع الجرايات الّتى له عليها والنفقات[b] الدارّة على سكّانها من اهل التفقّه وطلّاب العلم والبيمارستان الّذى انشأه بالترمذ ووقف عليه من ضياعه ما يقوم بمؤونته ورباطاته بشُومان وصومنجى[c] والصّغانيان فالكلّ منها نفيس فى ذاته وعليه الحُبُس لمرمّاته ونفقاته ❊

واما عرض خراسان فمن بدخشان على شطّ وادى جيحون الى بحيرة خوارزم ومسافته من بدخشان[d] على شطّ وادى جيحون فى سمت النهر نحو ١٣ مرحلة الى الترمذ ومن الترمذ الى زمّ نحو ٥ مراحل ومن زمّ الى آمل نحو ٤ مراحل ومن آمل الى مدينة خوارزم نحو ١٢ مرحلة ومن مدينة خوارزم الى بحيرتها نحو ٦ مراحل فالجميع نحو ٤٠ مرحلة ❊

وهذا ذكر المسافات الّتى بين المدن المشهورة من عمل خراسان وساذكر لها جوامع من المسافات بين المدن الّتى فى عملها ان شاء الله تعالى، فامّا نيسابور فانّ منها الى بوزجان ٤ مراحل ومن بوزجان على يسار الجادّى من هراة الى نيسابور على مرحلة مالنُ مدينة وتعرف بمالن كواخرز[e] وليست

a) L. et B. الجبل. b) B. والنفعات. c) L. et B. وصومنجى. d) In hoc nomine lectionem Codicum sibi non constantem servavi. e) L. et B. كواجون.

بمالن هراة ومن مالن الى جايمند[a] يوم ومن جايمند الى سَنْكان[b] *يوم ومن سنكان الى يُنَابِذ[c] يومان ومن ينابذ الى قاين يومان وسلومك[d] اذا عدلتَ عن يسار سنكان[e] على يومين ومن سلومك الى الزُّوزَن يوم ومن الزوزن الى قاين ٣ ايّام، ومن نيسابور الى تُرْشِيز[f] ۴ مراحل ومن ترشيز الى كُنْدُر[g] يوم ومن كندر الى ينابذ *يومان ومن ينابذ[h] الى قاين يومان، ومن نيسابور الى خُسْرُوجِرْد ۴ ايّام وسابْزَوار[i] قبل خسروجرد بنحو فرسخين ومن خسروجرد الى بهمناباذ مرحلة كبيرة ومن بهمناباذ الى مَزِينَان[k] على طريق قومس *نحو فرسخ[l]، ومن نيسابور الى خان روان[m] مرحلة ومن خان روان الى *مِهْرَجان يومان ومن مهرجان الى اسفرائين يومان، واذا خرجتَ من بهمناباذ الى مهرجان فالى[n] أَزَاذْوَار يوم ومن ازاذوار الى دِيوَارَه يوم ومن ديواره الى مهرجان يوم*

وامّا مسافات مدن مرو فانّ من مرو الى كُشْمَيْهَن[o] مرحلة وهُرْمُزْفَرّه[p] بحذآء كشميهن على مقدار فرسخ عن يسارها وعليها طريق مفازة سيفانة الّتى تؤدّى الى خوارزم وباشان[q] قبل هرمزفرّه بفرسخ على طريقها وسِنْج[r] على مرحلة من المدينة فيما بين طريق سرخس وطريق مرو وجِيرَنْج[s] على ٩ فراسخ من المدينة قبل *زرْق بفرسخ[t] على الوادى ومرورم[u] على هذا الطريق على[v] ۴ فراسخ من مرو على الوادى والدَّنْدَانقان على مرحلتين

---

a) L. et B. حايمن. Cod. F. حادم, O. جام. Cf. I., p. ٢٥٩ e. b) L. et B. سيكان. c) L. بنابذ ut quoque infra B. d) L. سلومل ut quoque infra B. e) In B. haec desunt. f) L. et B. ترشير. g) L. et B. كندرم. h) L. et B. om. i) L. et B. وسازوار. k) L. et B. مرذبان. l) Ex I. addidi. m) L. et B. زوان. n) Ex I. addidi. Deinde L. et B. ازادوار. o) L. et B. h. l. كنغيش, mox L. كشمهين. p) L. et B. ومن مرو. Deinde L. نجد pro بحذاء. q) L. et B. وناشان. r) L. et B. ومستنح. s) L. sine punctis, B. وخمردح. t) L. et B. درق بهر (نهر) دسح. u) Secutus sum I.; L. et B. ومن درق. Cod. F. tantum ورم. v) L. et B. om.

من مرو على[a] طريق سرخس والقَرِينَيْن[b] على ٤ مراحل من[c] مرو على وادى مرو وخَرَق[d] على نحو ٣ فراسخ من المدينة بين طريق سرخس وابيورد والشَّوْسَقَان[e] يسرة خرق غير انّها ابعد منها بفرسخ ✿

وامّا مسافات مدن هراة وما يتّصل بها من مدن بُوشَنْج وباذَغِيس وكَنْج رستاق فانّ من هراة الى أَسْفُزار ٣ مراحل ومدن اسفزار هى اربع مدن وقد سمّيتها وهى كلّها فى اقلّ من مرحلة وبين هراة ومالن هراة[f] يوم وبين هراة وكُرُوخ ٣ ايّام وبين هراة وبوشنج يوم وبين بوشنج وكره[g] ٤ فراسخ عن يسار الذاهب الى نيسابور وبينهما وبين الطريق الجادّة نحو فرسخ ومن بوشنج الى فركرده[h] يومان ومن فركرده الى خركرده يومان ٭ومن خركرده الى[i] النوزن يوم، ومن هراة الى باشان[k] هراة مرحلة ومن باشان الى خَيْسَار[l] مرحلة ومن خيسار الى استربيان[m] مرحلة ومن استربيان الى ماراباذ مرحلة خفيفة ومن ماراباذ الى أَوْفه مرحلة ومن اوفه الى خَشْت يومان وتدخل من خشت فى حدّ الغُور، ومن هراة الى بِبْنه[n] مرحلتان ومن ببنه الى كيف[o] مرحلة ومن كيف الى بَغْشُور يوم ✿

مسافات مدن بلخ فمن بلخ الى خُلْم يومان ومن خلم الى وَرْوَالِيز يومان ومن ورواليز الى الطايَقان يومان ومن الطايقان الى بَدَخْشان ٧ ايّام، ومن خلم الى سِمِنْجان[p] يومان ومن سمنجان الى أَنْدَرَابَة ٥ ايّام ومن اندرابة الى جاربايه[q] ٣ مراحل ومن جاربايه الى بَنْجَهِير يوم ومن عسكر بنجهير

---

a) L. et B. وعلى. b) L. et B. sine punctis. c) L. et B. ومن. d) L. et B. ودرق et mox درق. e) Copula deëst in L. et B. f) I. add. نصف, quod tamen quoque deëst in Cod. F. g) L. وكوا, B. وكو. Cod. F. habet quoque recte ut recepi. h) L. et B. فركوده et mox اخركوده. i) L. et B. والى. k) L. et B. ناميان. l) L. et B. باحمان. m) L. et B. اسباراباذ. n) L. et B. ببينه. o) L. et B. كنف. p) L. et B. سمينجان h. l. Pro يومان Cod. F. habet بنسج روز (٥ ايام) et sic Jacut, III, p. ١٤٢, 19. O. يك روز. q) L. حاربانه et حازبابه; B. حازبانه.

الى قَرْوَان مرحلتان، ومن بلخ الى بَغْلان ٦ مراحل منها الى سمنجان ۴ مراحل والى بغلان مرحلتان ومن بلخ الى مَدْر[a] ٦ مراحل ومن مدر الى كه مرحلة ومن كه الى البامیان ۳ مراحل، ومن الفارياب[b] الى الطايقان ۳ مراحل ومن الطايقان الى مرو الروذ ۳ مراحل ۞

مسافات مدن قوهستان فمن قاين الى زوزن ۳ مراحل ومن قاين الى طَبَس مَسينان يومان ومن قاين الى خُور[c] يوم ومن خور الى خَوْسْت فرسخان ومن قاين الى الطَّبَسَيْن ۳ مراحل ۞ فهذه جمل مسافات خراسان وتفصيلها ۞

ما ورآء النهر

وأمّا ما ورآء النهر وما يحيط به من شرقيّه فغامر[d] والراشت وما يتاخم الخُتَّل[e] من ارض الهند على خطّ مستقيم وغربيّه بلاد الغُزّيّة والخَرْلَخيّة[f] من حدّ الطَّراز ممتدًّا على تقويس حتّى ينتهي الى باراب[g] وبيسكند[h] وسُغْد سمرقند ونواحي بخارا الى خوارزم حتّى ينتهي الى بحيرتها وشماليّها الترك الخزلخيّة من[i] اقصى بلد فرغانة الى الطراز على خطّ مستقيم[k] وجنوبيّه نهر[l] جَيْحُون من لدن بَذَخْشان الى بحيرة خوارزم على خطّ مستقيم ايضًا، وخوارزم والخُتَّل فيما ورآء النهر لانّ الختّل بين نهر وَخْشاب وجَرْياب[m] وعمود جيحون جرياب وما دونه من ورآء النهر وخوارزم مدينتها

---

a) L. et B. ‏مدث‎. b) L. et B. ‏القاريات‎. c) L. et B. ‏خوب‎. d) L. et B. ‏فغام‎. e) L. et B. ‏الجبل‎. f) L. et B. hic et infra ‏والخرلخيه‎ ut quoque Cod. F. g) L. ‏بباردياب‎, B. ‏دباردياب‎. h) L. et B. ‏وبسكندر‎. Vid. ad I., p. ٢٨٦ m, quibus adde: F. ‏سكند‎, ‏دمكدكر‎ (ut quoque in mappa), ‏اسلكند‎ et ‏نساكند‎; O. ‏دمركمد‎, ‏دسكمد‎, ‏سكمد‎, ‏سمكمد‎, ‏سلكند‎ et in mappa ‏سملكمد‎. In mappa C. nomen scribitur ‏سملكمد‎. i) L. et B. ‏ومن‎. k) L. et B. add. ‏لان المختل بين نهر حرباب (حرياب) ووخشاب‎. l) L. om. . m) L. et B. ‏حرباب‎ et ‏وجرداب‎, sed infra saepius ‏جرياب‎; cf. I., p. ٢٩٥ h.

وراء النهر وهى الى مدن ما وراء النهر اقرب منها الى مدن خراسان وقد كررتُ ذلك مرارًا فيما تقدّم[a] ۞

ما وراء النهر اقليم من اخصب اقاليم الارض[b] وانزهها واكثرها خيرًا واهلها يرجعون الى رغبة فى الخير واستجابة لمن دعاهم اليه مع *قلّة غائلة[c] وسلامة ناحية وسماحة بما ملكت ايديهم مع شدّة شوكة ومنعة وبأس ونجدة وعِدّة وعُدّة وآلة وكراع[d] وبسالة وسلاح وعلم وصلاح، فامّا الخصب بها فليس من اقليم يذكر[e] فى هذا الكتاب الّا يقحط اهله مرارًا قبل[f] ان يقحط ما وراء النهر مرّة واحدة ثمّ ان اصيبوا ببَرَد او جراد[g] او آفة تاتى على زروعهم وغلّاتهم ففى فضل[h] ما يسلم فى عرض[i] بلادهم ما يقوم باودهم حتّى يستغنوا[k] عن شىء ينقل اليهم من غير بلدهم وليس بما وراء النهر مكان[l] يخلو من مدن او قرى[m] او مباخس او مراعٍ لسوائمهم وليس شىء لا بُدّ للناس منه الّا وعندهم منه ما *يقوم بهم[n] ويفضل عنهم لغيرهم، وامّا اطعمتهم فى السعة والكثرة فعلى ما ذكرناه، وامّا مياههم فانّها اعذب المياه وابردها واخفّها قد عمّت جبالها ومراعيها[o] ومدنها هذا الى التمكّن من الجمد فى جميع اقطارها والثلوج من جميع نواحيها، وامّا الدوابُّ ففيها من النتاج *ما فيه[p] كفايتهم على كثرة ارتباطهم لها وكذلك البغال والابل والحمير والاغنام تجلبها[q] ما يفضل عن كفايتهم من الغزّيّة والخزلجيّة ولهم من *الغنم النتاج[r] الكثير والسائمة المفرطة، وكذلك الملبوس ايضًا ولهم[s] من الصوف والقزّ[t] وطرائف الكرابيس والبزّ[u]، وببلادهم من معادن الحديد ما يفضل عن حاجتهم وينيف

---

a) Sequitur: وهذه صورة ما وراء النهر وهى آخر صور الكتاب. b) P. add. منزلة. c) P. عملة غاية عالية. d) B. كراع sine copula. e) P. ذُكر. f) Ex P. et I.; L. قل, B. عمل. g) P. باكثر et sic legit Cod. F. habens كرما. h) Ex I. et P.; L. et B. om. i) P. عروض. k) P. add. به. l) L. add. شى. m) P. add. تسقى l. يسقى. n) B. نقيم بهم; P. يقوم باودهم, I. يقيم اودهم. o) P. ut I. وضواحيها. p) Ex P. et I.; L. et B. om. q) L. نجلبها, B. لحلبها. r) P. نتاج الغنم. s) P. فان لهم. t) Lectionem confirmant F. et O. u) Fortasse addendum est coll. I. ما يفضل عنهم.

على[a] تجارتهم وبها معادن الذهب والفضّة والزيبق الّذى لا يكاثره[b] فى الغزارة والكثرة معدن *من سائر بلاد[c] الاسلام وان كانت معادن بَنْجَهير[d] الوافرة الحظّ من هذه الخلال فهى لهم ومضافة اليهم، ولم اعلم انّ فى شىء من بلد الاسلام النوشادر[e] حتّى رايتُ منه شيًّا بصقليّة وليس كنوشادرهم فى القوّة، ولهم الكاغد[f] *بما وراء النهر[g] الّذى لا نظير له فى الجودة والكثرة، وامّا فواكههم فانّك اذا تبطّنتَ السُّغْد وأُشْرُوسَنَة وفَرغانة والشاش رايتَ من كثرتها ما يزيد على سائر الآفاق حتّى ترعاها لكثرتها دوابّهم، وامّا الرقيق فيقع اليهم من الاتراك المحيطين بهم وباقليمهم ما يفضل عن كفايتهم وينقل الى الآفاق من بلادهم وهم خير رقيق *وافره واحسن ما يحيط بالمشرق واكثره[h] ثمنًا، ولهم من المسك الّذى يجلب اليهم من التُّبّت وخرخيز ما ينقل الى سائر الامصار فيفوق غيره من المسوك ثمنًا وجودة، ويرتفع من الصغانيان الى وَاشْجِرْد من الزعفران والاوبار[i] من السمّور والسنجاب والثعالب وغيرها ما يحمل الى الآفاق مع طرائف من الحديد[k] والختو والبُزاة الرفيعة *الشهب والقرطاسيّة[l] والدرهميّة المغرنقة وغير ذلك ممّا *يحتاج اليه الملوك[m]*

وامّا سماحتهم فانّ الناس فى اكثر ما وراء النهر كانّهم فى دار واحدة ما ينزل احد باحد الّا كانّه رجل دخل فى دار نفسه لا يجد المُضِيف[n] من

---

a) B. عن. b) P. يقاربه ut I. c) P. ما بساير بلدان. d) B. بنجهير. Deinde fortasse legendum est اوفر. e) B. النوشادر. Addendum videtur الا فيما وراء النهر. f) L. الكاغد. g) P. om. et omittendum videtur. h) P. وافرهم واحسنهم. L. et B. يحط pro يحيط. i) L. et B. والابار. k) Videtur legendum الخدنك; vid. ad I., p. ٢٨٩ *a*. Deinde pro والختو L. et B. habent والخيول, P. الجز *sic*, et pro والبزاة L. et B. habent البزاة sine copula. l) P. القرطاسية الشهب. L. et B. habent والقرطاسة et deinde copulam ante الدرهمية omittunt. m) P. يتنافس به الملوك ويحتاج اليه ويستهديه. n) Vocales ex P., B. المصف.

طارق طرقه a كراهية بل يستفرغ جهده فى اقامة اوده من غير معرفة تقدّمت ولا توقّع لمكافأة بل اعتقادًا b للسماحة فى اموالهم وهمّ كلّ امرئٍ c على قدره فيما ملكت يده التنوّق d والقيام على نفسه ومن يطرقه وبحسبك e انّك لا ترى فيهم صاحب ضيعة f الّا كانت همّته ابتناء g قصر فسيح ومنزل للاضافة h فتراه عامّةَ نهاره متنوّقًا فى اعداد ما يصلح لمن يطرقه i فاذا حلّ بهم k طارق تنافسوا فيه وتنازعوه l وليس * احد يتصرّف بما m وراء النهر من مكان به ناس من ضيعة n او غيرها من ليل او نهار عن مثل * هذه الحال o وهم فيما بينهم يتبارون فى مثل هذا حتّى يُجْحف باموالهم واملاكهم كما يتبارى سائر الناس فى الجمع ويتباهون * بالمال وكثرته p ولقد شهدتُ آثار منزل بالسُّغْد معروف بان قد ضُربت الاوتاد q على باب داره وصحّ عندى بانّ بابها مكث لم r يُغْلَقْ زيادة على مائة سنة ولا يمنع من نزولها طارق وربّما نزل به ليلًا على بغتة من غير استعداد المائة والمائتان والاكثر بدوابّهم وحشمهم s فيجدون من علف دوابّهم وطعامهم ودثارهم ما يغنيهم عن استعمال رحالهم t من غير ان يتكلّف صاحب المنزل امرًا بذلك * او يتجشّم u عناءً لدوام ذلك منهم ومنه قد اقيم على كلّ عمل من يستقلّ به وأُعِدَّ ما يحتاج اليه على دوام الاوقات ممّا لا يحتاج معه الى تجديد امر عند

---

a) P. يطرقه. b) L. et B. اعتقاد. c) B. امره. d) P. التفوق. e) L. ويحسبك, B. sine punctis. f) Ex P. et I.; L. et B. صنعة ut quoque F., qui habet حرفة. In B. sequitur lacuna. P. add. يستقل بمؤنته et sic auctor operis *Masálik al-absár* qui hoc compendio usus est. Vid. *Notices et Extraits*, XIII, p. 240. g) P. اقتناء. h) P. ut I. للاضياف. i) P. add.: وهو متشوّق الى وارد عليه ليكرمه. k) P. (sic) باحد بناحيّة. l) B. et L. ex corr. وتنازعوا. m) P. من احد ينصرف من ما et mox deinde عن مكان. n) B. صنعة. Male legit Ibn Haukal quae habet Ist., p. ٢٨٩, 9 seqq. o) P. هذا الشان. p) P. fere ut I. بالملك والمكاثرة باموالهم. q) Ex P. et I.; L. et B. الاوتار. r) P. ولم. s) B. وجشمهم. t) P. رجالهم. u) B. ويتجشّم.

طروقهم وصاحب[a] المنزل من البشاشة[b] والاقبال والمساواة لاضيافه بحيث يعلم كلّ من شهد سروره بذلك وسماحته[c]، ومع ذلك فانّك لا تجد فى بلدان[d] الاسلام اهل الثروة الّا والغالب عليهم صرف *اموالهم فى[e] نفقاتهم الى خاصّ انفسهم فى الملاهى وما لا يرضاها الله *والى المنافسات فيما بينهم والاشياء المذمومة الّا القليل[f] وترى الغالب على اهل الاموال بما وراء النهر صرف اموالهم[g] الى الرباطات وعمارة[h] الطرق والوقوف على سبيل الجهاد ووجوه الخير *وعقد القناطر[i] الّا القليل منهم[k]، وليس من بلد ولا طريق[l] مطروق ولا قرية آهلة الّا وفيها من الرباطات ما يفضل عن من ينزل به ممّن يطرقه وبلغنى انّ بما وراء النهر زيادة على عشرة آلاف رباط فى كثير منها اذا نزل النازل اقيم علف دابّته وطعامه ان احتاج الى ذلك وقلّ ما رايتَ خانًا او طرف سكّة او محلّة او مجمع ناس الى حائط بسمرقند يخلو[m] من ماء جمد[n] مسبّل وذكر لى مَنْ يرجع الى خبره[o] انّ بسمرقند فى المدينة وحيطانها فيما يشتمل عليه السور الخارج زيادة على الفى مكان يسقى فيه[p] ماء الجَمْد مسبّلًا[q] عليه الوقوف من بين سقاية مبنيّة وجُبَاب نحاس منصوبة وقلال خزف *فى الحيطان مبنيّة[r] ❁

فاما بأسهم وشوكتهم فليس فى[s] الاسلام ناحية اكثر حظًّا فى الجهاد منهم وذلك انّ جميع حدود ما وراء النهر الى دور الحرب[t] من ذلك خوارزم

---

a) P. عند صاحب. b) Ex P. et I.; L. et B. السياسة. c) P. واشارة للسماحة فيما آتيه (l. اتاه) وتوخّاه. d) B. بلاد. e) P. et I. om. f) P. تعالى الا الاقل. g) P. ut I. نفقاتهم. h) P. وعمارات et mox والاوقاف. i) Ex solo P. (ubi القناطير). Cf. ad I., p. ٢٩. b. k) P. من ذوى البطالة. l) P. منهل ut I. m) L. et B. تخلو. n) L. et B. om. جمد sed L. perspicue habet ماء (B. نماء). o) L. خيره. p) P. ut I. فيها. q) P. مُسبِّل. r) P. مبنية فى الحيطان. In marg. B. هو الزير; quae explicatio videtur vocis جباب. s) In marg. P. additur بلاد more solito. t) P. add. اقرب. Deinde ومن.

الى ناحية أَسْبِيجاب فهم ثغر الترك الغزّيّة وامّا اسبيجاب الى اقصى فرغانة فثغر الخزلجيّة ثمّ تطوف حدودَ ما ورآء النهر من السفينة[a] وبلد الهند من ظهر حدّ الخُتّل[b] الى حدّ الترك فى ظهر فرغانة والمسلمون *يقهرون مَنْ[c] جاورهم بهذه النواحى ومستفيض انّه ليس للاسلام[d] دار حرب هم اشدّ شوكة من الترك وهم ثغر للمسلمين[e] فى وجه الترك يمنعونهم من دار الاسلام[f] وجميع ما ورآء النهر ثغور تغزى ويبلغهم النفير والانذار بالعدوّ، ومستفاض عمّن كان مع نصر بن احمد فى غزاة شاوَغَر[g] يستوفر انّهم كانوا يحزرون[h] ثلاثمائة الف *وانّ اربعة آلاف[i] رجل انقطعوا عن العسكر فضلّوا ايّامًا قبل ان يهتدى[k] لهم الرجوع وما كان فيهم من غير ما ورآء النهر كثير عدد وكانوا يعرفون باعيانهم، وفى بعض الاخبار انّ المعتصم سأل عبد الله بن طاهر او قيل كتب اليه كتابًا يسأله[l] عن من يمكنه حشده[m] فانفذ بالكتاب[n] الى نُوح بن أَسَد بن سامان فكتب اليه انّ بخراسان وما ورآء النهر ثلاثمائة الف قرية *ليس من قرية اذا خرج منها فارس وراجل يبين على اهلهم[o] فقدهم وفى هذه الحكاية نظر فى وقتنا هذا ✿ ويقال انّ بالشاش وفرغانة من الاستعداد والعتاد ما لا يوصف مثله عن ثغر من الثغور فى وقتنا هذا حتّى انّ الرجل الواحد من الرعيّة[p] عنده من بين مائة دابّة الى *خمسمائة الى عشرين[q] دابّة وليس بذى سلطان، وهم على بُعْد دارهم اوّل سابق

a) Cf. I., p. ٢٩. *n*. F. h. l. صغد, infra ad I., p. ٢٩٧, 5 a f. F. سغنه, O. سقينه. b) L. et B. الجبل. c) P. الذين بما وراء النهر يقهرونهم وجميع من. d) L. الاسلام; I. فى الاسلام. e) P. ut I. المسلمين. f) P. add.: ويصدّونهم عن انتهاكها. g) L. شاوعر. Cf. I., p. ٢٩١ *a*. F. habet سروقده, O. سروفنده. h) Ex I.; L. et B. يحوزون. i) Ex I. supplevi. k) B. ينتهدى. In Cod. F. haec ita leguntur: واز بسيارى وجمهور كه ان لشكر بود هيچ يكرا معلوم نشده بود كه كسى ازيشان غائب شده است. l) Ex P. supplevi. m) P. add. من خراسان وما وراء النهر. n) P. ut I. الكتاب. o) P. اذا خرج من كل قرية فارس وراجل لم يبن على اهلها. p) B. الرغبه. q) Fort. leg. الى خمس دابة الى عشرين. P. habet خمس وعشرين.

*الى الحجّ[a] بكثرة الاموال وسعة الاحتفال[b] لا يدخل البادية مثلهم كثرة وهم مع ذلك احسن الناس طاعةً لكبرآئهم والطفهم خدمةً لعظمآئهم فيما[c] بينهم حتّى دعا ذلك الخلفآء[d] الى ان استدعوا من[d] ما ورآء النهر رجالًا وكان الاتراك رجالَهم *وجيوشَهم من بين سائر الجيوش لفضلهم على سائر الاجناس[e] فى البأس والجرأة والشجاعة والاقدام[f] ودهاقينُ ما ورآء النهر قوّادَهم وحاشيتَهم وخواصّ[g] خدمهم للطفهم فى الخدمة وحسن الطاعة والهيئة فى الملبس والزىّ السلطانىّ قد صاروا حاشية الخلافة قديمًا ورجالها[h] سالفًا وروُسآء عساكرهم كالفراغنة والاتراك الّذين كانوا شحنة[i] دار الخليفة وغلبوا عليها مثل الأَفْشِين *وآل ابى الساج من اشروسنة والاخْشِيذ من[k] سمرقند والمرزبان بن تركسفي[l] من السغد .... ✿

...... [m] وليس بارض المشرق ملك امنع جانبًا ولا اوفر عِدّة ولا اكمل عُدّة ولا انظم اسبابًا ولا اكثر اعطية ولا ادرّ اطعامًا ولا ادوم *حسن نيّات[n] منهم مع قلّة جباياتهم[o] ونزور اخرجتهم[p] وقلّة الاموال فى خزائنهم وذلك انّ جباية خراسان وما ورآء النهر لابى صالح منصور بن نُوح فى وقتنا هذا لكلّ خراج يقبض وضمان يحلّ فى كلّ ستّة اشهر عشرون الف الف درهم وعليه اربعة

---

a) P. بالحج. *b*) P. add. وجودة الجمال. *c*) L. et B. وفيما. *d*) Ex I. supplevi. *e*) L. et B. لفضلهم على ساير الجيوش وجيوشهم من بين ساير الاجناس'. Deinde L. فى اللباس. *f*) Ex I.; L. et B. متقدمون. *g*) L. et B. sine copula. *h*) L. et B. وجمالها. I., p. ٢٩٢, 2 وثقاتهم. *i*) Ex I.; in L. et B. lacuna est. *k*) Iterum lacuna est in L. et B., qui deinde habent بسمرقند. *l*) L. كيسفى, B. كسيفى; vid. ad I., p. ٢٩٢ *b*, quibus adde: F. از كسفى tanquam nomen loci; O. بن دكسفى. *m*) Hic quaedam deësse, non solum patet coll. I., sed inde quod antecedens seq. منهم desideratur. Saltem ante وليس supplendum est: والملوك على هذا الاقليم وعلى سائر خراسان آل سامان. *n*) P. عشرة. *o*) P. جباياتهم et mox خراجاتهم. *p*) P. pro omnibus quae sequuntur ad وليس habet: ونفقة خراسان وما وراء النهر لا يتأتى صالحًا (*sic*) منصور.

اطعام فى كلّ سنة دارّة غير مقطوعة ولا ممنوعة وكلّ طُعْم منها فى راس تسعين يومًا يخرج منه الى غلمانه وقوّاده ولسائر المتصرّفين خمسة آلاف الف درهم فتستوفى الاربعة اطعام[a] الخراج الواحد لسائر خدمته من الرجال عند آخر السنة وتستوعب اعطيتهم نصف جباياته المذكورة وهى عشرون الف الف درهم عن نفس طيّبة ومسرّة ظاهرة وغبطة بقوام المعدلة فيهم تامّة وليس يلى لهم عملًا ولا يخدمهم رجل فى سائر النواحى الّتى تقدّم ذكر بعضها وبقى البعض الّا وارزاقه من هذا المال مع المطالبة بما تقتضيه وتوجبه هذه الحال من المعدلة فى الرعيّة والنصفة للعامّة والاخذ على ايدى الخاصّة ولهذه الحال اعمالهم مشحونة بالقُضاة والجُباة والكُفاة والوُلاة منزلين على ارزاق تتساوى واحوال فى المراتب تتدانى وذلك انّ رزق القاضى وصاحب البريد والعامل على جباية الاموال من البنادرة ووالى الصلاة والمعونة رايتُهم بقدر كلّ ناحية وحسب كلّ كورة وليس ينقص بعضهم عن بعض ولا يزيد بعضهم على بعض ولها عِبَر قديمة ودستورات[b] مسوّدة فاذا كان لعامل المعونة فى الناحية رسم كان البندار بها على رسمه وكذلك اذا كان للقاضى عطآء كان لصاحب البريد قسط كقسطه ولن يتعدّى من الاوّلين بنقص ولا زيادة فمن ذلك تحسن نيّات اصحاب البريد بكور خراسان وما ورآء النهر فى ذكرهم ما يدلّ على حال كلّ من ذكرناه متصرّفًا فى اعمالهم ....[c] سمرقند سبعمائة درهم أَرِبِنْجَن[d] ثلاثمائة درهم أُشْرُوسَنَة ستّمائة درهم خُجَنْدَة ثلاثمائة وخمسون

ابن نوح فى الوقت الذى كتب ما بنواحيهم محلولًا ومعقودًا يجمل فى السنة اربعون الف الف درهم فى دفعتين فى كلّ سنة (ستة اشهر .l) عشرون الف (الف .add) درهم لامور اوجبت قبض ذلك لذلك فمنها ان الجريب عندهم خراجه من رُبع درهم الى ثُلُثَىْ درهم الى ثلاثة ارباع درهم.

a) B. الحكام. *b*) L. ودستوارات, *c*) Lacuna in L. et B. (in B. non indicata). In seqq. nonnulla deësse patet, nam summa totius reditus ibi tantum est 13,750,000 drachmarum. Vix necesse est observare post numeros سبعمائة, ثلاثمائة, cet. supplendum esse الف. *d*) L. اردحى, B. اردىحى. Seq. numerus indist. scriptus est.

درهمًا الخُتَّل اربعمائة درهم آمُل وفَرَبْر[a] اربعمائة درهم كورة وَرَغْسَر[b] ثلاثمائة درهم السُجُرْجانيّة ستّمائة درهم مرو تسعمائة درهم سَرَخْس خمسمائة درهم أَبِيوَرْد خمسمائة درهم بادغيس ثلاثمائة درهم طوس ثلاثمائة درهم اشْتيخَن ثلاثمائة درهم ايلاق سبع مائة درهم الشاش ثلاثمائة درهم[d] الكُشانيّة ....[c] درهم فَرْغانَة الف درهم بُشْت[e] ثلاثمائة درهم كِشّ ثلاثمائة درهم خوارزم الف درهم كَنْج رستاق وبَغ[f] ثلاثمائة درهم مَرْو الرُّوذ ثلاثمائة درهم بَلْخ الف درهم هَرَاة الف درهم بُوشَنْج ثلاثمائة درهم القُبَاذيَان مائتا درهم التِّرْمذ ثلاثمائة درهم صَرْمَنْقان[g] وصَرْمَنْجي ثلاثمائة درهم، فاذا قبض من ذلك احد[h] المتصرّفين المذكورين في البريد درهمًا واحدًا كان للقاضي مثله اذا كان على تلك الناحية وحاكمًا في تلك الجهة وكذلك لمن تصرّف معهما مثل ذلك وصاحب المعونة، وهذا تمام لما اردنا به الابانة عن حال دولة اصحاب خراسان ومحلّها في نفسها من الفخامة والعظم ✿

*وليس في الاسلام جيش الّا وهم شُذّاذ القبائل[i] وملفّفة النواحي والبلدان[k] والاطراف اذا تفرّقوا بهزيمة وتمزّقوا[l] بحادثة لم يلتق منهم جمع بعد ذلك الّا بالحيلة الصعبة[m] والمبالغة في الرغبة والرهبة غير جيش هاؤلآء الملوك فانّ جيوشهم الاتراك المملوكون رقًّا بمالهم[n] ومن الاحرار[o] من يعرف داره ومكانه وآله وجيرانه فان قُتل منهم قوم *او ماتوا[p] ففي وفور عددهم ما يعاد[q] من بين ظهرانيهم مثلهم وان تفرّقوا في حادثة

---

a) L. et B. وقربىر. *b*) ? L. et B. رو. *c*) Numerus deëst in L. et B. qui habent اسىحىر. *d*) Hic B. insert خوارزم الف درهم. *e*) L. et B. ىسىت. *f*) I. e. بغشور. *g*) L. et B. صرمان; cf. infra et vid. ad I., p. ٢٩٨ *d*. *h*) L. اخذ, deinde L. et B. المتصرفون المذكورون. *i*) Haec ex P. et I. restitui. L. et B. om. Deinde B. وملفقة, P. ومكففة, in L. incertum utrum وملففة, an وملفقة legatur. *k*) Ex P. et I. addidi. *l*) P. او تمزقوا. *m*) P. والصعبة. *n*) L. et B. addunt مناطقهم (l. يروى) ويروى, quae e margine in textum irrepsisse videntur. P. pro بمالهم habet لهم. *o*) P. add. والدهاقين. *p*) B. وماتوا. *q*) Ex P. et I.; L. et B. يعاد.

تجمّعوا وتراجعوا كلّهم الى مكان واحد لا يقدح فيهم سائر ما يقدح فى سائر العساكر الاسلاميّة ولا سبيل لهم الى التفرّق فى العساكر والتنقّل فى الممالك كما يكون عليه رسم صعاليك العساكر وشحنة البلدان وذلك انّهم غذوا[a] من حسن السياسة بمحض الرياسة من التفقّد لاحوالهم عند الغيبة عنهم والنظر للبعيد كالقريب منهم ان احسن لم يسقط احسانه وان ابلى لم تؤخّر[b] مكافأته وان أَجْرَم طُولب بذنبه وجرمه وان اخطأ أُخذ بحوبه واثمه وان كان *قريبًا ووجب[c] عليه قصاص او قود احيل على حكم الله تعالى او بعيدًا لزمه حكم او طلب لم يعدل به عن حدود الله تعالى واذا اطّردت السياسة العقليّة صفت الامور بالكلّيّة[d] وتوفّرت المحامد وعلت المنزلة وتاثّل الخدم[e] وايسر الحشم، ولقد خرج بارْس غلام اسماعيل بن احمد فى فتنة عبد الله بن المعتزّ هاربًا من *احمد بن اسماعيل[f] مولاه لامر كان اسماعيل حمله عليه وبذنه له وعهد اليه عهدًا فيه وليس هذا موضع ذكره فخرج فى عدّة هالت السلطان الموسوم[g] بالخلافة وظهر بقدومه من العِدّة والعُدّة والآلة والكراع والسلاح والمال والسواد ما لم يكن بحضرة السلطان جيش مثله ولم يتبيّن على جيش خراسان فقده فامره بالمضىّ الى الثغر وانّما كان عبدًا لهم مملوكًا من جماعة مماليك، وليس فى بلدان الاسلام ملوك قد اعرقوا[h] فى الملك يتوارثونه بينهم من ايّام العجم مثلهم وهم من جلّة الفرس وذلك انّ ابا صالح منصور بن نوح بن نصر بن احمد بن ابى ابراهيم اسماعيل الملك العظيم الخطر[i] المحمود السير الكثير المناقب والمحاسن والآثار[k] الشريف الاعمال والافعال والاخبار ابن احمد بن اسد بن سامان خداه[l] بن

---

a) B. غذُوا. b) Sic P.; L. تاخر, B. توخر. c) P. نسيبًا او قريبًا اوجب. d) P. الكلية. e) P. الخدوم, B. المحذم. f) Ex I.; L. et B. اسماعيل بن احمد. g) L. et B. والموسوم. h) Ex I.; L. et B. عرفوا. i) L. الخطير. k) L. الاثار, B. الادبار. Deinde L. والشريف. l) L. et B. جداه; vid. Ibno 'l-Athir, VII, p. ١٩٣.

جثمان[a] بن طمغات[b] بن *نوشرد بن[c] بهرام شُوبين[d] بن بهرام خشنش[e] اعدل ملوك اهل عصرنا سيرة وامثلهم طريقة مع ضعف فى جسمه وضآلة[f] فى نفس بِنْيته واحزمهم رأيًا واتقنهم فى الامور تدبيرًا واصحّهم فيما يهمّ به منها عزيمةً واصدقهم فى ذات الله نيّةً وانظرهم ليومه وغدِه واعماله معمورة وسيره[g] مشكورة ۞

ولم[h] أرَ ولم اسمع فى الاسلام بظاهر بلد احسن من ظاهر بلد بخارا[i] لانّك اذا علوت قُهُنْدزها لم يقع بصرك من جميع النواحى الّا على خضرة تتّصل خضرتها بلون السماء وكأنّ السماء مكبّة[k] زرقاء على بساط اخضر تلوح القصور ما بين ذلك[l] كالتراس اللمّطيّة[m] او كالكواكب العلويّة بياضًا ونورًا بين اراضى ضياع مقوّمة[n] بالاستواء[o] كوجه المرآة[p] وليس بما وراء النهر من البلاد ولا غيرها[q] من البلدان احسن[r] قيامًا *بالعمارة للضياع[s] منهم ولا اكثر *متنزّهات على[t] سعة المسافة وبُعْد[u] المساحة[v] من ارضهم لانّ المشار اليه من متنزّهات الارض سُغْد سمرقند ونهر الأُبُلّة وغُوطة دمشق

---

a) L. et B. حسمان; Ibn Khaldun Ms. 1350. IV, f. 122 r. خشمان. *b*) L. et B. طعمات, Ibn Kh. طعان (ed. Bul. IV, p. ٣٣٣ طغان). *c*) L. et B. بوسر معن (دوسرا). Ibn Kh. نوشد بن (ed. Bul. نوشردين). *d*) Pro چوبين. *e*) L. حعر, B. حسس, Ibn Kh. حسبس (ed. Bul. حشيش). *f*) B. وضاعة. *g*) L. وسيرة. *h*) In P. praecedit titulus صفة مدنها et habet لم. Cf. I., p. ٢٩٣, 4 seq. *i*) Sequitur in L. et B. لم. *k*) L. مآعبة, B. مآبة. Restitui e P. et I. *l*) B. ذاك (pro ما P. فيما ut I.). *m*) P. التُبتيّة et addit المُضيّة (sic pro والحَجَف) الحُجَف. Lectionem كالتراس confirmant F. et O. qui habent سپرها. *n*) Ex P. et I.; L. et B. مقسومة. *o*) P. add. مُهَنْدَمَة. *p*) P. add. بغاية الهندسة. *q*) L., B. et P. غيرهم. *r*) L. et B. add. منهم. *s*) Ex P. coll. I.; in L. et B. lacuna. *t*) L. et B. متنزهًا omisso على. P. فى pro على habet. *u*) P. فسحة. *v*) B. rursus المسافة. Supplevi من ارضهم ex P.; in L. et B. lacuna est. Deinde I. add. وذلك مخصوص به هذه البلدة, P. وذلك لهم دون.

على انّ سابور[a] وجُور فارس لا تقصران[b] عن غوطة دمشق لانّك اذا كنتَ بدمشق ترى بعينيك على فرسخ واقلّ جبالاً قرعًا من النبات والشجر وامكنة خالية من العمارة واكمل النزهة ما ملأ البصر وسدّ الافق وتناهى فى الطيب، وليس بنهر الابلّة ولا بنواحيه موضع يستوقف النظر الّا نحو فرسخ وليس فيه مكان عالٍ ولا له فيدرك البصر *اكثر من[c] فرسخ ولا يستوى المكان المستتر[d] الّذى لا يرى منه مقدار ما يرى من مكان ليس بمستتر فى النزهة ومكان يستوقف البصر منه سعةً فى العيان[e] وسفرًا فى المنظر ولذّة واصلة الى النفس، وسُغْد سمرقند لا اعرف به مكانًا وبلدة اذا علا الناظر قهندزها[f] وقع بصره على جبال خالية من الشجر *او صحرآء[g] غبرآء وذلك انّ مزارعهم محفوفة بالشجر مشحونة بالخضر وقد قال ابو عثمان[h] انّ غبرة المزارع فى اضعاف خضرة النبات من الزينة غير انّ الارض الغبرآء[i] بالتربة المنتشرة متى عدمت تقويمها من العمارة بالعيان سلبت[k] بهجة النضرة وبزّت حلية الزينة واعدمت[l] حلاوة البهجة وقعدت بالمتنزّه عن اللذّة، ويشتمل ما ورآء النهر من هذا الامر على نصيب وافر وقسط زاخر[m]، ويحيط ببُخارا وقراها ومزارعها سور قطره اثنا عشر فرسخًا فى مثلها كلّها عامرة زاهرة ناضرة ۞

فامّا سغد سمرقند فانّها انزه الثلاثة الاماكن الّتى ذكرتُ وهى غوطة دمشق ونهر الابلّة لانّ من حدّ بخارا *على وادى السغد يمينًا وشمالاً ضياعًا تتّصل[n]

---

a) L. et B. نيسابور. In P. praecedit شعب بوّان. *b*) L. et B. يقصران. *c*) Ex I. restitui. L. et B. نحو. *d*) L. et B. om. *e*) L. العمران. *f*) Apud I., p. ٢٩٤, 5 additur الا, quod indicium est lacunae in textu, quae ope Cod. F. suppleri potest. Habet hic: جون بقهندز ان كسى باستند تمامت همه سبز وخورّم ونزه باشد ودران موضع واقليم هيچ موضعى نيست كه كوهى خالى از درخت وسبزى نزديك آن باشد. Textus I. igitur sic restitui potest الا وقع بصره على خضرة ونزهة وليس بقرب موضع منها جبال الخ. *g*) B. وصحرآء. *h*) Intelligitur الجاحظ. *i*) L. et B. الغبرة. *k*) L. سالبة. *l*) L. et B. وعدمت. *m*) B. زاجر. *n*) Ex P. restitui coll. I.

الى حدّ البُتْم[a] لا تنقطع خضرتها ولا تنصرم زهرتها ومقدارها فى المسافة ثمانية ايّام مشتبكة الخضرة والبساتين والرياض والميادين قد حُفّت بالانهار الدائم جريها والحياض فى صدور رياضها وميادينها *وهى مخضرّة[b] الاشجار والزروع ممتدّة على جانبَىْ واديها ومن ورآء الخضرة على[c] جانبى النهر مزارعها ويحرسها من ورآء مزارعها[d] مراعى سوائمها وقصورها والقهندزات[e] من كلّ مدينة وقرية منها تبضّ[f] فى اضعاف خضرتها كانّها ثوب ديباج اخضر قد سُيّر بمجارى مياهها وزُيّنت بترصيف قصورها فهى ازكى بلاد الله واحسنها اشجارًا وايمنها واطيبها ثمارًا على انّ *فى عامّة مساكنهم البسانين والحياض والمياه الجارية[g] فما تخلو سكّة ولا محلّة ولا سوق ولا ناحية ولا دار ولا قصبة من نهر جارٍ او بركة واقفة ۞ وبفرغانة والشاش واشروسنة وسائر ما ورآء النهر من[h] الاشجار الملتفّة والثمار الكثيرة والرياض المتّصلة ما لا يوجد مثله فى سائر الامصار وبفرغانة فى[i] الجبال الممتدّة بينها وبين بلاد الاتراك من الاعناب والجوز والتفّاح وسائر الفواكه مع الورد والبنفسج وانواع الرياحين مباح ذلك كلّه لا مالك له ولا مانع منه وفى جبال ما ورآء النهر من الفستق المباح ما ليس ببلد[k] غيره *وباشروسنة ورد يتّصل الى آخر الخريف وكذلك هو ايضًا فى ......[l] من ارض الجوزجان فى نواحى خراسان[m] ۞

وبما ورآء النهر *كور اوّلها فيما يصاقب[n] جيحون كورة بخارا على معبر خراسان ويتّصل بها سائر السغد المنسوب الى سمرقند وأُشْرُوسَنَة والشاش وفَرْغانة وكِشّ ونَسَف والصَّغانيان واعمالها والخُتّل وما يمتدّ على نهر جيحون

---

a) B. التنيم. b) P. ut I. مُخْضرة. c) P. عن. d) B. المزارع. Marg. L. نسخة المزارع. e) L. والقهندازات, B. والهندزات. f) Sic P.; L. et B. تبصر. g) P. عامة — بالبساتين — موصوفة. h) P. add. الانهار المتخرقة و. i) Ex I.; L. et B. من. k) L. بلدة. l) Lacuna in L. et B. m) P. pro his: وفى نواحى ما ورآء النهر وخراسان جميعًا ورد غريب اللون يوجد الى آخر الزمان من نواوير مختلفة فيكون باطن الورقة بلون وظاهره بغيره من صفرة مظاهرة بسواد ومن حمرة يخالفه زرقة وكحل. n) Ex I.; in L. et B. lacuna.

من الترمذ والقُباذيان وأَخْسيسَك[a] وخُوارِزْم فامّا فاراب وأَسْبيجاب الى الطّراز وايلاق فمجموع الى الشاش وامّا خُجَنْدة فمضمومة الى فرغانة ونجمع[b] ما بين وَاشْجِرْد[c] والصغانيان الى عمل الصغانيان ونجعل الختّل فيما وراء النهر لانّها بين وَخْشاب وجرياب وخوارزم بحسب ما تقدّم ذكرها، وقد كان يجوز ان تجمع بخارا وكشّ ونسف كلّها الى السغد ولكن أُفْردت لتكون ايسر فى التفصيل واخفّ وليس فى جمع[d] هذه الاطراف بعضها الى بعض ولا فى تفريقها كبير درك غير الابانة عن ما فى اعراضها من المدن والانهار ومواقع الكور فى صفاتها وسآتى بما وراء النهر فاذكره بعد ذكر جيحون ۞

امّا جيحون فعموده نهر جرياب ويخرج من بلاد وَخّان فى حدود بَذَخْشانَ وتجتمع اليه انهار فى حدود الخُتّل والوَخْش فيصير منها هذا النهر العظيم ومن هذه الانهار نهر يلى جرياب يسمّى بأَخْشواء[e] وهو نهر هُلْبُك ويليه نهر بلبان[f] والثالث نهر فارغر[g] والرابع نهر انداجاراغ[h] والخامس نهر وَخْشاب وهو اغزرها فتجتمع اليه *هذه المياه[i] قبل آرْهَن[k] ثمّ تجتمع مع[l] وخشاب قبل القباذيان ثمّ يقع اليه انهار بعد ذلك تخرج من البُتّم[m] وغيرها ومنها انهار الصغانيان وانهار القباذيان تجتمع بقرب القباذيان، وماء وخشاب يخرج من بلاد الترك حتّى يظهر فى ارض الوخش ويضيق[n] فى جبال هناك حتّى يعبر على[o] قنطرة كبيرة ولا يعلم ماء احدّ[p] كثرته ثمّ *يضيق مثل ضيقه[q] فى هذا الموضع وهذه القنطرة الحدّ بين الختّل وبين[r] واشجرد،

---

a) L. et B. واخشنكت (ut saepius pro اخسيكث scribitur). *b*) L. et B. وتجمع et mox وتجعل. *c*) B. واشجرزد. *d*) L. جميع, B. حمع. *e*) Vocales addidi ex Jacut, II, p. ١٧١. Cf. I., p. ٢٩٩*f*. Cod. F. بباحس, O. بباخس. *f*) L. et B. بلبان. I. habet بربان. *g*) L. et B. وارغن, infra فارغن. Cod. F. فارغن, فارغر, O. فارغى. Cf. I., p. ٢٧٧*d*. Optio inter lectiones فارغن, فارغر, فارعى et فارغى difficilis est. *h*) L. ابذاجاراغ. *i*) B. om. *k*) L. ابهر, B. انهر. *l*) L. et B. فى. *m*) L. السى, B. البين. *n*) L. ويصير, B. ويمر. *o*) Ex I. addidi. *p*) L. et B. حد, I. فى. *q*) L. et B. يصير مسيل تعينه (معينه). *r*) L. et B. om.

ثمّ يجرى هذا الوادى فى حدود بلخ الى الترمذ ثمّ الى الكَيْلف[a] ثمّ الى زَمّ ثمّ الى آمُل حتّى ينتهى الى خوارزم والى بحيرتها ولا ينتفع بماء هذا الوادى بالختّل والترمذ الى ناحية زمّ احد فتعمر به زمّ وآمل وفَرَبْر ثمّ ينتهى الى خوارزم فيعمرون عليه عامّة بقاعها ٭ واوّل كورة على جيحون ممّا وراء النهر الختّل والوَخْش وهما كورتان غير انّهما مجموعتان فى عمل واحد وهما بين جرياب ووخشاب ومن مدن الختّل هُلْبُك ومُنْك وتمليات[b] وفارغر وكاربنج[c] واندجاراغ ولِمُنْك رستاق كبير[d] ومن مدن الوخش هَلاوَرْد ولَاوَكَنْد، ومنك وهلاورد اكبر من هُلْبُك غير انّ مقام السلطان بهلبك ٭ والّذى يتاخم الوخش والختّل وَخّان والسفينة وهما دار كفر ويقع منهما المسك والرقيق وبوخّان معادن من الفضّة غزيرة[e] وفى اودية الختّل ذهب يجمع فى السيول يجرى من بلاد وخّان وبينُ[f] وخّان والتُّبّت قريب، وارض الختّل ذات زروع كثيرة وثمار وهى على غاية الخصب والسعة وبها دوابّ ومواشٍ كثيرة ٭

فاذا جزتَ الختّل والوخش الى نواحى واشجِرْد والقباذيان[g] والترمذ والصغانيان وما فى اضعافها فانّها كور معروفة مفردة الاعمال، وامّا التِرْمِذ فهى مدينة فى نفس جيحون لها قهندز وربض ويحيط بالربض ايضًا سور ودار الامارة فى قهندزها وداخل السور سوق المدينة ومسجد الجامع ايضًا والمصلّى داخل السور فى الربض واسواقها وابنيتها طين ومعظم سككها واسواقها مفروشة بالآجرّ وهى عامرة آهلة فرضة لتلك النواحى على جيحون واقرب الجبال اليها على مرحلة وشربهم من جيحون ونهر يجرى[h] من الصغانيان يجرى الى جيحون من تحتها، ولها من المدن صَرْمَنْجى[i]

---

a) Pro الكالف; L. الكلف. b) L. وىملماث, B. وىملمات. Deinde وفارغن.
c) L. et B. وكابنج. Deinde وابذجاراغ. d) Male sic Ibn Haukal interpretatus est Istakhrii ورستاق بنك; cf. I., p. ٢٧٧ e. e) L. om. f) B. وىدىق.
g) L. والقباذان hic et deinde. h) L. et B. كرى. Pro يجرى seq. videtur legendum يقع. i) Cod. F. صرمىكر ut quoque O.

وهاشم جرد ✿ والقُبَاذِيَان مدينة لها كورة وهى اصغر من الترمذ بكثير وتسمّى فُزّ[a] ولها من المدن نودز[b] وهى مدينة دون القباذيان ايضًا ✿ ووَاشْجِرْد[c] نحو الترمذ فى الكبر وشُومان اصغر منها ويرتفع[d] من واشجرد وشومان الى قرب الصغانيان زعفران كثير يحمل الى كثير من النواحى والبلدان ويرتفع من القباذيان الفوّة ويحمل منها الى بلد الهند الكثير وللسلطان عليهم رسم[e] منها وربّما سُعرت على مَنْ اتى بها وقبض عن سهمه عينًا او ورقًا ✿ والصَّغَانِيَان مدينة اكبر من الترمذ والترمذ اكثر اهلًا ومالًا وللصغانيان قهندز وهى اصل ابى علىّ احمد بن محمّد بن المظفّر صاحب جيش خراسان وكان يعرف بابن محتاج ولم تر خراسان مثله فى عصره رياسة وسياسة غير انّه ختم له بشرّ[f] ✿ واَخْسِيسَك[g] تحاذى زَمّ وزمّ فى ارض خراسان غير انّ مجموعهما[h] بالعمل الى ما ورآء النهر وهى مدينة صغيرة خصيبة والغالب على اطرافها السوائم من الغنم والابل وعلى ظهر كلّ نحو منها مفازة وآبار ومراعٍ ومساكن ✿ وامّا فَرَبْر فمدينة لبخارا موصوفة فى جملتها ✿

وخُوارِزْم اسم الاقليم[i] وهو اقليم منقطع عن خراسان وعن ما ورآء النهر وتحيط به المفاوز[k] من كلّ جانب وحدّه متّصل بحدّ *الغُزّيّة ممّا يلى الشمال والمغرب[l] وجنوبيّه وشرقيّه خراسان وما ورآء النهر وهى ناحية عريضة واعمال واسعة ومدن كثيرة وهى آخر جيحون وليس بعدها على النهر عمارة حتّى يقع مآء النهر فى البحيرة وهى ناحية على جانبى جيحون ومدينتها فى الجانب الشمالىّ من جيحون ولها فى الجانب الجنوبىّ مدينة كبيرة تسمّى الجُرْجَانيّة وهى اكبر مدينة بخوارزم بعد قصبتها وهى متجر الغزّيّة ومنها تخرج القوافل الى جرجان وكانت تخرج الى الخزر على مرّ الايّام والى خراسان، وبخوارزم من المدن سوى القصبة دَرْغَان وهَزَارَسْب[m] وخِيْوَة

---

a) ? L. et B. تر. b) L. et B. نوذن. Cod. F. نودن. c) L. et B. واشجرد sine copula. d) B. وتردمع. e) B. add. سهم. f) Vid. Ibno 'l-Athír, VIII, p. ٣٨١. g) L. et B. واخشنكث. h) L. et B. مجموعها. i) Fortasse L. للاقليم. k) L. المفازة. l) Supplevi ex P. et I. In L. et B. lacuna. m) L. et B. h. l. وهزارست; P. وهُوارست.

وأَرْدَخُشْمِيثَن[a] وسافَرْدَز ونُوزوار[b] *وكردران خواش وكُرْدَر[c] وقرية فراتكيس[d] ومَذْمِينِيَة ومرداجقان[e] والجُرْجَانيّة ۞

وقصبتها كانت درجاش[f] فهلكت واتّخذ اهلها بجوارها غيرها[g] تعرف بالخوارزميّة كاث وكان لها قهندز ومدينة فخرّبها النهر وقد اهلك النهر القهندز والمدينة والجامع والحبس عند القهندز ولم يبق منها رسم ولا طلل وكان فى وسط المدينة نهر يسمّى جردور[h] يشقّ المدينة والسوق وكانت على جانبى هذا النهر وطولها نحو ثُلْث فرسخ[i] فى نحوه وكانت اسواقها عامرة وتجاراتها دارّة زاجية وابتنوا غيرها من ورآئها ۞ واوّل حدّ خوارزم يسمّى

---

a) L. et B. واردخسمش. Deinde وساقرزن. b) L. et B. وبوران. Vid. ad I., p. ٢٩٩ f. F. نوروان ,دوروان et in mappa نودوان , O. in mappa بوران.
c) L. et B. وكرّدان وخواش وكردى. d) L., B. et P. semper قراتكين.
e) L. ومردخوان , B. ومردخولن. Deinde addidi والجرجانية ex I., p. ٣٠٠. Ad ann. b ibi addendum est additamentum كركانجك confirmari ab O., خاس ab O. et F. Urbis autem primo loco appellatae nomen nescio quomodo scribi debet. O. habet (حـا) ممهاد s. ومهاد , F. ومينهاداذ s. حمينهاباذ. f) L. et B. ورحاش. Vid. ad I., p. ٣٤١ h (ubi F. درحاس , O. درخاس). In P. hic lacuna est. Hic autem deinde habet: وكان لكاث قهندز مع المدينة فخربها البحر وقد اتى عليهما فلم يبق منهما دهر (sic) ولا طل (sic) ولما هلكت كاث اتّخذ اهلها بجوارها مدينة وسمّوها الجُرجانية. Haec autem in dubium revocant emendationem meam textus, qui fortasse sic restituendus est, ut nomen درجاش (درخاس) reponendum sit in serie nominum praecedentium, et ita legatur: ومرداجفان ودرخاس (= خاس?) والجرجانية ۞ وقصبتها كانت تعرف بالخوارزمية كاث فهلكت واتّخذ اهلها بجوارها غيرها الجرجانيّة وكان لها قهندز الخ. g) Additur h. l. in L. et B. والجرجانية كانت قصبتها quae e repetitione orta esse videntur. Cf. tamen ann. praeced. h) L. جركون , B. حركرون. Cod. F. حرورون , O. ut recepi. i) L. et B. ثلثه فراسخ ut quoque F. et O.

الطّاهريّة[a] ممّا يلى آمل موضع تمتدّ فيه[b] العمارة عن[c] جنوبىّ جيحون وليس فى شماليّه عمارة حتّى ينتهى الى قرية غارامخشنة[d] ثمّ يكون من غارامخشنة الى مدينة خوارزم[e] عامرًا من جانبى[f] جيحون جميعًا وقبل غارامخشنة بستّة فراسخ نهر ياخذ من جيحون فيه عمارة الرساتيق الى المدينة ويعرف هذا النهر غاوْخُوارَه[g] وتفسيره اكل[h] البقر وهو نهر عرضه نحو خمسة ابواع وعمقه نحو قامتين يحمل السفن ويتفرّق من غاوخواره بعد ان يجوز خمسة فراسخ نهر يسمّى كريه[i] يعمر به بعض الرساتيق ۞ وليس للعمارة على شطّ جيحون من نحو الطاهريّة[k] الى هزارسب كبير عرض[l] ويعرض بهزارسب الماء فيصير نحو مرحلة الى مقابل المدينة ثمّ لا يزال يضيق حتّى يصير بالجرجانيّة نحو فرسخين ثمّ ينتهى الى قرية تسمّى جيت[m] على خمسة فراسخ من كوجاغ[n] وهى قرية بقرب جبل وليس فى العرض عمارة غيرها ووراء هذا الجبل المفازة ۞ ومن هزارسب الى سائر ما على غربىّ جيحون انهار منها نهر هزارسب ياخذ من جيحون ممّا يلى آمل وهو نصف غاوخواره يحمل السفن، ثمّ على نحو فرسخين من هزارسب نهر يعرف بكردران خواش *وهو اكبر من نهر هزارسب، وبعده نهر خيوه وهو نهر اكبر من كردران خواش[o] وتجرى فيه السفن الى خيوه، وبعده نهر مدرى وهو اكبر من غاوخواره مرّتين تجرى فيه السفن الى مدرى ونهر خيوه على نحو

---

a) L. et B. الظاهربية, P. الطاهرة. *b*) Sic quoque P. Praeferendum videtur منه. *c*) P. مـن, I. فـى. *d*) L. et B. عارامحسنه, P. غارامخشه. Cf. I., p. ٣٠١*f*. Cod. F. عارانجه, O. غار الحيّه. *e*) Cod. F. insert فراسخ ٩, O. يومين. *f*) B. جنبى. *g*) P. ut I. كاوخواره. *h*) L. et B. كل, P. آكل. *i*) L. et B. كونه. Cod. F. كوثه. Quae vera sit lectio, nescio. O. habet ut recepi. *k*) L. et B. الظاهرية. Hic ambo repetunt نهر يسمى كونه. *l*) L. et B. عريض. *m*) L. et B. h. l. خبت, infra كيث. Cf. I., p. ٣٠٢*b*, ubi melius fuisset edere جيت. Cod. E. حه et حمب (= O.). *n*) F. et O. كراع (كرابح). *o*) Haec supplevi ex I. et Edrisî, II, p. 190.

ميل من نهر مدرى، *ومن نهر مدرى[a] الى نهر وداك وتجرى فيه السفن الى الجرجانيّة وبين نهر وداك ونهر مدرى نحو ميل ومن نهر وداك الى مدينة خوارزم نحو فرسخين، واسفل[b] من المدينة فى ناحية الجرجانيّة نهر يسمّى بُويه[c] فيجتمع مآء بويه ومآء وداك فى حدّ قرية تعرف باندرستان اسفل منها الى ما يلى الجرجانيّة[d] على غلوة ثمّ يكون هناك سكر يمنع السفن ومن مجتمع ذين المآءين الى الجرجانيّة نحو مرحلة، وبين نهر غاوخواره والمدينة اثنا عشر فرسخا وعرض نهر خوارزم عند المدينة فرسخان، ولكُرْدَر[e] نهر ياخذ من اسفل مدينة خوارزم على اربعة فراسخ من اربعة مواضع متقاربة فيصير نهرًا واحدًا مثل بويه ووداك اذا اجتمعا، ويقال فى جيحون كان مجراه قديمًا فى هذا الموضع واذا قلّ جيحون يقلّ المآء فى هذا النهر ۞ وبحذآء كيث[f] فى الجانب الشمالىّ المدينة المعروفة مَذْمينيَة[g] *وهى من جيحون على اربعة فراسخ غير انّها من[h] الجرجانيّة وانّما صار هكذا لانّ النهر تحوّل من كردر فقطع ما بين كيث ومذمينية[i] وليس على الشطّ بعد مذمينية عمارة، وبين كردر وجيحون رستاق مرداجقان[k] وبين مرداجقان وجيحون فرسخان وهى تحاذى الجرجانيّة، ولكلّ قرية بين كردر والمدينة[l] نهر مرتفع من جيحون وجميع هذه الانهار باسرها منه ۞ ثمّ ينتهى جيحون الى بحيرة خوارزم بموضع فيه صيّادون وليس به قرية ولا بنآء ويعرف هذا المكان[m] بخليجان[n] وعلى شطّ[o] هذه البحيرة[p] ممّا يقابل خليجان ارض الغُزّيّة فاذا كان الصلح جآءوا من هذا الجانب الى قرية

---

a) Ex I. supplevi. *b*) L. et B. sine copula. *c*) L. دويه, B. دوده; I. بوه. *d*) Hic nonnulla omissa sunt; vid. I., p. ٣٠٣, 1. *e*) L. et B. ولكردى ut solent. *f*) Sic L. et B. ut Edrîsî l.l.; P. كاث videtur legisse, sed textus in eo corruptus est. *g*) L. et B. مدينه, مدينيّه, مدينته, مداينيه. *h*) *L. فى. *i*) B. haec om. *k*) L. et B. مرداجعان et مردى حعان. *l*) L. et B. كردى والى المدينة. *m*) P. ut I. الموضع. *n*) P. بحلنجان. *o*) L. et B. وسط. *p*) L. et B. البحيره, P. ut I. هذا البحر.

فراتكين[a] ومن الجانب الآخر الى الجرجانيّة وهى ثغر، وفى نهر جيحون قبل ان يبلغ[b] نهر غاوخواره بنحو مرحلة جبل يقطع جيحون وسطه قطعًا فيضيق المآء حتّى يعود عرض جيحون الى نحو الثُلث منه ويعرف هذا الموضع ابوقشة[c] وهو موضع يخاف على السفن فيه من شدّة جريه والهور الّذى عند مخرجه وبينه[d] وبين الموضع الّذى يقع فيه نهر الشاش من هذه البحيرة نحو من عشرة ايّام، ووادى جيحون ربّما جمد فى الشتآء حتّى تعبر عليه الاثقال والاحمال والجمال ويبتدئ جموده من ناحية خوارزم حتّى يَعْلو الى حيث انتهى الجمد[e] وابرد واجمد ما على جيحون من البقاع خوارزم، وعلى شطّ بحيرة خوارزم جبل يعرف جغراغز[f] يجمد عنده المآء ويبقى سائر الصيف وله اجمة قصبآء، ودور هذه البحيرة فيما بلغنى نحو مائة فرسخ ومآؤها مالح وليس لها مغيض ظاهر ويقع فيها نهر جيحون ونهر الشاش وانهار غيرهما[g] فلا يعذب مآؤها ولا يزداد على صغرها ويشبه والله اعلم ان يكون بينها وبين بحر الخزر خور يتّصل بمآئها وبين البحرين نحو عشرين مرحلة على السمت ۞ وخوارزم مدينة[h] خصيبة كثيرة الطعام[i] والفواكه الّا انّه لا جوز بها ويرتفع منها من ثياب القطن والصوف امتعة كثيرة تسير الى الآفاق، وفى خواصّ اهلها يسار *وقيام على انفسهم بالمروّة الظاهرة وهم اكثر اهل خراسان انتشارًا وسفرًا[k] وليس بخراسان مدينة كبيرة الّا وفيها من اهل خوارزم جمع كبير[l] ولسانهم مفرد وليس بخراسان لسان على لغتهم وزيّهم القراطق والقلانس المعوجّة ولهم فى تعويجها زىّ ورسم وخلقهم لا يخفى فيما بين اهل خراسان ولهم بأس على الغزيّة ومنعة وليس ببلدهم معادن ذهب ولا فضّة ولا شىء من جواهر الارض وعامّة يسارهم من متاجرة

a) L. et B. فراتكين ut semper. Addidi الى ex I. b) L. et B. تبلغ. c) O. بوقسه, F. ردوقه. d) Male sic, cf. I., p. ٣٠٤, 4. e) P. add. وكلما علا اشتدّ البرد وجمد الماء. f) L. et B. حفراعن, F. جعراعر, O. جغاعر. g) L. et B. غيرها. h) P. ناحية. i) P. الاطعمة والحبوب. k) Bis haec in L. et B. leguntur, cum var. l. وقياما. l) B. et P. كثير.

الترك واقتناء المواشى ويقع اليهم اكثر رقيق الصقالبة والخزر وما والاها[a] مع رقيق الاتراك والاوبار من الفنك والسمّور والثعالب والخزّ وغير ذلك من اصناف الوبر[b] ❊ وهذا ما على جيحون من الكور[c] ❊

وبُخارا فيها دار الامارة على جميع خراسان وهى مستقيمة على رصيف كور ما وراء النهر ثمّ يتبعها ما يتّصل بها فامّا اسمها فبُومِجْكَث[d] وهى مدينة فى مستواة وبناؤها خشب مشبّك ويحيط بهذا البناء المشبّك من القصور والبساتين والمحالّ والسكك المفترشة والقرى المتّصلة ما يكون اثنى عشر فرسخًا فى مثلها ويحيط بهما كلّها سور يجمع هذه القصور والابنية والقرى والقصبة ولا يرى فى اضعاف ذلك كلّه خراب ولا قفار ومن دون هذا السور على خاصّ القصبة وما[e] يتّصل بها من القصور والمساكن والمحالّ التى تعدّ من القصبة ويسكنها من يكون من اهل القصبة *سور حصين[f] نحو فرسخ فى مثله ولها مدينة داخل هذا السور يحيط بها سور حصين ولها قهندز خارج المدينة متّصل بها وهو فى مقدار مدينة صغيرة وفيه قلعة ومسكن ولاة خراسان من آل سامان فى هذا القهندز ولها ربض طويل عريض ومسجد الجامع على باب القهندز فى المدينة والحبس فى القهندز واسواقها فى ربضها، وليس بخراسان وما وراء النهر مدينة بناؤها اشدّ اشتباكًا من بخارا ولا اكثر اهلًا على قدرها منها وفى الربض نهر الصُّغْد يشقّه واسواقها وهو آخر نهر السغد ويصير الى طواحين وضياع[g] ومزارع ويسقط الفاضل منه فى مجمع *ماء يجاور[h] بِيكَنْد ويقارب قِرِبْر يعرف بسام خاش[i]، وللمدينة سبعة ابواب

a) P. ووراءهما. b) In P. sequitur: ولهم تُجّار يدخلون الى ناحية ياجوج وماجوج وقلّما يدخل اليهم ذو لحية واكثرهم قليلى (sic) اللحى والاسبلة واذا دخل اليهم ذو لحية امر الملك الذى بتلك الناحية من نسل ياجوج وماجوج بنتف لحيته ثم امر بالاحسان الى ذلك التاجر واكرامه حتى انه يغنيه مما ينعم عليه من الانعام. c) In L. sequitur و, et parva lacuna. Cf. I., p. ٣٠٥, 6—8. d) B. نومجكث. e) L. et B. ما. f) L. et B. سورا حصينا. g) L. om. h) L. et B. ماء بخارا و; cf. I. et Edrisi, II, p. 194. i) L. et B. بسامر حاش.

حديد منها باب يعرف بباب المدينة وباب يعرف بباب نور[a] وباب يعرف بباب خُفْرَة[b] وباب يعرف بباب الحديد[c] وباب يعرف بباب القهندز وباب يعرف بباب بنى اسد وهو باب مهر وباب يعرف ببنى سعد، ولقهندزها بابان احدهما باب الرِّيكَسْتان والآخر باب الجامع يشرع الى مسجد الجامع، وعلى الربض دروب فمنها درب يخرج الى خراسان يعرف بدرب الميدان *وباب يلى الشرق ويعرف[d] بدرب ابراهيم ويلى هذا الدرب درب يعرف بالرِّيوِّ[e] ويليه درب يعرف بالمَرْدكشان *ويليه درب[f] كلاباذ وهذا الباب وباب مردكشان يخرج منهما الى نَسَف[g] وبلخ ويلى درب كلاباذ درب النُّوبهار ويليه درب سمرقند ويليه[h] درب فغاسكون[i] ويليه درب الرَّاميثَنيّة[k] ثمّ يليه درب حدشرون[l] وهو يفضى الى طريق خوارزم ويليه درب غُشَج[m] وفى وسط الربض على اسواقها دروب منها باب الحديد ويليه باب قنطرة حسّان ويليه بابان عند مسجد ماج[n] ويليهما باب يعرف بباب رخنة[o] ويليه باب عند قصر ابى هاشم الكنانىّ[p] ويليه باب عند قنطرة السُّوَيقة ويليه باب فارْجَك[q] ويليه باب دروازجه[r] ويليه باب سكّة مُغَان[s] ويليه درب سمرقند الداخل، وليس فى مدينتها ولا قهندزها مآء جارٍ لارتفاعهما ومياههما[t] من النهر الاعظم الجائى من سمرقند وتتشعّب[u] من هذا النهر فى المدينة انهار منها نهر يعرف بنهر

---

a) B. دور, P. بون et بوان; cf. *Masálik al-absár* l.l. p. 248. F. دور, O. درو. *b*) P. جَهْرة. *c*) P. الجديد. *d*) P. ودرب بالمشرق يعرف. *e*) L., B. et P. بالربو; *Masálik al-absár* الربة. *f*) L. ويليه دروب, P. وثلاثة دروب. *g*) L. et B. نشف. *h*) L. et B. om. *i*) Sec. I.; L. et B. دعاشكوَر, P. دعاسكور, *Masálik* معاسكور, F. معاسكون et معاشكون. *k*) L. et B. الراميثيه, P. الرامثينة. *l*) L. حادثرون, B. حدثرون; P. خدمتك ut infra scribit pro خُدِيمَنْكَن. *Masálik* حدس. F. حراسون. *m*) L. et B. عشج, P. عشنج. *n*) Jacut, IV, p. ٣٨٠, 2 praescribit مماخ; cf. I.; p. ٣٠٧ *e*. *o*) L. et B. زخنه, F. رحبه, O. رحيه s. رحبه. *p*) B. sine punctis. Cod. F. كنانى. *q*) L. فارجل, B. مارحل. *r*) L. حدفارجه, B. حدفارمه. *s*) L. et B. معان. *t*) P. ut I. ومياههم. *u*) B. ويتشعب.

فَشيبرديزه a ياخذ من نهر بخارا فى مكان يعرف بالورغ فيجرى فى درب المردكشان b على جوبار ابراهيم حتّى ينتهى الى باب البَلْعَمىّ ويقع فى نهر نُوكَنْدَه c وعلى هذا النهر نحو الفى بستان وقصر وارضون d كثيرة شربها منه ومن فم هذا النهر الى مغيضه نحو فرسخ، ونهر يعرف بجُوبار بكار e ياخذ من النهر المذكور انفًا f فى وسط المدينة بموضع يعرف بمسجد أُحَيْد g ويفيض بنوكنده وعلى هذا النهر شرب بعض الربض ونحو الف بستان وتغوس به الاشجار الى الآن وله ارض واسعة، ونهر يعرف بجوبار القَوَاريريّين h ياخذ من النهر فى المدينة بموضع يعرف بمسجد العارض فيسقى بعض الربض وهو اغزر واعمر للاراضى والبساتين من نهر i بكار، ونهر يعرف بجوغشج k ياخذ من النهر عند مسجد العارض فيسقى بعض الربض حتّى يخرج الى نوكنده l وهو *نحو جوبار m العارض، ونهر n يعرف بنهر بَيْكَنْد o ياخذ من النهر فى المدينة p عند راس سكّة خَتَع q فيسقى بعض

---

a) L. et B. ودمردده, P, فيرديزه (ut *Masálik*, p. 249) s. فتيرديزه. Vid. I., p. ٣٠٧ *m*, quibus adde: O. فسرده, F. دمرده. Recepi apud I. فشيبديزه secundum Jacut, quum vero omnes Codd. habeant ر, suspicor potius mutandam esse lectionem Jacuti. *b*) L. et B. h. l. المزدكشان. Deinde pro على جوبار habent الى حد باب. Restitui textum ex P. et I. Hic habet جوبار ابى ابراهيم. Cod. F. حودمار (جويبار) ابى على. *c*) L. et B. h. l. دركنده, P. بيركنده. *d*) L. et B. وارضين, P. واراضى. *e*) L. بخويتاريكان, B. دبحوباردكان, P. بجوبار نكار. *f*) Ex P.; L. et B. لها. *g*) L. et B. احمد, P. احمد. Deinde P. ويغيض ut I. *h*) P. القوازدمن. *i*) L. et B. انهار. Deinde B. يكار, P. نكار. *k*) L. et B. بجوعسج. *l*) L. et B. ابوكند. *m*) L. نحو جريبان, B. دىحو حرىان. Apud I. secundum Ous. recepi يعرف بجوبار, ut revera in O. exstat, sed F. habet واين رود در بزركى وطول وعرض وعمق بقدر رود جويبار عارض باشد. Est igitur جوبار (جويبار) عارض nomen canalis antea جوبار القواريريين appellati. *n*) L. et B. وهو نهر. *o*) P. بنوكند. *p*) Secundum P. et I.; L. الجارية, B. الحاريه *sic*. Post النهر P. addit hic et infra المذكور. *q*) L. جمع; B. حمع; P. خَتَع; F. حمصع.

الربض *ويغيض بنوكنده، ونهر نوكنده ياخذ من النهر عند دار حمدونة وهو مغيض للماء وعليه شرب بعض اهل الربض ويغيض[a] فى المفازة وليس عليه شرب لاحد، ويليه نهر الطاحونة ياخذ من النهر فى المدينة بموضع يعرف بالنُّوبهار عليه بيوت[b] بعض اهل الربض ويدير ارحآء[c] كثيرة حتّى ينتهى الى بِيْكَنْد ومنه شرب[d] اهل بيكند، ونهر يعرف بنهر كُشنة[e] ياخذ من النهر فى المدينة عند النوبهار وعليه شرب النوبهار من الربض فيفضى الى حصون وضياع كثيرة وبساتين حتّى يجاوز كشنة الى مايمُرْغ[f]، ونهر يعرف بنهر ربّاح[g] ياخذ من النهر المعروف[h] بالرِّيكَسْتَان فيسقى بعض الربض وينتهى الى قصر رباح فيسقى نحو الف بستان وقصور واراضى كثيرة دون البساتين، ونهر الريكستان ياخذ من النهر بقرب الريكستان ومنه يشرب اهل الريكستان واهل القهندز ودار الامارة حتّى ينتهى الى قصور جَلّال دِيزّه[i]، ونهر ياخذ من النهر فى المدينة بقرب قنطرة حمدونة[k] تحت الارض الى حياض بباب بنى اسد وتقع فضلته فى فارقين القهندز، *ونهر يعرف[l] بنهر زغار كنده[m] ياخذ من النهر بمكان[n] يعرف بورغ فيجرى على باب دروازجه وعليه بيوت[o] دروازجه الى باب سمرقند حتّى ينتهى الى سبيد ماشه ويجاوزه[p] بنحو فرسخ وعليه قصور وبساتين وارضون كثيرة[q] ✿

---

a) Haec addidi ex P. et I. b) Sic quoque in suo archetypo habuit O. c) P. ut I. ارحيه. d) B. يشرب. e) L. et B. كشبه. Vocalis in P. In F. est كمشه, O. habet كثيمه. f) L. et B. فاريمرغ. g) L. et B. h. l. باج, P. h. l. نباخ, mox L. et P. ريباح; ut *Masálik* l.l. p. 250, B. رداح. h) I., p. ٣٠٩, 4 بقرب quod Ibn Haukal male legisse videtur يعرف. i) L. et B. حلال دمره. k) B. sine punctis. l) B. ويعرف. m) Secundum I.; L. et B. دحاركند, F. رعان كنده. n) L. et B. دم كان. Max pro بورغ habent بوزغ. o) I. سوق. Cod. O. وبر سر راههاى (l. وبر سراهاى) دروازهٔ رحبه كذرد وتا دروازهٔ سمرقند بروف. p) L. et B. ويجاوز. q) P. add. وهذه الانهار طائفة ببخارا ونواحيها.

ولبخارا رساتيق كثيرة ونواحٍ فاخرة *واعمال جليلة ليس مثلها ببلد[a] فمنها الدّر[b] وبرغيدد وسخر ورستاق الطّواويس وبورق[c] وخَرْغانة[d] السفلى وبومة[e] ونجارجفر[f] ورستاق كاخُشْتُوان[g] وانديان[h] كندمان وسامجن *ما دون وسامجن[i] ما ورآء وفراور السفلى وفراور العليا واروان[k] وكلّ هذه الرساتيق داخل الحائط *بعملها كالسور عليها[l] ومن خارج هذا الحائط جَزّة[m] وشابخش ويسبير[n] وهو رستاق كَرْمينية وخَرْغانة العليا ورستاق غركند[o] وبيكنْد وفَرَبْر ✿ والنهر الواصل الى بخارا من نواحى سمرقند يعرف بنهر الصُّغْد وبالسغد وسمرقند يعرف بنهر بخارا ويتشعّب منه فى حدّ بخارا خارجًا عن القصبة قبل الحائط الخارج بناحية الطواويس الى ان ينتهى الى باب المدينة انهار كثيرة تتفرّق فى القرى والمزارع الّتى يشتمل عليها

---

a) P. نفيسة واعمال جليلة وضياع ليس مثلها لاهل بلاد بوجه ولا سبب وان كان لاهل ناحية واقليم من الاقاليم ما يضاهى بعضها فليس كهى على وفورها وكثرتها. *b*) L. et B. الدن. Cf. I., p. ٣٠٩ *l*. O. habet ut E. دروفن et simili modo F. يكى ازانرا دروفر مى كويند وان نزديك دوسمكرد است. Hae lectiones accurate comparatae cum lectionibus Codd. I. et L. et B. الدن وبرعندى (درعمدى) وساجن suadere videntur lectionem quam recepi. *c*) L. et B. وبروق. *d*) L. et B. وجرغايه et وجرغانه. *e*) L. وبقريه, B. ودقردنه. *f*) L. et B. (حمعر) ودمحان حمف. Cod. F. ومحار حعمر. *g*) L. et B. كاحسوان. *h*) L. et B. واندما. Apud I. recepi انديار, quod vero in انديان corrigendum esse puto. F. habet واددددان, O. اددددان. Ejusdem nominis locus jacet inter Schumán et Wásdjird, vid. I., p. ٣٤٠. Fortasse additur كندمان ut ab eo distinguatur. Verum F. habet وكندمان, cui lectioni non obstant E. et O. qui omnes copulas omittunt. *i*) L. et B. om. (scribunt وسامحى). *k*) L. et B. واروار. *l*) Verba non intelligo (B. نعملها). *m*) L. et B. حدّه; deinde وشابحش. *n*) L. et B. ونشر. *o*) L. عركيد, B. عركند; cf. I., p. ٣١٠ *h*. F. عرومد, O. عرقمد. Conjectura edidi. Ejusdem nominis urbs in Schásch jacet, vid. I., p. ٣٢٩ *h*.

الحائط وعليها عمارة قرى بخارا فمنها نهر يعرف بسافرى كام ياخذ من النهر فيسقى[a] القرى حتّى ينتهى الى وَرْدانة وعليه شربهم، ونهر يعرف بخَرْغان رُود[b] ياخذ من النهر فيسقى القرى حتّى ينتهى الى رواش[c] وعليه شربهم، ونهر يعرف بنجارجفر[d] ياخذ من النهر فيسقى القرى حتّى ينتهى الى خَرْمَيْثَن[e] وعليه شربهم، ونهر يعرف بنهر جُرْغ ياخذ *من النهر[f] حتّى ينتهى الى جُرْغ قرية حسنة وعليه شربهم ويعود الفاضل فى النهر، ونهر يعرف بنُوكَنْدَه ياخذ من النهر فيسقى القرى حتّى ينتهى *الى فرانة[g] وعليه شربهم، ونهر يعرف بنهر بَرَخْشَة[h] ياخذ من النهر فيسقى القرى حتّى ينتهى الى برخشة *ومنه شربهم، ونهر يعرف بنهر كُشنة ياخذ من النهر فيسقى القرى حتّى ينتهى الى كشنة[i] وعليه شربهم، ونهر يعرف بنهر الرَّاميثَنَة[k] ياخذ من النهر فيسقى القرى *حتّى ينتهى[i] الى الراميثنة وعليه شربهم، ونهر يعرف بفراور[l] السفلى ياخذ من النهر فيسقى القرى حتّى ينتهى الى باراب[m] وعليه شربهم، ونهر يعرف بأروان ياخذ من النهر فيسقى القرى حتّى ينتهى الى بَانَب[n] وعليه شربهم، ونهر يعرف بفراور العليا ياخذ من النهر فيسقى القرى حتّى ينتهى الى رِيوَقان[o] وعليه شربهم، ونهر يعرف بنهر خامة[p] ياخذ من النهر فيسقى القرى حتّى ينتهى الى خامة وعليه شربهم، ونهر يعرف بنهر نُوكَنْدَه[q] ياخذ من النهر فيسقى القرى حتّى ينتهى الى نُوبَاغ الامير وعليه شربهم، وما فضل من ماء نهر السغد الّذى تاخذ منه هذه الانهار فانّه يجرى فى نهر يعرف بالذر[r] وهو النهر الّذى يسقى ربض بخارا

---

a) B. ويسقى. *b*) L. et B. دىجرغان رود. *c*) L. رواسن. I. راوس ut quoque Cod. F. *d*) L. et B. ىمحان حعر. *e*) L. et B. حومس. *f*) L. et B. om. *g*) L. et B. ىراده; F. دراده et كراده. *h*) L. et B. نرجسه; F. ىرحسه, O. برحه. *i*) Haec in L. et B. desunt. *k*) L. الراميىه, B. الرامىمه. *l*) L. et B. بفروان. *m*) L. et B. ىماراده. *n*) L. et B. sine punctis. *o*) Sic edidi sec. F. (ردوقان). L. نوقان, B. دوقان. Apud I. edidi ابوقار. *p*) L. خاتمه, B. خاحمه et خادمه. *q*) L. بوكنده, B. دوكنده. *r*) L. et B. بالدر; F. ut recepi.

والربض عليه ومنه انهار المدينة الّتى تقدّم ذكرها، واكثر هذه الانهار تحمل السفن كبرًا وغزرَ مآء وكلّها[a] تاخذ من داخل حائط بخارا من حدّ الطَّوَاوِيس الى ان ينتهى الى المدينة ☆

وابنية بخارا كلّها على اشتباك البنآء والتقدير فى المساكن وارتفاع اراضى[b] الابنية وهى محصّنة بالقهندزات[c] والابنية المجموعة وليس فى داخل هذا الحائط جبل ولا مفازة ولا ارض غامرة[d] واقرب الجبال اليها جبل وَرْكَة[e] ومنه حجارة *بلدهم للفرش وللابنية[f] ومنه طين الاوانى والنورة والجصّ ولهم خارج الحائط ملّاحات ومحتطبهم من بساتينهم وما يحمل اليهم من المفاوز من الغضا[g] والطرفآء، واراضى بخارا كلّها قريبة الى المآء لانّها مغيض مآء السغد ولذلك لا تنبت الاشجار العالية فيها مثل الدُّلْب والجوز[h] وما اشبههما واذا كان من هذا الشجر شىء فهو قصير غير نام[i]، وفواكه بخارا اصحّ فواكه ما ورآء النهر والذّ طعمًا ومن عمارة بخارا انّ الرجل ربّما قام على الجريب الواحد[k] فيكون منه معاشه[l] ومن كثرة عددهم انّ ما يرتفع من بلادهم يقصر عن كفايتهم لوفور عددهم وتضاعفهم على ما يخرج من ارضهم فيحمل اليهم الكثير من الطعام وسائر ما يحتاجون اليه من سائر ما ورآء النهر ☆ والجبل الّذى يتّصل بقرية وَرْكَة[m] هو جبل يمتدّ الى سمرقند فيما بين كِشّ وسمرقند حتّى يتّصل بجبال البُتّم عاطفًا على اشروسنة فى عرض فرغانة حتّى يخرج من ناحية شَلْجِى[n] والتُّرَاز حتّى يمتدّ فيما خبرتُهُ انا ومَنْ سلك ذلك السبيل مع سوختكين[o] وقد عاد الى بلاده الى حدّ الصين

---

a) B. sine copula. *b*) L. om. *c*) Hic denuo in B. aliquot folia desiderantur. *d*) *L. عامره. *e*) *L. وزكه h. l. *f*) P. ابنيتهم وفرش اراضيهم. *g*) *L. القصبا. In P. العدا, deinde emendatum in الغضا. F. et O. habent ut E. *h*) P. والحور i. e. والحوّر, cf. I. *i*) *L. تام. *k*) P. add. من الاراضى, I. من الارض. *l*) P. add.: وكفافه مع جماعة من شمله وعدّة من اهله. *m*) *L. وزكه. *n*) *L. سلحن et deinde سلجن. *o*) *L. معسوحتكين. Verba الى حد الصين jungenda sunt cum يمتد.

والمعادن الّتى باشروسنة وبفرغانة وايلاق وشلجى والباميان[a] الى ارض خرخيز كلّها فى عمود هذا الجبل وما يتّصل به من الجبال، والنوشادر الّذى فى عمل البتّم والزجاج والحديد والزيبق والنحاس والآنك والذهب والفضّة والنفط والقير والزفت والفيروزج والنوشادر الّذى بفرغانة والحجارة الّتى ذكرتُها انّها[b] تحترق كالفحم بها والثمار الّتى وصفناها بفرغانة كلّ ذلك من هذا الجبل فى سفحه او سنامه او ما يتّصل به من رباه ووهاده، وبهذا الجبل من ناحية البتّم وجبال الزانج[c] من نواحى سمرقند مياه حرّ[d] وبردٌ غير انّ فيها عيون ماء تجمد فى الصيف اذا اشتدّ الحرّ وقاظت السّموم حتّى يصير الجمد كالاعمدة وينقطع جريه ويكون ماؤها فى الشتاء حارًّا وتاوى اليها السوائم لدفئها ورفاهة موضعها ✿

ولبخارا مدن فى داخل حائطها وخارجًا عنه فامّا ما داخله فالطَّواويس وهى اكبر منبر هناك وبَمجْكَث[e] وزنْدنة[f] ومَغْكان وخُجادة[g] وهى كلّها من داخل الحائط[h]، وخارجه بِيكَنْد وفَرَبْر وكَرْمينيَة وخُديمَنْكن[i] وخَرْغانْكث[k] ومَدْيامَجْكث[l] ✿ فامّا الطَّواويس فكان لها سوق ومجمع عظيم ينتابه الناس من اقطار ارض خراسان فى وقت معلوم من السنة ويرتفع منها ثياب القطن ما يحمل منه لكثرته الى العراق وهى مدينة كثيرة البساتين والماء الجارى وهى خصيبة وفيها قهندز ومدينة عليها حصار ومسجد جامعها فى المدينة، والمدن الّتى داخل الحائط فهى متقاربة فى القدر والعمارة ولكلّها قهندزات[m] ✿

---

a) Nomen sine dubio corruptum est. Vid. I., p. ٣١٢ *m* et cf. I., p. ٢٨١ *g* cum p. ٣٢٩ *f* supra. Cod. F. hic habet ولمان. *b*) *L. om. *c*) *Sic.* Vid. I., p. ٣١٣ *e*. *d*) *L. وحرّ. *e*) *L. وبمَجْكث, P. ومحكث. Vera lectio videtur esse تُمْجْكَث, vid. I., p. ٣١٥ *h* coll. ٣١٣ *i*. *f*) *L. وزُنْبَدِيّة, P. وزبيده. *g*) *L. حجاده et حجاره ut P. *h*) P. add. وفى كل واحد منها منبر. *i*) *L. وخد منكر, P. وخدمتكن. *k*) *L. عاملث, P. وجرعامكث. *l*) *L. ومنداامحكث. *m*) P. ولجميعها قهندزات عامرة واسواق جادّة وبساتين كثيرة ومجامع عظيمة وعلى كلّ واحدة منها حصار حصين.

وكَرْمينيَة اكبر من الطواويس واعمر واكثر عددًا واخصب وخُديمَنْكَن[a] من كرمينية وفى ضمنها وتجاورها *خَرْغَانْكَث ومَذْيَامَجْكَث[b] والعمارة فيها[c] متقاربة بالسويّة، ولكرمينية قرى كثيرة وكذلك لكلّ منبر من هذه المدن كور وقرى ومزارع الّا بِيكَنْد فانّها وحدها لا شريك لها وبها من الرباطات ما ليس ببلدان ما ورآء النهر كَهُوَ[d] وبلغنى انّ بها *اكثر من[e] الف رباط ولها سور حصين ومسجد جامع قد تُنُوِّق فيه وفى بنيانه[f] وزُخْرِف محرابه وليس بما ورآء النهر احسن زخرفة منه ۞ وفَِرَبْر مدينة قريبة من جيحون ولها قرى عامرة وهى فى نفسها خصيبة[g] ۞ ولسان بخارا لسان السغد غير انّه يحرّف بعضه ولهم لسان بالدريّة[h] واهلها يرجعون من الادب والعلم والفقه والامانة والديانة وحسن السيرة وجميل المعاملة وقلّة الشرّ وافاضة الخير وبذل المعروف وسلامة النيّة ونقآء الطويّة الى[i] ما يَفْضُلون به على سائر مَنْ بما ورآء[k] النهر، ونقودهم الدراهم والدنانير كالعرض ولهم دراهم يسمّونها الغِطْرِيفيّة[l] وهى دراهم من حديد وصفر وآنك وغير ذلك من الاخلاط بجواهر مختلفة قد رُكّبت ولا تجوز هذه الدراهم الّا ببخارا او مواضع مختصّة خلف النهر وسكّتها فيها صورة بحروف غير مقروءة وهى من ضرب الاسلام وكذلك المُسَيَّبيّة[m] ويتبايعون بالفلوس، وزيّهم يغلب عليه الاقبية والقلانس كزىّ ما ورآء النهر، وداخل *باب البلد[n] وخارجه اسواق متّصلة معلومة فى اوقات من الشهر حارّة[o] يجرى فيها من البيع والشرآء من الثياب والمواشى والرقيق وسائر الامتعة من الصفر والنحاس والاوانى وغير ذلك ممّا

---

a) *L. وحدميكر. b) *L. جرعانكث ومنداماحكث. c) *L. fortasse فيهما. d) P. كهو او ما يقاربه (ex marg.) غيرها. e) P. نحو ut I. f) P. ut I. بنائه. g) P. خصبة مقصودة بفاخر المطاعم والمآكل الطيّبة اللذيذة. h) *L. sine punctis. Vid. ad I., p. ٣١٤ h. F. habet چند حرف را از حالت خود مى كردانند وبيشتر ايشان درى مى كويند. i) In *L. deëst. k) *L. بوراء. l) *L. القطرفية. F. غطرىفىه, O. غدرقى. m) *L. sine punctis. n) *L. البلد باب. o) I. دارّة.

ينتفع به اهلها، ويرتفع من بخارا ونواحيها ما يحمل الى العراق وسائر البقاع ثياب تعرف بالبخاريّة[a] وكذلك البسط وثياب الصوف، ويتحدّث اهل بخارا على قديم الايّام *بطرف من حديثهم[b] وهو انّهم *يذكرون عن[c] غير خلاف ان من بركة قلعتهم وقهندزهم انّه ما خرج[d] منها جنازة والٍ قطّ ولا عُقد فيه لوآء *او راية[e] فهُزمت ابدًا وهذا من الاتّفاق العجيب، ويقال انّ اصل بخارا فى قدم الايّام ناقلة اصطخر ✿ ومسكنُ ولاة خراسان من آل سامان بخارا لانّها من اقرب مدن ما ورآء النهر الى خراسان ومن[f] كان بها فخراسان امامه وما ورآء النهر عن ظهره ولهم من حسن الطاعة وقلّة الخلاف للولاة ولزوم ما هم بسبيله من متصرّفاتهم[g] ما يؤدّى الى اختيار المقام بينهم على سائر ما ورآء النهر وكان اوّل من اتّخذها دارًا وجعلها قرارًا من آل سامان *ابو ابراهيم[h] اسماعيل بن احمد تجاوز الله عنه جآءته ولاية خراسان وهو مقيم بها فتبرّك بعرصتها واستدام المقام بها[i] واستمرأه فبقيت الولاية بها فى اولاده وكان ولاة ما ورآء النهر قبل ذلك يقيمون امّا بسمرقند وامّا بالشاش وفرغانة وكان ولاة بخارا يَرِدون مفردين من خراسان الى ان زالت ايّام الطاهريّة[k] ✿ وامّا خُجَادَة فهى عن يمين الذاهب من بخارا الى بيكند على ثلاثة فراسخ وبينها وبين الطريق نحو فرسخ[l] ✿ وزَنْدَنَة[m] من المدينة على اربعة فراسخ *شمالىّ المدينة ✿ وبُومِجْكَث على يسار الذاهب الى انطاويس على اربعة فراسخ[n] وبينها وبين الطريق نحو نصف فرسخ ✿ ومن كرمينية الى خُدِيمَنْكَن[o] فرسخ فيما يلى السغد وبين خديمنكن وطريق سمرقند غلوة على يسار الذاهب الى سمرقند ✿ ومَذْيَامَجْكَث ورآء وادى السغد

---

a) Legi potest بالنجاريه. *b*) P. بطريف من احاديثهم. *c*) P. يتفاوضون من. *d*) P. أُخْرِجَ. *e*) P. ولا راية خرجت منه; cf. I., p. ٣١٥, 2. *f*) P. ut I. فمن. *g*) P. متصرفاته. *h*) Ex P.; *L. ابرهيم بن. *i*) P. add. واستلذّه. *k*) *L. لظاهريه. *l*) Ex I.; *L. ثلثه فراسخ. *m*) *L. وزبند. *n*) Haec in *L. desunt. De بومجكث (probabiliter تومجكث s. تُمُجْكث), vid. supra p. ٣٦٢ *e*. *o*) *L. fere semper حدميكن.

اعلى من خديمنكن بمقدار فرسخ ۞ وخَرْغانْكَث بحذآء كرمينية على فرسخ من ورآء الوادى ۞

ويتّصل ببخارا من شرقيّها السُّغْد فاوّلها اذا جزتَ كرمينية الدَّبُوسِيَة ثمّ أَرْبِنْجَن والكُشَانِيَة وسَمَرْقَنْد وكلّ هذه بلد السغد على انّ من الناس من يزعم انّ بخارا وكِشّ ونَسَف من اعمال السغد وهى فى اعمال الديوان مفردة ۞ وقصبة السغد سمرقند وهى مدينة على جنوبىّ وادى السغد مرتفعة عَليّة [a] ولها قهندز ومدينة وربض وقد جُعل فى وقتنا هذا الحبس فى القهندز وكانت دار الامارة به فخربت وعلوتُه فرايتُ احسنَ منظرٍ عاينه مُبْصِرٌ وتمتّع به من شجر نضر اخضر وقصور تزهر وانهار تطّرد وعمارة لا تنفد [b] لا يقع [c] الطرف على مكان الّا ملأه ولا على شارع الّا استملحه واستصباه [d] قد فُصّلَتْ ميادينه وتناهت تحاسينه [e] وقُصّصَتْ [f] به اشجار السرو فجُعل منه طرائف الحيوان من الخيول [g] والبقر والابل والوحوش المقبل بعضها على بعض كالمتناجيه [h]، والمطالب بعضها بعضًا كالمتقاتلة والمتعاديه [i]،، فيا له منظرًا ما اتلفه للاموال، وآخَذَهُ بمجامع قلوب الرجال،، *هذا الى انهار تطّرد، وبرك مسجورة [k] لا تزال ترتعد،، طريفة [l] المعانى، وقصور *ومشترفات سامية [m] المبانى،، قد رُصّفت فهى مساكن جليلة ومجالس [n] نفيسة واحوال تدلّ على ملوك سادة جلّة .... [o] خالية واهية، واما سمرقند فتشتمل عليها حصن ولها اربعة ابواب باب ممّا يلى المشرق يقال له باب الصّين مرتفع عن [p] وجه الارض ينزل عنه بدرج كثيرة [q] العدد مطلّ على وادى السغد وممّا يلى المغرب باب النُّوبَهَار وهو على علوّ [r] من الارض ايضا وممّا يلى

---

a) Sec. P. *L. عليها. *b*) P. ينقد omisso لا. *c*) *L. يقطع. *d*) P. واستصباه. *e*) P. محاسينه. *f*) Ex P.; *L. rursus وفصلت. *g*) P. الافيلة. *h*) *L. sine punctis. P. كالمتناجيه. *i*) *L. بالمعامله. Restitui ex P. ubi (*sic*) لبعض كالمتقاتلة والمتعاديه. *k*) Ex P. addidi, ubi مشجورة. *L. om. *l*) *L. طريقه. *m*) P. ومستشرفات سامقة. *n*) P. ومنازل. *o*) Hic necessario quaedam desunt. Duo vocabula seqq. in P. non exstant. *p*) P. على. *q*) *L. كثير. *r*) P. نشز.

الشمال باب بخارا وممّا يلى الجنوب *الباب الكبير[a] وهى مدينة *فيها اسواق كبار[b] وفيها ما فى المدن الكبار من المحالّ والحمّامات والخانات والمساكن ولها *ماءٓ جارٍ يدخل[c] اليها فى نهر بعضه رصاص[d] وهو نهر قد بُنى عليه مسنّاة عالية عن الارض *فى بعض المواضع ووسط السوق وناحية[e] الصيارفة من حجارة يجرى عليها الماءٓ من الصفّارين الى ان يدخل باب[f] المدينة من باب كشّ ووجه هذا النهر رصاص كلّه وذلك انّ حوالى المدينة خندقًا مستفلًا[g] لانّه استعمل طينه فى سور البلد فبقى خندقًا عظيمًا بحسب ما خرج[h] من التراب والطين واحتيج الى مسنّاة فى هذا الخندق حتّى يُخْرَج[i] الماءٓ الى المدينة وهو نهر قديم جاهلىّ فى وسط اسواقها بموضع[k] يعرف براس الطاق من اعمر مواضع[l] بسمرقند ولهذا النهر على حاشتيه[m] غلّات موقوفة على مرمّاته ومصالحه وعليه حَفَظَة من المجوس شتاءً وصيفًا *فى شرط عليهم بذلك[n] ولا تؤخذ منهم الجزية لبيت المال لهذا السبب، ومسجد الجامع فى المدينة اسفل القهندز وبينهما عرض الطريق وفى المدينة مياه من هذا النهر وبساتين وفى المدينة دور الامارة بمكان يعرف بأسْفِزار[o] لآل سامان غير دار الامارة التّى بالقهندز، والمدينة من الربض على جانبه وعلى نحر نهر السغد الّذى هو بين الربض والمدينة وذلك انّ *سور الربض ممتدّ[p] من وراءٓ وادى السغد من مكان يعرف بافشينة[q] على باب كُوهَك حتّى يطوف بوَرْسَنِين[r] ثمّ يطوف على باب فَنَك[s] وعلى

a) P. باب كُشّ i. e. بباب كِشّ ut I. b) P. كبيرة حسنة. c) P. مياه جارية تدخل. d) P. add. مُعَلَّق. e) P. وفى بعض المواضع تلّ فى وسط السوق بناحية. f) Videtur delendum esse باب. g) *L. مستقلا. h) P. add. منه. i) P. يجرى. k) *L. وبموضع. l) *L. موضع. m) P. حاشيته. n) P. شُرِطَ عليهم ذلك. o) *L. باسفرار (videtur pro اسپ زار). Cod. F. بموضعى كه انرا سفران مى خوانند موضوع است. p) *L. السوق والربض ممتدان. q) *L. باقسينه. Vid. I., p. ٣١٧g. F. بافسينه, O. ut E. r) *L. بورسبين. s) *L. قند.

باب الرِيودَد[a] ثمّ الى باب فُرَّخْشِيذ[b] ثمّ الى باب غَدَاوَد ثمّ يمتدّ الى الوادى والوادى للربض كالخندق ممّا يلى الشمال وقطر هذا السور المحيط بالربض نحو فرسخين فى فرسخين غير انّ الربض شربه ومجمع اسواقه راس الطاق ثمّ تتّصل به الاسواق والسكك والمحالّ وفى اضعافه محالٌّ مفترشة وقصور وبساتين فليس من سكّة ولا دار الّا وفيها مآء جارٍ الّا القليل وقلّ دار تخلو من بستان حتّى انّك اذا صعّدتَ بصرك نحو قهندزها فى المدينة لم يره البصرُ لاستتاره بالبساتين والاشجار فى دورها وحافّات انهارها، واسواقها والخانات وصنوف التجارات[c] فى الربض الّا شيئًا يسيرًا فى المدينة، وهى فرضة ما ورآء النهر وكانت دار الامارة فيما ورآء النهر الى ايّام اسماعيل بن احمد رحه، وليس لسور الربض ابواب تغلق لا من خشب ولا من حديد لفتن كانت فامر السلطان *باقتلاعها فهى الآن بغير ابواب[d] ومنها باب غَدَاوَد وباب اسْبَسْك[e] وباب سُوخَشِين[f] وباب افشينة[g] وباب كُوهَك وباب رِيودَد[h] وباب فُرَّخْشيذ، ويزعم بعض الناس انّ تُبَّعًا بنى مدينتها وانّ ذا القَرْنَيْن تمّم بعض بنائها ورايتُ[i] على بابها الكبير *صحيفة من حديد[k] وعليها كتابة زعم اهلها انّها بالحميريّة وانّهم يتوارثون علم ذلك *من انّها بنآء[l] تُبّع وعليها مكتوب من صنعآء الى سمرقند الف فرسخ وهذا دليل على انّ بانى صنعآء احدثها وكان حكمه عليها[m] فوقعت الفتنة بسمرقند واحترق الباب الّذى كان مكتوبًا عليه الصحيفة فاعاده ابو المظفّر محمّد بن لقمان بن

---

a) *L. الدبودر. b) *L. h. l. قصر اسد, infra ut recepi. Cf. I., p. ٣١٧ k, quibus adde: F. فرجد et فرجند, O. وماحسد et قوحند. c) *L. التجار. d) P. بغلقها والابواب شارعة بغير بوّاب. Pro بوّاب prima manus ابواب. e) *L. استشك. f) *L. sine punctis. g) *L. اوسمه. h) *L. ردورد. i) P. واخبرنى ابو بكر الدمشقى قال رايت. k) P. صفحة حديدةً. l) P. وانها من صنعة. m) P. addit: ويقال انه كان مقيم بصنعاء حولًا ومثله بسمرقند et in marg. وقيل ان تبعا كان يشتى بصنعاء ويصيّف بسمرقند.

نصر بن احمد بن اسد *جديدًا من حديد a وتغيّرت تلك الكتابة ۞ وتربة سمرقند من اصحّ الترب وايبسها ولولا *الابخرة الكثيرة b من المياه الجارية فى سككهم ودورهم *وكثرة اشجار الخلّاف عندهم c لاضرّ بهم فرط يبسها d وبناؤها من طين وخشب، واهلها يرجعون الى جمال وكانوا من الافراط فى الكرم e وتكلّف النفقات والقيام على انفسهم بما يزيدون به على اكثر بلاد خراسان حتّى اجحف f ذلك باموالهم ۞ وسمرقند مجمع رقيق ما وراء النهر وخير رقيق ما وراء النهر تربية سمرقند، وبينها وبين اقرب الجبال مرحلة خفيفة غير انّه يتّصل بها جبل صغير يعرف بكُوهَك يمتدّ اصله الى سور سمرقند وهو مقدار نصف ميل g فى الطول ومنه احجار بلدهم والطين المستعمل فى الاوانى والنورة والزجاج وبلغنى انّ به فضّة وذهبًا غير انّه لا يسوغ h العمل فيه، والبلد كلّه طرقه وسككه i مفروش بالحجارة ۞

ومياههم من وادى السغد وهذا الوادى ابتداؤه k من جبال البُتّم على ظهر الصَّغانيان وله مجمع ماء يعرف بجن l مثل البحيرة حواليها القرى وتعرف الناحية بُورْغَر m فينصبّ منها بين جبال حتّى ينتهى الى مكان يعرف بورغَشْر n وتفسيره راس السكر ومنه تتشعّب o انهار سمرقند ورساتيق تتّصل بها غربىّ الوادى من جانب سمرقند وامّا انهار الجانب الشرقىّ على الوادى فانّها تاخذ p بجبال ورغسر بمكان يعرف بغوبار q وذلك انّ بهذا المكان تنفسح الجبال وتظهر الاراضى الّتى يمكن فيها الزرع وجرى الانهار فياخذ

---

a) P. كما كان حديدا ut I. *b*) P. ut I. كثرة البُخارات. *c*) Haec ex P. et I. restitui. *d*) P. add. على ما يحكيه بعض الاطبآء. *e*) P. اظهار المروّات ut I. *f*) P. et I. يجحف. *g*) Cod. F. فرسنك. *h*) *L. fort. يمسوغ. *i*) P. add. واسواقه وازقّته. *k*) P. مبدءاه ut I. *l*) Vid. ad I., p. ٣١٩ *d*; *L. بمحن, P. بمجى. In mappa O. et F. lacus (دریاجه ,بحیره) appellatur زره. *m*) *L. ببورغى; I. ببرغر q. v. *n*) *L. ببورغشين. *o*) *L. تشعب. *p*) Sec. I.; *L. ناحية. Deinde بجبال ورغشين. *q*) *L. بعودان. Vid. I., p. ٣١٩ *k*. F. عربان et عوتان, O. عريان.

من ورغسر[a] انهار منها نهر برش[b] ونهر بارمش[c] ونهر بشمين[d] فامّا نهر برش فانّه نهر يمتدّ على ظهر سمرقند ومنه انهار المدينة والحائط والقرى الّتى تتّصل بها من مبتدأه الى منتهاه، وامّا نهر بارمش فانّه يلى هذا النهر من ناحية الجنوب وعليه القرى من اوّله الى آخره نحو مرحلة، وامّا نهر بشمين فانّه من جنوبىّ بارمش ويسقى قرى كثيرة من اوّله الى آخره غير انّ انقطاعه[e] دون انقطاع هذين النهرين واكبر هذه الانهار برش ثمّ بارمش وهما يحملان السفن، ويتشعّب من هذه الانهار انهار يكثر احصارها حتّى تعمر بها القرى والمزارع ومن وَرَغْسَر[f] الى آخره رستاق يعرف بالدَّرْغَم على عشرة فراسخ فى الطول وعرضه نحو اربعة فراسخ الى فرسخ وهذه الرساتيق تعرف بورغسر[g] ومايمُرْغ وسنجرفغن[h] والدَّرْغَم ✿ وامّا الانهار الّتى تاخذ من غوبار[i] فانّها نهر اشْتيخن[k] والسناواب[l] ونهر بوزماجن[m] *ونهر السناواب يمرّ على ظهر بوزماجن[n] فيسقى قرى منها حتّى يتّصل برستاق ويذار[o] ويجاوزه الى آخر عمل اشتيخن حتّى يكون من اوّله الى آخره قراحًا واحدًا نحو مرحلتين،

---

a) *L. male ورغى. b) *L. hic et deinde ترش. Cod. F. ربوس et ردوس, O. دبوس. c) *L. hic et deinde تارمش. d) *L. hic et deinde بسمنى. F. تشمر, et دشمر et دشتمر. e) *L. انقطاعها. f) *L. وارغمس. g) *L. بورغشن. h) Vid. I., p. ٣٢٠. *e*, quibus adde F. سحوقعر, سحرفغر, سحروفر, O. سحر. *L. e versu seq. hic scripsit ونهر بورماحنى فيسقى, omissâ deinde copulâ. i) *L. sine punctis. k) *L. semper استياجن. l) *L. والسماواب. Vid. I., p. ٣٢٠. *g*. F. ساواب, O. ساوات. m) *L. دورماجنى. Apud I. recepi بوزماجز, sed pro ultima littera potius videtur legenda ن. F. دون ماجن et saepius دورماجن, O. مورماجن. Quae sequuntur in Codd. I., quos A. et B. nuncupavi in compendium redacta sunt. Collatio E., O., F., Abulf. et Jacut hic dabitur. n) *L. haec om.; supplevi ex F. et O. (Ous., p. 256). Deinde *L. تتصل et فتسقى. o) *L. فربدار, Edrîsî, II, p. 199 ربدار; O. وذان i. e. وَذَار ut solet scribere I. Jacut utramque formam habet. Deinde *L. وتجاوزه.

ونهر بوزماجن دونه الى ما يلى المدينة يسقى رستاق بوزماجن[a]، وامّا نهر اشتيخن فانّه لا ينتفع به الى ان يجرى من مبتدأه نحو اربعة فراسخ وتتشعّب منه الانهار فيسقى[b] مقدار سبعة[c] فراسخ حتّى ينتهى الى اشتيخن ثمّ يسقى اشتيخن ورساتيقها وهو اعظم هذه الانهار، وهذا أوّل انهار الوادى فامّا غربيّه فلا يتشعّب منه شئ الى ان يجاوز سمرقند ومن مبتدأ هذا الوادى الى ان ينتهى الى سمرقند زيادة على عشرين فرسخا فاذا جاوز سمرقند بنحو مرحلتين يتشعّب[d] منه نهر يعرف بقِىّ[e] وليس بالسغد نهر اوفر عمارة ولا اكثر اهلًا ولا اغزر أكَرَةً ولا اعظم قصورًا وقرى وعزّة[f] ومنعة من قىّ وهو قلب[g] السغد ويتشعّب من قىّ انهار كثيرة لم اصل الى علمها بالحقيقة ويسقى زيادة على مرحلتين، ثمّ يتشعّب من وادى السغد انهار[h] كثيرة على امتداده بحذآء كلّ بلدة وكلّ رستاق حتّى ينتهى من حدّ أَرْبِنْجَن الى كَرْمِينِيَة والى حدّ بخارا فمنها انهار اربنجن وانهار الدَّبُوسِيَة وانهار كرمينية الى ان ينتهى الى بخارا ✿ وامّا شرقيّه هذا الوادى فيتشعّب الايسر منه بحذآء سمرقند ومنها نهر كبنجكث[i] وانهار لتلك القرى فتسقى[k] رستاق كبنجكث ورستاق المرزبان وغير ذلك وربّما كان للقرية الواحدة *منها نهران وثلاثة[l] وللقرى الكثيرة نهر مفرد يشقّ من الوادى حتّى ياخذ انهار الكُشَانِيَة

---

a) *L. h. l. بورماجره. *b*) *L. فتسقى et mox تنتهى. *c*) Secundum E., F. et O. (ىعفت). *L. تسعه. *d*) *L. تشعب. Secutus sum P. et Abulf., p. ٤٨٤ يتشعب فيكون. *e*) In lectione omnes consentiunt. Jacut nomen non habet, nisi idem sit quod sub فَىّ memoravit. *f*) P. وماشية وعُمرة. *g*) *L. ثلث et sic quoque P. et *Masálik al-absár*, p. 255. Vid. infra et Abulf. l.l. F. habet وآن بدروازهٔ صغد است legit igitur بباب. *h*) *L. om. *i*) *L. كنماخت s. كمحكث; Edrisî, II, p. 199 كيانخكت; E. كنماحت et كنماحت s. كنماحكث; O. كيماحكث; F. كنتاحت et كنتاحب. Cf. كمناجت apud Jacut. *k*) *L. فيسقى. *l*) Haec ex I. supplevi, sed E. et O. habent وبود ك.ه رودى ازين وادى بر خيزد ورودهاى ديگر ازو جدا ميكردد et F. haec ita reddit:

ويجاوزها[a] الى حدود حائط بخارا ويكثر عدد هذه الانهار لكثرة القرى عليها، ومقدار[b] هذا النهر من وَرَغْسَر[c] الى حدّ بخارا حيث تاخذ منه انهار بخارا المذكورة داخل حائطهم ستّة ايّام مشتبكة القرى والبساتين والانهار اذا[d] اطلع مطلع على وادى السغد من الجبل راى خضرة متّصلة ولا يرى فى اضعافها غير قهندز *او قصر[e] وامّا فرجة منقطعة عن الخضرة او اراض بائرة او غامرة فقلّ ما *يرى على[f] هذه الحال، وعلى هذا الماء وال جليل بسمرقند وقوم مثبتون منزلون لسدّ بثوقه ومجارى انهاره وسكوره وببُورَغْسَر[g] كروم وضياع[h] قد أُزيل عنها الخراج وجُعل عليهم مكانه اصلاح تلك السكور، واذا تشعّبت من هذا الوادى هذه الانهار الّتى ذكرناها جرى منه تحت *قنطرة جرد[i] على باب سمرقند من الماء ما يكون عند امتداده تحت القنطرة قامات ويحمل خشب السغد فيه الى سمرقند وامتداد هذا الوادى فى الصيف من ثلوج جبال البُتّم[k] واشروسنة وسمرقند وربّما زاد الماء حتّى يعلو على الجسر بقنطرة جرد فيحبر[l] اهل سمرقند فى سدّ ذلك لكثرته وغزارته ✿ فامّا رساتيق سمرقند فاوّلها بِنْجيكَث[m] ومدينته بنجيكث بها منبر ثمّ يليه وَرَغْسَر[n] ومدينته ورغسر وتلى بنجيكث جبال السّاوَدَار وليس بها منبر وبين[o] الساودار وورغسر فيما يلى سمرقند رستاق مايَمْرْغ

ونيز باشد كه هر يك ديه‌را يك رود مفرد باشد وگاه باشد كه ديههاء بسياررا رودى بيش نيست وتمامت اين رودها از وادى شكافته مى شود ومى رود تا انجا كه رود كمسادنه (sic) ازان جدا مى شود الخ.

a) *L. وتتجاوزه. b) Copulam addidi. c) *L. ورعن. d) P. فلو et deinde لراى. e) P. او ربض او قصر سامق مشيد. f) P. ترى omisso على. g) *L. وبورغشن; O. et E. ودر ناحيت برغس. h) I. add. وبساتين. i) F. حمرد hic et deinde; O. et E. پول كوهك. k) E. et O. غرجستان. Deinde ut solent وسمرقند pro واشروسنة. Pro جبال *L. بلاد. l) E. جمع شوند. O. وانكه مردم سمرقندرا از سر بند كذار نمى كنند. F. بفرمانيد تا حشر سازند در بستن ان بندها. m) *L. بيابخنكث hic et infra. Deinde ومدينه. n) *L. ورغن hic et deinde. o) F. ونزديك

وسنجرفغن وليس بهما منبر غير انّ بمايمرغ مكانًا يعرف بالرّيودَد[a] وكان به مقام الاخشيذ ملك سمرقند وهى قرية فيها قصور الاخشيذيّة وسنجرفغن وورغسر كانا من مايمرغ فافردا[b] عنها، ويتّصل برستاق مايمرغ رستاق الدّرغم وليس به منبر، ويتّصل بالدرغم رستاق ابغر[c] وليس به منبر ۞ وبنجيكث رستاق كثير[d] الشجر مطّرد الانهار وتفضل غلّاتها على غيرها من اللوز والجور وغير ذلك وليس بالكبير[e]، وليس بجميع رساتيق سمرقند لمايمرغ نظير فى اشتباك الاشجار وكثرة القرى واتّصال القصور، وسنجرفغن رستاق صغير يشتمل على قرى يسيرة ۞ والسّاوَدار هو الجبل الّذى عن جنوبىّ سمرقند وليس بنواحى سمرقند رستاق[f] اصحّ هواءً ولا اجود زرعًا ولا احسن فواكه[g] منه واهله اصحّ اهل نواحيهم ابدانًا والوانًا وطول هذا الرستاق زيادة على عشرة فراسخ وهو من انزه الجبال واحسنها فى عمارة لا تنقطع ولا تمتنع، وبالساودار عمر للنصارى فيه مجمع لهم *ولهم فيه قلّايات ادركتُ فيها قومًا من نصارى العراق انتجعوه لطيبه وقصدوه لعزلته ونزهته[h] وله وقوف ويعتكف به قوم منهم ويشرف على معظم السغد ويعرف هذا الموضع بوزكرد[i]، وللساودار فجاج وكلّ فجّ منها فيه انهار جارية الى ضياع فى خلاله حسنة وصيود من غير جنس[k] كثيرة وخصب وغدق من جميع وجوه العيش والتمتّع به ۞ ورستاق الدّرغم من ازكى هذه الرساتيق فى الزروع المسقيّة ويفضّل ما يحمل منه من الاعناب على سائر الرساتيق وطول الدرغم مرحلة متوسّطة ۞ وامّا ابغر[l] فانّها مباخس وقراها اعمر واكثر عددًا من سائر رساتيق سمرقند واموالهم المواشى والبخوس وبلغنى انّ القفيز[m] الواحد ربّما يريع[n] مائة قفيز

---

a) *L. بالردود. b) *L. فافرد. c) *L. ادعر. d) *L. كبير. e) *L. بالكثير. F. نه بزرك ونه كوجك. f) Ex I. addidi. g) *L. فاكه. h) Haec in verss. Pers. non exstant. i) *L. بوركوده; vid. ad I., p. ٣٢١ *m*, quibus adde: F. زرد كرد, O. وركود. k) *L. حبس. l) Cf. ad I., p. ٣٢٢ *a*. F. bis دم, deinde ابغر, O. برم. Efficere nequeo utrum duarum regionum descriptiones confusae et mixtae sint, an alterutrum nomen (ابغر s. برم) sit nomen urbis hujus regionis. m) *L. الفقير. n) Ex I.; *L. زرع.

وزائدًا[a] وطول ابغر نحو مرحلتين ويكون للقرية الواحدة من الحوزة نحو فرسخين واكثر ويقال انّ زرع ابغر اذا سلم كفى السغد[b] باجمعها ۞ وهذه رساتيق سمرقند من حدّ الجنوب وامّا شماليّها فانّ اعلاها يَارْكَث وهى متاخمة لأُشْرُوسَنَة وليس بها منبر ومباخسها كثيرة ولهم مراعٍ زكيّة جدًّا[c] *ورستاق بُورْنَمَذ ممّا يلى اشروسنة وليس به منبر وقراها كثيرة[d]، ثمّ يتّصل بياركث رستاق بوزماجن[e] ممّا يلى سمرقند ومدينته بَارْكَث[f] وهو اعرض رستاق فى شمالىّ وادى السغد واكثره قرى يمتدّ من غوبار[g] الى قرب سمرقند مرحلة[h] فى مثلها، ويتّصل بهذا الرستاق رستاق كَبُوذَنْجَكَث[i] وهو رستاق مشتبك بالقرى والشجر ايضًا ومدينته كبوذنجكث *وعلى ظهر هذا الرستاق رستاق وِيذار ومدينتها ويذار[k] وهو رستاق خصب كثير الزرع له سهل وجبل ومباخس وسقى ومراعٍ وويذار[l] وكثير من قرى هذا الرستاق لقوم من بكر بن[m] وائل يعرفون بالسباعيّة وكانت لهم بسمرقند ولايات وكانت لهم دور ضيافة واخلاق حسنة يذكرونها وادركتُ منها طرفًا يدلّ قليله على كثيره، ويتّصل هذا الرستاق برستاق المرزبان بن تركسفى[n] المستدعى الى العراق فى جملة دهاقين السغد، والّذى بهذا العمل من الرساتيق من شماليّه[o] ستّة رساتيق ومن جنوبيّه ستّة رساتيق[p] ۞ فامّا نقودهم بسمرقند

---

a) Jacut add. واهلها اصحّ الناس اجسامًا, ut F. واعل ان تن درست ولطف طبع مى باشند. O. habet: ومردمان توانكر وهوائى درست دارد. b) Secundum O. et F. addendum est: وبخارا سنين (سالها) ومراعى هذه الناحية چرا خورند از دو جايكاهى. c) O. h. l. ازكى (بهتر) من مراعى ما وراء النهر تنكتر بوذ. Cf. I., p. ٣٢٢ l. d) Haec ex I. inserui. e) *L. بوهاجر. F. h. l. روستاى فراخ وپر نعمت بوذ. O. addit دورماخر. O. دورماحن. f) *L. ياركث. g) *L. عوبار. F. et O. عردان. h) F. فرسنك. i) *L. كمورنحكث. k) Ex I. addidi haec. l) *L. وبذار. Pro وكثير F. et O. legerunt وكس (وكش). m) Deëst بن. n) *L. كسيدعى. O. بن كسفى. o) *L. شماله. p) Hic F. addit: واما روستا دعمان تا بايام افشين از حساب وصدد سمرقند بود بعد

فالدراهم الاسماعيليّة والمكسّرة والدنانير ولهم من نقود بخارا فى مقام الدراهم دراهم تعرف بالمحمّديّة تركّب من جواهر شتّى وهى من النقد الّذى تقدّم ذكره فى بخارا ❁

واشْتيخن [a] مدينة مفردة على غاية النزاهة وكثرة القرى والبساتين والرياض والمتنزّهات والغياض على انّ السغد كلّها متقاربة النزهة والخصب والاشجار والاثمار والزروع الّا قيّ فانّها قلب السغد واعمرها، واشتيخن لها قهندز فى المدينة وربض وانهار مطّردة وضياع ومن بعض قراها عُجَيف *بن عَنْبَسَة وبها قراه [b] الّتى استصفاها المعتصم *ثمّ اقطعها المعتمد على الله محمّد بن طاهر ابن عبد الله بن طاهر ❁ والكُشانيّة اعمر مدن السغد [c] وهى واشتيخن متقاربتان فى الكبر غير انّ قصبة الكشانية اكبر وقراها اعظم وحدود رساتيق اشتيخن اكبر [d] *لانّ قرى اشتيخن [e] من ظهر نعمان [f] من جبال تعرف

از ان باسروسنه اضافت وملحق كرده شد, quae eadem aliis verbis habet O., ubi quoque نعمان (non نعيبان ut Ous. edidit). Deinde F. supplet: وسمرقند دوازده روستاهست جنانك ياذ كرده شد ومقدار هر يك ازان دو منزل باشد ومسافت هر يك .et O. وكمترين روستاهاء آن از نيم منزل كمتر نمى باشد .اين روستاى دوازده كانه يك مرحله تا نيم مرحله بوذ.

a) *L. واسبياجن. b) Haec in *L. desunt. Supplevi ex redactione I., quam sequitur Jacut, I., p. ٢٧٧. Cf. I, p. ٣٢٣ *i*. Cod. F. potius facit cum A. et B.; post بن عنبسة habens: وديهها وضياعى جند اورا ملك در انجا هست ودر اسمحن بازارها خوش ومجمعها عظيم در قديم عهد بوده است جنانك معتصم بالله امير المومنين انرا بر ديكر ولايات ترجيح نهادى. In seqq. hujus capitis usque ad itineraria, iterum Codd. Ist. A. et B. breviorem habent textum. Collatio E., O., F., Abulf. et Jacut, et interdum Cod. C. hic dabitur, quatenus non ad textum I. data est. c) Haec omnia ex I. supplevi, deinde usque ad وحدود ex Abulfeda, p. ٤٩٣ restitui. d) *L. اكثر. e) Haec in *L. desunt. Pro قرى F. habet حد. f) Sic F. ut quoque supra, vid. p. ٣٧٣ *p*. *L. نعات.

بساغَرْج[a] الى حدّ الكشانية *نحو خمس مراحل فى عرض نحو مرحلة وقرى الكشانية[b] نحو مرحلتين *فى عرض نحو مرحلة[c] وكلاهما من[d] شمالىّ وادى السغد ✿ *واما الدَّبُوسِيَة وأَرْبِنْجَن فانّهما من جنوبىّ وادى السغد على جادّة طريق خراسان وليس للدبوسية رستاق كبير ولا قرى وهى اصغر من اربنجن[e] ؛ *وقلب مدن السغد الكُشَانِيَة واهلها ايسر من اهل سائر بلاد السغد[f] ✿

وكِشّ مدينة لها قهندز وحصن وربض ومدينة اخرى متّصلة بالربض والمدينة الداخلة مع القهندز خراب والخارجة عامرة ودار الامارة خارج المدينة والربض بمكان يعرف بالمصلّى *والحبس والمسجد الجامع بالمدينة الداخلة الخراب[g] واسواقها فى ربضها وهى مدينة مقدارها نحو ثُلْث فرسخ[h] فى مثله وبناؤها طين وخشب وهى مدينة خصيبة[h] جدّا جروميّة تدرك فيها الفواكه اسرع ممّا تدرك فى سائر ما ورآء النهر وتاتى بواكرها الى بخارا

---

a) *L. بساعن. E. et O. كوهاى بشاغر, F. دساعر, Edrîsî, II, p. 202 ساغرا. Vid. Jacut in v. b) Haec supplevi ex Abulf. et E., O., F. Apud Edrîsî eadem desiderantur. c) Ex solo Abulf. d) Abulf. فى, E. et O. بر, F. در. e) Haec omnia supplevi ex Abulfeda, p. ٤٩١, nisi quod addidi كبير collato I. et Edrîsî l.l. cum verss. Pers. F. habet ورنتحو بزركتر ومعمورتر وديه وضياع وروستاى ان بيشتر از دبوسيه است جراكه دبوسهرا روستا وديه بسيار نيست. O. et E. دبوسى وربنجن بزركترين واباذان‌ترين (E. بزركتر واباذنر) شهرى است وربنجن از دبوسى اباذان‌تر (E. ابادتر) باشد ودبوسى‌را روستا كم است (E. كمتر). f) Quatuor prima verba ex Abulf., p. ٤٩٣, I., E., O., F. restitui, in quibus F. habet اصل, O. جشم pro قلب. Cetera Jacut in v. كشانية, E. (اكثر متمول), O., F. (توانكرترين) et C. (واهلها ايسرهم) supplent. g) F. وزندان نيز هم انجا ساخته اند ومسجد جامع شهر اندرون خراب است. g) Edrîsî, II, p. 200 ثلاثة فراسخ ut quoque F. et O. Cf. ad I., p. ٣٢٤ b. h) *L. حصينة ut Jacut, IV, p. ٢٧٤, 6. Abulfeda, p. ٤٩١ خصبة.

وهى وبيّة [a] ، وللمدينة الداخلة اربعة ابواب فمنها باب الحديد ويليه باب عبيد الله والثالث باب القصّابين والرابع باب المدينة الخارجة [b] وللمدينة الخارجة بابان احدهما باب المدينة الداخلة والثانى باب بركنان [c] وبركنان قرية تنسب اليها وللمدينة نهران كبيران احدهما يعرف بنهر القصّارين [c] ويخرج من جبل سيام [d] ويجرى فى جنوبىّ المدينة والآخر نهر اسرود يخرج من رستاق كشك روذ [e] ويجرى على شمالىّ المدينة وهذان النهران يجريان على باب المدينة وللرستاق انهار منها نهر جاجروذ [f] فيما يلى سمرقند على فرسخ *من المدينة [g] والآخر نهر على طريق بلخ يعرف بخُشْك روذ على فرسخ من المدينة *ونهر ثالث على طريق بلخ ايضًا يعرف بخُزَار روذ على ثمانية فراسخ من المدينة [h] ومجمع فضلات هذه المياه الى [i] واد يجرى الى نَسَف ، وفى المدينة والربض بعامّة دورها مياه [k] جارية وبساتين حسنة وطول عملها نحو اربعة ايّام فى مثلها ولها من المدن نَوْقَد قُرَيش [l] وسُونَج من رستاق

---

a) Secundum Abulf. (vid. ad I., p. ٣٢٤ *c*) coll. Jacut addendum foret غوريّة. Cod. F. pro his inde a وتانى habet: الا انك راه ان بغايت صعب ونا خوش است واز تمامت شهرهاء غور در انجا بمحارت (l. بتجارت) مشغول مى شوند. *b*) O. habet ut recepi. Sed F. ut I. دروازه شهر اندرون. *c*) Sic *L. et F. Mokaddasí, p. 138 دركمساى. O. (Ous. p. 259) ut *Djihán-Numa*, p. ٣٥٣, ترکستان. Deinde in *L. deëst وبركنان. • *c*) O. قصابان روذ, F. رود كازران ut habent A. et B. (I., p. ٣٢٤ *f*). *d*) *L. بشام. Edrîsî, II, p. 200 بتام; F. سمام, O. سيام quod praetuli quia infra رستاق سيام memoratur. Abulfeda haec non habet, sed tamen in suo Istakhrii Codice habuisse videtur, nam nomini secundi fluvii adjungit ويجرى على شمالها. *e*) Secundum F. et Edrîsî. *L. كسنك رود. Infra *L. كسبت, O. كسكب. Deinde L. om. cop. *f*) *L. حرودة; F. حاجرود, O. حاج روذ, *Djih.-N.* l.l. 18 رود جاج. *g*) Ex O. addidi. *h*) Haec ex F. et O. addidi, qui autem habent حران pro خزار. *i*) *L. على. *k*) *L. المياه. *l*) *L. برعد درس; vid. ad I., p. ٣٤٣ *e*. Deinde *L. وسودحر.

خُزّار [a] واسكيفغن [b] ايضًا من رستاق خزار، ويرتفع بكشّ من الملح المستحجر من الارض ما يحمل الى كثير من اعمال آفاق خراسان [c] وفى جبالها العقاقير الكثيرة [d] وبها يسقط التَرَنْجُبين ومنها بغال ما وراء النهر ويجلب الى اقطار خراسان منها الكثير الفارة [e] ✿ ولها رساتيق ذات نتاج وسوائم وامّا [f] رساتيقها فرستاق ميان كشّ [g] ورستاق رود [h] ورستاق بلاندردن [i] ورستاق راسمادن [i] ورستاق كشك [k] ورستاق ارو [i] ورستاق بوزماجن [l] ورستاق سيام [m] ورستاق ارغان [n] ورستاق جاجرود [o] ورستاق خُزَاررود [p] ورستاق خُزار [q] ورستاق سورود [i] *ورستاق سنك كرده الداخل ورستاق سنك كرده الخارج [r] ورستاق مَايَمْرْغ وهذه جميع رساتيق كشّ ✿ ونَسَف مدينة لها قهندز *خراب وربض له [s] اربعة ابواب فباب يدعى باب النجارية [t] وباب يسمّى باب سمرقند وباب

---

a) *L. حرار, Edrisî جراز; vid. Jacut, I, p. ٨١٧, 14 (ubi l. سونج) et in v. et *Lobbo 'l-Lobáb*. b) *L. واسكنغن; vid. ad I. l. l. *h*. c) F. insert: واز وازين شهر كش ميوه، حبوب وثمرات آن نيز در افاق حمل مى افتد وحبوب بسيار خيزد. d) O. addit: جنانك بديكر ولايتها ببرند seqq. omissis. e) *L. الفارة. f) In *L. deëst. Catalogum in *L. mutilum supplevi ex O. et F. g) *L. om.; F. ممانكش. h) *L. om.; O. ورد. i) Sic ex solo O. k) *L. كسك, O. كسكت. Vid. p. ٣٧٦ ann. *e*. l) *L. نورماحرور, O. ورماجن, F. دورماجر. Conjecturâ edidi; alter ejusdem nominis locus jacet prope Samarkand. m) Secundum *L. et O.; F. سامرور i. e. سيامرود. n) *L. et F. ارعان. o) *L. حاود, F. جاور, O. حارودان. Cf. p. ٣٧٦ ann. *f*. p) *L. حراردود, F. جران رود, O. om. q) *L. حرار, F. et O. حران. *Djih.-N.* جران. r) *L. om.; O. وروستاى سنك كرده درونين وروستاى سنك كرده برونين, F. وروستا دسكرده اندرون وروستا نشكرده بيرون. Deinde *L. سايفرع, F. سانفرع. Pagus ejusdem nominis est in ditione Samarkand; noster ab aliis ad Bokháram refertur, vid. Jacut, IV, p. ٤٠٨, 5 et Abulf., p. ٤٨٩, 10; cf. supra ٣٥٨, 7. s) Jacut, IV, p. ٧٨١, 16 وربض ولها. t) F. دىحاريه, O. دىحارى hic et deinde. Cf. I., p. ٣٢٥ *d*.

يدعى باب كِشّ وباب غُوبَذِينَ[a] وهى مدينة على مدرج طريق بخارا[b] وبلخ فى مستواة[c] والجبال منها على نحو مرحلتين فيما يلى كِشّ *والّذى بينها[d] وبين جيحون مفازة لا جبل فيها[e]، ولها نهر واحد[f] يجرى فى وسط المدينة وهو مجمع[g] مياه كشّ فينصبّ[h] منها هذا النهر *ويسرع الى العراء؛ ودار الامارة على شطّ هذا النهر بمكان يعرف براس القنطرة والحبس عند دار الامارة ومسجد الجامع بناحية باب غُوبَذِين والمصلّى بناحية باب النجارية داخل الباب واسواقها فى الربض مجتمعة ما بين دار الامارة ومسجد الجامع، ولنسف[k] قرى كثيرة ولها منبران سوى منبر[l] المدينة احدهما بَزْدَة[m] والآخر كَسْبَة[n] ولها قرى *ولا منابر لها وهى[o] اكبر من المدينة والغالب على قراها المباخس *وليس بنسف ورساتيقها ماء جارٍ الّا هذا النهر[p] وينقطع فى بعض السنة ولها آبار تسقى بساتينهم ومباقلهم والغالب

---

a) *L. h. l. عودين, mox عوبدين. b) Sic quoque C., F. et Jacut. E. et O. فاراب (i. e. باراب). c) Abulf., p. ٤٩١ فى مستوٍ من الارض. d) Abulf. et F. وبين نسف; Cod. C. et Jacut فمفازة — واما ما بينها .O تا نخشب فواز. e) C. بها.
f) Abulf. om.; E. et O. ejus loco habent بزرك, quod F. addit. g) Abulf. مجتمع. Deinde male *L. مياه كثيرة. E. et O. وآب اين رود از فصلهاى آب كش جمله مى شود, et addunt وروستاى نخشب را آب ميدهد. h) Jacut l. l. 19 فيصير. i) Jacut فيشرع الى القرى. F. بعد ازان بديهها واعمال وضياع متفرق ومتشعب مى شود. k) *L. وليس لها. Correxi secundum I., Jacut, E., O. et F. Post كثيرة Jacut addit ونواحى, F. ونواحى فراخ. In *L. exstat كبيرة, posset igitur legi وليس لها قرى كبيرة, quod vero pugnaret cum seqq. l) Ex I. et F. addidi. m) *L. بيزده. E., O. et F. بزده. n) *L. كسه, E. كشمه, O. كشته, F. كبشه. o) E. et O. om. Elegantius foret لا منابر لها هى.
p) Pro his E. et O. وهمه نخشب ونواحى آن يكروزه راهست, quae orta sunt e confusione vocabulorum روز et رود, nam sequitur (E. وچون) واين نيز جون تابستان كرم شود منقطع شود

على نسف الخصب والسعة *a* ☆

واما أُشْرُوسَنَة *b* فانّه اسم الاقليم كما انّ السغد اسم الاقليم وليس بها مدينة بهذا الاسم *c* والّذى يطوف بها من اقاليم ما ورآء النهر من شرقيّها بعض فرغانة وفامر وغربيّها حدود سمرقند وشماليّها الشاش *d* وبعض فرغانة وجنوبيّها بعض حدود كِشّ والصّغانيان وشُومَان وواشْجِرْد والراشْت *e* ومدينتها الكبرى تسمّى بلسان الاشروسنة بُونْجِكَث *f* ولها من المدن ارسبانيكث *g* وكركث وغَزَق وفغكث *h* وسَابَاط وزَامِين وديزك ونُوجَكَث *i* وخَرَقانة *k* فهذه مدنها ومدينتها الّتى يسكنها الولاة بُونْجِكَث وهى مدينة تحزر *l* رجالها *بنحو عشرة آلاف *m* وبنآؤها طين وخشب ولها مدينة داخلة عليها سور بذاتها وسور على ربضها وعليهما *n* آخرُ وللمدينة الداخلة بابان *احدهما باب يدعى الاعلى *o* والآخر باب المدينة وداخل المدينة المسجد الجامع والقهندز ودار الامارة فى الربض فى مربّعة الامير

---

a) E. (l. مُقْبِلَنْد) مقبولند بسى نخشب ومردم. *b*) O. semper ستروشنه. *c*) F. addit (= I.) ودر كوهستانى O. وغالب در انجا كوه است. *d*) *L. البساتين; vid. ad I., p. ٣٢٥ *i*. *e*) *L. والراشب; F. et O. ووراست نهاده است. *f*) *L. نوامحكت et نوامحكت, P. بومحكث, بومدحكث (*Masálik al-absár*, p. 261 دومحكت (نوبخت)). F. بمودحكت, O. دومحكث. Fortasse lectio بومجكث quoque bona est. In mappis hodiernis Pandjikend appellatur. *g*) Vid. lectiones *L. et P. ad I., p. ٣٢٥ *m*. F. سامكنث, O. اران دمامكث. *h*) *L. h. l. وفنكث, P. فمكث, F. فعكث, O. وعكث. Cf. nomen فغكد apud Jacut, II, p. ٨٣٣, 3. *i*) *L. نوحكث. *k*) *L. وحرفانه, plerumque خرفانه. *l*) *L. دمحرز, P. دمحرر, Jacut, I, p. ٧٤٤, 14 تحرّز. O. habet هر وقت كه حربى واقع شود بيست هزار F. ده هزار مرد درين شهر باشد مرد از ان شهر بجنگ بيرون مى روند. *m*) Sic quoque C., E. et O.; Jacut, I, p. ٧٤٤, 14 ut F. بعشرين الفا. *n*) *L. وعليها. P. ولها ربض وعلى ربضها سور ولها سور ثالث من ورآء ذلك. F. وشهر وربضرا بهم سورى ديكر ساخته است ربضى نيز دارد. *o*) O. et *Djih.-Numa*, p. ٣٥٥, 9 a f. بالائين; F. بلاى.

ويجرى فى المدينة الداخلة نهر كبير عليه رحى والسجن[a] فى قهندز المدينة والجامع خارج القهندز واسواقها فى المدينة الداخلة والربض جميعًا وحائط الربض يشتمل على نحو فرسخ وعلى[b] بساتين وكروم وزروع وذلك كلّه دون[c] السور ويحسب[d] فى المدينة *وما خارج[e] السور من الرستاق ولها اربعة ابواب احدها باب زامين وباب مرسمندة[f] وباب نوجكث[g] وباب كهلباذ[h]، ولهذه المدينة ستّة انهار واحد منها يعرف بسارين[i] وهو الّذى يجرى فى المدينة والآخر برجن[k] والآخر ماجن[l] والآخر سنكاجن[m] والآخر روياجن[n] والآخر سنبكاجن[o] وكلّها من منبع واحد ويكون[p] ما يدير عشر ارحآء ومن المدينة الى منبع المآء اقلّ من نصف فرسخ ✿ وتلى هذه المدينة فى الكبر زامين وهى على طريق فرغانة الى السغد ولها اسم[q] آخر وهو سرسندة[r] *ولها مدينة قديمة غير انّها خربت[s] وصارت الاسواق والجامع ومجمع الناس

---

a) O. hanc vocem legit والشجر, habet enim درختان. *b*) P. ولها. Pro حائط Jacut (I., p. ٣٣٩ *f*) habet خندقها. Eodem modo O. وآب خندق بسرايها وكوشكها وباغها وكشت زارها مى روند وربضرا جهار دروازه است, et F. qui habet ديوار addit: واندرا خندق مى خوانند ودرين خندق خانه وبستان وكوشك ورز ومزرعها بسيار است وتمامت از حساب سوراند وهرجه بيرون از سور مى باشد از قبيل روستا است. *c*) Sic recte P.; *L. دور. *d*) *L. ويحسب. *e*) *L. حارج. Restitui secundum F. *f*) *L. h. l. سمرقند. Vid. ad I., p. ٣٢٧ *a*. F. مرسمنده, O. ابن سمندر et سمنده. *g*) *L. دوحكث. *h*) *L. كهلبان ut O.; F. كهلناد. *i*) Sec. O. (Ous. p. 262); *L. et F. sine punctis. *k*) *L. ادرحن, F. بوحس, O. برحين. *l*) *L. دماحن, F. et O. رماحن. Cf. infra p. ٣٨٣, 12. *m*) *L. سكاحن, O. اسكنكاحر, F. سكناجر. *n*) *L. رودكحن, O. روداحى, F. رونكحن. *o*) *L. سسكاحن s. سسكاكحن, O. سسكاحن, F. سكاجر. Conjecturâ scripsi. *p*) P. وتكون مقدار, F. ومقدار ان, سمكر. *q*) *L. اقليم; vid. I. et Jacut, II, p. ٩١٠, 2. *r*) *L. سلمندة بلبيس ut recepi apud I., sed F. hic et infra سرسنده et O. سوسنده. *s*) F. الّا كه بعضى از ان خراب شده است.

بسرسندة وليس على هذا البنآء المحدث سور[a] وهو منزل للسابلة من السغد الى فرغانة ولها مآء جارٍ وبساتين وكروم ومزارع ومآؤهم *من نهر شاش[b] وهى مدينة ظهرها الى جبال[c] اشروسنة ووجهها الى بلاد الغُزّيّة صحرآء ليس بها جبال ۞ وديزك مدينة فى السهل ولها رستاق يعرف بفكنان[d] وبها يرابط[e] اهل سمرقند وفيها رباطات[f] تشتمل على عدد كثير واجلّ رباط فى حدودها رباط خُذَيْسَر[g] منها على فرسخ[h] وهو رباط من اشهر[i] رباطات ما ورآء النهر بناه الأفشين[k] وفى وسطه عين مآء تنبع *وعليه اوقاف وتسبيل[l] وهو من اقرب تلك الرباطات الى بلاد العدوّ ولديزك مآء جارٍ وبساتين وهى خصيبة[m] ۞ وسائر المدن الّتى ذكرناها متقاربة فى الكبر والنزهة والبساتين والمياه سوى مرسمندة[n] فانّها مدينة جبليّة[o] وليس بها بساتين ولا كروم ولها مآء جارٍ ويمنع الكروم والبساتين شدّة البرد ان تكونَ[p] بها والمآء بها واسع والجليد

---

a) O. et E. وعمارتى محدث (بزرك بر در ان .E) ساخته اند وديوارى كرد آن در كشيده. Pro البناء المحدث, F. شهر نو. b) Abulfeda, p. ٤٩٣ tantum نهر. c) *L. om. Addidi ex E., F., O., Jacut et Abulf. qui vero omnes om. الى excepto O. d) *L. بفنكان. Secutus sum Edrîsî, II, p. 205 et E., F., O. qui habent (F. نكمان) قصبه روستا بكنار. e) Jacut, II, p. ٧١٠, 18 جهارپايان خودرا درينجا ربط مى كنند. f) Jacut مرابط, F. دور ورباطات ودران خانها ورباطها سبيل. F. سراها ورباطهاى سبيلى دارد. E. et O. للسبل. g) *L. et F. حددس ; E. et O. خديش ; Jacut l. l. حسن. بسيار مى باشد. Vid. Jacut in v. et Abulf., p. ٤٨٩ seq. h) Secundum E., F. et O. فرسخين. i) E. et O. بهترين. Abulf. من الربط المشهورة. k) E. add. ودر سمرقند به مردمان سمرقندرا هيچ رباطى بهتر ازين نيست, O. ازين رباطى نيست. l) E. et O. وبر سر چشمه كنبدها ساخته اند. Fortasse igitur Istakhrí de اقباب locutus est. m) E. ديزك بسيار معموراست وشهرى نيكوست, O. وشهر ديزك شهرى پر نعمت است وآبهاى روان دارد وباغها وبوستانها. n) *L. مرسنده. o) F. عظيم بزرك, E. et O. بزرك. Legerunt igitur جليلة. p) *L. يكون.

بها جيّد وبها رياض مؤنقة وكلأ ونضرة وانورة منتزهات [a] ۞ فامّا خَرَقانة وزامين وساباط فعلى طريق فرغانة الى الشاش ومن اراد من زامين الى خُجَنْدة على طريق خاوَس فطريقه على كركث [b] ومن سمرقند الى خرقانة تسعة فراسخ ۞ وليس بجميع اشروسنة نهر تجرى فيه سفينة ولا بها بحيرة * غير انّ مراعيها ومزارعها وقراها عامرة خصيبة كثيرة الخير وكلّ مدينة من هذه المدن لها رستاق كبير ومن رساتيقها الّتى لا مدينة فيها بشاغر [c] ومسحا [d] وبُرْغَر [e] وبانغام [f] ومينك [g] وبسكن [h] واسْبَسْكَث [i] ۞ والبُتْم جبال شاهقة سامقة منيعة [k] والغالب عليها النزهة [l] وهى قرى [m] عامرة بالناس وبالبتّم حصون منيعة جدًّا وفيها معادن الذهب والفضّة والزاج والنوشادر الّذى * يحمل الى [n] كثير من الارض وفى [o] جبل منه كالغار قد بُنى عليه كالبيت واستوثق من ابوابه

---

a) E. et O. وخاك آن بغايت درست مى باشد ; F. وبتابستان مرغزارها باشد.
b) *L. et O. كوكب. F. semper ut recepi. *c*) *L. et F. دساعر, E. بشاغور. Secutus sum Ȯ. et Mokaddasí Ms., p. 131. Cf. supra p. ٣٧٥ *a*. *d*) Sic *L. et F. hic et infra, et Mokaddasí. E. سماجار et مسحاز ut O. infra, O. h. l. بسمحار, sed ultima littera ex و orta est, ut patet ex F. Hic semel مسيحا. *e*) *L. et F. ودرعر et infra برعن ; E. et O. فرغر sed infra O. برغز ; Mokaddasí corrupte قردا. Vid. I., p. ٣١٩ *f*. *f*) *L. om.; E. et O. ودسانعام, F. دادعام, Mokaddasí دغام. Orthographia igitur incerta est. *g*) *L. وممدل et infra semel مثيل ; E. et O. ممسك ; F. وممك h. l., infra مشك ; Mokaddasí تيبنك ; Codd. Ist. A. et B. منيل s. منبل (vid. I., p. ٣٢٨ *k*). Scripsi مينك collato مانك apud Jakubí, q. ٧٤.
h) *L. ودسكك, E. et O. دسكى, F. ودسكن, Mokaddasí بسكر. Conjecturâ edidi.
i) Haud scio an recte sic ediderim. *L. وادمسمكث, F. واسمكث, O. لسمك ; Mokaddasí اسبانمكث. Cf. Jacut in v. *k*) Ex P. et I. addidi. *l*) P. add. والخضرة والبقلة المعروفة بالطرخون. Pro النزهة I. et Abulf. البرد et sic O. et F. (وغالب وقت دران كوه سرما سرد مى باشد). *m*) *L. et F. قرية. Deinde P. آهلة ut Abulfeda, p. ٤٨٤. *n*) *L. يحيل على. *o*) P. add. كل.

وكواه وفيه عين يرتفع منه بُخار يشبه بالنهار الدخان وبالليل النار فاذا تلبّد هذا البخار[a] قُلع منه النوشاذر وداخل هذا البيت من شدّة الحرّ ما لا يتهيّأ لاحد ان يدخله الّا احترق الّا ان يلبس لبودا يرطّبها[b] بالمآء ويدخل كالمتخلّس فياخذ ما يقدر عليه من ذلك وهذا البخار ينتقل من مكان الى مكان فيحفر عليه حتّى يظهر فاذا خفى[c] فى مكان حُفر عليه آخر حتّى يظهر واذا لم يكن عليه *بنآء يمنع[d] البخار من التفرّق لم يضرّ مَنْ قاربه حتّى اذا *اختنق فى بيت[e] احرق من يدخله من شدّة الحرّ٭ والبتّم جبال تعرف بالبتّم الاوّل والاوسط والبتّم الخارج[f] ومآء سمرقند والسغد وبخارا من البتّم الاوسط من مكان يعرف بجن[g] نحو ثلاثين فرسخًا ويجرى من هذا المآء الى بُرْغَر ثمّ[h] على بُنْجيكَث[i] الى سمرقند ويخرج من مسحا مياه فتقع الى برغر وتختلط بمآء سمرقند ونهر الصغانيان ونهر[k] فرغانة فى ظهر مسحا من قرب زاميس وماجن ومينك[l] ٭ ومينك الموضع الّذى قاتل فيه قُتيبة بن مسلم المسوّدة[m] وهناك حصن يعرف بالأَفْشين الاكبر صاحب المعتصم كان اتّخذه لنزهته وكان يسكن المدينة ايضًا ٭ واشروسنة افتتحها احمد بن ابى[n] خالد٬ وآل[o] ابى الساج الداوداد بن الداودست[p] من القرية

---

a) P. add. فى حيطان هذا البيت وسقفه. b) *L. يربطها. P. اللبود المبلولة. c) *L. حفر عليه. Deinde P. من pro فى. d) Abulf. البيت ليمنع. Post بناء P. add. مبنيًّا. e) Jacut, I, p. ٤٩. احتقن ومنع من التفرق. f) F. اندرون ut I. (الداخل). O. بتم نخشتين وبتم كرونين وبتم ميانكين. g) C. et F. يسمى حى (حمى); vid. supra p. ٣٦٨, 13. Apud Jacut l. l. nomen deëst. h) ثم in *L. deëst; addidi ex Jacut. i) *L. بيحكث; Jacut ثم الى منجيكث. k) Copulam addidi sec. F. l) *L. وماحى وميد. F. از نزديك آب حمى در رود بسمرقند ومحيط مى باشد. m) *L. المسودة. In I. deëst et hic etiam in seqq. a nostro discrepat. F. كه قتيبه بن مسلم در انجا كشته شد. E. et O. pro his omnibus افتد وبرود جغانيان رود وبديهاى افشين. n) Deëst ابى. Vid. Beládsorí, p. ٤٣٠. seq., Fragmenta Hist. Arab. locis in Indice laudatis. F. habet على بن احمد بن خالد. o) *L. والى. p) Vid. supra p. ٢٣٨ ann. h.

المعروفة جنكاكث *a* وسويدك وهما قريتان متدانيتان، وبناحية مينك ومرسمندة *b* تتّخذ آلات الحديد الّتى تعمّ خراسان وتجهّز الى بغداد والعراق وذلك انّ الحديد بفرغانة ممكن *c* لترفيه ما اقتنوا من صنعته وتفتّقت لهم الخواطر بالغرائب الّتى يتّخذونها منه وفى مرسمندة مجمع سوق ينتابه الناس من الاماكن البعيدة وهو سوق مشهور فى راس كلّ شهر مرّة ❊

وامّا الشاش وايلاق فمقدار عرضهما *d* مسيرة يومين فى ثلاثة ايّام وليس بخراسان *e* ولا ما وراء النهر اقليم على *مقدارها فى *f* المساحة اكثر منابر وقرى عامرة وسعة *وبسطة فى العمارة *g* الى قوّة شوكة منهم وحدّ لها ينتهى الى وادى الشاش الّذى يقع فى بحيرة خوارزم وحدّ لها الى *h* باب الحديد ببرّيّة بينها وبين أُسْبِيجاب تعرف بالقلاص وهى مراعٍ *وحدّ لها الى *i* جبال هى منسوبة الى عمل الشاش الّا انّ العمارة المتّصلة الى الجبل *وباقيه مفترق *k* العمارة وحدّ لها الى وينكرد *l* قرية للنصارى، والشاش فى ارض سهلة وليس فى هذه العمارة المتّصلة جبل ولا ارض مرتفعة *m* وهى اكبر ثغر

---

a) *L. جنكاكر, F. جمكاكث. Pro سويدك ut *L. habet, F. ممويرك. *b*) *L. وسمندة ut quoque h. l. E., O. et F., qui omnes om. مينك. *c*) E. et O. وآهن از فرغانة خيزد et similiter F. Deinde *L. لمرفهة. *d*) Vid. I. *L. ومقدار عرضها. P. واما الشاش فمقدارها عرضة et fere sic Jacut, III, p. ٢٣٤ عرضة الشاش. *e*) E. et O. در هفتة سغد. Hic desinit longa lacuna in B. *f*) Jacut مقداره من. *g*) Ex P.; L. et B. وسط فى المفازة. Pro his inde a وقرى Jacut habet منها ولا اوفر قرى وعمارة, ceteris omissis. *h*) Addidi الى e Jacut et E. Deinde pro باب E. كوه cui superinscribitur كان. O. بر كان آهن بر حدود سحاب (اسبيجاب). *i*) L. et B. وحداوها. *k*) Sic recte L., B. et F.; Jacut وما فيه مفترشة العمارة. *l*) L. ويكرد, B. ودكرد, F. ودمكر s. ودمكر, E. et O. دمكر, Jacut تنكرة. Vid. porro I., p. ٣٣٦*f*, quibus adde F. قمكرد, O. دمكرد. Deinde Jacut تعرف بقرية النصارى, F. كه ديه ترسايان است. *m*) P. add. جرنة.

في وجه الترك[a] وابنيتهم واسعة بالطين[b] وعامّة دورهم[c] يجرى فيه الماء وهى كلّها مستترة بالخضرة ومن انزه بلاد ما وراء النهر[d] ولها مدن كثيرة تتدانى[e] فمنها بِنْكَث[f] ودنفغانكث وجينانْجَكَث ونجاكث وبناكث وخَرَشْكَث[g] واشبينغو واردلانكث وخدينكث وكنكراك وكلشجك[h] وغركند[i] وغنّاج وجبوزن[k] وودروك وكبرنة[l] وغدرانك ونُوجَكَث وغَزَك وأُنوذكث[m] وبغُنكث وبركوش[n]

---

a) Secutus sum P., E., F. et Jacut; L. et B. العدو والترك. *b*) P. et Jacut من طين. O. وعمارتهاى فراخ وبسيار دارد وسبزى باشد وهمه عمارتها از كل بود. *c*) Abulfeda, p. ٤٩٥ دورها. *d*) Jacut add. وقصبتها بنكث et sic E., F., O. et Cod. C. ubi praecedit وهو انزه الاماكن. *e*) P. add. وتتقارب مسافتها. *f*) L. تنكث, B. دمكث. Var. lectiones omnium nominum seqq. dedi ad I., p. ٣٢٨ seqq. Hic repetam praecipuas lectiones L. et B., quibus addam lectiones F. et O. — Pro دنفغانكث, F. ردععاكث et ردععانكث, O. ديوماكث et دهقان نكنث. *g*) L. et B. وحوسكث s. وحرسكث, F. وخوسنكث, O. حوسكث. Nomen sequens in L. et B. est وسمعوا, F. وسمعور, O. سعو, infra F. سمعو. Pro اردلانكث, F. h. l. ادرلانكث, infra اردلادكث, O. ادرلادكث, in mappa F. اردلادك, O. ادولانكث. *h*) L. وكالشجك, B. وكلسجك, F. وكمحك, sed infra كلحسك et in mappa كلحسب, O. كيحك s. كلبخك, in mappa كلس. *i*) L. et B. وعركنده, F. وغرحيل, infra عرحد, O. عرصل. Deinde L. et B. وعماح. *k*) L. et B. وحيوزن, F. وحمورن et infra حمودت, O. جنودر. *l*) L. et B. وكيربه, F. وحمرده, et infra كفريّه, O. كمرده ut F. et O. in mappa. — Nomen sequens L. et B. ودمدزانك, F. وبحدرانك (s. وعدرادك) et infra عداودك, O. دمددالك. *m*) L. وادردكث, B. وابردكث, F. وابرركث et infra ادردكث, O. ادودكث. — Nomen sequens L. et B. وبعمكث, F. ودعنكر, infra دعزدكث, O. دغمك. *n*) L., B. et O. sine punctis, F. om. h. l. sed infra habet بركوس. Nomen sequens L. حادودكث ut O.; B. حادومكث; F. h. l. om., infra حادوركث.

وخاتونكث وجيغوكث[a] وفَرْنْكَث وكداك[b] ونكالك فهذه مدن الشاش ✿ وامّا مدن ايلاق فقصبتها تعرف بتُونْكَث[c] ولها من المدن سكاكث[d] وبانجخاش ونُوكَث[e] وبالايان ونُكَّث[f] واربيلخ ونموذلغ[g] وخُمْرَك وبِسْكَث[h] وكُهسيم ودَخْكَث[i] وخاش وخركانكث[k] ✿ فامّا بِنْكَث[l] وهى القصبة فانّ لها مدينة وقهندزًا وقهندزها خارج من[m] المدينة غير انّ حائط القهندز والمدينة شىء واحد وللمدينة ربض وعلى الربض ايضًا سور ثمّ خارج هذا السور ربض آخر وبساتين ومنازل ويحيط به *سور آخر وللقهندز بابان احدهما الى الربض والآخر الى المدينة[n] وللمدينة ثلاثة[o] ابواب فباب منها يعرف بابى[p] العبّاس

---

a) L. et F. وحمعوكث, B. وِحنعوكث, O. جغوكت; F. infra حـمـعـوكت. Cf. Nom. propr. جيغويه apud Ibno 'l-Athír, VI, p. ١٩٠. b) F. وكمدال, O. كدال. Nomen sequens L., B. et F. نكالك, O. كـالـك. c) L. بنونكث, B. بنوكث. d) L. et B. اسكاكث. Nomen sequens in L. et B. والجحاش; F. وبانحخاس, O. بانحخاش. e) L. et B. ودوكث, F. ودركب et infra دوكب, O. ودكب. — Nomen sequens L., B. et O. sine punctis, F. hic et infra دالان. f) L. et B. ودكث, F. ودكب et infra دنكب, O. دكت. Nomen sequens L., B. et O. ut F. infra اردلج. F. h. l. وادلمج, in mappa F. ادلج, O. احلج. g) L. et B. وبموداح; F. دمورلع, infra دمودلع et in mappa سودلغ; O. دمودزلع (indist.) et in mappa سودلع (mappa C. دموداو). Inter hanc urbem et اربيلخ F. et O. in mappa ponunt ادلع. — Nomen sequens in L. et B. corrupte legitur ولحمرك. h) L. et B. ودوحكث, F. ودسكب, O. دسكث. Deinde pro كهسيم, L. هسسم, B. وهشم, F. et O. كهشيم. i) L., B., O. et F. ودحكث. Deinde L., B. et F. وحاس, ut F. quoque infra; O. خاص. k) L., B. et F. وحركاكث, O. حرجاكث. Infra F. حومنكب. l) L. نيكث, B. بييكث. Abulf., p. ٤٩٥ وقصبة الشاش بنكث et sic fere Jacut, I, p. v٤٩, 21. E. et O. (sic) كه قصبه است ودوىكب. m) Abulf. et Jac. عن. n) Haec restitui ex Abulf. et O. Deinde L. et B. ut quoque F. (واذا) وعليه pro وللمدينة. o) E. چهار. p) Secundum O., F. et Mokaddasí Ms., p. 135. L. et B. بابن.

والآخر يعرف بباب كشّ [a] والثالث باب الجنيد [b] وعلى الربض الأوّل عشرة [c] ابواب فباب منها يعرف بباب رباط حمدين [d] والثانى يعرف بباب الحديد الداخل [e] والثالث باب الامير والرابع باب فرخان والخامس باب سوركده [f] والسادس باب كرمانج [g] والسابع باب سكّة [h] سهل والثامن باب راشديجاق [i] والتاسع باب سكّة خاقان والعاشر باب [k] قصر الدهقان ' وعلى الربض الخارج سبعة [l] ابواب فمنها باب فغكث [m] وباب خاسكث [n] وباب سكنديجاق [o] وباب الحديد وباب باكرديجاق [p] وباب سكرك [q] وباب در ثغرباذ [r] ' ودار الامارة والحبس فى القهندز ومسجد الجامع على حائط القهندز وفى المدينة الداخلة بعض اسواقهم غير انّ اكثر [s] الاسواق فى الربض [t] وطول البلد من

---

a) Secundum O., F. (كس) et *Djih.-Num.*, p. ٣٥٣, 14. L. et B. كشير, Mokaddasí كبير. *b*) O. آجنين, legit الحديد, F. دروازهٔ حديد. *c*) Ex E. et O. addidi. F. جند. Mokaddasí ثمانية. *d*) Mokaddasí احمد, F. حمد. *e*) O. om. الداخل, F. دروازهٔ نو اندرون legens الجديد. Infra idem pro وباب الحديد habet دروازهٔ نو. *f*) O. در كده, F. سوركند. *g*) L. كرمادج, in B. superest درمادج; F. كومادج, O. كوافج, Mokaddasí كومالج. *h*) O. كوى, F. كوجه. *i*) L. راسديجان (*sic*), B. راسدىجان, O. اشدىجاق, F. راشدىحاف. Exitus ter in his nominibus occurrit, praetuli ديجاق quod bis apud O. et F., semel apud L. et B. exstat. Haec porta et praecedens a Mokaddasío omittuntur. *k*) L. et B. om. *l*) Ex O. addidi. F. جند. *m*) Secundum O. (وغكث). L. et B. فرغد, E. قوعكب, Mokaddasí موعل. *n*) ? L. et B. حاسكث, F. حادمكب, O. خاركث, Mokaddasí حادمكث. *o*) L. et B. سكندىحاف, F. سكندىحاف, O. بمكندىجاق, Mokaddasí سندىحا. *p*) L. باكردىجاق, B. باكردىحاف, F. داكردىحان. O. كردىحان, Mokaddasí دركردحا. *q*) O. شكر. *r*) L. et B. در دغوبار, Mokaddasí دربعودا. F. ودروازهٔ رردعر, O. بعرباد. *s*) E. et O. legerunt اكبر, habentes ودر شارستان درونى بازاركى هست ليكن بازارهاى بزرك در ربض. *t*) B. ارض *sic*.

السور الثالث الى ان تقطع عرضه كلّه مقدار فرسخ وتجرى فى المدينة الداخلة وفى الربض جميعًا المياه وفى الربض بساتين كثيرة ومياه جارية وابنية متفرّقة ۞ ويمتدّ من الجبل المعروف بسابلغ[a] حائط فى وجه القلاص حتّى ينتهى الى وادى الشاش وكان وضعه واستحداثه يمنع[b] الترك من الدخول[c] بناه عبد الله بن حُمَيد بن ثَوْر *واذا خرجتَ عن[d] هذا الحائط مقدار[e] فرسخ كان هناك خندق من الجبل الى الوادى ۞ وللشاش نهر آخر[f] يقع فى الوادى يعرف *بنهر تُرْك[g] يخرج بعضه من بسكام[h] وبعضه من جِدغل[i] واصل منبعه[k] من بلد الترك الخزلخيّة[l] فيقع فى وادى الشاش *فى حدّ[m] نجاكث، ولايلاق نهر يعرف بنهر ايلاق يخرج[n] من حدّ الترك فيقع فصله فى وادى الشاش[o] بحذآء بَنَاكث، وباقى بلد الشاش شربهم من مآء تُرْك[p] ۞ وامّا قصبة ايلاق *وهى تُونْكَث[q] فهى اقلّ من نصف بِنْكَث[r] ولها قهندز ومدينة وربض حولها سور[s] على نهر ايلاق ودار الامارة فى القهندز

---

a) L. et B. دسساولع, P. باقلع, Jacut بسابَاَع ut Cod. C.; Abulf. شابلغ; E. ساىغ, O. سايلع, F. ساتلع. *b*) Abulf. لمنع. *c*) F. et Abulf. addunt الى بلادها, P. الى الاسلام et hic insuper ومن خروج. *d*) Jacut فاذا جزتَ et sic O. qui habet ازين — بكذرد. *e*) Jac. بمقدار. *f*) E. addit بزرك. *g*) Haec in L. et B. desunt. Restitui ex E. et O. qui رود تركستان habent, ex F. et Edrisi, II, p. 207 (ubi نهر برك). Vid. ad I., p. ٣۴۴ *p*. *h*) Sic L., B., E. et F.; O. دسكان, Edrîsî بسطام. *i*) E. et O. چگل; vid. Jacut in v. *k*) L. et B. منبعهما. *l*) L. et B. ut solent الخزلخية. *m*) F. در شهر, O. بشهر. *n*) Secundum E. et O. add. ايضا. Post الترك F. addit وبعمارات وزراعت بخرج مى رود. *o*) Haec in B. desunt inde a فى حد. *p*) L. et B. برك. *q*) L. et B. من دموكث. Vid. Jacut, I, p. ٩٠٠ et Abulf., p. ۴٩٩. *r*) L. et B. بنوكث. Jacut add. قصبة الشاش. *s*) Conjectura addidi سور coll. Abulf., p. ۴٩٥ وهى مدينة عليها سور. F. pro حولها legit لها حدّ habens وبك حد از ان مى كشد تا بروذ ايلاق. O. haec om.

والمسجد الجامع والحبس جميعًا عند القهندز واسواقها داخل المدينة وفى الربض جميعًا ولهم فى المدينة والربض مآء جارٍ ۞ والشاش وايلاق جميعًا متّصلة a لا فصل بينهما *فى البساتين والعمارة المتّصلة من آخر ايلاق الى وادى الشاش متكاثفة لا تنقطع b ، وبايلاق معادن ذهب وفضّة فى *جبل ايلاق c ويتّصل ظهر d هذا الجبل بحدود فرغانة، وبها دار ضرب بيروّج e فيها مال كثير من ورق وعين، وتلى بِنْكَث فى الكبر خَرَشْكَث f وتلى خرشكث فى الكبر سُتُورْكَث g وباقى مدن الشاش دون ذلك فى الكبر، واكبر مدن ايلاق تُونْكَث h وسائر المدن بها i دونها k وهى متقاربة، وليس بما وراء النهر دار ضرب الّا بسمرقند *بعد بخارا وايلاق l ۞

وامّا أَسْبِيجَاب فانّها مدينة نحو الثُلْث من بِنْكَث m تشتمل على مدينة وقهندز وربض فامّا القهندز فخراب n والمدينة والربض عامران وعلى المدينة الداخلة سور وعلى الربض سور ايضًا يحيط بمقدار o فرسخ وفى ربضها بساتين ومياه وابنيتها طين وهى فى مستواة p وبينها وبين اقرب الجبال q

---

a) L. et B. om. Vid. I., p. ٣٣٢ et Abulf., p. ٤٩٩. Deinde L. فصل. *b*) Abulf. ut E. والبساتين والعمارة متّصلة — الشاش. F. post وادى الشاش addit دمكث (؟ببنكث). *c*) Abulf. et Jacut, I, p. ٤٢١ جبالها ut O., sed Cod. C. cum nostro facit. F. ودر كوهها ايلاق معادن الخ. Pro معادن Abulf., Jacut, Cod. C. et O. معدن (Cod. C. للذهب والفضة). *d*) Addidi ex Jacut et Cod. C. *e*) L. et B. بيروج. Pronomen in وبها referendum est ad بنكث. *f*) L. et B. خرسنكث, Cod. C. حرشكث, E. et O. حرسكث. F. haec om. *g*) L. et Cod. C. سمورکث, B. سورکث, E. et O. سموكث, Modaddasí استوركث. *h*) L. et B. بوكث. Fortasse cum I. legendum توكث وتونكث; F. دوكث ودوركث. *i*) L. بهما. *k*) F. دونها. *l*) F. ودمكث, O. ودر دمكث i. e. وبنكث ut Cod. C. (I., p. ٣٣٣ *a*). *m*) L. ببيكث, B. دمكث, F. et O. دمكث. *n*) F. اما در ايام ما قهندز ان خراب شده بود. *o*) P. بها مقدار, sed F. et Abulf., p. ٤٩٥ ut L. et B. *p*) Abulf. مستو من الارض. *q*) O. از شهر تا بايان كوه.

اليها نحو ثلاثة فراسخ *a* وللمدينة اربعة ابواب باب منها يعرف بباب نُوجَكَث *b* وباب فرخان وباب سواكراثة *c* وباب بخارا واسواقها فى المدينة والربض جميعًا ودار الامارة والحبس *d* والجامع فى المدينة وهى مدينة ذات خصب وسعة وليس بخراسان كلّها ولا ما وراء النهر بلد لا خراج عليه الّا اسبيجاب ۞ وممّا يقع من المدن فى نواحيها بُدَخْكَث وسُبَانيكَث *e* والطّرَاز واطلخ *f* وشَلْجى *g* وكدر وبيسكند *h* وشاوَغَر *i* وصَبْران *k* ووَسيج *l*، فامّا سُبَانيكَث فانّها قصبة كورة كنجيدة *m*، وامّا كدر *n* فانّها قصبة فاراب ووَسيج ايضًا من مدن فاراب ومنها ابو نصر الفارابىّ صاحب كتب المنطق المفسّر لكتب القدماء

a) F. سه فرسنك است جهار فرسنك بيش نيست. Deinde P. et Cod. C. ولها. *b*) L., B. et F. دوحكث, O. دوجك. *c*) O. ساكرانه, F. راكدانه, Mokaddasí Ms. p. 134 شاكوانه. Fortasse legendum est شاكرانة. *d*) F. male وجسر. *e*) Pro اسبانيكث. L. et B. h. l. سبابيكث, infra سابنكث et sic leviter corruptum est nomen apud ceteros, quoque apud Jacut, I, p. ٢٤٩, 20. *f*) L. et B. املح, ut Edrisi, II, p. 208. E., F. et O. اطلح. *g*) L. et B. sine punctis, F. وشلى. *h*) L. et B. وسكند. Omnes var. lectiones hujus nominis dedi ad I., p. ٢٨٩ *m* et supra p. ٣٣٥ *h*. *i*) L. et B. وساقعن *sic*. O. ساوغر, E. et F. ساوجر. *k*) L. صيران, B. صدران, infra L. et B. صيران, E. صوان, O. et F. صدران. Ibno 'l-Athír, X, p. ٣٣ صَبْران. Infra E., F. et O. ميدان et صمران. Mokaddasí habet سوران. *l*) Vid. Jacut in v.; Abulfeda, p. ٤٩٣ وسج; L. et B. وسنج, E., F. et O. وسج. *m*) L. et B. h. l. كاجندة (sive B. خاجندة), infra كندرة; P. كاخندة; E. كمحدة et كناجدة (ut Edrisi l.l.); F. كناجيدة; O. كماجمدة et كمحمدة. *Masálik al-absár*, p. 233 كحدة, quod Quatremère minus recte emendare voluit in خجندة (cf. p. 259). Mappa F. كمحمدة, O. et C. كمممحمدة. *n*) P. كندر ut interdum Codd. I. (vid. p. ٣٤٩ *b*). In margine P. additur ومنه ابو منصور الكندرى, vereor an recte, nam intelligi videtur ابو نصر الكندرى de quo vid. Ibno 'l-Kaisaráni, ed. de Jong, p. ١٣٢. — Pro فاراب F. et O. plerumque باراب (بارداب).

والمتقدّم *فى ذلك على كلّ احد[a]، وصَبْران هذه مدينة تجتمع فيها الغُزّيّة للصلح والهدنة والتجارات اذا كانوا صلحًا وهى مدينة حصينة[b]، وفاراب اسم الناحية ومقدارها فى الطول والعرض اقلّ من يوم وبها منعة وباس[c] وهى ناحية سبخة لها[d] غياض ومزارع[e] فى غربىّ[f] الوادى *ووادى فاراب[g] ياخذ من نهر الشاش، وبيسكند *فى الجانب الغربىّ من وادى الشاش[h] بها منبر وهى مجمع الاتراك وقد اسلموا من اجناس الغزّيّة والخزلجيّة[i] ولهم باس ومنعة[k] فى الاتراك، وبين فاراب وكنجيدة والشاش مراعٍ خصيبة بينها نحو الف بيت من الاتراك قد اسلموا وهم مقيمون بها فى خركاهات لهم على زيّهم *ولا بناء لهم[l]، والطَّرَاز متجر *للمسلمين من الاتراك وبينهم[m] حصون منسوبة اليها[n] ولم يتجاوزها احد من الاسلام لانّ العابر بها داخل فى خركاهات الخزلجيّة، وهذا المذكور حدود الشاش ونواحيها ۞

فامّا خُجَنْدَة[o] فانّها متاخمة لفرغنة وهى فى جملتها منفردة بالاعمال[p]

---

a) P. فى علوم العقلية على كل من فى زماننا وعصرنا هذا. *b*) F. شهرى وخوش وخصب است, legit خصيبة. *c*) L. et B. وناس فيهم كثره. Secutus sum P. et Jacut, III, p. ٨٣٣ الّا انّ بها منعة وباسًا. E. et O. ليكن همه جايهاى استوارست, F. الّا انك ان مقدار عظيم قوى ومنيع است. *d*) Solus L. فيها. *e*) Abulf., p. ٤٩٣ et Jacut ولهم مزارع ut quoque F. legisse videtur. *f*) L. et B. عرض. Ceteri omnes ut recepi. E. ودر غربى او روديست كه از رود جاج آب دارد. O. ودر غربى روذ است كه از روذ جاج آب دارد. *g*) Ex Abulf. restitui. *h*) Addidi ex E., F., O. et Edrîsî. *i*) E. et O. وخلج. Deinde E. وغازى اند. *k*) B. add. معا. *l*) E. et O. ليكن طاعت كس ندارند. *m*) Abulf., p. ٤٩٧ بين المسلمين والاتراك وحواليها et sic F. et O. Post حصون ex E. videtur addendum منيعة. Pro منسوبة L. et B. منصوبة. *n*) Incertum est utrum verba apud Abulf. l. l. وممّا يقرب منها مدينة جكل Istakhrio tribuenda sint necne. Apud E., F. et O. quoque desiderantur. *o*) O. semper خجند. *p*) P. الاعمال. Cod. C., F., O, et Jacut, II, p. ٤٠٤ habent قد جعلناها فى جملة فرغانة غير انّها (وان كانت Jac.) مفردة فى الاعمال عنها.

وهى على نهر الشاش فى غربيّه وطولها اكثر من عرضها *وكَنْد على فرسخ منها وكلُّها كروم[a] وبساتين وليس فى عملها مدينة غير كند *وبساتينها ودورها متفرّقة[b] ولها قرى يسيرة ومدينة وقهندز وجامعها فى المدينة ودار الامارة فى[c] الميدان بالربض والحبس فى القهندز وهى مدينة نزهة[d] بها فواكه حسنة[e] وفى اهلها جمال ولهم[f] مروّة وهى مدينة تضيق عن ما يعمّهم[g] من الزروع فيجلب اليهم من سائر فرغانة واشروسنة[h] ما يقيم اودهم وتنحدر السفن اليهم من نهر الشاش وهو نهر *يعظم بانهار[i] تجتمع اليه فى حدود الترك والاسلام وعموده نهر يخرج من *بلد الترك[k] فى حدود أُوزْكَنْد *ثمّ يجتمع اليه نهر[l] خرشاب ونهر اورست[m] وقُبَا ونهر جدغل[u] وغيرها *فيعظم ويغزر[o] ماؤه فيه فيمتدّ على أَخْسيكَث[p] ثمّ على خجندة ثمّ على بَنَاكث ثمّ على بيسكند فيجرى الى فاراب واذا جاوز حدّ صَبْران جرى فى بريّة

---

a) Cod. C. et Jac. وتمتدّ على (Jac. اكثر من) فرسخ كلُّها دور. F. وبمقدار يك فرسنك باغات وبساتين حوالى آن هست ودر ميانه بساتين وباغات خانها بنا كرده است. O. ومقدار يك فرسنك درازا دارد تنه شهر بى باغ وبوستان وخانها ان اغلب باشد. b) Cod. C. et Jac. وهى بساتين ودور مفترشة. Contra F. بيكديكر در امده ونزديك يكديكر بنا كرده اند, legit itaque مشتبكة. c) O. addit (بكوى) سكة. d) L. نزه. e) Cod. C. موصوفة, Jacut تفضل على فواكه سائر النواحى et sic F. f) L. et B. ودنهم. g) In P. altera manus يعمهما; Jac. يمونهم. h) Textus apud Jacut hinc emendetur. i) P. عظيم ويعظم من انهار et sic fere Jacut. k) E. et O. ut solent تركستان. Pro حدود Jacut, E. et F. حد. l) Ex P., Jacut, E, F. et O. supplevi. Deinde L. حرساب, B. حرسات, E. et O. خرساب, Jacut et F. خوشاب. m) L. اورسب; vid. Beládsorí, p. ٤٢٠, Ibno 'l-Athír, IV, p. ٤١٩ ubi اورشت, et infra. Jacut, E. et O. ونهر أوش. F. اوس. u) = جكل. E. et O. saepius حدعلى. o) P. فينغذر l. فينتغزر. p) L. et B. اخْشَنْكَث hic et infra. Ibno 'l-Athír l. l. اخشيكث.

تكون *فى حاشيتيه a الاتراك الغُزّيّة b فيمتدّ الى القرية الحديثة c على فرسخ منها ثمّ يقع فى بحيرة خوارزم على مرحلتين *من القرية الحديثة d وهو نهر اذا امتدّ يكون بمقدار ثُلُثَىْ جيحون وتحمل فيه المِيَر الى القرية الحديثة اذا كانوا صلحًا او فى هدنة والقرية الحديثة فيها مسلمون *غير انّها دار مملكة الغُزّيّة ويقيم بها فى الشتاء ملك الغزّيّة وبقربها جَنْد وخوارة e فيهما مسلمون f والسلطان بهما الغزّيّة واكبر هذه الثلاثة مواضع القرية الحديثة وهى من خوارزم على عشر مراحل ومن فاراب على عشرين مرحلة ۞

وفَرْغانة اسم الاقليم وهو عمل عريض موضوع على سعة مدنها وقراها وقصبتها أَخْسيكَث وهى مدينة على شطّ نهر الشاش على ارض مستوية بينها وبين الجبال نحو فرسخ وهى على شمال g النهر ولها قهندز فى مدينتها ولمدينتها ربض ودار الامارة والحبس فى القهندز h والجامع خارج القهندز i ومصلّى العيد على شطّ نهر الشاش واسواقها فى مدينتها وربضها لكنّ الاسواق بمدينتها اكبر k ومقدارها نحو ثُلُث فرسخ l وبناؤها طين وعلى ربضها سور وللمدينة الداخلة خمسة m ابواب احدها باب n دحمره o والآخر باب المردقشة p

a) Sic recepi secundum Jacut على جانبيه; F. كه ان بيابان در هر دو برين اب دو رويه خانهاى غز; E. et O. جانب اتراك غزنه ممتد مى شود. L. et B. فى حاشيه, P. idem sed addito بلد. b) B. الغزيه. c) = القرية الجديدة = ينغى كنت; cf. Abulf., p. ٩٣, ٤٨٨. Pro القرية L., B. et F. h. l. الغزية et Jacut etiam pejus الاتراك الغزية ut O. d) Restitui ex P. et Abulf., p. ٩٣. e) Edrisi, II, p. 209 حوارة. Mappa C., F., O. حوارة et pro جند mappa F. et O. حمد. Deinde *L. فيها et mox بها ut B. f) Haec in B. desiderantur. g) Cod. C., Jacut, I, p. ١٦٣ et Abulf., p. ٥٠١ شمالىّ. h) In textu B. قهندزها; F. در ربض. i) O. در شارستان. k) B. اكبر, L اكثر. l) L. et B. ثلث فراسخ, Jacut, E. e O. ثلاثة فراسخ. Secutus sum Cod. C. et F.; L. et B. om. نحو, quod P. et ceteri habent. m) Addidi ex E. et O.; F. جند. Jacut اربعة. n) L. et B. om. o) Sic L., B., O. et F. p) Secundum F. (coll. I., p. ٣٠٩ s). L. et B. المرسة, O. دهمه

وباب كاسان وباب الجامع وباب رهانة[a] وفى *مدينتها وربضها[b] مياه جارية وحياض كثيرة وكلّ باب من ابواب[c] ربضها يُفْضى الى بساتين ملتفّة وانهار جارية لا تنقطع مقدار فرسخين[d] وبحذآئها اذا عبرتَ[e] نهر الشاش مروج ومراعٍ كثيرة ورمال مقدار[f] مرحلة ٭ ويلى أَخْسِيكَث فى الكبر قُبَا[g] وهى مدينة من انزه تلك المدن تقارب اخسيكث ولها قهندز ومدينة وربض وقهندزها خراب[h] والجامع فى القهندز واسواقها فى ربضها ودار الامارة والحبس فى الربض وعلى الربض سور محيط ولها بساتين كثيرة ومياه تزيد على مياه اخسيكث وبساتينها ٭ ويلى قبا فى الكبر أُوش[i] ولها مدينة عامرة وقهندز عامر ودار الامارة والحبس فى القهندز وعلى المدينة ربض عليه سور وهى ملاصقة للجبل الّذى عليه مرقب الاتراك الّذى *تحرس فيه مغازيهم[k] ولها ثلاثة ابواب باب الجبل وباب المآء وباب مُغْكَدَه[l] وابواب المدينة محصّنة ٭ وأُوزْكَنْد[m] آخر مدن فرغانة ممّا يلى دار الكفر وهى نحو ثُلُثَىْ اوش ولها قهندز ومدينة حصينة وربض والاسواق فيه *وهى متجر على باب الاتراك[n] ولها بساتين ومياه جارية ٭ [o]وليس بما ورآء النهر اكبر[p] قرى من فرغانة

---

a) Secundum F.; L. et B. رهادة, s. رهانه, O. وهامه. b) P. ut Jacut المدينة والربض. c) L. et B. om. d) Jacut فرسخ. e) P. عبر. f) P. مقدارها. g) L. et B. قباء. h) Abulf., p. ٥٠٣ ولها قهندز خراب ومدينة وربض عامران. F. habet الا انك بروزكار ما قهندز آن خراب شده است. i) F. semper اوس. k) Conjectura scripsi, L. et B. فيه مقانبهم (B. يحرس) تحرس: E. et O. كذ. l) F. ديدبان بران كوه باشد ولشكر (كه لشكر) تركستانرا كوش (نكاه) دارد. O. معكده, مغكده. Pro وابواب quod sequitur F. habet ودروازهٔ legens وباب et hinc supra pro ثلاثة scripsit جهار (اربعة). m) L. et B. واوزكنده. n) Jacut, I, p. ۴٠۴ واليها متجر الاتراك. F. واتراك در معاملات دران مجتمع مى شوند. o) F. haec praemittit: ودر تمامت فرغانه هيچ شهرى نيست الا كه اورا قهندزى وشهرى محصّن بالبساتين وآبها روان ودرختان فراوان دران هست. p) L. et B. اكثر.

وربّما بلغ حدّ القرية لكثرة اهلها مرحلة[a] وكثرة مواشيها ومراعيهم ومن كور فرغانة نسيا[b] العليا ونسيا السفلى وأُسْبَرَة ونَقَاد وميَان رُوذان وجِدغِل واورست[c] *وبيسكند وسلات[d] ۞ فامّا نسيا العليا فهى اوّل كورة من كور[e] فرغانة اذا دخلتَ اليها من ناحية خُجَنْدَة ومن مدنها وانكث وسُوج[f] *وخُوَاكَنْد ورِشْتَان[g]، ونسيا السفلى تتّصل بها ومن مدنها مَرْغِنَان[h] وزَنْدَرَامش وبرنك[i] واشتيقان[k] وأَنْدُكَان[l] وهاتان الكورتان سهل ومروج وليس فى اضعافهما[m] جبال ۞ وأُسْبَرَة[n] سهليّة جبليّة ومن مدنها طماخش[o] وبامكاخش، وسُوج

---

a) O. بيك فرسنك درازا وبهنا. *b*) Sic F. et Abulf., p. ٤٨٩, ٤٩٨ et ٥٠٣. L. et B. سنا (دسنا) et بسنا, E. بستناى, O. دستناى, Edrisî بسا. Secundum *Djih.-Numa*, p. ٣٥٧ ult. seq. legendum est نسا, nam dicit ejusdem nominis civitatem esse in Khorasán. Mokaddasí urbes hujus regionis appellat النسائيّة (Ms. p. 131). *c*) L. et F. sine punctis, E. اوراست. *d*) L. et B. وبسعو . . واسب, E. et O. وهشتم بساحور ونهم اسب, F. qui singulas regiones numerat, لسعفر (لسفر) واست. Emendatio mea audax videri potest, sed infra eodem modo duo haec nomina juxta occurrunt. Supra inter urbes provinciae Isbídjáb altera urbs nomine بيسكند enumeratur, si nempe recte utroque loco edidi. *e*) Addidi كور ex Abulf., p. ٥٠٣. *f*) Variis modis corruptum est in دسوخ, سوخ, دسوج, سوح, بهسوح, بسرح et سرح. *g*) L. et B. وخواكنده ورسمان. *h*) O. مرغينان quae lectio aeque bona est. *i*) L. ودباحريك, B. وتباحريك, E. et O. وبل, F. وديرك; Mokaddasí بردك, برنك et بربك. Edrîsî باجرنك. Conjectura scripsi. *k*) Vid. I., p. ٣٤٧ *e*; L., B. et F. sine punctis, Edrîsî اسفينان, E. استيقان, O. استنقان. *l*) E. et O. واندوكان. Deinde in L. et B. sequitur وهلى. *m*) L. et B. اضعافها. *n*) L. et B. h. l. وسفره (وسره), Edrîsî وسبيرة. Deinde L. et B. سهله. *o*) B. طماخش, E. et O. طماخس, ut I., p. ٣٤٧, s. كماخس, F. طماحس. Deinde L. واركاخس, B. واركاحش, O. بامكاخس, F. تامكاحس.

مدينة على ناحية من الجبال ولها سُتّون قرية وهى كورة جليلة على حِدَة، واوال [a] اسم المدينة ولها قرى وهى كورة على حدة ۞ ونَقَاد [b] جبليّة وهى اسم الكورة ومدينتها مسكان [c] وليس لها مدينة سواها، وأُوش اسم المدينة وقُبا اسم المدينة ولهما [d] قرى كثيرة وليس فى حدّ قبا مدينة غيرها وفى حدّ اوش مدينة اخرى تسمّى مدوا [e]، وأُوزْكَنْد اسم المدينة ولها قرى وليس فى عملها مدينة غيرها، وكاسان [f] اسم المدينة واسم الناحية ايضا ولها قرى كثيرة، وجدغل اسم الكورة ومدينتها اردلانكث [g] وليس فى عملها مدينة غيرها ۞ ومِيَان رُوذان اسم الكورة ولها قرى كثيرة ومدينتها خَيْلَام وبها مولد ابى الحسن [h] نصر بن احمد فى دار خير بن ابى الخير، وكَوْوان [i] اسم المدينة ولها قرى، ونجم [k] اسم المدينة ولها قرى كثيرة، واورست [l] لها قرى كثيرة ۞ *وبيسكند وسلات [m] لهما قرى وهما باب للترك [n] ويُفْضَى اليهما من ميان روذان كما انّ اوزكند باب الترك ويعرف هذا الموضع بهفتده يعنى سبع قرى [o] كانت للاتراك وافتتحت فى هذا العصر قريبا وهى قريبة من

---

a) L. et B. واداال, F. واوَل. *b*) L. et B. وبغان. *c*) F. مسكان (posset legi مسكان), Mokaddasí مسكان et مسيكان, Dimaschkí, p. ٣٢١ ميكان. *d*) L. et B. ولها. *e*) L. et B. مدرا, E. et O. مدوانه, Edrîsî مدوار. F. ut recepi. *f*) L. et B. h. l. وقاسمان, F. et Edr. قاسان. Cf. infra et I., p. ٣٤٩ *h*. *g*) L. et B. اردولاكث, F. اولاريكث sed in itiner. اردلانكث, Dimaschkí اردولاب. Cf. I., p. ٣٤٩ *i*, ubi pro *Est urbs provinciae Schâsch* legatur *Alia ejusdem nominis urbs jacet in provincia Schâsch.* *h*) L. الجيش, B. الحبش; vid. ad I., p. ٣٣٤ *b*. F. ut recepi. *i*) L. et B. h. l. وكوران, F. وكودان, O. ut recepi; cf. quoque Dimaschkí l. l. *k*) L. et B. h. l. محم, infra محم. F. infra محم. Vid. I., p. ٣٤٩ *k*. Post اسم addidi ولها المدينة. *l*) F. add. نام شهرى است وانرا نيز ديهها الخ. *m*) L. et B. (واسمماكند (واستباكند, E. وسلاب سكند, F. واسلكند وسلاب, O. سلكند سلاب. *n*) E. et O. دربند تركستان. *o*) F. هفده يعنى هفت ده.

اوزكند وصارت للاسلام ۞ وبفرغانة[a] معادن الذهب والفضّة بناحية نقاد[b] واخسيكث وغيرهما ويرتفع *الزيبق بسُوج من جبالها[c] وبناحية نسيا العليا عيون[d] زفت والجراغسنك[e] وذهب وفضّة وفيروزج وحديد وصفر وآنك، وبأسْبَرَة جبل الحجارة السود الّتى تحترق كالفحم ويبيّض برمادها الثياب وباسبرة جبال بلق فقطعة سوداء حالكة واخرى حمراء قانية واخرى صفراء فاقعة، وفى

---

a) In Cod. C. et F. praecedit: ويرتفع من فرغانة ما لا يرتفع من (فى C.) شىء من كور ما وراء النهر لانّ بجبالها (بها جبال C.) *b*) Cod. C. دعاد, F. دعار, O. دواد, sed eodem modo nomen supra corruptum est. *c*) Cod. C. من جبال سوج زيبق وزنجفر. F. et fere O. از كوههاى سوج زيبق بسيار بر مى خيزد. *d*) Addidi ex Abulf., p. ۴۸۹, O. et F.; E. زيبق ونفط وزفت. Deinde Cod. C. habet وفى تلك الكورة ايضا معدن الفيروزج, Abulf. وفى تلك الجبال يخرج النفط: cf. Jacut, I, p. ۲۳۸, 16. F. habet: جشمها زفت بسيارست واز كوهها اسبره (l. اسبره) نفط بسيار وفيروزج وآهن وروى وزر وسرب مرتفع مى شود ودر ناسمره (l. اسبره) كوهها جند هست كه ان كوهها مانند فحم سوخته مى شود واز سنكها ان كوه هر سه خروار بيك درهم مى فروشند وجون سوخته مى شود فحم انرا با آب مختلط وممتزج مى كنند وجامهارا بدان سبيد مى كنند ودر تمامت زمين مثل ان دانسته نشده است ودر اسيره (l. اسبره) نيز كوهها جند هست يك باره از آن سياه ويك باره سرخ وباره ديكر زرد وبارهٔ سبيد هر بارهٔ از رنكى مختلف. In O. locus sic audit: ودر كوه استره (l. اسبره) كويند كه جشمه نفط هست ونقين (sic) است وكان مس وبيروزه وسرب وآهن همه در حدود فرغانه بود وسنكى كه بيش ازين كفتيم كه جون فحم در كيرد وبسوزد درين كوهها باشد وجون سوخته شود خاكستران را بآب كشند ودر جامه شتر بجائى صابون بكار برند وهم درين كوه سنكها باشد بارهٔ ازان سرخ وبارهٔ سبز وبارهٔ سبيد واز تركستان باوزكند نوشادر معدنى افتند جنانكه در كوههاى بتم ياد كرديم. *e*) L. et B. وبخواعسك; vid. I., p. ۳۳۴, 5; ceteri om. Deinde deëst copula.

جبال فرغانة شجر الطبرخون[a] الّذى يحمل بزره الى الآفاق والكولكان[b] ولا يكون الّا عندهم ويرتفع من هذه النواحى ونواحى الترك *نوشادر كثير كالّذى يرتفع من البتّم*[c]

ذكر المسافات بما ورآء النهر فالطريق من وادى جيحون بفَرَبْر[d] الى فرغانة من فربر الى بِيْكَنْد مرحلة ومن بيكند الى بخارا مرحلة ومن بخارا الى الطَّوَاويس مرحلة ومن الطواويس الى كَرْمِينِيَة مرحلة ومن كرمينية الى الدَّبُوسِيَة مرحلة خفيفة ومن الدبوسية الى أَرْبِنْجَن[e] مرحلة *خفيفة ومن اربنجن الى زَرْمان مرحلة ومن زرمان الى سمرقند مرحلة[f] ومن سمرقند الى أَبَارْكَث[g] مرحلة ومن اباركث الى رباط سعد مرحلة ومن هذه المرحلة اذا صرتَ الى رباط ابى احمد مفرق طريق فرغانة والشاش[h] ومن رباط سعد الى بُورْنَمَذ[i] مرحلة ومن بورنمذ الى زَامِين مرحلة ومن زامين الى ساباط مرحلة ومن ساباط الى شاوَكَث[k] مرحلتان ومن شاوكث الى خُجَنْدَة مرحلة ومن خجندة الى كَنْد[l] مرحلة ومن كند الى سُوج[m] مرحلة *ومن سوج[n] الى رِشْتان[o] مرحلة والى زَنْدَرَامش مرحلة ومن زندرامش الى قُبَا مرحلة ومن قبا الى أُوش مرحلة[p] كبيرة ومن اوش الى أُوزْكَنْد مرحلة كبيرة وهذا هو الطريق القصد من فربر الى اوزكند وهى آخر ما ورآء النهر* ومَنْ اراد من[q] خجندة

---

a) Sic L., B. et C.; F. طرخون i. e. طَرْخُون cf. supra p. ٣٨٢ *l*. b) Sic Cod. C. et F.; L. et B. والكوركان. F. addit: وكوتكان در هيچ موضعى نيست الّا بنواحى اسبيجاب وفرغانه. c) Cod. C. ايضا النوشادر المعدنى. F., ut fere O., واز دروازهٔ اوزكند از شهر تركان نوشادر بسيار مرتفع مى شود همچنان از كوهها بتم. d) L. et B. بقدبرا et mox فريد pro فربر. e) L. et B. ارْتنجن. f) Haec in L. et B. desunt. g) L. et B. اداركث. h) L. et B. والشاق et deinde من sine copula. i) L. et B. فورنمد. Fortasse legendum نورنمذ. k) L. ساوكث, B. سايوكث et ساوكث. l) L. et B. كنده (B. semel كند). m) L. et B. منموح. n) L. et B. om. o) L. et B. رستناق. Pro زندرامش, O. زيروامش, F. ردوامس. p) B. om. q) L. et B. فمن.

الى أَخْسِيكَث[a] قصبة فرغانة يخرج[b] من كند الى خُوَاقَنْد مرحلة كبيرة ومن خواقند الى اخسيكث مرحلة كبيرة وهناك طريقان احدهما[c] فى المفازة والرمال ٧ فراسخ الى باب اخسيكث ثمّ يعبر نهر الشاش الى اخسيكث *والآخر يعبر النهر الى باب ٥ فراسخ ومن باب الى اخسيكث[d] ۴ فراسخ فجميع المسافة من فربر الى اوزكند ٢٣ مرحلة ✿ فامّا طريق الشاش الى اقصى بلد الاسلام فانّك تخرج من اباركث[e] الى قَطْوَان دِيزَه[f] مرحلة وطريق الشاش وفرغانة واحد الى رباط ابى احمد ثمّ تعدل على يسارك الى الشاش اذا خرجتَ من رباط ابى احمد فتنزل قطوان ديزه وان شئتَ نزلتَ خَرْقَانَة[g] ومنها الى دِيزَك[h] ومنها الى بئر الحسين ثمّ بئر حميد ثمّ وينكرد[i] ثمّ أُسْتُورْكَث ثمّ بِنْكَث ثمّ[k] الى رباط بالقلاص ويدعى انفرن[l] ثمّ الى غُزْكرد[m] قرية ثمّ الى أَسْبِيجَاب ثمّ الى بُدَخْكَث ومن بدخكث الى الطَّرَاز يومان لا[o] رباط بينهما ولا عمارة هناك[n] ومن اراد طريق بَنَاكَث فانّه ينزل من أَبَارْكَث رباط سعد ومنه الى زاميين الى خاوَس[p] الى بناكث ثمّ الى استوركث فالجميع من وادى جيحون الى الطَّرَاز ٢٢ مرحلة ✿

والطريق من بخارا الى الترمذ وبلخ فمن بخارا الى قراجون[q] مرحلة ومن قراجون الى ميانكال[r] مرحلة ومن ميانكال الى مايْمُرْغ مرحلة ومن مايمرغ الى نَسَف مرحلة ومن نسف الى سُونَج[s] مرحلة ومن سونج الى

---

a) L. semper اخْشَنكث, B. h. l. حسنكث. b) L. et B. تخرج. c) B. احداهما. d) L. et B. om. e) L. et B. اياركث. f) L.et B. قطران, h. l. omisso, mox addito دره. F. et O. quoque قطران دره. g) L. et B. ut fere semper خرفانه. h) L. et B. حمرك. i) L. et B. ديمكرد. k) Addidi ثم. l) L. ان قون, B. انقون. F. بعرّب, O. ادقرن. m) L. et B. غركرد. n) L. et B. ندحكث, نرحكث et بدحكث. o) L. et B. توالى. p) L. et B. حاوش. q) L. قراحون, B. فراحون. O. فراجون, F. فراحون. r) L. ممايكال et ممادكال ut B.; F. مباركان, O. ممادكل. s) L. et B. سدوح.

الديدكى *a* مرحلة ومن الديدكى الى كَنْدَك *b* مرحلة ومن كندك الى باب الحديد مرحلة ومنه *c* الى رباط رازيك *d* مرحلة ومنه الى هاشم جِرْد مرحلة ومنه الى الترمذ مرحلة ومنها تعبر *e* جيحون الى سياه كرد مرحلة ومنها الى بلخ مرحلة فالجميع ١٣ مرحلة ✿ والطريق من سمرقند الى بلخ فمن سمرقند الى كِش يومان ومن كش الى كندك ٣ مراحل ويتّصل طريق بخارا وسمرقند الى بلخ من كندك ✿

والطريق من بخارا الى خوارزم فى مفازة تخرج من بخارا الى فَرْخَشَة مرحلة عامرة وتسير ٨ مراحل فى مفازة لا منزل بها ولا رباط ولا ساكن وانّما هو سير على المرعى والقصد فلذلك لا تعرف منازله ومن اراد ان يعبر من جيحون الى آمُل ويسير الى خوارزم فانّ من بخارا الى فربر مرحلتين ومن فربر يعبر *f* الوادى الى آمل فيسير فى حدّ آمل الى وِيزَة *g* مرحلة ومن ويزة الى مردوس الى اسباس *h* الى سيفانة مرحلة ومنها الى الطاهريّة *i* مرحلة ثمّ الى هَزَارَسْب *k* مرحلة وذلك كلّه عمارة تفضى الى طريق الجرجانيّة من خوارزم ✿ والطريق الى أُشْرُوسَنَة فقد دخل فى طريق فرغانة لانّك ان دخلتَ فى خرقانة وزامين فهى من مدن اشروسنة ✿

والطريق من الخُتَّل الى الصَّغانيان وما بينهما فمن *l* معبر بَذَخْشَان على نهر جرياب الى مُنْك *m* ٦ مراحل ومن منك الى قنطرة الحجر على *n* وَخْشاب مرحلتان واذا نزلتَ على نهر وخشاب فالى لِيوَكَنْد *o* مرحلتان وتنزل ايضا الى هَلَاوَرْد مرحلة وهلاورد وليوكند على شطّ وخشاب وهما مدينتا الوخش ومن * معبر آرْهَن *p* الى هلاورد مرحلتان ومن المعبر *q* الى هُلْبُك يومان ومن هلبك

---

a) L. et B. الودكن, F. ردكن, O. ديذكن. *b*) L. كيدك h. l. B. كيندى et كمدك. *c*) Addidi ومنه. *d*) L. دارنك, B. داردك, F. داردك. *e*) L. تعم. *f*) L. يعم. *g*) L. et B. وبرة. *h*) L. et B. استبياس. *i*) L. الظاهرية. *k*) L. هزارست, B. هزاراست. Itinerarium lacunosum est; vid. I., p. ٣٣٨. *l*) L. et B. فهو. *m*) B. مُنك. *n*) L. et B. الى. *o*) L. et B. الموكمده. Deinde دوبكند. Supra لاوكند scribitur. *p*) L. et B. معبن ازهر. *q*) L. المعس, B. المعين.

الى منك يومان وكاربنج[a] فوق معبر آرهن[b] على نهر جرياب بنحو فرسخ وتمليات[c] من قنطرة الحجر على ٤ فراسخ فى طريق منك ومن *معبر بدخشان[d] الى رستاق منك مرحلتان ومن رستاق منك تعبر نهر انديجاراغ[e] ثمّ تدخلها وبين رستاق منك وانديجاراغ مرحلة ومن انديجاراغ تعبر نهر فارغر[f] وبينهما يوم تعبر نهر بربان[g] الى هلبك فهذه مسافة ما بين الوَخْش والخُتَّل ❁

والطريق من الترمذ الى الصغانيان فانّك تخرج من الترمذ الى جَرْمَنْقان[h] مرحلة ومن جرمنقان الى صَرْمِنْجى مدينة حسنة فيها رباط حسن لابى الحسن بن حسن[i] ماه يصدّق فيه بدينار خبز فى كلّ يوم مرحلة ومنها الى دارْزَنْجى مرحلة ولابى الحسن فيها رباط ولم انزله ومن دارزنجى الى الصغانيان مرحلتان ولابى الحسن بن حسن ماه رحمه غير رباط جليل ونعم فخمة، والصغانيان مدينة لآل محتاج وفيها وُلد ابو علىّ احمد بن محمّد ابن المظفّر صاحب الجيش كان لنُوح بن نصر بن احمد على المعونة والصلاة من قبل ابى صالح منصور بن نوح رعاية لخدمة ابائه لاسلاف الامير ابى صالح ❁ والطريق من الصغانيان الى واشْجِرْد الى شُومان مرحلتان ومن شومان الى انديان[k] يوم ومن انديان الى واشجرد يوم ومن واشجرد الى ايلاق[l] يوم ومن ايلاق الى دربند يوم ومن دربند الى جاوكان يوم ومن جاوكان الى القلعة يومان والقلعة من الرّاشْت ❁ ومن الصغانيان الى باسَنْد مرحلتان ومن الصغانيان الى زينور[m] مرحلة ومن الصغانيان الى بوراب[n]

---

a) L. et B. وكاوبنج. b) L. et B. معبن ازهر. c) L. et B. وملمكث. d) L. et B. (B. برخشان) معمن وخشان. Pravam lectionem رستاق منك servavi, coll. p. ٣٤٩, 7. e) L. et B. ابددنجاراغ (B. h. l. ادد كاراغ). f) L. et B. فارغن. g) L. et B. male شومان. F. دوثان, O. دوقان. Apud I., p. ٣٣٩, 3 a f. minus recte edidi برسان. Supra p. ٣٤٨, 12 appellatur بلبان. h) L. et B. جرميقان, F. جرمقان. i) L. h. l. ابى الحسن, B. الحسن. k) L. امديار, B. انديار et اددار. l) L. et B. ايلان. m) L. زدنور, B. ردنور. n) L. et B. دوارث. Vid. I., p. ٣٤٠ i. F. دورات, توراب et in mappa فرواب. O. كوراب, in mappa فرواب.

مرحلة ومن الصغانيان الى ريكدشت[a] ٦ فراسخ والطريق على بوراب يجاوزها بفرسخين ثمّ يجاوز ريكدشت بثلاثة فراسخ على السمت[b] ومن الترمذ الى القُبَاذِيَان[c] مرحلتان ومن القباذيان الى الصغانيان ٣ مراحل ومن واشجرد الى قنطرة الحجارة يوم، فهذه مسافة ما بين الصغانيان الى اقصى الخُتَّل ۞

ذكر مسافات خوارزم   فمن خوارزم اعنى قصبتها وهى كاث الى خِيْوَة مرحلة ومن خيوة الى هَزَارَسْب مرحلة ومن كاث الى الجُرْجَانِيَّة ٣ مراحل منها الى أَرْدَخُشْمِيثَن[d] مرحلة ومن اردخشميثن الى نُوزوار[e] مرحلة ومنها الى الجرجانيّة مرحلة ومن هزارسب الى كردران خاش[f] ٣ فراسخ ويقال انّ من[g] كردران خاش الى خيوة ٥ فراسخ ومن خيوة الى سافَرْدَز[h] ٥ فراسخ[i] ومن سافردز الى المدينة ٣ فراسخ ومن المدينة الى[k] كُرْدَر مرحلة ومن كردر الى *قرية فراتكين[l] يومان ومَذْمينية وقرية فراتكين متقاربتان على انّ الاقرب الى جيحون مذمينية وهى مدينة الى وادى جيحون منها ٤ فراسخ وبين مرداجقان وبين نهر جيحون فرسخان وهى بحذآء الجرجانيّة وبين الجرجانيّة وبين جيحون فرسخ واحد ۞

ومن بُومِجْكَث وهى بخارا الى بَيْكَنْد مرحلة ومن بومجكث الى خُجَادَة[m] ٣ فراسخ على يمين الذاهب من بخارا الى بيكند وبينها وبين الطريق نحو فرسخ، ومَغْكَان من المدينة على ٥ فراسخ عن يمين طريق بيكند وبينها وبين الطريق نحو ٣ فراسخ، واما زَنْدَنَة فانّها من المدينة على ٤ فراسخ فى شمال المدينة، وبين كَرْمِينِيَة وخُدَيمَنْكَن فرسخ ممّا يلى السغد

---

a) L. et B. ريكا, mox كند. b) Videtur deësse aliquid; cf. I., p. ٣٤١, 2 ubi additur الى دادماب. F. تا داراب. In mappa F. nomen دمماں, in mappa O. دادمه scribitur. c) L. القباذان. d) L. et B. ازدخشمين. Quae sequuntur in B. desiderantur. e) *L. دوروام. f) *L. h. l. كردكمان, mox كردكان خاس. Addidi ٣ فراسخ. g) Deëst من. h) *L. سافرزن. i) *L. مراحل. k) Hic itinerarium lacunosum est. *L. كردب. l) *L. قراتكين, h. l. om. قرية. m) *L. خاجنده.

ومن خديمنكن طريق سمرقند على غلوة من يسار الذاهب الى سمرقند ۞ ومن سمرقند الى أَبَارْكَث[a] ۴ فراسخ ومن سمرقند الى وَرَغْسَر[b] ۴ فراسخ ومن ورغسر الى بِنْجِيكَث[c] ٥ فراسخ ومن سمرقند الى وِيذار فرسخان وويذار مدينة تعمل بها الثياب الويذاريّة[d] القطنيّة وهى ثياب تلبس خامًا غير مقصورة ولبيس بخراسان امير او وزير او قاض او تانىّ[e] او عامّىّ او جندىّ الّا يلبس الثياب الويذاريّة ظهر ما يلبسه فى الشتاء وجمالهم بها ظاهر وزينتهم بها فاشية لانّها ثياب تميل الى الصفرة وفيها لين ونعمة وهى ثياب صفيقة ترفة ويبلغ الثوب منها من عشرين دينارًا الى دينارين ولبستُ غير ثوب منها خمس سنين وتستهدى من العراق وتجلب فيفتخر بلبوسها، ومن سمرقند الى كَبُوذَنْجَكَث فرسخان ومن سمرقند الى اِشْتِيخَن[f] ۷ فراسخ على شمال سمرقند ومن اشتيخن الى الكُشَانِيَة مرحلة والى أَرْبِنْجَن مرحلة ۞

والطريق من كشّ الى نَسَف ۳ مراحل ومن كشّ الى الصغانيان ۹ مراحل ومن كشّ الى نَوْقَد *قُرَيش ٥ فراسخ على طريق نسف ومن كشّ الى سُونَج[g] فرسخان يسارًا واسكيفغن[h] على فرسخ من سونج وسونج اقرب الى *نسف من[g] اسكيفغن، ومن[i] نسف الى كَسْبَة[k] ۴ فراسخ على طريق لبخارا اسفل من الطريق الّذى ذكرناه وبين نسف وبِزْدَة ۹ فراسخ، هذه مسافات مدن نسف ۞

فامّا المسافات من اشروسنة فمن *خَرَقَانة الى دِيزَك[l] ٥ فراسخ ومن خرقانة الى زَامِين ۹ فراسخ ومن زامين الى ساباط ۳ فراسخ ومن زامين على طريق خاوَس[m] الى كركث ۱۳ فرسخًا عن يسار الذاهب الى فرغانة وبين مدينة اشروسنة وساباط ۳ فراسخ ممّا يلى الجنوب والمشرق، وبين *نُوجَكَث وخرقانة[n] فرسخان فيما بين المشرق والجنوب من خرقانة، وارسيانكث على

a) *L. .ايباركث b) *L. .ورعش c) *L. .بيبحنكث d) *L. .الونذارى
e) *L. .دانى f) *L. .استيبحن g) Haec ex I. restitui. h) *L. .واسكنفعن
i) *L. .من k) *L. .كسنه l) *L. .خرفانه الى حرك m) *L. .خاوش
n) *L. .دوحكث وفرغانه

حدّ فرغانة من شرقيّ مدينة اشروسنة على ٩ فراسخ، وفغكث على ٩ فراسخ من المدينة على طريق خُجَنْدَة ومن فغكث الى غَزَق فرسخان ومن غزق الى خجندة ٦ فراسخ، وهذه *مسافات مدن اشروسنة [a] ۞

المسافات بين مدن الشاش وايلاق واسْبِيجاب وما يتّصل بها   بَنَاكِث [b] على نهر الشاش ومنها الى أُسْتُورْكَث [c] ٣ فراسخ ومنها الى دنفغانكث [d] فرسخان ومنها الى بِنْكَث [e] فرسخان فهذه المدن على طريق بناكث الى بنكث، وامّا المدن الّتى [f] على طريق *بنكث وتونكث [g] قصبة ايلاق فانّ من بنكث الى تونكث فرسخا ومنها الى بالايان [h] فرسخان ومنها الى نوغكث [i] فرسخ ومنها الى بانجخاش فرسخان ومنها الى سكاكث [k] فرسخ ومنها الى نُوكَث [l] فرسخ، فامّا ما بين نهر ترك [m] ونهر ايلاق فيما يلى المشرق من طريق ايلاق فانّ بِنْكَث على فرسخين من جيغوكث وتليها على فرسخين فرنكث وتليها على فرسخ بغونكث [n] وتليها على فرسخين انوذكث [o] وكذاك وغدرانك وكبرنه وغَزَك وتدعى غزق كما تدعى مدينة [p] خوارزم هزارسف وكما تدعى مدينة الرُّخَّج فنجواى [q] *ووردوك وجبوزن كلّها متقاربة مسيرة يوم فى نحوه، وما بين بناكث *وتونكث ونهر ترك [r] ونهر ايلاق من غربىّ طريق ايلاق فانّها *اشبينغو وكلشجك [s] واردلانكث وبِسْكَث وسامسيرك [t] وخُمْرَك وغَنَّاج كلّها فى مقدار مرحلة ونحوها، وما بين بناكث *وتونكث ونهر الشاش [u] ونهر ايلاق فانّها غرجند [v] وخاش *ودَخْكَث وتُكَّث [w] وكوه سيم فى

---

a) Haec in *L. desunt. *b*) *L. وما دىحكث. Itinerarium lacunosum est; vid. I., p. ٣٤٤ seqq. *c*) *L. استونكث. *d*) *L. يفغانكث. *e*) *L. نيكث. *f*) Addidi الّتى. *g*) *L. نيكث وتويكث et sic deinde. *h*) *L. بالامان. *i*) ? *L. نويكث. *k*) *L. سكالث. *l*) *L. بونكث. Fortasse h. l. تونكث, supra نوكث legendum est. *m*) *L. تبيرك. *n*) *L. يغونكث. *o*) *L. ايردكث. Deinde وكذلك وغدوانك وكرنه وعرك. *p*) *L. من. *q*) *L. بنجاوى et deinde ووردوك وحمودن. *r*) *L. وتويكث نهر تبرك. *s*) *L. اسمعوا وكالسحك. *t*) *L. وسرك. Deinde وحموك وعناج. *u*) *L. tantum وتويكث. *v*) *L. عوجند. *w*) *L. ودىحكث ونيكث.

مقدار يومين فى اقلّ من يوم، وامّا ما بين نهر ايلاق ونهر الشاش من غربىّ تونكث فانّها *اربيلخ ونموذلغ a فى مقدار ٥ فراسخ، وجينانجكث على طريق وينكرد b الى بنكث وبينها وبين نهر الشاش فرسخان، ونجاكث c على وادى الشاش ويجتمع الواديان *عندها بنهر ترك وبينها وبين بناكث d ٣ فراسخ وكنكراك e على نهر ترك بقرب خدينكث على فرسخ، وبين نهر ترك وبين حائط الشاش الّذى من وراء القلاص ويعرف بحائط عبد f الله بن حميد خاتونكث وهى على فرسخين من المدينة وبركوش g على ٣ فراسخ من خاتونكث على سمتها ومنها *الى خركانكث ۴ فراسخ h على سمت المشرق، ومن بنكث الى اسبيجاب ۴ مراحل ومن اسبيجاب الى سُبانيكث i مرحلتان ومن سبانيكث الى كدر قصبة فاراب مرحلتان خفيفتان ومن كدر الى شاوغر مرحلة ومن شاوغر الى صَبْران k مرحلة خفيفة، ووَسيج l على غربىّ النهر على الشطّ اسفل من كدر بفرسخين وفاراب عن شرقىّ الوادى وبين كدر والنهر نصف فرسخ ۞ والطريق من اخسيكث الى شِكِت m ۹ فراسخ وهى اوّل مدن ميان رُوذان ومن اخسيكث الى سلات n آخر ميان روذان نحو ٥ مراحل ومن اخسيكث الى كاسان o فى شماليّها ٥ فراسخ ومن كاسان الى اردلانكث مرحلة ومن كاسان الى نجم p وهى شرقىّ كاسان q الى الشمال مرحلة ومن اخسيكث الى *حدّ كَرْوان r نحو ۷ فراسخ *والى وانكث s من اخسيكث نحو ۷ فراسخ وحدّها يتّصل بايلاق وهى بين المغرب والشمال من اخسيكث وكروان بينها وبين كاسان ومن اخسيكث الى كروان t ۹

---

a) *L. اربطخ ونمودلغ. b) *L. وينكود. c) *L. وتحاكث. d) Sec. I.; *L. (sic) عند نهر تيرك وبينهما وبين نهر تهلكث. e) *L. وكيماك et deinde ut solet تيرك. f) *L. h. l. عبيد. g) *L. وتركوش. h) *L. على حد...... i) *L. دسنانيكث. k) *L. صيران. P. ۳۹. k neglexi annotare pravam lectionem ميدان quoque receptam esse a Jacut, IV, p. ۷۱۴, 3. l) *L. وويسج. m) *L. سلب. n) *L. شلاث, F. سلاف. o) *L. كاشان, F. قاشان et قاسان. p) *L. محم. q) Conjecturâ supplevi كاسان. r) *L. h. l. كوران omisso حد. s) *L. والزامنثث et add. على ante نحو. t) *L. h. l. كردان.

فراسخ، وفاراب واخسيكث على شطّ نهر الشاش وكَنْد بينهما وبين نهر الشاش زيادة على فرسخ ومن قُبا *الى رِشْتان[a] بينه وبين نهر الشاش نحو مرحلة ومن قبا الى اشتيقان[b] ٣ فراسخ ومن اشتيقان الى الوادى ٧ فراسخ وهى على طريق قبا الى اخسيكث، ومن سُوج الى بامكاخش[c] ٥ فراسخ ومن سوج الى اوال نحو ١٠ فراسخ على طريق اوجنه[d]، ومن قبا الى نَقَاد ٧ فراسخ وحدودهما متّصلة، ومن أُوش الى مدوا فرسخان، ومن وانكث[e] الى خَيْلَام ٣ فراسخ ومن خيلام الى سلات[f] ٧ فراسخ *وسلات وبيسكند[g] ليس بهما منبر وهما ثغران وانّما ذكرناهما لذلك ولانّهما آخر العمل

وقد تمّ هذا الكتاب بعون الملك الوهاب على التقريب لغائبه ونائيه وتوخى الحقيقة فى شاهده ودانيه وما فيه من خلل وزلل وسهو وخطل فالعذر الى قارئه والى الله تعالى من تقصير ان كان فيه والحمد لله رب العالمين وصلى الله على خيرته من خلقه محمد النبى واله الطاهرين الاخيار وسلم تسليما كثيرا دائما ابدا الى يوم الدين وحسبنا الله ونعم الوكيل

---

a) *L. رستاق, omisso الى. b) *L. اسمعدمان. c) *L. et F. sine punctis. d) *L. اوخمه, F. اوحمه. e) *L. نكث. f) *L. شيلاث, F. سلاب. g) *L. وشيلاث وسبناكند, F. شلاب ونساكند.

Pag. ۳۰۷, 3 a f. l. فشيردبزه ; vid. II, p. ۳٥۷ *a*.

» ۳۰۸, 8 وهو يعرف بجويبار العارض. Cf. II, p. ۳٥۷ *m*.

» ۳۰۹, 1 كشنة l. كَسْبَة.

» — ult. واندبار l. واندبان ; vid. II, p. ۳٥۹ *h*.

» ۳۱۱, 4 كشنة l. كَسْبَة.

*» ۳۱۷, 8 l. كُوفَك.

» ۳۲۰, 10 l. بوزماجن ; vid. II, p. ۳٦٦ *m*.

» ۳۲۷, 3 l. سرسندة ; cf. II, p. ۳۸۰ *r*.

» ۳۳۹, ult. post بثر pone *e*, post وينكرد *f* cet.

» ۳۳۹, 3 a f. برسان l. بربان ; vid. II, p. ٤۰۱ *g*.

» ۳٤۹ : *Est urbs provinciae Schásch* l. *Alia ejusdem nominis urbs jacet in provincia Schásch*.

*» ۳٤۹ ult. l. فراسخ.

وهمچنان بداارازا (sic) می کشد تا بکورستان حمره (sic) وهر وقت
که از مربعه کوچک بکیرد از طرف مغرب آن بازار می کشد تا انجا
که از بوستان معمر می کذرد وچون از جنوبی مربعه بکیرد آن بازار
ممتدّ می شود تا بکورستان حسین وشمالی مربّعه بزرک تا سر قنطره
می کشد ومربّعه کوجک بنزدیک کورستان حسین انجا که دار
الامارہ است.

Pag. ٢٥٧, 1 ومزنیان l. ومزینان; vid. II, p. ٣١٣ *m*.

» ٢٥٨ *a*. F. ونوقان که علی بن موسی الرضا رضهٓ دران مدفون است وهرون الرشید ازان شهر بچهار فرسنك دورتر بدیهی که اذرا سماداد (sic) می کویند مدفون است. O. eadem habet quae E.

» ٢٥٩, 9 lacuna suppleatur ex F. ثلاثون ذراعًا (عر ایوانی سی کز).

» ٢٦٠, 5 post اليوم F. addit: واین ساعت ان خانه ملك شیخ اجل اوحد ابو الفضل است i. e. البلعمی.

» ٢٠۴, 8 post الفنی inserendum videtur وخوشت عليها حصن, quibus verbis additis tollitur quoque contradictio in ann. *i* observata; vid. II, p. ٣٢٥ *b*.

» ٢٧٦, 2 كاربنك sub forma غَرْبَنْكَى memorari videtur a Jacut, III, p. ٢٣٩, 2.

» ٢٧٩, 1 et *a*. F. ut Edrîsî jungens habet ووراوس ابى عاصم. Fortasse conferri debet nomen وَرْزِه Jacut, IV, p. ٩٢٥, 20.

» ٢٨٢ *f*. Vid. II, p. ٣٣٠ *f*.

» ٢٨۴, 5 l. مَزِينَان pro مزنيان.

» ٢٩٠, 5 a f. l. وحَبَاب.

» ٢٩۴, 4 الّا indicium est lacunae in textu. Lege الّا وقع بصره على خضرة ونزهة وليس بقرب موضع منها جبال الثلج. Vid. II, p. ٣۴٦ *f*.

» ٣٠٠ *b*. Cf. II, p. ٣٥١ *e*.

» ٣٠٧, 6 et *e*. Lectionem A. et B. ماخ habet Jacut, IV, p. ٣٨٠, 2,

Pag. ٢٠٣ *m* et *n* F. habet: ودر تمامت این کوهها که یاد کرده شد هیچ موضعی معدن زر [ونقره] نشان دارد نشده است وبشروان تل بزرک هست که جون آب باران روی ان تلرا می شوید از یک دینار تا بذرهٔ زر مردمرا از انجا یافته می شود وبطیرم (sic saepius pro طرم) معادن آهن می باشد وبنزدیك اصفهان ملاصق بارس معدن سُرمه هست ودر کوه دماوند معدن زاج وسرمه می باشد.

*» ٢٠٥ l. فتوسّطهم زید.

» ٢٠٩ *h*. Pro اثنا عشر الف مفتاح F. habet بنج هزار کلید.

» ٢١٥, 1 l. کنازک; vid. II, p. ٢٧٤ *q*.

» ٢٢٤, 7. F. non male addit: واکر جیزی زیاده از معهود کوید مثل صد سال وانچ بدین ماند که اغلبرا سال بدان مقدار نمی رسد در محل قبول جای داده نمی شود.

» ٢٢٩, ult. seqq. F. haec habet: از ری تا شهر ورامین یک منزل ودر رامین (l. ورامین) (cf. Jacut, IV, p. ٩١٨, 15) بازاری بزرک هست واز ری تا رره (l. دزه) یک منزل ودر زره (l. دزه) منبر هست ومسافت از ری تا ورامین در عمارت وخصب است الا مقدار دو فرسنک در میانه راه که دران هیچ عمارت نیست واز ورامین تا دیر الجص یک منزل ودر میانهٔ ورامین ودیر الجص بیابان (addidi) محاذی ومقابل کرکشکوه.

» ٢٣٣, 2 l. درکوجوی; vid. II, p. ٢٩٢ *l*.

» ٢٣٤, 2 مرحلتان l. فرسخان; vid. II, p. ٢٩٣ *k*.

» ٢٣٥, 6 et 8 l. أَنْجِيرَة.

» ٢٣٩ *d*. Cum تل = درتل probabiliter conferri debet خاس = درخاس in Khowarezm; cf. p. ٣٠٠ *b* et ٣٤١ *h* cum II, p. ٣٥١ *e* et *f*. Quo casu pro درجاش (درجاس) reponendum est درخش (درخاس).

» ٢٥٤, 4 a f. فرسخ. Scribendum est میل; vid. II, p. ٣١٠ *h*.

» ٢٥٥, 8—12 pro his inde a نحو المشرق F. habet از طرف مشرق

Pag. ۲۰۰ *q*. F. eadem addit, nomina scribens رستن , رسب et رسب et داسقس ,
دناشعمن et دباسفین.

» ۲۰۱, 3. In marg. O. iterum leguntur Persice pleraque quae habet Kazwînî, II, p. ۲۹۷, 4—16. Pro واصبهان (vs. 4) scribit وکاشان. In textu O. habet قم دیواری ندارد وآب جاه خورند ومردم تنک معیشت باشند وبهار وتابستان رودِ خانهٔ بزرگ روان بر در شهر می کذرد وبسته بسیار خیزد.

» ۲۰۱ *g*. F. eadem addit, nisi quod pro ماء وادیهم habet آب باران.

» — 3 a f. قم O. واهل قم وقاشان ومردم قم وقاشان.

» — *k*. O. habet fere ut E. واصل ایشان بیشتر از عرب باشد. F. واغلب سُکّان ومقیمان انجا عرب اشعری.

» ۲۰۱, 2 a f. O. قاشان شهرکی کوچک است وکژدم سیاه کشنده ونوعی دیکر که انرا جراره کویند در انجا بسیار باشد ومردم صاحب طمع باشند. F. وقاشان شهری کوچک است با خصب ونعمت ومیوها بسیار ودر آنجا صنفی از عقارب سیاه منکر هست که هرکرا بکزد بکُشد.

» ۲۰۱ *l*. In additamento ex C. legatur وفی کلّ محلّة, nam F. habet: واما اردستان شهری خوش است ودر طول وعرض دو دانک فرسنکی باشد در نفس خود وانرا پنج دروازه هست ودر هر محلهٔ قلعهٔ ساخته وابریسم وجامها رفیع ولطیف با قیمت از انجا مرتفع می شود وبافاق نقل می افتد وان شهررا کاریزها بسیار هست که مزرعهاء رُوستای انجارا آب ازیشان می باشد واثر بنیاد خانهاء انوشروان الی یومنا هذا مشاهَده می افتد وغالب اهل آنجا مذهب اهل حدیث دارند ومسجد جامع در میانهٔ شهر مبنی است ودر هر شهر که قومی ازین شهر اقامت ساخته متوطن شده اند البته اعیان ومشاهیر آن شهر بوده اند ودران شهر کاتب وبازرکان ولغوی ونحات بسیار می باشد. Ex ultimis verbis fere suspicamur auctorem hujus versionis de sua patria loqui.

Pag. ١٨٩ *c*. Locus Istakhrii in C. mutilus restituatur e Jacut, IV, p. ٢٥٩, 13—17. Videtur autem قلعة التراب non differre a قلعة ابن كندمان.

» ١٩٠ *o*. Lectionem جرومية confirmat F. — Pro آل لنجر Jacut, III, p. ١٤٩, 17 et 22 habet آل كنكر ; pro آل خنان videtur legendum آل جستان.

» ١٩١ *f*. F. واو خداوند تخت حجاج وحمدان شاه واهراورانشاه addens ابن يوسف است وانج حوالى انست بس ازان يوسف بن الحجاج است بسر از او حجاج بن يوسف ترتيب لسب (? نسب) ايشان برين جمله است كه ياد كرده شد وغالب ملوك الخ.

» ١٩٢, 2 post الرانية F. addit: وان لغتى آستان است واز بس بردعه وشمكور كروهى از ارمن مقيم شده اند كه انرا سياورديه مى خوانند وبيوسته بلعب ولهو وفساد ودزدى وافعال ناسنديده مشغول مى باشند.

» ١٩٣, 3 pro ٢١ legatur ١١ ; vid. II, p. ٢٥١ *h*.

» — *a* العبسية in Cod. F. scribitur عنبسه. Pro العمرية idem عنبرده et pro السارية habet صارده. Nondum certus sum utrum vera lectio sit الساوردية (Beláds. p. ٢٠٣) an الصنارية.

» ١٩٧, ult. حورمة l. حُوْمَةٌ ; vid. II, p. ٣٩. *a*.

» ١٩٨, 1 et 2 سراى ودوان F. pro uno loco habet, scribens وسراى مردان. Eodem pertinere videtur illud متصل in E.

» ٢٠٠ *l*. F. addit: وكسى كه ذكر او مشتهر وقول او معتبر بود مرا حكايت كرد وكفت كه در شهرزور صنفى از اصناف رز انكور هست كه يك سال انكور باز مى آورده وسال ديكر ودع (ex marg. In textu lacuna) وجنان شنيده شد كه در بعضى از اوقات بنج (? ببيخ .l) انرا بموضعى ديكر نقل كرده بودند البتة بر نداد او بمرد. In margine O. fere totus locus Kazwínii Persice legitur. Pro شبيهة بالجزر habet مثال جوزتى. Vera lectio est بالخرزة. Hinc enim ودع appellatur.

» ٢٠٠, 3 a f. In marg. O. partim Persice leguntur, quae habet Kazwíní II, p. ٣٩٦, 3—16.

Pag. ١٣٦, 1 الرموم l. الرّمّ.

» — 4 — « وموز وكازرين l. ومورق وكازرون.

» — 5 ante وكيزرين insere وكير et pro والخربف l. والخُرُّمَق.

*» ١٣٨, paen. l. نحوًا.

» ١٣٩, 13 l. شاهرًا (Nöldeke).

» ١٤٥, 6 a f. مهراب F. مهران.

» ١٤٦, 6 l. بالمردكان.

» — » وتقارب sec. F. leg. وتفاوت.

» ١٤٧, 7 post محمد بن يعقوب addatur ex F. ويكنى بابى عبد الله.

» ١٤٨, 4 خدايداد l. برابنداد; vid. II, p. ٢٠٩ *b*.

» ١٥٣, 12 et *m* F. pagum مو appellat.

*» ١٥٧, 6 a f. scribe قَبَصات et de lectione تسع cf. II, p. ٢١٩ *d*.

» ١٥٨, 11 فانها fort. l. فانما et pro ابنيتها fort. l. للسلطان وابنيتها, sed F. legisse videtur ut recepi.

» ١٥٩, paen. روبين l. روئين; vid. II, p. ٢١٩ *e*.

» ١٦٨ *d* pro (sic) تبيز scribe نبيز.

*» ١٧٧ *e* pro ٤١٦ l. ٦١٤.

» — ult. omitte signum ۞ post الشراة et ante ناحية ins. من; vid. II, p. ٣٣٣ *b*.

*» ١٧٧, 3 a f. جَدْران l. جَرْدان.

*» ١٨٤, 3 l. بجنب.

» ١٨٦ *b*. Ex O. corrige sic: وعسل از انجا بر روى آب كرّ بر آنجا آرند.

» ١٨٨, 1 F. h. l. addit: واما عنبسه وسكى (وشكى .l) هر دو روستاء انجا اند مثل سيروان (شروان .l) وآرّان وموقانيه وايشان ممالك آن ديار اند.

» ١٨٩, 5 post طبيب O. haec sic habet: وبر نيم فرسنكى نشوى يعنى نخجوان واز ارمنيه خيزد وبحدود موقان نزديك محموداباد در رود كر ريزد وبدريا افتد.

Pag. ۱۰۴, 5 et deinde: pro الكارنيان restitue الكارستان; vid. II, p. ۱۹۰ *a*.

» — » pro الاشاربنان F. habet اسارىدان et ساربانان. Videtur legendum ساربانان (s. اشتربانان), cf. quoque p. ۲۰۸, 1.

» — 5 pro شهمرنك l. شاهمويذ s. شهمويذ; vid. II, p. ۱۸۷ *f*.

» — 6 pro الطيريان F. habet طبريان.

» — ult. pro متئين restitue نابند; vid. II, p. ۱۸۴ *r*.

» ۱۰۹, 4 الخربق l. الخُرْمَق.

» ۱۰۹, 6 درىز l. دَريز; vid. II, p. ۲۰۰ *g*.

» ۱۱۱, ult. مورق l. موز.

» ۱۱۲, 3 بنوليس recepi secundum E. et O. Secundum F. qui habet در تو منبر نيست legendum est بنو (تو) ليس بها منبر.

» ۱۱۳, 1 *a* O. اسلحار, F. اسلحمان.

» ۱۱۸, 9 l. بنارجُوى, vid. II, p. ۱۸۹ *d*.

» — ult. كاوس l. كاوشيذ; vid. ib. *h*.

» ۱۱۹, 1 بكلازن fort. l. بكل آذر; vid. ib. *k*.

» — » بالكارنيان l. بالكارستان.

» — 6 بالمسوبان fort. l. بالمينوباذ; vid. II, p. ۱۹۰ *d*.

» ۱۲۰, 1 زيزانزد ونثين l. زيراباذ ونابند.

» ۱۲۲, 7 l. الى قرب صاهك كرمان, cf. II, p. ۱۹۳, 8.

» — 12 موز l. تُوز.

» — 13 مورق l. موز.

» ۱۲۳, 1 قراة l. قَزَار; vid. II, p. ۱۹۴ *b*.

» ۱۲۹, 2 a f. l. نساتك; vid. II, p. ۱۹۷ *i*.

» ۱۳۰, 2 et 3 l. أنْجيرَة.

» — 8 l. درىز l. دَرِيز.

» ۱۳۳, 1 كوز potius l. كرو ut quoque habet Cod. F.

» ۱۳۴, 2 lectionem بينهما confirmat F.

duntur: ونیز جنسی دیکر از اجناس ماهی هست که انرا سقنقور می خوانند واطبّا نافه انرا با معاجین بهم ترکیب می کُنند شهوة بات (باه l.) را زیادت می کند واین بیت عربی هم بدین معنی درین موضع لایق بود انرا ذکر کرد شد (بیت)

کان لمّا کان لی همّه یاکُل من لحم سقنقور

واطبّارا درین معنی بیت پارسی هست وآنیست

آنچ در ماهی سقنقورست نصف آن در دماغ عُصفورست

وآنچ در مغز ونافه هر دوست بیکی جرعه آب انکورست

Pag. ٥٣, 11 et *i*. Lectio الملينا quoque in O. (بلينا) et F. (ادلمه) est.

» ٥٥, 3 et *e*. F. اسقلاسه, O. سقلابی.

» ٥٩, 12 l. شُعَب.

» ٩١, 7 pro اعذآء F. habet جیزی است از جنس جَوقدری بزرکتر وزراعت ایشان, similiter p. ٩٢, ult. dicit: وانرا عدا می خوانند اغلب جیزی است از جو بزرکتر که عام انرا جَودیوان می کویند وبیشتر زراعت ایشان 3 ,et p. ٢٠١, وایشان انرا عدی می خوانند جیزی است از جوقدری بزرکتر که عرب انرا عدی می خوانند وبیشتر مزرعهٔ ایشان بخس است وبغیر از آب باران دیگر آب نمی خورند.

» ٩١, 3 a f. O. et F. habent ومعرّة مصرين pro ومعرّة النعمان.

» ٨٨ *f*. Jacut quoque recepit lectiones كرخ et كرخة.

*» ٨٩ *e*. Pro Jacut, I, p. ٣٨٣ l. Jacut, II, p. ٣٨٣.

» ٩٩ *e*. l. بازار چهار شنبه.

» ١٠٠, 1 pro التوز l. الموز, vid. II, p. ١٨٠ *q*.

*» » 9 l. ورُبَّ.

» ١٠١, 1 dele ' post الناحية.

» ١٠٢, 2 et *b*. Lectio recepta مروسف est ex E., O. et F. (pro D. corrige B.). Fortasse conferri debet p. ١٤٣, 4 مروسدان ubi F. مروسندان, O. = E. مرو شد. Nomen cohaerere videtur cum nomine مرودشت de quo vid. Ritter, VIII, p. 862.

Pag. ٣٨٩ *a*. Contuli nomen جيغويه, sed addendum est illud alibi scribi جبغويه e. g. IV, p. ٤٣١ cf. ann.

Addendis et emendandis ad textum Istakhrii haec adjungantur:

*Pag. ٣, 2. l. تحكى.

» ٩, 9 et 11 l. وعشرون et وثلاثون (aut pro نيف l. نيفا).

» ٩, 13 et ١١, 15. Scribe بقنوج (Sprenger).

» ١٦, 11 pro المسعى Jacut legit والمشعر الحرام: vid. III, p. ٣٩٧, 17 et IV, p. ٥٤٠, 6. Et haec est lectio Cod. F.

» ١٩, 9. Cod. F. legit بالفرس, habens: وبزركتر تجارت ايشان باسب مى باشد.

» ٣٢, 13 النُّقْرة l. النَّقْرة.

» ٣٣, 3 الشأم potius l. الشام.

» » ult. et ann. *p*. F. habet quoque خولان. Cf. Jacut, III. p. ٢٧٨, 3 حيوان (خيوان .l) من خولان.

» ٣٤, 6 et *f*. Cod. F. habet وحسينى كه بسى معروف است.

» ٣٨, 6 et *c*. Lectio الخواص quoque exstat apud Jacut, IV, p. ٦٢٢, 11 et in Cod. F. بدران خواص آن قوم توانند رفتن.

» ٣٣, ult. et *w* F. quoque قطوربه.

» ٣٧ *f*. Vulgo pro البَصْرَة dicebant البَصِرَة, vid. Hamadháni MS. 1070, f. 101 v., 102 r. et cum vocali producta البَصيرة e. g. Jacut, III, p. ٢١٠, 8, IV, p. ٤٨٤, 15, quae est quoque lectio Cod. F. et O.

» ٤٣, 4 a f. 29. Nöldeke pro يتلونهم et يتلون (ut B. et C. habent) jubet legere cum A. يلونهم et يلون.

» ٥٠, paen. In F. post ea quae leguntur p. ٥٢, 4 a f. sequentia ad-

الاقليم الاول ب ♀ ثم يخرج من هذه البطيحة نهر هو نيل مصر اليه (ويصبّ اليه .l) نهر يجرى من عين تخرج من خطّ الاستوآء عند طول نط ♀ ويأتى الى قريب من بلد النوبة فيقسم قسمين يصبّ احدهما الى النيل عند طول يح ♀ والعرض عند نو ♀ فى الاقليم الاول والثانى مصبّه فى الاقليم الاوّل عند طول نا ♀ وعرض يح ♀ ثم يمتدّ ولا يزال ينعطف انعطافات كثيرة ليس هذا موضع شرحها حتى يأتى الى اسوان ثم يمرّ الى مصر مُمَاسًّا لها عند طول ند ♀ والعرض كط ♀ ثم يتفرّق من مصر فى سبعة خلجان الى البحر الاوّل الى الاسكندريّة عند طول ن ♀ والاخر عند طول يح ♀ والثالث عند طول يحل والرابع عند طول يحم والخامس عند [طول] يحن والسادس عند طول ندك والسابع عند طول ندل كما نصوّره فى الصفحة الاخرى من هذه الورقة والله الموفق. Numeri passim corrupti sunt. In Cod. 193, f. 39 v., 40 r. eadem in extenso leguntur cum mappa (cf. Catal. III, p. 129).

*Pag. ١٣٩, 12 l. النصرانية.

» ١٤٤, 8 l. والاويّة; vid. p. ٣٩٥ *b*.

*» ١٨٠, 11 l. بالزميجان.

*» ١٩٩, 10 l. شقّ.

» ٢٣٤, 16. Cf. Jacut, IV, p. ٣١, 11 cum Ist., p. ١٨٠, 1.

» ٢٤٩, 8 l. وجزيرة باب الابواب; vid. p. ٢٧٧ *f* et ٢٨٢, 16.

» ٢٦٩, 14. Ad lectionem باطاق pro باب طاق, cf. Ist., p. ٨٣ *p* ubi ex O. pro بطاقى scribe بباطاقى.

» ٣٢٢ *d* قرعون. Intelligitur فريغون.

» ٣٣٠, 2. Accuratius foret لاَّ آبارًا ومراعىَ, ut quoque apud Ist., p. ٢٨١, 5 a f.

» ٣٣٩, 14 وجُبَاب l. وحِبَاب et ann. *r* l. حباب.

*» ٣٥٢ *m* l. Cod. F. pro E.

» ٣٥٨, 5 et ٣٦٠, 10 كُشنة l. كَسْبَة.

القمر ومغيبه فتبارك الله احسن الخالقين، نعود الى نسخة الاصل،
ثم يقطع عرض الخ.

Pag. ٤٠, 7 post حارة جدا P. haec addit: وتعرف بالتير وهى مساكن بين
جبلين فى شعب ممتدّ وصلتُها سنة ٥٣٩ وكان عميدها اذذاك محمّد
ابن المرزبان من اهل شيراز الملقَّب بصاحب السيف والقلم ولعمرى انّه
كان مستحقًّا لهذا اللقب اذ كانت له اريحيّة حازميّة ومروّة حاتميّة
واهلها ذو (l. ذوو) مروّة ظاهرة ورياسة كاملة وكان بها عدّة من التجار
ذوى اليسار من جملتهم رجل يعرف بحسن بن العبّاس له مراكب
تسافر الى اقصى بلاد الهند والصين ومبلغ مضاربه (numerus deëst)
وكان له غلمان زنوج يضربون على باب مسجده خمس نُوَب فنقل
ذلك الى ملك كرمان وهو محمّد بن ارسلان شاه فقال لو ضرب
خمسين نوبة لما اعترضتُ له رجلٌ يتحصّل فى خزائنى من مراكبه
فى كلّ سنة نحو من مائة الف دينار وانافسه فى الريح الهابّة،
عُدْنا الى الصفة والشرح، ثم يسير الخ.

» ٥١, 18 كثيرة l. كثير.

*» ٥٩, 15 l. شيئًا.

*» ٧١, 11 l. قوبّة.

» ٧٣, 5 وادركتُ. P. habet: اما الاندلس فهى من نفائس جزائر البحر
وجلالة القدر قال موّلف الكتاب دخلتُها سنة ٣٣٧ والقيّم بها عبد
الرحمان بن محمد الخ.

» ٧٨, 10 بابانين l. بافانين.

» ٩٨, 3. Ad h. l. P. habet: قال كاتب هذه الاحرف زعم موّلف
الكتاب انّ النيل لا يعلم احد مبتدأه وانّه يخرج من مفاوز ورآء بلاد
الزنج وقد رايتُ فى رسالة جغرافيا انّ مبدأ النيل بطيحتان مدوّرتان
يصبّ الى كلّ واحدة خمسة انهار من جبل القمر ويخرج من هذين
(l. هتين) البطيحتين من كلّ واحدة اربعة انهار الى بحيرة مدوّرة
فى الاقليم الاوّل قطرها جزءان ومركزها عند طول نج (sic) والعرض من

كاتب هذه الاحرف ان المستولى على هذه البلاد لمّا دخلتُها فى سنة ٥٤٠ والمتحكّم فيها احمد بن منجوبه وكان دار مُلْكه بِمِرْباط وهى مدينة صغيرة على شاطئ البحر وعلى مسيرة يوم ونصف منها مدينة ظفار وهى ايضًا له.

Pag. ٣٩, 12 post مرابطون P. haec addit: قال كاتب هذه الاحرف اجتزتُ بعبادان سنة ٥٣٨ وهى جزيرة فى وسط الدجلة (دجلة l.) وماء الفرات عند مصبّهما فى البحر واختلاط ماء البحر بهما وفيها رباط يسكنه جماعة الصوفيّة والزهّاد وليس بينهم المراة (امرأة l.) البتّة وفى هذه الجزيرة مسجد من [جانب] شرقىّ (الجانب الشرقىّ l.) وفيه ودائع وامانات غير مسلّمة الى احد من الناس وقد قرّر الجماعة بتلك البقعة انّ كلّ من اخذ من عبّادان شيئًا على سبيل الخيانة والسرقة فانّ السفينة تغرق لا محالة بزعمهم حتّى انّهم قد رسّخوا فى قلوب الناس انّ تراب عبّادان ان حمله احد بغير امر اولئك الجماعة فانّ تلك السفينة الّتى فيها من ذلك التراب تغرق وليس كما زعموا، وبعبّادان بئر يزعم الشيعة انّ الرجل اذا وقف عليها واقسم على الماء بكلّ اسم خلق الله فانّ الماء لا يتحرّك فاذا اقسم عليه بعلىّ رضوان الله عليه فانّ الماء يفور ويصعد الى شفير البئر فمضيتُ الى تلك البئر واقسمتُ عليها بما زعموا فوالله ما تحرّك ماؤُها ولا تزعزع من موضعه ففكّرتُ وقلتُ هذه الجزيرة فى وسط الماء وهذا الماء فى اليوم والليل (والليلة l.) يمدّ ويجزر مرّتين ومادّة هذه البئر من ذلك الماء ولا يبعد ان يتحرّك الماء فى البئر عند الزيادة وقد أَنْفَق (اتّفق l.) فى تلك الساعة من لا يهتدى الى حقائق الاشياء، امّا المدّ والجزر فانّه من اعجب الاشياء وذلك انّه يبتدئ بالمدّ عند طلوع القمر ولا يزال يتزايد الى ان يصير القمر فى وسط السماء ثمّ يبتدئ بالجزر الى ان يحصل القمر فى افق المغرب ثمّ يبتدئ بالمدّ الى ان يصير القمر فى درجة (الدرجة l.) الرابع الى (supplevi) وتد الارض ويبتدئ بالنقصان الى وقت طلوع القمر ويعود فى الزيادة وتختلف اوقاته باختلاف طلوع

ADDENDA ET EMENDANDA.

Pag. ١١, 17. Hic et deinde, ut in parte I, semper recepi الخزلجية. Fortasse autem haec gens Turcarum non differt ab ea quae القارلخية appellatur e. g. Ibno 'l-Athir XI, p. ٢٠٥ secundum A. Quo casu lectio L. et B. الخرلخية ubique restituenda foret.

» ٢٠, 9 post ومواصلته P. addit: قال كاتب هذه الاحرف دخلت عدن سنة ٥٤٠ وكان العميد بها بلال بن جرير والمشرف عليه خالى احمد ابن غياث من قبل سلطانها محمد بن سبا وكان ضمان عشر المراكب فحسب مائة الف واربعة عشر الف دينار مرابطيّة وهذا اكثر ممّا ذكره مصنّف الكتاب باضعاف قال المولّف ويتلوه الخ. Obiit hic Ibn Djarír anno 545, Mohammed ibn Sabá anno 548 (sec. alios 549 s. 550). Vid. Khazradjii *Histor. Jeman.* Cod. 302, p. 71 seqq.

*» ٢٢, 5 l. قبليّ.

» ٢٤, 13 post الحرام P. haec insert: وكانت لعبد الله بن جدعان التيميّ وكان يملأه بالفالودج وله مناد ينادى عليها فى الموسم هَلمّوا الى الفالودج وفيه يقول الشاعر (sic)

له داعٍ بمكّة مُشْمَعِلٌّ وآخر فوق دارته ينادى.

Deinde pergit ومن وقف الخ.

» ٢٥ *e.* Cf. quoque Jacut, IV, p. ٣٩٢, 1.

» ٢٩, 19 l. potius الشام sine hamza.

» ٣٢, 15 post اعمال عمان P. addit: قال وطول بلادهم اربع مائة فرسخ

tionibus totum edere. Descriptio Transoxaniae in duobus praecipuis codicibus Istakhríi in compendium redacta est. Ibn Haukal textum fere integrum servavit; locos omissos et mancos ope versionum Persicarum, Abulfedae et Jacuti complevi. Alibi quoque versionum Persicarum, quas ad editionem Istakhríi nondum consultare potueram, memorabiles varias lectiones ad textum Ibn Haukalis annotavi. In epitome Parisiensi unus et alter locus est, quo epitomator sui ipsius temporis statum describit. Primum visum est hos locos ad introductionem tomo quarto destinatam relegare, deinde mutato consilio eos in annotatione ad textum recepi. Omissos supplevi in *Addendis et Emendandis*. Hisce addidi supplementum *Add. et Em.* ad textum Istakhríi.

Partes Ibn Haukalis jam antea editae sunt, nempe descriptio al-Djebáli (Iracae Persicae) ab Uylenbroek in *Dissert. de Ibn Haukalo geographo nec non Iracae Persicae descript.* anno 1822, descriptio Sindiae a Cl. Gildemeister in *Scriptorum Arabum de rebus Indicis loci* anno 1838, dum Nob. de Slane anno 1842 dedit versionem Gallicam capitis de al-Maghrib in *Journ. asiat.*, et Nob. Amari anno 1855 caput de Sicilia recepit in *Bibliotheca Arab. Sicul.* Valet de his quod observavi in praefatione ad librum Istakhríi.

Tomum tertium, qui Mokaddasíi opus continebit, anno proximo typis mandari posse, spero.

D. G.

L. B. Calendis Decembr.
anni MDCCCLXXII.

PRAEFATIO.

Ferme tredecim annis abhinc Cl. Juynboll mihi auctor fuit, ut opus Ibn Haukalis mihi edendum eligerem, primaque folia speciminis instar pro gradu doctorali in lucem publicam mitterem. Quod consilium acriter arreptum mox postponere coactus fui. Patuit enim codicem Leidensem passim corruptum esse et lacunosum, Bodleïanum pejore etiam statu versari, dum versio Anglica Ouseleyi et Abulfeda lucis aliquid offerebant, sed quamplurimis locis textum a nostro diversum adhibuisse videbantur, magisque consentientem cum Codice Gothano, cujus facsimile dederat Moeller. Nova subsidia esse comparanda priusquam meliore successu textum restituere conari possem, mihi constitit. Quae sensim paulatimque evenerunt. Epitome Parisiense magnum attulit auxilium, Edrîsî aliud, maxima vero difficultas tunc demum superata fuit, quum genuinum textum Istakhríi indagare mihi contigerat. Et sic tandem opus, quo pauca adhuc notiora, simul vero aditu difficiliora fuerunt, nunc typis exaratum viris doctis qui rebus orientalibus student offerre possum.

Inveniet lector multa quae jam in Istakhríi opere legerat. Sed comparatione instituta patebit, discrepantiam verborum plerumque ejusmodi esse, ut operae pretium fuerit utrumque textum cum variis lec-

VIRO CLARISSIMO

William Wright,

HONORATO ET CARO AMICO

HUNC LIBRUM

d. d. d.

EDITOR.

VIAE ET REGNA.

DESCRIPTIO DITIONIS MOSLEMICAE

AUCTORE

Abu'l-Kásim Ibn Haukal.

EDIDIT

M. J. DE GOEJE.

LUGDUNI BATAVORUM.
APUD E. J. BRILL.
1873.

BIBLIOTHECA GEOGRAPHORUM ARABICORUM.

EDIDIT

M. J. DE GOEJE.

PARS SECUNDA.

VIAE ET REGNA.

DESCRIPTIO DITIONIS MOSLEMICAE

AUCTORE

Abu'l-Kásim Ibn Haukal.

LUGDUNI BATAVORUM.
APUD E. J. BRILL.
1873.

This volume was originally published in 1873. For historical purposes, the original prelims have been retained.

Cover illustration: 'Mappemonde arabe', Manuscrits orientaux, Arabe 2214, Bibliothèque nationale de France.

ISSN 2214-5737
ISBN 978-90-04-25869-3 (paperback)

This book is printed on acid-free paper.

Kitāb Ṣūrat al-arḍ by Abū l-Qāsim Ibn Ḥawqal

Viae et regna: descriptio ditionis Moslemicae / *auctore Abu 'l-Kásim Ibn Haukal*

M.J. de Goeje's Classic Edition (1873)

BRILL

LEIDEN | BOSTON

Bibliotheca Geographorum Arabicorum

VOLUME I-2

The titles published in this series are listed at *brill.com/bga*

Kitāb Ṣūrat al-arḍ by Abū l-Qāsim Ibn Ḥawqal